国防特色教材·控制科学与工程

导航系统理论与应用

刘建业　曾庆化　赵　伟
熊　智　孙永荣　赖际舟　李荣冰
编　著

西北工業大學出版社

北京航空航天大学出版社　北京理工大学出版社
哈尔滨工业大学出版社　哈尔滨工程大学出版社

内容简介

本书介绍了惯性、卫星、无线电、天文等独立的导航系统，分析了各类导航系统的基本理论和原理，阐述了它们的基本性能和特点，同时也介绍了组合导航系统理论及其各种组合导航系统，并特别分析了组合导航系统技术的发展前沿，如非线性组合导航系统理论及其组合导航技术等。

本书可作为导航专业及相关专业的研究生教材，部分内容略简化后也可作为本科生的专业课程教材，同时可供从事导航技术的研究人员和工程技术人员参考。

图书在版编目(CIP)数据

导航系统理论与应用/刘建业等编著. —西安:西北工业大学出版社,2010.3(2018.2 重印)
ISBN 978-7-5612-2755-8

Ⅰ.①导… Ⅱ.①刘… Ⅲ.①导航 Ⅳ.①TN96

中国版本图书馆 CIP 数据核字(2010)第 040915 号

导航系统理论与应用

刘建业 等编著
责任编辑 季苏平

*

西北工业大学出版社出版发行
西安市友谊西路 127 号(710072) 发行部电话:029-88493844 传真:029-88491147
http://www.nwpup.com
兴平市博闻印务有限公司印装 各地书店经销

*

开本:787×960 1/16 印张:30.25 字数:643 千字
2010 年 3 月第 1 版 2018 年 2 月第 4 次印刷
ISBN 978-7-5612-2755-8 定价:72.00 元

前 言

导航技术是一门重要的现代综合性应用技术学科，它是飞机、舰船、火箭、卫星、车辆等运动载体能够顺利完成任务的关键技术之一，也是国家科学技术实力的一个重要标志，不仅在军事领域具有极为重要的地位，而且在民用领域也有非常广泛的应用。随着计算机技术、导航传感器技术、最优滤波理论及现代控制理论的发展，导航技术的应用不断地大众化，并逐渐朝着多系统、多功能、高性能、小型化、高精度、高可靠性的方向发展。

1993年航空工业出版社出版的《导航系统》教材是由南京航空航天大学袁信、西北工业大学俞济祥、北京航空航天大学陈哲三位教授编著的，该教材在以国防航空院校为主的研究生导航专业教学中，发挥了很好的作用，是一本经典的导航技术综合性教材。刘建业教授作为南京航空航天大学袁信教授20世纪90年代初的博士生和研究助手，与袁信教授一起在南京航空航天大学导航研究中心长期开展导航技术的研究工作，得到了袁信教授多方面的指导和教诲，并于1994—2004年使用该教材对研究生开设了“导航系统”课程。

随着科学技术的迅猛发展，导航技术也得到了快速的发展与提高，在导航系统理论、算法和应用等方面有许多新的进展，也包括新概念、新思想、新方法、新技术在导航中的应用，因此以刘建业教授为首的编著者于2005年对《导航系统》进行修订、扩充和完善，形成《导航系统理论与应用》的校内讲义，并且在教学中进行了多年的应用，效果显著。

本教材是作者及其南京航空航天大学导航研究中心(www. nuaanrc. com)的师生们结合最近五年开展本科生、硕士生和博士生导航系统理论与应用系列课程教学工作的经验积累，也广泛汲取了导航研究中心在惯性导航系统、卫星导航系统、组合导航系统、智能交通系统等领域的研究成果和经验，书中展开的许多理论性和技术性工作是导航研究中心近年来研究工作的体现，不少图表曲线是直接来源于导航研究中心博士生和硕士生的学位论文。同时本教材充分注意到内容的系统性与深广度，力求包含导航系统的最新技术。

本教材共分为7章。第1章为导航系统的概述，介绍了导航技术的基本定义和发展概况；第2章至第4章主要介绍了惯性、卫星、无线电、天文等独立的导航系统，分析了各类导航系统的基本理论和原理，阐述了它们的基本性能和特点；第5章至第7章介绍了组合导航系统理论及其各种组合导航系统。教材中讨论的组合导航系统都是以惯性导航系统为主的组合导航系统，也特别分析了组合导航系统技术的发展前沿，如非线性组合导航系统理论及其组合导航技术等。

本教材是集体智慧的结晶。刘建业教授负责全书内容的编写和优化，从整体上构建了全书的思路、框架和主体内容，对每章的内容进行了仔细的审核并最后定稿；曾庆化副教授负责全书的文字编辑和工作协调，以及第3章"全球卫星定位系统"的编写工作，编著了全球导航卫星系统近几年的发展新成果；赵伟副教授负责第2章"惯性导航系统"的编写工作，使惯性技术的总体内容更加条理化，同时也体现了最新的陀螺与惯性导航新技术；熊智副教授负责第4章"无线电、天文和其他导航系统"以及第7章"地形辅助导航及视觉导航技术"的编写工作，重新梳理和编著了除惯性和卫星导航系统以外的其他各类单独导航系统、导航手段和导航方法，同时充分介绍了地形和视觉辅助惯性导航系统的相关技术及进展。此外，孙永荣副教授对第1章"导航系统概述"和书末的"结束语"进行了编写，特别强调了导航系统发展历史和未来发展趋势；赖际舟副教授负责第5章"卡尔曼滤波技术及其在导航系统中的应用"的编写工作，总结了导航系统中常用的数据融合理论和技术，也结合研究工作分析了非线性组合导航算法等最新技术；李荣冰副教授负责第6章"组合导航系统"的编写工作，阐述了惯性导航与其他导航系统的数据融合方法与结果，并注意到了诸如惯性/卫星深组合技术的最新应用等技术动态。

南京航空航天大学导航研究中心的同事共同付出智慧与辛勤劳动，使本教材得以最终完成。在此，还要感谢编著者指导的多位博士和硕士研究生，他们为本教材的编著和完善做了大量细致繁杂的技术和文字整理工作。其中，于永军博士生参与了第1章细节完善工作，以及第2章的文字、公式与图形的完善工作；王融博士生参与了第7章和结束语的具体文字资料修改、收集和完善工作；周翟和博士生参与了第5章主体内容的文字修订和完善工作；熊剑博士生参与了第6章主体内容的细节完善工作；乔黎博士生参与了第3章中北斗导航系统内容的细节完善工作；钟丽娜博士生协助完成了第4章中其他导航部分的内容完善工作；屈蔷博士生参与了第4章中天文导航部分的内容完善工作，并为第6章提供了部分天文导航方面的资料；钱伟行博士生完善了第2章中惯性导航初始对准的相关原理和公式部分；黄磊博士生参与了第4章中无线电导航和多普勒导航部分的内容完善工作；谢征博士生参与了第2章中惯性传感器原理和发展的完善工作；谢非博士生参与了第6章框图与文献的整理工作。另外，孙茜硕士生负责第1,3,5章的格式统一与编辑工作；王先敏硕士生负责第2,6两章的格式统一与编辑工作；梁玉琴硕士生负责第4,7两章内容的格式统一与编辑工作。

我们还有幸邀请到南京航空航天大学袁信教授和东南大学徐晓苏教授对书稿进行了仔细的审阅，他们提出了许多宝贵的意见和建议，编著者对此表示衷心感谢。同时本教材受到了原国防科学技术工业委员会“十一五”国防特色教材基金的大力支持和南京航空航天大学自动化学院“自动控制系列课程国家级教学团队”的资助，在此一并表示感谢。

本教材涵盖面较广，对每一个基本概念和结论，都给予充分的重视和分析，以方便读者的理解和掌握，并在每章后都较详细地列出了相关参考文献，还结合多年的教学工作实践给出了比较丰富的思考题。本教材可作为从事导航技术及相关技术的研究生教材，部分内容略简化后也可作为本科生的专业课程教材，同时可供从事导航技术的研究人员和工程技术人员参考。

导航技术是一门不断发展的学科，其理论体系和应用领域都在不断的扩展之中，尽管编著者努力使本教材能更好地满足读者要求，但由于内容涉及广泛，编著者诚恳期待广大读者对教材中存在的缺点和错误提出批评指正。

编著者

2009年9月

目　录

第1章 导航系统概述

日常生活中的运动体都不同程度地进行着某种形式的导航。载体在空间的位置、速度、姿态等参数是载体运动过程的基本参数，检测和确定这些参数主要是通过具有导航功能的系统完成。早期的导航系统主要是由功能单一的仪表组成，随着科学技术的进步和发展，当前的导航系统主要是由具有各种功能的传感器构成的高精度复杂系统。

本章从综述和发展的角度，简要介绍了各种导航系统的基本情况。同时还介绍了导航系统研究的基本概念和知识点，为后续章节细致深入地研究导航系统奠定基础。

1.1 导航与大地测量、制导的关系

确定载体的位置和姿态，引导载体到达目的地的指示和控制过程称为导航。导航的任务就是提供运动载体的六自由度导航参数，即3维位置和3维角度，它们决定了一个物体的空间位置和状态。

能够提供导航参数，实现导航任务的设备或装置称为导航系统。其有两种工作状态：指示状态和自动导航状态。在指示状态下，导航设备提供的导航信息仅供驾驶员操纵和引导载体用，导航系统不直接对载体进行控制；在自动导航状态下，导航系统直接提供信息给载体的自动驾驶控制系统，由自动驾驶控制系统操纵和引导载体。在这两种工作状态下，导航系统的作用只是提供导航参数，它们为自动控制和导引载体按预定轨迹准确到达目的地的制导过程提供了坚实的信息保障。

导航有多种技术途径，如无线电导航、天文导航、惯性导航等，其中惯性导航以其高度自主的突出优点，在导航技术中占有特殊的位置。但是随着现代运载体的高精度、长时间、远程导航等导航要求的不断提高，单一的导航系统已经不能完全满足系统需求。为此，综合了惯性导航系统和其他导航系统，采用现代控制理论信息融合方法，构成的以惯性导航为主，其他导航手段为辅的组合导航系统，应用日益广泛。

以航空导航为例，早期飞机的导航方法是依靠飞行前制订的飞行计划来确定飞行路径的，飞行中依靠磁罗盘、无线电罗盘、陀螺地平仪、速度表和时钟等导航仪表来保持既定航向、速度和大致判别飞行路径，并在可能的条件下利用目视地形和明显建筑物来监视飞行路径的正确性和寻找目的地。20世纪60年代以后，机载惯性导航系统、多普勒导航系统和各种无线电导航系统相继问世。目前，以惯性导航/全球卫星定位为主的组合导航系统已经得到广泛的应用。

以获取位置和方向为目标的另外一门学科是大地测量学,它是测绘学的一个分支,主要研究和测定地球形状、大小和地球重力场,以及测定地面点几何位置。大地测量学主要用于解决大地地形测量问题,以及在广大地区内为建立平面和高程控制网所进行的精密测量问题。它是建立国家和区域大地控制网的基本手段,也是地形测量和其他各种工程测量的基础工作,并为研究、测定地球形状和大小、空间目标坐标和方位,以及地壳变形等提供资料。

随着科学技术的发展和进步,大地测量逐渐摆脱了原始的、低效的人工测量,向高效、高精度的全球卫星定位系统及其组合测量系统发展。20 世纪 90 年代后使用的 GPS 辅助空中三角测量技术大量减少了地面控制点。21 世纪初出现的机载 POS(Position and Orientation System)系统[1]集差分 GPS 定位技术和惯性导航技术于一体,可直接获取航摄像片的 6 个外方位元素(确定摄影光束在摄影瞬间的空间位置和姿态的参数,3 个直线元素和 3 个角元素),进而反推出地面目标位置。

虽然,导航与大地测量学都是为了获取位置信息,但是它们各自具有明显的特点和区别,如表 1.1 所示。

表 1.1 导航与大地测量的特点和区别

项目	作用对象	定位形式	输出物理量	实时性要求	位置精度要求
导航	运动载体	过程定位	速度、姿态、位置	很高	米/十米级
大地测量	大地地物	静态定位	精确位置	不高	厘米/分米级

制导是一个与"导航"相关的概念,也是和导弹、制导炸弹/炮弹、制导鱼雷等带有导航、制导功能的制导武器一起出现的术语。制导是指自动控制和导引飞行器按预定轨迹和飞行路线准确到达目标的过程,既包含了应用导航的测量值,又包含了自动控制的全部闭环工作过程。实现导引和控制飞行器按预定规律调整飞行路线导向目标的全部装置称为制导系统。制导系统的主要功能包括:

①根据起始点、目标点和有关约束的信息,建立航迹参数(如航路点、航线等);

②由导航系统测量载体的实际运动,确定载体的真实运动导航参数(如位置、速度、姿态等);

③根据航迹参数与实际运动参数,自动产生控制(制导)信息,传输给运动载体的相应控制部件。

如飞机上的自动驾驶系统可结合计算机中已存储的飞行路径中各航路点位置信息,根据导航系统提供的即时导航参数(绝对参数),即可计算出各种可用来纠正飞机航行偏差/偏航的制导参数(相对目标的参数),如应飞航迹角、偏航角、航迹角误差、偏航距和待飞距离/时间等,以上参数示意见图 1.1。

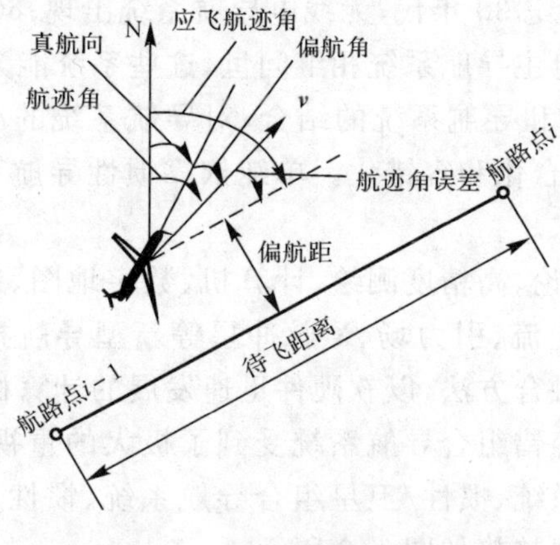

图 1.1　导航制导参数示意图

图 1.2 是导弹中导航制导闭环控制系统示意图,该图描述了导航与制导系统的基本关系。

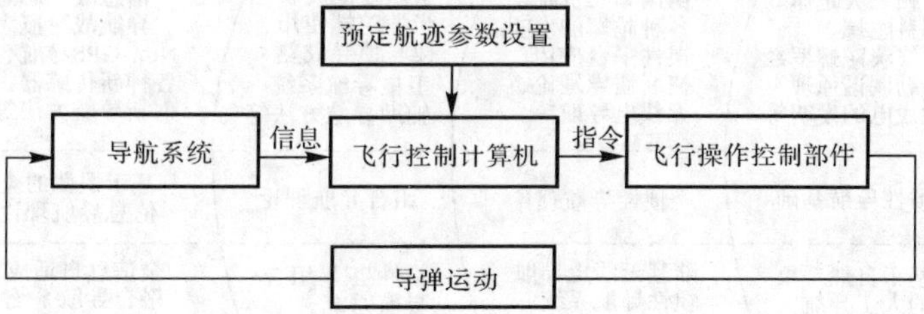

图 1.2　导航制导闭环控制系统示意图

飞行体的制导参数是利用给定飞行计划和导航参数计算出来的。利用制导参数和飞机操纵规律,可以计算出飞机的操纵指令。通过飞行控制系统,可实现飞机的航行自动化。随着科学技术的发展,20 世纪 80 年代民用飞机以经济、准时、安全为目的,发展了飞行管理系统;军用飞机以完成军事任务为目的,发展了飞行综合控制系统。这些系统都能在任务和地理、气象情况改变的条件下自动计算规划出最优的飞行路径,并将飞行控制系统和导航系统组合在一起,完成飞行任务。它们对导航系统的准确性和可靠性提出了更高的要求,促使导航系统向综合化和容错化发展,即发展以惯性导航系统为主体的各种组合导航系统和容错组合导航系统。

随着科学技术的发展和导航需求的提高,导航系统向全天候、高精度、高可靠性、高自主性、智能容错的全信息融合方向发展。

1.2　导航技术发展简史

早期的导航方法是依靠磁罗盘、地标、速度表和时钟等单一功能的导航仪表来大致确定载体的路径、航向和速度。20 世纪 30 年代,无线电导航系统出现;60 年代以后,以惯性导航系统和多普勒导航系统为代表的自主导航系统相继问世,这些系统能为载体提供连续的导航信息。20 世纪 80 年代飞行控制系统和导航系统的结合,对导航系统的准确性和可靠性提出了更高的要求,促使导航系统趋向综合化和容错化。单纯依靠惯性导航系统等单一的导航系统已经不能完全满足系统的导航需求。

近些年,随着现代控制理论、高精度测绘、计算机、数字地图、射电天文等新兴技术理论的迅速发展,地形、景象、视觉、光流、引力场、X 脉冲星等新型导航技术逐渐出现并日益受到重视。采用现代控制理论信息融合方法,以软硬件迅速发展的计算机为计算工具,以惯性导航系统为主体的组合导航系统和容错组合导航系统受到了极大的重视,例如,惯性/天文组合导航系统、惯性/多普勒组合导航系统、惯性/卫星组合导航系统、惯性/地形辅助/卫星组合导航系统等。导航系统的演变及发展趋势如图 1.3 所示。

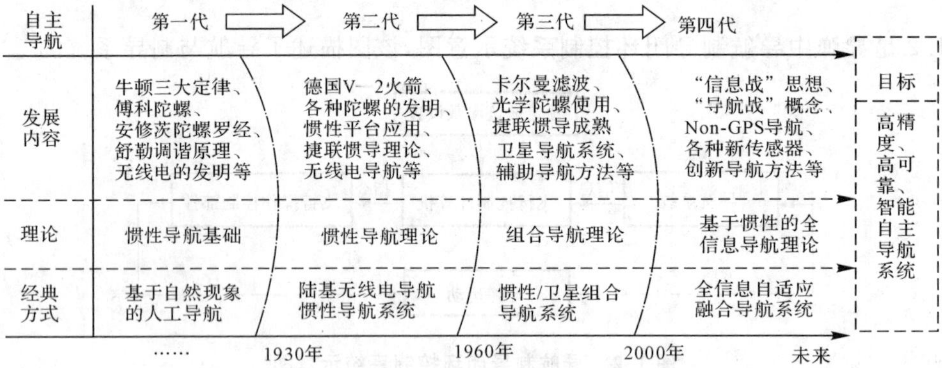

图 1.3 导航系统演变及发展趋势图

1.2.1 早期导航方式

追溯导航的历史,早在战国时期(约公元前 475 年—前 221 年),我国人民已经利用磁石指南北的特性制出了“司南”,并用司南确定准确的南北方位。图 1.4 所示为根据汉代文物复制的“司南”模型。北宋(公元 960 年—1127 年)初期,人们制出了指南针,并将其作为指示船舶航行方向的仪器在航海中得到了广泛的应用。人们把指南针固定在方位盘里,制出了罗盘针,如图 1.5 所示。

图 1.4　汉代“司南”模型

图 1.5　中国古代罗盘针

早期中国航海所使用的是磁针浮于水面的“水罗盘”，欧洲在此基础上进行改进，发展出具有固定支点的磁针，即“旱罗盘”，大大拓宽了罗盘的使用范围。18 世纪末，液体磁罗经出现。液体磁罗经的罗盘悬浮在盛满液体的罗盆中，由于液体的浮力作用，罗盘支撑轴针与轴承间的摩擦力大大减小，提高了系统的灵敏度和稳定度。

早期人们还利用地标进行导航[2]，即利用在地图或海图上已标明位置的地物、地标（岛屿、航标、特殊建筑物等），在载体上用光学等方法，用测向或测距法定出运载体的地理位置。常用的仪器有望远镜、经纬仪、六分仪等，如图 1.6 和图 1.7 所示。这是一种较为简单而可靠的导航方法，但易受气象条件和地域的限制。在一般能见度情况下，能见距离为 10 n mile 左右，只适合于近海导航使用。

图 1.6　伽利略的望远镜(1609 年)

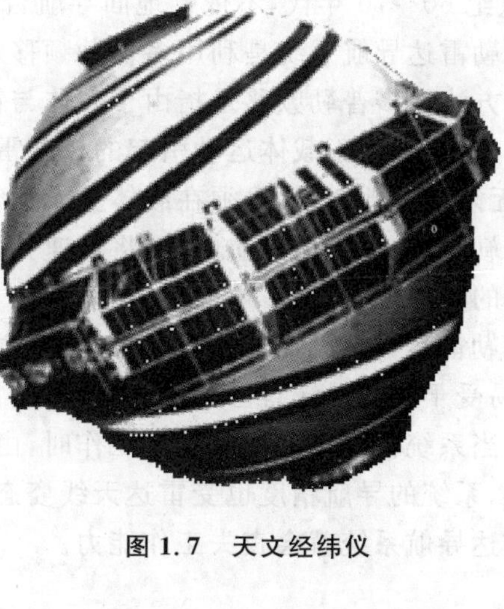

图 1.7　天文经纬仪

远海航行早期只能通过观测天空中的星体来确定船只的位置，这就是早期的天文导航[3]。天文导航是利用天空中的星体在一定时刻与地球的地理位置具有固定关系这一特点，通过观察星体以确定运载体位置的一种导航方法。但是，那时的天文导航无法连续定位，而且工作方式受星体可见度的限制。

1.2.2 无线电导航

随着社会生产发展的需要，特别是随着航空、航海及航天技术的飞速发展，早期形式简单、功能单一的导航方式和导航仪器已远远不能满足飞机、舰船及其他载体的要求。新的导航系统要求精度更高、用途更广、适应性更强。

20 世纪 30 年代，各种无线电导航系统相继问世。无线电导航系统利用无线电波在均匀介质和自由空间直线传播及恒速两大特性进行导航。它有两种定位方式：一种是通过设置在载体和地面上的收发设备，测量载体相对地面台的距离、距离差或相位差定位，如 DME 测距导航系统、罗兰双曲线导航系统、奥米加双曲线导航系统；另一种是通过载体上的接收系统，接收地面台发射的无线电信号，测量载体相对于已知地面台的方位角进行定位，如伏尔测向导航系统。一般来说，测向与测距共用一个地面台的塔康导航系统在飞机中使用较多。

无线电导航具有精度较高、价格低、可靠性高的突出优点，同时也存在依赖地面台配合、电波易受干扰、容易暴露自身、生存能力和对抗性弱等不足。

1.2.3 多普勒导航系统

20 世纪 60～70 年代，不依赖地面导航台的多普勒雷达导航系统开始出现。

多普勒雷达导航系统是利用多普勒频移效应，测量载体相对地面的速度，进而完成导航任务的一种方法。多普勒频移是指由于载体与雷达地面站相对运动而产生的发射波与反射波之间的频率差，或者由于载体运动引起的机载雷达的发射波和反射波之间的频率差。这种导航系统中，无须借助地面站，只须在载体上设立雷达发射和接收装置就可测出地速大小。再借助机上多普勒/航向系统输出航向角，将地速分解成地理北向和东向的速度分量，进而可以确定飞行载体的具体位置。

多普勒雷达导航无须地面台配合，具有主动工作、自主性强等优点。但其工作时必须发射电波，容易受干扰和暴露自己。此外，多普勒雷达导航系统的定位精度与反射面的具体情况密切相关。当系统在海面和沙漠上空工作时，由于无线电波反射性极差，将大大降低系统工作性能。此外，系统的导航精度也受雷达天线姿态的影响，当载体机动太大，无法接收到反射波时，多普勒雷达导航系统就会丧失工作能力。

1.2.4 惯性导航系统

17～19 世纪，以经典力学、陀螺仪理论为核心的惯性导航基础理论逐渐成熟，随后惯性仪表在航空和航海中开始得到广泛应用。20 世纪 40 年代，德国研制成功带惯性稳定装置的 V—2 火箭并用于军事，标志着惯性导航系统开始问世。20 世纪 60～70 年代，具有自主性的惯性导航系统已经开始装备在航空、航天、航海的运载器上。

惯性导航技术以牛顿力学理论为基础，只依靠安装在载体内的惯性测量传感器（陀螺仪和加速度计）和相应的配套装置建立基准坐标系，利用测量得到的角速度和加速度数据，通过积分和推算方法获得载体的姿态角、载体速度和载体位置等导航参数。其高度自主性优点主要表现为：

①不依赖于任何外部信息，也不向外辐射能量，具有良好的隐蔽性；

②可不受地域限制全天候工作，工作中不受外界干扰；

③能连续提供低噪声的位置、速度、航向和水平姿态等导航信息；

④导航数据更新率高，短期精度和稳定性好。

惯性导航系统受工作原理所限，长期稳定性较差，位置、速度和姿态误差会随着时间发散。由于惯性导航技术在当代的高精度导航领域的地位和作用举足轻重，因此将在下一节对其相关历史和发展等进行重点介绍。

1.2.5 卫星导航系统

随着无线电通信技术、电子计算机技术、信号测量技术和现代空间科学技术的进一步发展，利用人造地球卫星进行导航定位的卫星导航系统应运而生，它的产生是现代军事和空间技术的巨大突破和飞跃的结果。

卫星导航系统通过围绕地球运行的人造卫星向地球表面发射经过编码和调制的无线电信号，编码中载有卫星信号时间和星座中各个卫星在空间的位置、状态等星历信息。安装在载体上的卫星导航接收机可以接收卫星信号，并计算出自身的速度、位置等导航信息。

卫星导航系统的发展以美国和俄罗斯为主导，欧洲和中国近 10 年才开始建立自己的卫星导航系统。

1957 年，苏联成功发射世界上第一颗人造地球卫星，开拓人类的太空时代；

1964 年，美国海军武器实验室研制成功“子午仪（Transit）卫星导航系统”，在导航和定位技术发展中具有划时代的意义；

1973 年，美国开始发射新一代高精度全球卫星导航系统试验卫星。

1974 年，苏联开始部署类似于“子午仪”的奇卡达（Tsikada）卫星导航系统。

1978 年,苏联发射自己的全球导航卫星系统(GLONASS)试验卫星。

1994 年,美国完成新一代高精度卫星定位系统(GPS)组网,系统全面正常运行[4](见图1.8)。

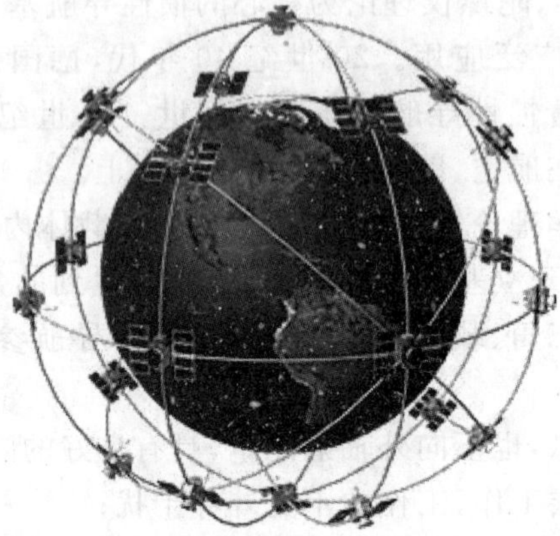

图 1.8 GPS 卫星星座分布

1995 年,俄罗斯完成 GLONASS 星座组网,并于次年 1 月正式投入运行。

1999 年,欧盟执行机构欧洲委员会(EC)公布了欧洲全球导航卫星系统"伽利略(Galileo)"计划。

2000 年,我国发射北斗一代导航试验卫星,并于 2003 年建成区域卫星导航系统[5]。

2005 年 12 月和 2008 年 4 月,两颗伽利略试验卫星 GIOVE-A 和 GIOVE-B 成功发射升空[6-7]。

此外,为了加强和突出某一区域的卫星导航性能,拓宽卫星导航系统的服务,某些国家还建立了区域卫星导航系统或者区域增强系统,例如,法国的 DORIS (Doppler and Radio-positioning Integrated by Satellites),印度的 IRNSS(Indian Regional Navigation Satellite System),日本的 QZSS(Quasi-Zenith Satellite System)等区域导航系统,以及美国的 WAAS (Wide Area Augmentation System),欧洲的 EGNOS(European Geostationary Navigation Overlay Service)等区域增强系统。

1.2.6 地形辅助/视觉导航系统

由于在一些特殊环境和条件下(如人为无线电波干扰严重的战区、山区、丘陵等地区),基于无线电信号的导航系统容易受到自然或者人为干扰的影响,导致导航系统的精度显著下降。因此,地形辅助/视觉导航系统应运而生,并日益受到人们的广泛重视和应用[8-10]。

地形辅助/视觉导航系统通过高度传感器/图象(视觉)传感器获得所在区域的相对高度和

图象信息，与机载系统中事先存储的该地域的 3 维数字地图/图象信息进行高度/图象的高精度匹配。通过求取最佳的匹配点，达到获得载体所在的姿态、速度、位置等导航参数的目的。

地形辅助/视觉导航系统与其他导航系统相比，主要增加了存储数字地图的大容量存储器，具有自主性好、抗干扰能力强的优点，但是其精度也容易受到所在区域自然环境的影响，在相似的平坦地形和海面上空无法获得有效的导航辅助信息。

1.2.7 组合导航系统

随着信息论和控制论的深入发展，其相关理论在导航领域也逐步得到了推广和应用。20 世纪 90 年代以后，惯性导航系统和 GPS 的互补性在导航领域各种国际学术会议和科技文献中逐步获得重视，GPS 精度上的压倒性优势和惯性系统的完全自主性的融合研究日益成为导航领域的重要发展方向[11]。

载体机动性的增大、航程加长对导航系统提出了高精度、长航时、高可靠性的要求，仅依靠惯性导航系统无法满足上述要求。由于其他各种导航系统也在不同程度上存在不足和缺陷，因此，导航系统迫切要求实现多信息的融合，以提高导航系统的余度和容错能力。当前，地形辅助/惯性导航系统、多普勒/惯性组合导航系统、惯性组合导航系统/合成孔径雷达（INS/SAR）等多种组合导航方式[12]受到重视并逐步发展。这些组合导航系统的子系统取长补短，不仅使组合后的导航精度高于子系统单独工作的精度，而且大大扩大系统的使用范围，提高了系统的精度和可靠性。

考虑到惯性导航的自主性特点和主导地位，本书在讲解惯性导航原理的技术上，结合卫星定位和其他导航方式及其在组合导航中的地位和前景，展开深入的研究和讨论。

1.3 惯性导航技术发展简况

根据牛顿力学定律，惯性导航系统利用陀螺仪和加速度计的测量值求解载体的姿态、速度和位置信息。完全自主性的优点使其成为航天、航空和航海等领域中一种广泛应用的主要导航方式。本节将主要介绍惯性导航系统及陀螺仪的发展历程。

1.3.1 惯性导航技术的基础理论及早期发展

惯性导航技术的产生和发展不是孤立的，其与上百年的天文、机械、数学等技术以及理论发展密切相关。

1687 年，牛顿提出了经典力学定律和引力定律，奠定了惯性技术的基础；1765 年，俄国欧拉院士出版《刚体绕定点转动的理论》，奠定了陀螺仪理论的基础。经典力学和刚体转动理论成为惯性导航技术的理论基石。

此后，德国著名科学家博耐伯格发明了带有稳定平台的陀螺仪模型；1852年，傅科(Leon Foucault)发现陀螺效应，首次使用了“gyro”(gyroscope——转动＋观察)这个名词，并发明了现代意义上的陀螺，为陀螺仪的实际应用奠定了技术基础。

1939年，苏联布尔佳科夫院士出版陀螺仪实用理论的奠基性著作《陀螺仪实用理论》。由此，奠定了陀螺仪应用于惯性导航技术的理论基础。

1.3.2 惯性导航系统技术的发展与应用

1942年，德国的庇纳门德火箭研究中心在维纳·冯·布劳恩(Wernher Von Braun，见图1.9)主持下研制成功的V型导弹是现代导弹的鼻祖(如图1.10、图1.11所示)[13-14]。V－2弹道导弹的控制系统用两个二自由度位置陀螺仪控制箭体的姿态和航向，用一个陀螺加速度计测量沿箭体纵轴方向的加速度。

图1.9 维纳·冯·布劳恩

图1.10 V—2弹道导弹

尽管当时系统结构上比较简单，导航和制导精度也比较低(CEP精度为5 km)，但它是当时世界上第一个付诸实际使用的惯性制导系统。该系统引起了各发达国家的极大重视，把惯性导航技术的研究推向了一个新的高度。

1949年，J. H. Laning, Jr.发表名为“The vector analysis of finite rotations and angles”的报告，建立了捷联式惯性导航的理论基础；同时，美国麻省理工学院德雷伯(C. S. Draper)教授验证了平台式惯性导航系统的可行性。

图 1.11　V—2 发射情景

1953 年，德雷伯教授将平台惯性导航系统安装到一架 B—29 远程轰炸机上，首次实现了横贯美国大陆的飞行，飞行时间长达 10 h，证实了纯惯性导航在飞机上应用的技术可行性。惯性导航系统 60 年代初才用于军用飞机，到 70 年代初期商用飞机还没有公认可行的惯性导航仪。

1958 年美国"鹦鹉螺"号核潜艇装备液浮陀螺平台惯性导航系统，从珍珠港附近潜入冰层以下的深海进行远程航行，潜航 96 h 顺利穿过北极点，到达欧洲波斯兰港。此次航行历时 21 天，航程 1830 n mile，露出水面时，其实际位置和计算位置仅差几海里。

1960 年，世界上第一套飞机惯性导航系统（LN—3）出厂。自此以后，美国和西方发达国家的空军开始在各类军用机上装备惯性导航系统。

1964 年，中国两院院士和"惯性导航之父"陆元九出版的《陀螺及惯性导航原理》一书，是中国国内惯性导航领域的奠基性著作之一。

20 世纪 70 年代静电陀螺出现后，先后在核潜艇和远程飞机上装备了静电陀螺平台式惯性导航系统。其中 B—52 远程轰炸机上的 GEANS 惯性导航系统精度可达 0.04 n mile/h。

早期框架式平台惯性导航系统，稳定部件将敏感器与运载体的角运动隔离，从而建立加速度计的一个参考系。这些功能简化了将加速度转化成速度和位置所需的计算量，同时大大减小了陀螺必须适应的动态范围。但平台惯性导航系统的框架系统加工与装配的复杂性要求高精度系统必须付出更高的人工代价。

在 60 年代末，一些机构进行了从平台惯性导航系统到捷联惯性导航系统的过渡研究。捷联式惯性导航系统将惯性传感器与载体固连，减少了框架式的平台结构，从而降低了质量、复杂性和成本，同时提高了系统的可靠性（去掉了 3 个或 4 个框架及其导电环、力矩器和伺服电子线路）。

捷联式惯性导航系统在美国登月计划(阿波罗 9 号)中得到了首次成功应用。登月舱(Lunar Excursion Module,LEM)在安装了主制导、导航与控制系统(PGNCS)的同时,还安装了一套采用捷联式惯性导航系统的应急制导系统(Abort Guidance System,AGS)作为备份系统,监视主制导、导航与控制系统是否存在故障。

20 世纪 70 年代随着计算机能力的提高,捷联速率敏感器迅速发展。尤其是改进的环形激光陀螺(RLG)具有极好的标度因数线性度,对载体加速度敏感性低,适合于军事和商用飞机使用。在霍尼威尔(Honeywell)公司研制出 GG－1300 型激光陀螺仪以后,1975 年基于激光陀螺仪的捷联惯性导航系统在战术飞机上试飞成功,1976 年在战术导弹上试验成功,捷联惯性导航系统迅速发展,进入大量应用的时期。80 年代以后,美国把激光陀螺广泛应用于海军、空军和陆军的定位/导航、监视/侦察、火控以及飞行控制系统中。

20 世纪 90 年代,美国根据先进巡航导弹和战术飞机导航的要求,进行了激光陀螺捷联性能的研究(SPS)。该时期航空惯性导航的典型代表是 LITTON 公司的环形激光陀螺捷联惯性导航系统 LN－93 和霍尼威尔公司的环形激光陀螺捷联惯性导航系统 H－423(H－423/E),这些系统作为通用导航设备,应用于多种武器系统。

惯性导航系统是一种推算式的导航定位系统,自主性强,工作环境不受限制,经过 60 多年的发展,其导航定位的精度越来越高。同时,其也存在导航误差随时间累积而发散的原理性误差。在自主性高的应用场合,惯性导航系统具有不可替代性。惯性导航系统的鲜明特点和巨大需求,在促进惯性器件性能不断提高和采用新原理的惯性传感器不断产生[15-17]的同时,也促进了惯性导航及其组合导航技术的快速发展。

1.4 导航的基本概念和原理

物体运动状态和空间位置必须相对于相应的参照系才具有意义,确定载体在空间的位置、速度和姿态等导航参数,必须首先定义空间的参考坐标系。本节将重点介绍导航中常用的坐标系,以及坐标系之间的转换关系。

1.4.1 导航中常用的坐标系

坐标系是量测物体的质心或质点在空间的相对位置,以及物体在空间的相对方位所使用的基准线组。引入坐标系可以确切地描述飞行器的运动状态,研究飞行器运动参数的变化规律,同时可以结合时间反映物理事件的顺序性和持续性。

一般来说,坐标系是由坐标原点、基本平面和基本平面中的主方向(在直角坐标系中通常是 x 轴的方向)3 个要素定义的。对于直角坐标系,可以直接通过定义坐标原点和 3 个坐标轴的方向来确定坐标系。

通常，坐标系的选取采取方便和适用原则。即：根据载体运动特点以及不同导航应用需求进行选取。常用的坐标系主要有惯性坐标系、地球坐标系、地理坐标系、地平坐标系、载体坐标系、平台坐标系和计算坐标系等。

1. 惯性坐标系(i 系)

惯性坐标系是满足牛顿力学定律的坐标系。经典力学中，研究物体运动时，选取牛顿力学定律能够成立的静止或匀速直线运动参考系。严格意义上说，绝对的惯性坐标系是不存在的。一般可以根据具体情况，将以恒星中心为原点确定的参考系视为惯性坐标系。常用的惯性坐标系有日心惯性坐标系、地心惯性坐标系和发射点惯性坐标系等。

①日心惯性坐标系。天文观测显示，太阳距银河系中心 2.2×10^{17} km，太阳绕银河系旋转周期为 1.90×10^{8} a，旋转角速度为 $0.001''$/a，向心加速度为 $2.4\times10^{-11}\,g$。因此，尽管太阳本身不是绝对静止或匀速直线运动，但由于太阳绕银河系中心的旋转角速度很小，对研究太阳系内导航精度的影响可以忽略。日心惯性坐标系的定义如下：日心为坐标原点，从日心向银河系内的其他恒星引一系列的射线，则射线彼此间的夹角几乎不变，这些射线中两两垂直的三条射线即可以组成一个日心惯性参考系。通常，选取的日心惯性坐标系的 z 轴垂直于地球公转的轨道平面，x 轴、y 轴指向银河系内其他恒星，同时满足与 z 轴在地球公转轨道平面内成右手坐标系，如图 1.12 所示。

图 1.12　日心惯性坐标系

②地心惯性坐标系。地球绕太阳公转，其公转速度为 29.8 km/h，地心和日心距离为 1.496×10^{8} km，公转周期为 365.242 2 d，向心加速度为 $6.05\times10^{-4}\,g$，公转角速度为 $0.041°$/h。由于地球公转角速度很小，在研究地球表面的导航时，对导航的精度影响一般可以不考虑，可将惯性坐标系原点取在地心，且原点随地球移动。z 轴是沿地球的自转轴，x 轴、y 轴在赤道平面内，指向太阳系外的任意恒星，只要满足与 z 轴构成右手坐标系即可，如图 1.13 所示。此时的惯性坐标系称为地心惯性(Earth-Centered Inertial，ECI)坐标系。

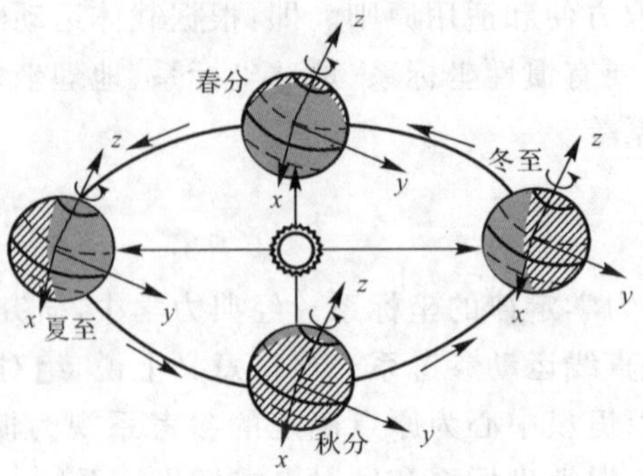

图 1.13 地心惯性坐标系

③ 发射点惯性坐标系。为了便于研究近地面 / 近地空间内的相关载体运动，可以以地面某点为原点，选择坐标轴在惯性空间静止，不随地球转动的发射点惯性坐标系。发射点坐标系通常用于弹道导弹，其原点取在导弹的发射点，其坐标轴的方向按发射时刻的弹体定义，y 轴为过发射点的垂线，向上为正，x 轴垂直于发射时刻的 y 轴指向目标，z 轴与 x 轴、y 轴构成右手直角坐标系。

2. 地球坐标系(e 系)

地球坐标系也称为地心地球固连(Earth-Centered, Earth Fixed,ECEF) 坐标系。该坐标系随地球一起转动，其原点在地心，z 轴沿地球自转轴的方向，x 轴在赤道平面内，与零度子午线相交，y 轴与 x 轴、z 轴构成右手直角坐标系，如图 1.14 中的 $Ox_ey_ez_e$ 坐标系。

地球相对于太阳自转一周的时间是 24 h(太阳日)，相对于恒星自转一周的时间为 23 h 56 min 4.09 s(恒星日)，一个恒星日地球相对于恒星自转 360°，地球坐标系相对惯性坐标系的转动角速度为

$$\omega_{ie} = 7.292\,115\,164\,7 \times 10^{-5}\,\text{rad/s} = 15.041\,08°/\text{h} \tag{1.1}$$

在导航定位中，运载体相对地球的位置也就是运载体在地球坐标系中的位置，既可以用地球坐标系的直角坐标表示，也可以用地球上的经纬高表示，通常后者更为常用。

3. 地理坐标系(g 系)

地理坐标系，也称为当地垂线坐标系，原点位于载体质心，其中一坐标轴沿当地地理垂线的方向，另外两个轴在当地水平面内分别沿当地经线和纬线的切线方向。根据坐标轴方向的不同，地理坐标系的 x,y,z 轴的方向可选为东北天、北东地、北西天等右手直角坐标系。本书中的地理坐标系均取为东北天(ENU) 地理坐标系，即：x 轴指向东，y 轴指向北，z 轴垂直于当地水平面，沿当地垂线向上，如图 1.14 所示。

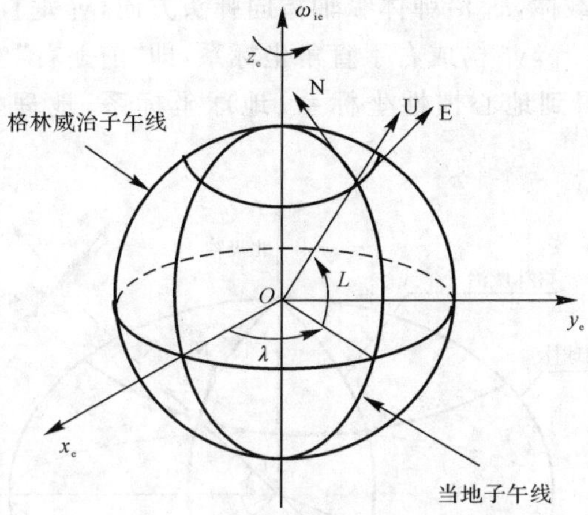

图 1.14　地球坐标系和地理坐标系

4. 地平坐标系(t 系)

地平坐标系,也称为航迹坐标系,原点与载体质心重合,其中一坐标轴沿当地的垂线方向,另外两轴在水平面内,x,y,z 三轴构成右手直角坐标系。地平坐标系各坐标轴方向顺序与地理坐标系坐标轴方向相似,可以灵活选取。

5. 载体(机体)坐标系(b 系)

载体坐标系 $Ox_by_bz_b$,原点与载体质心重合。对于飞机、舰船等巡航载体,x_b 沿载体横轴向右,y_b 沿载体纵轴向前,z_b 沿载体竖轴向上,即"右前上"坐标系,如图 1.15(a) 所示。有时,载体坐标系也定义为:x_b 沿载体纵轴向前,y_b 沿载体横轴向右,z_b 沿载体竖轴向下,即"前右下"坐标系。

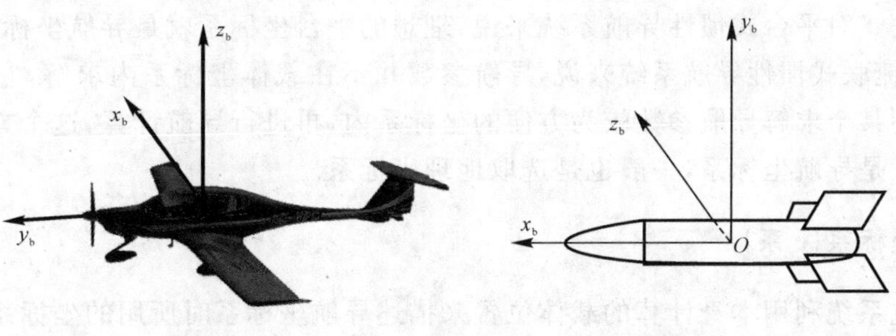

图 1.15　巡航载体机体系和弹道式载体机体系

(a) 巡航载体机体系；(b) 弹道式载体机体系

对于弹道导弹弹道式载体，x_b 沿弹体纵轴指向弹头方向，y_b 垂直于 x_b 方向，在导弹的主对称平面内，向上为正，z_b 与 x_b，y_b 构成右手直角坐标系，即"前上右"坐标系，如图 1.15(b)。

由上述的介绍，可以得到地心惯性坐标系、地球坐标系、地理坐标系、载体坐标系关系如图 1.16 所示。

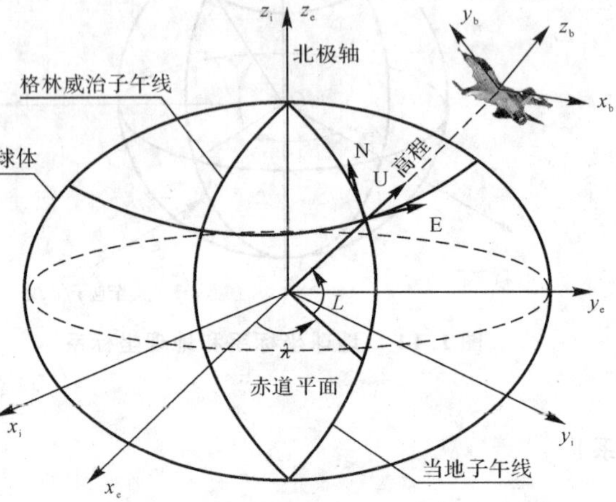

图 1.16 惯性系、地球系、地理系、载体系关系示意图

6. 平台坐标系(p 系)

描述平台式惯性导航系统中平台指向的坐标系，它与平台固连。如果平台无误差，指向正确，那么这样的平台坐标系称为理想平台坐标系。

7. 导航坐标系(n 系)

导航坐标系是惯性导航系统在求解导航参数时所采用的坐标系。通常，它与导航系统所在的位置有关。对平台式惯性导航系统来说，理想的平台坐标系就是导航坐标系，一般选取地理坐标系；对捷联式惯性导航系统来说，导航参数并不在载体坐标系内求解，它必须将加速度计信号分解到某个求解导航参数较为方便的坐标系内，再进行导航计算，这个方便求解导航参数的坐标系就是导航坐标系，一般也是选取地理坐标系。

8. 计算坐标系(c 系)

惯性导航系统利用本身计算的载体位置来描述导航坐标系时所用的坐标系称为计算坐标系。计算坐标系因惯性导航系统含有误差而存在误差，它一般用于描述惯性导航误差和推导惯性导航误差方程。

1.4.2　在地球上运动的角速率表达

由 1.4.1 节坐标系的定义可知，地理坐标系相对惯性坐标系随载体相对地球坐标系的位置的变化而变化，载体相对于地球的运动引起地理坐标系相对于地球坐标系的转动。坐标系间的相对运动关系是导航理论研究的重要基础，也是进行导航解算中必不可少的重要步骤。

由运动学关系可知，地理坐标系相对于惯性参考坐标系的转动角速度包括两部分：地理坐标系相对于地球坐标系的转动角速度 ω_{eg} 和地球坐标系相对于惯性参考坐标系的转动角速度 ω_{ie}。与地理坐标系相似，地平坐标系相对于惯性坐标系的转动角速度可以表示为：地平坐标系相对地球坐标系的转动角速度 ω_{et} 与地球坐标系相对惯性坐标系的转动角速度 ω_{ie} 之和。其他坐标系可以以此类推。本节主要以地理坐标系相对于惯性坐标系的转动角速率为例进行详细阐述。

地球坐标系相对于惯性参考坐标系的转动角速度 ω_{ie}，即为地球自转角速率 ω_{ie}。由图1.14 标出的关系可知，地球自转角速度 ω_{ie} 在地理坐标系下的投影为

$$\left.\begin{aligned}\omega_{iex}^{g}&=0\\ \omega_{iey}^{g}&=\omega_{ie}\cos L\\ \omega_{iez}^{g}&=\omega_{ie}\sin L\end{aligned}\right\}\tag{1.2}$$

载体在地球表面三维运动时，与载体中心固连的地理坐标系相对于地球坐标系的关系（位置和角度）在不断变化，因此地理坐标系与地球坐标系之间还存在角速率。载体的空间速度可分解为当前地理坐标系上的垂直速度和水平速度，但垂直速度不会产生相对于地球的角速率，只有水平速度才会产生相对于地球坐标系的角速率。

设载体纬度为 L（经度值任意，可以不考虑），高度为 h，水平速度为 v，该速度与北向之间的夹角为 ψ，如图 1.17 所示。

由图 1.17 可知

$$\left.\begin{aligned}v_{\mathrm{N}}&=v\cos\psi\\ v_{\mathrm{E}}&=v\sin\psi\end{aligned}\right\}\tag{1.3}$$

根据运动学定理，圆周运动的切线速度、运动半径矢量和角速度矢量满足右手定则，并且

$$\boldsymbol{v}=\boldsymbol{R}\times\boldsymbol{\omega}\tag{1.4}$$

由式(1.2) 和式(1.3) 可知，北向速度 v_{N} 引起的地理系相对地球系的转动角速率方向向西（地理坐标系的东向为正），其值表示为

$$\omega_{egx}^{g}=-\frac{v_{\mathrm{N}}}{OA}=-\frac{v_{\mathrm{N}}}{R+h}=-\frac{v\cos\psi}{R+h}\tag{1.5}$$

其中，R 为地球半径。

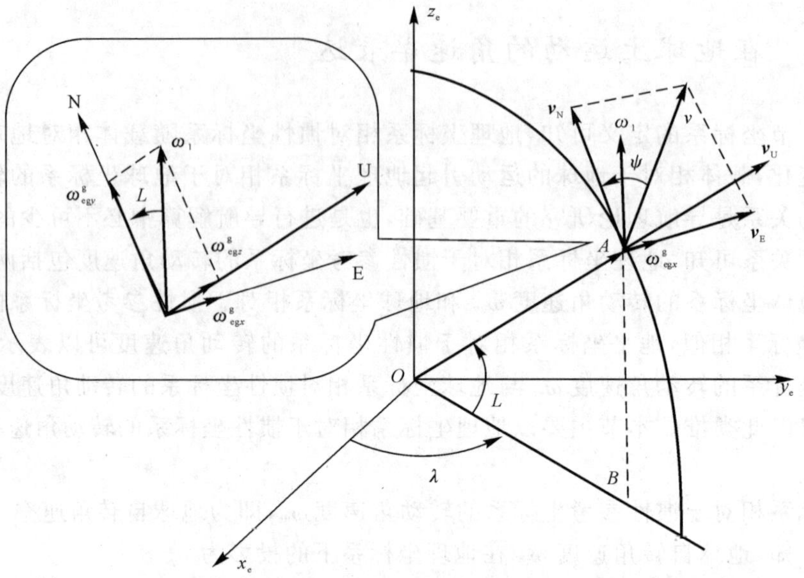

图 1.17 地理坐标系相对地球坐标系转动示意图

而东向速度引起的地理系相对地球系的转动角速率方向沿地球系 z_e 轴正向，其值表示为

$$\omega_1 = \frac{v_E}{\overline{OB}} = \frac{v_E}{(R+h)\cos L} = \frac{v\sin\psi}{(R+h)\cos L} \tag{1.6}$$

将式(1.6) 投影到地理坐标系的北向和天向(见图 1.17)，可得

$$\left.\begin{aligned} \omega^g_{egy} &= \omega_1\cos L = \frac{v_E}{(R+h)\cos L}\cos L = \frac{v_E}{R+h} = \frac{v\sin\psi}{R+h} \\ \omega^g_{egz} &= \omega_1\sin L = \frac{v_E}{(R+h)\cos L}\sin L = \frac{v_E}{R+h}\tan L = \frac{v\sin\psi}{R+h}\tan L \end{aligned}\right\} \tag{1.7}$$

由式(1.5) 和式(1.7)，得到地理坐标系相对于地球坐标系的转动角速率在地理系上的投影为

$$\left.\begin{aligned} \omega^g_{egx} &= -\frac{v\cos\psi}{R+h} = -\frac{v_N}{R+h} \\ \omega^g_{egy} &= \frac{v\sin\psi}{R+h} = \frac{v_E}{R+h} \\ \omega^g_{egz} &= \frac{v\sin\psi}{R+h}\tan L = \frac{v_E}{R+h}\tan L \end{aligned}\right\} \tag{1.8}$$

由式(1.2) 和式(1.8) 可得，地理坐标系相对于惯性坐标系的转动角速率在地理系上的投影为

$$\omega_{ig}^{g}=\omega_{ie}^{g}+\omega_{eg}^{g}=\begin{bmatrix}-\dfrac{v_N}{R+h}\\ \omega_{ie}\cos L+\dfrac{v_E}{R+h}\\ \omega_{ie}\sin L+\dfrac{v_E}{R+h}\tan L\end{bmatrix}\tag{1.9}$$

1.4.3　常用坐标系间的变换矩阵

导航系统和技术中，尤其惯性导航中，经常需要将矢量从一个坐标系变换到另一个坐标系中，坐标变换是导航技术中分析、处理问题不可缺少的方式。坐标变换包括正交变换和非正交变换。对于两个正交坐标系之间的变换，变换矩阵是方向余弦矩阵。两个非正交系或者正交系与非正交系之间的变换，都是非正交变换[18]，如惯性导航中惯性器件的安装坐标系。本节讨论的变换，都是正交变换。

1. 方向余弦矩阵与正交坐标系之间的转换

刚体的六自由度导航参数对其空间描述非常重要。刚体在空间的角位置用与刚体固连的坐标系相对选用的参考坐标系的角度关系来描述，通常采用方向余弦矩阵来表示。

如图 1.18 所示，正交直角坐标系 $Oxyz$ 中，一过原点的矢量 $\boldsymbol{R}$ 在三个坐标轴上的投影可表示为 $R\cos(R,x)$，$R\cos(R,y)$ 和 $R\cos(R,z)$。其中 $\cos(R,x)$，$\cos(R,y)$ 和 $\cos(R,z)$ 是矢量 $\boldsymbol{R}$ 与 x，y 和 z 正向夹角的余弦，叫做方向余弦。方向余弦可以描述定点转动刚体的角位置。只要确定了与刚体固连的坐标系的 3 个轴在参考坐标系中的 9 个方向余弦，便可唯一确定刚体的角位置。同样，对于刚体在空间的一个角位置，有唯一的一组方向余弦值与其对应。假设存在两个坐标系 a 系 $Ox_0y_0z_0$ 和 b 系 $Ox_1y_1z_1$，则两个坐标系各轴间的 9 个方向余弦如表 1.2 所示。

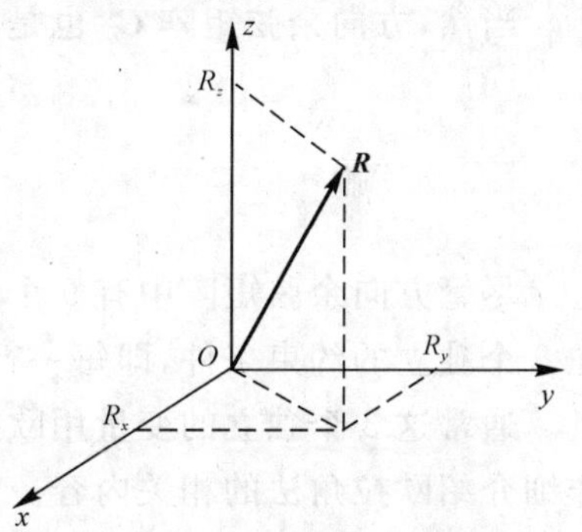

图 1.18　矢量在空间直角坐标系中的投影

表 1.2　两个坐标系各轴之间的方向余弦

	x_0	y_0	z_0
x_1	$c_{11}=\cos(x_1,x_0)$	$c_{12}=\cos(x_1,y_0)$	$c_{13}=\cos(x_1,z_0)$
y_1	$c_{21}=\cos(y_1,x_0)$	$c_{22}=\cos(y_1,y_0)$	$c_{23}=\cos(y_1,z_0)$
z_1	$c_{31}=\cos(z_1,x_0)$	$c_{32}=\cos(z_1,y_0)$	$c_{33}=\cos(z_1,z_0)$

将表 1.2 组成矩阵的形式称为方向余弦矩阵，则有

$$C_a^b = \begin{bmatrix} c_{11} & c_{12} & c_{13} \\ c_{21} & c_{22} & c_{23} \\ c_{31} & c_{32} & c_{33} \end{bmatrix} \tag{1.10}$$

方向余弦矩阵除了描述坐标系之间的角位置关系外，还有另一个重要作用就是用于坐标变换，因此，方向余弦矩阵也称为坐标变换矩阵，该变换矩阵可以将某个矢量从一个坐标系投影转换到另一原点相同的坐标系中。

若矢量 $\boldsymbol{R}$ 在 $Ox_a y_a z_a$ 中的 3 个投影为 $[x_a \quad y_a \quad z_a]^{\mathrm{T}}$，在 $Ox_b y_b z_b$ 中的投影为 $[x_b \quad y_b \quad z_b]^{\mathrm{T}}$，利用方向余弦矩阵 $\boldsymbol{C}_a^b$，将矢量 $\boldsymbol{R}$ 从 a 坐标系转换到 b 坐标系的表达式为

$$\begin{bmatrix} x_b \\ y_b \\ z_b \end{bmatrix} = \begin{bmatrix} c_{11} & c_{12} & c_{13} \\ c_{21} & c_{22} & c_{23} \\ c_{31} & c_{32} & c_{33} \end{bmatrix} \begin{bmatrix} x_a \\ y_a \\ z_a \end{bmatrix} = \boldsymbol{C}_a^b \begin{bmatrix} x_a \\ y_a \\ z_a \end{bmatrix} \tag{1.11}$$

因此 $\boldsymbol{C}_a^b$ 也称为 a 系到 b 系转换的方向余弦矩阵。

注意到以上讨论的坐标转换都是在两个正交空间进行，因此 $\boldsymbol{C}_a^b$ 是正交矩阵，我们要 求解 b 系到 a 系转换的方向余弦矩阵 $\boldsymbol{C}_b^a$，则可以简单地获得

$$\boldsymbol{C}_b^a = [\boldsymbol{C}_a^b]^{-1} = [\boldsymbol{C}_a^b]^{\mathrm{T}} \tag{1.12}$$

当然，方向余弦矩阵 $\boldsymbol{C}_b^a$ 也是正交矩阵，如采用 $\boldsymbol{C}_a^b$ 的元素，则 $\boldsymbol{C}_b^a$ 可以表达为

$$\boldsymbol{C}_b^a = \begin{bmatrix} c_{11} & c_{21} & c_{31} \\ c_{12} & c_{22} & c_{32} \\ c_{13} & c_{23} & c_{33} \end{bmatrix} \tag{1.13}$$

尽管方向余弦矩阵中有 9 个元素，但由于方向余弦矩阵是正交矩阵，因此 9 个元素之间存在 6 个独立的约束条件，即每一行或者每一列的平方和等于 1，所以实际上只有 3 个独立的变量。通常这 3 个独立的变量用欧拉角来表示比较直接，本书将在第 2 章捷联惯性导航系统中详细介绍欧拉角法的相关内容。

2. 地心惯性坐标系和地球坐标系之间的变换矩阵

地球坐标系和地心惯性坐标系之间的转动是由地球自转引起的，从导航开始时刻，地球坐标系绕 z 轴转过 $\omega_{ie}t$，如图 1.19 所示。由转动关系可知，惯性坐标系到地球坐标系的变换矩阵为

$$\boldsymbol{C}_e^g = \begin{bmatrix} \cos\omega_{ie}t & \sin\omega_{ie}t & 0 \\ -\sin\omega_{ie}t & \cos\omega_{ie}t & 0 \\ 0 & 0 & 1 \end{bmatrix} \tag{1.14}$$

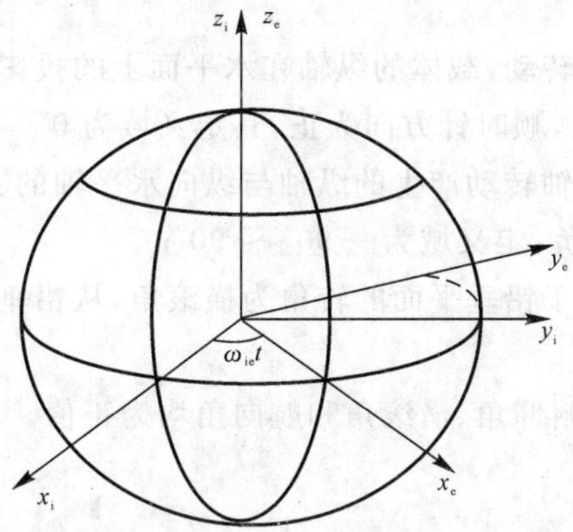

图 1.19　地球系与地心惯性系之间的角度关系

3. 地理坐标系和地球坐标系之间的变换矩阵

对于在地球上经度、纬度分别为 λ,L 的点的地理坐标系和地球坐标系之间的转动可由经度、纬度组成的转移矩阵来表示。根据经纬度的定义,由图 1.14,地球坐标系到东北天地理坐标系可通过绕 z_e 转动$(90°+\lambda)$,再绕所得的坐标系的 x 轴转$(90°-L)$得到,则地球坐标系到地理坐标系的变换矩阵为

$$\boldsymbol{C}_e^g=\begin{bmatrix}-\sin\lambda & \cos\lambda & 0\\ -\sin L\cos\lambda & -\sin L\sin\lambda & \cos L\\ \cos L\cos\lambda & \cos L\sin\lambda & \sin L\end{bmatrix} \tag{1.15}$$

同理,若已知 $\boldsymbol{C}_e^g$,也可得到该点所处的经纬度。若用 c_{ij} 表示转换阵 $\boldsymbol{C}_e^g$ 的元素$(i=1,2,3;$ $j=1,2,3)$,则

$$\left.\begin{aligned}L&=\arctan\frac{c_{33}}{c_{23}}\\ \lambda_{主}&=\arctan\frac{c_{22}}{c_{21}}\end{aligned}\right\} \tag{1.16}$$

其中,λ 下标"主"表示反三角函数主值;纬度 L 的定义域为 $-90°\sim+90°$;经度 λ 的定义域为 $-180°\sim+180°$,因此 λ 要进行象限的判断。

由此可见,$\boldsymbol{C}_e^g$ 实质上就是确定地理坐标系(g 系)和地球坐标系(e 系)之间的位置关系,因此 $\boldsymbol{C}_e^g$ 也叫位置矩阵。

4. 姿态角定义及载体坐标系和地理坐标系之间的变换

根据载体坐标系和地理坐标系之间的相对角位置关系,可以定义并确定载体的姿态角(俯仰角、横滚角和航向角)。

① 定义载体绕垂线方向转动,载体的纵轴在水平面上的投影与地理北向之间的夹角为航向角,数值以地理北向为起点,顺时针方向为正,其定义域为 0° ~ 360°;

② 定义载体绕横向水平轴转动产生的纵轴与纵向水平轴的夹角为俯仰角,俯仰角以水平轴为起点,向上为正,向下为负,定义域为 − 90° ~ 90°;

③ 定义载体绕纵轴相对于铅垂平面的转角为横滚角,从铅垂平面算起,右倾为正,左倾为负,定义域为 − 180° ~ 180°。

如图 1.20 所示,图中的俯仰角、横滚角和航向角均为正值。

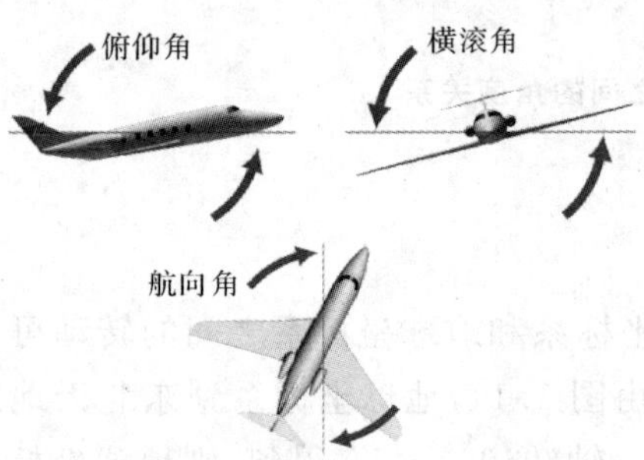

图 1.20 姿态角定义示意图

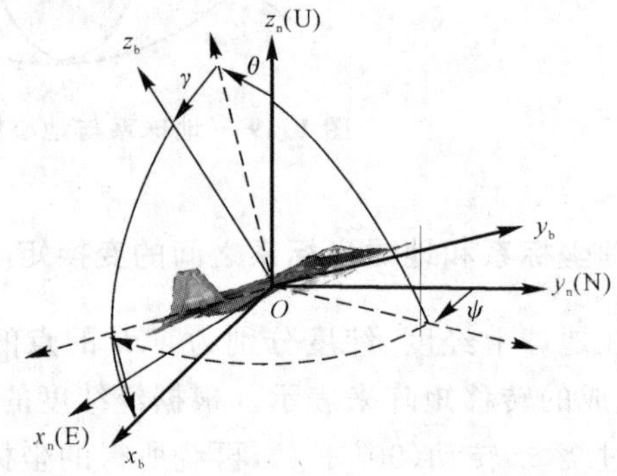

图 1.21 载体坐标系和地理坐标系的角度关系

根据姿态角的定义,航向角、俯仰角和横滚角分别为 ψ,θ,γ 的飞机的载体坐标系与地理坐标系(与 n 系重合)的关系如图 1.21 所示。可得地理坐标系到载体坐标系的变换矩阵为

$$\boldsymbol{C}_g^b=\begin{bmatrix}\cos\gamma & 0 & -\sin\gamma\\ 0 & 1 & 0\\ \sin\gamma & 0 & \cos\gamma\end{bmatrix}\begin{bmatrix}1 & 0 & 0\\ 0 & \cos\theta & \sin\theta\\ 0 & \sin\theta & \cos\theta\end{bmatrix}\begin{bmatrix}\cos\psi & -\sin\psi & 0\\ \sin\psi & \cos\psi & 0\\ 0 & 0 & 1\end{bmatrix}=$$

$$\begin{bmatrix}\cos\gamma\cos\psi+\sin\gamma\sin\theta\sin\psi & -\cos\gamma\sin\psi+\sin\gamma\sin\theta\cos\psi & -\sin\gamma\cos\theta\\ \cos\theta\sin\psi & \cos\theta\cos\psi & \sin\theta\\ \sin\gamma\cos\psi-\cos\gamma\sin\theta\sin\psi & -\sin\gamma\cos\psi-\cos\gamma\sin\theta\cos\psi & \cos\gamma\cos\theta\end{bmatrix} \tag{1.17}$$

若已知 $\boldsymbol{C}_g^b$,也可求得载体的水平姿态角和航向角。用 t_{ij} 表示 $\boldsymbol{C}_g^b$ 的元素($i=1,2,3;j=1,2,3$),则

$$\left.\begin{aligned}\theta_{主} &= \arctan \frac{t_{23}}{\sqrt{t_{21}^2 + t_{22}^2}} \\ \gamma_{主} &= \arctan\left(-\frac{t_{13}}{t_{33}}\right) \\ \psi_{主} &= \arctan \frac{t_{21}}{t_{22}}\end{aligned}\right\} \tag{1.18}$$

式中，下标“主”表示反三角函数的主值。因此，根据姿态角的定义域，除 θ 外，其余两个角都要进行象限的判断，判断方式如表 1.3、表 1.4 所示。

由此可见，载体的姿态和航向就是机体系 b 和地理系 g 之间的方位关系，故 $\boldsymbol{C}_g^b$ 称为姿态矩阵。

表 1.3　航向角的判断

t_{22} 的符号	t_{21} 的符号	航向角真值	象　限
+	+	ψ	$0° \sim 90°$
−	+	$\psi + 180°$	$90° \sim 180°$
+	−	$\psi + 360°$	$270° \sim 360°$
−	−	$\psi + 180°$	$180° \sim 270°$

表 1.4　横滚角的判断

t_{13} 的符号	t_{33} 的符号	横滚角真值	象　限
+	+	γ	$0° \sim 90°$
+	−	$\gamma + 180°$	$90° \sim 180°$
−	−	$\gamma - 180°$	$-180° \sim -90°$
−	+	γ	$-90° \sim 0°$

1.4.4　两种定位方式及原理

导航中两种基本的定位方式分别为推算式定位和几何式定位。其中，推算式定位就是利用测量信息进行积分 / 推算，获得目标的导航参数。例如，加速度积分获得速度，速度积分获得位置，角速度积分获得角度等。几何式定位是利用与多个已知点之间的距离关系直接解算载体位置的定位方法。

1. 推算式定位

最有代表性的推算式导航技术是可以实现完全自主导航的惯性导航。惯性导航在获得初始条件的基础上，完全依靠自身的加速度计和陀螺实现对速度、位置和姿态的推算。在陆地车辆和舰船导航系统中，基于角速率传感器和速度计（或里程仪）构建的实现2维平面导航定位的航位推算定位（Dead Reckoning，DR）系统也是一种常用的推算式导航定位系统。另外，基于多普勒频移测速的多普勒导航系统，也是一种推算式的导航系统，它利用多普勒雷达测量飞行器相对于地球的速度，通过积分获得载体的导航参数。

2. 几何式定位

相对于多个已知点进行测距的几何定位技术主要包括无线电导航定位（卫星定位）和路标定位等。

无线电导航定位系统的基本原理是载体携带的接收装置收集在一定地理区域内无线信号发射台发射的无线导航信息，根据接收信号频率、到达时间及角度等信号参量的变化，处理得到对待测位置信息的估计。典型的无线电导航定位系统有罗兰C（Loran-C）、奥米加（Omega）、全球卫星导航定位系统等。

另外，利用现代移动通信系统的蜂窝网络提供导航、位置信息是一种新的定位方式。它通过测量到达（或来自）一系列固定或移动基站携带的与移动台位置信息有关的信号来确定移动基站位置。根据进行定位估计的主体及采用设备的不同，可将对移动台的无线电定位方案分为3类：基于移动台的定位方案、基于网络的定位方案及GPS辅助定位方案。

1.5 地球形状描述及曲率半径

在地球上或地球表面附近的载体，导航所需要的即时位置、速度和姿态等基本参数主要是相对于地球而言的。为了描述载体相对于地球的位置，必须讨论地球的几何形状，并给予数学描述，介绍地球导航中常用的参数。同时，也介绍地球定位常用的坐标方法及相互关系。

1.5.1 地球几何形状及纬度定义

1. 地球形状概述

地球并不是一个标准的球体。相对来说，地球两极更加扁平，北冰洋是地球在其北端的凹陷部分，南极洲是地球在其南端的突出部分，地球的赤道部分鼓起。地球的内层并不是由同类岩石构成的，一些区域的地壳更厚，或者密度更大，如图1.22所示。确切地说，地球是个不规则的椭球体。

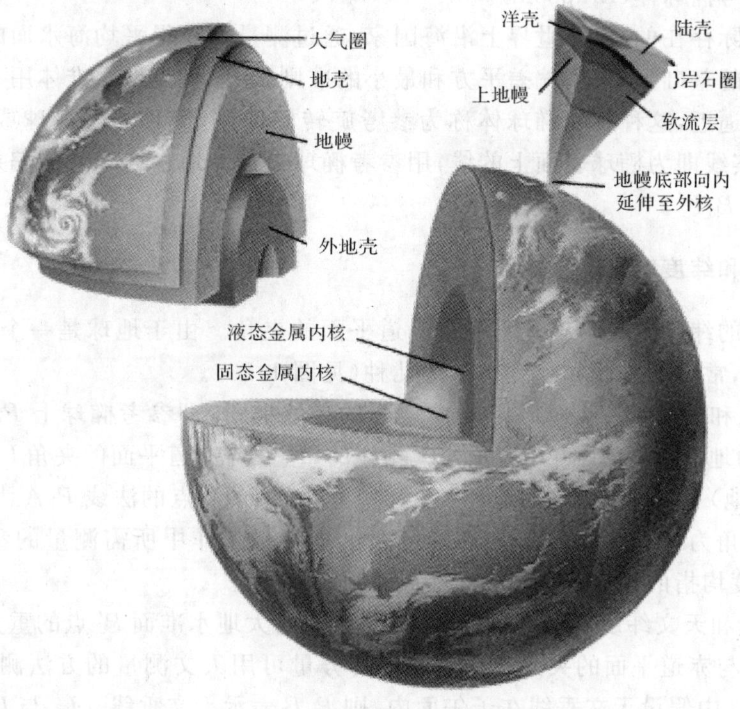

图 1.22　地球示意图

由于地球绕其极轴转动，所以赤道各处的地球半径较极轴方向的半径长，地球类似一个旋转椭球体。但地球表面有高山、盆地，它的真实形状是很不规则的。这种不规则的真实地球体无法在导航中用数学模型来描述真实地球形状。

海洋中各处的海平面与该处重力矢量相垂直。20 世纪 70 年代，大地测量学家创立了大地水准面(Geoid)概念，设想地球被海洋全部包围，则各处海平面所形成的地球形状称为大地水准体，它在各处的局部表面称为大地水准面(见图 1.23 中 P' 点所在的虚线表面)。

大地水准面与占地球面积 71% 的平均海水面重合，与地球自然表面非常接近；大地水准面具有水准面特性，处处与铅垂线正交，大地水准体体现了地球各处重力矢量的分布情况，用大地水准体表示地球形状是比较合理的。但地球形状不规则，各处质量不均匀，大地水准体还只是一个近似的旋转椭球体，仍不能用数学模型来表达，因此，

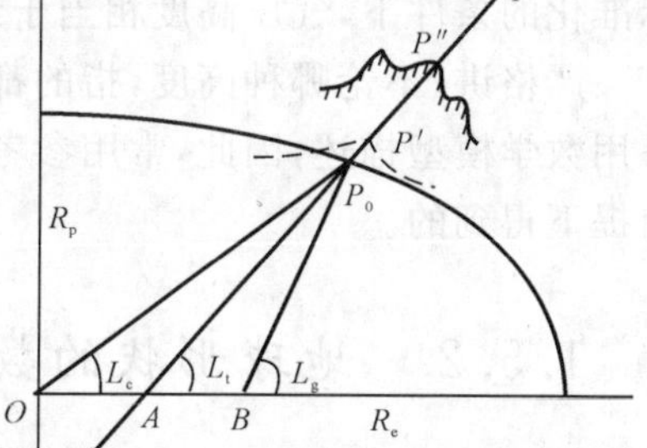

图 1.23　地球形状、垂线与纬度

人们又提出了参考椭球体(Ellipsoid)。

海水面是实际存在的,连接世界上沿海国家,通过测量可获得平均海水面的位置。在测量各处大地水准面的基础上,采用偏差平方和最小的准则,可以将大地水准体用一个有确定参数的旋转椭球体来逼近,这种旋转椭球体称为参考旋转椭球体,简称参考椭球或椭球。图 1.23 中 P_0 点所在的实线即为椭球表面上的线,用参考椭球逼近大地水准体时的偏差平方和最小的原则中的偏差为 P_0P'。

2. 地球垂线和纬度定义

地球上某点的纬度定义为该点垂线和赤道平面的夹角。由于地球是一个旋转椭球体,对于地球上的某点,常用的垂线和纬度有下述几种(见图 1.23)。

① 地心垂线和地心纬度。从该点指向地心的连线矢量,即参考椭球上 P_0 点到地球中心的连线 P_0O 称为地心垂线,也叫几何垂线。相应的,P_0O 与赤道平面的夹角 L_c 为地心纬度。

② 地理(测地)垂线和地理(测地)纬度。参考椭球上 P_0 点的法线 P_0A 为地理垂线;P_0A 与赤道平面的夹角为地理纬度 L_t。地理纬度是大地测量工作中所需测量的参数。在本书以后的叙述中,纬度均指的是地理纬度 L_t(特别说明者除外)。

③ 天文垂线和天文纬度。参考椭球上 P_0 点对应的大地水准面 P' 点的重力方向称为天文垂线。天文垂线与赤道平面的夹角在子午面内的分量可用天文测量的方法测定,故称为天文纬度 L_g。图 1.23 中假设天文垂线在子午面内,则 P_0B 表示天文垂线。L_g 与 L_t 的差别很小。

常用的高度主要有飞行高度、绝对高度、相对高度等。在图 1.23 中,若载体在 P 点,PP_0A 为 P 对应的参考椭球上 P_0 点的法线,PP_0A 与地球真实地形线交于 P'' 点,与大地水准线交于 P' 点,则 PP_0 称为飞行高度(或简称高度),PP' 称为海拔高度或绝对高度,PP'' 为相对高度,$P'P''$ 为当地海拔,P_0P' 为大地起伏。大地起伏同样是大地测量工作所需测量的参数,常用 N 表示。P 点大气压力相对于标准大气压力换算的高度称为气压高度,在气压分布和温度分布标准化的条件下,气压高度相当于绝对高度。

严格讲,不论哪种高度,指的都是当地大地水准面法线方向的长度。但大地水准面法线不易用数学模型描述,因此,常用参考椭球面上当地法线来代替,上述各种高度定义都是在这种前提下得到的。

1.5.2 地球形状的数学描述

利用参考椭球描述地球形状,理论上参考椭球的中心应与地球的质量中心相吻合,参考椭球也应选用一种适用于全球的椭球。但是,由于各国大地测量的范围有限,以及为了使用方便等原因,各国对地球质量中心的确定都不尽相同,采用的参考椭球也不尽相同。大地测量常将所选用的参考椭球以及相对地球有某种确定位置的空间坐标系称为大地坐标系,本节将介绍常见的大地坐标系。

另外，地球重力场作为地球的一个基本特性，本节也将进行讨论。

1. 大地坐标系

大地基准面是利用特定椭球体对特定地区地球表面的逼近，因此每个国家或地区均有各自的大地基准面，这就意味着测量所得到的经纬度等参数是以某种大地坐标系为基准的。例如，我国的北京 54 坐标系、西安 80 坐标系实际上指的是我国的两个大地基准面。我国参照苏联从 1953 年起采用克拉索夫斯基(Krassovsky) 椭球体建立了我国的北京 54 坐标系，1978 年采用国际大地测量协会推荐参考椭球体建立了我国新的大地坐标系 —— 西安 80 坐标系，而与参考椭球相固连的空间直角坐标系则是按我国大地测量的结果而确定的。这种适用于局部地区的大地坐标系也可称为局部大地坐标系。

由于卫星技术和遥测技术的发展，目前已可利用卫星测量的办法取得全球性的大地测量数据，从而拟合出适合于全球性的全球大地坐标系。美国国防部迄今已提供过 WGS—60，66，72，84 等 4 种全球大地坐标系，目前应用最多的是 WGS—84 坐标系[19]。WGS—84 采用 WGS—84 椭球体，它是通过国际协议确定的协议地球坐标系(Conventional Terrestrial System，CTS)，通过平移美国海军导航卫星系统的坐标原点和进行比例尺度伸缩，并旋转其参考子午面与国际时间局定义的零度子午线一致。

WGS—84 的原点在地心，空间直角坐标系的 z 轴指向世界时间局 BIH(1984.0) 定义的地极(CTP) 方向，x 轴指向 BIH 定义的零度子午线和 CTP 赤道的交点，y 轴和 z 轴、x 轴构成右手坐标系，如图 1.24 所示。WGS—84 的原点和坐标轴方向是通过 5 个 GPS 监测站的 x，y，z 来确定的。WGS—84 椭球采用国际大地测量与地球物理联合会第 17 届大会测量常数推荐值，采用两个常用基本几何参数：长半轴 6 378 137 m、扁率 1/298.257 223 563。

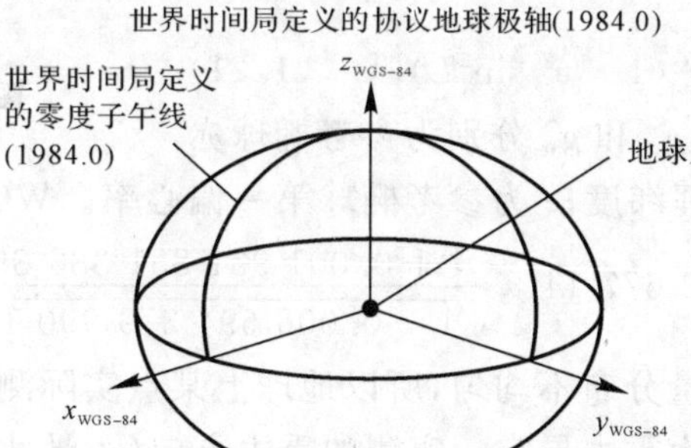

图 1.24　WGS—84 坐标系定义

对于同一点，在局部大地坐标系和 WGS—84 间的坐标转换用 7 个参数来定义。表示两个坐标系坐标原点的 3 个平移参数 $\Delta x,\Delta y,\Delta z$；两个坐标系坐标轴方向之间的 3 个旋转参数 ε_x，ε_y，ε_z，表示当地坐标系旋转到与地心坐标系平行时，分别绕 x_t，y_t，z_t 的旋转角；比例校正因子 μ，用于调整参考椭球大小。

北京 54 坐标系、西安 80 坐标系相对 WGS—84 的转换参数现今没有公开，实际工作中可利用工作区内已知的北京 54 或西安 80 坐标控制点进行与 WGS—84 坐标值的转换，根据已知控制点的多少，可以选择完整或简化的坐标转换方式。已知控制点足够时，可以求出平移、旋转和比例伸缩的参数，见式(1.19)；当控制点有限时，可以通过用已知点的北京 54 与 WGS—84 坐标之差作为平移参数，进行简化方式的转换。

$$\begin{bmatrix} x \\ y \\ z \end{bmatrix}_{\text{WGS—84}} = \begin{bmatrix} x \\ y \\ z \end{bmatrix}_{\text{Local}} + \begin{bmatrix} \mu & \varepsilon_z & -\varepsilon_y \\ -\varepsilon_z & \mu & \varepsilon_x \\ \varepsilon_y & -\varepsilon_x & \mu \end{bmatrix} \begin{bmatrix} x \\ y \\ z \end{bmatrix}_{\text{Local}} + \begin{bmatrix} \Delta x \\ \Delta y \\ \Delta z \end{bmatrix} \tag{1.19}$$

2. 地球重力场

地球周围空间的物体都受到地球重力的作用，地球重力在地球周围形成重力场。地球表面 P 点的重力加速度 g 是引力加速度 G 和负方向的地球转动向心加速度(即单位质量的离心惯性力)$-\boldsymbol{\omega}_{ie}\times(\boldsymbol{\omega}_{ie}\times\boldsymbol{R})$ 的合成(见图 1.25)，即

$$\boldsymbol{g}=\boldsymbol{G}-\boldsymbol{\omega}_{ie}\times(\boldsymbol{\omega}_{ie}\times\boldsymbol{R}) \tag{1.20}$$

式中，$\boldsymbol{R}$ 为 P 点相对地球中心的位置矢量；$\boldsymbol{\omega}_{ie}$ 为地球自转角速度，国际天文学协会(IAU)提供的数值为 $\omega_{ie}=7\ 292\ 115.146\ 7\times10^{-11}\ \text{rad/s}\approx15.041\ 08\ ^\circ/\text{h}$。

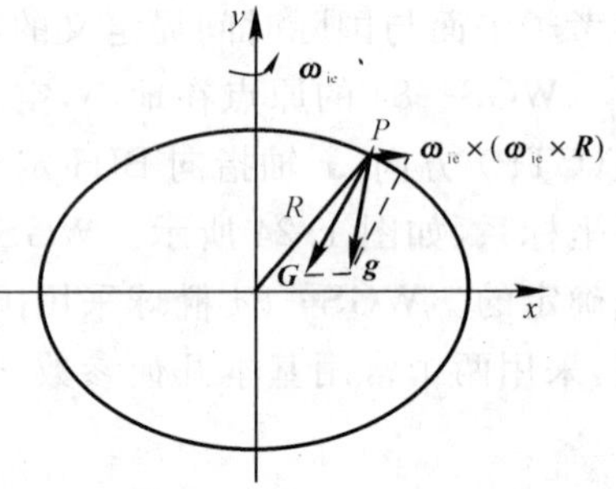

图 1.25 重力矢量图

按参考椭球参数，理论上可计算出不同纬度处的重力。WGS—84 全球大地坐标系体系选用的重力解析式如下：

$$g=g_e(1+k\sin^2L)/(1-e^2\sin^2L)^{1/2} \tag{1.21}$$

式中，$k=[R_p g_p/(R_e g_e)]-1$；g_e 和 g_p 分别为参考椭球赤道和极点的理论重力；L 为地理纬度；e 为参考椭球第一偏心率。WGS—84 的重力数值式为

$$g=978.032\ 677\ 14\times\frac{1+0.001\ 931\ 851\ 386\ 39\sin^2L}{\sqrt{1-0.006\ 694\ 379\ 990\ 13\sin^2L}} \tag{1.22}$$

由于地球形状不规则，质量分布不均匀，所以地球上某点实际测量的重力数值与理论值有差别，大地测量把这种差别称为重力异常。实测的重力方向(大地水准面的垂直方向)与该点在参考椭球处的法线方向也不一致，这种偏差称为垂线偏斜。常用南北方向和东西方向的两个偏斜角(ε 和 η)来表示垂线偏斜，ε 就是天文纬度与地理纬度的夹角。垂线偏斜一般为角秒数量级，最大不超过20″，与 g 有关的精密导航方法(例如高精度惯性导航)必须考虑这种影响。重力异常和两个垂线偏斜角都是大地测量工作中所需测量的参数。

1.5.3　地球参考椭球体的曲率半径

参考椭球的赤道平面是圆平面，所以参考椭球可用赤道平面半径（即长半径）R_e 和极轴半径（即短半径）R_p 来描述，或用长半径 R_e 和椭圆度（扁率）f 来描述。

$$f=\frac{R_e-R_p}{R_e} \tag{1.23}$$

大地测量还常用偏心率 e 来描述参考椭球的椭圆程度。

第一偏心率和第二偏心率分别为

$$e=\frac{\sqrt{R_e^2-R_p^2}}{R_e} \quad 和 \quad e'=\frac{\sqrt{R_e^2-R_p^2}}{R_p} \tag{1.24}$$

曲面上某动点前进方向的曲率能够描述曲面沿该方向的弯曲程度。曲率半径 R 是曲率的倒数，即

$$R=\lim_{\Delta\varphi\to 0}\left|\frac{\Delta s}{\Delta\varphi}\right|=\left|\frac{\mathrm{d}s}{\mathrm{d}\varphi}\right| \tag{1.25}$$

式中，Δs 为位移；$\Delta\varphi$ 为位移角。

曲率半径也是描述动点速度 v 与角速度 ω 之间关系的参数，即

$$v=R\omega \tag{1.26}$$

式中，$v=\mathrm{d}s/\mathrm{d}t$，$\omega=\mathrm{d}\varphi/\mathrm{d}t$。

导航中经常需要从载体相对地球的位移或速度求取载体经纬度或相对地球的角速度，所以必须研究参考椭球表面各方向的曲率半径（以后本书中提及的参考椭球与地球两词意义相同，特别说明者除外）。

1. 参考椭球主曲率半径

参考椭球子午圈上各点的曲率半径 R_M 和卯酉圈（它所在的平面与子午面垂直）上各点的曲率半径 R_N 称为主曲率半径，图 1.26 中 $\overset{\frown}{EP_0F}$ 弧段即 P_0 点卯酉圈的部分弧段。

设参考椭球上 P_0 点（纬度为 L）所在子午面如图 1.27 所示，则由椭圆方程

$$\frac{z_e^2}{R_p^2}+\frac{x_e^2}{R_e^2}=1 \tag{1.27}$$

和曲率半径定义式(1.25)，可推导得子午面内曲率半径为

$$R_M=\frac{(1-f)^2R_e/\cos^3L}{[(1-f)^2\tan^2L+1]^{3/2}}=\frac{(1-f)^2R_e}{[(1-f)^2\sin^2L+\cos^2L]^{3/2}} \tag{1.28}$$

略去 f^2 二阶小量，则有

$$R_M\approx\frac{(1-2f)R_e}{(1-2f\sin^2L)^{3/2}}\approx R_e(1-2f+3f\sin^2L) \quad 或 \quad \frac{1}{R_M}\approx\frac{1}{R_e}(1+2f-3f\sin^2L) \tag{1.29}$$

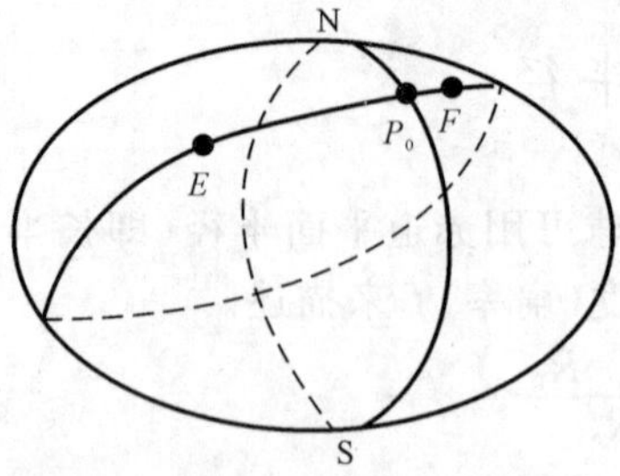

图 1.26 子午圈与卯酉圈

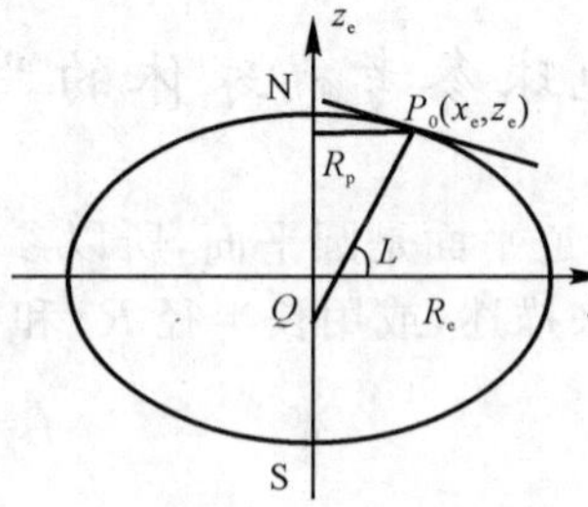

图 1.27 子午面椭圆

根据位于 P_0 点载体的北向速度 v_N 与载体以东向西对地速度 v_E 沿卯酉圈飞行所产生的相对地球的角速度 ω_N 的关系(见图 1.27),可以推导出 P_0 点卯酉圈曲率半径 R_N 为

$$R_N = \frac{R_e}{[(1-f)^2 \sin^2 L + \cos^2 L]^{1/2}} \tag{1.30}$$

略去 f^2 二阶小量,可得

$$R_N \approx \frac{R_e}{[1-2f \sin^2 L]^{1/2}} \approx R_e(1+f \sin^2 L) \tag{1.31}$$

或

$$\frac{1}{R_N} \approx \frac{1}{R_e}(1-f \sin^2 L) \tag{1.32}$$

比较式(1.29) 和式(1.32) 可以看出,$R_N > R_M$。

2. 任意方向的曲率半径

与从 ω_N 和 v_E 之间的关系求得主曲率半径 R_N 一样,我们同样可以从任意方向的对地速度与角速度之间的关系求得参考椭球上任意方向的曲率半径。

如图 1.28 所示,设水平面上 x 和 y 轴方向分别偏离 E 和 N 方向 a 角,则载体绕 x,y 轴方向相对地球的角速度 ω_x 和 ω_y 各为

$$\begin{bmatrix} \omega_x \\ \omega_y \end{bmatrix} = \begin{bmatrix} \cos a & \sin a \\ -\sin a & \cos a \end{bmatrix} \begin{bmatrix} \omega_E \\ \omega_N \end{bmatrix} \tag{1.33}$$

从式(1.26) 可知

$$\begin{bmatrix} \omega_E \\ \omega_N \end{bmatrix} = \begin{bmatrix} -v_N/R_M \\ v_E/R_N \end{bmatrix} \tag{1.34}$$

而

$$\begin{bmatrix} v_E \\ v_N \end{bmatrix} = \begin{bmatrix} \cos a & -\sin a \\ \sin a & \cos a \end{bmatrix} \begin{bmatrix} v_x \\ v_y \end{bmatrix} \tag{1.35}$$

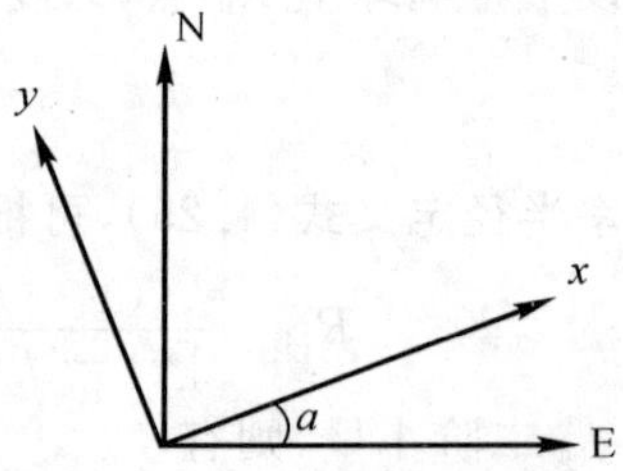

图 1.28 任意方向的坐标

故有

$$\begin{bmatrix}\omega_x\\ \omega_y\end{bmatrix}=\begin{bmatrix}-\left(\dfrac{1}{R_{\mathrm{M}}}-\dfrac{1}{R_{\mathrm{N}}}\right)\sin a\cos a & -\left(\dfrac{\sin^2 a}{R_{\mathrm{N}}}+\dfrac{\cos^2 a}{R_{\mathrm{M}}}\right)\\ \dfrac{\cos^2 a}{R_{\mathrm{N}}}+\dfrac{\sin^2 a}{R_{\mathrm{M}}} & \left(\dfrac{1}{R_{\mathrm{M}}}-\dfrac{1}{R_{\mathrm{N}}}\right)\sin a\cos a\end{bmatrix}\begin{bmatrix}v_x\\ v_y\end{bmatrix}\overset{\text{def}}{=\!=}$$

$$\begin{bmatrix}-\dfrac{1}{\tau_{\mathrm{a}}} & -\dfrac{1}{R_y}\\ \dfrac{1}{R_x} & \dfrac{1}{\tau_{\mathrm{a}}}\end{bmatrix}\begin{bmatrix}v_x\\ v_y\end{bmatrix} \tag{1.36}$$

其中

$$\left.\begin{aligned}\frac{1}{R_x}&=\frac{\cos^2 a}{R_{\mathrm{N}}}+\frac{\sin^2 a}{R_{\mathrm{M}}}\\ \frac{1}{R_y}&=\frac{\sin^2 a}{R_{\mathrm{N}}}+\frac{\cos^2 a}{R_{\mathrm{M}}}\\ \frac{1}{\tau_{\mathrm{a}}}&=\left(\frac{1}{R_{\mathrm{M}}}-\frac{1}{R_{\mathrm{N}}}\right)\sin a\cos a\end{aligned}\right\} \tag{1.37}$$

R_x 和R_y 就是x 方向和y 方向的曲率半径；$1/\tau_{\mathrm{a}}$ 称为挠曲率。参考椭球沿南北方向或东西方向的曲率半径是位于子午圈或卯酉圈平面的。但参考椭球沿其他方向的曲率半径有挠曲现象，它并不位于该方向的大圆平面内，这使 ω_x 不单由 v_y 产生，v_x 也产生 x 方向的角速度。式(1.36)中，$1/R_x$，$1/R_y$ 和 $1/\tau_{\mathrm{a}}$ 组成的矩阵称为参考椭球任意方向上的曲率阵。从式(1.37)还可看出，随着 a 角的不同，R_x，R_y 值介于R_{N} 和 R_{M} 值之间，这些就是 R_{N} 和 R_{M} 称为主曲率半径的原因。

1.5.4　地球上定位的两种坐标方法及其转换

地球导航的定位方法，除了短距离航行或着陆飞行等某些特殊情况采用相对地面上某点的相对定位方法以外，一般都以地球中心为原点，采用某种与地球固连的坐标系作为基准的定位方法。常用的有两种，即空间直角坐标系定位方法和经纬度与高度的定位方法。

1. 空间直角坐标系定位方法

坐标系原点为参考椭球的中心，x 轴和 y 轴位于赤道平面，x 轴通过零度子午线(有时定义为 y 轴通过零度子午线)，z 轴与椭球极轴一致，地面上空载体 P 的坐标即以 x，y，z 来表征，如图 1.29 所示。

空间直角坐标系在某些长距离无线电定位系统、GPS 全球定位系统以及导弹和空间载体的定位方法中经常用到。

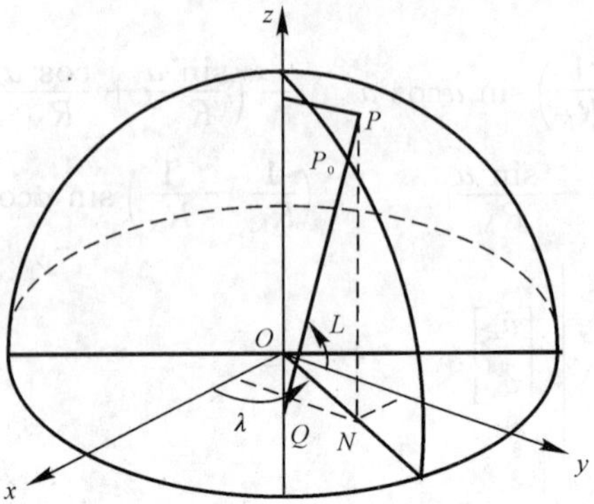

图 1.29　地球上两种定位方法

2. 经纬度和高度的定位方法

利用与椭球固连的直角坐标系和椭球本身作为基准，根据载体的高度和所在地面的经纬度，就可确定载体 P 相对于椭球的位置(见图 1.29)。

3. 两种定位方法的变换

导航计算中有时需要将两种定位方法的定位参数进行相互变换。

(1) 从经纬度和高度变换为空间直角坐标

若已知载体经度 λ、纬度 L 和高度 H，则有

$$x = \overline{PQ}\cos L\cos\lambda$$
$$y = \overline{PQ}\cos L\sin\lambda \tag{1.38}$$

由高度定义可知

$$\overline{PQ} = \overline{PP_0} + \overline{P_0Q} = H + R_N \tag{1.39}$$

故有

$$x = (R_N + H)\cos L\cos\lambda \tag{1.40}$$

$$y = (R_N + H)\cos L\sin\lambda \tag{1.41}$$

若不考虑高度 H，则可求得

$$z = x_e(1-f)^2\tan L$$

式中，x_e 相当于图 1.29 中的 $\overline{ON}$，$\overline{ON} = R_N\cos L$，故有

$$z = R_N(1-f)^2\sin L \tag{1.42}$$

从图 1.29 中几何关系可知，式(1.42)中 $R_N(1-f)^2$ 相当于图中 $\overline{P_0Q}$，故考虑高度 H 后，

有

$$z = [R_N (1-f)^2 + H] \sin L \tag{1.43}$$

式(1.40)、式(1.41)和式(1.43)即为从经纬高度 λ, L, H 向空间直角坐标 x, y, z 的变换式。

(2) 从空间直角坐标变换为经纬度和高度

从式(1.40)和式(1.41),有

$$\lambda = \arctan \frac{y}{x} \tag{1.44}$$

若高度 $H=0$,则由式(1.40)、式(1.41)和式(1.43)可得纬度 L 为

$$L = \arctan\left[\frac{z}{(1-f)^2\sqrt{x^2+y^2}}\right] \quad 或 \quad L = \arctan\left[\frac{R_r^2 z}{R_p^2\sqrt{x^2+y^2}}\right] \tag{1.45}$$

若 $H \neq 0$,则因 L 还与 R_N 有关,而 R_N 本身又是纬度的函数,故求不出 L 的解析显式。但当 H 已知且不太大时,可用近似式

$$L \approx \arctan\left[\left(\frac{R_e+H}{R_p+H}\right)^2 \frac{z}{\sqrt{x^2+y^2}}\right] \tag{1.46}$$

求纬度。当 $H=10$ km,$L=45°$ 时,上述近似式的误差 $\Delta L = 0.003\,5''$,相当于南北方向的距离误差为10 cm。所以对大气层内近地导航来讲,如果 H 已知,则采用近似式(1.46)求纬度是合适的。若 H 也须从直角坐标 x, y, z 中求出,则可用迭代法,先求 L,再求 H。即

$$\left.\begin{aligned}
&(R_N+H)_{i+1} = x/(\cos L_i \cos \lambda) \\
&R_{N_{i+1}} = \frac{R_e}{[\cos^2 L + (1-e^2)\sin^2 L_i]^{1/2}} \\
&L_{i+1} = \arctan \frac{(R_N+H)_{i+1}}{(R_N+H)_{i+1} - R_{N_{i+1}} e^2} \frac{z}{\sqrt{x^2+y^2}}
\end{aligned}\right\} \tag{1.47}$$

式中,e 为椭球第一偏心率;注有下标 i 的值即第 i 次迭代的值;L_0 可从式(1.45)求得。

迭代 k 次基本稳定后,有

$$H = (R_N+H)_k - R_{N_k} \tag{1.48}$$

1.5.5 导航技术中常用的基本参数

导航中研究地球表面附近的定位问题时,须要知道地球参考椭球的有关参数。

目前,各国采用的参考椭球已有10余种,但大部分都是仅在局部地区测量大地水准面的基础上确定的,仅对某些局部地区适用。世界上部分参考椭球见表1.5。

表 1.5 世界上部分参考椭球参数

名 称	R_e/m	$1/f$	使用国家或地区
克拉索夫斯基(1940)	6 378 245	298.3	苏联
1975 年国际会议推荐的参考椭球	6 378 140	298.257	中国①
贝塞尔(1841)	6 377 397	299.15	日本及中国台湾地区
克拉克(1866)	6 378 206	294.98	北美
海福特(1910)	6 378 388	297.00	欧洲、北美及中近东
WGS－84(1984)	6 378 137	298.257	全球②

① 我国在 1949 年后采用克拉索夫斯基椭球,1980 年起采用此椭球。

②WGS－84 是美国国防部地图局于 1984 年制定的全球大地坐标系,表中所列数据是指 WGS－84 坐标系所选定的参考椭球。

在地球表面附近的导航中,参考椭球通常选为 WGS－84 坐标系下定义的参考椭球。建立在利用卫星测量的办法取得全球性的大地测量数据的 WGS－84 坐标系是目前导航、大地测量中应用最多的坐标系。WGS－84 坐标系及其所选用的 WGS－84 椭球的主要参数见表 1.6。

表 1.6 WGS－84 地球坐标系的主要参数表

参数	英文全称	符号	数值
椭球长半径	semi-major axis	a	6 378 137m
扁率	flattening	f	1/298.257 223 563
自转角速度	angular velocity	ω_{ie}	7.292 115 $\times 10^{-5}$ rad/s
地球引力常数(地球质量包括大气)	geocentric gravitational constant	G_M	398 600.5 km^3/s^2
地球表面积	surface area of the earth	A	510 065 621.724 km^2
地球体积	volume of the earth	V	1 083 207 319 801 km^3
最大最小曲率半径差	difference between maximum and minimum radius of curvature		64 154.2985 m
最大周长(赤道周长)	maximum circumference of the earth		40 075.017 km
最小周长(经线圈)	minimum circumference of the earth		40 007.863 km

另外,测试惯性器件、导航解算以及评价导航系统性能都需要用到一些基本的物理量,如长度(距离)、角度,常用的单位除国际单位米、弧度外,长度还有海里、节、密耳等表示方式,角

度还有角秒、角分、密位等表示方式。有关单位之间的转换见表 1.7 和表 1.8。

表 1.7　常用长度单位及其对应转换关系表

参数	英文全称	表示符号	与对应相关单位的转换关系
海里	nautical mile	n mile	1 海里 = 1 852 米
码	yard	yd	1 码 = 0.914 4 米
英尺	foot	ft	1 英尺 = 0.304 8 米
英寸	inch	in	1 英寸 = 0.025 4 米

表 1.7 中，海里是海上的长度单位。它原指地球表面子午线上纬度 1′ 的长度，赤道上 1 n mile 约等于 1 843 m；纬度 45° 处约等于 1 852.2 m，两极处约等于 1 861.6 m。1929 年国际水文地理学会议，规定用 1′ 平均长度 1 852 m 作为 1 n mile，故国际上采用 1 852 m 为标准海里长度。

表 1.8　常用角度单位及其对应转换关系表

参数	英文全称	表示符号	与对应相关单位的转换关系
度	degree	°	1 度 = 0.0174532925 弧度
角分	arc min	′	1 度 = 60 角分
角秒	arc sec	″	1 角分 = 60 角秒
毫弧度	milli radian	mrad	1 毫弧度 = 3.44 角分 = 206.4 角秒
密位	mil	mil	1 密位 = 3.6 角分 = 216 角秒

表 1.8 中，“密位”和“度”、“角分”、“角秒”等一样，也是一种表示角度的单位。把一个圆周分成 360 等份，每一等份弧长所对的圆心角称为 1 度角；如果把圆周分成 6 000 等份，每一等份弧长所对的圆心角叫 1 密位。即：1 密位所对弧长，等于圆周长的 1/6 000。根据圆周长与半径的关系，每 1 密位所对弧长恰好等于半径的 1/1 000。即：弧长 / 密位 = 半径 /1 000。

地球表面的导航中，在表示系统的某些参数时，长度和角度单位之间具有一定的对应关系。比如某系统定位精度为每小时 1 n mile 或 1′，两者意义是相同的，这种对应是地球上的弧长与弧长在地球曲率半径下的角度之间的对应。

1.6　本章小结

导航是人类经济、军事活动必不可少的信息技术。本章根据导航系统的发展历史，介绍了各种不同导航系统的特性及其发展简况，重点介绍了全自主的惯性导航系统基础理论及概念。

此外,本章还介绍了导航常用的坐标系以及坐标系之间的相互转化,为下一章的惯性导航系统的深入分析奠定了坚实的理论基础。最后,针对地球表面的导航,介绍了地球形状的数学描述即地球参考椭球的相关理论,重点介绍了参考椭球曲率半径的计算以及地球表面定位常用的两种坐标系及其相互转化。

本章是导航系统基本概念、原理、特点、历史和发展的概述部分,便于读者全面了解导航系统的整体形式,同时也为后继各章节深入的、针对性的知识点介绍做好准备。

思考与练习题

1.1 了解导航的概念和导航系统的工作状态,导航技术在国防和民用领域的应用以及导航系统、导航技术的地位。

1.2 区别导航和制导的意义,区别导航参数和制导参数。

1.3 概述导航系统发展的历史及发展趋势。

1.4 如何描述刚体在空间的角位置?

1.5 理解方向余弦和坐标变换阵的含义,及其在导航中的用途。

1.6 掌握惯性坐标系、地球坐标系、地理坐标系和机体坐标系的定义,掌握坐标系间的方位关系和这种关系的确切表达方式,掌握推导坐标系间坐标变换矩阵的方法。

1.7 掌握载体姿态角的定义。

1.8 了解大地水准面,大地水准体,参考椭球的概念和各自的含义。

1.9 有哪几种描述地球垂线、纬度和高度的方法?

1.10 理解子午圈和卯酉圈的含义,地球主曲率半径是如何确定的?

1.11 什么是重力异常和垂线偏斜,对导航有何影响?

1.12 叙述地球两种定位参数之间的变换的思路。

1.13 什么是大地坐标系?同一地点在不同大地坐标系中坐标差异是由于两个坐标系的哪些差异造成的?各坐标系间的转换如何实现?我国采用哪种大地坐标系?

参考文献

[1] 袁修孝,傅建红,左正立,等. 机载 POS 系统用于航空遥感直接对地目标定位的精度分析[J]. 武汉大学学报:信息科学版,2006,31(10):847-850.

[2] 丁衡高. 海陆空天显神威:惯性技术纵横谈[M]. 北京:清华大学出版社,2000.

[3] 房建成,宁晓琳. 天文导航原理及应用[M]. 北京:北京航空航天大学出版社,2006:69-90.

[4] Adam Theiss, David C Yen, Ku Chengyuan. Global Positioning Systems: an analysis

of applications, current development and future implementations[J]. Computer Standards & Interfaces, 2005(27):89-100.

[5] 天津北方网. 各国卫星导航系统巡礼[EB/OL]. [2009-06-20]. http://tech.enorth.com.cn/system/2007/09/05/001896237.shtml.

[6] 华冰,刘建业,熊智. GALILEO/SINS组合导航系统研究[J]. 中国空间科学技术, 2005(2): 59-64.

[7] 天津北方网. Galileo (satellite navigation)[EB/OL]. [2009-06-20]. http://en.wikipedia.org/wiki/Galileo(satellite_navigation).

[8] 熊智. 合成孔径雷达/激光捷联惯性组合图像导航技术研究[D]. 南京:南京航空航天大学博士学位论文,2004.

[9] 李雄伟,刘建业,康国华. TERCOM 地形高程辅助导航系统发展及应用研究[J]. 中国惯性技术学报,2006,14(1):34-40.

[10] 朱良,郭巍,禹卫东. 合成孔径雷达卫星发展历程及趋势分析[J]. 现代雷达, 2009, 31(4):5-10.

[11] 卜彦龙,潘亮,牛轶峰. INS/SAR 组合导航参数传递建模及精度分析[J]. 航空学报, 2009, 30(3): 526-533.

[12] 秦瑞,王顺伟,袁晓峰. 多普勒测速仪/捷联惯性导航组合导航技术研究[J]. 战术导弹技术, 2006, (6):68-72.

[13] 秦永元. 惯性导航[M]. 北京:科学出版社,2006.

[14] NASA. Computers in Spaceflight: The NASA Experience[EB/OL]. [2005-07-01]. http://www.hq.nasa.gov/office/pao/History/computers/Ch2-3.html.

[15] 王新龙,马闪. 光纤陀螺随机漂移误差补偿适用性方法[J]. 北京航空航天大学学报, 2008,34(6):681-685.

[16] 谢征,刘建业,赖际舟. 基于低温物理效应的新型陀螺仪研究综述[J]. 中国惯性技术学报,2007(5):606-611.

[17] 李旭辉. MEMS 发展应用现状[J]. 传感器与微系统, 2006,25(5):7-9.

[18] 艾佛里尔,查特菲尔德 B. 高精度惯性导航技术[M]. 武凤德,李凤山,译. 北京:国防工业出版社,2002.

[19] European Organization for the Safety of Air Navigation, Institute of Geodesy and Navigation (IfGN) University FAF Munich, Germany. WGS 84 IMPLEMENTATION MANUAL, Version 2.4[EB/OL]. [2009-11-12]. http://www2.icao.int/en/pbn/ICAO%20 Documentation/GNSS%20and%20WGS%2084/Eurocontro l%20WGS%2084.pdf.

第 2 章　惯性导航系统

惯性导航技术是综合了机电、光学、数学、力学、控制及计算机等学科的尖端技术。惯性是物体的基本属性，惯性导航系统利用惯性传感器(陀螺仪(Gyroscope)和加速度计(Accelerometer))测量载体在惯性空间中的线运动和角运动，根据载体运动微分方程实时、精确地解算运动载体的位置、速度和姿态。

惯性导航系统可以仅依靠惯性传感器，就能实现全天候、全球性的自主 3 维定位、测姿和测速，而不须要与外界发生任何的光、电、磁等信息联系。因此，惯性导航系统是一种完全自主的导航系统。这一独特的优点，使其成为航天、航空和航海等领域中一种广泛使用的主要导航系统，是重要运载体不可缺少的核心导航设备，在导航领域中占有突出的地位[1]。

惯性导航系统分为平台(式)惯性导航系统和捷联(式)惯性导航系统。平台惯性导航系统具有由陀螺仪构建的惯性物理平台，用于跟踪指定的坐标系，为惯性导航系统的加速度计提供测量的参考基准；捷联惯性导航系统没有实际的惯性平台，陀螺仪和加速度计直接安装在载体上，通过陀螺仪的输出信息得到的姿态转移矩阵实现类似平台惯性导航系统中惯性平台的功能，即所谓的“数学平台”。由此可以看出，惯性传感器是惯性导航系统的核心。

20 世纪 50 年代，基于转子陀螺仪的平台惯性导航系统开始实际应用于航海和航空。随着捷联惯性导航理论的完善及科学技术特别是计算机技术的发展，70 年代前后，捷联惯性导航系统日益受到重视并得到广泛应用。惯性导航技术发展的趋势是捷联惯性导航系统将逐步取代平台惯性导航系统。

本章主要阐述惯性传感器的原理和发展概况，惯性导航系统的基础理论，平台惯性导航系统和捷联惯性导航系统的工作原理、误差特性和初始对准。

2.1　惯性传感器的原理及发展概况

惯性传感器包含陀螺仪和加速度计。

陀螺仪是敏感角运动的装置，是惯性导航系统中最重要、技术含量最高的仪器。陀螺仪不但是载体航行和驾驶的重要仪器，而且是载体控制系统、惯性导航系统和惯性制导系统的核心元件，是惯性导航系统的关键组成部分[2-3]。陀螺仪的精度是惯性导航系统精度的决定因素，陀螺仪的更新换代促进了惯性导航技术的迅速发展。

传统意义上的陀螺仪是用动量矩(由转子自转产生)敏感壳体相对惯性空间绕正交于自转轴的一个或两个轴的角运动的装置。陀螺仪具有稳定性和进动性。

随着科学枝术的发展，光学、微机电(MEMS)等技术被引入陀螺仪的研制，新型陀螺仪大量出现。新型陀螺仪虽然已经没有高速旋转的转子,但是仍然可以利用其他物理效应来测量物体相对惯性空间的角运动,因此人们亦把陀螺仪这一名称扩展到没有刚体转子而功能与经典陀螺仪等同的传感器。

加速度计是用来测量载体相对惯性空间运动加速度的装置。各种加速度计虽然工作形式不同,但其工作原理都是以牛顿的经典力学为基础的,所以加速度计也是惯性传感器。

从整个系统的角度看,加速度计是惯性导航系统中确定载体速度、位置等导航参数的核心传感器。同时,加速度计测得的加速度信号是惯性导航系统的关键输入信号,是实现惯性(数学)平台初始对准和惯性导航不可缺少的部分[3],加速度计的精度对惯性导航系统的精度有着直接的重要的影响。

陀螺仪发展至今,可以分为框架式转子陀螺仪(含液浮、气浮、磁浮支撑的陀螺仪)、挠性陀螺、静电陀螺、激光陀螺、光纤陀螺、MEMS 陀螺等几个阶段;加速度计可以分为摆式加速度计、压电加速度计、光纤加速度计、MEMS 加速度计等几个阶段。随着科学技术的发展,新型的惯性传感器不断出现。目前,惯性传感器的研究主要在以下 3 个方面[4]:

①使用新的材料和工艺,选用硅片、石英或光电材料等新型材料;

②采用新原理、新结构;

③轻量化、小型化、微型化和低功耗。

其中,小型化 MEMS 惯性器件以及采用集成光学的光纤传感器是当前惯性传感器领域研究的热点。

本节主要阐述陀螺仪的基本特性以及惯性传感器的发展概况。

2.1.1　陀螺仪基本特性

转子式陀螺仪的基本特征是转子绕自转轴高速旋转而具有动量矩,正是由于陀螺仪具有动量矩,使它的运动规律与一般刚体有明显的不同,这就是通常所称的陀螺特性。

刚体转子陀螺仪按照自转轴相对支撑体具有转动自由度的数目,分为单自由度陀螺仪和二自由度陀螺仪[3]。

二自由度陀螺仪是将陀螺转子支承在由内外环构成的的卡登万向环架中[7],如图 2.1 所示。图中,S 为信号器,用于测量陀螺输出角;T 为力矩器,用于控制转子绕 x 轴和 y 轴转动。

单自由度陀螺仪比二自由度陀螺仪少一个自由度,其力矩器和信号器都安装在输出轴上,如图 2.2 所示,因此动力学特性与二自由度陀螺仪有较大的差别。

本节以框架式二自由度刚体转子陀螺仪为例来阐述陀螺仪的基本理论和特性。

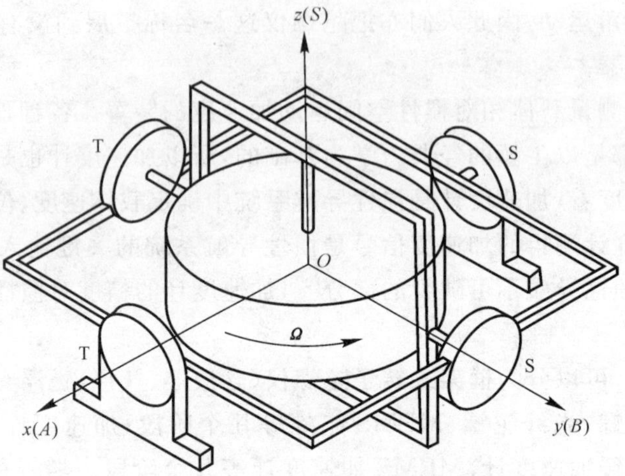

图 2.1 二自由度陀螺仪结构示意图

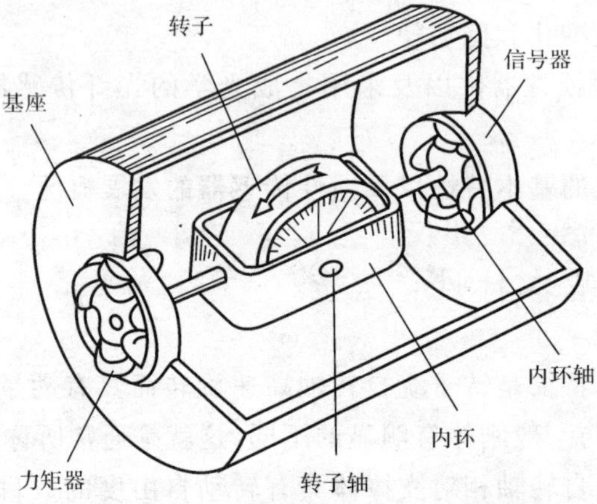

图 2.2 单自由度陀螺仪结构示意图

1. 陀螺仪的进动性

当二自由度陀螺仪的转子绕自转轴高速旋转即具有动量矩 $\boldsymbol{H}$ 时，若外力矩 $\boldsymbol{M}$ 绕内框轴作用在陀螺仪上，则动量矩 $\boldsymbol{H}$ 绕外框轴相对惯性空间转动（见图 2.3(a)）；若外力矩 $\boldsymbol{M}$ 绕外框轴作用在陀螺仪上，则动量矩 $\boldsymbol{H}$ 绕内框轴相对惯性空间转动（见图 2.3(b)）。

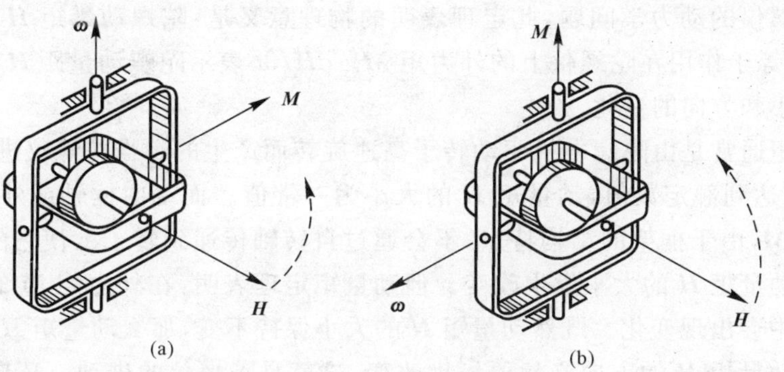

图 2.3　外力作用下陀螺仪的进动

在陀螺仪上施加外力矩 $\boldsymbol{M}$，会引起陀螺动量矩 $\boldsymbol{H}$ 相对惯性空间转动的特性，称为陀螺仪的进动性。进动角速度 $\boldsymbol{\omega}$ 的方向，取决于动量矩 $\boldsymbol{H}$ 和外力矩 $\boldsymbol{M}$ 的方向，其规律如图 2.4 所示。动量矩 $\boldsymbol{H}$ 倒向外力矩 $\boldsymbol{M}$ 的方向，就是进动方向。可以用右手定则来记忆：从动量矩 $\boldsymbol{H}$ 沿最短路径握向外力矩 $\boldsymbol{M}$ 的右手旋进方向，即为进动角速度 $\boldsymbol{\omega}$ 的方向。

进动性是二自由度陀螺仪的一个基本特性。而单自由度陀螺仪由于只有一个转动自由度，因此不表现出进动性。

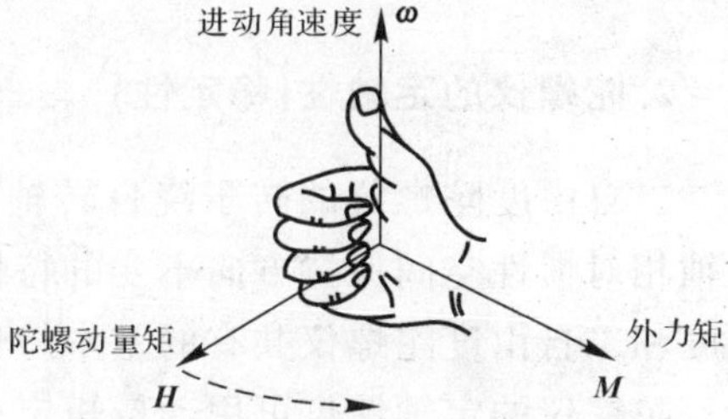

图 2.4　陀螺仪进动的方向

为了与一般刚体的转动区分开来，把陀螺仪绕着与外力矩矢量 $\boldsymbol{M}$ 垂直方向的转动叫做进动，其转动角速度叫做进动角速度，有时还把陀螺仪进动所绕的轴（即内、外框轴）叫做进动轴。

进动角速度 ω 的大小，取决于动量矩 H 的大小和外力矩 M 的大小，其计算式为

$$\omega = \frac{M}{H} \tag{2.1}$$

陀螺动量矩 $\boldsymbol{H}$ 等于转子绕自转轴的转动惯量 J_z 与转子自转角速度 $\boldsymbol{\Omega}$ 的乘积，因此式（2.1）也可写成

$$\omega = \frac{M}{J_z \Omega} \tag{2.2}$$

动量矩定理是用来描述在外力矩作用下刚体定点转动的运动规律。陀螺仪中转子的运动属于刚体的定点转动，因此陀螺仪的进动性可以从动量矩定理得到解释。动量矩定理可表述为

$$\frac{\mathrm{d}\boldsymbol{H}}{\mathrm{d}t} = \boldsymbol{M} \tag{2.3}$$

联系到陀螺仪的动力学问题，此定理表明的物理意义是：陀螺动量矩 $\boldsymbol{H}$ 在惯性空间中的变化率 $\mathrm{d}\boldsymbol{H}/\mathrm{d}t$，等于作用在陀螺仪上的外力矩 $\boldsymbol{M}$。$\mathrm{d}\boldsymbol{H}/\mathrm{d}t$ 表示陀螺动量距 $\boldsymbol{H}$ 随时间在惯性空间中可能有大小和方向的变化。

陀螺动量矩通常是由陀螺电机驱动转子高速旋转而产生的。当陀螺仪进入正常工作状态时，转子的转速达到额定数值，动量矩 $\boldsymbol{H}$ 的大小为一常值。而绕内框轴或外框轴作用在陀螺仪上的外力矩 $\boldsymbol{M}$，由于框架的结构特点，不会通过自转轴传递到转子上使它的转速发生改变，因而不会引起动量矩 $\boldsymbol{H}$ 的大小发生改变。但动量矩定理表明，在外力矩 $\boldsymbol{M}$ 的作用下，动量矩 $\boldsymbol{H}$ 在惯性空间中会出现变化。既然动量矩 $\boldsymbol{H}$ 的大小保持不变，那么动量矩 $\boldsymbol{H}$ 在惯性空间中的变化就意味着动量矩 $\boldsymbol{H}$ 的方向必然要发生改变，这就是陀螺仪的进动。还应当特别注意，在外力矩的作用下陀螺动量矩 $\boldsymbol{H}$ 的变化率是相对惯性空间的变化率，因此陀螺仪的进动是相对惯性空间而言的。

由上述分析可见，陀螺仪产生进动的内因是转子的高速自转即动量矩的存在，外因则是外力矩的作用，而且是外力矩改变了陀螺动量矩的方向。如果转子没有自转即动量矩为零，或者作用于陀螺仪的外力矩为零，或者外力矩矢量与动量矩矢量共线，那么陀螺仪就不会表现出进动性。

2. 陀螺仪的定轴性(稳定性)

二自由度陀螺仪的转子绕自转轴高速旋转即具有动量矩 $\boldsymbol{H}$ 时，如果不受外力矩作用，自转轴相对惯性空间保持方向不变的特性，称为陀螺仪的定轴性(也称稳定性)。定轴性是单自由度和二自由度陀螺仪共有的基本特性。

陀螺仪的定轴性也可用动量矩定理加以说明。当陀螺仪不受外力矩作用时，根据动量矩定理有 $\frac{\mathrm{d}\boldsymbol{H}}{\mathrm{d}t}=0$，由此得 $\boldsymbol{H}=$常数，表明陀螺动量矩 $\boldsymbol{H}$ 在惯性空间中既无大小的改变，也无方向的改变，即自转轴在惯性空间中保持原来的初始方位不变。

但在实际的陀螺仪中，不受任何外力矩作用的情况是不存在的。由于结构和工艺的不尽完备，总是不可避免地存在干扰力矩。因此，在有干扰的情况下考察陀螺仪的定轴性问题，更有实际的意义。

最为典型的情况是瞬时冲击力矩作用在陀螺仪上。观察陀螺仪的运动可以看到，此时自转轴是在原来的空间方位附近绕垂直于自转轴的两个正交轴作振荡运动。陀螺仪的这种振荡运动称为章动。虽然在瞬时冲击力矩作用下陀螺仪会产生章动，但只要陀螺仪具有较大的动量矩，章动的频率就会很高(一般高于 100 Hz)，振幅却很小(一般小于角分量级)，因而自转轴在惯件空间中的方位改变是极其微小的，这可以说是陀螺仪定轴性的一种重要表现。

更为一般的情况是，在工作过程中始终有一定量值的干扰力矩作用在陀螺仪上。从进动性可知，在干扰力矩作用下陀螺仪将产生进动，使自转轴在惯性空间中逐渐偏离原来的方位，陀螺仪的这种方位偏移称为漂移。设陀螺动量矩为 $\boldsymbol{H}$,干扰力矩为 $\boldsymbol{M}_{\mathrm{d}}$,则漂移角速度为

$$\omega_{\mathrm{d}}=\frac{M_{\mathrm{d}}}{H} \tag{2.4}$$

虽然在干扰力矩作用下陀螺仪会产生漂移,但只要具有较大的动量矩,漂移角速度就很小,因而自转轴在惯性空间中的方位改变是非常缓慢的,这可以说是陀螺仪定轴性的又一重要表现。从中可以看出进动性与定轴性的某种联系:若要使陀螺仪获得高的定轴性,则必须大力减小干扰力矩引起的进动 —— 漂移。

在受干扰的情况下,陀螺仪仅仅产生微幅的章动和缓慢的漂移,自转轴在惯性空间中的方位无显著变化,表明陀螺仪具有抵抗干扰而力图保持其自转轴在惯性空间中方向稳定的特性。这样来理解陀螺仪的定轴性,实际上是赋予定轴性以"陀螺自转轴方向稳定性"的含义,故亦可称之为陀螺仪的方向稳定性。显然,一般刚体定点转动不具备这种特性,如瞬时冲击力矩会使一般定点转动的刚体沿着冲击力矩作用的方向作匀角速度转动,它在惯性空间中的方位将发生明显的改变。

3. 陀螺仪的表观进动

由于陀螺仪的自转轴相对惯性空间保持方向不变,而地球以其自转角速度绕极轴相对惯性空间转动,因此陀螺自转轴相对地球的方向将出现表观变化。观察者以地球作为参考基准所看到的这种表面上的进动现象,叫做陀螺仪的表观进动(或表现进动)。

例如,在地球北极处放置一个高精度的二自由度陀螺仪,并使其外框轴处于当地垂线位置,自转轴处于当地水平位置,如图 2.5 所示。这时俯视该陀螺仪将会看到,陀螺自转轴在水平面内沿顺时针方向作表观进动,每 24 h 进动一周。

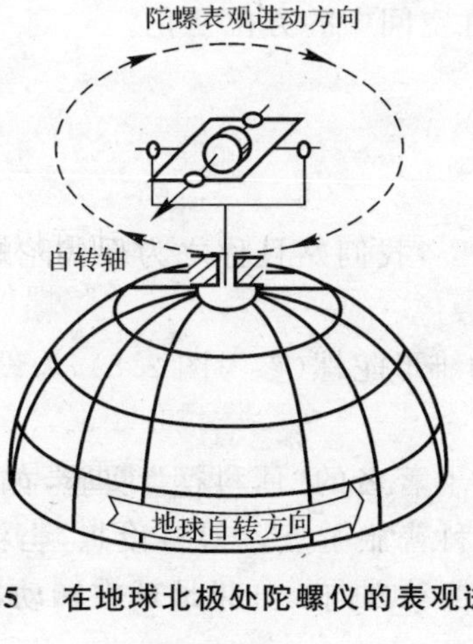

图 2.5　在地球北极处陀螺仪的表观进动

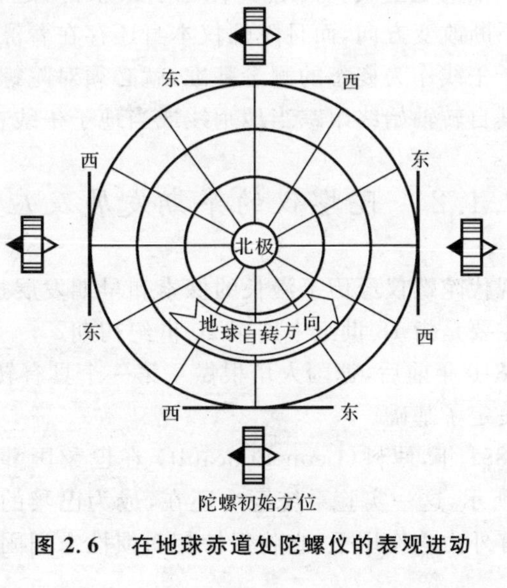

图 2.6　在地球赤道处陀螺仪的表观进动

又如，在地球赤道处放置一个高精度的二自由度陀螺仪，并使其外框轴处于水平南北位置，自转轴处于当地水平位置，如图 2.6 所示。这时将会看到，陀螺自转轴在东西方向垂直平面相对地球作表观进动，每 24 h 进动一周。

再如，在地球任意纬度处放置一个高精度的二自由度陀螺仪，并使其自转轴处于当地垂线位置，如图 2.7(a) 所示。这时将会看到，陀螺自转轴逐渐偏离当地垂线，而相对地球作圆锥面轨迹的表观进动，每 24 h 进动一周。若使其自转轴处于当地子午线位置(见图 2.7(b))，这时将会看到，陀螺自转轴逐渐偏离当地子午线，相对地球作圆锥面轨迹的表观进动，每 24 h 进动一周。

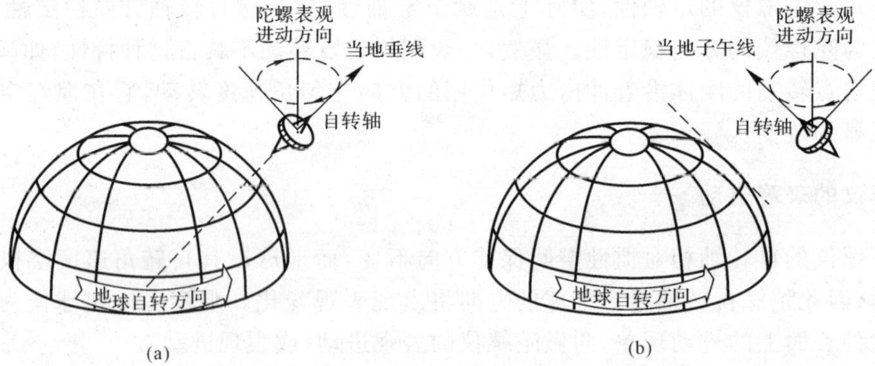

图 2.7　在任意纬度处陀螺仪的表观进动

由于当地垂线和当地子午线均随地球一起相对惯性空间转动，并随载体的运动在惯性空间中不断改变方向，而且陀螺仪本身还存在着漂移，因此，欲利用陀螺仪在载体上建立当地垂线和子午线作为姿态的测量基准，就必须对陀螺仪施加一定的控制力矩或修正力矩，利用进动性使其自转轴始终跟踪当地垂线或当地子午线在惯性空间中的方位变化。

2.1.2　陀螺仪的早期发展及应用

现代陀螺仪经历了漫长的探索和早期发展过程[5-6]，我们姑且称之为现代陀螺仪的“史前期”，主要是指 18 世纪中期至 20 世纪初期。

1810 年前后，德国人培根做了第一个具有转子的雏形陀螺(参考图 2.8)，为设计真正的陀螺仪奠定了基础。

1851 年，傅科(Leon Foucault) 在巴黎国葬院做了著名的“傅科摆”实验，如图 2.9 和图 2.10 所示，这一实验系统至今还在，成为巴黎的一个科普旅游点。傅科设想，当钟摆摆动时，在没有外力的作用下，它将保持相对惯性空间固定的摆动方向。如果地球在转动，那么钟摆下方的地面将旋转，而悬在空中的摆尽量保持原来摆动方向。对于观察者来说，钟摆的摆动方向将会相对于地面发生变化。实验的结果与傅科的设想完全吻合，摆的摆动显示为由东向西地缓慢而持续的方向旋转。傅科的演示直接证明了地球自西向东的自转，所以人们称实验中的钟摆为“傅科摆”。人们发现，在地球的两极，傅科摆的摆动平面 24 h 转一圈，而在赤道上，傅科摆没有方向旋转的现象。1860 年前后，傅科设计了第一个真正意义上的陀螺仪；随后，1880 年前后，特鲁弗、霍普金斯发明了电动机用于陀螺的驱动。自此，陀螺仪开始走向实用。

图 2.8　转子陀螺仪模型

1908 年，安修茨(Hermann Anschütz-Kaempfe) 研制出世界上第一台摆式陀螺罗经，利用陀螺仪的导航仪表逐步开始应用。

图 2.9　1851 年傅科实验场景

图 2.10　法国国葬院内傅科摆

1923 年，德国科学家舒勒(Maximilian Schuler) 发表了 84.4 min 的无干扰理论。他在研究加速度对陀螺罗盘的影响时首先提出，如果能制造这样的一个摆(或机械装置)，当它的摆动周期长达 84.4 min 时，则载体在接近地球表面处以任意方式运动时，摆将不受加速度干扰，这样的摆称为舒勒摆。该效应对于高精度惯性导航系统具有重要的意义。

1927 年，安修茨设计了实用的航海陀螺罗经，并使用了几乎半个世纪。早期的陀螺罗经如图 2.11 所示。同时，在航空领域，继安修茨的摆式陀螺罗经之后，基于陀螺仪的导航仪表得到广泛应用。这其中经典代表是 1920 年前后出现的陀螺地平仪和方位陀螺仪。

图 2.11 早期的陀螺罗经

1. 陀螺地平仪(Gyro Horizon)

飞行姿态对于飞机的运动状态和保证飞行安全都有重要的意义。早期飞机用气泡式水平仪指示飞机姿态。20 世纪 30 年代,飞机上有了陀螺地平仪,它是测量并显示飞机俯仰和倾斜姿态的陀螺仪表,也称为陀螺水平仪(Gyro-Level)、人工地平仪(Artificial Horizon)、垂直陀螺仪(Vertical Gyro)或倾角指示仪(Attitude Indicator)。

为了测量载体水平姿态(俯仰角和横滚角),必须在载体上建立一个人工的地垂线/地平面基准("人工地平仪"称呼由此而来)。该基准可以根据陀螺仪定轴性,将陀螺仪与舒勒摆装置结合在一起,用摆式敏感元件和力矩器组成的修正装置对陀螺仪进行修正,将转子轴稳定在地垂线上获得("垂直陀螺仪"称呼由此而来)。比较典型的陀螺地平仪的结构原理如图 2.12 所示,它主要由二自由度陀螺仪、修正装置和指示机构/角度传感器等部分组成。

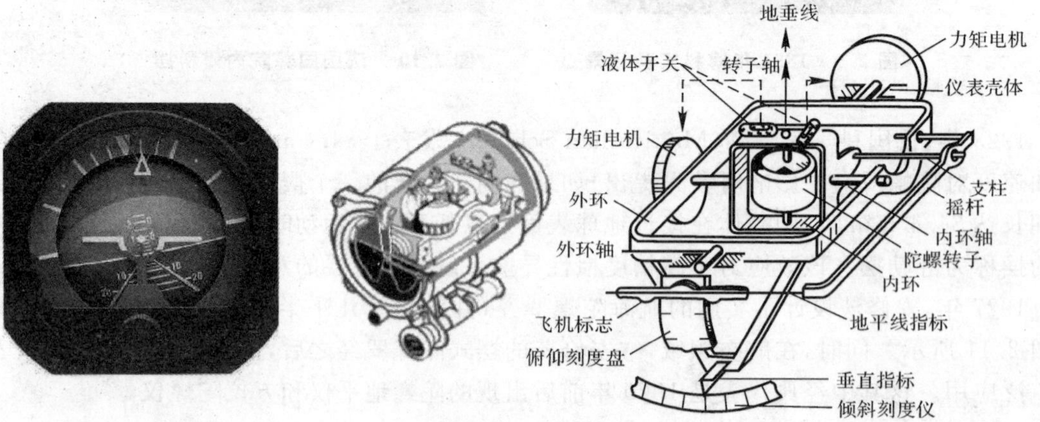

图 2.12 陀螺地平仪及其结构原理图

陀螺地平仪通常根据是否装有指示机构，分为直读式和远读式两种。摆和陀螺通过机械传动机构直接带动刻度盘或小飞机标志的地平仪称为直读式地平仪；传感器感受飞机俯仰、倾斜角度，通过远距传送使指示器将飞机俯仰、倾斜角复现出来的地平仪称为远读式地平仪。由于远读式地平仪具有较高的精度和指示的真实感，因此是当时陀螺地平仪的发展方向。

图 2.13 是 2009 年解密的波音 747 上的 Sperry 垂直陀螺仪（1970 年研制的远读式陀螺地平仪）。

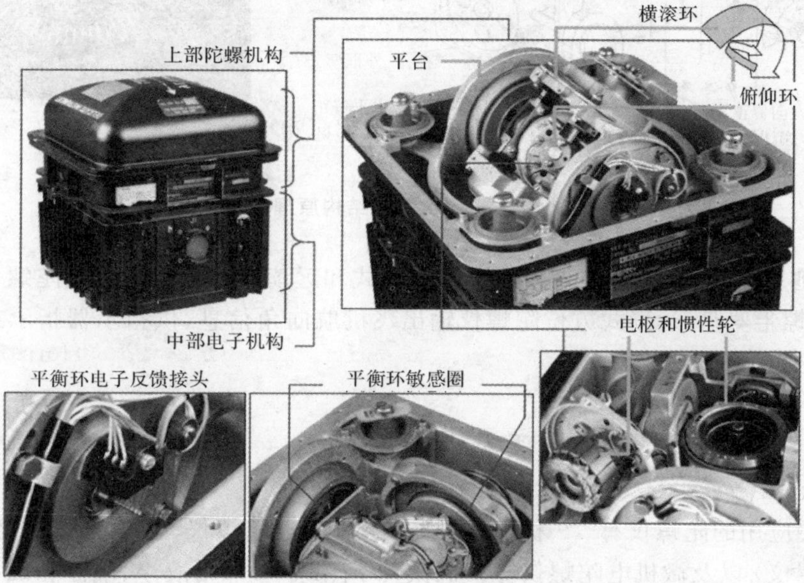

图 2.13　波音 747 上的 Sperry 垂直陀螺仪

2. 方位陀螺仪(Directional Gyro)

方位陀螺仪，也称为航向 / 方向指示器（Heading/Direction Indicator），是一种能够指示飞行器航向的航空仪表。它是一种利用陀螺特性制成的能使自转轴保持水平的二自由度陀螺仪。比较典型的方位陀螺仪的结构原理如图 2.14 所示。它主要由二自由度陀螺仪、水平修正装置、方位修正装置、航向协调装置和指示机构或角度传感器等部分组成。

经过水平修正、方位修正以及航向协调以后，陀螺仪就能够相对子午面精确地保持方位稳定，给载体航向角的测量提供基准。借助指针和刻度盘组成的指示机构，即可给出载体航向角的判读指示。若在陀螺仪的外框轴上装有电位器或自整角机等角度传感器，即可传输载体航向角的电气信号。

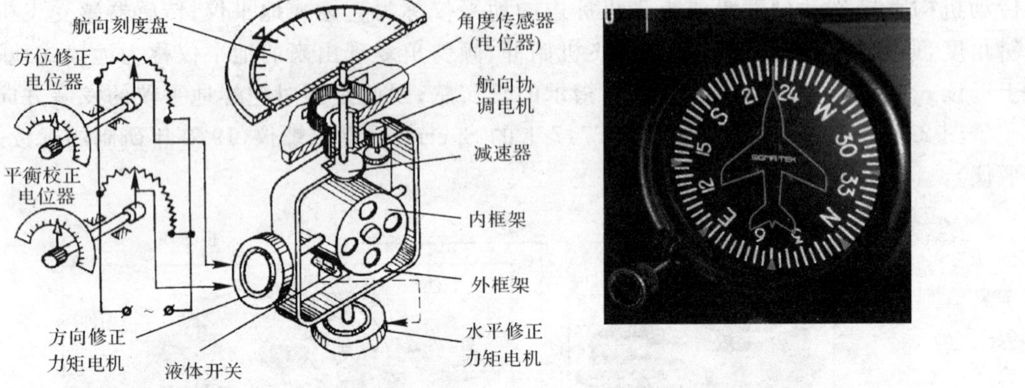

图 2.14 方位陀螺仪及其结构原理图(直读式)

与陀螺地平仪一样,方位陀螺仪也分为直读式和远读式。直读式方位陀螺仪直接带动指示器,又称陀螺半罗盘;远读式方位陀螺仪输出飞机航向角信息,供指示器指示或作为其他飞行仪表设备的一个主要部件。

2.1.3 常用陀螺仪原理及最新发展

目前主要应用的陀螺仪有[7-8]机械转子陀螺仪、静电陀螺仪、光学陀螺仪(包括激光陀螺仪和光纤陀螺仪)以及微机电陀螺仪等。机械转子陀螺中,采用液浮、气浮和磁浮结构的传统转子陀螺仪目前已经成熟并被广泛应用,挠性结构转动陀螺仪在国内应用也较多。随着科学技术的发展,向着高精度、高稳定性、微型化发展的光学和MEMS等陀螺仪正逐步取代传统陀螺仪。采用新原理、新技术发展新型陀螺仪是陀螺技术研究的重要方向,特别是低温物理效应在陀螺研究上的进展使得发展超高精度的陀螺仪成为可能。本节主要介绍现代主流的陀螺仪的原理及发展现状。

1. 液浮和气浮陀螺[9]

液浮陀螺出现于20世纪40年代。到50年代末60年代初,其制造技术趋于成熟。液浮和气浮技术改进了惯性传感器的支撑方式,减小了器件中的干扰力矩,提高了惯性传感器的性能。50年代开始,以液浮陀螺(见图2.15和图2.16)、气浮陀螺等器件构成的平台惯性导航系统开始在飞机、舰船和导弹上广泛应用。

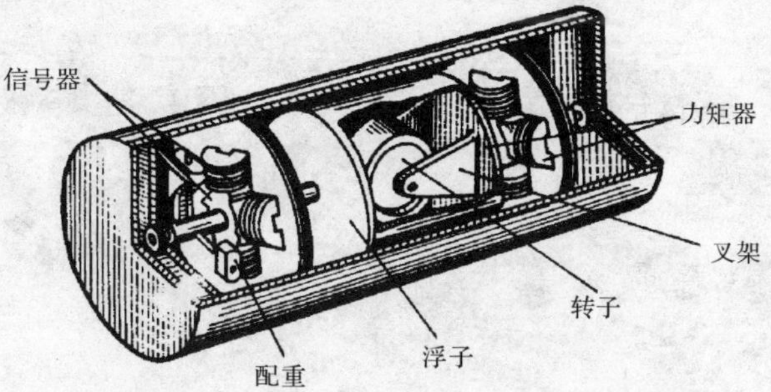

图 2.15　单自由度液浮积分陀螺仪结构

图 2.16　半液浮速率陀螺产品

2. 动力调谐式挠性陀螺[9]

20 世纪 60 年代动力调谐式挠性陀螺(见图 2.17 和图 2.18)研制成功。1966 年美国基尔福特(Kearfott)公司研制出挠性陀螺惯性导航系统,并用于飞机和导弹。这些技术为后来航空惯性导航系统的典型代表美国利登公司的军用 LN－39 系统和民用 LTN－72 系统的出现奠定了基础。

3. 静电陀螺仪[10-11]

静电陀螺仪是一种典型的转子陀螺仪,如图 2.19 和图 2.20 所示。静电陀螺仪在支撑结构上用静电支撑取代了机械支撑。转子做成球形,放置在超高真空的强电场内,由强电场所产生的静电吸力将其支撑(或称悬浮) 起来,如图 2.21 所示。在工作时,球形转子依靠静电力悬浮在真空电极球腔内高速旋转。

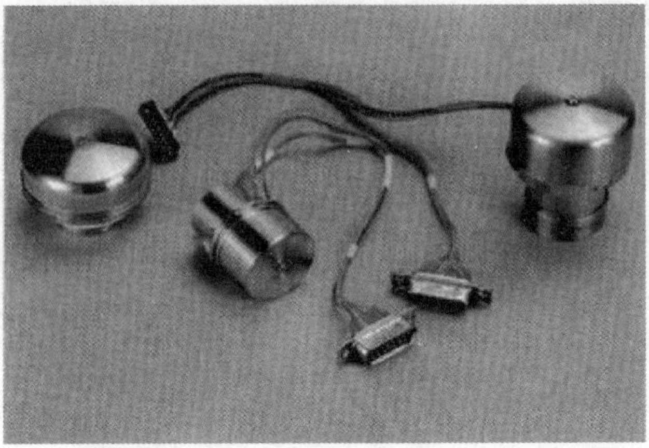

图 2.17 动力调谐式挠性陀螺仪实物

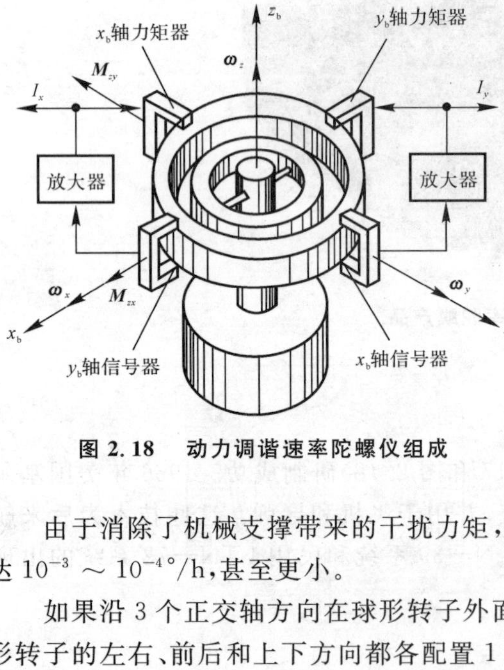

图 2.18 动力调谐速率陀螺仪组成

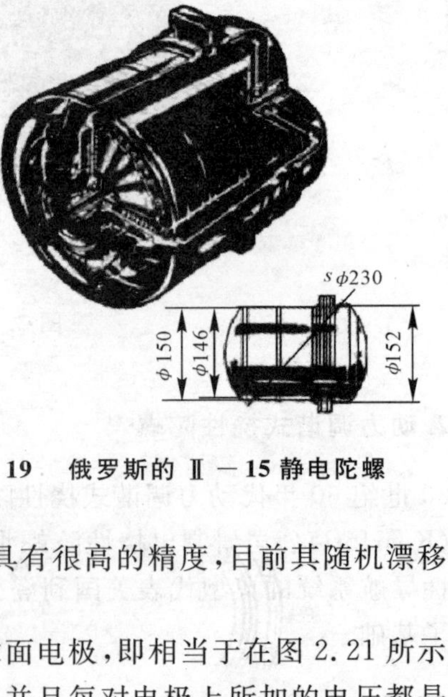

图 2.19 俄罗斯的 Ⅱ－15 静电陀螺

由于消除了机械支撑带来的干扰力矩，静电陀螺仪具有很高的精度，目前其随机漂移率可达 $10^{-3} \sim 10^{-4}$ °/h，甚至更小。

如果沿 3 个正交轴方向在球形转子外面配置 3 对球面电极，即相当于在图 2.21 所示的球形转子的左右、前后和上下方向都各配置 1 对球面电极，并且每对电极上所加的电压都是可自动调节的，那么球形转子就被支撑在 3 对球面电极的中心位置上。在实际的静电陀螺仪中，转子是用铍等密度较小的金属做成空心或实心球体，放置在陶瓷壳体的球腔内。球腔壁上用陶瓷金属化的办法制成 3 对球面电极，如图 2.22 所示。由支撑线路来敏感转子相对电极的位移，并自动调节加到各对应电极上的电压大小。

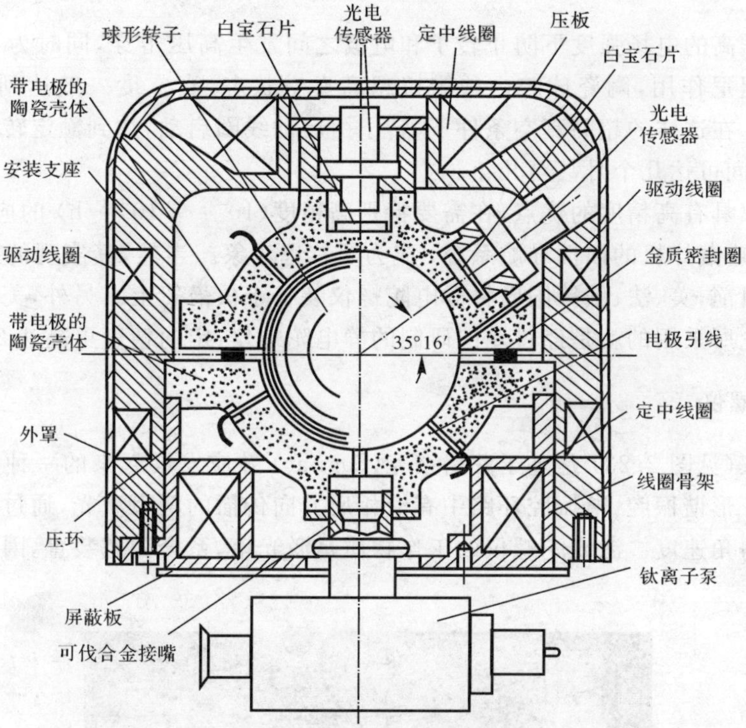

图 2.20　静电陀螺仪结构示意图

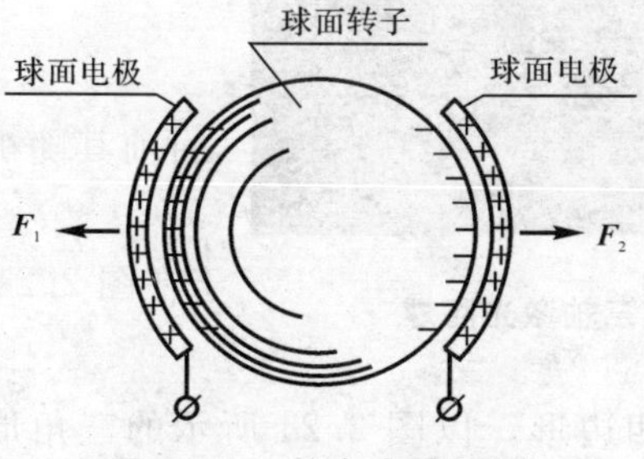

图 2.21　静电支撑原理

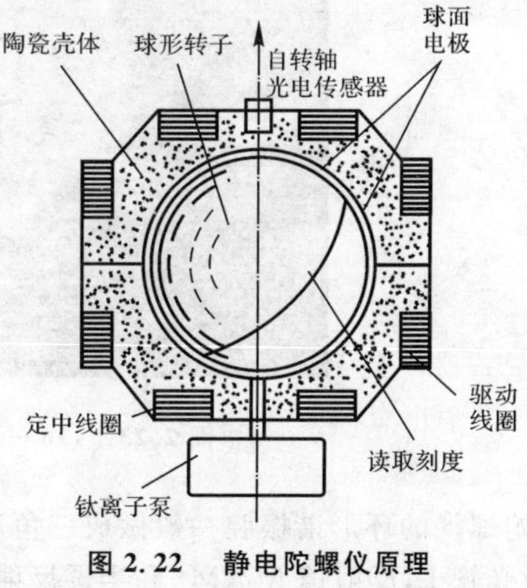

图 2.22　静电陀螺仪原理

为了得到较大的静电吸力而将转子支撑起来，电极上的电压一般加到 1 000 V 以上，而电极与转子之间的间隙一般仅为 5 ～ 50 μm。由此得到足够高的电场强度，一般达 2×10^5 ～ $4\times$

10^5 V/cm。

为了在这样高的电场强度下防止转子和电极之间发生高压击穿，同时为了减小转子转动时受到的气体阻尼作用，陶瓷球腔内须维持超高真空状态，真空度一般达到 $1.33\times10^{-4}\sim1.33\times10^{-6}$ Pa。在这样的超高真空条件下，转子由启动线圈启动，达到额定转速以后则靠惯性运转，其延续时间可达几个月甚至几年。

静电陀螺仪具有高精度的优点，在需要特别高精度($10^{-4}\sim10^{-7}$°/h)的应用场合(如战略核潜艇、远程战略轰炸机的惯性导航系统)成为了首选对象。当然，其实现的技术难度和代价是相当高的。目前，美、法、俄等国已将静电陀螺仪装备于核潜艇上。另外，美国在卫星上用于验证广义相对论所采用的就是经过专门研制的静电陀螺仪，定向精度可高达 2″/a。

4. 激光陀螺仪

激光陀螺仪(见图 2.23)是基于萨格奈克(Sagnac)效应发展起来的一种光学陀螺仪。它的主体是一个环形谐振腔，谐振腔环路中有沿相反方向传播的两束激光，通过测量两束激光的频率差即可获得角速度。激光陀螺仪的工作物质是激光束，系全固态装置，因而具有非常优良的特性[12]。

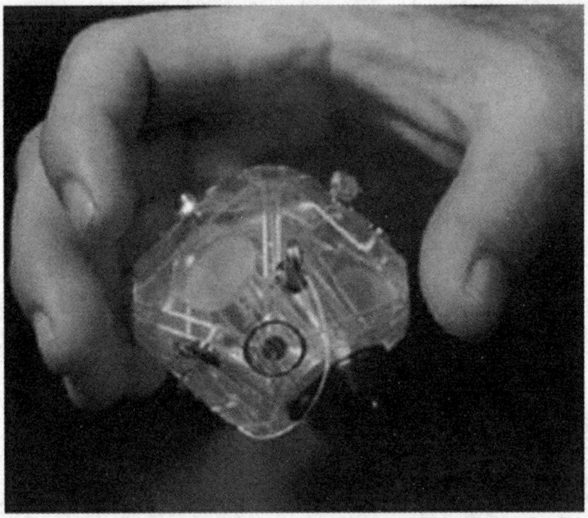

图 2.23　T16－B 小型三轴激光陀螺

激光陀螺仪的环形谐振腔一般做成三角形或四边形。以图 2.24 所示的三角形谐振腔为例，它由激光管 L，反射镜 M_1，M_3 和半透反射镜 M_2 组成。激光管内装有工作介质，一般为氦氖混合气体，它由高频电压或直流电压予以激励[11]。

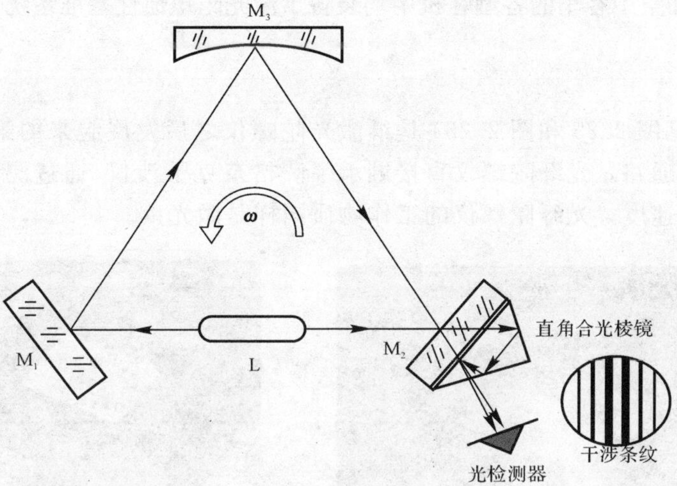

图 2.24　激光陀螺仪工作原理示意图

因激光陀螺仪采用环形谐振腔，故在腔内产生沿相反方向传播的两束激光，其中一束沿逆时针方向，另一束沿顺时针方向。当谐振腔相对惯性空间无旋转时，两束激光在腔内绕行一周的光程相等，都等于谐振腔环路周长，即 $L_a = L_b = L$。当谐振腔绕着与环路平面相垂直的轴以角速度 ω（设为逆时针方向）相对惯性空间旋转时，两束激光在腔内绕行一周的光程不再相等，逆时针光束所走的光程为 $L_a = L + \Delta L$，顺时针光束所走的光程为 $L_b = L - \Delta L$，因而两束激光的振荡频率不同，两束激光振荡频率差或拍频为

$$\Delta\nu = \frac{(L_a - L_b)qc}{L_a L_b} \tag{2.5}$$

式中，q 为整数，c 为光速。而该频率差不难证明，对于三角形谐振腔而言，有下列关系：

$$\left.\begin{aligned} L_a L_b &\approx L^2 \\ L_a - L_b &= \frac{4A}{c}\omega \end{aligned}\right\} \tag{2.6}$$

式中，A 为环形谐振腔光路包围的面积。将上述关系代入式(2.5)，得到

$$\Delta\nu = \frac{4Aq}{L^2}\omega \tag{2.7}$$

由于环形谐振腔环路包围的面积 A、环路周长 L 以及 q 均为定值，因此激光陀螺仪的输出频差或拍频 $\Delta\nu$ 与输入角速度 ω 成正比。令 $K = \frac{4Aq}{L^2}$，则有

$$\Delta\nu = K\omega \tag{2.8}$$

因而通过精密的光检测器检测出两束激光的频率差即可解算角速度 ω。

从先进国家的应用情况看，激光陀螺主要应用于中高精度的领域中，精度等级大致在 10^{-3} ～

10^{-4}°/h,如在波音和空中客车的各型客机中均装备了激光陀螺惯性基准系统[8]。

5. 光纤陀螺

光纤陀螺仪(见图 2.25 和图 2.26)是继激光陀螺仪之后发展起来的第二代光学陀螺仪,它由单模光纤做光通路。光纤陀螺仪直接继承了萨格奈克干涉仪,通过测量两束等强的激光的相位差来获得角速度。光纤陀螺仪的工作物质同样是激光束。

图 2.25 XW-G60 光纤陀螺仪

图 2.26 KVH 单轴光纤陀螺仪

光纤陀螺仪基本原理可以用图 2.27(a) 所示的圆形环路干涉仪来说明。该干涉仪由光源、分束板、反射镜和光纤环组成。光在 A 点入射,并被分束板分成等强的两束光。反射光 b 进入光纤环沿着圆形环路逆时针方向传播。透射光 a 被反射镜反射回来后又被分束板反射,进入光纤环沿着圆形环路顺时针方向传播。这两束光绕行一周后,又在分束板汇合。

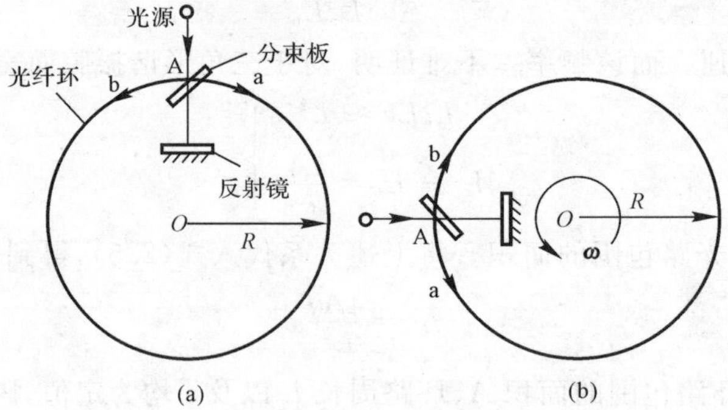

图 2.27 光纤陀螺仪工作原理示意图

当干涉仪相对惯性空间无旋转时,相反方向传播的两束光绕行一周的光程相等,都等于圆形环路的周长,即$L_a = L_b = L = 2\pi R$。当干涉仪绕着与光路平面相垂直的轴以角速度ω(设为逆时针方向）相对惯性空间旋转时，由于光纤环和分束板均随之转动，相反方向传播的两束光绕行一周的光程不相等，时间也不相等，如图 2.27(b) 所示，因此两束光存在相位差。

光纤陀螺仪多采用的是多匝光纤环（设为 N 匝）的光纤线圈，经过计算，可以求出两束光绕行一周到达分束板的相位差为

$$\Delta\varphi = \frac{4\pi RlN}{c\lambda}\omega \tag{2.9}$$

这表明两束光的相位差 $\Delta\varphi$ 与输入角速度 ω 成正比。式中，λ 为光源的波长，l 为光纤环的周长，c 为光速，π 为圆周率，R 为光纤圈半径。令

$$K = \frac{4\pi RlN}{c\lambda} \tag{2.10}$$

则 K 称为光纤陀螺刻度因数。式(2.10) 表明，在光纤线圈半径一定的条件下，可以通过增加线圈匝数来提高测量的灵敏度。由于光纤的直径很小，因此整个仪表的体积仍然可以做得很小，例如光纤长度为 500 ～ 2 500 m 的陀螺装置，其直径仅 10 cm 左右。

90 年代初开始，中低精度(10^{-2}°/h) 的光纤陀螺仪（特别是干涉式光纤陀螺仪）已经商品化。高精度和低成本是光纤陀螺仪发展的两大方向。高精度的光纤陀螺仪研究重点已经从战术级陀螺仪转移到高精度、战略级陀螺仪（如高精密消偏型陀螺仪，精度量级 10^{-4}°/h)，重点关注姿态与航向参考系统的应用[13-14]。低成本光纤陀螺仪主要作为角度传感器在汽车导航、机器人等许多精度要求不高的领域中有广阔的应用前景。

6. 微机电陀螺仪[15-16]

微机电陀螺仪是集成了微精密机械、微电子、半导体集成电路等新技术的新一代惯性仪表。微惯性器件通过半导体加工工艺制作，器件微型化、集成化，体积小、质量轻、成本低。图 2.28 是意法半导体公司(ST) 生产的 LISY 系列微机电陀螺仪，其体积只有 73.5 mm^3。微惯性器件主要以振动式为主，基本工作原理都是利用振动机械元件作为检测质量，采用柔性支撑与底座连接，利用哥氏加速度引起的结构激振模态和检测模态之间的能量转移来检测角速度。振动式微机电陀螺仪具有两种典型结构形式，如图 2.29 所示。

图 2.28　ST LISY300AL 实物图

图 2.29(a) 所示的微型振动陀螺仪为音叉式结构，其音叉呈 H 形。它采用压电石英晶体

并由光刻和化学蚀刻而成，然后再用激光修刻调整平衡。由激振电极驱动H形音叉的双臂作线性振动。当基座绕音叉中心轴相对惯性空间转动时，音叉的双臂将产生垂直于音叉平面的线振动，再由读取电极检测该振动而输出正比于输入角速度的电压信号。

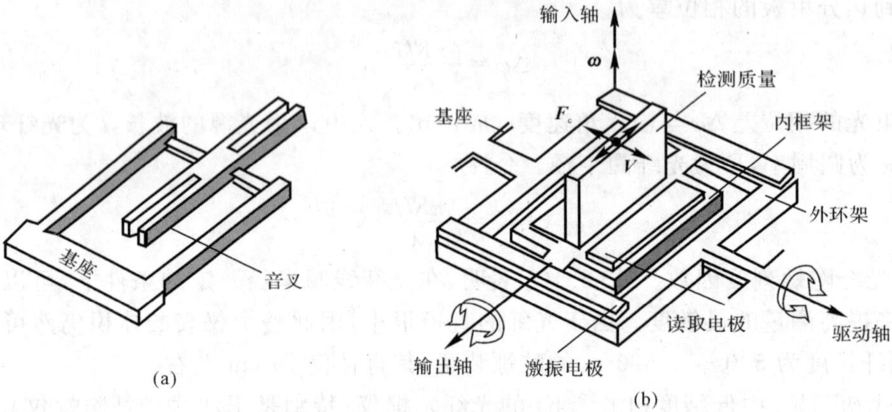

图 2.29 微型振动陀螺仪的结构形式

(a) 音叉式； (b) 框架式

图 2.29(b) 所示的微型振动陀螺仪则是框架式结构。它由内框架和外框架组成，框架是在单晶硅上进行化学蚀刻而制成的，通过可选择的硼掺杂和非均质腐蚀以获得所需的几何形状。相互正交的内、外框架轴均为挠性轴。检测质量由金块加工而成，固定在内框架上。在外框架两侧各设置1个激振电极，在内框架两侧各设置1个读取电极。当基座(壳体)绕输出轴以角速度ω相对惯性空间转动时，各质点受到交变的哥氏惯性力F_c作用(图中仅示意出1个质点)，使内框架绕输出轴作角振动。这样一来，2个读取电极与内框架之间的间隙发生交变，亦即电容发生交变。通过感测电容差值并经电子线路处理，即可获得正比于输入角速度的输出电压信号。

除了振动式微型陀螺仪外，悬浮转子式微陀螺仪是一种新的研究方向，主要包括磁悬浮转子微陀螺仪和静电悬浮转子微陀螺仪[16]。其主要原理是利用电磁力或静电力将高速旋转的圆盘形或环形微转子悬浮来测量载体的运动。电磁悬浮转子微陀螺仪的研究目前仍处于实验研究阶段。

微机电陀螺仪可利用微电子的机械加工技术大批量生产，是未来低、中精度惯性仪表的理想换代产品，也是惯性技术向民用领域大量推广应用最有前途的仪表，可应用于汽车安全、惯性导航、机器人控制等军民用领域。目前，其产品化的精度等级为 1 ～ 10°/h。由于尺寸的微小，各种有害物理效应的影响作用随之放大，因此微机电陀螺仪的发展面临的主要问题是精度的提高。

7. 基于低温物理效应的新型陀螺仪

随着现代物理学研究的推进和技术手段的发展，低温态物理效应在陀螺仪中的应用成为可能。目前，开展这类新型陀螺仪研究的基本上都是国外研究者，主要包括原子陀螺仪和超流体陀螺仪[18-19]。其中，原子陀螺仪的研究处于试验和初步应用验证阶段，而超流体陀螺仪的研究处于原理验证和试验阶段。

(1) 原子陀螺仪

原子陀螺仪的理论基础是相对论、量子理论（玻色-爱因斯坦凝聚，Bose-Einstein Condensation，BEC）和萨格奈克效应。原子陀螺仪的工作物质是冷原子物质波（温度 μK 量级）。研究表明，不仅仅光波存在萨格奈克效应，玻色-爱因斯坦凝聚态的冷原子物质波同样存在萨格奈克效应。冷原子物质波的相干性和单色性与激光一样好，但在发生干涉时有更显著的反应相位差，从而具有更高的灵敏度和精度。

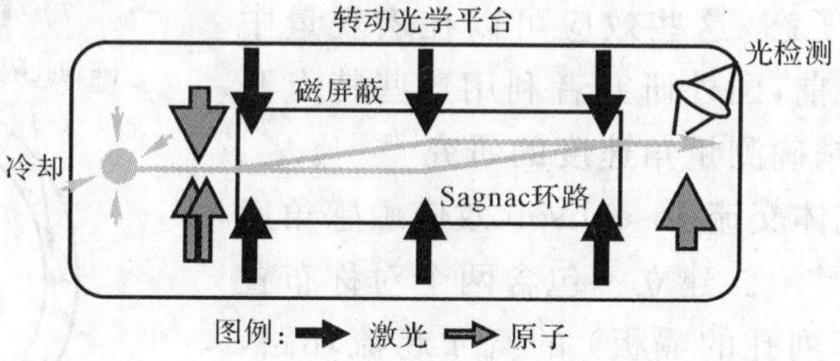

图 2.30　原子陀螺仪原理图

原子陀螺仪的基本原理如图 2.30 所示。当用共振行波激发原子时，处于基态超精细低能态的原子态将跃迁到超精细高能态。用$\frac{\pi}{2}-\pi-\frac{\pi}{2}$的激光序列顺序激发冷原子束，原子波就会被分裂、偏移、重新汇合而形成萨格奈克环路。当外接有转动信息输入时，萨格奈克环路中的冷原子束会产生干涉，利用这一原理可构成萨格奈克干涉型原子陀螺仪，从而实现对角速度的测量[20-21]。

原子干涉仪的相移可表示为

$$\Delta\varphi_{\text{atom}}=\frac{\lambda}{\lambda_{\text{db}}v}\left(\frac{4\pi}{\lambda c}\Omega\cdot A\right)=\frac{\lambda}{\lambda_{\text{db}}v}\Delta\varphi_{\text{light}}=\frac{mc^2}{h\omega}\Delta\varphi_{\text{light}} \tag{2.11}$$

式中，$\Delta\varphi_{\text{atom}}$ 和 $\Delta\varphi_{\text{light}}$ 分别为原子干涉仪的相移和光学干涉仪的相移；λ 和 c 是光波长和光速；A 是干涉仪两条路径所围绕的面积；Ω 是旋转角速度；λ_{db} 是德布罗意波长；v 是原子运动速度；ω 是光角频率；h 是普朗克常数。由于冷原子束的传播速度远低于光速，所以使用物质波来替代光波，同样旋转速度 Ω 引起的相位差将增大 $mc^2/(h\omega)$ 倍。因此，原子陀螺仪原理上较之光学陀螺仪能敏感到低得多的角速度[21]。

欧美的研究者论证了原子陀螺仪可以测量地球的转动速率，分析指出在短时间测量中能达到 $2\times10^{-8}\,\mathrm{rad\cdot s^{-1}\cdot Hz^{-\frac{1}{2}}}$ 的灵敏度[22]。德国研制了一台原子陀螺仪安装到卫星上以验证宇宙旋转的猜想，原子陀螺仪成功地在 1 000 km 高极地轨道运行的卫星上测量了地球附近空间的纬度结构(地球两极旋转速度约 2×10^{-14} rad/s)，测量精度和天文望远镜相当[23]。进一步的研究表明，量子陀螺仪能测量低至 10^{-16} rad/s 的角速度。可见，原子陀螺仪有望在惯性仪器稳定度和精度方面带来革命性影响，但在冷原子发射、控制原子束产生干涉、干涉情况检测以及所需低温程度等方面都面临技术挑战。

(2) 超流体陀螺仪

超流体是玻色-爱因斯坦凝聚的一个特殊的例子。20 世纪 80 年代初，诺贝尔物理学奖获得者彼德·卡皮查等人在进行低温实验时，发现了超流体。

超流体具有超低流阻，可产生物质波干涉，类似超导体有直流和交流 Josephson 效应等特殊物理性质。同时，因为超流体处于宏观量子态，这些效应可以在宏观量中得到反映，便于检测。目前，国外研究者利用这些特点开展了用超流体陀螺仪来精确测量角速度的研究[24-25]。

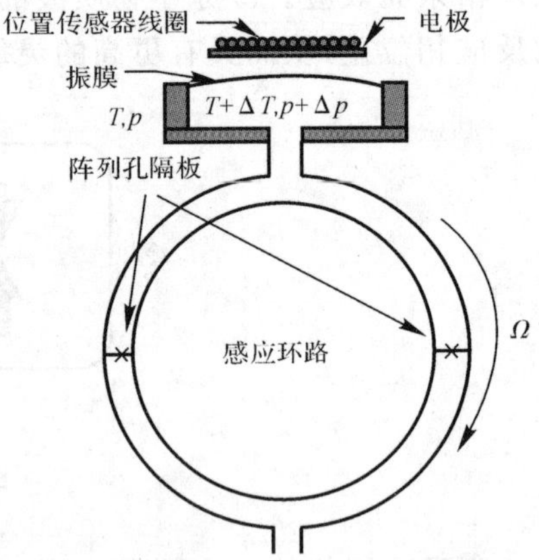

图 2.31　基于交流 Josephson 效应的超流体陀螺仪原理

图 2.31 是利用超流体交流 Josephson 效应敏感角速度的超流体陀螺仪原理[24-25]。建立一包含两个对称布置的弱连接(开有特定微阵列孔的隔板)的氦 4 超流环路，在上方的腔体内通过一定的加热造成腔体内温度和压力的变化，从而在短时间内使腔体内超流体形成一定的低势

$$\Delta\mu = m_4\left(\frac{\Delta p}{\rho} - s\Delta T\right) \tag{2.12}$$

式中，Δp，ΔT 分别为弱连接两端的压差和温差；s 为超流体的熵密度。这就驱动超流体通过含弱连接对的环路流入腔体。小孔处超流体流动将发生交流 Josephson 效应，产生以一定频率变化的压力波动，超流强度波动函数[26] 为

$$I = I_c \sin\left(\Delta\varphi_0 - 2\pi\frac{\Delta\mu}{h}t\right) \tag{2.13}$$

式中，I_c 为基本超流强度，其波动频率 $f_j = \Delta\mu/h$ 被称为 Josephson 频率；h 为普朗克常数。

在发生转动时，由于超流体惯性将引起环路中的势差，势差将使超流体的物质波波函数产生相位差，此时该环路的作用和工作原理完全类似于超导干涉仪。物质波发生干涉的效果后，无旋转时进入腔体内的脉动流量 I_c，会被通过环路的角速度通量 $\Omega\cdot A$ 调制为

$$I = 2I_c\left|\cos\left(2\pi\frac{m_4}{h}\Omega\cdot A\right)\right| \tag{2.14}$$

通过位置传感器检测腔体振膜振动频率可以计算出转动速度[24]。

目前超流体陀螺仪主要在美国开展研究，灵敏度达到10^{-2}°($h^{-1}\cdot Hz^{-\frac{1}{2}}$)量级，已被成功地用来对地球自转角速度在超流环路中的通量信号进行了检测，且进一步研究表明，灵敏度还可以期望提高5个量级，达到10^{-7}°($h^{-1}\cdot Hz^{-\frac{1}{2}}$)或更高。超流体工作温度为2 K左右，对低温技术要求相对较低，且对热噪声不十分敏感，并且超流体物质波干涉的效果是宏观物理量的变化，降低了检测系统的技术难度和相关设备的体积质量。因此，超流体陀螺仪在精度、体积、温度要求等方面都具有潜在的优势。目前已基本具备了发展高精度陀螺仪的可行性，可望应用在长时间水下潜航的核潜艇、深空探测器、战略远程飞机等系统的高精度惯性导航系统。

2.1.4 加速度计原理及发展概况

随着科学技术的不断发展，加速度计的种类日益增多。传统的加速度计主要有摆式加速度计、振弦加速度计、压电加速度计等。光纤技术的应用使得光学加速度计得以发展，出现了光纤加速度计；另外，传感器的小型化要求和硅微制造技术的不断成熟促使微机电加速度计成为一个新的发展方向。本节将针对上述主要类型加速度计的原理和性能进行介绍。

1. 摆式加速度计

摆式加速度计具有灵敏度高、稳定性好和可靠性高的特点。如图2.32所示，摆式加速度计，其构成通常必须由三部分组成：一是感受输入加速度的标准质量m(摆锤)，二是产生弹簧反力矩、具有弹性系数K_e的机械弹簧，三是输出或显示装置(图2.32中为一个输出电位计)。

当线加速度a作用于摆锤时，摆臂将相对支点转动，弹簧产生反力矩，用来平衡因惯性力矩造成摆的偏移。稳定后，摆将偏离原平衡位置(零位)一个角度α，从而使电位计输出电信号V。当满足α很小和干扰力矩很小的条件时，加速度计输出的电压V与加速度a成线性关系。

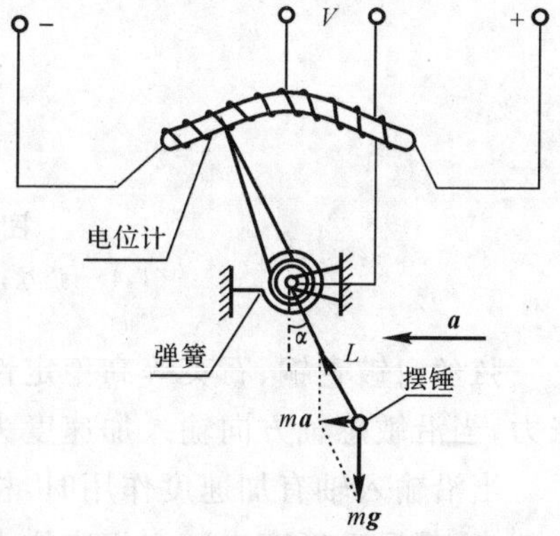

图 2.32　一般摆式加速度计

摆式加速度计最主要的是液浮摆式加速度计和挠性摆式加速度计两类。

液浮摆式加速度计的摆组件悬浮在液体中，以减小支撑轴上的摩擦力矩。摆式加速度计在20世纪60年代已发展到成熟阶段，具有抗冲击振动能力强等优点，主要应用于洲际导弹和潜地导弹等[27]。但其体积大，加工和装配工艺要求非常严格。

挠性摆式加速度计与液浮摆式加速度计的主要区别在于，它的摆组件不是悬浮在液体中，而是弹性地连接在某种类型的挠性支撑上。挠性加速度计具有功耗小、热稳定性好、机械迟滞和弹性后效小、易于小型化的优势，在惯性导航系统、大地测量系统中有广泛的应用。但在加速度超过 30 g 时，其非线性误差明显增大，同时不能承受太大的冲击振动。

2. 振弦加速度计

振弦加速度计具有结构简单的特点。其输出为脉冲或正弦波，容易变换为数字输出，检测系统简单。振弦加速度计是由一根或几根弦丝支撑一个或几个检测质量的一种加速度计。其典型原理示意图如图 2.33 所示。它由一个检测质量 3，两根处在永磁体 2 和 5，磁场内的弦丝 1 和 4 及相应的频率检测线路组成。

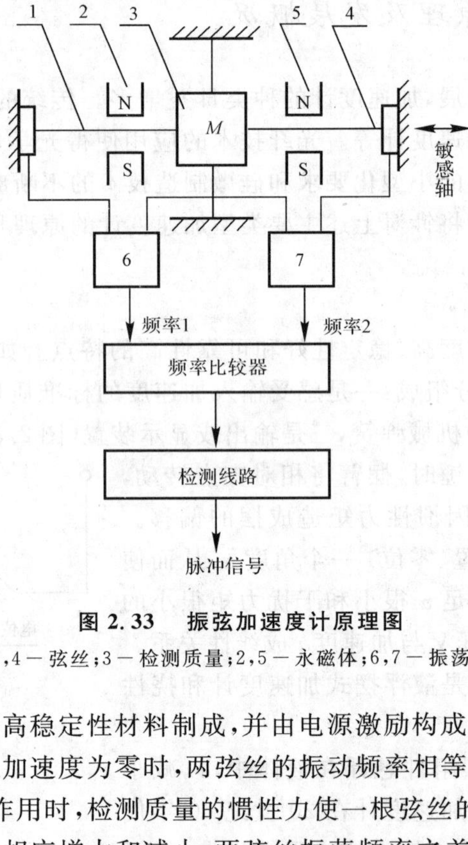

图 2.33 振弦加速度计原理图

1,4 — 弦丝；3 — 检测质量；2,5 — 永磁体；6,7 — 振荡器

弦丝由铍青铜、石英等高稳定性材料制成，并由电源激励构成振荡器。两弦丝有一定的预张力，当沿敏感轴方向输入加速度为零时，两弦丝的振动频率相等，其差频为零。

当沿输入轴有加速度作用时，检测质量的惯性力使一根弦丝的张力增大，另一根弦丝的张力减小，其振动频率也随之相应增大和减小，两弦丝振荡频率之差与加速度成比例，此差频经检测线路转换为脉冲信号输出，单位时间脉冲的个数即加速度的量度。

振弦加速度计目前的缺点是对温度敏感，非线性误差大，精度不高。

3. 压电加速度计

用来测量物体振动加速度的压电加速度计，是利用某些材料（如石英、钛酸坝、锆钛酸铅及陶瓷等）在受到机械变形时能产生表面电荷的特性而制成的传感器，其结构如图 2.34 所示。

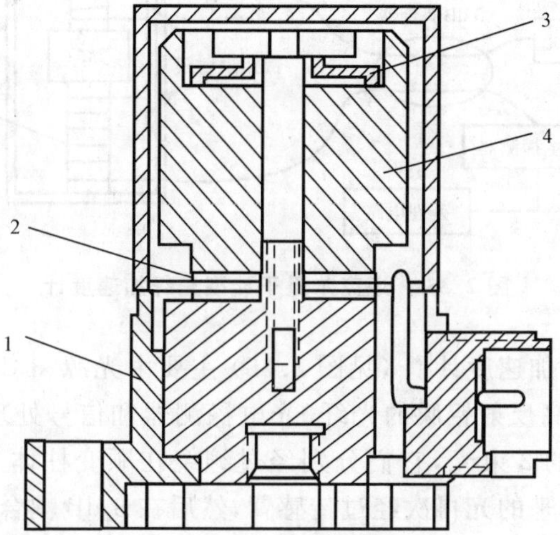

图 2.34　压电加速度计

1 — 壳体；2 — 压电体元件；3 — 预应力装置；4 — 质量块

加速度计受振动时，由于惯性作用，质量块对压电元件的作用力发生相应变化，使压电元件表面产生交变的电荷量而输出信号。此信号与压电元件所受的力成正比，因此也与所受的振动加速度成正比。加速度计的工作频率在其自然谐振频率以下。

目前航空领域使用的压电加速度计，由于环境温度较高，广泛采用石英或铌酸锂等晶体做敏感元件。因石英等晶体的电荷灵敏度低，故采用多片并联，或压电-电子组合式振动测量元件，即将石英敏感元件与超小型固体电路放大器组装在一个壳体内。近年来，还采用对称输出型结构及壳体隔离技术来克服测量时的干扰。

在航空领域压电加速度计的使用极为广泛。由于航空上的特殊使用环境，对压电加速度计提出了微型化、耐高温、耐原子辐射等特殊要求。

4. 光纤加速度计[28-29]

光纤加速度计是利用光纤特性敏感加速度的装置。光纤加速度计是通过测量光通路中光的强度、相位或者波长的变化来检测加速度，因此光纤加速度计可分为 3 大类：光强调制型、相位调制型和波长调制型。光纤加速度计具有体积小，质量轻，动态范围宽，响应快，精度高的特点。

采用迈克尔逊干涉法测量相位变化的迈克尔逊干涉型光纤加速度计是一种典型的相位调制型光纤加速度计，这里重点介绍该型加速度计的工作原理。

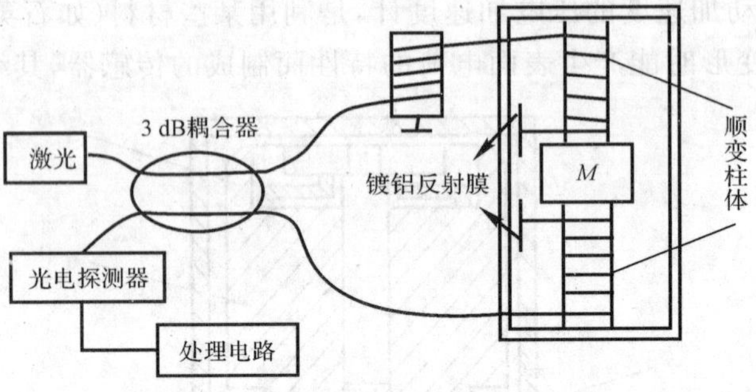

图 2.35 迈克尔逊干涉型光纤加速度计

迈克尔逊干涉型光纤加速度计[30]（见图 2.35）主要由光源、3 dB 耦合器、顺变柱体、检测质量 M、两根尾端面上有高反射铝膜的光纤、光电探测器和信号处理电路组成。激光经 3 dB 耦合器后，分成光强相等的 2 束光，它们分别经过缠绕在顺变柱体上的传感臂到达高反射铝膜，假定全部反射回来，回来的光再次经过传感臂，然后在 3 dB 耦合器会聚并发生干涉。

当仪表壳体感受到加速度时，顺变柱体上、下部光纤长度将变化。光纤的长度变化将引起与加速度成比例关系的光相位差

$$\Delta\varphi = ka \tag{2.15}$$

从而产生干涉的变化，反映相位变化的干涉信号以电信号形式输出。

光纤加速度计具有抗电磁干扰、电绝缘和耐腐蚀性等优点，国外已经有成熟的产品，具有良好的发展前景。

5. 微机电加速度计

微机电加速度计与微机电陀螺仪同样具有微型化、集成化、体积小、质量轻、成本低等特点。目前的微机电加速度计有多种分类方法和可行的结构方案。按照敏感信号的方式，可分为电容式、半导体压阻式、压电式和微型隧道电流式；按照结构形式，可分为梳齿式和“三明治”式等。电容式微加速度计是最常见的，其基本原理就是将电容作为检测接口，检测由于惯性力作用导致惯性质量块发生的微位移。图 2.36 所示为典型的三明治结构的平板电容式微加速度计[16]：中央是被悬置的敏感质量块，上、下电极与中间的质量块的间隙相等。

当外界输入一个加速度 a 时，检测质量偏离平衡位置，两差动电容的间隙发生变化。此时的电容量也随之发生变化，其变化量与加速度成比例，即

$$\Delta C_1 = \frac{2mC_0}{kd_0}a \tag{2.16}$$

式中，a 为输入加速度；k 为 4 根弹簧梁的刚度；m 为质量块质量；d_0 为极板间距；C_0 为板间电容。

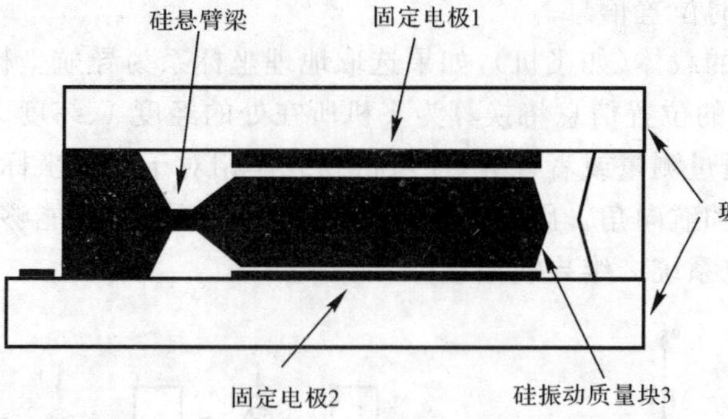

图 2.36　三明治结构的平板电容式微加速度计

通过电容检测电路将差动电容的变化量转化成可以测量的电压值，就可以根据输出电压值来判定被测加速度值的大小。电容式微加速度计的灵敏度和测量精度高，稳定性好，温度漂移小，功耗极低，而且过载保护能力较强，目前已有产品应用[32]。

总的来说，加速度计的微型化是其发展的一个重要方向，具有广阔的应用前景。但目前大部分微加速度计的精度不高，还有待进一步开发提高。

2.2　惯性导航系统基础

自 20 世纪 60 年代液浮陀螺平台惯性导航系统应用于航海和航空以后，随着军用和商业等领域导航需求的增长，惯性导航技术正在不断拓展新的应用领域。其范围已由原来的航海、航空飞行器、陆地车辆等，扩展到航天、星际、制导武器、大地测量、资源勘测、地球物理测量、海洋探测等方面。

不同的领域对惯性导航系统的要求不尽相同。航天与航海领域对系统精度要求较高，卫星、空间站等航天器则还要求系统具有很高的寿命和可靠性[32]。不同的惯性导航系统虽然根据需求工作方式不尽相同，但都是基于惯性导航的基本原理。本节将阐述惯性导航的基本原理、惯性导航系统的分类、惯性导航平台和比力方程等。

2.2.1　惯性导航基本原理

惯性导航的基本工作原理是以牛顿力学定律为基础，利用一组加速度计连续地测量运动载体相对于某一选定的导航平台（可以是人工建立的物理平台，也可以是计算机模拟的“数学平台")确定的坐标系的加速度信息,通过一次积分运算(载体的初始速度已知)得到载体相对选定的导航坐标系的即时速度信息,再通过一次积分运算(载体初始位置已知)得到载体相对选定的导航坐标系的即时位置信息。

对于地表附近运动的载体(如飞机),如果选取地理坐标系为导航坐标系,则上述速度信息就是飞机的速度 v,上述的位置信息将换算为飞机所在处的经度 λ、纬度 L 和高度 h。此外,借助于已知导航坐标系,通过测量或者计算,还可得到载体相对于地理坐标系的水平姿态和航向信息,即俯仰角、横滚角和航向角。因此,通过惯性导航系统的工作,能够即时提供全部导航参数。图 2.37 为惯性导航系统 2 维导航原理图。

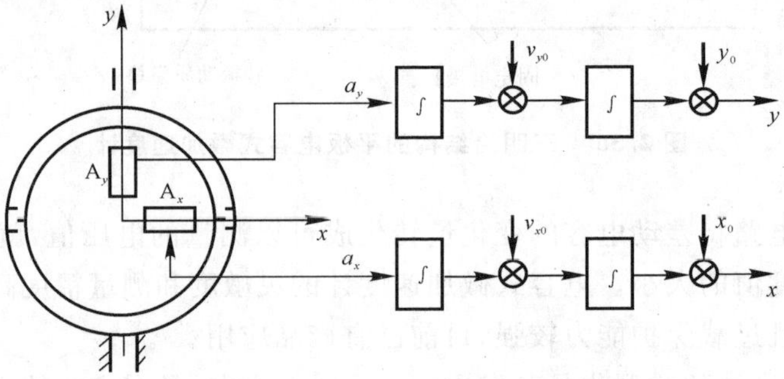

图 2.37 惯性导航系统 2 维导航原理图

然而要想在工程上实现这样一套惯性导航系统,决不是一件轻而易举的事,至少要解决以下几个方面的问题[33]。

第一,必须采用一组高精度的加速度计作为测量单元。根据惯性导航原理,载体的位置是通过加速度信息的两次积分运算求得的,因此加速度的误差将会造成随时间平方增长的位置误差。为了得到满足精度要求的定位信息,加速度计的精度要求不低于 $10^{-4}g$。随着科学技术的发展,加速度计的精度已经可以高于 $10^{-6}g$,完全能够满足惯性导航系统的要求。

第二,必须依靠一组高性能的陀螺仪来模拟一个稳定的导航坐标系。载体的加速度、速度和空间位置都是矢量,只有分解到导航坐标系的 3 个轴上才能进行运算。因此,必须在载体内部建立一个稳定的导航坐标系。在运动载体上实现独立而稳定的导航坐标系,早期实用的方案就是采用陀螺稳定平台[3],因此,要求陀螺仪的精度不低于 $0.01°/h$。随着科学技术的发展,各种高性能的新型惯性元件不断出现[10],陀螺仪的精度已经高于 $10^{-5}°/h$。

第三,必须有效地将运动加速度和重力加速度分离开,并补偿掉其他不需要的加速度分量。就加速度计的工作原理而言,它并不能区分所测得的是运动加速度还是重力加速度;在运动加速度中混杂的其他分量,如随地球一起转动引起的哥式加速度等同样也不能区别。解决的方法一是引入一个相当复杂的重力场模型,进行计算补偿;另一种途径就是用陀螺平台跟踪一个当地水平坐标系,使水平加速度计的测量轴与当地水平坐标系重合,这样可以避免感受重力而间接补偿掉重力加速度分量。后一种方法的计算量显然小得多。同时，平台的初始方位误差会给系统造成严重的影响，因此，平台工作前的初始对准也是必须加以解决的重要问题。

第四，必须建立全面细致的计算和补偿网络，采用的计算装置要有足够的计算精度和运算速度。导航解算是一个复杂的过程，主要包括以下几个方面的运算：

① 从加速度信息到位置信息必不可少的两次积分运算；

② 导航平台为物理平台时，对陀螺仪进行施矩控制以及使物理平台精确跟踪模拟指定坐标系，这种运算和控制过程带有反馈性质；

③ 导航平台为捷联数学平台时，方向余弦矩阵的解算；

④ 陀螺仪和加速度计的常值误差和随机误差的统计解算及补偿处理。

由此可见，为正确设计导航计算网络，需要一个全面细致的解算流程，而形成解算流程的依据乃是联系各运动参量的力学方程组，称为算法流程方程。由于导航解算的实时性和反馈性，以及参量数值大小悬殊的特点，要求采用的计算装置必须有足够的精度和运算速度。

随着科学技术的不断发展，上述问题的解决都取得了快速进展，使得在工程上能够实现惯性导航系统，其精度也不断提高。

一个实际的惯性导航系统能完成空间的 3 维导航（航天、航空）或球面上的 2 维导航（航海）。从图 2.37 可以看出，经典的惯性导航系统通常由以下几个部分组成[34]。

加速度计：用来测量载体运动的加速度。

导航平台：导航平台可以是实际的物理平台，也可以是计算机模拟的数学平台。其功能都是利用陀螺仪模拟和跟踪导航坐标系，把加速度计的输出转换到导航坐标系，并用模拟或计算的方法给出载体的姿态和方位信息。

导航计算机：完成导航解算。导航平台为物理平台时，同时需要完成跟踪回路中指令角速度信号的解算。

控制显示器：给定初始参数及系统需要的其他参数，显示各种导航信息。

2.2.2　平台和捷联惯性导航及两类导航坐标系

惯性导航系统可以根据导航平台结构的不同来分类，也可以根据选取的导航坐标系（即导航算法流程方程）的不同来分类。

1. 平台惯性导航和捷联惯性导航

根据导航平台结构的不同，可以将惯性导航分为两大类，即平台惯性导航和捷联惯性导航。它们在导航的关系和原理上有差别，发展的阶段也不同，但是惯性导航的基本特性是相同的。

(1) 平台惯性导航系统

平台惯性导航具有由陀螺仪稳定的惯性平台。惯性平台用来隔离载体角速度对加速度测量的影响，而且始终跟踪指定的导航坐标系，为惯性导航系统提供测量基准，同时为正交安装的加速度计在平台上提供安装基准。加速度计的输出经过补偿后，经过两次积分，即可得到载体在导航坐标系下的速度和位置。同时，通过平台上的角度信号器可以直接读取姿态角。

惯性平台依靠以陀螺仪作为敏感元件的稳定回路克服作用在平台上的各种干扰力矩，依靠跟踪回路使平台能跟踪导航坐标系在惯性空间的转动。

平台惯性导航系统原理如图 2.38 所示，惯性平台与载体固连，三轴陀螺仪和加速度计安装在惯性平台上。图中，A_x，A_y，A_z 表示 3 个轴的加速度计，G_x，G_y，G_z 表示 3 个轴的陀螺仪，与陀螺仪相交的线表示陀螺仪的自转轴。这里只给出一个简单的示意图，其详细内容将在下节介绍。

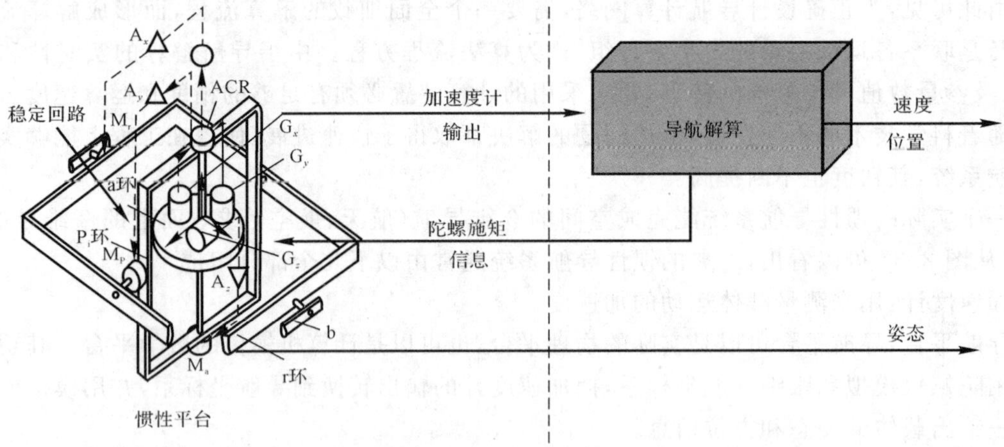

图 2.38　平台惯性导航系统原理框图

(2) 捷联惯性导航系统

捷联惯性导航系统没有实际的惯性平台。惯性传感器（陀螺仪和加速度计）直接固连在载体上。陀螺仪输出的角速率信息经过补偿后，积分可以得到载体坐标系与导航坐标系的姿态信息和姿态转移矩阵。姿态转移矩阵完成加速度计输出信息从载体坐标系到导航坐标系的变换，实现平台惯性导航中惯性平台的功能，因此也称做“数学平台”。变换后的加速度计信息经过补偿后，经过两次积分即可得到载体在导航坐标系下的速度和位置。

捷联惯性导航系统原理如图 2.39 所示，惯性测量单元直接固连在载体上。

(3) 平台和捷联惯性导航系统的发展

在平台惯性导航系统中，惯性平台是惯性导航系统结构的主体。由于惯性平台的存在，平台惯性导航系统对陀螺的动态范围要求较低，计算机的解算任务也较轻。在 20 世纪 60 ～ 70 年代计算机水平不高的情况下，平台惯性导航系统得到了广泛应用。但惯性平台本身结构十分复杂，体积、质量大，故障率高，使平台惯性导航系统的可靠性受到很大影响。

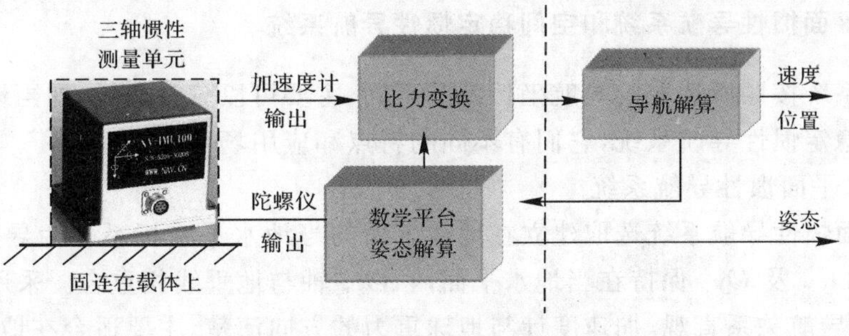

图 2.39　捷联惯性导航系统原理框图

捷联惯性导航系统以数学平台代替了惯性平台，因而结构简单，体积小，成本低，可靠性高。捷联惯性导航理论自 20 世纪 50 年代提出以来，受到广泛重视。80 年代后，随着科学技术的发展和捷联惯性导航理论的日益完善，捷联惯性导航系统逐步走向成熟。环形激光陀螺捷联惯性导航系统的精度甚至可以达到平台惯性导航的水平。研制高性能的捷联陀螺仪，发展高精度的捷联导航算法是目前捷联惯性导航的主要关键技术；小型化、低成本是捷联惯性导航系统的发展方向。

惯性导航系统的发展历程如图 2.40 所示。由图可以看出，随着陀螺技术的发展，捷联系统的应用越来越广。惯性导航系统发展的主要特征，是逐步从稳定平台技术转向捷联技术。

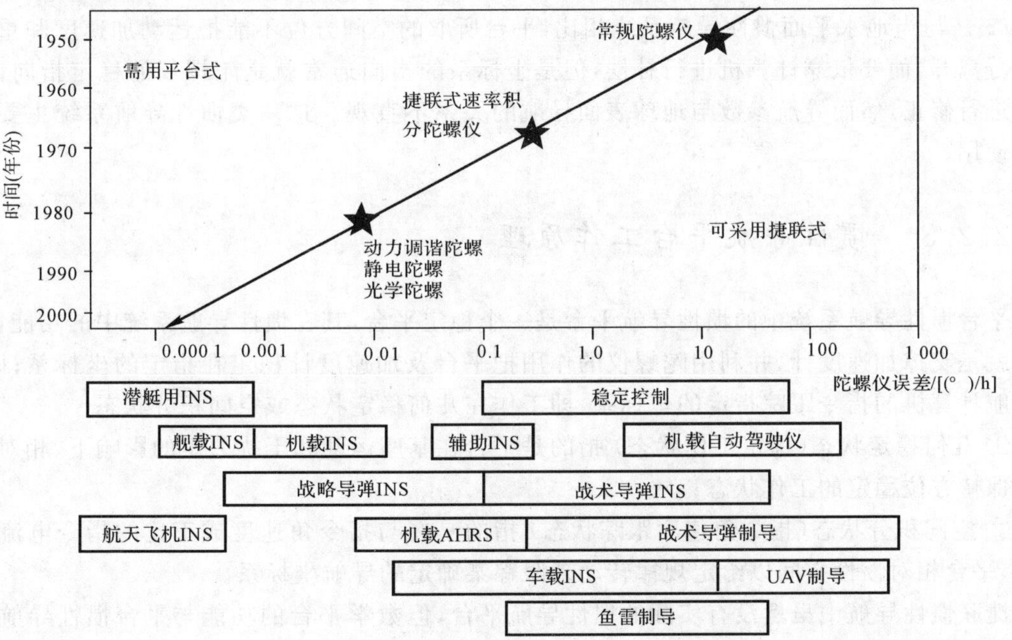

图 2.40　平台和捷联惯性导航系统发展历程

2. 当地水平面惯性导航系统和空间稳定惯性导航系统

惯性导航系统按照所选取的导航坐标系的不同，主要可以分为两类，即当地水平面惯性导航系统和空间稳定惯性导航系统，它们有不同的特点和应用场合。

(1) 当地水平面惯性导航系统

当地水平面惯性导航系统选取建立在地球表面的当地水平坐标系作为导航坐标系，即平台系的两个轴 Ox_p 及 Oy_p 保持在当地水平面内，Oz_p 轴与地垂线相重合。采用这种坐标系的惯性导航系统，导航关系直观，加速度计与地球重力的方向清楚，主要适合在地球表面应用；但是由于地球非惯性坐标系，坐标系的指向与陀螺仪的指向关系随时都在变化，因此须要实时进行修正。由于两个水平轴可指向不同的方位，因此这种系统又可细分为：

① 指北方位惯性导航系统。水平指北方位惯性导航系统选择当地地理坐标系 $Ox_gy_gz_g$ 作为导航坐标系，本书统一设置为东北天坐标系，平台坐标系 $Ox_py_pz_p$ 在工作中始终跟踪地理坐标系，保持在当地水平并 Oy_p 始终指向北。地理坐标系是最基本的导航坐标系。

② 自由方位惯性导航系统。在系统工作中，平台保持在当地水平，但是 Oy_p 轴不跟踪地理北向而是与北向成某个角度 $\alpha(t)$，称自由方位角。由于 $\alpha(t)$ 可以有多种变化规律，因此又有自由方位、游动方位角等区分。

(2) 空间稳定惯性导航系统

这种系统的导航坐标系是惯性坐标系(用 i 来标识)，一般采用原点在地心的惯性坐标系 $Ox_iy_iz_i$。与当地水平面惯性导航系统相比，平台所取的空间方位不能把运动加速度和重力加速度分离开，而要依靠计算机进行补偿，但是坐标系的指向通常就是陀螺仪的稳定指向，不须要再进行修正，然而导航参数与地球表面导航的关系不直观。这一类惯性导航系统主要是在深空使用。

2.2.3 惯性导航平台工作原理

平台惯性导航系统中的惯性导航平台是一个稳定平台，其在惯性导航系统中的功能，简单地说就是支撑加速度计，并利用陀螺仪的作用把平台及加速度计稳定在指定的坐标系；同时，按导航计算机的指令跟踪指定的坐标系，即工作在几何稳定状态或空间积分状态。

① 几何稳定状态(稳定工作状态)指的是平台在基座运动和干扰力矩的影响下，相对惯性空间保持方位稳定的工作状态；

② 空间积分状态(指令角速度跟踪状态)指的是在与指令角速度成正比的指令电流的控制下，平台相对惯性空间以给定规律转动来跟踪某确定的导航坐标系。

捷联惯性导航中虽然没有实际的惯性导航平台，但数学平台的功能与平台惯性导航的物理平台的功能是一致的。

为了理解方便，本节以平台惯性导航的惯性导航平台为例介绍单轴稳定平台和三轴稳定平台的工作原理。

1. 单轴稳定平台工作原理

构成单轴稳定平台的敏感元件可以是单自由度陀螺仪，也可以是二自由度陀螺仪。下面以二自由度陀螺仪的单轴稳定平台进行说明，如图2.41所示。

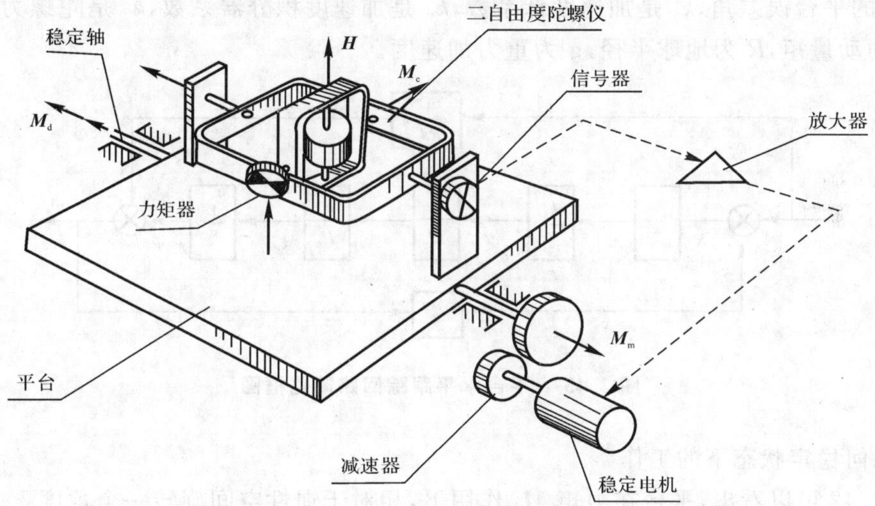

图2.41　二自由度陀螺仪单轴稳定平台结构图

根据单轴稳定平台的工作原理，可以得到图2.42所示的信号原理框图。图中 $Y'(s)$ 表示力矩电机，$\frac{1}{J_p s}$ 表示台体，ω_p 表示平台角速度。

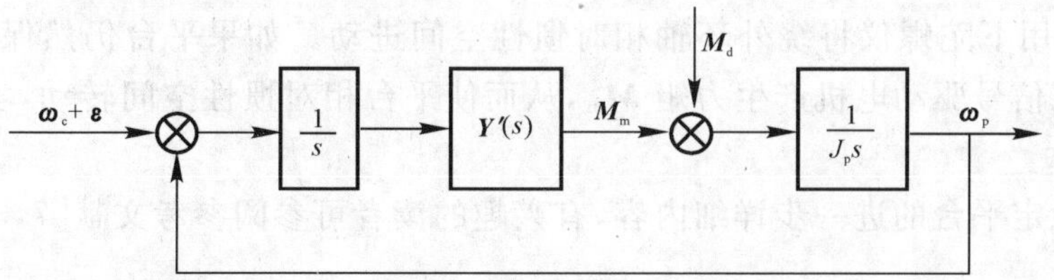

图2.42　二自由度陀螺仪单轴稳定平台简化框图

从图中可以看出单轴稳定平台具有如下几个特点：

① 对于指令信号 ω_c，平台是一个快速跟踪系统，即 $\omega_p \Rightarrow \omega_c$。

② 对于陀螺漂移 ε，平台系统同样会快速跟踪，即 $\omega_{p\varepsilon} \Rightarrow \varepsilon$，因此陀螺漂移会直接产生平台

的漂移角速率。

③ 对于干扰力矩 $\boldsymbol{M}_d$，则有两种情况：当 $\boldsymbol{M}_d$ 等于常值时，平台不会出现漂移角速率，但会出现常值偏差角，且与 $\boldsymbol{M}_d$ 成正比，与回路中的静态增益成反比；当 $\boldsymbol{M}_d=\boldsymbol{k}_d t$ 时，即干扰力矩与时间成正比，则平台会出现漂移角速率和常值偏差角。

通过上述分析可以看出，平台具有很好的快速性。由平台台体的动力学方程[7]，可得到惯性导航平台单轴水平跟踪回路的简化框图如图 2.43 所示。其中，a_N 是载体运动加速度，φ_x 为由 a_N 引起的平台误差角，k_a 是加速度计系数，k_u 是加速度积分器系数，k_c 是陀螺力矩系数，H 是陀螺仪的动量矩，R 为地球半径，g 为重力加速度。

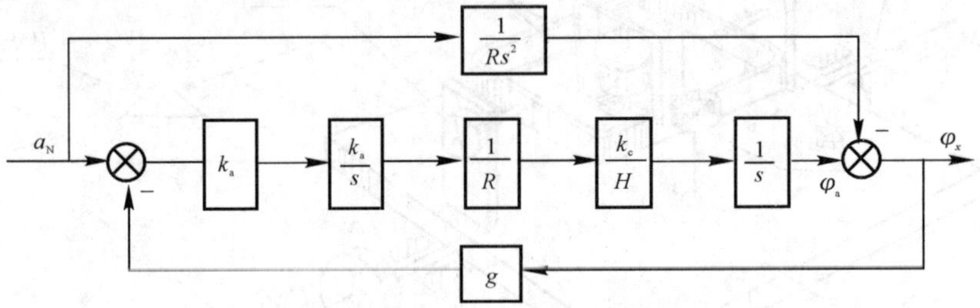

图 2.43 平台水平跟踪回路简化框图

(1) 几何稳定状态下的工作

由图 2.42 可以看出，平台在力矩 $\boldsymbol{M}_d$ 作用下，相对于惯性空间旋转一个角度 φ。二自由度陀螺由于定轴性，其 $\boldsymbol{H}$ 的方向可以作为 φ 的测量基准。这样当平台旋转角度 φ 时，信号器可测得这个角度信号，经过放大校正后进入台体力矩电机，力矩电机产生力矩 $\boldsymbol{M}_m$，$\boldsymbol{M}_m$ 与 $\boldsymbol{M}_d$ 达到平衡时，φ 达到稳态，从而使平台保持稳定。

(2) 空间积分状态下的工作

如果要求平台以角速度 $\boldsymbol{\omega}_c$ 相对空间转动，就必须给陀螺内环力矩器施加一个指令力矩 $\boldsymbol{M}_c$，在该力矩作用下陀螺仪将绕外环轴相对惯性空间进动。如果平台仍然保持原来方位，则信号器输出电压信号驱动电机产生力矩 $\boldsymbol{M}_m$，从而使平台相对惯性空间转动，实现平台工作于空间积分状态。

有关单轴稳定平台的进一步详细内容，有兴趣的读者可参阅参考文献[7,33]。

2. 三轴稳定平台工作原理

在惯性导航系统中，为了测得空间任意方向的加速度，须要安装三个相互垂直的加速度计，这就需要三轴稳定平台。三轴稳定平台的基本结构如图 2.44 所示。

从图 2.44 可以看出，平台由内而外有三个环围绕，分别是方位环 a 环、俯仰环 P_i 环和横滚环 r 环。平台坐标系 $Ox_py_pz_p$ 与台体固连，Ox_p，Oy_p 位于台体平面上，Oz_p 垂直于台面。在方位环上放置三个单自由度陀螺，陀螺的输入轴分别平行于 Ox_p，Oy_p，Oz_p，它们为平台提供三个轴的稳定基准。三轴平台中有两个核心元件：方位坐标分解器 ACR 和正割分解器 SR（图中未标出），这两个元件担任了三轴平台信号分配的任务，控制平台三个基本环的转动。合理的陀螺布局和平台环架设计使得三轴稳定平台能够工作在两种基本工作状态。

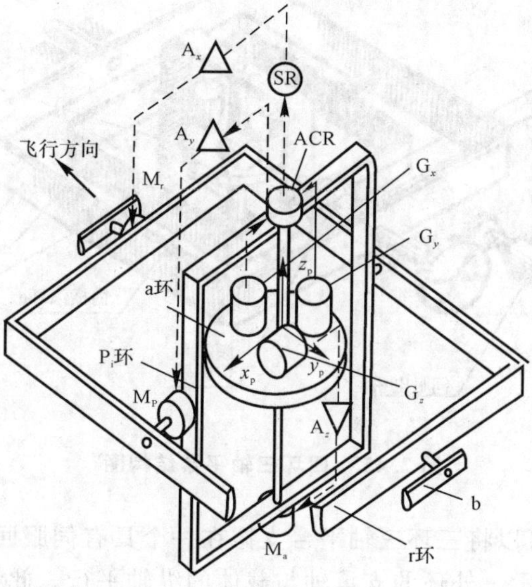

图 2.44　三轴平台的基本结构

由于三轴稳定平台结构和工作原理方面的特点，在实现两种工作状态时出现了许多特殊问题。这些问题包括：

① 陀螺仪信号的合理分配；

② 基座角运动的耦合与隔离；

③ 陀螺仪输出轴的交叉耦合；

④ 三轴平台系统的交叉耦合；

⑤ 与平台结构及运动学有关的误差；

⑥ 三环三轴平台的环架锁定；

⑦ 载体的姿态角信号的提取。

虽然三平台有许多特殊问题，但工作原理、系统组成、传递函数和系统性能指标等与单轴稳定平台基本一致。本书中，仅对具有代表性的三环三轴平台的环架锁定问题作简要介绍，对于其他问题，本书就不再深述，有兴趣的读者可以参阅参考文献[7,35]。

图 2.44 所示的三环三轴平台，当载体俯仰角接近 90° 时，横滚轴与方位轴重合，与平台的台面垂直，使平台失去了一个自由度。平台力矩电机的三个轴处于同一平面，破坏了平台的稳

定性，出现环架锁定现象。通常，在俯仰角增大到一定程度时，即使没有环架锁定，横滚力矩电机的作用也已经大大降低。因此，一般三环三轴平台的俯仰角工作上限为 45° ～ 60°。

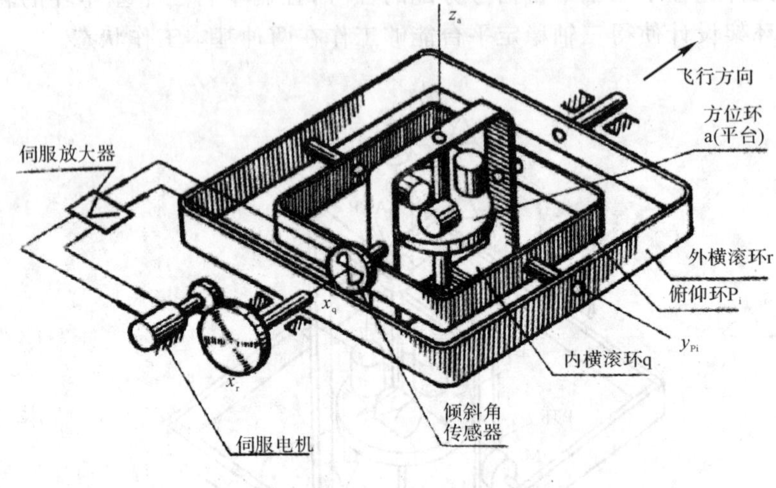

图 2.45　四环三轴平台结构图

为了解决这一问题，可以将三环三轴平台支撑在一个具有伺服回路的附加外环上，构成四环三轴平台，如图 2.45 所示。外环的支承轴与载体的纵轴平行。此结构的信号传递关系与三环三轴转台完全一致。

四环三轴转台的设计，使得只要保证内三环的三轴正交就可以完全隔离载体的角运动，避免了三环三轴平台环架锁定的出现，载体俯仰角可以达到 90°。因此，在现在的各类飞机上，几乎都全部采用四环三轴转台。

对四环三轴转台的详细原理，本书中不再赘述，有兴趣的读者可以参阅参考文献[35]。

2.2.4　舒勒原理

惯性平台工作时，须借助水平加速度计来感受台体倾斜时的重力分量，将它转换成相应的控制信号给陀螺，以控制平台稳定在地平位置或垂线位置。然而当载体具有水平运动加速度时，由于加速度计无法辨别台体倾斜时重力的水平分量和运动加速度，控制信号使平台跟踪的将不是当地真垂线而是表观垂线（即虚假垂线），结果使平台偏离了真正的地平位置或垂线位置。

当载体具有水平运动加速度时，如何使惯性平台跟踪当地的真实水平坐标系，成为惯性导航中的关键问题。舒勒摆原理的提出，成功地解决了这一关键问题。

1. 舒勒摆

一个摆在静止状态下能准确地指示当地垂线方向。但是在运动物体上，沿着摆支点的水平加速度会使摆线偏离垂线方向，如图 2.46 所示。德国教授舒勒在 1923 年提出了一个自然振荡周期等于 84.4 min 能指示垂线的装置，此装置不会受支点加速度的干扰，这样的摆称做舒勒摆[36]。

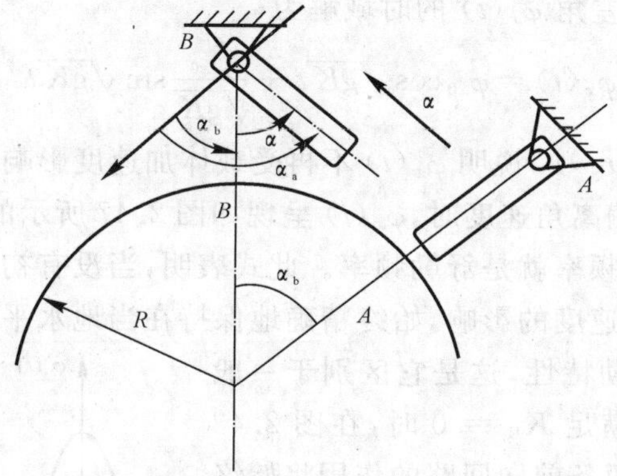

图 2.46　舒勒摆与地垂线

舒勒摆相当于一个摆长等于地球半径的单摆，摆锤放在地心，支点在地球表面运动。不管载体作多大的加速运动，摆线一定和地垂线一致。虽然这样的单摆实际中是无法实现的，但是在惯性导航中舒勒原理得到了实现[11]。

2. 惯性导航平台水平跟踪回路的舒勒调谐

从图 2.43 可以写出单轴平台误差角 $\varphi_x(t)$ 的拉氏方程为

$$(a_{\mathrm{N}}-g\varphi_x)\left(k_{\mathrm{a}}\frac{k_{\mathrm{u}}}{s}\frac{1}{R}\frac{k_{\mathrm{c}}}{H}\frac{1}{s}\right)-\frac{a_{\mathrm{N}}}{Rs^2}=\varphi_x \tag{2.17}$$

转换为时域形式，即得到 $\varphi_x(t)$ 二阶微分方程为

$$\ddot{\varphi}_x+g\frac{k_{\mathrm{a}}k_{\mathrm{u}}k_{\mathrm{c}}}{HR}\varphi_x=\left(\frac{k_{\mathrm{a}}k_{\mathrm{u}}k_{\mathrm{c}}}{HR}-\frac{1}{R}\right)a_{\mathrm{N}} \tag{2.18}$$

令 $K=\dfrac{k_{\mathrm{a}}k_{\mathrm{u}}k_{\mathrm{c}}}{HR}$，$K_{\mathrm{g}}=gK$，$K_{\mathrm{R}}=\left(K-\dfrac{1}{R}\right)$，则

$$\ddot{\varphi}_x+K_{\mathrm{g}}\varphi_x=K_{\mathrm{R}}a_{\mathrm{N}} \tag{2.19}$$

解此微分方程，得 $\varphi_{\mathrm{x}}(t)$ 的时域表达式为

$$\varphi_x(t)=\left(\varphi_{x0}-\frac{a_{\mathrm{N}}K_{\mathrm{R}}}{gK}\right)\cos\sqrt{gK}\,t+\frac{\dot{\varphi}_{x0}}{\sqrt{gK}}\sin\sqrt{gK}\,t+\frac{a_{\mathrm{N}}K_{\mathrm{R}}}{gK} \tag{2.20}$$

从该式可以看出，$\varphi_x(t)$ 的变化是不稳定的，其振荡项的幅值与运动加速度 a_N 有关，因此当有运动加速度时，平台是不稳定的，不能始终保持当地水平。显然这样的平台系统不能作为惯性导航系统的加速度测量基准。

对于平台误差角 $\varphi_x(t)$ 来说，希望其保持稳定不受 a_N 的影响，另外其值要尽可能小，消除常值项，减小振幅。

从式(2.19)我们看到，如强制设置 $K_R \equiv 0$，则二阶普通微分方程就成为齐次型二阶微分方程，可以解得此时平台误差角 $\varphi_x(t)$ 的时域解为

$$\varphi_x(t) = \varphi_{x0}\cos\sqrt{gK}\,t + \frac{\dot{\varphi}_{x0}}{\sqrt{gK}}\sin\sqrt{gK}\,t \tag{2.21}$$

式(2.21)中不再出现 a_N 项，说明 $\varphi_x(t)$ 不再受载体加速度影响；但当 $\varphi_{x0} \neq 0$ 或 $\dot{\varphi}_{x0} \neq 0$，即平台有初始偏角或初始偏离角速度时，$\varphi_x(t)$ 呈现如图2.47所示的无阻尼振荡的形式，即平台绕平面作振荡，该振荡的频率就是舒勒频率。此式表明，当没有初始平台偏角及初始偏离角速度时，平台能不受运动加速度的影响，始终精确地保持在当地水平，跟踪当地水平面。

惯性导航平台具有舒勒特性，这是它区别于一般稳定平台的主要特征。当满足 $K_R \equiv 0$ 时，在图2.43中无论加速度 a_N 为何值，两条前向回路的作用将始终互相抵消，只要严格初始对准使 $\varphi_{x0}=0$，则平台将始终跟踪当地水平面，反馈回路将不起作用。这实际上是实现了对于干扰量 a_N 的不变性原理，从而可使图2.43变为等效的图2.48形式。

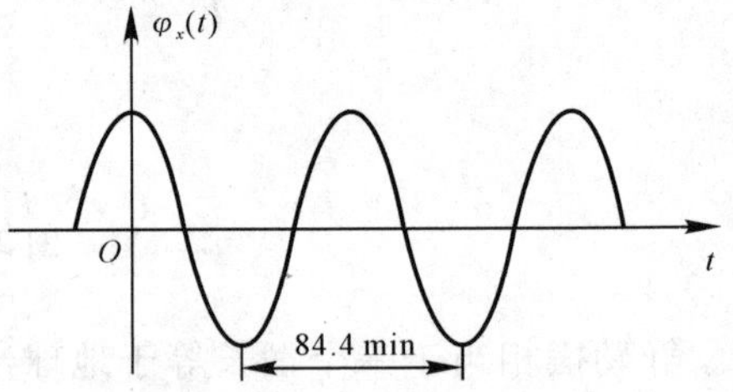

图2.47 舒勒振荡曲线

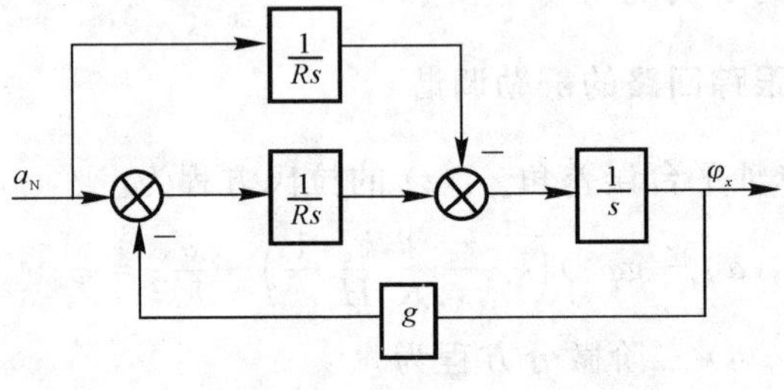

图2.48 实现舒勒调谐后的平台跟踪回路方框图

由 $K_R \equiv 0, K = \dfrac{k_a k_u k_c}{HR}, K_R = (K - \dfrac{1}{R})$，从而可得惯性导航平台实现舒勒调谐的条件为

$$k_a k_u k_c = H \tag{2.22}$$

实现舒勒条件的物理意义：惯性导航平台在有运动加速度时，能始终保持在当地水平，不受运动加速度的影响。实现舒勒条件的数学意义：满足舒勒条件的平台水平跟踪回路二阶运动微分方程是齐次型的，运动加速度 a_N 已不出现在方程中。满足舒勒条件的舒勒角频率和振

荡周期分别为：

平台舒勒角频率

$$\omega=\sqrt{gK}=\sqrt{g/R} \tag{2.23}$$

平台舒勒振荡周期

$$T=2\pi/\omega=2\pi/\sqrt{g/R}=84.4\ \text{min} \tag{2.24}$$

以上分析了惯性导航平台单轴水平跟踪回路的情况，实际上对于三轴正交的惯性导航平台而言，设计思想是相同的，这里不再逐一分析。后面本书讨论惯性导航系统原理和算法时，也都认为系统是满足舒勒调谐条件的。

2.2.5　比力与比力方程

由 2.1 节介绍可知，加速度计是用来测量载体相对惯性空间运动加速度的传感器，但我们通常说的“用加速度计测量载体的运动加速度”并不确切，因为加速度计测量的不是载体的运动加速度，而是载体相对惯性空间的绝对加速度和引力加速度之差，称做比力（Specific Force）[37]。

1. 比力定义

设一质点 P，质量为 m，在惯性坐标系中的位置矢量为 $\boldsymbol{R}$，则由牛顿第二定律，有

$$\boldsymbol{F}=m\left.\frac{\mathrm{d}^2\boldsymbol{R}}{\mathrm{d}t^2}\right|_{\mathrm{i}}\xlongequal{\text{def}}m\ddot{\boldsymbol{R}} \tag{2.25}$$

这里

$$\boldsymbol{F}=\boldsymbol{F}_{外}+\boldsymbol{F}_{引} \tag{2.26}$$

$$\boldsymbol{F}_{引}=m\boldsymbol{G} \tag{2.27}$$

其中，$\boldsymbol{F}_{引}$ 为作用在 P 点上的引力；$\boldsymbol{G}$ 为引力加速度。由此得

$$\boldsymbol{F}_{外}+m\boldsymbol{G}=m\ddot{\boldsymbol{R}} \tag{2.28}$$

或

$$\frac{\boldsymbol{F}_{外}}{m}=\ddot{\boldsymbol{R}}-\boldsymbol{G} \tag{2.29}$$

定义比力 $\boldsymbol{f}$ 为

$$\boldsymbol{f}\xlongequal{\text{def}}\frac{\boldsymbol{F}_{外}}{m} \tag{2.30}$$

则

$$\boldsymbol{f}=\ddot{\boldsymbol{R}}-\boldsymbol{G} \tag{2.31}$$

即比力是作用在单位质量上的外力。比力也称做非引力加速度。

2. 比力方程

载体相对地球运动，地球又相对惯性空间运动。因此，对地球表面的运动载体而言，由加速度计输出的比力表示了载体相对惯性系的非引力加速度；而对于在地球表面导航的载体，须要知道载体相对于地球系的加速度。比力方程表示了载体、地球系、惯性系这三者之间的运动关系。

设载体在地心惯性坐标系中的位置矢量为 $\boldsymbol{R}$，则利用矢量的相对导数和绝对导数的关系[7]，载体位置矢量 $\boldsymbol{R}$ 在地心惯性坐标系中的导数可表达为

$$\left.\frac{\mathrm{d}\boldsymbol{R}}{\mathrm{d}t}\right|_{\mathrm{i}}=\left.\frac{\mathrm{d}\boldsymbol{R}}{\mathrm{d}t}\right|_{\mathrm{e}}+\boldsymbol{\omega}_{\mathrm{ie}}\times\boldsymbol{R} \tag{2.32}$$

式中，$\left.\frac{\mathrm{d}\boldsymbol{R}}{\mathrm{d}t}\right|_{\mathrm{e}}$ 为载体相对地球的速度；$\boldsymbol{\omega}_{\mathrm{ie}}$ 为地球自转角速度；$\boldsymbol{\omega}_{\mathrm{ie}}\times\boldsymbol{R}$ 为地球自转产生的牵连速度。

用 $\boldsymbol{v}_{\mathrm{ep}}$ 代表载体相对地球的运动速度，即 $\boldsymbol{v}_{\mathrm{ep}}=\left.\frac{\mathrm{d}\boldsymbol{R}}{\mathrm{d}t}\right|_{\mathrm{e}}$，则有

$$\left.\frac{\mathrm{d}\boldsymbol{R}}{\mathrm{d}t}\right|_{\mathrm{i}}=\boldsymbol{v}_{\mathrm{ep}}+\boldsymbol{\omega}_{\mathrm{ie}}\times\boldsymbol{R} \tag{2.33}$$

将式(2.33)两边在惯性系中求导，得

$$\left.\frac{\mathrm{d}^2\boldsymbol{R}}{\mathrm{d}t^2}\right|_{\mathrm{i}}=\left.\frac{\mathrm{d}\boldsymbol{v}_{\mathrm{ep}}}{\mathrm{d}t}\right|_{\mathrm{i}}+\left.\frac{\mathrm{d}}{\mathrm{d}t}(\boldsymbol{\omega}_{\mathrm{ie}}\times\boldsymbol{R})\right|_{\mathrm{i}} \tag{2.34}$$

考虑 $\boldsymbol{\omega}_{\mathrm{ie}}$ 为常值，故$\left.\frac{\mathrm{d}\boldsymbol{\omega}_{\mathrm{ie}}}{\mathrm{d}t}\right|_{\mathrm{i}}=0$，则式(2.34)变为

$$\left.\frac{\mathrm{d}^2\boldsymbol{R}}{\mathrm{d}t^2}\right|_{\mathrm{i}}=\left.\frac{\mathrm{d}\boldsymbol{v}_{\mathrm{ep}}}{\mathrm{d}t}\right|_{\mathrm{i}}+\boldsymbol{\omega}_{\mathrm{ie}}\times\left.\frac{\mathrm{d}\boldsymbol{R}}{\mathrm{d}t}\right|_{\mathrm{i}} \tag{2.35}$$

因 $\boldsymbol{v}_{\mathrm{ep}}$ 的各分量是沿平台坐标系（理论上沿导航坐标系）的，故以平台坐标系 p 作为动坐标系，则

$$\left.\frac{\mathrm{d}\boldsymbol{v}_{\mathrm{ep}}}{\mathrm{d}t}\right|_{\mathrm{i}}=\left.\frac{\mathrm{d}\boldsymbol{v}_{\mathrm{ep}}}{\mathrm{d}t}\right|_{\mathrm{p}}+\boldsymbol{\omega}_{\mathrm{ip}}\times\boldsymbol{v}_{\mathrm{ep}} \tag{2.36}$$

把式(2.36)和式(2.33)代入式(2.35)，得

$$\left.\frac{\mathrm{d}^2\boldsymbol{R}}{\mathrm{d}t}\right|_{\mathrm{i}}=\left.\frac{\mathrm{d}\boldsymbol{v}_{\mathrm{ep}}}{\mathrm{d}t}\right|_{\mathrm{p}}+(2\boldsymbol{\omega}_{\mathrm{ie}}+\boldsymbol{\omega}_{\mathrm{ep}})\times\boldsymbol{v}_{\mathrm{ep}}+\boldsymbol{\omega}_{\mathrm{ie}}\times(\boldsymbol{\omega}_{\mathrm{ie}}\times\boldsymbol{R}) \tag{2.37}$$

令$\left.\frac{\mathrm{d}\boldsymbol{v}_{\mathrm{ep}}}{\mathrm{d}t}\right|_{\mathrm{p}}=\dot{\boldsymbol{v}}_{\mathrm{ep}}$，则有

$$\left.\frac{\mathrm{d}^2\boldsymbol{R}}{\mathrm{d}t}\right|_{\mathrm{i}}=\dot{\boldsymbol{v}}_{\mathrm{ep}}+(2\boldsymbol{\omega}_{\mathrm{ie}}+\boldsymbol{\omega}_{\mathrm{ep}})\times\boldsymbol{v}_{\mathrm{ep}}+\boldsymbol{\omega}_{\mathrm{ie}}\times(\boldsymbol{\omega}_{\mathrm{ie}}\times\boldsymbol{R}) \tag{2.38}$$

由式(2.31)，即 $\ddot{\boldsymbol{R}}=\boldsymbol{f}+\boldsymbol{G}$，得

$$f + G = \dot{v}_{ep} + (2\omega_{ie} + \omega_{ep}) \times v_{ep} + \omega_{ie} \times (\omega_{ie} \times R) \tag{2.39}$$

考虑到地球的重力场是地球引力和地球自转产生的离心力的矢量和，即

$$g = G - \omega_{ie} \times (\omega_{ie} \times R) \tag{2.40}$$

则式(2.39)可写为

$$f = \dot{v}_{ep} + (2\omega_{ie} + \omega_{ep}) \times v_{ep} - g \tag{2.41}$$

式(2.41)即为比力(微分)方程。它是惯性导航系统中的一个基本方程，比力方程说明了加速度计测量输出的比力中所包含的物理量，其中除了 $\dot{v}_{ep}$ 是导航需要的，其他的量都要实时扣除掉。

3. 加速度信息的提取

式(2.41)的比力方程给出了比力与运动加速度的关系。式(2.41)中，$\dot{v}_{ep}$ 为平台(载体)相对地球的加速度，是惯性导航系统所要需要的信息；$2\omega_{ie} \times v_{ep}$ 是载体相对地球的速度 v_{ep} 与牵连角速度 ω_{ie} 引起的哥式加速度；$\omega_{ep} \times v_{ep}$ 为法向加速度；而 g 为重力加速度。

将式(2.41)改写成

$$\dot{v}_{ep} = f - [(2\omega_{ie} + \omega_{ep}) \times v_{ep} - g] = f - a_B \tag{2.42}$$

式中，通常称 a_B 为有害加速度，因为它对计算所需要的 $\dot{v}_{ep}$ 带来了麻烦，必须要从测得的比力 f 中补偿掉，才能提取出载体的运动加速度 $\dot{v}_{ep}$。a_B 包含两部分：一部分是重力加速度 g，另一部分是哥氏加速度和法向加速度。

2.3　平台惯性导航系统原理

平台惯性导航系统是具有物理稳定平台的惯性导航系统。平台惯性导航系统的核心是高精度的惯性陀螺稳定平台[38-39]，即惯性平台。惯性平台用来隔离载体角运动对加速度测量的影响，且能跟踪指定的导航坐标系，为平台惯性导航系统提供导航用的测量基准。测量载体加速度的加速度计放置在由陀螺稳定的惯性平台上。

根据惯性导航平台跟踪的坐标系的不同，平台惯性导航系统可分为两种。

1. 当地水平面平台惯性导航系统

这种系统的导航坐标系是当地水平坐标系。由于陀螺仪是相对惯性空间稳定的，因此要保持惯性导航平台稳定在某确定的当地水平坐标系，除了满足舒勒调谐条件外，还须要利用陀螺的进动性，对陀螺仪进行施矩控制。

2. 空间稳定平台惯性导航系统

这种系统的导航坐标系是惯性坐标系。与当地水平面惯性导航系统相比，由于惯性平台

跟踪的是惯性空间，而陀螺仪是相对惯性空间稳定的，因此不须对陀螺仪进行施矩控制。但是由于不能把运动加速度和重力加速度分离开，因此导航解算复杂。

惯性导航平台跟踪的坐标系不同，平台惯性导航系统的导航参数与指令角速率的解算过程也有所不同。本部分将介绍平台惯性导航系统的结构和原理，以及3种常用的当地水平面惯性导航系统的解算方法。空间稳定惯性导航系统由于不适合在地球表面进行定位，解算复杂，由于篇幅所限，本书不再论述。本节所说的平台惯性导航系统特指当地水平平台惯性导航系统。

2.3.1 平台惯性导航系统的结构原理

根据导航坐标系选取的不同，平台惯性导航系统算法方案也不尽相同，但都须要面对和解决平台惯性导航系统的关键问题：

① 如何利用陀螺仪的进动性，对陀螺仪进行施矩控制，克服由于陀螺仪相对于惯性空间稳定的角速率，使平台保持在当地水平坐标系；

② 如何从加速度计输出中得到指定导航坐标系的运动加速度；

③ 如何进行导航解算，输出导航参数；

④ 如何获得运动载体的姿态角信息。

因此，不同平台惯性导航系统的基本结构都是相似的，本节将主要阐述平台惯性导航系统的结构，其基本结构如图2.49所示。

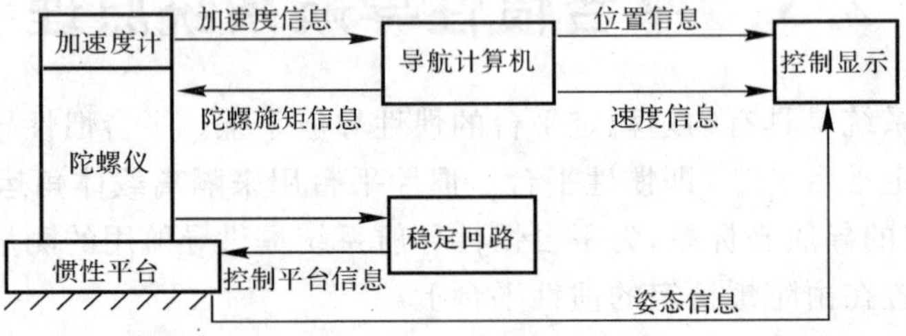

图2.49 平台惯性导航系统结构图

三轴加速度计沿平台测量轴向安装在惯性平台上，测得载体的加速度计信息体现为比力 $\boldsymbol{f}$ 在惯性导航平台模拟的坐标系中的3个分量 $\boldsymbol{f}_x$，$\boldsymbol{f}_y$ 和 $\boldsymbol{f}_z$。如果惯性导航平台能够精确模拟某一选定的导航坐标系（n系）$Ox_ny_nz_n$，也便得到了比力 $\boldsymbol{f}$ 在导航坐标系中的3个分量 $\boldsymbol{f}_x^n$，$\boldsymbol{f}_y^n$ 和 f_z^n。导航计算机通过运算可从中提取出载体相对导航坐标系的加速度矢量 $\dot{\boldsymbol{v}}$（即速度 $\boldsymbol{v}$ 的一阶导数）的3个分量，通过两次积分，可得到载体相对导航坐标系的速度和位置。

载体的运动参数及导航参数，一方面送去显示器显示，一方面形成陀螺施矩信息，通过稳定回路对平台上的陀螺仪施矩，利用陀螺的进动性使平台精确跟踪选定的导航坐标系。此外，从平台框架轴上的角传感器可以获得载体的姿态信息，送往显示器显示。

图 2.50 给出了一种平台惯性导航系统的实物组成结构图，其中的惯性平台是由 3 个单自由度陀螺仪组成的三环平台。

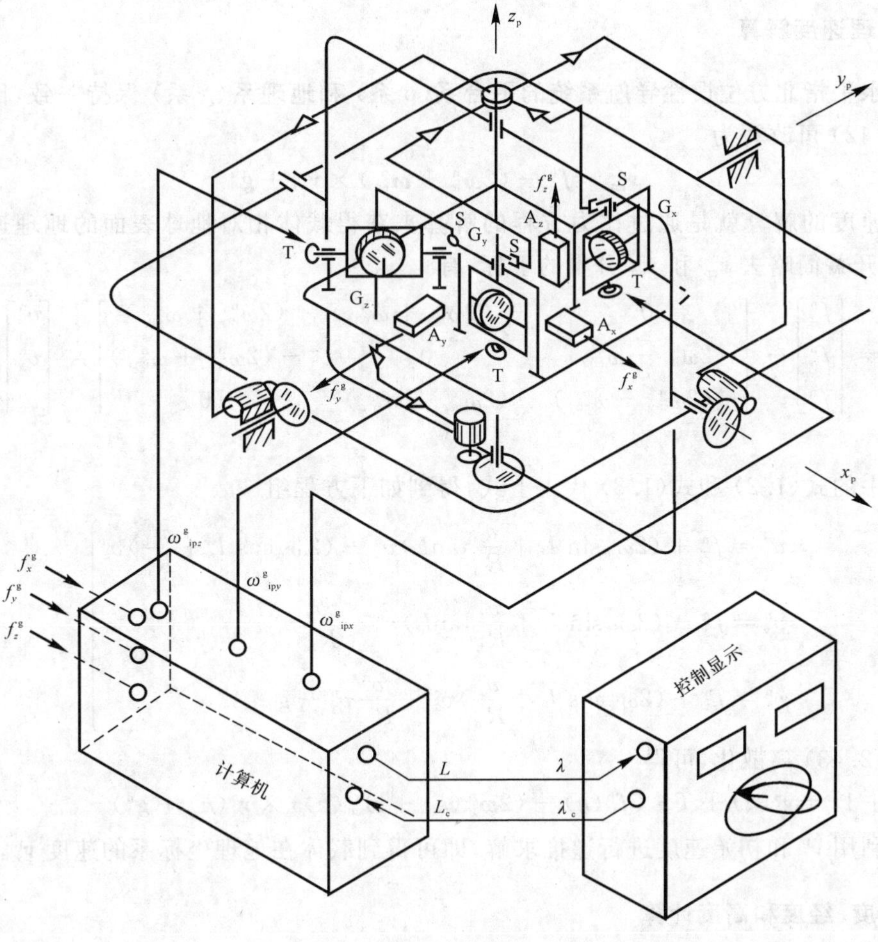

图 2.50 平台惯性导航系统组成结构图

2.3.2 水平指北方位惯性导航系统算法流程方程

惯性导航系统的算法流程方程是指系统的实体布局、采用的坐标系及解析计算方法的总和。它体现了从加速度计的输出到计算出即时速度和位置以及对平台陀螺进行施矩控制的整个过程。算法流程方程就是确定反映系统中各力学量之间联系的方程组。

水平指北方位惯性导航系统选取东北天地理坐标系(g 系)作为导航坐标系(n 系),惯性平台保持在当地水平且 y 轴始终指向北。本书中,若没有特殊说明,导航坐标系选取东北天地理坐标系,公式中统一使用 n 指代 g。下面给出水平指北方位惯性导航系统的算法流程方程。

1. 地理速度解算

由于水平指北方位惯性导航系统的平台系(p 系)和地理系(g 系)保持一致,因此对比力方程式(2.42)可改写为

$$\dot{\boldsymbol{v}}_{\mathrm{en}}^{\mathrm{n}}=\boldsymbol{f}^{\mathrm{n}}-(2\boldsymbol{\omega}_{\mathrm{ie}}^{\mathrm{n}}+\boldsymbol{\omega}_{\mathrm{en}}^{\mathrm{n}})\times\boldsymbol{v}_{\mathrm{en}}^{\mathrm{n}}+\boldsymbol{g}^{\mathrm{n}} \tag{2.43}$$

地理速度的解算就是通过比力方程的解算来获得载体相对地球表面的地理速度。将式(2.43)展开并简略去 $\dot{\boldsymbol{v}}_{\mathrm{en}}^{\mathrm{n}}$ 和 $\boldsymbol{v}_{\mathrm{en}}^{\mathrm{n}}$ 分量的下标,有

$$\begin{bmatrix}\dot{v}_x^{\mathrm{n}}\\ \dot{v}_y^{\mathrm{n}}\\ \dot{v}_z^{\mathrm{n}}\end{bmatrix}=\begin{bmatrix}f_x^{\mathrm{n}}\\ f_y^{\mathrm{n}}\\ f_z^{\mathrm{n}}\end{bmatrix}-\begin{bmatrix}0 & -(2\omega_{\mathrm{ie}z}^{\mathrm{n}}+\omega_{\mathrm{en}z}^{\mathrm{n}}) & (2\omega_{\mathrm{ie}y}^{\mathrm{n}}+\omega_{\mathrm{en}y}^{\mathrm{n}})\\ (2\omega_{\mathrm{ie}z}^{\mathrm{n}}+\omega_{\mathrm{en}z}^{\mathrm{n}}) & 0 & -(2\omega_{\mathrm{ie}x}^{\mathrm{n}}+\omega_{\mathrm{en}x}^{\mathrm{n}})\\ -(2\omega_{\mathrm{ie}y}^{\mathrm{n}}+\omega_{\mathrm{en}y}^{\mathrm{n}}) & (2\omega_{\mathrm{ie}x}^{\mathrm{n}}+\omega_{\mathrm{en}x}^{\mathrm{n}}) & 0\end{bmatrix}\times\begin{bmatrix}v_x^{\mathrm{n}}\\ v_y^{\mathrm{n}}\\ v_z^{\mathrm{n}}\end{bmatrix}+\begin{bmatrix}0\\ 0\\ -g\end{bmatrix} \tag{2.44}$$

将第 1 章中的式(1.2)和式(1.8)代入上式,得到如下方程组

$$\left.\begin{aligned}\dot{v}_x^{\mathrm{n}}&=f_x^{\mathrm{n}}+\left(2\omega_{\mathrm{ie}}\sin L+\frac{v_x^{\mathrm{n}}}{R_{\mathrm{n}}}\tan L\right)v_y^{\mathrm{n}}-\left(2\omega_{\mathrm{ie}}\cos L+\frac{v_x^{\mathrm{n}}}{R_{\mathrm{n}}}\right)v_z^{\mathrm{n}}\\ \dot{v}_y^{\mathrm{n}}&=f_y^{\mathrm{n}}-\left(2\omega_{\mathrm{ie}}\sin L+\frac{v_x^{\mathrm{n}}}{R_{\mathrm{n}}}\tan L\right)v_x^{\mathrm{n}}-\frac{v_y^{\mathrm{n}}}{R_{\mathrm{m}}}v_z^{\mathrm{n}}\\ \dot{v}_z^{\mathrm{n}}&=f_z^{\mathrm{n}}+\left(2\omega_{\mathrm{ie}}\cos L+\frac{v_x^{\mathrm{n}}}{R_{\mathrm{n}}}\right)v_x^{\mathrm{n}}+\frac{v_y^{\mathrm{n}}}{R_{\mathrm{m}}}v_y^{\mathrm{n}}-g\end{aligned}\right\} \tag{2.45}$$

将式(2.43)离散化,可得

$$\boldsymbol{v}^{\mathrm{n}}(k+1)=\boldsymbol{v}^{\mathrm{n}}(k)+T\cdot(\boldsymbol{f}^{\mathrm{n}}(k)-(2\boldsymbol{\omega}_{\mathrm{ie}}^{\mathrm{n}}(k)+\boldsymbol{\omega}_{\mathrm{en}}^{\mathrm{n}}(k))\times\boldsymbol{v}^{\mathrm{n}}(k)+\boldsymbol{g}^{\mathrm{n}}) \tag{2.46}$$

根据该式利用 $\dot{\boldsymbol{v}}^{\mathrm{n}}$ 和初始速度进行递推求解,即可得到载体在地理坐标系的速度 $\boldsymbol{v}_x^{\mathrm{n}},\boldsymbol{v}_y^{\mathrm{n}},\boldsymbol{v}_z^{\mathrm{n}}$。

2. 纬度、经度和高度计算

纬度变化率 $\dot{L}$、经度变化率 $\dot{\lambda}$ 和高度变化率 $\dot{h}$ 与相应的地速分量有如下关系:

$$\left.\begin{aligned}\dot{L}&=\frac{v_y^{\mathrm{n}}}{R_{\mathrm{m}}}=-\omega_{\mathrm{en}x}^{\mathrm{n}}\\ \dot{\lambda}&=\frac{v_x^{\mathrm{n}}}{R_{\mathrm{n}}\cos L}=\frac{\omega_{\mathrm{en}z}^{\mathrm{n}}}{\sin L}\\ \dot{h}&=v_z^{\mathrm{n}}\end{aligned}\right\} \tag{2.47}$$

由此可以得到

$$\left.\begin{aligned}L&=\int_0^t\frac{v_y^{\mathrm{n}}}{R_{\mathrm{m}}}\mathrm{d}t+L_0\\\lambda&=\int_0^t\frac{v_x^{\mathrm{n}}}{R_{\mathrm{n}}}\sec L\mathrm{d}t+\lambda_0\\h&=\int_0^t v_z^{\mathrm{n}}\mathrm{d}t+h_0\end{aligned}\right\}\tag{2.48}$$

式中，L_0，λ_0 和 h_0 为初始的经度、纬度和高度。

将式(2.47)离散化，可得

$$\left.\begin{aligned}&\lambda(k+1)=\lambda(k)+T\cdot v_x^{\mathrm{n}}(k)/(((R_{\mathrm{N}}+h(k))\cdot\cos L(k))\\&L(k+1)=L(k)+T\cdot v_y^{\mathrm{n}}(k)/(R_{\mathrm{M}}+h(k))\\&h(k+1)=h(k)+T\cdot v_z^{\mathrm{n}}(k)\end{aligned}\right\}\tag{2.49}$$

根据该式由 v_x^{n}，v_y^{n} 和 v_z^{n} 和初始位置可以递推求出纬度 L、经度 λ 和高度 h。

3. 陀螺施矩指令角速度解算

由于当地地理坐标系随着地球自转和载体运动而不断改变，因而平台完全刚性地跟随陀螺仪的稳定轴指向。由于无法直接对平台进行施矩，为使平台跟踪地理坐标系，要通过给平台上的陀螺施加施矩指令信号，使陀螺仪产生进动，然后通过平台上的稳定回路使平台做相应的跟随转动。加给陀螺仪上的施矩指令角速度可推导和表达如下：

地理系相对惯性系的转动角速率在地理系上的分量可表示为

$$\boldsymbol{\omega}_{\mathrm{in}}^{\mathrm{n}}=\boldsymbol{\omega}_{\mathrm{ie}}^{\mathrm{n}}+\boldsymbol{\omega}_{\mathrm{en}}^{\mathrm{n}}\tag{2.50}$$

式中，$\boldsymbol{\omega}_{\mathrm{ie}}^{\mathrm{n}}$ 为地球自转角速度在地理系上的分量；$\boldsymbol{\omega}_{\mathrm{en}}^{\mathrm{n}}$ 为地理系相对地球系的角速度在地理系上的分量，是由于运载体在地球曲面运动而造成的相对角速率。

显然，施加给陀螺仪的指令角速度 $\boldsymbol{\omega}_{\mathrm{ip}}$ 应当就是地理坐标系的绝对角速度 $\boldsymbol{\omega}_{\mathrm{in}}$。而且，由于平台系(p 系)和地理系(g 系)是重合的，因此角速度在两个坐标系上的投影完全相同。由第 1 章的式(1.2)和式(1.8)，即有

$$\boldsymbol{\omega}_{\mathrm{ip}}^{\mathrm{p}}=\begin{bmatrix}\omega_{\mathrm{ip}x}^{\mathrm{p}}\\\omega_{\mathrm{ip}y}^{\mathrm{p}}\\\omega_{\mathrm{ip}z}^{\mathrm{p}}\end{bmatrix}=\begin{bmatrix}\omega_{\mathrm{in}x}^{\mathrm{n}}\\\omega_{\mathrm{in}y}^{\mathrm{n}}\\\omega_{\mathrm{in}z}^{\mathrm{n}}\end{bmatrix}=\begin{bmatrix}\omega_{\mathrm{ie}x}^{\mathrm{n}}\\\omega_{\mathrm{ie}y}^{\mathrm{n}}\\\omega_{\mathrm{ie}z}^{\mathrm{n}}\end{bmatrix}+\begin{bmatrix}\omega_{\mathrm{en}x}^{\mathrm{n}}\\\omega_{\mathrm{en}y}^{\mathrm{n}}\\\omega_{\mathrm{en}z}^{\mathrm{n}}\end{bmatrix}=$$

$$\begin{bmatrix}0\\\omega_{\mathrm{ie}}\cos L\\\omega_{\mathrm{ie}}\sin L\end{bmatrix}+\begin{bmatrix}-\dfrac{v_{\mathrm{en}y}^{\mathrm{n}}}{R_{\mathrm{m}}}\\\dfrac{v_{\mathrm{en}x}^{\mathrm{n}}}{R_{\mathrm{n}}}\\\dfrac{v_{\mathrm{en}x}^{\mathrm{n}}}{R_{\mathrm{n}}}\tan L\end{bmatrix}=\begin{bmatrix}-\dfrac{v_{\mathrm{en}y}^{\mathrm{n}}}{R_{\mathrm{m}}}\\\omega_{\mathrm{ie}}\cos L+\dfrac{v_{\mathrm{en}x}^{\mathrm{n}}}{R_{\mathrm{n}}}\\\omega_{\mathrm{ie}}\sin L+\dfrac{v_{\mathrm{en}x}^{\mathrm{n}}}{R_{\mathrm{n}}}\tan L\end{bmatrix}=\boldsymbol{\omega}_{\mathrm{in}}^{\mathrm{n}}\tag{2.51}$$

将按 $\boldsymbol{\omega}_{\mathrm{ip}}^{\mathrm{p}}$ 的 3 个分量计算形成的电信号分别送给平台上相应的陀螺力矩器，就能实现平台

系对地理系的跟踪。

4. 姿态角的获取

由于平台坐标系模拟了当地地理坐标系,因此从平台框架上角度传感器(同步器)就可以直接取得载体的航向角、俯仰角和横滚(倾斜)角信号。

5. 系统原理框图

综合以上讨论,可给出水平指北惯性导航系统的原理框图,如图 2.51 所示。图中所有的信息和微分方程模块都考虑为离散的形式。

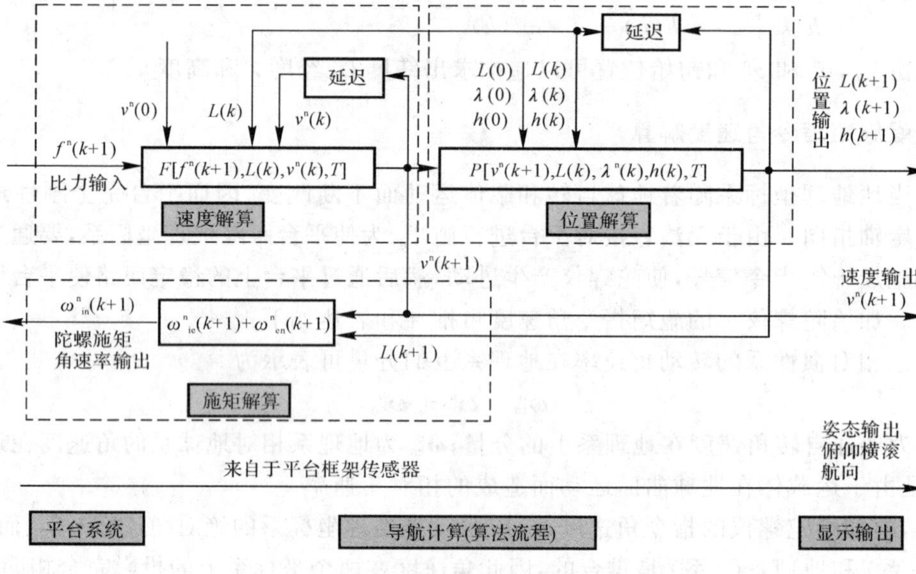

图 2.51 指北方位惯性导航系统原理框图

图 2.51 表明,由加速度计输出的比力信号不用经过其他坐标变换,便直接求得所需导航参数。计算中所用的地球曲率半径为主曲率半径。因此,系统的计算工作量较小,对计算机要求不高,易于实现。

水平指北方位系统的主要问题是不适应高纬度区域导航。当载体在纬度70°～90°区域内时,$\tan L$ 会随纬度 L 的增加而急剧增加,导致施加在平台 z 轴方向的方位陀螺上的指令角速度 $\omega^n_{inz}=\omega_{ie}\sin L+\dfrac{v^n_{enx}}{R_n}\tan L$ 也会变得非常大,因此要求陀螺力矩器接受很大的指令电流,平台也要以高角速率绕 Oz_p 转动,给稳定回路的设计造成很大的困难。同时,在极区时计算也会发生溢出。由此可见,水平指北方位平台惯性导航系统不能满足全球导航的要求。后面分析的自由方位系统及游动方位系统可以解决以上问题。

2.3.3　惯性导航系统的高度不稳定和高度通道的阻尼

载体的即时高度 h 由 $\dot{v}_z^{\mathrm{n}}$ 两次积分得到，这和水平通道的导航解算似乎没有什么区别，但由式(2.45)，取垂直通道 $\dot{v}_z^n$ 考虑，则

$$\dot{v}_z^{\mathrm{n}} = f_z^{\mathrm{n}} + \left(2\omega_{\mathrm{ie}}\cos L + \frac{v_x^{\mathrm{n}}}{R_{\mathrm{n}}}\right)v_x^{\mathrm{n}} + \frac{v_y^{\mathrm{n}}}{R_{\mathrm{m}}}v_y^{\mathrm{n}} - g = f_z^{\mathrm{n}} + a_{\mathrm{Be}} - g \tag{2.52}$$

可看出 $\dot{v}_z^{\mathrm{n}}$ 包含重力加速度 g。因此，作为精确导航应当考虑到，g 不是常值而是高度 h 的函数，其数值随高度的增加而减少。可以证明，当 $h \ll R$ 时，

$$g = g_0\left(1 - \frac{2h}{R}\right) \tag{2.53}$$

式中，R 为地球半径，g_0 为地球表面重力加速度。由式(2.52)，可得出高度通道的框图，如图 2.52 所示。

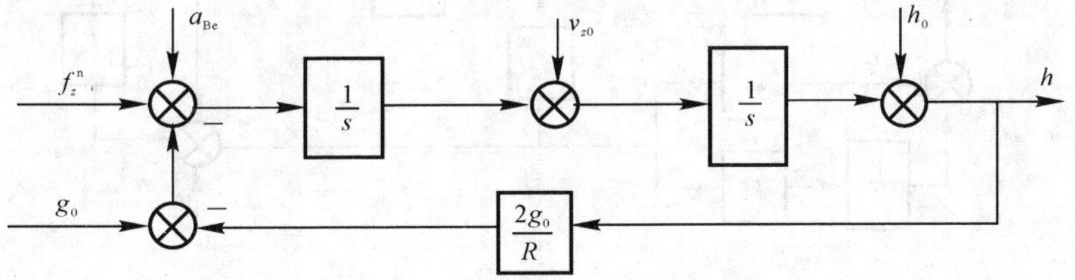

图 2.52　纯惯性导航高度通道框图

该系统的特征方程式为

$$s^2 - \frac{2g_0}{R} = \left(s + \sqrt{\frac{2g_0}{R}}\right)\left(s - \sqrt{\frac{2g_0}{R}}\right) = 0 \tag{2.54}$$

特征方程式有一个正根，说明系统是不稳定的，高度 h 是发散的。因此，不能直接采用这种纯惯性的高度通道，而必须引入外部高度信息（气压高度表、无线电高度表、大气数据系统等）对高度通道构成阻尼回路，这种阻尼回路有时也叫互补滤波器，使两种高度信息起互补作用。这样两方面可以取长补短，得到动态品质好而误差不随时间发散的组合高度系统。通常采用二阶阻尼回路或者三阶阻尼回路来实现，其中二阶阻尼回路的原理如图 2.53 所示。采用三阶阻尼回路可得到更好的系统特性，如图 2.54 所示。二阶和三阶阻尼回路中的控制系数通常根据控制原理进行解算。现代惯性导航系统中，也可以采用现代控制算法来实现对高度通道的控制。

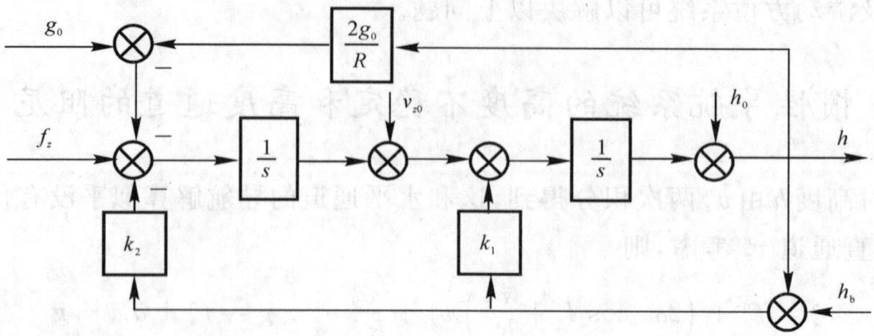

图 2.53 垂直通道的二阶阻尼回路框图

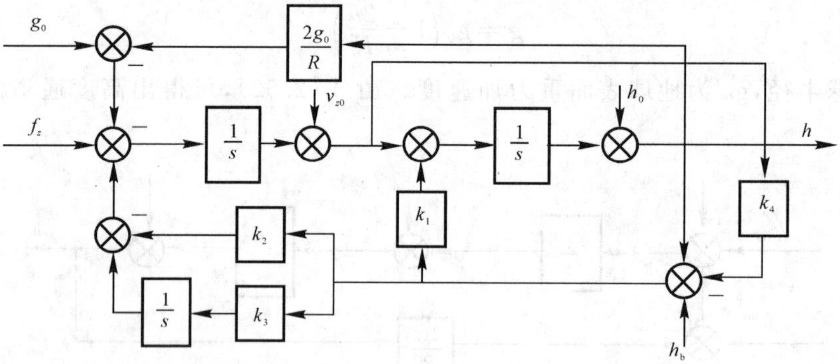

图 2.54 垂直通道的三阶阻尼回路框图

2.3.4 自由方位惯性导航系统

自由方位惯性导航系统采用的导航坐标系为当地水平坐标系。Ox_p 和 Oy_p 始终处于当地水平面内，但在方位上相对于惯性空间保持稳定。这就是说，在工作过程中系统对方位陀螺不加任何指令信号，即 $\omega_{ipz}^{p}=0$。这时，平台绕 Oz_p 轴处于几何稳定状态，就不会存在在高纬度地区时施矩信号过大的问题。

如果在初始时刻平台系 $Ox_py_pz_p$ 对准了地理系 $Ox_gy_gz_g$，则在运动过程中，由于地球自转及载体的地速，将使平台的 Oy_p 轴不断偏离 Oy_g（Ox_p 轴同样偏离 Ox_g 轴），偏离角速度为 ω_{npz}^{n}，所形成的夹角称为自由方位角，用 a_f 表示（见图 2.55）。

对于自由方位平台，有

$$\omega_{ipz}^{p}=0 \tag{2.55}$$

由于平台系和地理系的 z 轴重合，且有

$$\omega_{ipz}^{n}=\omega_{inz}^{n}+\omega_{npz}^{n} \tag{2.56}$$

故平台绕 z 轴偏离地理坐标系的角速率为

$$\omega_{npz}^{n}=-\omega_{inz}^{n} \tag{2.57}$$

这实际上是平台绕 z 轴的表观(视) 运动，由式(2.51) 可知 ω_{inz}^{n} 的表达式，故得

$$\omega_{npz}^{n}=-\left(\omega_{ie}\sin L+\frac{v_x^n}{R_n}\tan L\right) \tag{2.58}$$

考虑到 ω_{npz}^{n} 也就是 $\dot{a}_f$，故自由方位角为

$$a_f=a_{f0}-\int_0^t(\omega_{ie}\sin L+\frac{v_x^n}{R_n}\tan L)\mathrm{d}t \tag{2.59}$$

载体的航向角 ψ 与自由方位角的关系如图 2.56 所示。

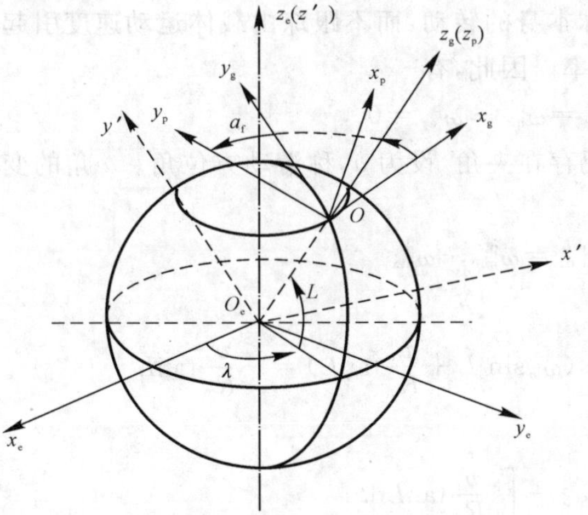

图 2.55　自由方位平台坐标系

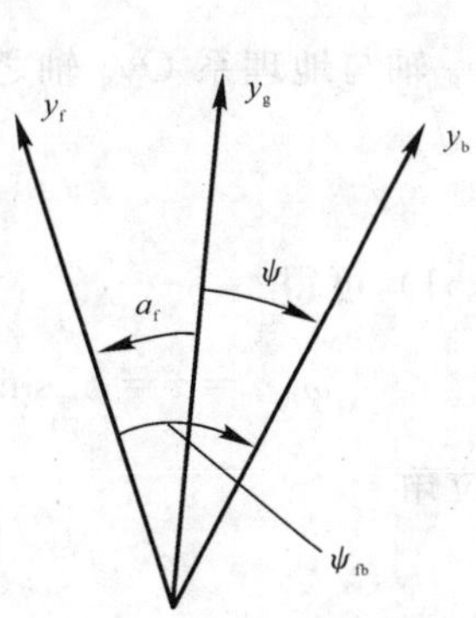

图 2.56　航向角 ψ 与自由方位角 a_f 的关系

图 2.56 中，y_g 指向天北向，y_b 代表载体纵轴的水平方位，它们之间的夹角即航向角 ψ。y_f 代表自由方位平台的对应轴 Oy_p 的方位。从平台 Oz_p 轴上的角传感器，只能读取载体相对平台的偏航角 ψ_{fb}，所以必须知道自由方位角 a_f 的大小，才能由式

$$\psi=\psi_{fb}-a_f \tag{2.60}$$

求出航向角 ψ。

很明显，由于自由方位系统的 $\omega_{ipz}^{p}=0$，航向陀螺不需施矩，平台绕 Oz_p 轴也没有控制跟随的角速率，因而前述指北方位系统在高纬度区飞行时遇到的施矩信号过大问题可以避免。

由式(2.59) 得到自由方位角，可得到自由方位系统的导航坐标系与地理坐标系之间的方向余弦矩阵，将加速度计测得的比力变换到地理坐标系后，则可按水平指北方位惯性导航系统

的算法流程方程进行解算。由此可见,自由方位系统的导航坐标系与地理坐标系虽然只相差自由方位角,但是在加速度计比力信号的转换以及对陀螺仪施矩信号的转换方面增加了复杂性。自由方位惯性导航系统的算法流程方程不再详细列出,具体求解过程可以参阅参考文献[7]。

2.3.5 游动方位惯性导航系统

游动方位惯性导航系统采用的导航坐标系也是当地水平坐标系,与自由方位惯性导航系统的区别在于,对方位陀螺力矩器上要施加有限的指令角速度,即

$$\omega_{ipz}^{p} = \omega_{ie}\sin L = \omega_{iez}^{p} \tag{2.61}$$

这就是说,平台绕 Oz_p 轴只跟踪地球本身的转动,而不跟踪由载体运动速度引起的当地地理坐标系相对惯性系在 z 轴的转动角速率。因此,有

$$\omega_{epz}^{p} = \omega_{ipz}^{p} - \omega_{iez}^{p} = 0 \tag{2.62}$$

这样 Oy_p 轴与地理系 Oy_g 轴之间仍存在夹角,设为 a,称游动方位角。a 角的变换规律不难求得。由

$$\omega_{npz}^{p} = \omega_{ipz}^{p} - \omega_{inz}^{p} \tag{2.63}$$

再参照式(2.51),可得

$$\omega_{npz}^{p} = \dot{a} = \omega_{ie}\sin L - (\omega_{ie}\sin L + \frac{v_x^n}{R_n}\tan L) = -\frac{v_x^n}{R_n}\tan L \tag{2.64}$$

所以游动方位角

$$a = a_0 - \int_0^t \frac{v_x^n}{R_n}\tan L\mathrm{d}t \tag{2.65}$$

可见,游动方位系统与自由方位系统差别不大。可以在前述自由方位系统的基础上来列写游动方位系统的算法流程方程,具体求解过程可以参阅参考文献[7]。但要注意,在静基座条件下,自由方位惯性导航系统的自由方位角 a_f 是变化的,而游动方位惯性导航系统的游动方位角 a 是不变的,a 角仅在存在东向地理速度 v_x^g 时发生变化。

2.3.6 解决极区航行的方案

由前述可知,对于采用当地水平坐标系的平台惯性导航系统,由于自由方位系统和游动方位系统在平台的方位指令上采取了措施,解决了极区航行时平台方位角施矩速率信号过大的问题。但是在极区航行时还有一个问题,就是计算机在解算位置和施矩角速率时仍要进行 $\tan L$ 的计算。当纬度接近90°时,计算机数字计算就会溢出,导致与三角函数有关的表达式失效。

解决这个办法一般采用横向经纬度坐标法。该方法是将极区的经纬度重新人为规定，如将经纬度坐标系相对赤道平面转过一个角度，如图 2.57 所示，形成新的极点 N′ 和 S′，这样原来的极区在新坐标系中就不再是极区。通过原坐标系和新坐标系的转换矩阵，在新坐标系求得的位置就可以转换到原坐标系中去，从而避开了 L 接近90° 时计算 $\tan L$ 的问题。如果将原坐标系的南北极移到赤道平面上的零经纬度，如图 2.58 所示，这样以 N′ 为极点建立起来的坐标系比原来以 N 为极点建立的坐标系之间的转换关系要简单得多，这种规定下建立的经纬度坐标系就称为横向“经纬度”坐标系。

当然这样的变化方案虽然可以解决惯性导航系统在地理极区不能正常工作的问题，却带来了复杂的计算，有关具体方法的分析本书就不作阐述了。

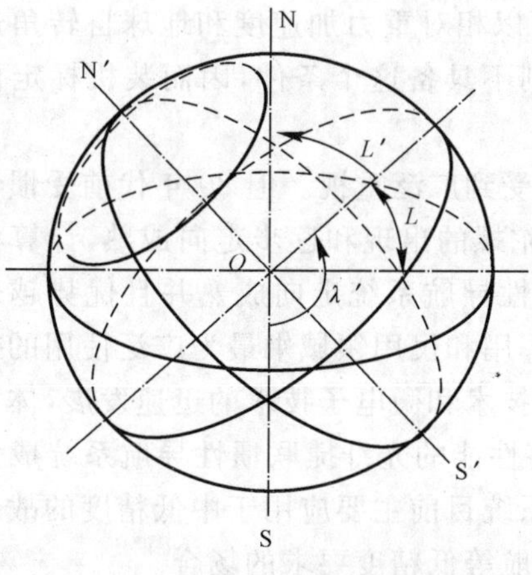

图 2.57　自转动后的经纬度关系图

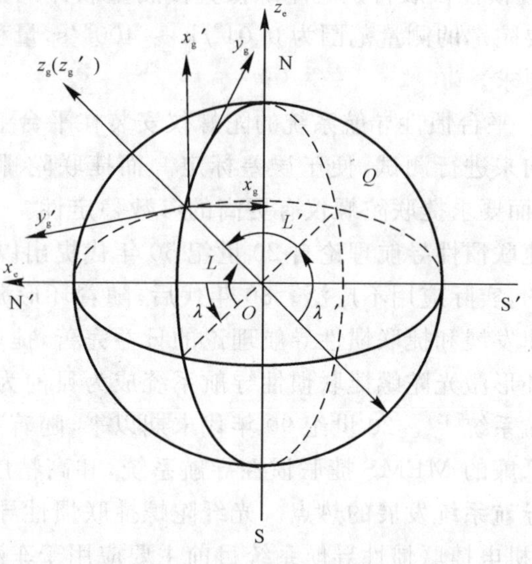

图 2.58　横向“经纬度”坐标系

2.4　捷联惯性导航系统原理

在平台惯性导航系统中，惯性平台是一个高精度的结构十分复杂的机电控制系统，其体积和质量约占整个系统的一半，所需要的加工制造成本大约要占整个系统费用的 2/5。而且由于其结构复杂，故障率高，使惯性导航系统工作的可靠性受到很大影响。正是出于这方面的考虑，早在 20 世纪 50 年代，在发展平台惯性导航系统的同时，人们就发明了另一种惯性导航系统，这就是捷联惯性导航系统(Strapdown Inertial Navigation System，SINS)[32]。

捷联惯性导航系统是把惯性传感器直接固连在载体上，用计算机来完成平台惯性导航中的惯性平台功能的惯性导航系统[32]。由于惯性传感器直接固连在载体上，省去了机电式的惯性平台，从而给系统带来了许多优点：

① 省去了惯性平台，整个系统的体积、质量和成本大大降低。

② 惯性仪表便于安装维护，也便于更换。

③ 惯性仪表可以给出载体轴向的线加速度和角速度，这些信息也是控制系统所需要的。和平台系统相比，捷联系统可以提供更多的导航和制导信息。

④ 惯性仪表便于采用余度配置，提高系统的性能和可靠性。

但惯性仪表直接固连在载体上也带来了一些新的问题：

① 惯性仪表固连在载体上，直接承受载体的振动和冲击，工作环境恶劣。

② 惯性仪表特别是陀螺仪直接测量载体的角运动，高性能歼击机角速度可达 400°/s，这样需要陀螺的测量范围为 0.01°/h ～ 400°/s，量程范围高达 10^8，这就对捷联陀螺仪提出了更高的要求。

③ 平台惯性导航系统的陀螺仪安装在平台上，可以相对重力加速度和地球自转角速度任意定向来进行测试，便于误差标定。而捷联陀螺仪则不具备这个条件，因而装机标定比较困难，从而要求捷联陀螺仪有更高的参数稳定性。

捷联惯性导航理论自 20 世纪 50 年代提出以来，受到广泛重视。但 80 年代前受惯性传感器制约，实际应用不广泛。80 年代后，随着环形激光陀螺的出现和逐步走向成熟，计算机技术的快速发展和捷联惯性导航理论的日益完善，捷联惯性导航系统走向成熟并且优势越来越明显。环形激光陀螺捷联惯性导航系统成为目前为止军用和民用领域中最为广泛使用的捷联惯性导航系统[35]。20 世纪 90 年代末期以来，随着光纤技术和微电子技术的迅速发展，体积小且价格低廉的 MEMS 捷联惯性导航系统，和高精度、高性能的光纤捷联惯性导航系统成为捷联惯性导航系统发展的热点。光纤陀螺捷联惯性导航系统目前主要应用于中低精度的战术武器中，微机电捷联惯性导航系统目前主要应用于车载导航等低精度要求的场合。

图 2.59 是捷联惯性导航系统的基本原理图，主要突出表明了其中数学平台的关系。捷联惯性导航系统中，陀螺仪和加速度计的组合体通常称为惯性组件（Inertial Measurement Unit，IMU）。三轴陀螺仪和加速度计的输入轴安装时要保持严格正交，该组件直接安装在载体上时也要保持与机体坐标系完全一致。

可以看到，IMU 对捷联惯性导航系统而言是开环式的，仅起到了惯性传感器信号输入的作用，不需要任何信号再对 IMU 进行反馈控制，所有的信号处理也都在计算机内实现，因此实现方便。

由图 2.59 可以看出，捷联惯性导航系统的核心是用计算机来实现的惯性平台，即所谓的“数学平台”。数学平台是用捷联陀螺仪测量的载体角速度解算姿态矩阵，从姿态阵的元素中提取载体的姿态和航向信息；并用姿态阵把加速度计的输出从载体坐标系变换到导航坐标系，然后进行导航解算。姿态和航向实时解算是捷联系统关键技术之一。

由 1.4.3 节内容可知，载体的水平姿态和航向是决定载体坐标系和地理坐标系间的方向余弦 C_n^b 的唯一因素。描述动坐标系相对参考坐标系方位关系的方法有多种，我们简单地把它们分为 3 类，即三参数法、四参数法和九参数法[40]。三参数法也叫欧拉角法，九参数法是方向余弦法，四参数法通常指四元数法。这几种方法处理的思想不同，也反映了不同的物理概念，是捷联惯性导航系统中数学平台算法的核心内容。

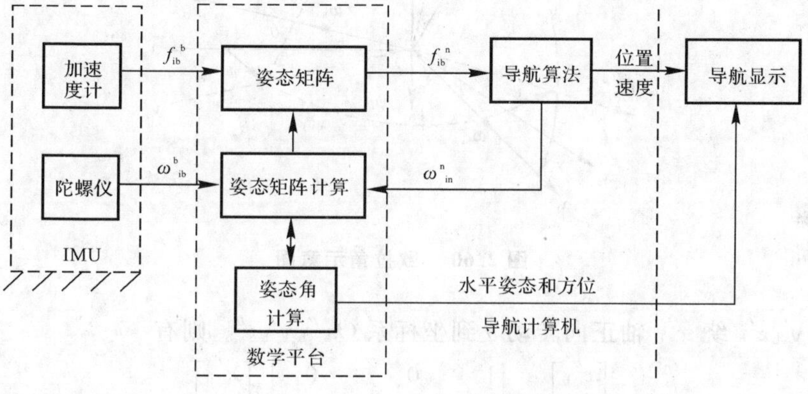

图 2.59　捷联惯性导航系统原理

本节将重点阐述上述 3 种坐标系转换算法，其他导航定位算法因与平台惯性导航相同，就不再逐一介绍了。

2.4.1　欧拉角法

欧拉角法是直接求解 3 个(欧拉) 姿态角的一种方法，由姿态角就可以唯一地确定 C_n^b。

1 个动坐标系相对参考坐标系的方位，可以完全由参考坐标系依次绕 3 个不同的轴转动的 3 个角度来确定。假设载体坐标系 $Ox_by_bz_b$(定义见第 1 章说明) 作为动坐标系，导航坐标系 $Ox_ny_nz_n$(选为地理坐标系东北天) 作为参考坐标系。θ,γ,ψ 为导航坐标系 $Ox_ny_nz_n$ 到载体坐标系 $Ox_by_bz_b$ 的一组欧拉角，如图 2.60 所示。

在图 2.60 中，θ，γ 和 ψ 表示从导航系 n 到载体系 b 的一种转动，如下所示：

$$x_ny_nz_n \xrightarrow[Oz_n]{-\psi} x'_by'_bz'_b \xrightarrow[Ox'_b]{\theta} x''_by''_bz''_b \xrightarrow[Oy''_b]{\gamma} x_by_bz_b$$

第一次，$Ox_ny_nz_n$ 绕 z_n 轴正向转动 $-\psi$ 到坐标系 $Ox'_by'_bz'_b$，则有

$$\begin{bmatrix} x'_b \\ y'_b \\ z'_b \end{bmatrix} = \begin{bmatrix} \cos\psi & -\sin\psi & 0 \\ \sin\psi & \cos\psi & 0 \\ 0 & 0 & 1 \end{bmatrix} \begin{bmatrix} x_n \\ y_n \\ z_n \end{bmatrix} \tag{2.66}$$

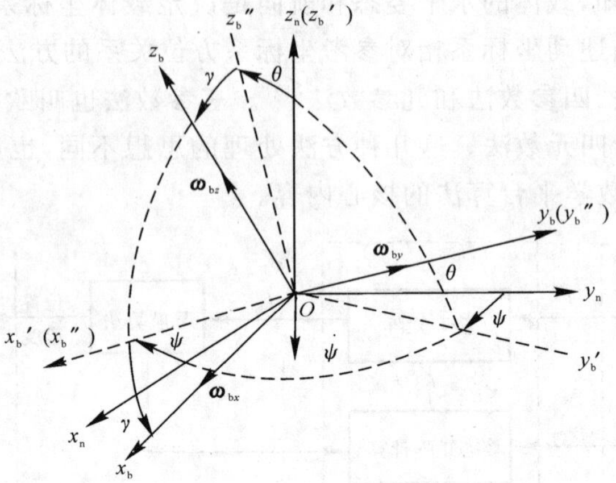

图 2.60　欧拉角示意图

第二次，$Ox'_by'_bz'_b$ 绕 x'_b 轴正向转动 θ 到坐标系 $Ox''_by''_bz''_b$，则有

$$\begin{bmatrix} x''_b \\ y''_b \\ z''_b \end{bmatrix} = \begin{bmatrix} 1 & 0 & 0 \\ 0 & \cos\theta & \sin\theta \\ 0 & -\sin\theta & \cos\theta \end{bmatrix} \begin{bmatrix} x'_b \\ y'_b \\ z'_b \end{bmatrix} \tag{2.67}$$

第三次，$Ox''_by''_bz''_b$ 绕 y''_b 轴正向转动 γ 到坐标系 $Ox_by_bz_b$，则有

$$\begin{bmatrix} x_b \\ y_b \\ z_b \end{bmatrix} = \begin{bmatrix} \cos\gamma & 0 & -\sin\gamma \\ 0 & 1 & 0 \\ \sin\gamma & 0 & \cos\gamma \end{bmatrix} \begin{bmatrix} x''_b \\ y''_b \\ z''_b \end{bmatrix} \tag{2.68}$$

根据第 1 章的定义，ψ，θ 和 γ 即为航向角、俯仰角和横滚角，因此导航系到载体系的姿态转换矩阵为

$$\boldsymbol{C}_n^b = \begin{bmatrix} \cos\gamma & 0 & -\sin\gamma \\ 0 & 1 & 0 \\ \sin\gamma & 0 & \cos\gamma \end{bmatrix} \begin{bmatrix} 1 & 0 & 0 \\ 0 & \cos\theta & \sin\theta \\ 0 & -\sin\theta & \cos\theta \end{bmatrix} \begin{bmatrix} \cos\psi & -\sin\psi & 0 \\ \sin\psi & \cos\psi & 0 \\ 0 & 0 & 1 \end{bmatrix} =$$

$$\begin{bmatrix} \cos\gamma\cos\psi+\sin\gamma\sin\theta\sin\psi & -\cos\gamma\sin\psi+\sin\gamma\sin\theta\sin\psi & -\sin\gamma\cos\theta \\ \cos\theta\sin\psi & \cos\theta\cos\psi & \sin\theta \\ \sin\gamma\cos\psi-\cos\gamma\sin\theta\sin\psi & -\sin\gamma\sin\psi-\cos\gamma\sin\theta\cos\psi & \cos\gamma\cos\theta \end{bmatrix} \tag{2.69}$$

以上的 2 个坐标系的转换顺序满足了 3 个姿态角的定义，根据刚体转动的不可交换性，这样的顺序是不能随意改变的。如果是另外一个转换顺序，得到的 3 个角度也就不是通常定义的航向角、俯仰角和横滚角了。

在捷联惯性导航系统中，陀螺仪的实际输出为 $\boldsymbol{\omega}_{ib}^b$，表示安装在机体系的陀螺仪相对于惯性空间的角速率在机体系上的投影，实际上就是陀螺仪稳定性的反映。$\boldsymbol{\omega}_{\mathrm{ib}}^{\mathrm{b}}$ 的表达式为

$$\boldsymbol{\omega}_{\mathrm{ib}}^{\mathrm{b}}=\boldsymbol{\omega}_{\mathrm{ie}}^{\mathrm{b}}+\boldsymbol{\omega}_{\mathrm{en}}^{\mathrm{b}}+\boldsymbol{\omega}_{\mathrm{nb}}^{\mathrm{b}} \tag{2.70}$$

式中，$\boldsymbol{\omega}_{\mathrm{nb}}^{\mathrm{b}}$ 表示载体坐标系相对地理坐标系的角速度在载体坐标系轴向的分量构成的列矢量。从式(2.70) 可以看出，由于陀螺仪输出的信号是载体坐标系相对惯性空间的，因此为了获得 $\boldsymbol{\omega}_{\mathrm{nb}}^{\mathrm{b}}$，必须从陀螺仪输出的 $\boldsymbol{\omega}_{\mathrm{ib}}^{\mathrm{b}}$ 中修正(减去) 其与地理坐标系的角速率差，可以写为

$$\boldsymbol{\omega}_{\mathrm{nb}}^{\mathrm{b}}=\boldsymbol{\omega}_{\mathrm{ib}}^{\mathrm{b}}-(\boldsymbol{\omega}_{\mathrm{ie}}^{\mathrm{b}}+\boldsymbol{\omega}_{\mathrm{en}}^{\mathrm{b}})=\boldsymbol{\omega}_{\mathrm{ib}}^{\mathrm{b}}-\boldsymbol{C}_{\mathrm{n}}^{\mathrm{b}}(\boldsymbol{\omega}_{\mathrm{ie}}^{\mathrm{n}}+\boldsymbol{\omega}_{\mathrm{en}}^{\mathrm{n}}) \tag{2.71}$$

此关系本质上与平台惯性导航系统中的平台施矩信号的意义相同，表明了非常重要的物理概念。可以将 $\boldsymbol{\omega}_{\mathrm{nb}}^{\mathrm{b}}$ 看成是一个已知量，同时从以上坐标系转动关系可以看出，$\boldsymbol{\omega}_{\mathrm{nb}}^{\mathrm{b}}$ 和姿态航向角速度 $\dot{\theta},\dot{\gamma},\dot{\psi}$ 的关系为

$$\begin{bmatrix}\omega_{\mathrm{nb}x}^{\mathrm{b}}\\ \omega_{\mathrm{nb}y}^{\mathrm{b}}\\ \omega_{\mathrm{nb}z}^{\mathrm{b}}\end{bmatrix}=\boldsymbol{C}_{\gamma}\boldsymbol{C}_{\theta}\begin{bmatrix}0\\0\\-\dot{\psi}\end{bmatrix}+\boldsymbol{C}_{\gamma}\begin{bmatrix}\dot{\theta}\\0\\0\end{bmatrix}+\begin{bmatrix}0\\ \dot{\gamma}\\0\end{bmatrix} \tag{2.72}$$

展开合并得

$$\begin{bmatrix}\omega_{\mathrm{nb}x}^{\mathrm{b}}\\ \omega_{\mathrm{nb}y}^{\mathrm{b}}\\ \omega_{\mathrm{nb}z}^{\mathrm{b}}\end{bmatrix}=\begin{bmatrix}\cos\gamma & 0 & \sin\gamma\cos\theta\\ 0 & 1 & -\sin\theta\\ \sin\gamma & 0 & -\cos\theta\cos\gamma\end{bmatrix}\begin{bmatrix}\dot{\theta}\\ \dot{\gamma}\\ \dot{\psi}\end{bmatrix} \tag{2.73}$$

或

$$\begin{bmatrix}\dot{\theta}\\ \dot{\gamma}\\ \dot{\psi}\end{bmatrix}=\frac{1}{\cos\theta}\begin{bmatrix}\cos\theta\cos\gamma & 0 & \sin\gamma\cos\theta\\ \sin\gamma\cos\theta & \cos\theta & -\cos\gamma\cos\theta\\ \sin\gamma & 0 & -\cos\gamma\end{bmatrix}\begin{bmatrix}\omega_{\mathrm{nb}x}^{\mathrm{b}}\\ \omega_{\mathrm{nb}y}^{\mathrm{b}}\\ \omega_{\mathrm{nb}z}^{\mathrm{b}}\end{bmatrix} \tag{2.74}$$

式(2.74) 即欧拉角微分方程，根据由陀螺仪输出并解算得到的角速度 $\boldsymbol{\omega}_{\mathrm{nb}}^{\mathrm{b}}$，可以直接求解 θ,γ 和 ψ 这 3 个角度。

欧拉角微分方程中只有 3 个未知数(即 3 维姿态角)，因此称为三参数法。但每个方程都包含三角函数运算，且当 $\theta=90°$ 时，方程出现“奇点”，方程式退化，故该姿态算法复杂且不能全姿态工作。

2.4.2　方向余弦法

方向余弦法与欧拉角法直接求解 3 个姿态角的方法不同，它是直接求解载体坐标系与地理坐标系间的方向余弦矩阵 $\boldsymbol{C}_{\mathrm{n}}^{\mathrm{b}}$。从式(2.69) 的 $\boldsymbol{C}_{\mathrm{n}}^{\mathrm{b}}$ 表达式可以清楚地看出，姿态角与姿态转换矩阵是完全一一对应的。

设一个与载体坐标系固连的任意矢量 $\boldsymbol{r}$，在地理系和载体系上的投影关系为

$$\boldsymbol{r}^{\mathrm{n}}=\boldsymbol{C}_{\mathrm{b}}^{\mathrm{n}}\boldsymbol{r}^{\mathrm{b}} \tag{2.75}$$

当载体系相对地理系有一个转动角速度 $\boldsymbol{\omega}_{\mathrm{nb}}$ 存在时，如果认为 b 系不动，n 系动（或反之也可），即 $\dot{\boldsymbol{r}}_{\mathrm{b}}=0, \dot{\boldsymbol{r}}_{\mathrm{n}}\neq 0$，则

$$\dot{\boldsymbol{r}}_{\mathrm{n}}=\dot{\boldsymbol{C}}_{\mathrm{b}}^{\mathrm{n}}\boldsymbol{r}_{\mathrm{b}}+\boldsymbol{C}_{\mathrm{b}}^{\mathrm{n}}\dot{\boldsymbol{r}}_{\mathrm{b}}=\dot{\boldsymbol{C}}_{\mathrm{b}}^{\mathrm{n}}\boldsymbol{r}_{\mathrm{b}} \tag{2.76}$$

又由哥氏求导定理得

$$\left.\frac{\mathrm{d}\boldsymbol{r}}{\mathrm{d}t}\right|_{\mathrm{n}}=\left.\frac{\mathrm{d}\boldsymbol{r}}{\mathrm{d}t}\right|_{\mathrm{b}}+\boldsymbol{\omega}_{\mathrm{nb}}\times\boldsymbol{r}=\boldsymbol{\omega}_{\mathrm{nb}}\times\boldsymbol{r} \tag{2.77}$$

将式(2.77)在地理系上投影，有

$$\dot{\boldsymbol{r}}_{\mathrm{n}}=\boldsymbol{\omega}_{\mathrm{nb}}^{\mathrm{nk}}\boldsymbol{r}_{\mathrm{n}}=\boldsymbol{\omega}_{\mathrm{nb}}^{\mathrm{nk}}\boldsymbol{C}_{\mathrm{b}}^{\mathrm{n}}\boldsymbol{r}_{\mathrm{b}} \tag{2.78}$$

将式(2.76)代入式(2.78)，得方向余弦矩阵微分方程

$$\dot{\boldsymbol{C}}_{\mathrm{b}}^{\mathrm{n}}\boldsymbol{r}_{\mathrm{b}}=\boldsymbol{\omega}_{\mathrm{nb}}^{\mathrm{nk}}\boldsymbol{C}_{\mathrm{b}}^{\mathrm{n}}\boldsymbol{r}_{\mathrm{b}}\Leftrightarrow\dot{\boldsymbol{C}}_{\mathrm{b}}^{\mathrm{n}}=\boldsymbol{\omega}_{\mathrm{nb}}^{\mathrm{nk}}\boldsymbol{C}_{\mathrm{b}}^{\mathrm{n}} \tag{2.79}$$

该微分方程有如下 4 种形式，可以证明它们是等价的。

$$\begin{aligned}\dot{\boldsymbol{C}}_{\mathrm{b}}^{\mathrm{n}}&=\boldsymbol{\omega}_{\mathrm{nb}}^{\mathrm{nk}}\boldsymbol{C}_{\mathrm{b}}^{\mathrm{n}}, & \dot{\boldsymbol{C}}_{\mathrm{n}}^{\mathrm{b}}&=-\boldsymbol{\omega}_{\mathrm{nb}}^{\mathrm{bk}}\boldsymbol{C}_{\mathrm{n}}^{\mathrm{b}}\\ \dot{\boldsymbol{C}}_{\mathrm{b}}^{\mathrm{n}}&=\boldsymbol{C}_{\mathrm{b}}^{\mathrm{n}}\boldsymbol{\omega}_{\mathrm{nb}}^{\mathrm{bk}}, & \dot{\boldsymbol{C}}_{\mathrm{n}}^{\mathrm{b}}&=-\boldsymbol{C}_{\mathrm{n}}^{\mathrm{b}}\boldsymbol{\omega}_{\mathrm{nb}}^{\mathrm{nk}}\end{aligned} \tag{2.80}$$

方向余弦矩阵的微分方程是一个变系数的齐次微分方程，可用毕卡（Peano-Baker）逼近法求之，其一般解析形式为

$$\boldsymbol{C}_{\mathrm{n}}^{\mathrm{b}}(t)=\boldsymbol{C}_{\mathrm{n}}^{\mathrm{b}}(0)\mathrm{e}^{\int_0^t\boldsymbol{\omega}_{\mathrm{nb}}^{\mathrm{nk}}(t)\mathrm{d}t} \tag{2.81}$$

在求得方余弦矩阵后，即可利用矩阵元素与姿态角对应的关系，求解出姿态角。

该方法具有如下特点：

① 可以全姿态工作，不受限制；

② 微分方程组的维数太高，达到了 9 维；

③ 运算过程中由于有角速率的积分，姿态转换矩阵会有非正交化误差产生，必须每次进行正交化处理。

2.4.3 四元数法

四元数理论是数学中的一个古老的分支，1943 年哈密顿将其用于研究空间几何，随后该理论在空间技术和捷联惯性导航系统中得到了实际应用。

四元数法是一种间接处理的捷联惯性导航系统姿态矩阵解算方法，用四元数的微分方程解算来代替方向余弦矩阵微分方程的解算，求解得到中间变量四元数，然后再转换为载体坐标系与地理坐标系间的方向余弦矩阵 $\boldsymbol{C}_{\mathrm{n}}^{\mathrm{b}}$。本方法的优点是可大大减小计算量，并且具有更好的计算性能。

1. 四元数的基本概念

四元数是一个由 1 个实数单位和 3 个虚数单位 $\boldsymbol{i},\boldsymbol{j},\boldsymbol{k}$ 构成的含有 4 个元的数，其复数定义

形式为

$$\boldsymbol{\Lambda}=(\lambda_0,\lambda_1,\lambda_2,\lambda_3)=\lambda_0+\lambda_1\boldsymbol{i}+\lambda_2\boldsymbol{j}+\lambda_3\boldsymbol{k} \tag{2.82}$$

式中，$\boldsymbol{i},\boldsymbol{j},\boldsymbol{k}$ 遵守下列相乘规则

$$\left.\begin{aligned}&\boldsymbol{i}\circ\boldsymbol{i}=\boldsymbol{j}\circ\boldsymbol{j}=\boldsymbol{k}\circ\boldsymbol{k}=-1\\&\boldsymbol{i}\circ\boldsymbol{j}=-\boldsymbol{j}\circ\boldsymbol{i}=\boldsymbol{k}\\&\boldsymbol{j}\circ\boldsymbol{k}=-\boldsymbol{k}\circ\boldsymbol{j}=\boldsymbol{i}\\&\boldsymbol{k}\circ\boldsymbol{i}=-\boldsymbol{i}\circ\boldsymbol{k}=\boldsymbol{j}\end{aligned}\right\} \tag{2.83}$$

四元数还有如下几种表达方式：

矢量式

$$\boldsymbol{\Lambda}=\lambda_0+\boldsymbol{\lambda} \tag{2.84}$$

三角式

$$\boldsymbol{\Lambda}=\cos(\sigma/2)+\boldsymbol{n}\sin(\sigma/2) \tag{2.85}$$

矩阵式

$$\boldsymbol{\Lambda}=[\lambda_0\quad\lambda_1\quad\lambda_2\quad\lambda_3]^{\mathrm{T}} \tag{2.86}$$

定义规范化的四元数 $\boldsymbol{\Lambda}$ 为

$$\lambda_0^2+\lambda_1^2+\lambda_2^2+\lambda_3^2=1 \tag{2.87}$$

对于非规范化的四元数 $\boldsymbol{\Lambda}$，其每个元素可用式

$$\lambda_i\,|_{\text{新}}=\lambda_i/\sqrt{\lambda_0^2+\lambda_1^2+\lambda_2^2+\lambda_3^2} \tag{2.88}$$

进行规范，即可得到规范化后的四元数

2. 四元数和方向余弦阵的关系

四元数提供了矢量从一个坐标系到另一个坐标系的数学关系。将普通的 3 维空间矢量扩展成 4 维，如地理坐标系 3 维矢量 $\boldsymbol{R}^{\mathrm{n}}$ 和载体坐标系的 3 维矢量 $\boldsymbol{R}^{\mathrm{b}}$ 可表示为

$$\left.\begin{aligned}\boldsymbol{R}^{\mathrm{n}}&=[0\quad x_{\mathrm{n}}\quad y_{\mathrm{n}}\quad z_{\mathrm{n}}]^{\mathrm{T}}\\\boldsymbol{R}^{\mathrm{b}}&=[0\quad x_{\mathrm{b}}\quad y_{\mathrm{b}}\quad z_{\mathrm{b}}]^{\mathrm{T}}\end{aligned}\right\} \tag{2.89}$$

可以证明，存在一个四元数 $\boldsymbol{\Lambda}=[\lambda_0\quad\lambda_1\quad\lambda_2\quad\lambda_3]^{\mathrm{T}}$，使

$$\left.\begin{aligned}\boldsymbol{R}^{\mathrm{n}}&=\boldsymbol{\Lambda}\circ\boldsymbol{R}^{\mathrm{b}}\circ\boldsymbol{\Lambda}^{-1}\\\boldsymbol{R}^{\mathrm{b}}&=\boldsymbol{\Lambda}^{-1}\circ\boldsymbol{R}^{\mathrm{n}}\circ\boldsymbol{\Lambda}\end{aligned}\right\} \tag{2.90}$$

其中，$\boldsymbol{\Lambda}^{-1}=\boldsymbol{\Lambda}^{*}$，为 $\boldsymbol{\Lambda}$ 的共轭四元素。式(2.90)的具体的推导此处不再展开，可以参阅参考文献[40]。式(2.90)即为矢量坐标变换的四元数描述，其与利用方向余弦矩阵表示的坐标变换有如下对应关系：

$$\boldsymbol{r}^{\mathrm{b}}=\boldsymbol{C}_{\mathrm{n}}^{\mathrm{b}}\boldsymbol{r}^{\mathrm{n}}\Leftrightarrow\boldsymbol{R}^{\mathrm{b}}=\boldsymbol{\Lambda}^{-1}\circ\boldsymbol{R}^{\mathrm{n}}\circ\boldsymbol{\Lambda} \tag{2.91}$$

为了推导四元数与姿态矩阵的转换关系，首先来推导两四元数相乘的运算。设有两个四

元数

$$\left.\begin{aligned}\boldsymbol{\Lambda}&=\lambda_0+\lambda_1\boldsymbol{i}+\lambda_2\boldsymbol{j}+\lambda_3\boldsymbol{k}=\lambda_0+\boldsymbol{\lambda}\\ \boldsymbol{P}&=p_0+p_1\boldsymbol{i}+p_2\boldsymbol{j}+p_3\boldsymbol{k}=p_0+\boldsymbol{p}\end{aligned}\right\} \tag{2.92}$$

则按式(2.83)的相乘规则,可得乘积

$$\boldsymbol{Q}=\boldsymbol{\Lambda}\circ\boldsymbol{P}=q_0+q_1\boldsymbol{i}+q_2\boldsymbol{j}+q_3\boldsymbol{k} \tag{2.93}$$

用矩阵形式表示

$$\begin{bmatrix}q_0\\q_1\\q_2\\q_3\end{bmatrix}=\begin{bmatrix}\lambda_0&-\lambda_1&-\lambda_2&-\lambda_3\\ \lambda_1&\lambda_0&-\lambda_3&\lambda_2\\ \lambda_2&\lambda_3&\lambda_0&-\lambda_1\\ \lambda_3&-\lambda_2&\lambda_1&\lambda_0\end{bmatrix}\begin{bmatrix}p_0\\p_1\\p_2\\p_3\end{bmatrix} \tag{2.94}$$

即

$$\boldsymbol{Q}(\boldsymbol{Q})=\boldsymbol{M}(\boldsymbol{\Lambda})\boldsymbol{Q}(\boldsymbol{P}) \tag{2.95}$$

也等效为

$$\boldsymbol{Q}(\boldsymbol{Q})=\boldsymbol{M}^*(\boldsymbol{P})\boldsymbol{Q}(\boldsymbol{\Lambda}) \tag{2.96}$$

其中,$\boldsymbol{M}^*(\boldsymbol{P})$ 与 $\boldsymbol{M}(\boldsymbol{\Lambda})$ 比较,除元素不同外,其核互为转置。

由此,可以将式(2.90)写成矩阵形式为

$$\boldsymbol{Q}(\boldsymbol{R}^{\mathrm{b}})=\boldsymbol{M}(\boldsymbol{\Lambda}^{-1})\boldsymbol{M}(\boldsymbol{R}^{\mathrm{n}})\boldsymbol{Q}(\boldsymbol{\Lambda})=\boldsymbol{M}(\boldsymbol{\Lambda}^{-1})\boldsymbol{M}^*(\boldsymbol{\Lambda})\boldsymbol{Q}(\boldsymbol{R}^{\mathrm{n}}) \tag{2.97}$$

式中

$$\left.\begin{aligned}\boldsymbol{Q}(\boldsymbol{R}^{\mathrm{n}})&=[0\quad x_{\mathrm{n}}\quad y_{\mathrm{n}}\quad z_{\mathrm{n}}]^{\mathrm{T}}\\ \boldsymbol{Q}(\boldsymbol{R}^{\mathrm{b}})&=[0\quad x_{\mathrm{b}}\quad y_{\mathrm{b}}\quad z_{\mathrm{b}}]^{\mathrm{T}}\end{aligned}\right\} \tag{2.98}$$

$$\boldsymbol{M}(\boldsymbol{\Lambda}^{-1})=\begin{bmatrix}\lambda_0&\lambda_1&\lambda_2&\lambda_3\\ -\lambda_1&\lambda_0&\lambda_3&-\lambda_2\\ -\lambda_2&-\lambda_3&\lambda_0&\lambda_1\\ -\lambda_3&\lambda_2&-\lambda_1&\lambda_0\end{bmatrix} \tag{2.99}$$

$$\boldsymbol{M}^*(\boldsymbol{\Lambda})=\begin{bmatrix}\lambda_0&-\lambda_1&-\lambda_2&-\lambda_3\\ \lambda_1&\lambda_0&-\lambda_3&\lambda_2\\ \lambda_2&\lambda_3&\lambda_0&-\lambda_1\\ \lambda_3&-\lambda_2&\lambda_1&\lambda_0\end{bmatrix} \tag{2.100}$$

故式(2.97)展开后,得

$$\begin{bmatrix}0\\x_{\mathrm{b}}\\y_{\mathrm{b}}\\z_{\mathrm{b}}\end{bmatrix}=\begin{bmatrix}\lambda_0^2+\lambda_1^2+\lambda_2^2+\lambda_3^2&0&0&0\\ 0&\lambda_0^2+\lambda_1^2-\lambda_2^2-\lambda_3^2&2(\lambda_1\lambda_2+\lambda_0\lambda_3)&2(\lambda_1\lambda_3-\lambda_0\lambda_2)\\ 0&2(\lambda_1\lambda_2-\lambda_0\lambda_3)&\lambda_0^2-\lambda_1^2+\lambda_2^2-\lambda_3^2&2(\lambda_2\lambda_3+\lambda_0\lambda_1)\\ 0&2(\lambda_1\lambda_3+\lambda_0\lambda_2)&2(\lambda_2\lambda_3-\lambda_0\lambda_1)&\lambda_0^2-\lambda_1^2-\lambda_2^2+\lambda_3^2\end{bmatrix}\begin{bmatrix}0\\x_{\mathrm{g}}\\y_{\mathrm{g}}\\z_{\mathrm{g}}\end{bmatrix} \tag{2.101}$$

将其乘积的第一行和第一列去掉(都是零项),即可得四元数与方向余弦矩阵的关系

$$C_g^b=\begin{bmatrix}\lambda_0^2+\lambda_1^2-\lambda_2^2-\lambda_3^2 & 2(\lambda_1\lambda_2+\lambda_0\lambda_3) & 2(\lambda_1\lambda_3-\lambda_0\lambda_2)\\ 2(\lambda_1\lambda_2-\lambda_0\lambda_3) & \lambda_0^2-\lambda_1^2+\lambda_2^2-\lambda_3^2 & 2(\lambda_2\lambda_3+\lambda_0\lambda_1)\\ 2(\lambda_1\lambda_3+\lambda_0\lambda_2) & 2(\lambda_2\lambda_3-\lambda_0\lambda_1) & \lambda_0^2-\lambda_1^2-\lambda_2^2+\lambda_3^2\end{bmatrix} \tag{2.102}$$

式(2.102)确定了四元数和姿态转换矩阵的关系,只须再得到四元数与姿态角之间的关系,则三者即可相互确定:

$$\boldsymbol{Q}(\boldsymbol{\Lambda})\Leftrightarrow \boldsymbol{C}_n^b(\psi,\theta,\gamma)\Leftrightarrow\psi,\theta,\gamma \tag{2.103}$$

使用本节"欧拉角法"中使用的旋转顺序,则可得

$$\left.\begin{aligned}\boldsymbol{q}(-Z)&=\cos\frac{\psi}{2}-\boldsymbol{k}\sin\frac{\psi}{2}\\ \boldsymbol{q}(X)&=\cos\frac{\theta}{2}+\boldsymbol{i}\sin\frac{\theta}{2}\\ \boldsymbol{q}(Y)&=\cos\frac{\gamma}{2}+\boldsymbol{j}\sin\frac{\gamma}{2}\end{aligned}\right\} \tag{2.104}$$

根据航向角(负向)→俯仰角→横滚角的转动顺序,从而由地理系到载体系的变换四元数为 $\boldsymbol{Q}(\boldsymbol{\Lambda})=\boldsymbol{q}(-Z)\boldsymbol{q}(X)\boldsymbol{q}(Y)$,即为

$$\boldsymbol{Q}(\boldsymbol{\Lambda})=\begin{bmatrix}\lambda_0\\ \lambda_1\\ \lambda_2\\ \lambda_3\end{bmatrix}=\begin{bmatrix}\cos\frac{\psi}{2}\cos\frac{\theta}{2}\cos\frac{\gamma}{2}+\sin\frac{\psi}{2}\sin\frac{\theta}{2}\sin\frac{\gamma}{2}\\ \cos\frac{\psi}{2}\sin\frac{\theta}{2}\cos\frac{\gamma}{2}+\sin\frac{\psi}{2}\cos\frac{\theta}{2}\sin\frac{\gamma}{2}\\ \cos\frac{\psi}{2}\cos\frac{\theta}{2}\sin\frac{\gamma}{2}-\sin\frac{\psi}{2}\sin\frac{\theta}{2}\cos\frac{\gamma}{2}\\ -\sin\frac{\psi}{2}\cos\frac{\theta}{2}\cos\frac{\gamma}{2}+\cos\frac{\psi}{2}\sin\frac{\theta}{2}\sin\frac{\gamma}{2}\end{bmatrix} \tag{2.105}$$

3. 四元数运动学微分方程

设 $\boldsymbol{\omega}_{nb}^b$ 矢量为四元数形式,表示载体坐标系相对地理坐标系的角速度在载体坐标系上的投影,其与 $\boldsymbol{C}_n^b$ 对应的四元数 $\boldsymbol{\Lambda}$ 具有如下微分方程关系

$$\dot{\boldsymbol{\Lambda}}=0.5\boldsymbol{\Lambda}\circ\boldsymbol{\omega}_{nb}^b \tag{2.106}$$

用矩阵表示为

$$\begin{bmatrix}\dot{\lambda}_0\\ \dot{\lambda}_1\\ \dot{\lambda}_2\\ \dot{\lambda}_3\end{bmatrix}=0.5\times\begin{bmatrix}0 & -\omega_{nbx}^b & -\omega_{nby}^b & -\omega_{nbz}^b\\ \omega_{nbx}^b & 0 & \omega_{nbz}^b & -\omega_{nby}^b\\ \omega_{nby}^b & -\omega_{nbz}^b & 0 & \omega_{nbx}^b\\ \omega_{nbz}^b & \omega_{nby}^b & -\omega_{nbx}^b & 0\end{bmatrix}\begin{bmatrix}\lambda_0\\ \lambda_1\\ \lambda_2\\ \lambda_3\end{bmatrix} \tag{2.107}$$

其等效的矩阵矢量形式为

$$\boldsymbol{Q}(\dot{\boldsymbol{\Lambda}})=0.5\boldsymbol{M}(\boldsymbol{\Lambda})\boldsymbol{Q}(\boldsymbol{\omega}_{\mathrm{nb}}^{\mathrm{b}})=0.5\boldsymbol{M}^{*}(\boldsymbol{\omega}_{\mathrm{nb}}^{\mathrm{b}})\boldsymbol{Q}(\boldsymbol{\Lambda}) \tag{2.108}$$

四元数微分方程的求解，类似矩阵微分方程，可用毕卡逼近法求解，得解析表达式

$$\boldsymbol{Q}(\boldsymbol{\Lambda}_{\mathrm{t}})=\mathrm{e}^{0.5\int_0^t \boldsymbol{M}^{*}(\boldsymbol{\omega}_{\mathrm{nb}}^{\mathrm{b}})\mathrm{d}t}\boldsymbol{Q}(\boldsymbol{\Lambda}_0) \tag{2.109}$$

在对指数积分式取近似的情况下，定义

$$[\Delta\boldsymbol{\theta}]=\int_0^t \boldsymbol{M}^{*}(\boldsymbol{\omega}_{\mathrm{nb}}^{\mathrm{b}})\mathrm{d}t=\begin{bmatrix} 0 & -\Delta\theta_x & -\Delta\theta_y & -\Delta\theta_z \\ \Delta\theta_x & 0 & \Delta\theta_z & -\Delta\theta_y \\ \Delta\theta_y & -\Delta\theta_z & 0 & \Delta\theta_x \\ \Delta\theta_z & \Delta\theta_y & -\Delta\theta_x & 0 \end{bmatrix} \tag{2.110}$$

将$[\Delta\boldsymbol{\theta}]$代入式(2.109)，则可得到四元数的解析表达式

$$\boldsymbol{Q}(\boldsymbol{\Lambda}_{\mathrm{t}})=\{\cos(\Delta\theta_0/2)\boldsymbol{I}+\sin(\Delta\theta_0/2)/\Delta\theta_0[\Delta\boldsymbol{\theta}]\}\boldsymbol{Q}(\boldsymbol{\Lambda}_0) \tag{2.111}$$

其中

$$\Delta\theta_0^2=\Delta\theta_x^2+\Delta\theta_y^2+\Delta\theta_z^2$$

由式(2.111)可以看出，四元数法可以全姿态工作，不受限制；同时微分方程只有四维，相比方向余弦法计算量降低，而且可以证明，四元数法得到的方向余弦矩阵的性能优于方向余弦法。因此，四元数法成为目前捷联惯性导航系统求解姿态的主要方法。

但是与方向余弦法一样，四元数法在对角速率取积分过程中，同样会有转动不可交换性误差产生，因此，如何消除运算中的转动不可交换性误差，成为捷联姿态解算的关键问题。

2.4.4 圆锥误差及等效转动矢量算法

在2.4.2节和2.4.3节，求解方向余弦法和四元数法的解析表达式(2.81)和式(2.109)中，都用到了角速度矢量的积分，即

$$\Delta\boldsymbol{\theta}=\int_t^{t+\Delta t}\boldsymbol{\omega}\,\mathrm{d}t \tag{2.112}$$

根据刚体转动的特性，当刚体运动不是定轴转动时，即矢量$\boldsymbol{\omega}$的方向在空间变化时，式(2.112)是不成立的。因此，当采用角速度矢量积分时，计算产生了误差，称做转动不可交换性误差(又称圆锥误差)。只有当积分区间很小时，近似认为角速度矢量的方向不变，式(2.112)才近似成立。

1971年，Bortz[41]提出的等效转动矢量概念以及转动矢量微分方程为解决捷联姿态运算中的圆锥误差问题建立了理论基础。旋转矢量表示为

$$\boldsymbol{\Phi}(t)=[\varphi_x \quad \varphi_y \quad \varphi_z]^{\mathrm{T}}$$

它可唯一确定刚体在t时刻的运动姿态，即以$\boldsymbol{\Phi}(t)$为轴，转动角度大小等于旋转矢量$\boldsymbol{\Phi}(t)$的幅值φ。当以旋转矢量描述机体运动姿态时，旋转矢量微分方程可以表示为

$$\dot{\boldsymbol{\Phi}}=\boldsymbol{\omega}+\frac{1}{2}\boldsymbol{\Phi}\times\boldsymbol{\omega}+\frac{1}{\varphi^2}\left[1-\frac{\varphi\sin\varphi}{2(1-\cos\varphi)}\right]\boldsymbol{\Phi}\times(\boldsymbol{\Phi}\times\boldsymbol{\omega}) \tag{2.113}$$

式中，$\boldsymbol{\omega}$ 是载体角速度矢量。

考虑旋转矢量很小，对旋转矢量微分方程取二阶近似，则式(2.113)可近似为

$$\dot{\boldsymbol{\Phi}}=\boldsymbol{\omega}+\frac{1}{2}\boldsymbol{\Phi}\times\boldsymbol{\omega}+\frac{1}{12}\boldsymbol{\Phi}\times(\boldsymbol{\Phi}\times\boldsymbol{\omega}) \tag{2.114}$$

忽略高次项，则可进一步简化为

$$\dot{\boldsymbol{\Phi}}=\boldsymbol{\omega}+\frac{1}{2}\boldsymbol{\Phi}\times\boldsymbol{\omega} \tag{2.115}$$

针对圆锥运动，在 Bortz 的理论基础上，Savage[42-43] 1998 年提出了利用前次采样信息的双子样算法，Miller[44] 提出了三子样算法。1999 年，Chan GookPark 提出了公式化求取旋转矢量算法表达式的方法。这里提到的单子样算法、双子样算法和多子样算法，是根据每个捷联解算周期采样次数的不同来区分的。考虑到实际计算机性能的不同，还可以利用迭代法对各种子样算法进行计算性能方面的优化。

1. 基于经典圆锥运动的等效转动矢量算法

目前，经典圆锥运动是研究不可交换误差的最常用形式。经典圆锥运动可用下式表示：

$$\boldsymbol{\Phi}=[0\quad a\cos(\Omega t)\quad a\sin(\Omega t)]^{\mathrm{T}} \tag{2.116}$$

其对应的姿态四元数和角速度矢量分别为

$$\boldsymbol{Q}(t)=\begin{bmatrix}\cos\left(\frac{1}{2}a\right)\\ 0\\ \sin\left(\frac{1}{2}a\right)\cos(\Omega t)\\ \sin\left(\frac{1}{2}a\right)\sin(\Omega t)\end{bmatrix} \tag{2.117}$$

$$\boldsymbol{\omega}=\begin{bmatrix}-2\Omega\sin^2\left(\frac{a}{2}\right)\\ -\Omega\sin(a)\sin(\Omega t)\\ \Omega\sin(a)\cos(\Omega t)\end{bmatrix} \tag{2.118}$$

式中，a 为角振动幅度；Ω 为角振动频率；$\boldsymbol{\Phi}$ 为欧拉旋转轴的矢量。

设姿态更新周期为 h，则在 h 内刚体的实际运动旋转矢量表示为[41]

$$\Delta\boldsymbol{\Phi}=\begin{bmatrix}-2\sin^2\left(\frac{a}{2}\right)\sin(\Omega h)\\ -2\sin(a)\sin\left(\frac{\Omega h}{2}\right)\sin\left[\Omega\left(t+\frac{h}{2}\right)\right]\\ 2\sin(a)\sin\left(\frac{\Omega h}{2}\right)\cos\left[\Omega\left(t+\frac{h}{2}\right)\right]\end{bmatrix} \tag{2.119}$$

而在当前姿态更新周期 h 内陀螺的角增量为

$$\Delta\boldsymbol{\theta}=\int_t^{t+h}\boldsymbol{\omega}(\tau)\mathrm{d}\tau=\begin{bmatrix}-2(\Omega h)\sin^2\left(\dfrac{a}{2}\right)\\ -2\sin(a)\sin\left(\dfrac{\Omega h}{2}\right)\sin\left[\Omega\left(t+\dfrac{h}{2}\right)\right]\\ 2\sin(a)\sin\left(\dfrac{\Omega h}{2}\right)\cos\left[\Omega\left(t+\dfrac{h}{2}\right)\right]\end{bmatrix} \tag{2.120}$$

由式(2.119)和式(2.120)可以看出，$\Delta\boldsymbol{\Phi}$ 和 $\Delta\boldsymbol{\theta}$ 各分量之间只有第一项是非零常值，其余两项都呈周期性。因此，设姿态更新周期 h 内旋转矢量估计值为

$$\Delta\hat{\boldsymbol{\Phi}}=\Delta\boldsymbol{\theta}+\boldsymbol{C}_{\mathrm{p}} \tag{2.121}$$

定义算法误差为

$$|\Delta\boldsymbol{\Phi}_x-\Delta\hat{\boldsymbol{\Phi}}_x|=|(\Delta\boldsymbol{\Phi}-\Delta\boldsymbol{\theta})_x-\boldsymbol{C}_{\mathrm{p}x}| \tag{2.122}$$

则旋转矢量姿态算法就是要利用陀螺角增量和角速率信息构造圆锥误差补偿项，使得 $\Delta\boldsymbol{\Phi}$ 与 $\Delta\hat{\boldsymbol{\Phi}}$ 之间的差值最小。在求得 $\Delta\hat{\boldsymbol{\Phi}}$ 后，将其代入式(2.111)，代替[$\Delta\boldsymbol{\theta}$]对四元数进行更新，从而更新姿态。

2. 基于角增量等效转动矢量算法

等效转动矢量算法的主要任务是设计圆锥运动方程 $\Delta\boldsymbol{\theta}=\int_t^{t+h}\boldsymbol{\omega}(\tau)\mathrm{d}\tau$ 解析解的数字计算方式。通常所用的方式是根据一个捷联周期内的采样次数，确定 $\boldsymbol{\omega}(t)$ 的解析表达式，然后计算得出连续积分下的角增量。

① 单子样算法。在每个捷联解算周期采样一次角速率，因此 $\boldsymbol{\omega}(t)$ 可以看做常值，简单得到

$$\Delta\hat{\boldsymbol{\Phi}}=\Delta\boldsymbol{\theta}(n) \tag{2.123}$$

② 双子样算法。在每个捷联解算周期采样两次角速率，因此 $\boldsymbol{\omega}$ 可以看做线性变化。设 $\boldsymbol{\omega}=\boldsymbol{A}+\boldsymbol{B}t$，其中，$\boldsymbol{A}$，$\boldsymbol{B}$ 为根据两次角速率得到的系数。则推导可得

$$\Delta\hat{\boldsymbol{\Phi}}=\Delta\boldsymbol{\theta}_{n1}+\Delta\boldsymbol{\theta}_{n2}+\frac{2}{3}\Delta\boldsymbol{\theta}_{n1}\times\Delta\boldsymbol{\theta}_{n2} \tag{2.124}$$

式中

$$\Delta\boldsymbol{\theta}_{n1}=\int_t^{t+h/2}\boldsymbol{\omega}(t)\mathrm{d}t,\quad \Delta\boldsymbol{\theta}_{n2}=\int_{t+h/2}^{t+h}\boldsymbol{\omega}(t)\mathrm{d}t \tag{2.125}$$

③ 三子样算法。在每个捷联解算周期采样三次角速率，因此 $\boldsymbol{\omega}(t)$ 可以看做抛物线变化。设 $\boldsymbol{\omega}=\boldsymbol{A}+\boldsymbol{B}t+\boldsymbol{C}t^2$，其中，$\boldsymbol{A}$，$\boldsymbol{B}$，$\boldsymbol{C}$ 为根据三次角速率得到的系数。则推导可得

$$\Delta\hat{\boldsymbol{\Phi}}=\Delta\boldsymbol{\theta}+\frac{9}{20}(\Delta\boldsymbol{\theta}_1\times\Delta\boldsymbol{\theta}_3)+\frac{27}{40}\Delta\boldsymbol{\theta}_2\times(\Delta\boldsymbol{\theta}_3-\Delta\boldsymbol{\theta}_1) \tag{2.126}$$

式中

$$\Delta\boldsymbol{\theta}_{ni}=\int_{t+ih/3}^{t+(i-1)h/3}\boldsymbol{\omega}(t)\mathrm{d}t,\quad i=1,2,3,\quad \Delta\boldsymbol{\theta}=\Delta\boldsymbol{\theta}_1+\Delta\boldsymbol{\theta}_2+\Delta\boldsymbol{\theta}_3 \tag{2.127}$$

对于输出为角增量的陀螺，其思路可以表述为：在一个姿态更新周期内，角速度矢量用 $(N-1)$ 次曲线进行拟和，其中 N 个未知参数待定；对旋转矢量微分方程和角速度矢量求导，建立两者导数之间的关系，将旋转矢量泰勒级数展开，并用角速度矢量中的 N 个未知参数表示；采样陀螺输出的 N 个角增量，从而求解出 N 个未知参数，获得角增量输入下旋转矢量的 N 子样计算公式；在圆锥运动环境下，进一步对系数进行优化。建立角增量输入下旋转矢量的 N 子样算法通式如下[45-46]：

$$\Delta\hat{\boldsymbol{\Phi}}=\Delta\boldsymbol{\theta}+\sum_{i=1}^{N-1}\sum_{j>i}^{N}K_{ij}(\Delta\boldsymbol{\theta}_i\times\Delta\boldsymbol{\theta}_j) \tag{2.128}$$

给出工程中常用的单子样、双子样、三子样和四子样计算公式及其算法漂移如表 2.1 所示。

表 2.1　常用的多子样算法及漂移

N	N 子样算法	算法漂移
1	$\boldsymbol{\Phi}=\boldsymbol{\theta}$	$a^2\ (\Omega h)^3/12$
2	$\boldsymbol{\Phi}=\boldsymbol{\theta}+\frac{2}{3}\boldsymbol{\theta}_1\times\boldsymbol{\theta}_2$	$a^2\ (\Omega h)^5/960$
3	$\boldsymbol{\Phi}=\boldsymbol{\theta}+\frac{9}{20}\boldsymbol{\theta}_1\times\boldsymbol{\theta}_3+\frac{27}{40}\boldsymbol{\theta}_2\times(\boldsymbol{\theta}_3-\boldsymbol{\theta}_1)$	$a^2\ (\Omega h)^7/204\ 120$
4	$\boldsymbol{\Phi}=\boldsymbol{\theta}+\frac{214}{315}(\boldsymbol{\theta}_1\times\boldsymbol{\theta}_2+\boldsymbol{\theta}_3\times\boldsymbol{\theta}_4)+$ $\frac{46}{105}(\boldsymbol{\theta}_1\times\boldsymbol{\theta}_3+\boldsymbol{\theta}_2\times\boldsymbol{\theta}_4)+\frac{54}{105}\boldsymbol{\theta}_1\times\boldsymbol{\theta}_4+\frac{214}{315}\boldsymbol{\theta}_2\times\boldsymbol{\theta}_3$	$a^2\ (\Omega h)^9/825\ 753\ 60$

角增量输入下旋转矢量的 N 子样算法具有以下特点：

① 圆锥误差随圆锥运动频率的增大而增大。

② 圆锥误差随姿态更新周期的增大而增大。

③ 子样数 N 越多，算法的精度越高。一般来说，角振动频率 Ω 很大，Ωh 是小于1的数。因此，理论上来说，每增加一个子样数，漂移可以减小两个数量级。

等效旋转矢量的计算可以采用多子样算法提高其精度，等效转动矢量的迭代计算可用较高的频率如 100 Hz，通常称做快速回路。而用了等效转动矢量后的四元数或方向余弦阵的解算，则可用较低的迭代频率如 20 Hz，通常称做慢速回路。两种回路的结合构成了捷联姿态阵的解算。

3. 基于角速率的等效转动矢量算法[47]

随着光纤技术的发展，光纤陀螺在捷联惯性导航中得到了广泛的应用。光纤陀螺输出是角速率而不是角增量,因此基于角速率输入的圆锥算法的研究也日益增多。

由前面角增量输入的圆锥算法讨论可知,旋转矢量由角增量(之和)与修正项两部分构成。对于角速率输入的圆锥算法而言,不能像角增量输入圆锥算法那样仅讨论修正项部分,而应将两者结合起来分析。引入角速率后的等效转动矢量算法准则与前面介绍的角增量算法原理是一致的,此处不再作详细的说明,只对其结论作概述。

根据角速率叉乘性质,可将$[t,t+h]$间隔内,角速率输入情况下,采样周期为T的单周期N子样旋转矢量公式表示为

$$\hat{\boldsymbol{\Phi}}=\boldsymbol{\theta}(h)+T^2\Big[\sum_{i=0}^{N-1}k_{N-i}\boldsymbol{\omega}_i\Big]\times\boldsymbol{\omega}_N \tag{2.129}$$

考虑到$h=NT$,则补偿项为

$$T^2\Big[\sum_{i=0}^{N-1}k_{N-i}\boldsymbol{\omega}_i\Big]\times\boldsymbol{\omega}_N=$$

$$T^2\Omega\sin(a)\begin{bmatrix}\sum\limits_{i=0}^{N-1}k_{N-i}\{\Omega\sin(a)\sin[(N-i)\Omega T]\}\\ \sum\limits_{i=0}^{N-1}k_{N-i}\{2\Omega\sin^2(a/2)[\cos\Omega(t+NT)-\cos\Omega(t+iT)]\}\\ \sum\limits_{i=0}^{N-1}k_{N-i}\{2\Omega\sin^2(a/2)[\sin\Omega(t+NT)-\sin\Omega(t+iT)]\}\end{bmatrix} \tag{2.130}$$

将$N+1$个角速率矢量值代入上式中,即可得到式(2.129)中的$\boldsymbol{\theta}(h)$值。由前面分析可知,须要补偿的$\theta(h)_x$值如下:

$$\theta(h)_x=-2\Omega\sin^2(a/2)h=-2N\Omega T\sin^2(a/2) \tag{2.131}$$

将式(2.130)和式(2.131)代入式(2.129),可得旋转矢量估计值$\hat{\boldsymbol{\Phi}}$的x轴分量为

$$\hat{\Phi}_x=-2N\Omega T\sin^2(a/2)+T^2\Omega\sin(a)\sum_{i=0}^{N-1}k_{N-i}\{\Omega\sin(a)\sin[(N-i)\Omega T]\} \tag{2.132}$$

近年来,针对激光陀螺和光纤陀螺的特性,出现了角速率和角增量相结合的等效转动矢量算法[48-49],充分利用了陀螺输出信息,提高了算法的精度。

2.4.5 捷联惯性导航系统的算法流程

捷联导航系统中的姿态解算,其功能与平台惯性导航系统中的惯性平台一致,主要完成以下3大功能:

① 利用捷联陀螺仪测量载体相对于惯性空间的角速度$\boldsymbol{\omega}_{ib}^{b}$,常采用四元数法解算姿态矩阵$\boldsymbol{C}_b^n$。

由于求解四元数微分方程要使用$\boldsymbol{\omega}_{nb}^{b}$,因此,首先须要借助空间几何关系由陀螺仪的输出

$\boldsymbol{\omega}_{ib}^{b}$ 求出 $\boldsymbol{\omega}_{nb}^{b}$（见式(2.71)），其中又要使用到 $\boldsymbol{C}_{b}^{n}$。解决这个问题可以利用上一时刻的 $\boldsymbol{C}_{b}^{n}$ 进行迭代，进而求出当前时刻的 $\boldsymbol{C}_{b}^{n}$。由此看出，$\boldsymbol{C}_{b}^{n}$ 的求解是一个循环迭代过程。

② 从姿态阵的元素中提取载体的姿态信息 ψ,θ,γ。

由等效转动矢量法得到四元数并求得 $\boldsymbol{C}_{b}^{n}$ 后，可以利用矩阵元素与姿态角的对应关系求出 ψ,θ,γ。

③ 利用 $\boldsymbol{C}_{b}^{n}$ 把加速度计的输出 $\boldsymbol{f}_{ib}^{b}$ 从载体坐标系变换到导航坐标系 $\boldsymbol{f}_{ib}^{n}$，即比力变换

$$\boldsymbol{f}_{ib}^{n}=\boldsymbol{C}_{b}^{n}\boldsymbol{f}_{ib}^{b}$$

在求得载体相对导航系的比力后，扣除有害加速度，通过一次和两次积分就可分别求得当前速度和位置。导航定位算法与平台惯性导航系统的完全相同。在导航坐标系选取东北天指向的地理坐标系的情况下，水平指北捷联惯性导航系统的算法流程如图 2.61 所示。

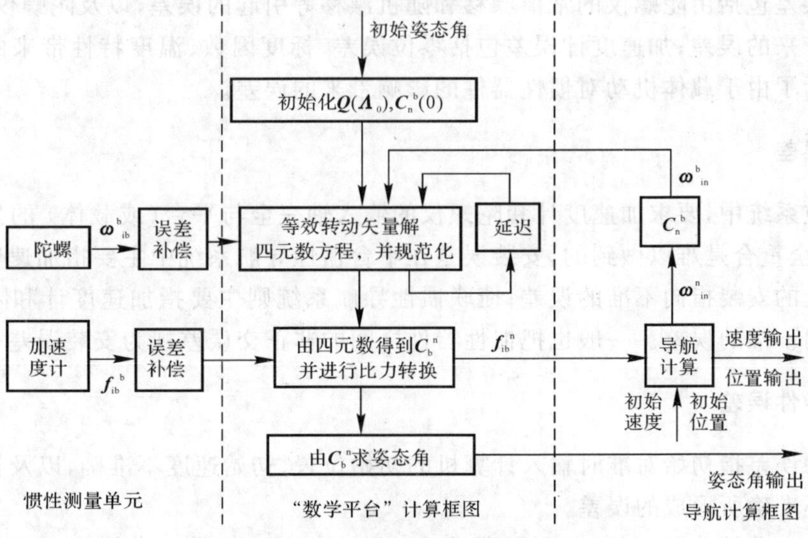

图 2.61　捷联惯性导航系统的算法流程

从图 2.61 中可以看出，捷联惯性导航系统的算法主要包括姿态矩阵的解算（即数学平台的解算部分）和导航解算（包括位置与速度的解算）两部分，同时惯性测量单元信息的采集和处理也是捷联惯性导航系统的重要组成部分。目前，捷联惯性导航系统算法的研究重点主要集中在以下几个方面：

① 由于惯性测量单元受载体机动、环境和自身特性影响，其输出含有较大误差，因此必须针对其误差进行建模和补偿[50-52]。

② 求解四元数的姿态算法是捷联惯性导航系统算法的核心，提高四元数算法的精度是捷联惯性导航的一个重要问题[53]。

③ 速度和位置的求解是捷联惯性导航定位的核心。减小速度解算中的划船误差和位置

解算中的涡卷误差，是提高捷联惯性导航精度的另一个重要问题。

2.5 惯性导航系统误差分析

在分析惯性导航系统的工作原理时，通常将其看成是一个理想系统。但惯性导航系统无论在元部件特性、结构安装或其他工程环节中都不可避免地存在误差。这些影响惯性导航系统性能的误差，根据产生的原因和性质，大体上可以分为以下几类。

1. 传感器误差

传感器误差主要指惯性器件（加速度计和陀螺仪）的误差，包括静态误差和动态误差两方面。陀螺仪误差包括由陀螺仪的常值漂移和随机漂移等引起的误差，以及陀螺仪的标度因数、温度特性等带来的误差；加速度计误差包括零位误差、标度因数、温度特性带来的误差等。动态误差还包括了由于载体机动对惯性器件的影响带来的误差。

2. 安装误差

惯性导航系统中，要求加速度计和陀螺仪的输入轴完全与平台（或载体）的坐标轴重合。但实际上，完全重合是难以做到的，安装误差在平台惯性导航系统中主要指加速度计和陀螺仪在惯性平台上的安装指向不准的误差；捷联惯性导航系统则主要指加速度计和陀螺仪在载体上的安装指向不准的误差。一般也把惯性器件之间的非正交误差视为安装误差一部分。

3. 初始条件误差

初始条件误差指初始对准时输入计算机的初始位置、初始速度不准确，以及初始对准得到的初始姿态不准确所形成的误差。

根据 2.2.3 节的分析可知，如果初始姿态存在误差，惯性平台会存在一定振幅的舒勒振荡，影响系统性能。因此，初始姿态误差是影响惯性导航系统性能的重要因素。

4. 计算误差

计算误差包括数字量化误差、参数设置误差、计算中的截断误差、舍入误差，以及捷联惯性导航中的转动不可交换误差等。

量化误差主要是对惯性导航系统进行离散化时引入的；参数设置误差是地球相关参数设置或者引用不正确引起的；截断误差和舍入误差则是计算中不可避免的误差；转动不可交换误差是捷联惯性导航姿态解算的主要误差，也是影响捷联惯性导航系统精度的主要因素。

5. 运动干扰

运动干扰主要是冲击和震动等造成的干扰。运动干扰对捷联惯性导航系统的影响尤为明显。

研究惯性导航系统误差的目的在于，通过分析确定各种误差因素对系统性能的影响，对关键元器件提出精度要求；另一方面，借助误差分析，可以对系统的工作情况和主要元部件的质量进行评价[54]。

2.5.1　平台惯性导航系统的误差方程

第 1 章已对地理系、平台系和计算系的概念进行了详细的分析，本节不再重复介绍。

使用 2.4.1 节中的旋转顺序得到的姿态转移矩阵式(2.69)，当地理系(东北天)与平台系之间的平台误差角为小量时，对三角函数取一阶近似，则可以得到

$$\boldsymbol{C}_n^p = \begin{bmatrix} 1 & -\varphi_U & \varphi_N \\ \varphi_U & 1 & -\varphi_E \\ -\varphi_N & \varphi_E & 1 \end{bmatrix} = \begin{bmatrix} 1 & 0 & 0 \\ 0 & 1 & 0 \\ 0 & 0 & 1 \end{bmatrix} + \begin{bmatrix} 0 & -\varphi_U & \varphi_N \\ \varphi_U & 0 & -\varphi_E \\ -\varphi_N & \varphi_E & 0 \end{bmatrix} \tag{2.133}$$

其中，φ_E，φ_N，φ_U 为东北天三个方向的平台误差角。令

$$\boldsymbol{\Phi}^k = \begin{bmatrix} 0 & -\varphi_U & \varphi_N \\ \varphi_U & 0 & -\varphi_E \\ -\varphi_N & \varphi_E & 0 \end{bmatrix}$$

则有

$$\boldsymbol{C}_n^p = \boldsymbol{I} + \boldsymbol{\Phi}^k \tag{2.134}$$

同理，可以给出其他坐标系间的方向余弦矩阵

$$\boldsymbol{C}_n^c = \boldsymbol{I} + \boldsymbol{\theta}^k \tag{2.135}$$

$$\boldsymbol{C}_c^p = \boldsymbol{I} + \boldsymbol{\psi}^k \tag{2.136}$$

由上述三个公式以看出，$\boldsymbol{\theta}^k$，$\boldsymbol{\Phi}^k$，$\boldsymbol{\Psi}^k$ 为坐标系之间的姿态误差角构成的反对称阵

由三个坐标系的相互关系可知

$$\boldsymbol{C}_n^p = \boldsymbol{C}_c^p \boldsymbol{C}_n^c \tag{2.137}$$

将式(2.135)、式(2.136) 代入式(2.137)，再经过一阶近似后，可以得到

$$\boldsymbol{\Phi} = \boldsymbol{\Psi} + \boldsymbol{\theta} \tag{2.138}$$

这样，平台系对于地理系的误差角可分解为平台系对计算系的误差角加上计算系对地理系的误差角。对误差分析而言，主要分析平台误差角 $\boldsymbol{\Phi}$ 的误差方程，因为它是物理可观察的。

式(2.138) 已把平台系相对地理系的平台误差角 $\boldsymbol{\Phi}$ 分成了两部分：一部分是计算系相对

地理系的误差角 $\boldsymbol{\theta}$;另一部分是平台系相对计算系的误差角 $\boldsymbol{\Psi}$,可通过建立 $\boldsymbol{\Psi}$ 方程来理解[40]。

1. $\boldsymbol{\Psi}$ 方程

为了使平台坐标系跟踪地理坐标系,计算机输出陀螺施矩信息 $\boldsymbol{\omega}_{ic}$ 给平台上的陀螺仪,使平台相对惯性空间旋转并保持在地理坐标系上。由于误差角 $\boldsymbol{\Psi}$ 的存在,平台系统实际接收到的指令角速度为

$$\boldsymbol{\omega}_{ic}^{*}=\boldsymbol{C}_{c}^{p}\boldsymbol{\omega}_{ic}=(\boldsymbol{I}+\boldsymbol{\psi}^{k})\boldsymbol{\omega}_{ic}=\boldsymbol{\omega}_{ic}+\boldsymbol{\psi}^{k}\times\boldsymbol{\omega}_{ic} \tag{2.139}$$

再考虑平台上陀螺仪的漂移角速度 $\boldsymbol{\varepsilon}$,因此通过平台上的稳定回路使平台保持跟随陀螺仪的稳定轴向时,得到平台坐标系相对惯性空间的实际修正角速度

$$\boldsymbol{\omega}_{ip}=\boldsymbol{\omega}_{ic}^{*}+\boldsymbol{\varepsilon}=\boldsymbol{\omega}_{ic}+\boldsymbol{\psi}\times\boldsymbol{\omega}_{ic}+\boldsymbol{\varepsilon} \tag{2.140}$$

由于绝对角速度是牵连角速度与相对角速度之和,所以有

$$\boldsymbol{\omega}_{ip}=\boldsymbol{\omega}_{ic}+\boldsymbol{\omega}_{cp} \tag{2.141}$$

由矢量角 $\boldsymbol{\Psi}$ 的定义可知,平台系相对计算系的角速度可表示为

$$\boldsymbol{\omega}_{cp}=\dot{\boldsymbol{\psi}}\big|_{c} \tag{2.142}$$

由式(2.140)、式(2.141)、式(2.142)得

$$\dot{\boldsymbol{\psi}}=\boldsymbol{\psi}\times\boldsymbol{\omega}_{ic}+\boldsymbol{\varepsilon} \tag{2.143}$$

式(2.143)即称为 $\boldsymbol{\Psi}$ 方程。方程等号右端第一项代表改变施矩轴方位引起的附加影响,第二项即陀螺平台自身的漂移。$\boldsymbol{\Psi}$ 方程把陀螺漂移率这一主要误差源与其他误差源分离开来,从而简化了系统的误差分析[12]。

2. 平台惯性导航系统平台误差角方程

由式(2.138)两边取导数,得

$$\dot{\boldsymbol{\Phi}}=\dot{\boldsymbol{\Psi}}+\dot{\boldsymbol{\theta}} \tag{2.144}$$

又

$$\boldsymbol{\omega}_{ic}^{c}-\boldsymbol{\omega}_{in}^{n}=\delta\boldsymbol{\omega}_{in}^{n} \tag{2.145}$$

将式(2.145)代入式(2.144),得(忽略二阶以上误差项)

$$\dot{\boldsymbol{\Phi}}=\dot{\boldsymbol{\theta}}+(\boldsymbol{\Phi}-\boldsymbol{\theta})\times(\boldsymbol{\omega}_{in}^{n}+\delta\boldsymbol{\omega}_{in}^{n})+\boldsymbol{\varepsilon}^{n}\approx\dot{\boldsymbol{\theta}}-\boldsymbol{\theta}\times\boldsymbol{\omega}_{in}^{n}+\boldsymbol{\Phi}\times\boldsymbol{\omega}_{in}^{n}+\boldsymbol{\varepsilon}^{n} \tag{2.146}$$

同时,可以证明

$$\dot{\boldsymbol{\theta}}-\boldsymbol{\theta}\times\boldsymbol{\omega}_{in}^{n}=\delta\boldsymbol{\omega}_{in}^{n} \tag{2.147}$$

将式(2.147)代入式(2.146),得

$$\dot{\boldsymbol{\Phi}}=\delta\boldsymbol{\omega}_{in}^{n}+\boldsymbol{\Phi}\times\boldsymbol{\omega}_{in}^{n}+\boldsymbol{\varepsilon}^{n} \tag{2.148}$$

式(2.148)即为平台惯性导航系统平台误差角矢量微分方程。

3. 平台惯性导航速度误差方程

由理论比力方程

$$\dot{\boldsymbol{v}}^{n}=\boldsymbol{f}^{n}-(2\boldsymbol{\omega}_{ie}^{n}+\boldsymbol{\omega}_{en}^{n})\times\boldsymbol{v}^{n}+\boldsymbol{g}^{n} \tag{2.149}$$

两边微分可得

$$\delta\dot{\boldsymbol{v}}^{n}=\delta\boldsymbol{f}^{n}-(2\delta\boldsymbol{\omega}_{ie}^{n}+\delta\boldsymbol{\omega}_{en}^{n})\times\boldsymbol{v}^{n}-(2\boldsymbol{\omega}_{ie}^{n}+\boldsymbol{\omega}_{en}^{n})\times\delta\boldsymbol{v}^{n}+\delta\boldsymbol{g}^{n} \tag{2.150}$$

考虑

$$\delta\boldsymbol{f}^{n}=\boldsymbol{f}^{p}-\boldsymbol{f}^{n} \tag{2.151}$$

其中，$\boldsymbol{f}^{p}$ 为加速度计的实际输出。设加速度计的测量误差为$\boldsymbol{\nabla}^{p}$，在忽略二阶以上误差的前提下，则

$$\boldsymbol{f}^{p}=\boldsymbol{C}_{n}^{p}\boldsymbol{f}^{n}+\boldsymbol{\nabla}^{p}=[\boldsymbol{I}+\boldsymbol{\Phi}^{k}]\times\boldsymbol{f}^{n}+\boldsymbol{\nabla}^{p} \tag{2.152}$$

故有

$$\delta\boldsymbol{f}^{n}=\boldsymbol{f}^{p}-\boldsymbol{f}^{n}=\boldsymbol{\Phi}^{k}\times\boldsymbol{f}^{n}+\boldsymbol{\nabla}^{p} \tag{2.153}$$

于是得到

$$\delta\dot{\boldsymbol{v}}^{n}=\boldsymbol{\Phi}^{k}\times\boldsymbol{f}^{n}+\boldsymbol{\nabla}^{p}-(2\delta\boldsymbol{\omega}_{ie}^{n}+\delta\boldsymbol{\omega}_{en}^{n})\times\boldsymbol{v}^{n}-(2\boldsymbol{\omega}_{ie}^{n}+\boldsymbol{\omega}_{en}^{n})\times\delta\boldsymbol{v}^{n}+\delta\boldsymbol{g}^{n} \tag{2.154}$$

式(2.154) 即为平台惯性导航系统速度误差的矢量微分方程。

4. 平台惯性导航位置误差方程

由惯性导航系统位置微分方程

$$\dot{L}=\frac{v_y}{R},\quad \dot{\lambda}=\frac{v_x}{R}\sec L,\quad \dot{h}=v_z \tag{2.155}$$

可直接取微分得平台惯性导航位置误差方程为

$$\left.\begin{aligned}\delta\dot{L}&=\frac{\delta v_y}{R}\\ \delta\dot{\lambda}&=\frac{\delta v_x}{R}\sec L+\frac{v_x}{R}\sec L\tan L\delta L\\ \delta\dot{h}&=\delta v_z\end{aligned}\right\} \tag{2.156}$$

平台惯性导航系统的误差方程式(2.148)、式(2.154) 和式(2.156) 表示了平台惯性导航系统输出的 9 维导航参数的误差规律，它们在误差量为小量的前提下都是一阶微分线性方程，反映了平台惯性导航系统的误差特性。

2.5.2　捷联惯性导航系统的误差方程

选择地理坐标系作为导航坐标系的捷联惯性导航系统，工作方式等效于指北方位平台惯性导航系统。捷联惯性导航系统使用的是数学方式构造的平台而非物理平台，因此，在平台惯性导航系统中起控制作用的陀螺仪，在捷联惯性导航系统中起测量作用。但陀螺漂移对两种系统的本质影响是几乎相同的。本节将推导捷联惯性导航系统的误差方程。

1. 捷联惯性导航系统数学平台误差角误差方程

捷联惯性导航系统中常用的坐标系分别有导航系 n、机体系 b 和计算系 c，三种坐标系的定义见 1.4.1 节。三个坐标系之间的相互关系为

$$\boldsymbol{C}_{\mathrm{n}}^{\mathrm{c}}=\boldsymbol{C}_{\mathrm{b}}^{\mathrm{c}}\boldsymbol{C}_{\mathrm{n}}^{\mathrm{b}} \tag{2.157}$$

其中，与平台惯性导航系统误差分析的式(2.134)相似，在数学平台误差角为小量的情况下，近似表达为

$$\boldsymbol{C}_{\mathrm{n}}^{\mathrm{c}}=\boldsymbol{I}+\boldsymbol{\Phi}^{\mathrm{k}} \tag{2.158}$$

式中，$\boldsymbol{\Phi}$ 是捷联惯性导航系统的数学平台误差角，且

$$\boldsymbol{\Phi}^{\mathrm{k}}=\begin{bmatrix}0 & -\varphi_{\mathrm{U}} & \varphi_{\mathrm{N}}\\ \varphi_{\mathrm{U}} & 0 & -\varphi_{\mathrm{E}}\\ -\varphi_{\mathrm{N}} & \varphi_{\mathrm{E}} & 0\end{bmatrix} \tag{2.159}$$

在捷联惯性导航系统中，姿态矩阵的基本算法是采用方向余弦法或四元数法。下面以方向余弦法为基础，推导数学平台误差角方程。

理论上的方向余弦微分方程为

$$\dot{\boldsymbol{C}}_{\mathrm{n}}^{\mathrm{b}}=-\overline{\boldsymbol{\omega}}_{\mathrm{nb}}^{\mathrm{bk}}\boldsymbol{C}_{\mathrm{n}}^{\mathrm{b}} \tag{2.160}$$

而实际有误差时的方向余弦微分方程为

$$\dot{\boldsymbol{C}}_{\mathrm{b}}^{\mathrm{c}}=\boldsymbol{C}_{\mathrm{b}}^{\mathrm{c}}\widetilde{\boldsymbol{\omega}}_{\mathrm{nb}}^{\mathrm{bk}} \tag{2.161}$$

其中有以下几个基本关系：

$$\left.\begin{aligned}
&\widetilde{\boldsymbol{\omega}}_{\mathrm{nb}}^{\mathrm{bk}}=\widetilde{\boldsymbol{\omega}}_{\mathrm{ib}}^{\mathrm{bk}}-\widetilde{\boldsymbol{\omega}}_{\mathrm{in}}^{\mathrm{bk}}\\
&\overline{\boldsymbol{\omega}}_{\mathrm{nb}}^{\mathrm{bk}}=\overline{\boldsymbol{\omega}}_{\mathrm{ib}}^{\mathrm{bk}}-\overline{\boldsymbol{\omega}}_{\mathrm{in}}^{\mathrm{bk}}\\
&\overline{\boldsymbol{\omega}}_{\mathrm{in}}^{\mathrm{bk}}=\boldsymbol{C}_{\mathrm{n}}^{\mathrm{b}}\overline{\boldsymbol{\omega}}_{\mathrm{in}}^{\mathrm{nk}}\boldsymbol{C}_{\mathrm{b}}^{\mathrm{n}}\\
&\widetilde{\boldsymbol{\omega}}_{\mathrm{in}}^{\mathrm{bk}}=\boldsymbol{C}_{\mathrm{c}}^{\mathrm{b}}\overline{\boldsymbol{\omega}}_{\mathrm{in}}^{\mathrm{ck}}\boldsymbol{C}_{\mathrm{b}}^{\mathrm{c}}\\
&\widetilde{\boldsymbol{\omega}}_{\mathrm{ib}}^{\mathrm{bk}}-\overline{\boldsymbol{\omega}}_{\mathrm{ib}}^{\mathrm{bk}}=\delta\overline{\boldsymbol{\omega}}_{\mathrm{ib}}^{\mathrm{bk}}=\boldsymbol{C}_{\mathrm{n}}^{\mathrm{b}}\delta\overline{\boldsymbol{\omega}}_{\mathrm{ib}}^{\mathrm{nk}}\boldsymbol{C}_{\mathrm{b}}^{\mathrm{n}}=\boldsymbol{C}_{\mathrm{n}}^{\mathrm{b}}\overline{\boldsymbol{\varepsilon}}^{\mathrm{nk}}\boldsymbol{C}_{\mathrm{b}}^{\mathrm{n}}\\
&\overline{\boldsymbol{\omega}}_{\mathrm{in}}^{\mathrm{ck}}-\overline{\boldsymbol{\omega}}_{\mathrm{in}}^{\mathrm{nk}}=\delta\overline{\boldsymbol{\omega}}_{\mathrm{ib}}^{\mathrm{nk}}
\end{aligned}\right\} \tag{2.162}$$

对式(2.157)两边求微分，得

$$\dot{\boldsymbol{C}}_{\mathrm{n}}^{\mathrm{c}}=\dot{\boldsymbol{C}}_{\mathrm{b}}^{\mathrm{c}}\boldsymbol{C}_{\mathrm{n}}^{\mathrm{b}}+\boldsymbol{C}_{\mathrm{b}}^{\mathrm{c}}\dot{\boldsymbol{C}}_{\mathrm{n}}^{\mathrm{b}} \tag{2.163}$$

将式(2.160)、式(2.161)和以上基本关系式代入式(2.163)，得

$$\begin{aligned}
\dot{\boldsymbol{C}}_{\mathrm{n}}^{\mathrm{c}}&=\boldsymbol{C}_{\mathrm{b}}^{\mathrm{c}}\widetilde{\boldsymbol{\omega}}_{\mathrm{nb}}^{\mathrm{bk}}\boldsymbol{C}_{\mathrm{n}}^{\mathrm{b}}-\boldsymbol{C}_{\mathrm{b}}^{\mathrm{c}}\overline{\boldsymbol{\omega}}_{\mathrm{nb}}^{\mathrm{bk}}\boldsymbol{C}_{\mathrm{n}}^{\mathrm{b}}=\\
&\boldsymbol{C}_{\mathrm{b}}^{\mathrm{c}}[\widetilde{\boldsymbol{\omega}}_{\mathrm{ib}}^{\mathrm{bk}}-\overline{\boldsymbol{\omega}}_{\mathrm{ib}}^{\mathrm{bk}}]\boldsymbol{C}_{\mathrm{n}}^{\mathrm{b}}-\boldsymbol{C}_{\mathrm{b}}^{\mathrm{c}}\widetilde{\boldsymbol{\omega}}_{\mathrm{in}}^{\mathrm{bk}}\boldsymbol{C}_{\mathrm{n}}^{\mathrm{b}}+\boldsymbol{C}_{\mathrm{b}}^{\mathrm{c}}\overline{\boldsymbol{\omega}}_{\mathrm{in}}^{\mathrm{bk}}\boldsymbol{C}_{\mathrm{n}}^{\mathrm{b}}=\\
&\boldsymbol{C}_{\mathrm{b}}^{\mathrm{c}}\boldsymbol{C}_{\mathrm{n}}^{\mathrm{b}}\overline{\boldsymbol{\varepsilon}}^{\mathrm{nk}}\boldsymbol{C}_{\mathrm{b}}^{\mathrm{n}}\boldsymbol{C}_{\mathrm{n}}^{\mathrm{b}}-\boldsymbol{C}_{\mathrm{b}}^{\mathrm{c}}\boldsymbol{C}_{\mathrm{c}}^{\mathrm{b}}\overline{\boldsymbol{\omega}}_{\mathrm{in}}^{\mathrm{ck}}\boldsymbol{C}_{\mathrm{b}}^{\mathrm{c}}\boldsymbol{C}_{\mathrm{n}}^{\mathrm{b}}+\boldsymbol{C}_{\mathrm{b}}^{\mathrm{c}}\boldsymbol{C}_{\mathrm{n}}^{\mathrm{b}}\overline{\boldsymbol{\omega}}_{\mathrm{in}}^{\mathrm{nk}}\boldsymbol{C}_{\mathrm{b}}^{\mathrm{n}}\boldsymbol{C}_{\mathrm{n}}^{\mathrm{b}}=\\
&\boldsymbol{C}_{\mathrm{n}}^{\mathrm{c}}\overline{\boldsymbol{\varepsilon}}^{\mathrm{nk}}-\overline{\boldsymbol{\omega}}_{\mathrm{in}}^{\mathrm{ck}}\boldsymbol{C}_{\mathrm{n}}^{\mathrm{c}}+\boldsymbol{C}_{\mathrm{n}}^{\mathrm{c}}\overline{\boldsymbol{\omega}}_{\mathrm{in}}^{\mathrm{nk}}
\end{aligned} \tag{2.164}$$

由于存在以下关系

$$\left.\begin{aligned}
&\dot{\boldsymbol{C}}_{n}^{c}=-\dot{\boldsymbol{\Phi}}^{k}\\
&\boldsymbol{C}_{n}^{c}\boldsymbol{\varepsilon}^{nk}=[\boldsymbol{I}-\boldsymbol{\Phi}^{k}]\boldsymbol{\varepsilon}^{nk}\approx\boldsymbol{\varepsilon}^{nk}\\
&\tilde{\boldsymbol{\omega}}_{in}^{ck}\boldsymbol{C}_{n}^{c}=[\bar{\boldsymbol{\omega}}_{in}^{nk}+\delta\bar{\boldsymbol{\omega}}_{in}^{nk}][\boldsymbol{I}-\boldsymbol{\Phi}^{k}]\approx\bar{\boldsymbol{\omega}}_{in}^{nk}-\bar{\boldsymbol{\omega}}_{in}^{nk}\boldsymbol{\Phi}^{k}+\delta\bar{\boldsymbol{\omega}}_{in}^{nk}\\
&\boldsymbol{C}_{n}^{c}\bar{\boldsymbol{\omega}}_{in}^{nk}=[\boldsymbol{I}-\boldsymbol{\Phi}^{k}]\bar{\boldsymbol{\omega}}_{in}^{nk}=\bar{\boldsymbol{\omega}}_{in}^{nk}-\boldsymbol{\Phi}^{k}\bar{\boldsymbol{\omega}}_{in}^{nk}
\end{aligned}\right\}\tag{2.165}$$

将以上关系代入到式(2.164)中，得

$$\begin{aligned}
-\dot{\boldsymbol{\Phi}}^{k}&=\boldsymbol{\varepsilon}^{nk}-\bar{\boldsymbol{\omega}}_{in}^{nk}+\bar{\boldsymbol{\omega}}_{in}^{nk}\boldsymbol{\Phi}^{k}-\delta\bar{\boldsymbol{\omega}}_{in}^{nk}+\bar{\boldsymbol{\omega}}_{in}^{nk}-\boldsymbol{\Phi}^{k}\bar{\boldsymbol{\omega}}_{in}^{nk}=\\
&\boldsymbol{\varepsilon}^{nk}-\delta\bar{\boldsymbol{\omega}}_{in}^{nk}+\bar{\boldsymbol{\omega}}_{in}^{nk}\boldsymbol{\Phi}^{k}-\boldsymbol{\Phi}^{k}\bar{\boldsymbol{\omega}}_{in}^{nk}
\end{aligned}\tag{2.166}$$

同时可以证明

$$\bar{\boldsymbol{\omega}}_{in}^{nk}\boldsymbol{\Phi}^{k}-\boldsymbol{\Phi}^{k}\bar{\boldsymbol{\omega}}_{in}^{nk}=[\bar{\boldsymbol{\omega}}_{in}^{nk}\boldsymbol{\Phi}^{k}]^{k}=[-\boldsymbol{\Phi}^{k}\bar{\boldsymbol{\omega}}_{in}^{nk}]^{k}\tag{2.167}$$

将式(2.167)代入到式(2.166)中，进行去负号和去叉乘整理后得

$$\dot{\boldsymbol{\Phi}}=\delta\bar{\boldsymbol{\omega}}_{in}^{n}+\boldsymbol{\Phi}\times\bar{\boldsymbol{\omega}}_{in}^{n}-\boldsymbol{\varepsilon}^{n}\tag{2.168}$$

式(2.168)即为捷联惯性导航系统数学平台角误差的微分方程。

式(2.168)与平台惯性导航系统的平台角误差微分方程形式是基本一致的。不同的是，出现在方程中的陀螺漂移是负的。实际上，陀螺漂移不论是常值还是随机量，正负号不会影响微分方程的性质。同时，注意到捷联惯性导航系统中，陀螺仪(加速度计)是沿机体系放置，所以实际上物理上的误差只有 $\bar{\boldsymbol{\varepsilon}}^{b}$，因此反映到投影到地理坐标系的误差方程中，须要转换为

$$\bar{\boldsymbol{\varepsilon}}^{n}=\boldsymbol{C}_{b}^{n}\bar{\boldsymbol{\varepsilon}}^{b}\tag{2.169}$$

因此，可以认为捷联惯性导航系统中陀螺误差的效应是交耦的，这是捷联系统不同于平台惯性导航系统的特性。另外，干扰角速度的影响可以等效于陀螺漂移误差的分析[56]。

2. 捷联惯性导航速度误差方程

在捷联惯性导航速度误差方程推导中，与平台惯性导航系统有所不同，比力方程由实际计算获得，具体形式为

$$\dot{\boldsymbol{v}}^{c}=\boldsymbol{f}^{c}-(2\boldsymbol{\omega}_{ie}^{c}+\boldsymbol{\omega}_{en}^{c})\times\boldsymbol{v}^{c}+\boldsymbol{g}^{c}\tag{2.170}$$

其中，$\boldsymbol{f}^{c}$ 是捷联加速度计的输出经方向余弦矩阵的转换而得，忽略二阶以上误差时得

$$\begin{aligned}
\boldsymbol{f}^{c}&=\boldsymbol{C}_{b}^{c}(\boldsymbol{f}^{b}+\boldsymbol{\nabla}^{b})=\boldsymbol{C}_{n}^{c}\boldsymbol{C}_{b}^{n}(\boldsymbol{f}^{b}+\boldsymbol{\nabla}^{b})=(\boldsymbol{I}+\boldsymbol{\Phi}^{k})\boldsymbol{C}_{b}^{n}(\boldsymbol{f}^{b}+\boldsymbol{\nabla}^{b})=\\
&\boldsymbol{f}^{n}+\boldsymbol{\Phi}^{k}\times\boldsymbol{f}^{n}+\boldsymbol{\nabla}^{n}
\end{aligned}\tag{2.171}$$

因此

$$\delta\boldsymbol{f}^{n}=\boldsymbol{f}^{c}-\boldsymbol{f}^{n}=\boldsymbol{\Phi}^{k}\times\boldsymbol{f}^{n}+\boldsymbol{\nabla}^{n}\tag{2.172}$$

另

$$\delta\boldsymbol{g}=\boldsymbol{g}^{c}-\boldsymbol{g}^{n}\tag{2.173}$$

于是有

$$\delta\dot{\boldsymbol{v}}=\dot{\boldsymbol{v}}^{c}-\dot{\boldsymbol{v}}^{n}=\boldsymbol{\Phi}^{k}\times\boldsymbol{f}^{n}+\boldsymbol{\nabla}^{n}-(2\delta\boldsymbol{\omega}_{ie}^{n}+\delta\boldsymbol{\omega}_{en}^{n})\times\boldsymbol{v}^{n}-(2\boldsymbol{\omega}_{ie}^{n}+\boldsymbol{\omega}_{en}^{n})\times\delta\boldsymbol{v}+\delta\boldsymbol{g}\tag{2.174}$$

式(2.174)即为捷联惯性导航系统速度误差的矢量方程，与平台惯性导航速度误差方程

是完全一致的。

3. 捷联惯性导航位置误差方程

捷联惯性导航位置误差方程推导同于平台惯性导航,结果与式(2.156)相同。

由此可见,捷联惯性导航误差方程与平台惯性导航系统误差方程形式上完全一致。捷联惯性导航系统的误差方程式(2.168)、式(2.174)和式(2.156)表示了捷联惯性导航系统输出的9维导航参数的误差传递规律,它们在误差量为小量的前提下都是一阶线性微分方程,反映了捷联惯性导航系统的误差特性。

2.5.3 静基座条件下惯性导航系统的确定性误差分析

惯性导航系统的误差源大体有两类,一类是确定性的,另一类是随机性的。两类误差源引起的系统误差特性不同。下面仅讨论静基座条件下的确定性误差源引起的惯性导航系统误差特性。

1. 静基座惯性导航系统误差分析

按以上的推导,完整的惯性导航参数误差微分方程是9维的,但仔细分析可知,除 $\delta\lambda$ 是独立的外,其余均是交联的。同时微分方程组为时变的,主要体现在参数 $\boldsymbol{v}^{\mathrm{n}}, L, \lambda, h, \psi, \theta, \gamma$(捷联惯性导航表现在 $\boldsymbol{C}_{\mathrm{b}}^{\mathrm{n}}$ 的求取)和 $\boldsymbol{f}^{\mathrm{n}}$ 中。本节主要通过对静基座下惯性导航系统误差分析来了解惯性导航误差的基本特性。

静基座主要具有以下特点：

①$\boldsymbol{v}^{\mathrm{n}}=\boldsymbol{0}, \dot{\boldsymbol{v}}^{\mathrm{n}}=\boldsymbol{0}, \boldsymbol{\omega}_{\mathrm{en}}^{\mathrm{n}}=\boldsymbol{0}$;

②$\dot{\lambda}=0, \dot{L}=0, \dot{h}=0$;

③$f_x^{\mathrm{n}}=f_y^{\mathrm{n}}=0, f_z^{\mathrm{n}}=g$;

④ 位置 L, λ 和 h 给定,姿态 ψ, θ 和 γ 给定,并且保持不变。

在静基座下误差分析的条件为：

① 惯性导航系统(平台或捷联)的算法流程选取东北天指北方位系统,其余类似;

②$\delta\lambda$ 是独立的,因此单独考虑,不放在方程组中处理;

③ 高度通道是不稳定的,因此高度通道不考虑,即假设 $\delta v_z=0, \delta h=0$;

④ 陀螺仪和加速度计误差均考虑为常值误差,不考虑其随机性。

基于以上条件,静基座下惯性导航系统的误差方程可简化为6维一阶微分方程组

$$\dot{\boldsymbol{X}}(t)=\boldsymbol{F X}(t)+\boldsymbol{W}(t) \tag{2.175}$$

展开成矩阵形式为

$$\begin{bmatrix} \delta\dot{v}_x \\ \delta\dot{v}_y \\ \delta\dot{L} \\ \dot{\varphi}_x \\ \dot{\varphi}_y \\ \dot{\varphi}_z \end{bmatrix} = \begin{bmatrix} 0 & 2\omega_{ie}\sin L & 0 & 0 & -g & 0 \\ -2\omega_{ie}\sin L & 0 & 0 & g & 0 & 0 \\ 0 & \dfrac{1}{R} & 0 & 0 & 0 & 0 \\ 0 & -\dfrac{1}{R} & 0 & 0 & \omega_{ie}\sin L & -\omega_{ie}\cos L \\ \dfrac{1}{R} & 0 & -\omega_{ie}\sin L & -\omega_{ie}\sin L & 0 & 0 \\ \tan L/R & 0 & \omega_{ie}\cos L & \omega_{ie}\cos L & 0 & 0 \end{bmatrix} \begin{bmatrix} \delta v_x \\ \delta v_y \\ \delta L \\ \varphi_x \\ \varphi_y \\ \varphi_z \end{bmatrix} + \begin{bmatrix} \nabla_x \\ \nabla_y \\ 0 \\ \varepsilon_x \\ \varepsilon_y \\ \varepsilon_z \end{bmatrix} \tag{2.176}$$

对式(2.175)取拉氏变换得

$$\boldsymbol{X}(s) = (s\boldsymbol{I} - \boldsymbol{F})^{-1}[\boldsymbol{X}(0) + \boldsymbol{W}(s)] \tag{2.177}$$

系统的特征方程为

$$\Delta(s) = |s\boldsymbol{I} - \boldsymbol{F}| = 0 \tag{2.178}$$

即

$$(s^2 + \omega_{ie}^2)[(s^2 + \omega_s^2)^2 + 4s^2\omega_{ie}^2\sin^2 L] = 0 \tag{2.179}$$

式中，$\omega_s = g/R$，为舒勒角频率。

由特征方程得

$$s^2 + \omega_{ie}^2 = 0 \tag{2.180}$$

$$(s^2 + \omega_s^2)^2 + 4s^2\omega_{ie}^2\sin^2 L = 0 \tag{2.181}$$

由式(2.180)，有

$$s_{1,2} = \pm \mathrm{j}\omega_{ie} \tag{2.182}$$

由特征方程分析，这是一个等幅振荡，振荡周期为 $T_e = \dfrac{2\pi}{\omega_{ie}} = 24\mathrm{h}$。

针对式(2.181)，考虑到 $\omega_s = 1.24\times10^{-3}\ \mathrm{rad/s}$，$\omega_{ie} = 0.729\times10^{-4}\ \mathrm{rad/s}$，即 $\omega_s \gg \omega_{ie}$，故式(2.181)可近似分解为

$$[s^2 + (\omega_s + \omega_{ie}\sin L)^2][s^2 + (\omega_s - \omega_{ie}\sin L)^2] = 0 \tag{2.183}$$

由此得

$$\left.\begin{aligned} s_{3,4} &= \pm \mathrm{j}(\omega_s + \omega_{ie}\sin L) \\ s_{5,6} &= \pm \mathrm{j}(\omega_s - \omega_{ie}\sin L) \end{aligned}\right\} \tag{2.184}$$

这四个根说明系统中还包括角频率为$(\omega_s + \omega_{ie}\sin L)$和$(\omega_s - \omega_{ie}\sin L)$的两种振荡运动。由于$\omega_s \gg \omega_{ie}\sin L$，说明系统中包括两种频率相近的正弦分量，它们合在一起产生差频

$$\begin{aligned} \alpha &= \alpha(0)\sin(\omega_s + \omega_{ie}\sin L)t + \alpha(0)\sin(\omega_s - \omega_{ie}\sin L)t = \\ &\quad 2\alpha(0)\cos(\omega_{ie}\sin L)t\sin\omega_s t \end{aligned} \tag{2.185}$$

即产生一个角频率为ω_s的振荡，其幅值为$[2\alpha(0)\cos(\omega_{ie}\sin L)t]$。因此，合成的振荡具有调幅性质，如图 2.62 所示。

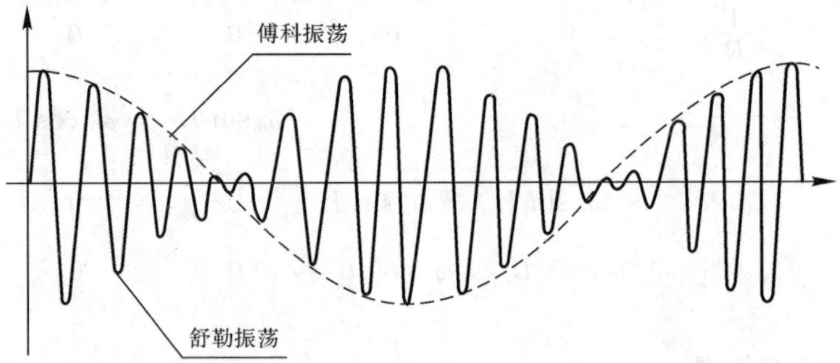

图 2.62 两种振荡波形

对应角频率ω_s的振荡为舒勒振荡，振荡周期为 84.4 min。对应于角频率$\omega_f = \omega_{ie}\sin L$的振荡叫傅科振荡，其振荡周期为

$$T_f = \frac{2\pi}{\omega_{ie}\sin L} \tag{2.186}$$

当$L = 45°$时，$T_f = 34$ h。

综上所述，惯性导航系统的误差特征包括三种振荡，即舒勒周期振荡、地球周期振荡和傅科周期振荡。捷联惯性导航系统和平台惯性导航系统都具有这些基本特征。

进一步对产生三种周期振荡的物理原因进行分析：

①ω_s是由于平台倾斜，存在误差角φ_x，φ_y，此时安装在平台上的加速度计感受到重力加速度分量，构成了二阶负反馈回路，从而表现出振荡特性。这也说明两个水平通道满足舒勒调谐条件。

② 傅科周期振荡是由于有害哥氏加速度补偿误差所造成的。

③ 地球周期振荡是由于系统中存在平台误差角φ和纬度误差δL，它们的交叉耦合将地球自转角速度分量引入了惯性导航系统。

2. 静基座惯性导航系统误差传播特性分析

系统的误差传播特性可按式(2.177)求解。为了比较清楚地看出每一种误差源引起的系统误差特性，在求解式(2.177)时，对误差源分别进行考虑，把每一种误差源所产生的系统误差分别列入表 2.2 ～ 表 2.4 中。其中，主要考虑系统的误差源为惯性元件测量误差和初始条件误差两类，其他误差可以等效处理，且暂时不考虑付科周期的影响。

表 2.2　陀螺漂移引起的系统误差

误差源 / 误差	ε_x	ε_y	ε_z
δv_x	$\varepsilon_x R(\sin L\sin\omega_{ie}t-\cos\omega_s t\sin\omega_f t)$	$\varepsilon_y[(\sin^2 L(1-\cos\omega_{ie}t)-(1-\cos\omega_s t\cos\omega_f t)]$	$-\varepsilon_z R\sin L\cos L(1-\cos\omega_{ie}t)$
δv_y	$\varepsilon_x R(\cos\omega_{ie}t-\cos\omega_s t\cos\omega_f t)$	$\varepsilon_y R(\sin L\sin\omega_{ie}t-\cos\omega_s t\sin\omega_f t)$	$\varepsilon_z R\cos L\left(\frac{\omega_{ie}}{\omega_s}\sin\omega_s t\cos\omega_f t-\sin\omega_{ie}t\right)$
δL	$\frac{\varepsilon_x}{\omega_{ie}}\sin\omega_{ie}t-\frac{1}{\omega_s}\sin\omega_s t\cos\omega_f t$	$\frac{\varepsilon_y}{\omega_{ie}}\sin L(1-\cos\omega_{ie}t)$	$-\frac{\varepsilon_z}{\omega_{ie}}\cos L(1-\cos\omega_{ie}t)$
φ_x	$\frac{\varepsilon_x}{\omega_s}\sin\omega_s t\cos\omega_f t$	$\frac{\varepsilon_y}{\omega_s}\sin\omega_s t\sin\omega_f t$	$-\frac{\varepsilon_z}{\omega_s^2}\omega_{ie}\cos L(\cos\omega_{ie}t-\cos\omega_s t\cos\omega_f t)$
φ_y	$-\frac{\varepsilon_x}{\omega_s}\sin\omega_s t\sin\omega_f t$	$\frac{\varepsilon_y}{\omega_s}\sin\omega_s t\cos\omega_f t$	$\frac{\varepsilon_z}{\omega_s^2}\omega_{ie}\cos L\cos\omega_s t\sin\omega_f t$
φ_z	$\frac{\varepsilon_x}{\omega_{ie}}\sec L(1-\cos\omega_{ie}t)-\frac{\varepsilon_x}{\omega_s}\tan L\sin\omega_s t\sin\omega_f t$	$\frac{\varepsilon_y}{\omega_{ie}}\tan L\sin\omega_{ie}t-\frac{\varepsilon_y}{\omega_s}\sin\omega_s t\cos\omega_f t$	$\frac{\varepsilon_z}{\omega_{ie}}\sin\omega_{ie}t$
$\delta\lambda$	$\varepsilon_x\sec L\left[\frac{1}{\omega_{ie}}\sin L(1-\cos\omega_{ie}t)-\frac{1}{\omega_s}\sin\omega_s t\sin\omega_f t\right]$	$\varepsilon_y\left[-t\cos L-\frac{1}{\omega_{ie}}\sin L\tan L\times\sin\omega_{ie}t+\frac{1}{\omega_s}\sec L\sin\omega_s t\cos\omega_f t\right]$	$-\varepsilon_z\sin L\left(t-\frac{1}{\omega_{ie}}\sin\omega_{ie}t\right)$

表 2.3　加速度计零偏引起的系统误差

误差源 / 误差	∇_x	∇_y	δL_0
δv_x	$\frac{\nabla_x}{g}R\omega_s\sin\omega_s t\cos\omega_f t$	$\frac{\nabla_y}{g}R\omega_s\sin\omega_s t\sin\omega_f t$	$\delta L_0 R\omega_{ie}\sin L(\cos\omega_{ie}t-\cos\omega_s t\cos\omega_f t)$
δv_y	$-\frac{\nabla_x}{g}R\omega_s\sin\omega_s t\cos\omega_f t$	$\frac{\nabla_y}{g}R\omega_s\sin\omega_s t\cos\omega_f t$	$-R\delta L_0\omega_{ie}\sin\omega_{ie}t$
δL	$\frac{\nabla_x}{g}\cos\omega_s t\sin\omega_f t$	$\frac{\nabla_y}{g}(1-\cos\omega_s t\cos\omega_f t)$	$\delta L_0\cos\omega_{ie}t$
φ_x	$-\frac{\nabla_x}{g}\cos\omega_s t\sin\omega_f t$	$-\frac{\nabla_y}{g}(1-\cos\omega_s t\cos\omega_f t)$	$\frac{\delta L_0}{\omega_s}\omega_{ie}\sin L\sin\omega_s t\sin\omega_f t$
φ_y	$\frac{\nabla_x}{g}(1-\cos\omega_s t\cos\omega_f t)$	$-\frac{\nabla_y}{g}\cos\omega_s t\sin\omega_f t$	$-\frac{\delta L_0}{\omega_s}\omega_{ie}\cos L\sin\omega_s t\cos\omega_f t$
φ_z	$\frac{\nabla_x}{g}\tan L(1-\cos\omega_s t\cos\omega_f t)$	$-\frac{\nabla_y}{g}\tan L\cos\omega_s t\sin\omega_f t$	$\delta L_0\sec L\sin\omega_{ie}t$
$\delta\lambda$	$\frac{\nabla_x}{g}\sec L(1-\cos\omega_s t\cos\omega_f t)$	$-\frac{\nabla_y}{g}\sec L\cos\omega_s t\sin\omega_f t$	$\delta L_0\tan L\sin\omega_{ie}t$

表 2.4　初始条件误差引起的系统误差

误差源 / 误差	φ_{x0}	φ_{y0}	φ_{z0}
δv_x	$\varphi_{x0}R\omega_s\cos\omega_s t\sin\omega_f t$	$-\varphi_{y0}R\omega_s\cos\omega_s t\cos\omega_f t$	$\varphi_{z0}R\omega_{ie}\cos L(\sin L\sin\omega_{ie}t+\cos\omega_s t\sin\omega_f t)$
δv_y	$\varphi_{x0}R\omega_s\sin\omega_s t\cos\omega_f t$	$\varphi_{y0}R\omega_s\sin\omega_s t\sin\omega_f t$	$\varphi_{z0}R\omega_{ie}\cos L(\cos\omega_s t\cos\omega_f t-\cos\omega_{ie}t)$
δL	$\varphi_{x0}(\cos\omega_{ie}t-\cos\omega_s t\cos\omega_f t)$	$\varphi_{y0}(\sin L\sin\omega_{ie}t-\cos\omega_s t\sin\omega_f t)$	$-\varphi_{z0}\cos L(\sin\omega_{ie}t-\frac{\omega_{ie}}{\omega_s}\sin\omega_s t\cos\omega_f t)$
φ_x	$\varphi_{x0}\cos\omega_s t\cos\omega_f t$	$\varphi_{y0}\cos\omega_s t\sin\omega_f t$	$-\frac{\varphi_{z0}}{\omega_s}\omega_{ie}\cos L\sin\omega_s t\cos\omega_f t$

续 表

误差＼误差源	φ_{x0}	φ_{y0}	φ_{z0}
φ_y	$-\varphi_{x0}\cos\omega_s t\sin\omega_f t$	$\varphi_{y0}\cos\omega_s t\omega_f t$	$\frac{\varphi_{z0}}{\omega_s}\omega_{ie}\cos L\sin\omega_s t\sin\omega_f t$
φ_z	$\varphi_{x0}\sec L(\sin\omega_{ie}t-$ $\sin L\cos\omega_s t\sin\omega_f t)$	$\varphi_{y0}\tan L(\cos\omega_s t\cos\omega_f t-$ $\cos\omega_{ie}t)$	$\varphi_{z0}\cos\omega_{ie}t$
$\delta\lambda$	$\varphi_{x0}\tan L\sin\omega_{ie}t-$ $\sec L\sin\omega_s t\cos\omega_f t$	$\varphi_{y0}\sin L\tan L(1-\cos\omega_{ie}t)-$ $\sec L(1-\cos\omega_s t\cos\omega_f t)$	$-\varphi_{z0}\sin L(1-\cos\omega_{ie}t)$

为进一步研究陀螺仪漂移、加速度计零偏以及初始条件误差等误差源对于系统误差的影响，下面分别利用各自的误差曲线进行分析，最后给出惯性导航系统误差分析的结论。

（1）陀螺常值漂移引起的系统误差

假设东向陀螺仪有常值漂移 $\varepsilon_x=0.1°/\mathrm{h}$，忽略其他误差因素，根据误差方程，对拉氏变换解取反变换得

$$\varphi_y(t)=\frac{\omega_{ie}\sin L}{\omega_s^2-\omega_{ie}^2}(\cos\omega_s t-\cos\omega_{ie}t)\varepsilon_x \tag{2.187}$$

由此可分析 ε_x 对平台误差角 φ_y 的影响，典型的误差传播曲线如图 2.63 所示。

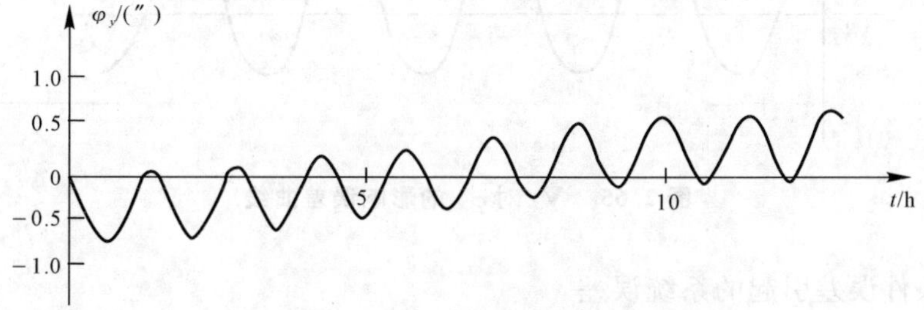

图 2.63　ε_x 对 φ_y 的影响误差曲线

设垂直陀螺仪有常值漂移 ε_z，忽略其他误差因素，根据误差方程，对拉氏变换解取反变换得

$$\delta\lambda(t)=\left[\frac{\omega_s^2\sin L}{\omega_{ie}(\omega_s^2+\omega_{ie}^2)}\sin\omega_s t-\frac{\omega_{ie}^2\sin L}{\omega_s(\omega_s^2+\omega_{ie}^2)}\sin\omega_s t-t\sin L\right]\varepsilon_z \tag{2.188}$$

由此可分析 ε_z 对位置误差 $\delta\lambda$ 的影响，典型的误差传播曲线如图 2.64 所示。

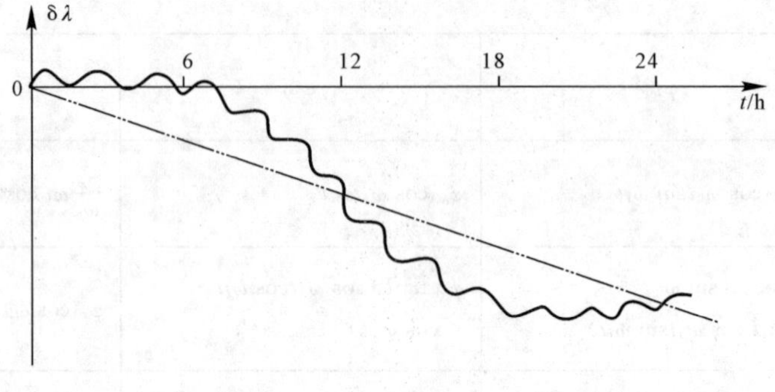

图 2.64　ε_z 对 $\delta\lambda$ 的影响误差曲线

(2) 加速度计零偏引起的系统误差

系统中北向加速度计有常值漂移∇_y，忽略其他误差因素，根据误差方程，对拉氏变换解取反变换得

$$\varphi_x(t) = -\frac{\nabla_y}{g}(1-\cos\omega_s t) \tag{2.189}$$

由此可求∇_y 对平台误差角 φ_x 的影响，典型的误差传播曲线如图 2.65 所示。

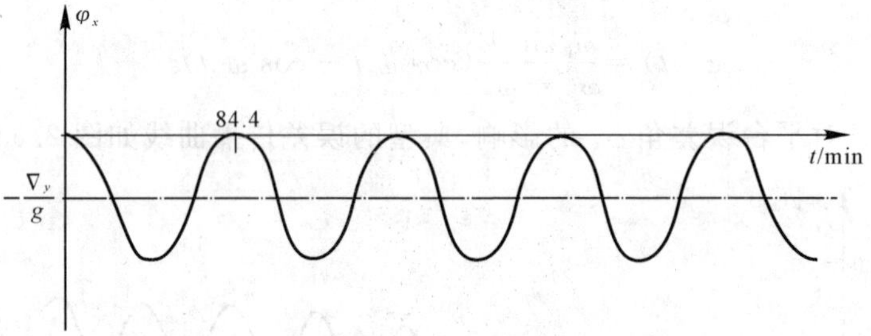

图 2.65　∇_y 对 φ_x 的影响误差曲线

(3) 初始条件误差引起的系统误差

当平台系和地理系有初始水平误差角 φ_{y0} 时，根据误差方程，对拉氏变换解取反变换得

$$\varphi_z(t) = \left[\left(\frac{\omega_{ie}^2\sin L\cos L}{\omega_s^2-\omega_{ie}^2} - \frac{\omega_s^2-\tan L}{\omega_s^2-\omega_{ie}^2}\right)(\cos\omega_{ie}t-\cos\omega_s t)\right]\varphi_{y0} \tag{2.190}$$

由此可求 φ_{y0} 对平台方位误差角 φ_z 的影响，典型的误差传播曲线如图 2.66 所示。

(4) 惯性导航系统误差分析结论

通过本节前面的分析，可以总结出惯性导航系统误差以下几点结论：

① 陀螺漂移是惯性导航系统误差的主要误差源，它能激励 3 种周期的振荡，并使速度、位置及姿态产生常值误差分量，特别严重的是使经度误差随时间增长。

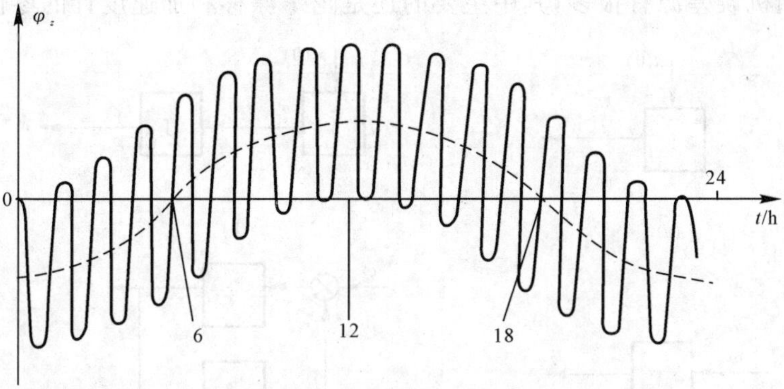

图 2.66　φ_{y0} 对 φ_z 的影响误差曲线

② 加速度计零偏只产生舒勒和傅科周期振荡，不产生地球周期振荡，它使惯性平台产生常值误差角分量；但在位置误差和姿态角误差中，加速度计零偏∇_n 的影响比陀螺漂移 ε_n 的影响小很多。

③ 初始条件误差 φ_0 与 δL_0 激励 3 种周期振荡，除 φ_{y0}，φ_{z0}，$\delta\lambda_0$ 产生 $\delta\lambda(t)$ 的常值误差分量外，其余均为振荡性误差；δv_0 只产生舒勒和傅科周期振荡分量。

④ 在 φ_x，φ_y，δv_x，δv_y 中主要误差是被傅科周期调制的舒勒周期振荡，地球周期振荡表现不明显；而在 δL，$\delta\lambda$，φ_z 中，3 种周期振荡均表现明显。

⑤ 以上的误差方程是在误差量为小量，一阶线性化条件下推出的。如果误差量不是小量，则会有较大失真，但总的基本规律相同。另外，以上的分析是在静基座条件下推导得到的，动基座下则有差别，其差别受运动速度影响。

⑥ 惯性导航的误差大部分是振荡的，有周期特点；但短时间工作，例如正好处于三角函数上升阶段的 1/4 周期内，误差特性将会出现上升的趋势，比如 $\varphi_z=\varepsilon_z\sin(\omega_{ie}t)/\omega_{ie}$。

⑦ 如果误差源 ε_n，∇_n，$X_0(s)$ 的性质不同，结论会有所差别，除了以上的基本误差规律外，还会有其他的一些影响。

⑧ 捷联惯性导航系统中，如果投影到地理系中考虑，结论同上；由于捷联惯性导航实际上只有 ε^b，∇^b，因此存在交联影响误差；另外还有干扰的影响，其处理同 ε^b，∇^b，关键是建立正确的数学模型。

2.5.4　惯性导航系统的随机性误差分析

上一节讨论了确定性的误差源引起的惯性导航系统误差特性，确定性的误差可以设法通过补偿加以消除。在补偿了确定性的误差之后，随机误差源就成为影响系统精度的主要因素[56]。系统的随机误差源有很多，其中主要的还是陀螺漂移和加速度计的零位偏置。

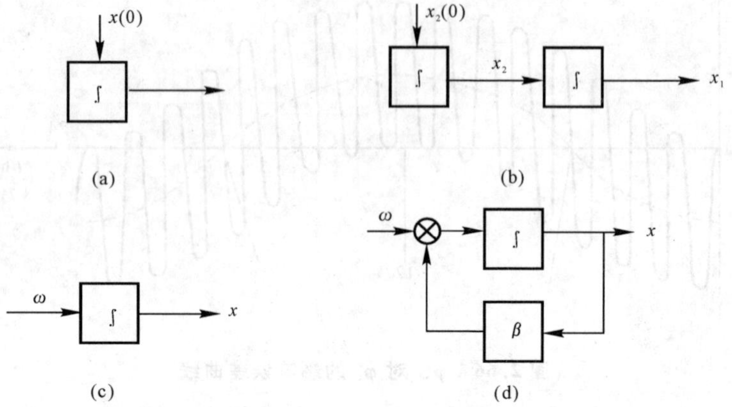

图 2.67 有色噪声框图

(a) 随机常数；(b) 随机斜坡；(c) 随机游动；(d) 马尔可夫过程

1. 陀螺随机漂移的数学模型

陀螺的随机漂移除白噪声外，主要的是有色噪声，包括随机常数、随机斜坡、随机游动和马尔可夫过程(指数相关的随机过程)。图 2.67 分别给出了几种有色噪声的框图。

(1) 随机常数

连续的随机常数过程可表示为

$$\dot{x}=0 \tag{2.191}$$

(2) 随机游动

连续的随机游动过程可表示为

$$\dot{x}=\omega \tag{2.192}$$

(3) 随机斜坡

连续的随机斜坡过程可表示为

$$\begin{aligned}\dot{x}_1&=x_2\\ \dot{x}_2&=0\end{aligned} \tag{2.193}$$

(4) 一阶马尔可夫过程

连续的一阶马尔可夫过程可表示为

$$\dot{x}=-\beta x+\omega \tag{2.194}$$

2. 加速度计的随机误差模型

对摆式加速度计，其随机误差模型和刚体转子陀螺仪随机漂移模型类似。通常考虑为随机常数和一阶马尔可夫过程的结合。

3. 随机误差的协方差分析法

假定陀螺漂移的随机模型为随机常数 ε_b 和一阶马尔可夫过程 ε_r 的组合，即

$$\varepsilon = \varepsilon_b + \varepsilon_r \tag{2.195}$$

其中

$$\dot{\varepsilon}_b = 0 \tag{2.196}$$

$$\dot{\varepsilon}_r = -\beta\varepsilon_r + w_1 \tag{2.197}$$

假定加速度计的随机误差模型为一阶马尔可夫过程，即

$$\dot{\boldsymbol{\nabla}} = -\mu\boldsymbol{\nabla} + w_2 \tag{2.198}$$

式中，β,μ 为反相关时间常数。

把这些有色噪声作为状态扩充到误差方程式(2.176)中。取状态矢量为

$$\boldsymbol{X}_\mathrm{I} = [\delta v_x \quad \delta v_y \quad \delta L \quad \varphi_x \quad \varphi_y \quad \varphi_z \quad \varepsilon_{bx} \quad \varepsilon_{by} \quad \varepsilon_{bz} \quad \varepsilon_{rx} \quad \varepsilon_{ry} \quad \varepsilon_{rz} \quad \boldsymbol{\nabla}_x \quad \boldsymbol{\nabla}_y]^\mathrm{T} \tag{2.199}$$

状态噪声矢量为

$$\boldsymbol{W}_\mathrm{I} = [0 \quad 0 \quad 0 \quad 0 \quad 0 \quad 0 \quad 0 \quad 0 \quad 0 \quad w_{1x} \quad w_{1y} \quad w_{1z} \quad w_{2x} \quad w_{2y}]^\mathrm{T} \tag{2.200}$$

系统阵 F_I 中除式(2.176)原有的元素外，再增加非零元素

$$F(1,13)=1,\quad F(2,14)=1,\quad F(4,10)=1$$
$$F(5,11)=1,\quad F(6,12)=1,\quad F(10,10)=-\beta_x$$
$$F(11,11)=-\beta_y,\quad F(12,12)=-\beta_z,\quad F(13,13)=-\mu_x$$
$$F(14,14)=-\mu_y$$

则扩充状态后的误差方程变为

$$\dot{\boldsymbol{X}}_\mathrm{I}(t) = \boldsymbol{F}_\mathrm{I}\boldsymbol{X}_\mathrm{I}(t) + \boldsymbol{W}_\mathrm{I}(t) \tag{2.201}$$

写成离散形式有

$$\boldsymbol{X}_\mathrm{I}(k+1) = \boldsymbol{\Phi}(k+1,k)\boldsymbol{X}_\mathrm{I}(k) + \boldsymbol{\Gamma}(k+1,k)\boldsymbol{W}(k) \tag{2.202}$$

式中，$\boldsymbol{\Phi}(k+1,k)$ 为系统状态转移阵；$\boldsymbol{\Gamma}(k+1,k)$ 为系统噪声转移阵。

定义系统的均方阵为

$$\boldsymbol{P}(k+1) = E[\boldsymbol{X}_\mathrm{I}(k+1)\boldsymbol{X}_\mathrm{I}^\mathrm{T}(k+1)] \tag{2.203}$$

式中，$E[\cdot]$ 为数学期望(即均值)符号。把式(2.202)代入式(2.203)，得

$$\begin{aligned}\boldsymbol{P}(k+1) = {} & \boldsymbol{\Phi}(k+1,k)E[\boldsymbol{X}_1(k)\boldsymbol{X}_\mathrm{I}^\mathrm{T}(k)]\boldsymbol{\Phi}^\mathrm{T}(k+1,k) + \\ & \boldsymbol{\Phi}(k+1,k)E[\boldsymbol{X}_2(k)]\boldsymbol{W}^\mathrm{T}(k)]\boldsymbol{\Gamma}^\mathrm{T}(k+1,k) + \\ & \boldsymbol{\Gamma}(k+1,k)E[\boldsymbol{W}(k)\boldsymbol{X}_\mathrm{I}^\mathrm{T}(k)]\boldsymbol{\Phi}^\mathrm{T}(k+1,k) + \\ & \boldsymbol{\Gamma}(k+1,k)E[\boldsymbol{W}(k)\boldsymbol{W}^\mathrm{T}(k)]\boldsymbol{\Gamma}^\mathrm{T}(k+1,k)\end{aligned} \tag{2.204}$$

考虑到$\{\boldsymbol{W}(k),k\geqslant 0\}$ 与 $\boldsymbol{X}_\mathrm{I}(0)$ 不相关，因此，对一切 $k\geqslant 0$，$\boldsymbol{W}(k)$ 与 $\boldsymbol{X}_\mathrm{I}(k)$ 也不相关，由此得

$$\boldsymbol{P}(k+1)=\boldsymbol{\Phi}(k+1,k)\boldsymbol{P}(k)\boldsymbol{\Phi}^{\mathrm{T}}(k+1,k)+\boldsymbol{\Gamma}(k+1,k)\boldsymbol{Q}(k)\boldsymbol{\Gamma}^{\mathrm{T}}(k+1,k) \tag{2.205}$$

其中，$\boldsymbol{P}(k)=E[\boldsymbol{X}_1(k)\boldsymbol{X}_1^{\mathrm{T}}(k)]$，为 k 时刻的状态均方阵；$\boldsymbol{Q}(k)=E[\boldsymbol{W}_1(k)\boldsymbol{W}_2^{\mathrm{T}}(k)]$，为系统噪声方差。

式(2.205)即在随机噪声作用下系统的均方差方程，$\boldsymbol{P}(k+1)$ 的对角线元素即为相应误差状态的均方差值，由此可以得到误差的传播特点。

2.6 惯性导航系统初始对准

惯性导航系统在正式工作之前必须对系统进行调整，一方面使惯性导航系统所描述的坐标系与导航坐标系相重合，另一方面使导航计算机正式工作时有精确的初始条件，如初始速度、初始位置和初始姿态等，这些工作称为初始对准[57]。

在静基座条件下，由于初始位置已知，初始速度为零，因此初始对准的任务就是研究如何使平台坐标系(含捷联惯性导航的数学平台)按导航坐标系定姿、定向，从而为加速度计提供一个高精度的测量基准，并为载体提供精确的姿态信息。

运动条件(包括晃动)下的初始对准任务与静基座下基本相同，但由于涉及对运动环境的建模和测量[58-59]，对准过程比较复杂，本文限于篇幅，不再讨论。

初始对准的指标要求，一是对准精度，二是对准时间。通常，要求水平姿态对准精度在几到几十角秒以内，航向初始对准精度一般比水平精度稍低，误差在几个角分。对准时间的要求尽可能短，一般为 5 ~ 10 min。

对准过程又分为粗对准和精对准。粗对准要求尽快地将惯性导航平台(物理平台或数学平台)的水平姿态与航向调整到某一精度范围，缩短调整时间是粗对准的主要指标；精对准是在粗对准基础上进行的，对准时间较粗对准长，提高对准精度是精对准的主要指标。

在设计初始对准方案时，主要可分为经典控制理论和现代控制理论两种。本节主要讨论应用经典控制理论在静基座下的初始对准方法，最后简单介绍现代控制理论在初始对准中的应用。

2.6.1 平台惯性导航系统的初始对准

平台惯性导航系统的初始对准主要任务是在平台上电工作时，将平台调整到指定的地理坐标系(如东北天)。通常粗对准是通过机电框架系统来完成的，下面主要讨论静基座下精对准的方法。

初始对准的基本思想是利用惯性导航系统的平台误差角方程，分析引起误差的主要因素，然后采用零极点配置的经典控制算法，希望在尽可能短的时间内，使平台误差角减小，从而达到平台惯性导航系统初始对准的目的。

在应用经典控制理论的零极点配置方法时，考虑到算法主要适用于单输入单输出系统，因此要将平台惯性导航系统有交联的三轴平台控制回路进行解耦处理。

1. 静基座指北方位系统初始对准分析

按平台惯性导航系统的平台误差角方程(2.148)和速度误差方程(2.154)，3 个平台误差角和 3 个速度误差是交耦的。首先在静基座下将两个水平通道与垂直通道分开来考虑。然后进一步忽略 φ_x，φ_y 之间的交叉耦合影响，将方位耦合值作常值处理，可得到两个独立的水平回路误差方程为

$$\left.\begin{aligned}\delta\dot{v}_y &= \varphi_x g + \nabla_y \\ \dot{\varphi}_x &= -\frac{\delta v_y}{R} - \varphi_z \omega_{ie} \cos L + \varepsilon_x\end{aligned}\right\} \tag{2.206}$$

$$\left.\begin{aligned}\delta\dot{v}_x &= -\varphi_y g + \nabla_x \\ \dot{\varphi}_y &= \frac{\delta v_x}{R} + \varepsilon_y\end{aligned}\right\} \tag{2.207}$$

两个水平回路误差方程组在本质上是相同的，现仅以北向加速度计和东向陀螺仪组成的水平回路来讨论水平对准问题。当系统有 φ_x，ε_x，$-\varphi_z\omega_{ie}\cos L$，$\nabla_y$ 常值误差源时，由误差方程可以求得东向平台误差角时域方程为

$$\varphi_x(t) = \frac{1}{\omega_s}(\varepsilon_x - \varphi_z \omega_{ie} \cos L)\sin \omega_s t - \frac{\nabla_x}{g}(1 - \cos \omega_s t) + A\sin \omega_s t \tag{2.208}$$

式中，ω_s 为舒勒角频率，A 的值由平台初始误差角 φ_{x0} 确定，对应的误差角无阻尼舒勒振荡示意图如图 2.68。由图可以看出，平台以 $-\dfrac{\nabla_y}{g}$ 为平衡位置作舒勒振荡。

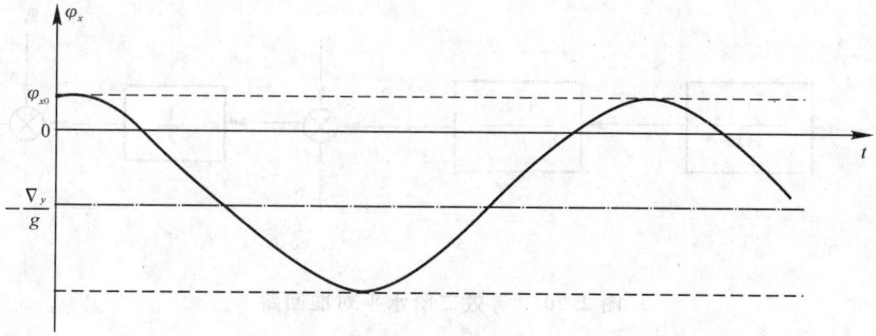

图 2.68 误差角的无阻尼舒勒振荡

2. 平台惯性导航系统水平对准

上面的分析表明系统以惯性导航算法工作时，姿态误差角呈现出无阻尼振荡形态，因此必须给回路增加阻尼环节，使平台收敛到平衡稳定的位置。按经典控制理论，为了提高对准速度，可并入$\frac{k_2}{R}$比例环节，形成二阶阻尼振荡回路，提高系统的固有频率。图2.69为二阶水平对准回路，图2.70为等效二阶水平对准回路。

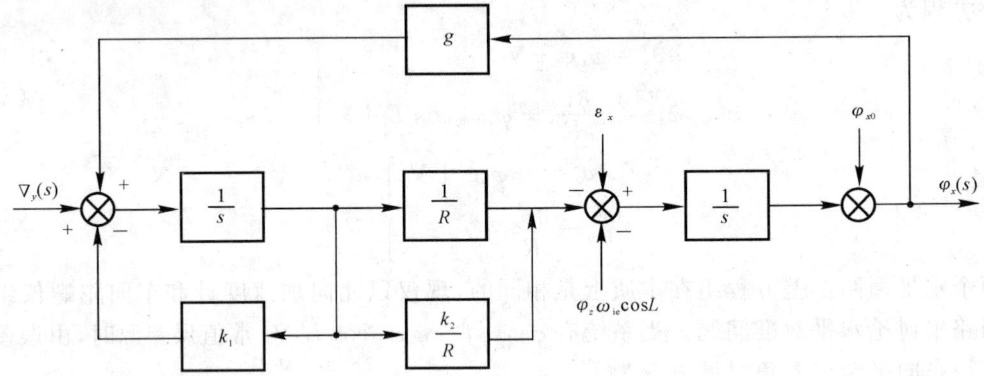

图 2.69　二阶水平对准回路

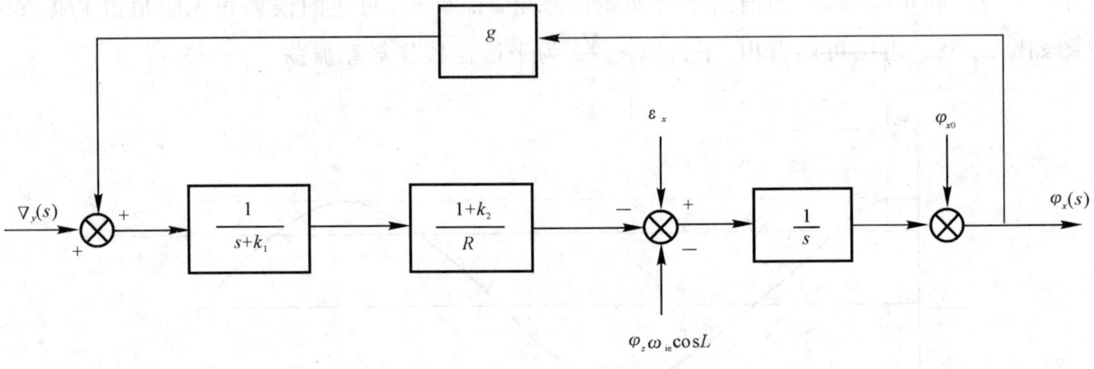

图 2.70　等效二阶水平对准回路

此时回路的特征方程为

$$\Delta(s)=s^2+k_1 s+(1+k_2)\omega_s^2=0 \tag{2.209}$$

系统的固有频率变为$\omega_s\sqrt{1+k_2}$。图2.71为二阶水平对准东向平台误差角振荡示意图。

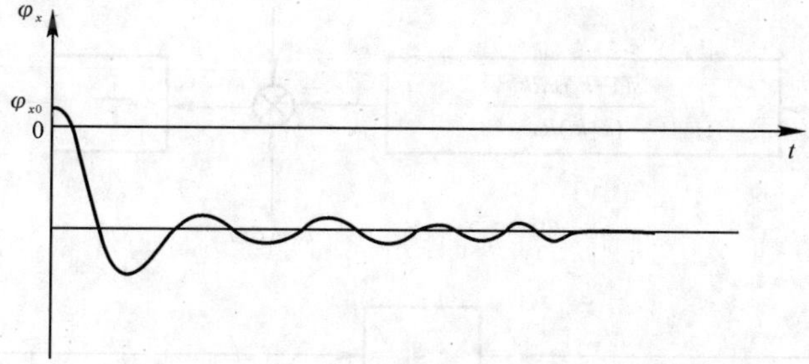

图 2.71　二阶水平对准平台振荡示意图

常值误差源条件下二阶水平对准回路稳态误差为

$$\varphi_{xss}=\frac{k_1}{(1+k_2)\omega_s^2}(\varepsilon_x-\varphi_z\omega_{ie}\cos L)-\frac{\boldsymbol{\nabla}_y}{g} \tag{2.210}$$

式(2.210)表明，$\boldsymbol{\nabla}_y$，ε_x，φ_z 均引起平台的稳态误差。选择适当的 k_1，k_2，可降低 ε_x，φ_z 对精度的影响，但不能彻底解问题。为了提高对准精度，通常采用三阶水平对准回路，它是在 δv_y 和陀螺力矩器之间再并一积分环节$\frac{k_s}{s}$，如图 2.72 所示。三阶水平对准回路可等效为图 2.73。

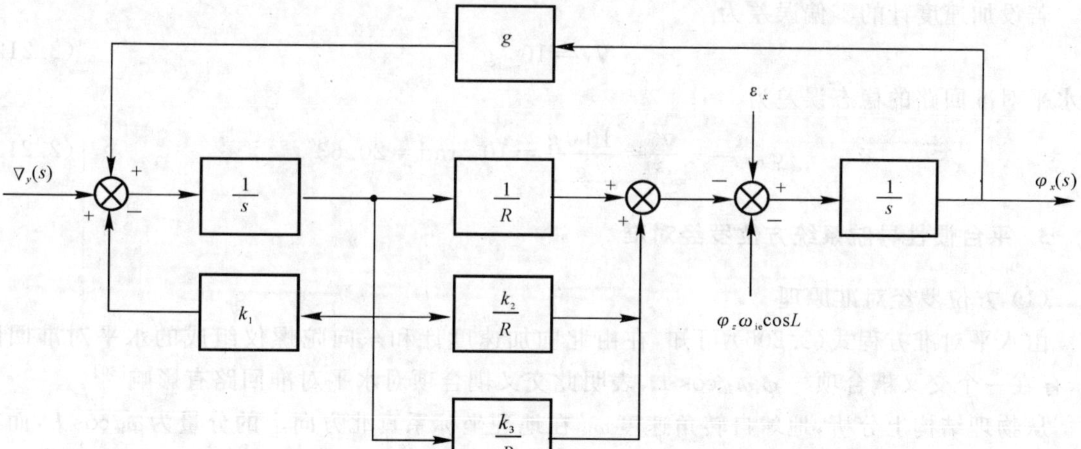

图 2.72　三阶水平对准回路

由此可得到三阶水平对准稳态误差为

$$\varphi_{xss}=-\frac{\boldsymbol{\nabla}_y}{g} \tag{2.211}$$

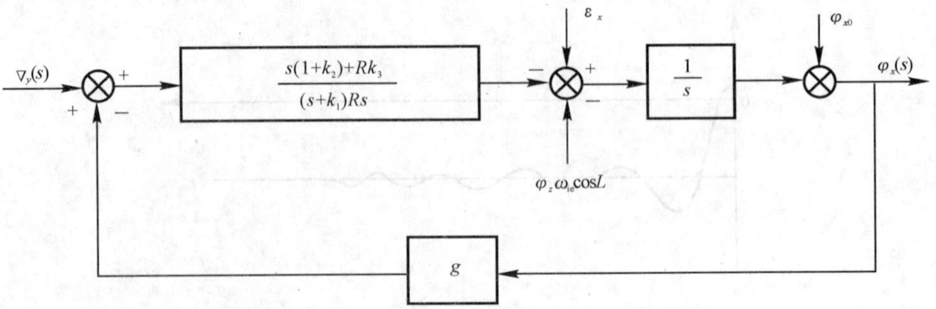

图 2.73 等效三阶水平对准回路

由此可见,若采用三阶水平对准回路进行水平对准,则平台的水平对准精度只与加速度计的零偏有关。因此,加速度计成为水平对准的关键元件,一般要求其零偏小于或等于$10^{-4}g$。

式(2.211)也有明确的物理意义,从等效的三阶水平回路图中可以看出,当反馈的量与加速度计的测量误差等效为零时,系统稳定。但是由于加速度计测量误差的存在,系统是有稳态误差的。

若设加速度计的零偏误差为

$$\boldsymbol{\nabla}_y = 10^{-4}g \tag{2.212}$$

则水平对准回路的稳态误差为

$$\varphi_{xss} = -\frac{\boldsymbol{\nabla}_y}{g} = \frac{10^{-4}g}{g} = 10^{-4}\,\text{rad} = 20.63'' \tag{2.213}$$

3. 平台惯性导航系统方位罗经对准

(1) 方位罗经对准原理

由水平对准方程式(2.206)可知,在由北向加速度计和东向陀螺仪组成的水平对准回路中,存在一个交叉耦合项 $-\varphi_z\omega_{ie}\cos L$,表明此交叉耦合项对水平对准回路有影响[60]。

从物理结构上分析,地球自转角速度 ω_{ie} 在地理坐标系真北方向上的分量为 $\omega_{ie}\cos L$,而在真东方向上应为零。当平台系与地理系之间存在方位误差角 φ_z 时,$\omega_{ie}\cos L$ 将在平台系 x_p 轴(东向轴)产生分量 $-\omega_{ie}\cos L\sin\varphi_z$,如图 2.74 所示。由于 φ_z 在方位精对准前较小,所以 $-\omega_{ie}\cos L\sin\varphi_z \approx -\varphi_z\omega_{ie}\cos L$。此分量对平台的影响,与东向陀螺漂移 ε_x 对平台的作用是一样的,因此称其为等效东向陀螺漂移项或罗经效应项。

当平台的 y 轴和地理系的 y_g 轴之间有方位误差角 φ_z 时,由于罗经效应项的存在和平台快速跟踪回路的作用,平台将绕 x_g 轴负向旋转,并产生水平倾斜角 φ_x;此时北向加速度计已经不在水平面上,它将输出 $g\sin\varphi_x \approx g\varphi_x$,经过积分得速度误差 δv_y。

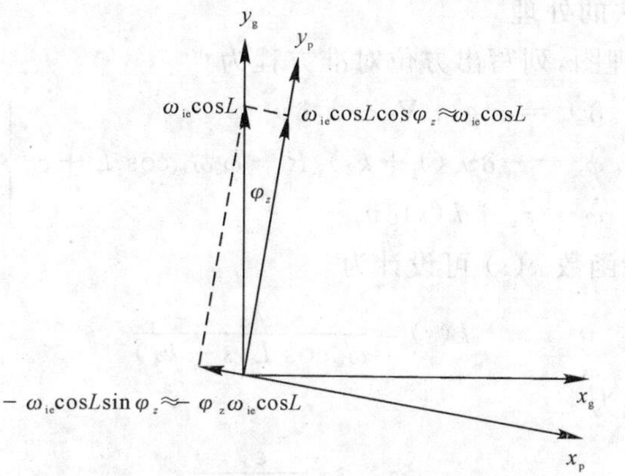

图 2.74　方位误差 φ_z 引起的罗经效应项

方位罗经对准回路中利用 δv_y 作为控制信号，设计一个控制环节 $k(s)$ 去控制方位陀螺，使得在方位陀螺的控制下方位误差角 φ_z 不断减小(由于罗经效应项也随之减小，因此 δv_y 也减小)，直到对准到允许的方位误差以内。

这就是方位罗经对准的物理过程。方位罗经对准原理如图 2.75 所示。

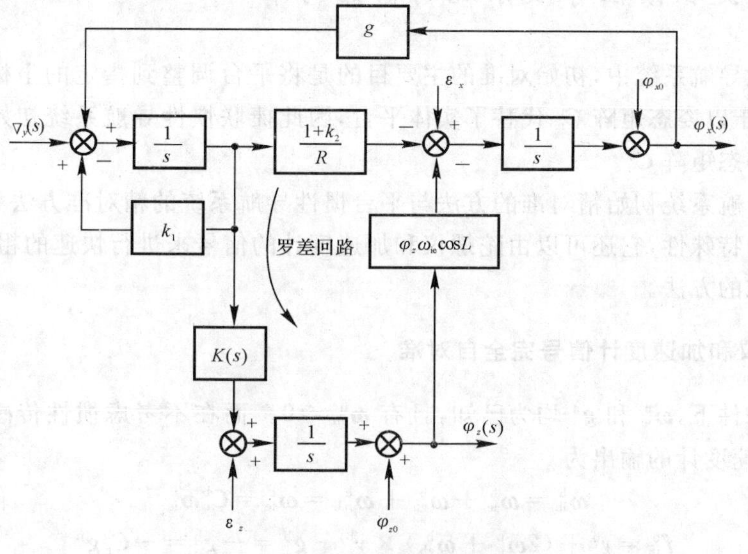

图 2.75　方位罗经对准原理图

同时，由于三阶水平对准回路稳态误差中已去除了罗经效应的影响，因此，在方位罗经对准回路中，水平对准回路应采用二阶水平对准回路才能有效。

(2) 方位罗经对准法的处理

由方位罗经对准原理图,列写出方位对准方程为

$$\left.\begin{aligned}\delta\dot{v}_y &= \varphi_x g + \nabla_y - k_1\delta v_y \\ \dot{\varphi}_x &= -\delta v_y(1+k_2)/R - \varphi_z\omega_{ie}\cos L + \varepsilon_x \\ \dot{\varphi}_z &= \varepsilon_z + k(s)\delta v_y\end{aligned}\right\} \tag{2.214}$$

式中,方位回路中的传递函数 $k(s)$ 可设计为

$$k(s) = \frac{k_3}{\omega_{ie}\cos L(s+k_4)} \tag{2.215}$$

由此可得 φ_z 的稳态误差为

$$\varphi_{zss} \approx \frac{\varepsilon_x}{\omega_{ie}\cos L} \tag{2.216}$$

式(2.216)表明,方位罗经达到稳态主要表现在 $-\varphi_z\omega_{ie}\cos L$ 和 ε_x 对水平回路的影响互相平衡。例如 $L=45°$ 时,如果 $\varepsilon_x=0.01°/\text{h}$,则 $\varphi_{zss}=3.24'$。因此,东向陀螺漂移 ε_x 直接影响方位罗经对准的精度。为提高方位对准精度,应在对准阶段测出 ε_x 并加以补偿。否则对准精度将受到 ε_x 直接影响,且随纬度的增高而明显下降。

2.6.2 捷联惯性导航系统的初始对准

在平台惯性导航系统中,初始对准的主要目的是将平台调整到指定的坐标系。而在捷联惯性导航中,由于以姿态矩阵 $\boldsymbol{C}_n^b$ 代替了实体平台,因此捷联惯性导航系统初始对准的主要目的是精确确定姿态矩阵 $\boldsymbol{C}_n^b$。

捷联惯性导航系统初始精对准的方法与平台惯性导航系统的精对准方法相同。由于捷联惯性导航系统的特殊性,它还可以由陀螺仪和加速度计的信号来进行快速的粗对准,本节主要阐述几种粗对准的方法。

1. 由陀螺仪和加速度计信号完全自对准

在静基座条件下,$\boldsymbol{\omega}_{ie}^n$ 和 $\boldsymbol{g}^n$ 均为已知,且有 $\boldsymbol{\omega}_{en}^n=\boldsymbol{0}$。而在不考虑惯性传感器误差的情况下,陀螺仪和加速度计的输出为

$$\boldsymbol{\omega}_{ib}^b = \boldsymbol{\omega}_{ie}^b + \boldsymbol{\omega}_{en}^b + \boldsymbol{\omega}_{nb}^b = \boldsymbol{\omega}_{ie}^b = \boldsymbol{C}_n^b\boldsymbol{\omega}_{ie}^n \tag{2.217}$$

$$\boldsymbol{f}_{ib}^b = \dot{\boldsymbol{v}}^b + (2\boldsymbol{\omega}_{ie}^b + \boldsymbol{\omega}_{eb}^b)\times\boldsymbol{v}^b - \boldsymbol{g}^b = -\boldsymbol{g}^b = -\boldsymbol{C}_n^b\boldsymbol{g}^n \tag{2.218}$$

定义一个新的矢量 $\boldsymbol{R}=\boldsymbol{g}\times\boldsymbol{\omega}_{ie}$,即有

$$\left.\begin{aligned}\boldsymbol{R}^b &= \boldsymbol{g}^b\times\boldsymbol{\omega}_{ie}^b \\ \boldsymbol{R}^n &= \boldsymbol{g}^n\times\boldsymbol{\omega}_{ie}^n\end{aligned}\right. \tag{2.219}$$

由矩阵的相似变化关系可得

$$\boldsymbol{R}^{\mathrm{b}}=\boldsymbol{C}_{\mathrm{n}}^{\mathrm{b}}\boldsymbol{R}^{\mathrm{n}} \tag{2.220}$$

对式(2.217)、式(2.218)和式(2.220)求转置并合并，可得

$$\boldsymbol{C}_{\mathrm{b}}^{\mathrm{n}}=\begin{bmatrix}(\boldsymbol{\omega}_{\mathrm{ie}}^{\mathrm{n}})^{\mathrm{T}}\\(-\boldsymbol{g}^{\mathrm{n}})^{\mathrm{T}}\\(\boldsymbol{R}^{\mathrm{n}})^{\mathrm{T}}\end{bmatrix}^{-1}\begin{bmatrix}(\boldsymbol{\omega}_{\mathrm{ib}}^{\mathrm{b}})^{\mathrm{T}}\\(\boldsymbol{f}_{\mathrm{ib}}^{\mathrm{b}})^{\mathrm{T}}\\(\boldsymbol{R}^{\mathrm{b}})^{\mathrm{T}}\end{bmatrix}=\boldsymbol{A}^{-1}\begin{bmatrix}(\boldsymbol{\omega}_{\mathrm{ib}}^{\mathrm{b}})^{\mathrm{T}}\\(\boldsymbol{f}_{\mathrm{ib}}^{\mathrm{b}})^{\mathrm{T}}\\(\boldsymbol{R}^{\mathrm{b}})^{\mathrm{T}}\end{bmatrix} \tag{2.221}$$

其中

$$\boldsymbol{A}^{-1}=\begin{bmatrix}0 & 0 & 1/g\omega_{\mathrm{ie}}\cos L\\1/\omega_{\mathrm{ie}}\cos L & \tan L/g & 0\\0 & -1/g & 0\end{bmatrix}, \tag{2.222}$$

式(2.222)逆矩阵存在的条件是，矩阵中的任一行不是其余行的线性组合。要满足此条件，只须要 $\boldsymbol{\omega}_{\mathrm{ie}}^{\mathrm{n}}$ 和 $\boldsymbol{g}^{\mathrm{n}}$ 不共线，因此只要系统不工作在极区，条件总能够满足。

但是要注意，以上的对准方法是一种粗对准方法，没有考虑到陀螺仪和加速度计的误差，因此是一种粗略的方法，尤其在方位角对准方面误差很大。

2. 由加速度计信号进行水平自对准

当捷联惯性导航系统的陀螺仪误差较大且没有经过有效的补偿时，上述方法在方位角对准方面误差很大，因此可以不用陀螺仪的信号，直接采用加速度计的信号来只进行水平姿态角的对准。

由于 $\boldsymbol{g}^{\mathrm{n}}=[0\quad 0\quad -g]^{\mathrm{T}}$，结合式(2.221)代入式(2.218)，有

$$\boldsymbol{f}_{\mathrm{ib}}^{\mathrm{b}}=-\boldsymbol{C}_{\mathrm{n}}^{\mathrm{b}}\boldsymbol{g}^{\mathrm{n}}=g\begin{bmatrix}-\sin\gamma\cos\theta\\\sin\theta\\\cos\gamma\cos\theta\end{bmatrix} \tag{2.223}$$

因此可计算出 2 个水平姿态角为

$$\left.\begin{aligned}\theta&=\arcsin\,(f_{\mathrm{ib}y}^{\mathrm{b}}/g)\\\gamma&=-\arctan(f_{\mathrm{ib}x}^{\mathrm{b}}/f_{\mathrm{ib}z}^{\mathrm{b}})\end{aligned}\right\} \tag{2.224}$$

而航向角 ψ，一般可由其他导航系统提供，如磁航向系统等。

3. 一次修正粗对准

假设已由上述对准法给出了机体的大概姿态(精度为 1°～3°)，则可继续进行一次修正粗对准，其目的是获得更加精确的姿态角。

首先设给定的导航系(n 系)是有误差的 c 系，根据式(2.158)，有

$$\boldsymbol{C}_{\mathrm{n}}^{\mathrm{c}}=\boldsymbol{I}+\boldsymbol{\Phi}^{\mathrm{k}} \tag{2.225}$$

而

$$\boldsymbol{C}_{\mathrm{n}}^{\mathrm{c}}=\boldsymbol{C}_{\mathrm{b}}^{\mathrm{c}}\boldsymbol{C}_{\mathrm{n}}^{\mathrm{b}} \tag{2.226}$$

如果暂不考虑惯性元件的测量误差，则有

$$f_{ib}^{c}=C_{b}^{c}f_{ib}^{b}=C_{n}^{c}C_{b}^{n}f_{ib}^{b}=C_{n}^{c}f_{ib}^{n}=(I+\Phi^{k})\begin{bmatrix}0 & 0 & -g\end{bmatrix}^{T}=\begin{bmatrix}-\varphi_{y}g & \varphi_{x}g & -g\end{bmatrix}^{T} \tag{2.227}$$

由此可得

$$\left.\begin{aligned}\varphi_{x}&=f_{iby}^{c}/g\\ \varphi_{y}&=-f_{ibx}^{c}/g\end{aligned}\right\} \tag{2.228}$$

由陀螺仪的输出，可得

$$\omega_{ib}^{c}=C_{b}^{c}\omega_{ib}^{b}=C_{n}^{c}C_{b}^{n}\omega_{ib}^{b}=C_{n}^{c}\omega_{ie}^{n}=(I+\Phi^{k})\omega_{ie}^{n}=$$

$$\begin{bmatrix}0\\ \omega_{ie}\cos L\\ \omega_{ie}\sin L\end{bmatrix}+\begin{bmatrix}-\varphi_{z}\omega_{ie}\cos L+\varphi_{y}\omega_{ie}\sin L\\ -\varphi_{x}\omega_{ie}\sin L\\ \varphi_{x}\omega_{ie}\cos L\end{bmatrix} \tag{2.229}$$

其中，由 x 通道可得

$$\varphi_{z}=-\frac{\omega_{ibx}^{c}}{\omega_{ie}\cos L}+\varphi_{y}\tan L=-\frac{\omega_{ibx}^{c}}{\omega_{ie}\cos L}-f_{ibx}^{c}\tan L/g \tag{2.230}$$

得到 $\Phi=\begin{bmatrix}\varphi_{x} & \varphi_{y} & \varphi_{z}\end{bmatrix}^{T}$ 后，可对 C_{b}^{n} 进行迭代修正，最终得到

$$C_{n}^{b}=C_{c}^{b}C_{n}^{c}=C_{c}^{b}(I+\Phi^{k}) \tag{2.231}$$

2.6.3 现代控制理论方法在初始对准中的应用

控制理论的发展，为提高初始对准的精度和速度提供了新的方法和途径[61-63]，状态反馈控制、H_{∞} 滤波等滤波理论都在工程实际中都得到了应用。

在对准回路中，如果采用状态反馈控制，由于有些状态是不能直接量测的，因此必须采用状态估计器估计出状态。当把系统考虑为确定性系统时，状态估计器是状态观测器；当把系统考虑成随机系统时，状态估计器是卡尔曼滤波器。

1. 状态观测器在初始对准中的应用

初始对准采用状态观测器进行状态估计时，分为水平对准回路与方位对准回路。

(1) 水平对准回路

水平对准回路采用状态反馈控制，通过设定相应控制规律，选择增益阵应用极点配置法，设计稳定的闭环系统。

控制规律取如下的形式：

$$U(t)=-KX(t) \tag{2.232}$$

在反馈控制规律的作用下，闭环系统方程为

$$\dot{X}(t)=(F-K)X(t)+bU(t)+W(t) \tag{2.233}$$

应用极点配置法选择增益阵 $\boldsymbol{K}$，取 $\boldsymbol{K}=\begin{bmatrix} k_1 & g \\ -1/R & k_2 \end{bmatrix}$，则系统特征方程为

$$\Delta=|s\boldsymbol{I}-(\boldsymbol{F}-\boldsymbol{K})|=s^2+(k_1+k_2)s+k_1k_2=0 \tag{2.234}$$

适当选择参数 k_1 和 k_2，使特征方程的根 s 在左半平面内，可以得到需要的动态特性。

当闭环系统达到稳态时，其稳态误差为

$$\delta v_{yss}=0,\quad \varphi_{xss}=-\frac{\nabla_y}{g} \tag{2.235}$$

当加速度计零位误差为$10^{-4}g$ 时，平台水平误差角为 20″。

(2) 方位罗经对准回路

当对方位陀螺漂移采用补偿控制时，采用状态反馈控制

$$\boldsymbol{U}(t)=-\boldsymbol{K}\boldsymbol{X}(t) \tag{2.236}$$

取

$$\boldsymbol{K}=\begin{bmatrix} k_1 & g & 0 \\ -1/R & k_2 & \omega_{ie}\cos L \\ 0 & 0 & k_3 \end{bmatrix} \tag{2.237}$$

则闭环系统特征方程为

$$(s+k_1)(s+k_2)(s+k_3)=0 \tag{2.238}$$

其稳态误差为

$$\varphi_{xss}=-\frac{\nabla_y}{g},\quad \delta v_{yss}=0,\quad \varphi_{zss}=-\frac{\varepsilon_x}{\omega_{ie}\cos L} \tag{2.239}$$

可见，常值干扰源给闭环系统造成的误差不依赖参数选择。方位精度主要取决于东向陀螺漂移。当 $\varepsilon_x=0.01°/\text{h}$，$L=40°$ 时，方位误差角约为 3′。

2. 卡尔曼滤波器在初始对准中的应用

当考虑系统为随机系统时，常用的状态估计器是卡尔曼滤波器。采用卡尔曼滤波技术进行初始对准，就是将平台误差角 φ_x，φ_y 和 φ_z 估计出来，通过对系统的校正，使平台坐标系和导航坐标系对准[64]。下面仅考虑用卡尔曼滤波对平台误差角及惯性传感器误差进行估计的问题。

(1) 系统闭环情况下的自对准滤波

在跟踪回路接通的情况下，可获得静基座上系统误差方程。考虑陀螺漂移和加速度计零偏都为随机常数并扩充到状态中，取误差状态量为

$$\boldsymbol{X}=[\varphi_x\quad \varphi_y\quad \varphi_z\quad \varepsilon_x\quad \varepsilon_y\quad \varepsilon_z\quad \nabla_x\quad \nabla_y\quad \delta v_x\quad \delta v_y]^{\mathrm{T}} \tag{2.240}$$

则得自对准的状态方程为

$$\dot{\boldsymbol{X}}=\boldsymbol{F}\boldsymbol{X}+\boldsymbol{W} \tag{2.241}$$

取 δv_x 和 δv_y 作为观测量，则观测方程为

$$Z = HX + V \tag{2.242}$$

W 为系统噪声，V 为量测噪声。把式(2.241)和式(2.242)离散化后，即可应用标准的卡尔曼滤波方程。

(2) 系统开环情况下的自对准滤波

在跟踪回路断开的情况下，即加速度计的输出不对陀螺施矩，此时平台误差角方程为

$$\left.\begin{aligned}\dot{\varphi}_x &= \varphi_y \omega_{ie} \sin L - \varphi_z \omega_{ie} \cos L + \varepsilon_x \\ \dot{\varphi}_y &= -\varphi_x \omega_{ie} \sin L + \varepsilon_y \\ \dot{\varphi}_z &= \varphi_x \omega_{ie} \cos L + \varepsilon_z\end{aligned}\right\} \tag{2.243}$$

把陀螺漂移和加速度计零偏都看做随机常数扩充到状态中，亦可得状态方程

$$\dot{X} = FX + W \tag{2.244}$$

在这种开环的情况下，取加速度计的输出作为观测量，则量测方程为

$$Z = HX + V \tag{2.245}$$

W 为系统噪声，V 为量测噪声。把式(2.244)和式(2.245)离散化，并应用卡尔曼滤波方程式。若取与闭环相同的初始条件，则两者的滤波估计误差曲线基本相同。采用开环情况下的误差方程，状态方程阶次较低，滤波计算量小，因此实际应用中多采用此种模式。

2.7 本章小结

基于牛顿力学原理，利用惯性传感器构建的惯性导航系统是以其完全自主的特性，在导航领域具有突出的地位。

惯性传感器是惯性导航系统的核心，本章阐述和分析了惯性传感器(陀螺仪和加速度计)的基本原理，并介绍了惯性传感器研究概况及发展趋势；通过对惯性导航系统定位和测速的基本理论的阐述，以及惯性导航系统中的两个重要概念——舒勒原理和比力方程——的分析，阐明了惯性导航系统的基本结构及原理，同时介绍了惯性导航系统的分类及发展趋势。

在对惯性导航系统结构进行分析的基础上，对平台惯性导航和捷联惯性导航系统进行了详细的分析和阐述。重点介绍了平台惯性导航系统中惯性平台的原理和结构，水平指北平台惯性导航系统、自由方位平台惯性导航的算法流程方程；针对捷联惯性导航系统和平台惯性导航系统的区别，重点介绍了捷联导航系统的典型姿态解算算法，包括欧拉角法、方向余弦法和四元数法，并针对姿态解算中转动不可交换性误差阐述了等效转动矢量算法。在建立了两种导航系统的算法流程方程的基础上，推导了两种导航系统的误差方程，并分析了其误差特性；最后，简要介绍了惯性导航系统初始对准的原理和常用方法。

本章是全书的核心内容。本章对惯性导航系统全面深入的分析，便于读者全面了解掌握惯性导航理论，同时也为后续组合导航系统理论的学习打下基础。

思考与练习题

2.1　说明惯性导航的基本原理及特点。

2.2　捷联惯性导航和平台惯性导航的主要区别是什么？

2.3　试推导姿态矩阵 C_n^b 和位置矩阵 C_e^n。

2.4　说明比力的概念，试推导沿机体坐标系的比力方程。

2.5　说明舒勒摆的概念，如何使导航平台具有舒勒特性？

2.6　导航平台的主要性能指标有哪些？说明其意义。

2.7　说明指北方位、自由方位、游动方位3种导航系统的异同。

2.8　惯性导航垂直通道为什么是不稳定的？

2.9　说明垂直通道阻尼回路的作用。

2.10　说明捷联惯性导航的优缺点。

2.11　试推导方向余弦矩阵微分方程

$$\dot{\boldsymbol{C}}_b^n = \boldsymbol{C}_b^n \times \boldsymbol{\omega}_{nb}^b$$

2.12　试证明

$$e^{\Delta\boldsymbol{\theta}} = \boldsymbol{I} + \frac{\sin \Delta\theta_0}{(\Delta\theta_0)^2} \times \frac{1-\cos \Delta\theta_0}{(\Delta\theta_0)^2}[\Delta\boldsymbol{\theta}]^2$$

2.13　写出矢量坐标变换的四元数表达式和方位余弦表达式。

2.14　写出四元数乘积的3种表达形式，并推导其矢量表达式。

2.15　说明方向余弦正交化和四元数规范化的概念。

2.16　什么叫转动不可交换性误差？如何消除转动不可交换性误差？

2.17　说明比力坐标变换的方法。

2.18　惯性导航的基本误差特性是哪3种振荡运动合成的？说明3种振荡运动产生的原因。

2.19　说明常值误差源和随机误差源引起的惯性导航系统误差的区别。

2.20　惯性导航系统的初始对准解决什么问题？平台和捷联系统对准有何异同？

2.21　如何把惯性导航的对准分为水平对准和方位对准？简要说明水平对准和方位对准的基本原理。

2.22　说明水平对准精度和方位对准精度的限制条件，并说明其物理概念。

2.23　说明卡尔曼滤波器在对准中的两种应用方法。

参考文献

[1]　Anthony Lawrence. Modern inertial technology: navigation, guidance, and control

[M]. New York:Springer,1998.
[2] 谭健荣,刘永智,黄琳. 光纤陀螺的发展现状[J]. 激光技术,2006,30(5):544 - 547.
[3] 许江宁,边少锋,殷立吴. 陀螺原理[M]. 北京:国防工业出版社,2005.
[4] Barbour N,Schmidt G. Inertial sensor technology trends[J]. Sensors Journal,IEEE,2001,1(4):332 - 339.
[5] 李跃. 导航与定位[M]. 北京:国防工业出版社,2008.
[6] 黄德鸣. 惯性技术神奇的指路魔杖[M]. 山东:山东教育出版社,2001.
[7] 秦永元. 惯性导航[M]. 北京:科学出版社,2006.
[8] 曾庆化,刘建业,赖际舟. 环形激光陀螺的最新发展[J]. 传感器技术,2004(11):544 - 547.
[9] 许江宁,边少锋,殷立吴. 陀螺原理[M]. 北京:国防工业出版社,2005.
[10] 高钟毓. 静电陀螺仪技术[M]. 北京:清华大学出版社,2004.
[11] 郭秀中. 惯性导航系统陀螺仪理论[M]. 北京:国防工业出版社,1996.
[12] 张宗麟. 惯性导航与组合导航[M]. 北京:航空工业出版社,2000.
[13] Usui R, Ohno A. Recent progress of fiber optic gyroscopes and application at JAE [C]. USA:OFS,2002.
[14] 谭健荣,刘永智,黄琳. 光纤陀螺的发展现状[J]. 激光技术,2006(5):17 - 20.
[15] 李荣冰,刘建业,曾庆化. 基于 MEMS 技术的微型惯性导航系统的发展现状[J]. 中国惯性技术学报,2004(12):88 - 94.
[16] 刘俊,石云波,李杰. 微惯性技术[M]. 北京:电子工业出版社,2005.
[17] 崔 峰,陈文元,苏宇锋. 悬浮转子式微机械陀螺仪的研究进展[J]. 压电与声光,2005(3):243—253.
[18] Jentsch C, Muller T, Rasel E M, et al. HYPER: A Satellite Mission in Fundamental Physics Based on High Precision Atom Interferometry[J]. General Relativity and Gravitation,2004(36):2197 - 2221.
[19] 谢征,刘建业,赖际舟. 低温物理效应的新型陀螺仪研究综述[J]. 中国惯性技术报,2007(5):606 - 611.
[20] 张学峰,许江宁,周红进. 原子激光陀螺[J]. 中国惯性技术学报[J],2006(14):86 - 88.
[21] Dubetsky B, Kasevich M A. Atom interferometer as a selective sensor of rotation or gravity[J]. Physical Review Letters,2006(74):1 - 17.
[22] Gustavson T L, Landragin A, Kasevich M A. Rotation sensing with a dual atom-interferometer Sagnac gyroscope[J]. Class Quantum Grav,2000(17):2385 - 2398.
[23] Delgado A, Schleich1 W P,Sussmann G. Quantum gyroscopes and Godel's universe: entanglement opens a new testing ground for cosmology[J]. New Journal of Physics,

2002(4):37.1-37.8

[24] Hoskinson E, Packard R E, Haard T M. Quantum whisling in superfluid helium-4 [J]. Nature, 2005(443):376.

[25] Hoskinson Emile, Sato Yuki, Packard Richard. Superfluid 4He interferometer operating near 2K[J]. Physical Review B, 2006(74):100509.1-100509.8

[26] Yuki Sato, Emile Hoskinson, Richard Packard. Simulation of Phase Slippage in an Aperture Array[J]. Low Temp Phys, 2007(149):222-229.

[27] 赵君辙,邢馨婷,杨中柳. 线加速度计的现状与发展趋势综述[J]. 计测技术,2007(27):1-4.

[28] 刘惠兰,林恒,李莉. 光学加速度计的技术研究与发展[J]. 光学技术,2005(31):140-143.

[29] 沈泽润. 新型光纤加速度计系统[J]. 自动驾驶仪与红外技术,2008(2):28-31.

[30] Byoungho L. Review of the Present Status of Optical Fiber Sensors[J]. Optical FiberTechnology, 2003(9):57-68.

[31] 李圣怡,刘宗林,吴学忠. 微加速度计研究的进展[J]. 国防科技大学学报,2004(6):34-37.

[32] Weston J L, Titterton D H. Modern inertial navigation technology and its application [J]. Electronics &Communication Engineering Journal, 2000, 12(2):49-64.

[33] 于波,陈云相,郭秀中. 惯性技术[M]. 北京:北京航空航天大学出版社,1994.

[34] 胡小平. 自主导航理论与应用[M]. 长沙:国防科技大学出版社,2002.

[35] 李跃等. 导航与定位[M]. 北京:国防工业出版社,2008.

[36] 吴俊伟. 惯性技术基础[M]. 哈尔滨:哈尔滨工程大学出版社,2002.

[37] 艾佛里尔 B,查特菲尔德. 高精度惯性导航基础[M]. 北京:国防工业出版社,2002.

[38] Daniel J Biezad. Integrated Navigation and Guidance Systems[C]. Reston: AIAA Inc, 1999.

[39] 邓正隆. 惯性导航原理[M]. 哈尔滨:哈尔滨工业大学出版社,1994.

[40] 袁信,郑谔. 捷联式惯性导航原理[M]. 北京:航空专业教材审编组,1985.

[41] Bortz J E. A New Mathematical Formulation for Strapdown Inertial Navigation[J]. IEEE Transaction On Aerospace and Electronic Systems, 1971, 27(1): 61-66.

[42] Paul G Savage. Strapdown Inertial Navigation Integration Algorithm Design Part 1 [J]. Journal of Guidance, Control and Dynamics, 1998, 21(1):19-28.

[43] Paul G Savage. Strapdown Inertial Navigation Integration Algorithm Design Part 2 [J]. Journal of Guidance, Control and Dynamics, 1998, 21(2):208-221.

[44] Miller R B. A New Strap-down Attitude Algorithm[J]. Journal of Guidance, Control

and Dynamics,1983,6(40):287－291.

[45] 刘危,解旭辉,李圣怡. 捷联惯性导航系统的姿态算法[J],北京航空航天大学学报,2005,31(1):45－50.

[46] Mark J G,Tazartes D A. Tuning of Coning Algorithms to Gyro Date Frequency Response Characteristics[J]. Journal of Guindance, Control and Dynamics,2001,24(4):641－647.

[47] 曾庆化. 激光陀螺惯性组合导航系统关键技术研究[D]. 南京:南京航空航天大学,2005.

[48] 魏晓虹,张春熹,朱奎宝. 一种高精度角速率圆锥补偿算法[J]. 北京航空航天大学学报,2005,31(12):1312－1316.

[49] 曾庆化,刘建业,赵伟,熊智. 激光陀螺惯性导航系统硬件增强角速率输入圆锥算法[J]. 东南大学学报(自然科学版),2006,36(5):746－750.

[50] 金靖,张春焘,宋凝芳. 光纤陀螺标度因数误差分析与补偿[J]. 宇航学报,2008,29(1):167－171.

[51] 王新龙,马闪. 光纤陀螺随机漂移误差补偿适用性方法[J]. 北京航空航天大学学报,2008,34(6):681－685.

[52] 张海鹏,房建成. 石英 MEMS 陀螺漂移周期性误差补偿研究[J]. 仪器仪表学报,2008,29(6):1225－1230.

[53] 刘瑞华. 基于 MEMS-IMU 的捷联惯性组合导航系统研究[D]. 南京:南京航空航天大学,2002.

[54] 熊智,刘建业,林雪原. 激光陀螺捷联惯性导航系统中惯性器件误差补偿技术[J]. 上海交通大学学报,2003,37(11):1795－1799.

[55] 匡启和. 基于自由软件和智能控制的惯性导航系统研究[D]. 南京:南京航空航天大学,2002.

[56] 吴美平,胡小平. 捷联惯性导航系统误差状态可观性分析[J]. 宇航学报,2002,23(2):54－57.

[57] Yang Yong, Miao Lingjuan. Fiber-optic strapdown inertial system with sensing cluster continuous rotation[J]. IEEE Transactions on Aerospace and Electronic Systems, 2004, 40(4): 1173－1178.

[58] 钱伟行,刘建业,赵伟,等. 基于转动基座的 SINS 初始对准方法研究[J]. 宇航学报,2008,25(3):928－931.

[59] Ishibashi S,Tsukioka S,Yoshida H. The Rotation Control System to Improve the Accuracy of an Inertial Navigation System Installed in an Autonomous Underwater Vehicle[C]// Underwater Technology and Work shop on Scientific Use of Submarine

Cables and Related Technologies. Tokyo:[s. n.], 2007:495 - 498.
[60] 张涛,徐晓苏. 方位捷联惯性导航平台系统及其误差分析[J]. 中国惯性技术学报, 2006,14(5):5 - 8.
[61] 王司,邓正隆. 基于 H_∞ 与 Kalman 联合滤波的二次快速传递对准方法研究[J]. 宇航学报, 2006,27(6):1266 - 1270.
[62] 周姜滨,袁建平,岳晓奎. 一种快速精确的捷联惯性导航系统静基座自主对准新方法研究[J]. 宇航学报,2008,29(01):133 - 137.
[63] 陈令刚. 捷联惯性导航系统初始对准技术研究与应用[D]. 南京:南京航空航天大学,2005.
[64] 李东明. 捷联式惯性导航系统初始对准方法研究[D]. 哈尔滨:哈尔滨工程大学,2006.

第3章 全球卫星定位系统

本章以介绍美国全球卫星定位系统(Global Positioning System,GPS)的历史、发展、工作原理为主线,结合最新导航卫星系统的发展,介绍了俄罗斯的GLONASS卫星定位系统、我国的北斗卫星定位系统以及欧洲的伽利略卫星定位系统,使读者了解全球现有的卫星定位系统总体情况和发展趋势,并能够具体深入地了解和掌握其相关技术内容。

3.1 全球卫星定位系统概述

全球导航卫星系统(Global Navigation Satellite Systems,GNSS)作为一个广义的概念,是所有在轨工作的卫星导航定位系统的总称,目前主要包括美国的GPS全球定位系统,俄罗斯的GLONASS全球导航卫星系统,我国的北斗卫星导航系统(北斗一代)和北斗导航系统(Beidou或者Compass),美国的广域增强系统(WAAS),欧洲的同步卫星导航覆盖系统(EGNOS)和Galileo卫星导航定位系统,日本的准天顶卫星系统(QZSS),印度区域导航卫星系统(IRNSS)等各种定位系统[1-5]。

GPS系统是美国从20世纪70年代开始研制,历时20年,耗资300亿美元,于1994年全面建成的,利用导航卫星进行测时和测距,具有在海、陆、空全方位实时3维导航与定位能力的新一代卫星导航与定位系统。如今,GPS已经成为世界上最实用也是应用最广泛的全球卫星定位系统。

全球卫星定位系统具有全天候、高精度、自动化、高效益、性能好、应用广等显著特点,获得了日益广泛的应用。随着多种全球卫星定位系统的不断改进、升级,硬、软件的不断完善,应用范围也正在不断地扩大。目前,全球卫星定位系统已进入国民经济各部门,应用领域遍及海、陆、空、天,在军民两个市场发挥着越来越大的作用,并开始逐步深入人们的日常生活。

3.1.1 卫星定位系统的由来和发展

1958年,美国为解决北极星核潜艇在深海航行和执行军事任务的精确定位问题,开始研制军用导航卫星,命名为“子午仪计划”。

美国“子午仪”卫星导航系统,也称海军卫星导航系统(NN3S),是世界上最早研制并试验成功的卫星导航系统,该系统由美国海军和约翰·霍普金斯大学应用物理实验室研制。在1957年应用物理实验室的研究人员对苏联发射的第一颗人造地球卫星的观测中,发现地面接收站的位置一定时,卫星通过接收站视界的时间内,所接收的无线电信号多普勒频移曲线与卫星的轨道有一一对应关系。这意味固定于地面的接收站，只要测得卫星通过其视界期间的多普勒频移曲线，就可确定卫星的轨道。若卫星运行轨道是已知的，那么根据接收站测得的多普勒频移曲线，便能确定接收站在地面的位置。于是提出了研制卫星导航系统的建议。

1958 年 12 月正式开始研制海军导航卫星系统。1964 年 1 月该系统正式投入使用，1967 年 7 月美国政府宣布该系统兼供民用。该系统能在全球范围内，全天候提供 2 维（经度、纬度）定位，定位精度 0.1～0.3 n mile。但它不能连续定位。一次定位时间又较长，且不能确定用户的位置高度，因此使用受到限制。“子午仪”的导航卫星是低轨道导航卫星，它集中了远程无线电导航台全球覆盖和近程无线电导航台定位精度高的优点，仅用 5 颗卫星组成的太空导航卫星座，就能提供全天候全球导航覆盖和周期性 2 维（经纬度）定位能力，使全球用户统一于地心坐标系进行高精度定位，对导航技术产生了革命性突破（见图 3.1）。

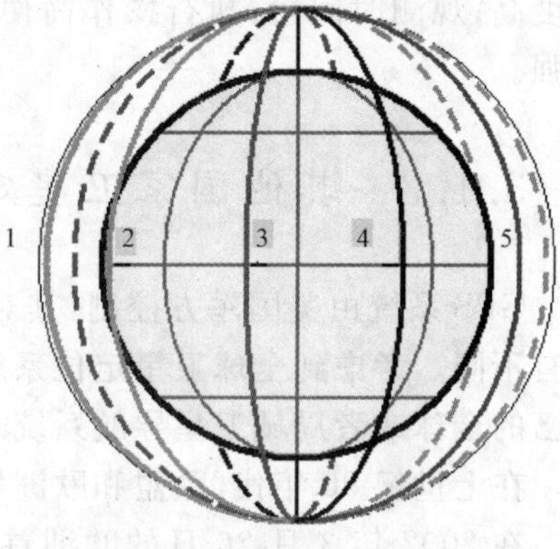

图 3.1　子午仪系统示意图(5 星)

现在的 GPS 卫星导航系统[2]源于 1970 年美国国防部门的构思，它包含了 3 大部分，就是 GPS 卫星、GPS 接收机和地面综合控制系统，能够同时为美国的海陆空军服务。卫星不断地发射经过编码的高频率无线电电波信号，通过 GPS 接收机，将含有关于卫星运行轨道信息和卫星上原子钟脉冲时间信息的信号解码后，计算出使用者的地理位置。

与美国积极竞争的苏联在 20 世纪 60 年代中期也研发了类似“子午仪”的卫星导航定位系统 Tsikada，但未对民间用户开放。60 年代晚些时候，考虑到精确制导武器的应用需求，苏联军方确认需要一个卫星导航系统。1968—1976 年，苏联经过多部门联合攻坚，终于颁布法令建立 GLONASS 系统，GLONASS 为全球导航卫星系统的简写，因此俄罗斯全球卫星定位系统研究基本上与美国同步展开。GLONASS 的第一颗卫星于 1982 年发射入轨，原计划 1991 年建成完整的工作系统，随着苏联巨变和“冷战”结束，俄罗斯继承了该系统的继续开发，其间由于经济因素，该系统的进展曾一度受挫[3]。

3.1.2　GPS 全球卫星定位系统发展

1973 年美国开始研制导航卫星系统（NAVSTAR），也称全球卫星定位系统。此系统比起子午仪系统有更高的全球定位精度，且能连续提供 3 维位置（经度、纬度、高度）、3 维速度和精确时间，实现连续实时的导航定位。

GPS 系统的研制分为 3 个阶段：第一阶段（1973—1978 年）是方案论证阶段；第二阶段（1979—1985 年）是工程研制和系统试验阶段，测试结果表明系统达到预定设计目标；第三阶段为改善系统性能，整个系统投入使用阶段。1993 年 12 月系统达到初始运行能力，1995 年 4 月系统达到全运行能力。该系统建成运行后，成为美国极其重要的全球导航系统。

GPS 的问世标志着电子导航技术发展到了一个更加辉煌的时代。它具有如下特点：定位精度高；观测时间短；执行操作简便；全球、全天候作业；功能多、应用广；抗干扰性能好、保密性强。

3.1.3 其他国家卫星定位系统的发展概况

GPS 系统由美国军方控制，其对国内外用户的服务精度有差别，对于军用和民用的精度也有不同。考虑到全球卫星定位系统涉及军事应用以及巨大商业利益，许多国家都决心打造自己的全球或者局域卫星导航系统[4-5]，摆脱或者部分摆脱对美国 GPS 系统的依赖。

在上世纪 90 年代，欧盟和欧洲航天局已就全球卫星导航系统进行了长达 5 年的可行性论证。在 2002 年 3 月 26 日的欧洲首脑峰会上，欧盟启动实施"伽利略"计划，进入实质操作阶段。"伽利略"是现代科学技术，特别是空间技术及其应用技术的综合应用，具有创新突破的"伽利略"系统的建设和运作，将产生巨大的经济和社会效益。

俄罗斯建立的 GLONASS 全球卫星导航系统，由于国内商业应用方面开发不足、经济力量薄弱以及政治变迁等原因，使导航卫星一度较少，甚至无法独立工作。俄罗斯在 2004 年底和印度达成协议，共同完善和提升 GLONASS 系统，将强大的卫星导航系统充分利用起来，并实现其商业运作。随着俄罗斯对卫星系统的重视，GLONASS 系统的星座正在逐步补齐，目前已经基本可实现独立定位。

20 世纪 80 年代初，我国卫星导航的先驱、"863"计划倡导者之一陈芳允院士提出了利用两颗导航卫星定位的构想，该构想的可行性经过多年论证，并获得肯定。1994 年国家批准建设第一代卫星导航定位系统。2000 年，我国成功发射两颗北斗导航工作卫星，2003 年 5 月 24 日第三颗北斗导航备用卫星的发射说明我国初步建立了完整的卫星导航体系，使我国成为世界上继美国、俄罗斯之后，第三个拥有卫星导航系统的国家。截至到 2009 年 6 月，更先进的北斗二代卫星导航系统已经发射两颗导航卫星，其中含 1 颗中地球轨道卫星，为我国全球卫星导航系统的成功建立奠定了良好基础。

日本科学与技术厅于 1996 年提出建立一个区域性导航卫星系统[6]的计划，通过在通信卫星上搭载导航载荷来实现，其星座将由 3 颗导航卫星组成。目前，日本计划在 2010 年开始发射自己的卫星定位系统，并计划于 2013 年投入使用。

在 2006 年 5 月，印度证实了自己的导航卫星计划，该星座初步由 7 颗卫星组成，并计划在 2012 年完成导航卫星系统的构建。

3.2 GPS 全球卫星定位系统的组成和工作原理

GPS 系统是美国最复杂、庞大的 3 大系统工程之一，与“阿波罗登月”和航天飞机计划齐名。GPS 系统主要包含 3 个部分，即空间卫星星座部分、地面监控部分和用户设备部分。

3.2.1 GPS 定位系统组成

1. 空间卫星星座部分

前期的 GPS 全球卫星导航定位系统使用的是(18+3)星座，其中 3 颗是备用星，18 颗星布置在 6 条近圆轨道上，轨道高度 20 183 km，倾角 55°，升交点赤经相互间隔 60°，每条轨道上均匀分布 3 颗卫星，运行周期 11 h 58 min。两条轨道上的卫星相隔 40°，每隔 1 条轨道配置 1 颗备用星。

由于(18+3)星座存在着覆盖不良的情况，90 年代中期，美国将(18+3)星座扩展为 24 星[7]，其中包括 3 颗备用卫星。工作卫星分布在 6 个轨道面内，每个轨道面上分布有 4 颗卫星。卫星轨道面相对地球赤道面的倾角为 55°，各轨道平面升交点的赤经相差 60°，在相邻轨道上，卫星升交点赤经相互间隔 30°。轨道平均高度约为 20 200 km，卫星运行周期为 11 h 58 min。因此，同一观测站上每天出现的卫星分布图形相同，只是每天提前约 4 min。同时位于地平线以上的卫星数目视时间和地点而定，最少为 6 颗，最多可达 11 颗。24 星的配置星座情况改善了 GPS 性能。空间部分的 3 颗备用卫星，将在必要时根据指令代替发生故障的卫星，这对于保障 GPS 空间部分正常而高效地工作是极其重要的。

GPS 卫星的 5 种基本功能[82]如下：

①接收和存储由地面监控站发来的导航信息，接收并执行监控站的控制指令。

②卫星上设有微处理器，进行部分必要的数据处理工作。

③通过星载的高精度原子钟(铷钟秒稳定度约 3×10^{-12}/s，日频率稳定度约 5×10^{-14}，日漂移约 5×10^{-14}，质量约 5.44 kg，功耗为 39 W)提供精密的时间标准。

④向用户发送导航与定位信息。

⑤在地面监控站的指令下，通过推进器调整卫星的姿态和位置。

GPS 卫星本身从卫星导航系统建设开始，就一直处于不断的更新和完善之中。迄今，空间的 GPS 卫星已包含了两代卫星。第一代为 11 颗实验卫星，用于全球卫星定位系统的实验，第二代为正式工作的 GPS 导航卫星及其各种改进型卫星。请参阅图 3.2 和图 3.3。

图 3.2　前期工作卫星和正常工作卫星

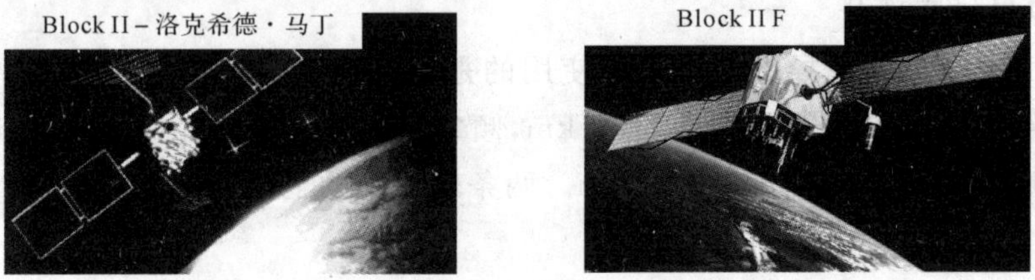

图 3.3　新近发射的卫星和将来改进的卫星

截至 2008 年 12 月,GPS 系统的卫星星数见表 3.1[9]。

表 3.1　GPS 卫星数量汇总表

名称 Block	发射期间	发射卫星数量	当前在轨卫星数
Ⅰ	1978－1985 年	10＋1①	0
Ⅱ	1985－1990 年	9	0
ⅡA	1990－1997 年	19	13
ⅡR	1997－2004 年	12＋1①	12
ⅡR－M	2005－2009 年	7＋1②	6
ⅡF	2009－2011 年	0＋10②	0
ⅢA	2014－?	0＋12③	0
ⅢB		0＋8③	0
ⅢC		0＋16③	0
合计		57＋2①＋11②＋36③＝106	31

注:①已失败;②准备中;③计划中。(最后更新时间:2008 年 12 月 16 日)

2. 地面监控部分

GPS 的地面监控部分目前主要由分布在全球的 6 个地面站所组成，测站、主控站和信息注入站。其分布如图 3.4 所示。

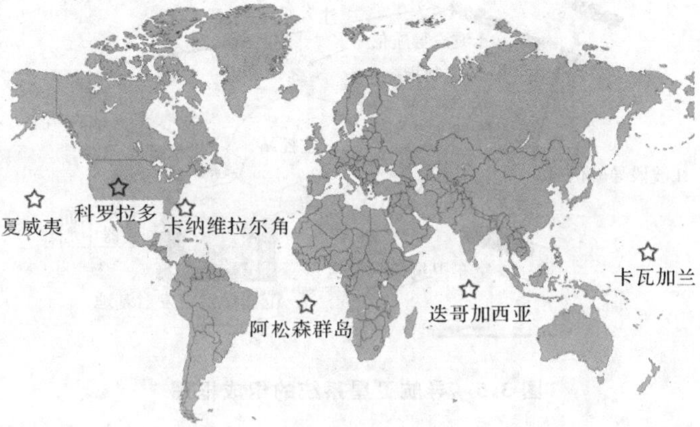

图 3.4　GPS 地面监测站分布

主控站 1 个，设在美国的科罗拉多。主控站负责协调和管理所有地面监控系统的工作，此外还完成下面的一些主要任务：

①根据本站与其他监测站的所有观测资料推算编制各卫星的星历、卫星钟差和大气层的修正参数等，并把这些数据传送给注入站。

②提供全球卫星定位系统的时间基准。各监测站内的原子钟均与主控站的原子钟同步或测出其间的时钟差，并把这些钟差信息编入导航电文送到注入站。

③调整偏离轨道的卫星，使之沿预定的轨道运行。

④启用 GPS 备用卫星工作以代替失效的 GPS 卫星。

GPS 监控系统中除了在科罗拉多的主控站，还有设在印度洋的迭哥加西亚、大西洋的阿松森群岛、太平洋的卡瓦加兰、美国本土的卡纳维拉尔角和夏威夷的注入站和监测站。

注入站的主要任务是在主控站的控制下，每 12 h 将主控站推算和编制的卫星星历、钟差、导航电文和其他控制指令等注入到 GPS 卫星的存储系统。注入站还负责监测注入卫星的导航信息是否正确。

监测站是在主控站直接控制下的数据自动采集中心。在主控站的控制下跟踪接收卫星发射的 L 波段双频信号，以采集数据和监测卫星的工作状况。监测站设有原子钟，与主控站原子钟同步，作为精密时间基准。原子钟提供时间标准，而环境传感器收集当地有关的气象数据。所有观测资料由计算机进行初步处理，然后存储并传送到主控站，用以确定卫星的精密轨道。

图 3.5 和图 3.6 分别为整个 GPS 导航卫星系统的组成框图和数据流图。

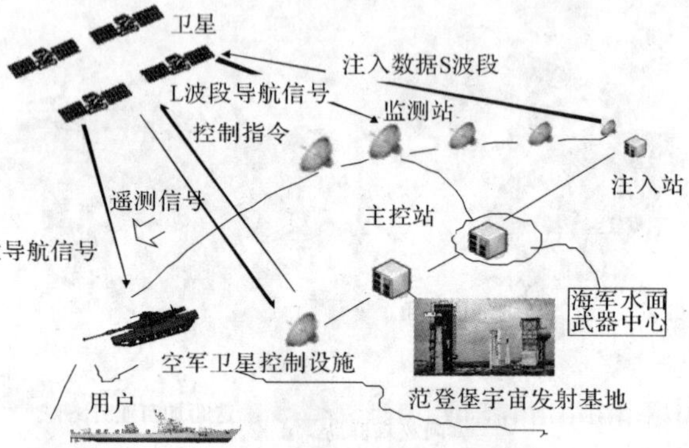

图 3.5 导航卫星系统的组成框图

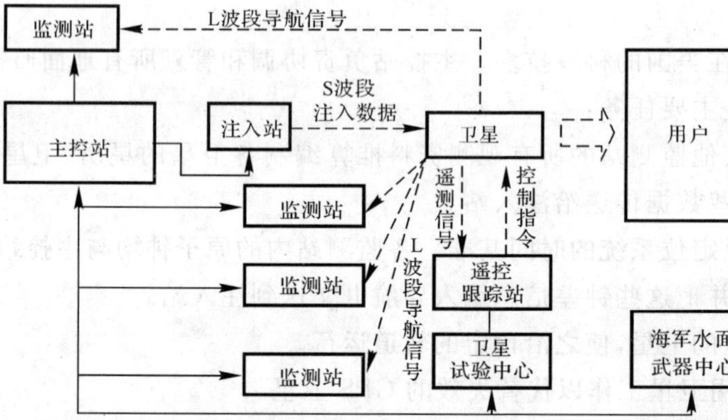

图 3.6 导航卫星系统数据流图

3. 用户设备

用户设备包括天线、接收机、微处理机、数据处理软件、控制显示设备等，有时也通称为 GPS 接收机。用户设备的主要任务是接收 GPS 卫星发射的信号，获得必要的导航和定位信息以及观测量，并经数据处理进行导航和定位工作。

由于 GPS 接收机应用领域和方式多种多样，根据 GPS 用户的不同要求，所需的接收设备各异，因此 GPS 接收机也有多种不同类型。下面列出 GPS 接收机的一些分类方法及类型：

①按载体分类：弹载、机载、车载、手持等；

②按用途分类：导航、测量、授时等；

③按通道分类：单通道、双通道、多通道等；

④按信息码分类：P 码、C/A 码、无码等；

⑤按频率分类：单频、双频等；

⑥按测量方法分类：伪距法，多普勒法，载波相位法；

⑦按保密程度分类：军用、民用等；

⑧按动态能力分类：高动态、中动态、低动态等。

下面给出几种类型的 GPS 接收机，如图 3.7～图 3.9 所示。

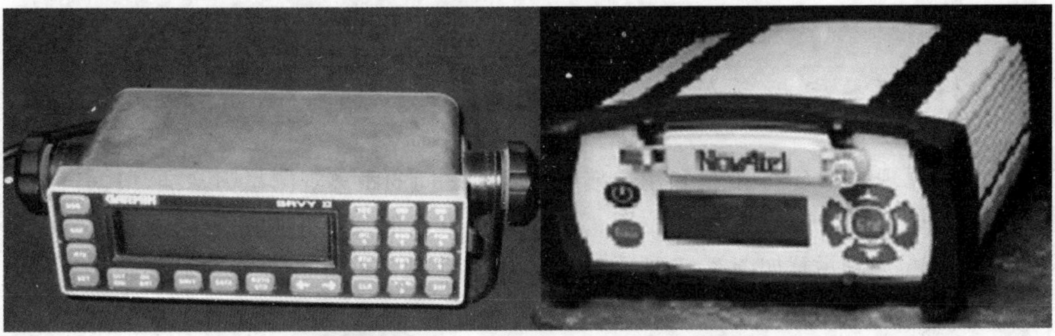

图 3.7　台式接收机：GARMIN GPS100 SRVY II 和 NovAtel－DL－4

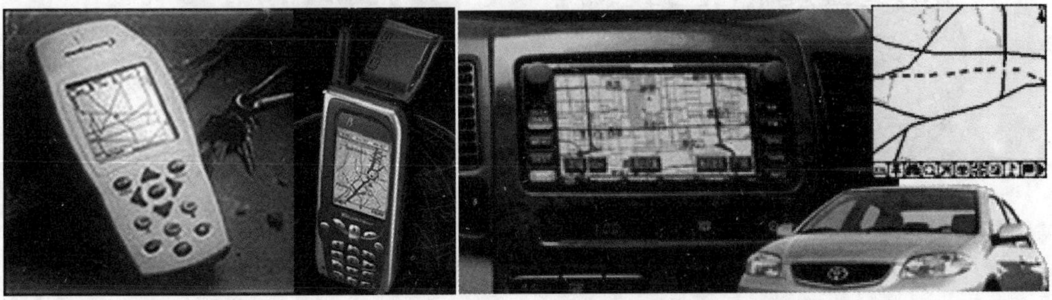

图 3.8　AgGPS132，GeoExplorer 3/3c 手持式接收机和车载导航接收机系统

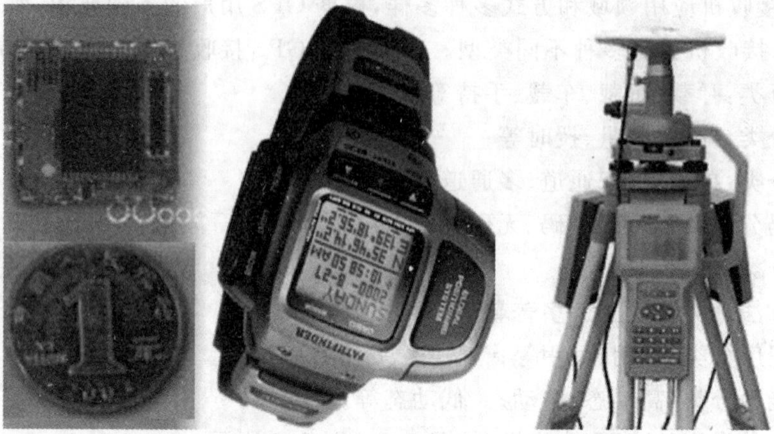

图 3.9 微型的 GPS 的 OEM 板、手表式接收机和测地接收机

3.2.2 GPS 定位系统的基本工作原理

GPS 定位原理是以 GPS 卫星和用户接收机天线之间的距离观测量为基准，根据已知的卫星瞬时坐标，来确定用户接收天线的位置。GPS 定位方法的实质是以星地空间距离为半径的三球交汇，其定位原理示意如图 3.10 所示。因此，在 1 个观测站上，只需 3 个独立距离观测量。

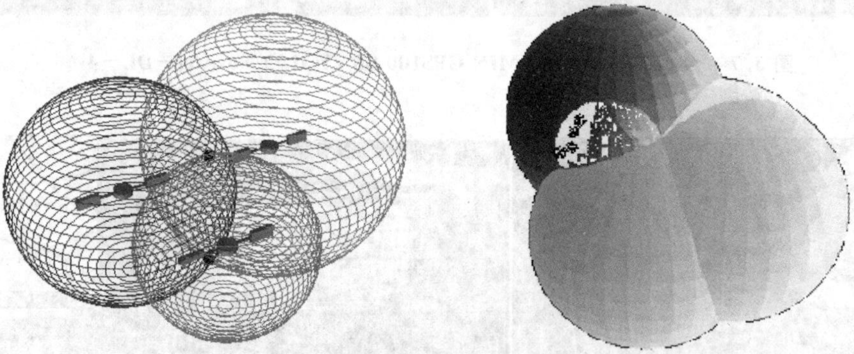

图 3.10 GPS 的定位原理示意图

但是，由于 GPS 采用的是单程测距原理，卫星钟与用户接收机钟之间难以保持严格同步，受卫星钟和接收机钟同步差的共同影响，实际上观测量不是观测站至卫星之间的真实距离，而是含有误差的距离，又称伪距。当然，卫星钟钟差是可以通过卫星导航电文中所提供的相应钟差参数加以修正的，而接收机的钟差，由于精度差、随机性强，难以预先准确测定。所以，可将

接收机的钟差作为 1 个未知参数与观测站坐标在数据处理中一并解出。因此，在 1 个观测站上，为了实时求解 4 个未知参数（3 个点位坐标分量及 1 个 GPS 接收机钟差误差），至少需要同步观测 4 颗卫星。

根据 4 颗卫星 $i(i=1,2,3,4)$ 的瞬时位置 (x_i, y_i, z_i)、4 个卫星钟钟差（V_{ti}，通常为已知）和 4 个伪距（ρ_i），可以得到如下的参数联立方程表达式：

$$\left.\begin{aligned}
[(x_1-x)^2+(y_1-y)^2+(z_1-z)^2]^{1/2}+c(V_{t1}-V_{t0})=\rho_1\\
[(x_2-x)^2+(y_2-y)^2+(z_2-z)^2]^{1/2}+c(V_{t2}-V_{t0})=\rho_2\\
[(x_3-x)^2+(y_3-y)^2+(z_3-z)^2]^{1/2}+c(V_{t3}-V_{t0})=\rho_3\\
[(x_4-x)^2+(y_4-y)^2+(z_4-z)^2]^{1/2}+c(V_{t4}-V_{t0})=\rho_4
\end{aligned}\right\} \tag{3.1}$$

从上述联立式中，即可求取接收机位置 (x, y, z) 和接收机钟差 (V_{t0})，这就是 GPS 基本工作原理。

按定位方式划分，GPS 定位分为单点定位、相对定位和差分定位。

单点定位就是根据一台接收机的观测数据来确定接收机位置的方式，它只能采用伪距观测量，可用于车船等概略导航定位。

相对定位是根据两台以上接收机的观测数据来确定观测点之间相对位置的方法，它既可采用伪距观测量也可采用相位观测量，大地测量或工程测量均应采用相位观测值进行相对定位。

差分 GPS(DGPS) 定位是一种介于单点定位和相对定位之间的定位模式，兼有这两种定位模式的某些特点。差分 GPS 定位广泛应用于实时性要求高、测量精度要求高的高指标定位需求场合。

本部分将按照图 3.11 顺序，介绍 GPS 卫星的轨道、卫星位置、卫星的信息传播和载体定位计算等基本原理。

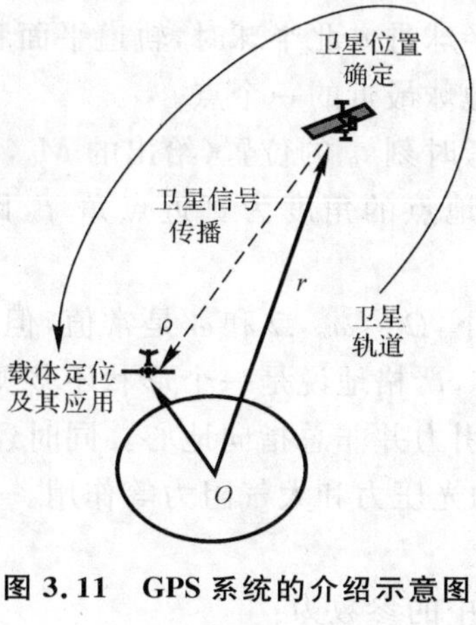

图 3.11　GPS 系统的介绍示意图

3.2.3 GPS卫星的轨道参数和导航电文

GPS卫星围绕地球轨道运行，它的瞬时位置可以通过卫星的轨道参数确定，然后将轨道参数通过导航电文的形式向外发送，用户接收机接收到这些轨道参数后，就可以自行解算出卫星的瞬时位置。

下文简要介绍卫星的轨道参数、卫星位置获得以及导航电文的情况。

1. 卫星的轨道参数

卫星在空间运行的轨迹称为卫星轨道，描述卫星轨道状态和位置的参数称为轨道参数。卫星轨道参数的误差，将会直接影响用户接收机的位置测量精度。图 3.12 是描述卫星轨道的 6 个基本参数示意图。

如图 3.12 所示，卫星的轨道参数为：

Ω—— 升交点赤经；

ω—— 近地点角，

i—— 轨道倾角；

f—— 真近点角：

a—— 长半轴；

e—— 轨道偏心率。

轨道参数 Ω 和 i 定义了静止轨道平面在空间的位置；ω 定义了近地点在轨道上的位置；a，e 则定义了轨道的大小和形状。

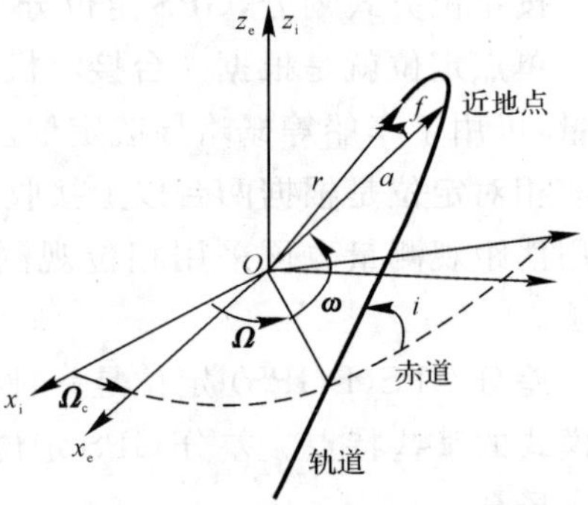

图 3.12 卫星轨道参数示意图

沿着卫星椭圆轨道上有 4 个重要的点：

① 升交点 —— 当卫星从南半球进入北半球时，轨道平面和赤道平面的交点。

② 近地点 —— 卫星轨道离地球最近的一个点。

③ 参考位置 —— 卫星在参考时刻 t_0 的位置(给出的 M_0，i_0，Ω_0 都是 t_0 时的值)。

④ 卫星位置 —— 它离开近地点的角度为真近点角 f，距离升交点的角距为升交角距 u，$u=f+\omega$。

在不考虑扰动或摄动的情况下，Ω_{G0}，ω_{ie}，Ω 和 ω 是常值，但 r 和 f 则是时间的函数。实际上，地球的形状近似于旋转椭球体，严格地说是一个形状不规则的椭球体，地球的质量分布也是不均匀的，因此，地球对卫星的引力并非总指向地心。同时还受其他天体(如太阳、月亮)引力的作用，此外还有太阳光辐射的光压力和大气阻力等作用。由于这些因素的影响，卫星将偏离开普勒轨道。

GPS 导航卫星广播星历电文中的参数为：

M_0—— 基准时间 t_0 时的平近点角；

Δn—— 平均运动角速度修正量；

e—— 偏心率；

$\sqrt{a}$—— 长半轴平方根；

Ω_0—— 基准时间 t_0 时的升交点赤经；

i_0—— 基准时间 t_0 时的轨道倾角；

ω—— 近地点角；

$\dot{\Omega}$—— 升交点赤经的变化率；

$\dot{i}$—— 轨道倾角变化率；

c_{uc}, c_{us}—— 升交点角距的改正系数；

c_{rc}, c_{rs}—— 轨道矢径的改正系数；

c_{ic}, c_{is}—— 轨道倾角的改正系数；

t_0—— 星历的参考历元。

附加参数 $\Delta n, \dot{\Omega}, \dot{i}$ 及 6 个改正系数 $c_{uc}, c_{us}, c_{rc}, c_{rs}, c_{ic}, c_{is}$，描述了卫星轨道偏离开普勒轨道的程度。有了上述星历参数，可以进行卫星坐标计算。

下面简要介绍使用星历参数求解卫星坐标位置的流程。

在 WGS－84 坐标系中，开普勒常数

$$\mu = 3.986\,008 \times 10^{14}\,\mathrm{m^3/s^2}$$

地球自转平均角速度

$$\omega_{ie} = 7.292\,115\,147 \times 10^{-5}\,\mathrm{rad/s}$$

计算平近点角 M_k：从参考时刻算起的时间为 $t_k = t - t_0$，t_k 时的平近点角

$$M_k = M_0 + (n_0 + \Delta n) t_k \tag{3.2}$$

其中

$$n_0 = \frac{2\pi}{T} = (\mu / a^3)^{1/2} \tag{3.3}$$

计算偏近点角 E_k：由

$$M_k = E_k - e\sin E_k \tag{3.4}$$

用迭代法求解。

真近点角 f_k：

$$f_k = \arctan \frac{\sqrt{1-e^2}\sin E_k}{\cos E_k - e} \tag{3.5}$$

计算升交点角距 u_k，地心距 r_k 和轨道倾角 i_k：

$$\left.\begin{aligned} u_k &= \omega + f_k + c_{uc}\cos 2(\omega + f_k) + c_{us}\sin 2(\omega + f_k) \\ r_k &= a(1 - e\cos E_k) + c_{rc}\cos 2(\omega + f_k) + c_{rs}\sin 2(\omega + f_k) \\ i_k &= i_0 + \dot{i} t_k + c_{ic}\cos 2(\omega + f_k) + c_{is}\sin 2(\omega + f_k) \end{aligned}\right\} \tag{3.6}$$

计算升交点的经度：

$$\lambda_k = \Omega_0 + (\dot{\Omega} - \omega_{ie}) t_k - \omega_{ie} t_0 \tag{3.7}$$

计算导航卫星的位置坐标 x_{sk}，y_{sk} 和 z_{sk}：

$$\left.\begin{aligned} x_{sk} &= r_k \cos u_k \cos \lambda_k - r_k \sin u_k \sin \lambda_k \cos i_k \\ y_{sk} &= r_k \cos u_k \sin \lambda_k + r_k \sin u_k \cos \lambda_k \cos i_k \\ z_{sk} &= r_k \sin u_k \sin i_k \end{aligned}\right\} \tag{3.8}$$

2. 卫星的导航电文格式

卫星的发射信号中，用于求解卫星位置的星历参数和其他信息一起构成导航电文，提供给用户。这些信息包括卫星星历、时间系统、星钟改正参数、卫星工作状态以及由 C/A 码确定 P 码的交换码等内容。

导航电文由 5 个子帧组成一个帧，每个子帧包含 10 个字，每个字为 30 bit；所以每一子帧一共含 300 bit，一个帧一共为 1 500 bit；导航电文按 50 bit/s 的速度播发，每帧须要播发 30 s。

第 1，2，3 子帧中含有该卫星的广播星历和卫星钟修正参数，为了提高导航精度，其内容每小时更新一次；第 4，5 帧是空中全部卫星的历书，共 25 页，它的内容仅在地面注入站注入新的导航数据后才更新。因此，完整的导航电文共占有 25 帧，共有 37 500 bit，需 12.5 min 才能播完。

导航电文的结构如图 3.13 所示。

图 3.13　导航电文结构

导航电文中每一个字的最后 6 bit 用于奇偶校验，以便用户设备提供解调时检验比特错误，使用了一种(32，26)汉明码。每一子帧的前两个字包含遥测字(TLM)和一个交换字(HOW)。TLM 字包括一个固定的报头(前同步码)，即一个从不改变的固定 8 bit 图案 10001011，这一图案用来辅助用户设备找到第一子帧的起始位置。第 9 ～ 22 位为遥测电文，包括地面监测系统注入数据时的状态信息、诊断信息和其他信息，以此指示用户是否选用该卫星。转换字的主要功能是向用户提供用于捕获 P 码的 Z 计数；同时它还提供两个标志位，其中一个指示防欺骗模式是否开启，另一个用来作为告警指示；它的第 20 ～ 22 位用于子帧的识别。

子帧 1 的第 3 ～ 10 字组成数据块 Ⅰ。它提供了 GPS 的星期数、星钟改正数、星钟数据期号(IODC) 等信息。GPS 的星期数即自 1980 年 1 月 5 日协调世界时 UTC 零时起算的星期数，称为 GPS 周；星钟改正数是 a_{f0}，a_{f1}，a_{f2} 和星钟基准时刻 t_{oc}，它们用来校正卫星钟的钟面时刻，减小其与理想 GPS 时的误差；星钟数据期号是一个 10 bit 数，用来唯一标示当前的导航数据集合。此外，子帧 1 还包含一个群延时改正项 T_{gd}，一个用户测距精度(URA) 指示，一个卫星健康状况指示，一个 L2 码指示，以及一个 L2P 数据标志。

子帧 2，3 的第 3 ～ 10 字组成数据块 Ⅱ。其中包含了导航电文的核心部分，称之为卫星星历，GPS 接收机根据卫星星历可以精确确定卫星的位置。子帧 2 中还包含了一个拟合间隔标志和一个数据偏移龄期(AODO) 项。子帧 2 和 3 都包括一个星历数据期号(IODE) 域。

子帧 4，5 构成了导航电文的第 Ⅲ 数据块。子帧 4 的第 2 ～ 5 和第 7 ～ 10 页及子帧 5 的第 1 ～ 24 页包含了全部卫星的历书数据；子帧 4 的第 13 页包含 NMCT 距离校正。子帧 4 的第 18 页包含为单频用户提供的电离层改正参数，以及为用户设备能够将 UTC 与 GPS 系统时相关联而提供的参数；子帧 4 和 5 的第 25 页提供所有卫星的配置和健康标志。当用户捕获到一颗 GPS 卫星后，便可以从其导航电文的第 Ⅲ 数据块了解其他卫星的概略位置，星钟的概略改正数及卫星工作状态等信息。

3.2.4 GPS 卫星信号的调制

在具有噪声干扰的情况下，综合考虑测距精度、信号带宽、所需功率以及对不同卫星的识别等问题，全球卫星定位系统采用了伪随机码测距技术[10]。

GPS 导航定位系统有 31 颗工作卫星运行在轨道空间上(截至 2009 年 11 月 1 日)，为了区分不同的卫星信号，GPS 导航定位系统采用了码分多址技术。即：针对不同的 GPS 卫星，预先指定使用不同结构的伪随机码。数据码经过伪随机码扩频后，再调制到载波信号上，这样接收机根据不同的伪随机码即可确认卫星号。

伪随机码也称为伪噪声码，是一种可预先确定，可重复产生和复制，又具有随机统计特性的二进制码序列。图 3.14 为二进制随机码以及相应的脉冲序列示意图。

伪随机码是由称为“多级反馈移位寄存器”的装置产生 m 序列通过某种形式合成的。通常将多级移位寄存器产生周期最长的二进制码序列，称做 m 序列。一个码元宽度为 t_0，周期为 $T = Nt_0$ 的 m 序列伪随机码，其自相关函数为

$$R(\tau) = \begin{cases} 1, & \text{当 } \tau = nNt_0 (n = 0,1,2,\cdots) \\ -\dfrac{1}{N}, & \text{当 } \tau = nt_0 (n \text{ 不为零和 } N \text{ 的整数倍时}) \end{cases} \quad -\frac{1}{N} < R(\tau) < 1 \tag{3.9}$$

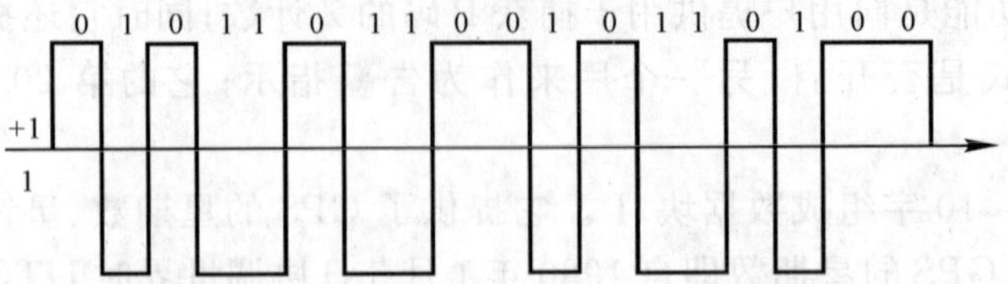

图 3.14　二进制随机码及相应的脉冲序列示意图

当 $-t_0+nNt_0<\tau<t_0+nNt_0$　($n=0,1,2,\cdots$) 时，$R(\tau)$ 与 τ 成线性关系。

图 3.15 为 m 序列伪随机码的自相关图。GPS 接收机就是利用伪随机码的自相关性判断获取到的信号来自哪颗卫星。

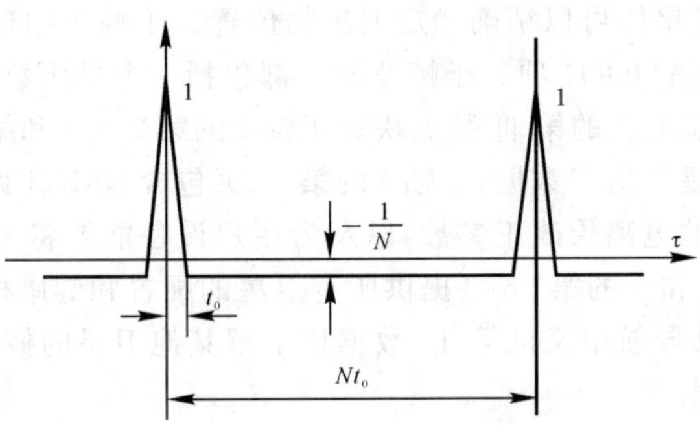

图 3.15　m 序列自相关函数图

GPS 卫星一般采用两种测距码，即 C/A 码和 P 码，它们均属于伪随机码。C/A 是民用码，码长很短，只有 1 023 bit，易于捕获。C/A 码的码元速率为 1.023 Mbit/s，码元周期为 1ms。C/A 码的码元宽度较大，约为 0.977 52 μs（相应距离约为 293.1 m）。假设两个序列的码元对齐误差为码元宽度的 1/100 ~ 1/10，则利用 C/A 码测距，测距误差为 2.93 ~ 29.3 m，因精度较低，故 C/A 码也称为“粗码”。2000 年美国克林顿政府宣布去除人为的 SA 干扰后，C/A 码的定位精度为 20 m 左右。

P 码是军用码，其产生电路复杂，细节保密，需要美国军方授权才可以使用。由于 P 码的码元宽度仅为 C/A 码的 1/10，这时若取码元的对齐精度仍为码元宽度的 1/100 ~ 1/10，则由此引入的测距误差为 0.29 ~ 2.93 m，精度比 C/A 码提高 10 倍，所以 P 码也称为“精码”。

GPS 卫星发射的信号包含有 3 种成分：数据码（D(t)）、测距码（C/A 码和 P 码）和载波（L1 和 L2）。所有这 3 种信号分量，都是在同一个基本频率 $f_0=10.23$ MHz 的控制下产生的，如图 3.16 所示。

GPS 卫星天线发射的信号，是将导航电文 D(t) 经过两级调制后的信号。第一级调制是对低频数据码 D(t) 进行伪码扩频，扩频码即为 C/A 码或者 P 码。第二级调制是将一级调制的组合码再分别调制在两个载波频率上。在载波 L1 上调制了 C/A 码和 P 码，并且是采用正交调制方式进行调制的，这种调制称为 BPSK 调制；在载波 L2 上调制了 P 码。图 3.17 显示的是 C/A 码以及载波信号的调制原理图。

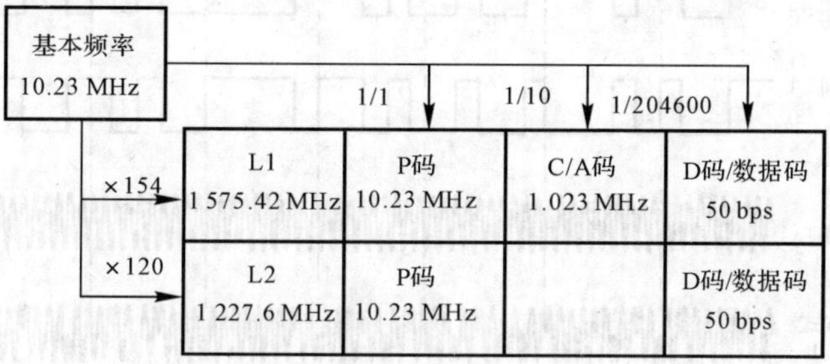

图 3.16　GPS 卫星信号示意图

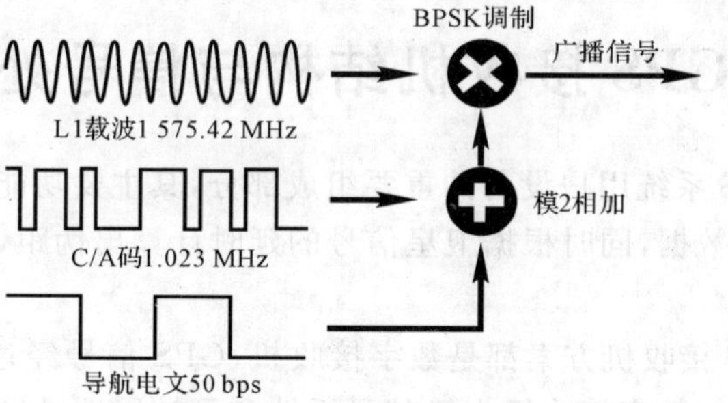

图 3.17　C/A 码以及载波信号的调制原理图

以 $S_{L1}(t)$ 和 $S_{L2}(t)$ 分别表示载波 L1 和 L2 的已调波，则经过二次调制后的 GPS 卫星发射信号可表示为

$$\left.\begin{aligned} S_{L1}(t) &= A_p P_i(t) D_i(t) \cos(\omega_1 t + \varphi_{1i}) + A_c C_i(t) D_i(t) \sin(\omega_1 t + \varphi_{1i}) \\ S_{L2}(t) &= B_p P_i(t) D_i(t) \cos(\omega_2 t + \varphi_{2i}) \end{aligned}\right\} \tag{3.10}$$

式中，A_p 为调制在 L1 上的 P 码振幅；B_p 为调制在 L2 上的 P 码振幅；$P_i(t)$ 为第 i 颗卫星发射的 P 码；$D_i(t)$ 为第 i 颗卫星发射的数据码；A_c 为调制于 L1 的 C/A 码振幅；$C_i(t)$ 为第 i 颗卫星发射的 C/A 码；ω_1 为载波 L1 角频率；ω_2 为载波 L2 角频率；φ_1 为载波 L1 的初始相位；φ_2 为载波 L2 的初始相位。

图 3.18 是 GPS 信号调制过程，数据码以模 2 相加的方式调制到伪随机码上，得到扩频信号，再以 BPSK 方式调制到载波上。

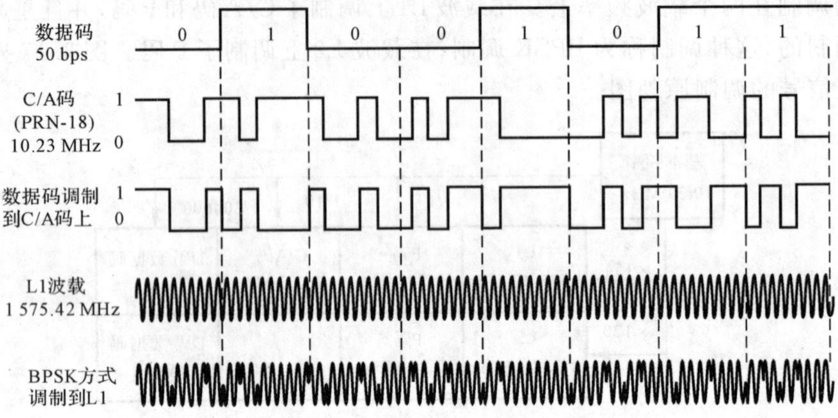

图 3.18　GPS 信号调制过程

3.3　GPS 接收机结构与信号处理原理

GPS 接收机是 GPS 系统用户设备的重要组成部分,其主要功能是接收 GPS 卫星信号,从中提取卫星发送的星历数据,同时根据卫星信号的延时计算出伪距,并将这些信息传送给微处理器进行定位计算。

大多数现代的 GPS 接收机方案都是数字接收机,GPS 信号经过 A/D 转换后全部使用数字器件进行信号的处理。数字接收机由于其灵活性和可扩展性已经基本取代了由模拟器件构成的接收机。因此,本节将就数字接收机作为主要的介绍对象。

3.3.1　GPS 接收机结构

如前所述,GPS 信号包括 L1 和 L2 两组载波,并且使用了 C/A 码和 P 码两种方式对 GPS 星历数据进行了扩频调制。由于 GPS 信号组成较为复杂,这里就仅以 L1 载波上 C/A 码调制的信号为例,对 GPS 信号接收的流程和原理进行说明。在对 L1 载波上 C/A 码调制信号进行接收时,L2 载波信号被带通滤波器过滤,而 L1 载波上的 P 码调制信号由于其扩频特性可视做噪声,因此可近似认为 GPS 信号只包括 L1 载波、C/A 码、星历码 3 部分以及噪声。

图 3.19 显示了 GPS 信号 L1 载波 C/A 码信号的处理流程。由于 L1 载波频率较高,直接对其进行处理难度较大且可靠性不高,因此在信号处理前首先须要对信号进行滤波放大处理,并将载波下变频,将信号载波的频率降低为一个可供处理的中频,一般为 4 MHz 左右。然后,中频信号须要和本地产生的 C/A 码以及中频载波调制,从而解调出星历数据。解调时需要本

地的 C/A 码和中频载波与输入信号的 C/A 码和中频载波严格的同频率同相位，这样才能解调出星历数据，而本地 C/A 码和中频载波的频率信息以及相位信息则将用做伪距计算。

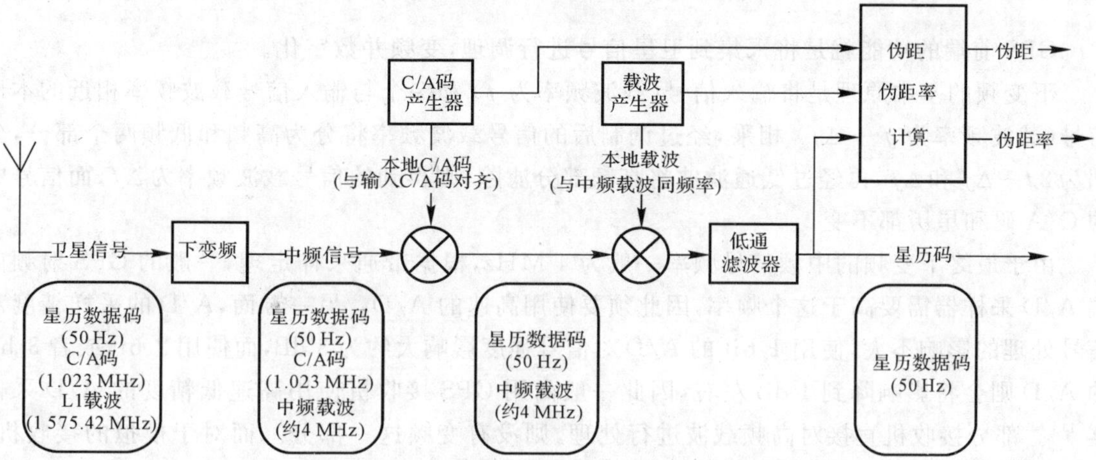

图 3.19　GPS L1 载波 C/A 码信号处理原理

为了获取与输入信号内容严格的同频率同相位的本地信号，首先须要分析输入信号，判断可见星并获取各可见星的载波以及 C/A 码频率相位的估计值，这部分称为 GPS 信号的捕获。由于卫星和接收机之间的相对运动，引起的载波多普勒频移以及相位延时的变化，因此须要设计环路进行跟踪。一般来说，GPS 数字接收机包括射频信号处理、下变频、A/D 转换、捕获、跟踪等部分，结构如图 3.20 所示。

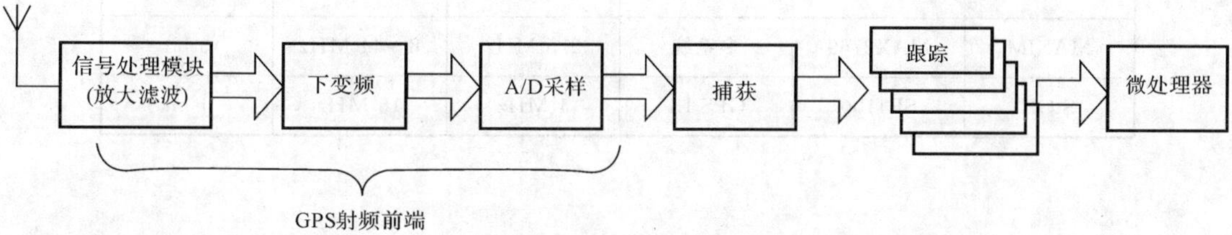

图 3.20　GPS 接收机基本结构

天线收到的 GPS 信号，首先经过信号处理模块进行基本的信号调理，包括放大和滤波，然后进行下变频和 A/D 采样后，得到数字的 GPS 信号，这部分整体被称为 GPS 射频前端。数字的 GPS 信号经过捕获和跟踪，最终得到卫星星历数据以及伪距、伪距率，送给微处理器进行定位解算。

3.3.2 GPS 射频前端

GPS 前端的功能就是将采集到卫星信号进行调理，变频并数字化。

下变频的基本原理是将输入信号(载波频率为 f) 和一个与输入信号载波频率相近的本地信号(载波频率为 $f+\Delta f$) 相乘，经过调制后的信号载波频率将分为高频和低频两个部分，分别为 $2f+\Delta f$ 和 Δf，再经过低通滤波将高频部分滤除，则得到的信号载波频率为 Δf，而信号中的 C/A 码和星历都不变。

由于最终下变频的中频信号频率一般为 4 MHz，根据带通采样定理，一般的 GPS 射频前端 A/D 采样器需要高于这个频率，因此须要使用高速的 A/D。另一方面，A/D 的采样精度对信号处理的影响不大，使用 1 bit 的 A/D 对信号强度影响大约为 3 dB，而使用 2 bit 或者 3 bit 的 A/D 则会将影响降到 1 dB 左右，因此一般商用 GPS 接收机使用高速低精度的 A/D 采样器[11]。部分接收机直接对高频载波进行处理，则没有变频这一部分。而对于模拟的接收机，则没有 A/D 采样部分。

GPS 射频前端常使用集成芯片组成，较为常见的射频前端芯片以及其参数信息如表 3.2 所示。

表 3.2 GPS 射频前端芯片

公司	型号	波段	中频频率	采样频率	采样精度
MITEL	GP2010	GPS L1	4 MHz	6 MHz	2 bit
MAXIM	MAX2741	GPS L1	4 MHz	2～26 MHz	3 bit
MAXIM	MAX2769	多系统	2.5 MHz	8～44 MHz	3 bit
SIGE	SE4100	GPS L1	4 MHz	16 MHz	1 bit

3.3.3 GPS 信号的捕获

要对 GPS 信号进行解调，首先须要知道输入信号的载波频率 C/A 码相位。由于载体和卫星之间的相对运动，会造成载波频率和 C/A 码频率产生多普勒频移，而传播延时会影响 C/A 码的相位。所以在捕获阶段，要在载波频移范围和 C/A 码的相位移动范围内进行二维的搜索，以获得最接近的载波频率和 C/A 码相位。因此，信号捕获是对卫星信号作初步处理，其最重要的工作就是确定哪几颗卫星可见，并初步求出本地载波所需频率和本地 C/A 码初始相位的大略值。

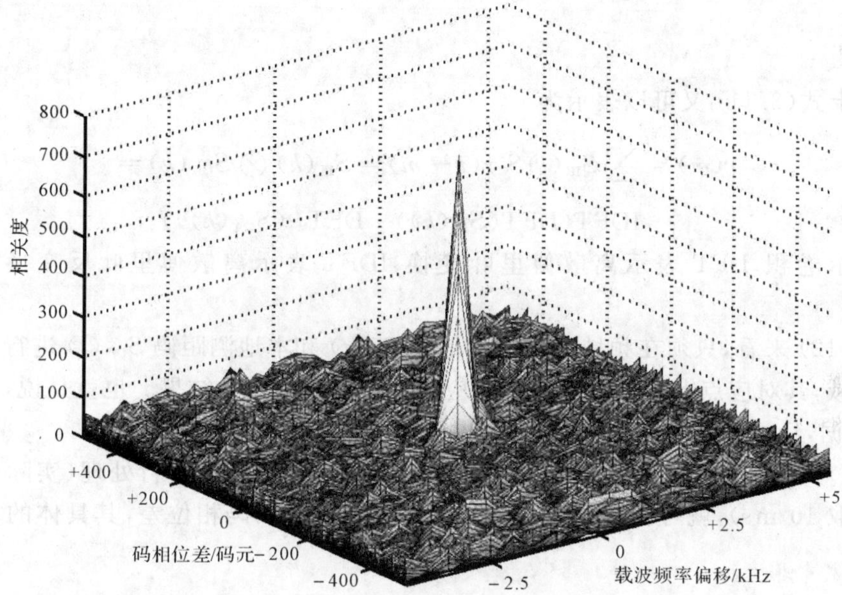

图 3.21　卫星信号捕获二维搜索结果示例

根据 C/A 码的相关特性，当输入信号的载波频率以及 C/A 码相位和本地信号相近时，两者相乘并在一个 C/A 码周期积分的结果将会显示为峰值。接收机在捕获时对载波频率和码相位两个参数在一定范围内进行 2 维的扫描，当且仅当载波频率和码相位都基本接近输入信号时，得到的积分值出现一个较大的尖峰（见图 3.21），据此可以得到载波频率和码相位的初始估计值。这就是卫星信号捕获的基本原理。

GPS 信号捕获的方法很多，最为简单的方法是使用硬件移位的方法改变本地 C/A 码相位，然后将本地 C/A 码依次与输入信号调制并且积分，直到积分结果出现峰值为止。这种方式需要的硬件花销较大，且速度较慢。除此之外，信号捕获的算法还包括并行捕获方法、快速傅里叶变换（FFT）方法、延时相乘方法等。这里限于篇幅仅介绍快速傅里叶变换方法[12]。

快速傅里叶变换方法的原理思想就是将信号变换到频域，将时域的积分变换成频域的乘法，从而减少运算量。设接收机接收到的信号为 $S_{IF}(t)$，本地产生的测距码为 $S_{CA}(t)$，周期为 T，对应两者相位差为 Δt，在一个周期的积分结果 $r(\Delta t)$ 的时域表达形式为

$$r(\Delta t)=\int_0^T S_{IF}(\tau)S_{CA}(\tau-\Delta t)\mathrm{d}\tau \qquad \Delta t\in[0,T] \tag{3.11}$$

以采样步长 T_s 进行离散化后的相关表达式为

$$r(m)=\sum_{i=1}^{l}S_{\mathrm{IF}}(i)S_{\mathrm{CA}}(i-m) \qquad m=0,1,\cdots,l-1 \tag{3.12}$$

其中，$l=\dfrac{T}{T_s}$。

在频域上式(3.11)又可以表示为

$$r(m)=\sum_{i=1}^{l}S_{\mathrm{IF}}(i)S_{\mathrm{CA}}(i-m)=S_{\mathrm{IF}}(k)\otimes S_{\mathrm{CA}}(k)= \\ \mathrm{IDFT}(\mathrm{DFT}(S_{\mathrm{IF}}(k))\cdot \mathrm{DFT}^{*}(S_{\mathrm{CA}}(k))) \tag{3.13}$$

其中，$\otimes$ 表示卷积，DFT 表示离散傅里叶变换，IDFT 表示离散傅里叶反变换，* 表示取共轭。

从式(3.12)来看，只须在频域上对输入信号 $S_{\mathrm{IF}}(t)$ 和本地测距码 $S_{\mathrm{CA}}(t)$ 进行共轭相乘后再变换回时域，其对应点上的值就是两种对应相位差整周的积分结果。也就是说，只须要一次周期 T 的数据，经过式(3.12)的计算就可以完成测距码的搜索过程。

因此，在对 GPS 卫星信号进行捕获时，只须要对 1 ms 的数据进行处理(实际处理考虑可靠性时一般取 10 ms)，就可以获得捕获所需要的载波频率和码相位差，其具体的算法流程如图 3.22 所示。

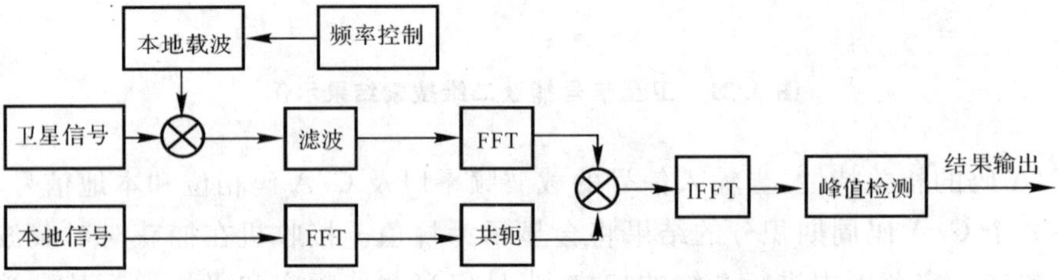

图 3.22 基于 FFT 的频域捕获算法原理

3.3.4 GPS 信号的跟踪

获知载波频率和 C/A 码相位的大致估计值后，GPS 跟踪环路的主要功能就是精确确定载波频率和 C/A 码相位，并跟踪它们的变化。GPS 跟踪环路的主要技术原理是锁相环(见图 3.23)，它包括 3 个基本部件：鉴相器、环路滤波器和压控振荡器(VCO)[13]。

锁相环是一个相位误差控制系统，它通过鉴相器比较输入信号和压控振荡器输出信号之间的相位差，从而产生误差控制电压调整压控振荡器的输出频率，最终使两者同频同相。

由于须要跟踪 C/A 码和中频载波两部分，因此 GPS 接收机内部跟踪环路每个通道都有两个锁相环，分别为跟踪 C/A 码的码环和跟踪载波的载波环。一般跟踪环路的总体结构如图 3.24 所示[14]。

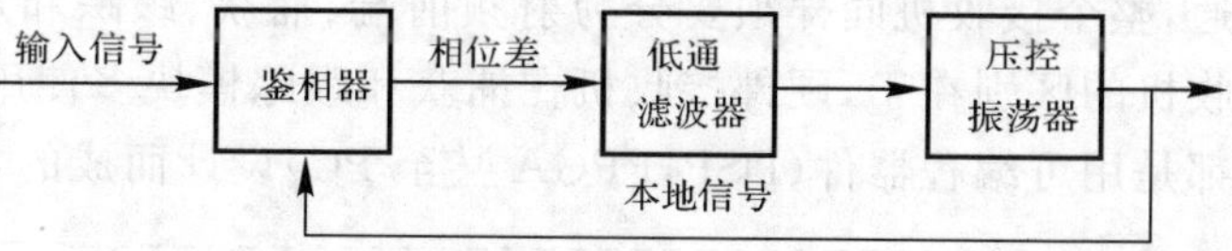

图 3.23 锁相环基本框图

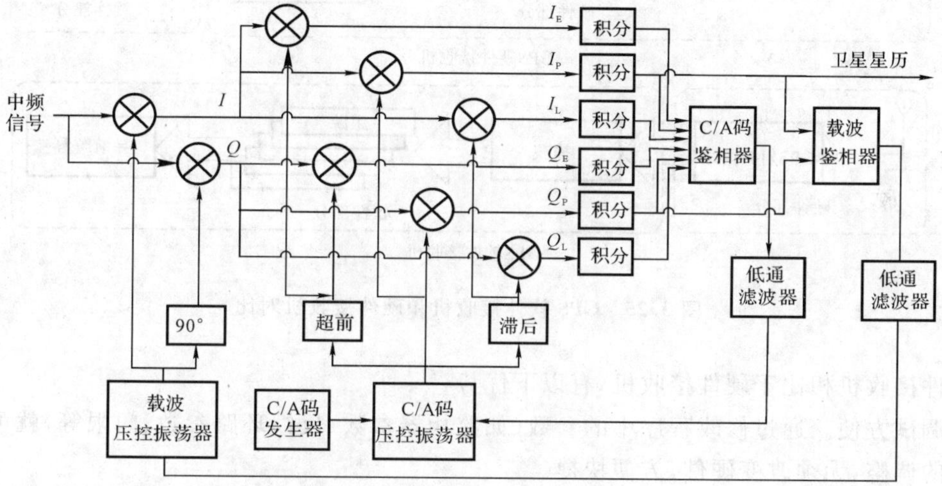

图 3.24 GPS 跟踪环路总体结构

GPS 中频信号与本地载波相乘，得到 I 路信号，再与本地 C/A 码（当前、超前、滞后）相乘，得到三路信号（I_E，I_P，I_L）；同时，中频信号还与经过 90°移相的本地载波相乘，得到 Q 路信号，再同样与本地 C/A 码相乘得到 Q_E，Q_P 和 Q_L。六路信号再分别进入 C/A 码鉴相器和载波鉴相器（其中载波鉴相器实际仅使用 I_P 和 Q_P），计算得到输入信号和本地信号的相位差，从而控制压控振荡器，直至本地载波和 C/A 码与输入信号完全相同，跟踪达到稳定。

当跟踪达到稳定后，I_P 的输出就是卫星的星历数据，根据星历可以解调出卫星轨道参数等信息，同时根据星历码传播的延时可以计算出伪距。

3.3.5 GPS 软件接收机

近些年来，由于 DSP 和 FPGA 性能的增强，GPS 环路中的相关积分过程已经可以脱离硬件相关器，将 GPS 数字信号处理全过程用可编程的数字器件进行处理。这样的 GPS 接收机称为软件接收机。

最早的软件接收机概念从软件无线电的概念演化而来，其理论和算法在很多方面和数字硬件接收机完全相通，整个接收机同样须要分为射频前端、捕获、跟踪和定位解算等模块。软件接收机和硬件接收机的区别在于，硬件接收机在捕获和跟踪模块多使用专用芯片，而软件接收机的捕获和跟踪都是用可编程器件(DSP，FPGA 甚至 PC)设计而成的，如图 3.25 所示。

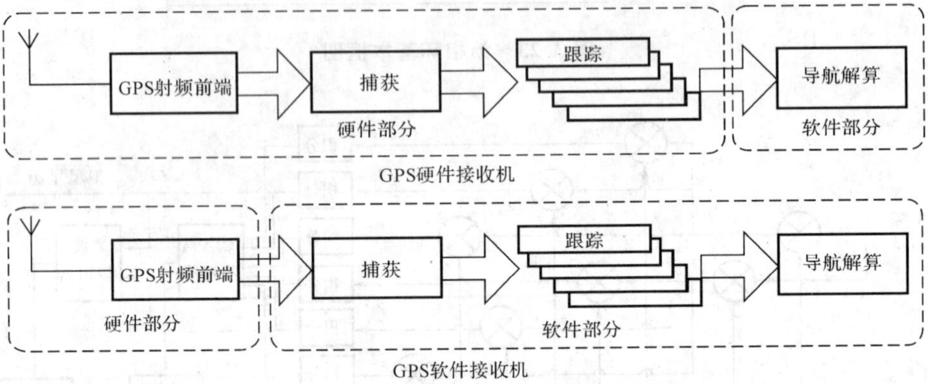

图 3.25 GPS 软件接收机和硬件接收机对比

软件接收机相比于硬件接收机，有以下优势[15]：

①调试方便。通过修改程序中的参数(如鉴相器参数、反馈环路参数、门限等)就可以完成对系统的调整，无须改变硬件，方便快捷。

②可方便地应用新的算法。对于新的捕获、跟踪以及导航算法，可以直接在原有的软件平台上作更新，即使要大幅度调整结构也只是在软件上进行，非常灵活。

③方便进行多制式系统的统一。只须修改采样频率、码频率等参数就可以对不同制式的导航系统(GPS、伽利略、GPS 三代、北斗二代等)进行信号处理，而且可以通过算法调整方便地完成多制式导航系统的联合导航。

④方便后期维护和升级。当作为产品投入使用后，软件的维护和升级要比硬件有着无可比拟的优越性，软件接收机在维护和升级方面的优势也极其明显。

软件接收机根据其选用的可编程器件不同，大致可以分为 3 类：

①基于 DSP 的软件接收机。这类软件接收机使用 DSP 直接处理量化后的中频信号。这类接收机的优点是结构非常简单，但是尽管 DSP 处理速度非常快，但是要处理 5 MB/s 的中频数据对处理器来说依然是个巨大的挑战，因此须要对算法进行特别的设计和优化。

②基于 FPGA 和 DSP 的软件接收机。这类软件接收机使用 FPGA 和 DSP 协作，将数据量大但不复杂相关运算交给 FPGA 完成。由于 FPGA 的运算速度和硬件相当，因此可以达到较好的实时性，但是这样的软件接收机结构相对复杂。

③基于 PC 的软件接收机。这类接收机使用 PC 接口(一般为 USB2.0)，将量化后的中频数据传入计算机，在计算机上对数据进行存储和解算。这种接收机的优势在于数据可以被存

储用做后处理(中频数据量可达数吉字节,一般无法在嵌入式系统中存储),且对算法开发的灵活度更高,适合进行算法的研发。

目前,软件接收机还正处于实验室研究的阶段,其可靠性和性能还未发展到如硬件接收机般可供批量实用的水平。在国外已经研制出部分性能可供实际应用的软件接收机,比如美国 Stanford 大学 GPS 实验室开发的 gpsrX[16],德国慕尼黑大学开发的 ipexSR[17] 等,已经可以完成多通道实时的 GPS 数据采集和处理。而在国内,这部分的工作还处于原理的研究阶段,目前已经研制出了多套 Matlab 和 PC 的非实时软件接收机,但是基于 DSP 的实时软件接收机还鲜有成品出现。

3.4 GPS 定位原理及误差分析

环绕地球运行的 GPS 卫星,发射调制后的无线电波信号。用户的接收机接收到多颗 GPS 卫星的信号,并且从信号中分离出卫星的导航电文,通过计算电波的延迟时间来求取伪距观测量,并利用该观测量进行用户的定位计算和速度求取。

下面介绍测码伪距的定位、测速原理,并且介绍影响定位精度的一些因素。

3.4.1 测码伪距定位原理

GPS 导航卫星系统是无源测距系统。在无源测距系统中,用户通过比较接收到的卫星发射的信号和本地参考信号,测量传播延时。若卫星时钟和用户时钟同步,即两时钟同频同相,或已知相差,那么测得的延时 τ 正比于卫星和用户间的距离 r,即

$$r = c\tau$$

其中,c 为电波传播速度。

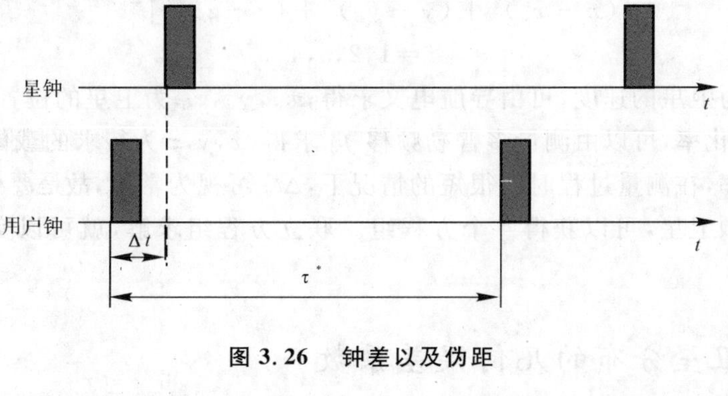

图 3.26　钟差以及伪距

若用户钟和卫星钟有钟差 Δt,如图 3.26 所示,这时测得的传播延时 τ^* 及相应的距离 ρ 并

不是真正的电波传播延时 τ 及卫星到用户的距离 r，此时 ρ 称为测码伪距。忽略电离层和对流层的折射影响后，测码伪距的观测方程可以写成

$$\rho = r + c\Delta t \tag{3.14}$$

如钟差 $\Delta t = 10$ ns，相当于距离误差为 3 m。

卫星钟为精密的原子钟，而一般用户钟是精度较差的石英钟，此时用户测得的对第 i 颗卫星的测码伪距为

$$\rho_i = r_i + c\Delta t_u \tag{3.15}$$

$$r_i = [(x - x_{si})^2 + (y - y_{si})^2 + (z - z_{si})^2]^{1/2} \tag{3.16}$$

式中，x, y, z 为用户在地球坐标系中的位置；x_{si}, y_{si}, z_{si} 为卫星 i 在地球坐标系中的位置坐标。

显然，观测量伪距中有 4 个未知量，即 $x, y, z, \Delta t_u$。为了解出这 4 个未知量，须要测量 4 颗卫星的伪距，由此可得 4 个独立方程，即

$$\rho_i = [(x - x_{si})^2 + (y - y_{si})^2 + (z - z_{si})^2]^{\frac{1}{2}} + c\Delta t_u \tag{3.17}$$

$$i = 1,2,3,4。$$

从原理上讲，联立求解上面 4 个独立的测码伪距方程，就可以得到用户的三维坐标和用户钟差这 4 个未知量。

GPS 导航卫星系统除了为用户提供 3 个位置坐标及精密时间外，还可以提供 3 个速度分量，一般可以通过多普勒频移测速法求取用户的运动速度。

由于 GPS 卫星和 GPS 用户接收机之间存在相对运动，所以载体用户接收机接收到的 GPS 卫星发射的载波信号频率 f_r 与卫星发射的载波相位频率 f_s 是不同的，它们之间的频率差 f_d 称为多普勒频移。通过测量载波的多普勒频移可以测得卫星和用户之间的伪距变化率，从而获得载体的速度。

伪距变化率和卫星、用户之间的位置及速度的关系方程为

$$\dot{\rho}_i = \frac{(x - x_{si})(\dot{x} - \dot{x}_{si}) + (y - y_{si})(\dot{y} - \dot{y}_{si}) + (z - z_{si})(\dot{z} - \dot{z}_{si})}{[(x - x_{si})^2 + (y - y_{si})^2 + (z - z_{si})^2]^{\frac{1}{2}}} + c\Delta\dot{t}_u$$

$$i = 1,2,3,4 \tag{3.18}$$

式中，$\dot{x}_{si}, \dot{y}_{si}, \dot{z}_{si}$ 为卫星的速度，可由导航电文求得；x_{si}, y_{si}, z_{si} 为卫星的位置，可由导航电文求得；$\dot{\rho}_i$ 为伪距的变化率，可以由测量多普勒频移 f_d 求得；$\dot{x}, \dot{y}, \dot{z}$ 为待求的载体速度；$\Delta\dot{t}_u$ 为接收机时钟偏差变化率，在测量过程时间很短的情况下，Δt_u 可视为常值，故 $\Delta\dot{t}_u = 0$。

同时观测 4 颗卫星，可以获得 4 个方程组。联立方程组求解，就可以实时获得载体运动速度。

3.4.2 卫星分布的几何误差系数

由于前期接收机性能较差，接收通道数紧张，而且 4 颗导航卫星信息是求解用户位置的最

低要求。为此，在测距精度一定的情况下，要提高定位精度，须要从可见星中选择 4 颗几何关系最好的卫星进行导航定位。用卫星构架的几何性质表征卫星定位精度的物理量叫做精度因子 DOP(Dilution Of Precision)。

卫星的几何构架对位置误差的影响叫做 GDOP(Geometric Dilution Of Precision)，它一般表示为位置误差与测距误差的比率。

一般来说，通过最大矢端四面体体积法，可以达到 4 颗导航卫星的最佳几何配置方案。如图 3.27 所示，假设用户 U 到卫星 S 的单位矢量分别为 $\boldsymbol{e}_1,\boldsymbol{e}_2,\boldsymbol{e}_3,\boldsymbol{e}_4$，则这些矢量末端 A,B,C,D 都在以用户为中心，以 1 为半径的球面上。当四面体 ABCD 体积最大时，可以达到最优的几何关系，此时，精度因子 GDOP 最小。

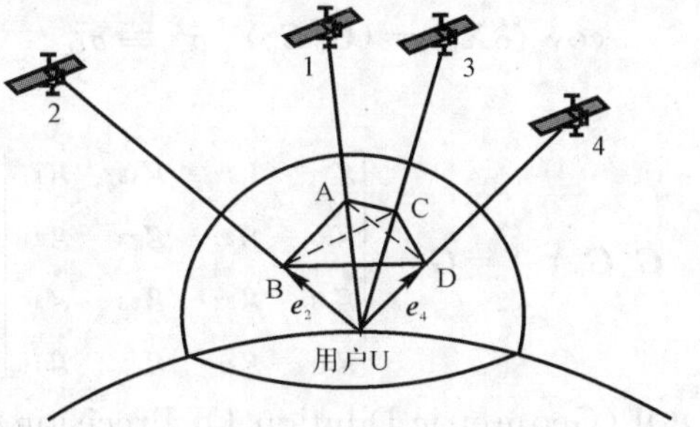

图 3.27　卫星几何四面体

目前，卫星接收机的软硬件性能大大提高，通道数大大增多，因此可以利用所有可见导航卫星的信息来求取用户导航信息。当卫星越多时，GDOP 越小；当卫星越少时，GDOP 越大。

各 DOP 因子是参数协方差矩阵的对角线元素函数，可以在地球坐标系或者当地地理坐标系中表达。下面从数学的角度分析各 DOP 精度因子。

对基本观测方程组式(3.18)进行线性化，可知 n 颗卫星情况下，导航定位的误差方程组可以表示为

$$\boldsymbol{R}-\boldsymbol{P}=\boldsymbol{G}_{\mathrm{u}}\cdot\boldsymbol{X}_{\mathrm{u}} \tag{3.19}$$

式中，$\boldsymbol{R}=(r_1\quad r_2\quad\cdots\quad r_n)$，为用户至卫星 $i(1\leqslant i\leqslant n)$ 的几何距离；$\boldsymbol{P}=(\rho_1\quad\rho_2\quad\cdots\quad\rho_n)$，为用户至卫星 i 的测量伪距。

$$\boldsymbol{G}_{\mathrm{u}}=\begin{bmatrix}-h_{11} & -h_{12} & -h_{13} & 1\\ -h_{21} & -h_{22} & -h_{23} & 1\\ \vdots & \vdots & \vdots & \vdots\\ -h_{n1} & -h_{n2} & -h_{n3} & 1\end{bmatrix}$$，$(h_{i1}\quad h_{i2}\quad h_{i3})$ 为用户到卫星 i 的方向余弦。

$\boldsymbol{X}_{\mathrm{u}}=[\delta x\quad\delta y\quad\delta z\quad\delta u_t]^{\mathrm{T}}$，$(\delta x\quad\delta y\quad\delta z)$ 为用户位置修正数，δu_{t} 为钟差引起的测距误差。

由此可得用户改正数的最小二乘解为

$$\boldsymbol{X}_{\mathrm{u}}=[\boldsymbol{G}_{\mathrm{u}}^{\mathrm{T}}\boldsymbol{G}_{\mathrm{u}}]^{-1}\boldsymbol{G}_{\mathrm{u}}^{\mathrm{T}}[\boldsymbol{R}-\boldsymbol{P}] \tag{3.20}$$

改正数的误差为

$$\delta\boldsymbol{X}_{\mathrm{u}}=[\boldsymbol{G}_{\mathrm{u}}^{\mathrm{T}}\boldsymbol{G}_{\mathrm{u}}]^{-1}\boldsymbol{G}_{\mathrm{u}}^{\mathrm{T}}\delta[\boldsymbol{R}-\boldsymbol{P}] \tag{3.21}$$

改正数的误差方差为

$$\operatorname{cov}(\delta\boldsymbol{X}_{\mathrm{u}})=[(\boldsymbol{G}_{\mathrm{u}}^{\mathrm{T}}\boldsymbol{G}_{\mathrm{u}})^{-1}\boldsymbol{G}_{\mathrm{u}}^{\mathrm{T}}]\operatorname{cov}[\delta(\boldsymbol{R}-\boldsymbol{P})][(\boldsymbol{G}_{\mathrm{u}}^{\mathrm{T}}\boldsymbol{G}_{\mathrm{u}})^{-1}\boldsymbol{G}_{\mathrm{u}}^{\mathrm{T}}]^{\mathrm{T}} \tag{3.22}$$

设每颗卫星的测距误差($r_i-\rho_i$)相同,且互相独立,零均值,方差为σ^2,则可得

$$\operatorname{cov}[\delta(\boldsymbol{R}-\boldsymbol{P})]=\sigma^2\boldsymbol{I} \tag{3.23}$$

从而

$$\operatorname{cov}(\delta\boldsymbol{X}_{\mathrm{u}})=(\boldsymbol{G}_{\mathrm{u}}^{\mathrm{T}}\boldsymbol{G}_{\mathrm{u}})^{-1}\sigma^2\equiv\sigma_{\mathrm{G}}^2 \tag{3.24}$$

令

$$(\boldsymbol{G}_{\mathrm{u}}^{\mathrm{T}}\boldsymbol{G}_{\mathrm{u}})^{-1}=\boldsymbol{G}=\begin{bmatrix} g_{11} & g_{12} & g_{13} & g_{14} \\ g_{21} & g_{22} & g_{23} & g_{24} \\ g_{31} & g_{32} & g_{33} & g_{34} \\ g_{41} & g_{42} & g_{43} & g_{44} \end{bmatrix} \tag{3.25}$$

则用户的几何误差系数 GDOP(Geometric Dilution Of Precision)定义为

$$\mathrm{GDOP}=[\operatorname{Trace}(\boldsymbol{G}_{\mathrm{u}}^{\mathrm{T}}\boldsymbol{G}_{\mathrm{u}})^{-1}]^{\frac{1}{2}}=(g_{11}+g_{22}+g_{33}+g_{44})^{\frac{1}{2}} \tag{3.26}$$

同理可得位置几何误差系数 PDOP(Positional Dilution Of Precision)为

$$\mathrm{PDOP}=(g_{11}+g_{22}+g_{33})^{\frac{1}{2}} \tag{3.27}$$

水平位置几何误差系数 HDOP(Horizontal Dilution Of Precision)为

$$\mathrm{HDOP}=(g_{11}+g_{22})^{\frac{1}{2}} \tag{3.28}$$

垂直位置几何误差系数 VDOP(Vertical Dilution Of Precision)为

$$\mathrm{VDOP}=g_{33} \tag{3.29}$$

时间几何误差系数 TDOP(Time Dilution Of Precision)为

$$\mathrm{TDOP}=g_{44} \tag{3.30}$$

GPS 接收机的测距误差乘以相应的几何误差系数,即表示了相应的定位误差值,如

$$\text{用户的空间位置误差}=\mathrm{PDOP}\times\text{测距误差}=\mathrm{PDOP}\times\sigma \tag{3.31}$$

3.4.3 GPS 定位的系统误差分析

GPS 系统的定位误差直接影响着 GPS 用于导航、定时和定位的精度。GPS 定位中出现的各种误差,从误差来源分,一般可以分为如下 4 个部分:

1. 与 GPS 卫星有关的误差

与 GPS 有关的误差主要包含卫星时钟误差和卫星星历误差。

(1) 卫星时钟误差

GPS 系统是通过测量卫星信号传播时间来测距的，时钟的误差将直接变成测距误差。GPS 系统中各卫星钟要求互相同步并与地面站同步，即使采用原子钟计时也不可能绝对稳定，而是存在着漂移。

卫星原子钟本身的误差一般可表示为

$$\Delta t = t_0 + \delta t + \frac{\alpha_1}{2} t^2 + \cdots + e(t) \tag{3.32}$$

式中，t_0 为起始时刻的时间误差；δ 为起始时刻的频率偏移；α_1 为老化率或频率漂移率；$e(t)$ 为随机漂移。

(2) 星历误差

星历数据是由地面站测算后注入卫星的。由于各监测站对卫星进行跟踪测量时的测量误差，以及由于影响卫星运动的各种摄动因素及它们的变化影响因素，导致在预报星历中不可避免地存在着误差，从而形成测距误差。

2. 与 GPS 信号传播有关的误差

与 GPS 信号传播有关的误差主要包括电离层的附加延时误差、对流层的附加延时误差和多路径误差。

(1) 电离层的附加延时误差

离地面 20 000 km 卫星发射的电波，必须穿过电离层和对流层才能到达接收天线。一般认为电离层为高度介于 50～1 000 km 之间的大气层。由于太阳的强烈辐射，电离层中的部分气体被电离，从而产生自由电子。电波在电离层中的传播速度小于在真空中的传播速度，从而产生电离层附加延时误差。

在双频接收机中，电离层附加延时误差可利用双频校正法予以降低或者消除。

(2) 对流层的附加延时误差

对流层的主要成分是空气和水汽，对流层折射系数不同于真空。对流层的附加延时与电波频率无关，因而不能采用双频校正法，只能用模型法。

一个对流层传播延时的简单模型为

$$d_{\text{trope}} = c\Delta t = \frac{2.422\,4}{0.026 + \sin E} \exp\,(-0.133\,45H) \tag{3.33}$$

式中，H 为用户海拔高度，km；E 为卫星仰角，rad。

上述模型可以修正掉对流层误差的 90%。

(3) 多路径误差

这是由于信号从不同的路径到达接收机而产生的误差。路径不同会使信号发生变形，从而造成距离测量误差。这种误差和用户的周围环境(如地形、地物及其反射特性)有关。图3.28为GPS多路径误差示意图。

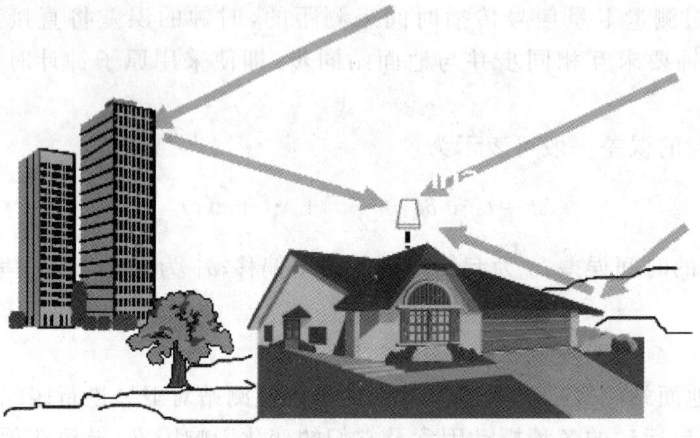

图 3.28 GPS 多路径误差示意图

减少多路径误差的方式通常有多种，例如，改进接收机的电路设计，选择屏蔽良好的接收机天线，选择较好的GPS接收机天线的环境，避开反射系数较大的反射面。

3. 与观测和接收机有关的误差

与用户接收设备有关的误差[7]，主要包括观测误差、接收机钟差、天线相位中心误差和载波相位观测的整周不定性影响。

(1) 观测误差

这类误差，除观测的分辨误差之外，还包括接收机天线相对测站点的安置误差。根据经验，一般可认为观测分辨误差约为信号波长的1%。由此，对GPS码信号和载波信号的观测精度，将会产生大约1%的观测误差。观测误差属偶然误差，适当地增加观测量将会明显地减弱其影响。

(2) 接收机误差

GPS接收机一般设有高精度的石英钟，其日频率稳定度约为10^{-11}/d。如果接收机钟与卫星钟之间的同步差为1 μs，则由此引起的等效距离误差约为300 m。当定位精度要求较高时，可以采用外接高精度频标来提高接收机时间标准的精度，如外接铷、铯、氢等原子钟。

(3) 天线相位中心误差和载波相位观测的整周不定性影响

在GPS定位的伪距测量中，观测值都是以接收机天线的相位中心位置为准的，而天线的相位中心与其几何中心在实际上是不一致的。根据天线性能的好坏，天线相位中心的偏差对相对定位结果的影响可达数毫米至数厘米，这在高精度测量中是不能忽略的。

4. 其他原因产生的误差

(1) 时钟的相对论效应

由于卫星在高速运动，狭义相对论效应会使时钟产生时间漂移。卫星原子钟比地面钟走得快，因而须要加以校正。可以把卫星钟的标准振荡频率减小 4.48×10^{-10}，即卫星钟上的 10.23 MHz 的标准频率应降为

$$10.23\times(1-4.48\times10^{-10})\,\mathrm{MHz}=10.229\,999\,954\,5\ \mathrm{MHz}$$

这样加上相对论效应后就和地面原子钟保持的 GPS 时间大致相同。

此外，由于卫星所处的重力场是变化的，还受太阳和月亮重力场的作用，同时卫星轨道偏心率并不完全等于零，根据广义相对论，卫星运动的速度会发生变化。此外，相对论效应产生的钟差效应也不是常值。考虑原子钟本身的误差和相对论效应的影响，钟差模型为

$$\Delta t=a_0+a_1(t-t_0)+a_2(t-t_0)^2 \tag{3.34}$$

式中，a_0，a_1，a_2 分别表示钟差、频差和频漂。

(2) 地球自转的影响[18]

在地球坐标系中，如果卫星瞬时位置是根据信号播发瞬时计算的，那么尚未考虑地球自转的改正。因为当卫星信号传播到观测站时候，卫星和地球之间产生了相对转动。此时，利用星历中的卫星位置就会在 GPS 接收机中产生相应的计算误差。

(3) 人为或者自然干扰的影响

由于 GPS 卫星导航系统的工作基础是无线电波，而无线电波及其容易受到故意人为干扰(如：敌方的干扰设备干扰以及美国军方的 SA 限制等)、无意的人为干扰(广播、电视等无线电波)，或者自然效应干扰(如：太阳剧烈的太阳黑子等活动)，所以增强接收机的抗干扰性是提高 GPS 定位精度的一个重要方面。

3.5　GPS 载波相位及 GPS 测姿原理

GPS 全球卫星定位系统初期的测距概念和方法，是建立在伪随机码测距的基础之上的。随着 GPS 卫星导航定位系统的发展以及 GPS 应用领域的不断扩大，对其进行的研究也越来越深入，一些提高 GPS 导航定位精度的新概念和新技术也逐步发展起来，其中最为瞩目的就是载波相位技术和差分 GPS 技术。考虑到差分 GPS 技术与载波相位技术密切相关，为此本部分以载波相位技术为主线展开。

第一颗 GPS 导航卫星于 1978 年发射升空，而载波相位概念是在 1980 年才被提出的。载波相位测距技术与测码伪距技术不同，它是另外一种 GPS 信号观测量。除了能够进行高精度的定位以外，GPS 载波还可以用于载体的姿态测量。随着载波相位研究的日益深入，利用载

波相位进行 GPS 导航定位的优势越来越多地被发掘出来。

3.5.1 载波相位测量原理

与测码伪距法不同，载波相位测量是利用 GPS 发射的载波 L1 和 L2 进行用户位置的确定。假设测码伪距的量测精度为码元长度的 1%。对 P 码而言，量测精度约为 30 cm；对 C/A 码而言，则为 3 m 左右。若载波测相精度也是载波波长的 1%，由于 L1 和 L2 载波的波长分别是 19 cm 和 24 cm，则 Ll 载波的测距精度为 0.19 cm，L2 载波的测距精度为 0.24 cm。由此可见，利用载波相位测距的定位精度比 C/A 码测码伪距定位精度高 2 个数量级，故载波相位观测量方法常被用于精密定位和载体姿态测量之中。

GPS 接收机接收卫星信号，将调制在载波上的信息去掉，就可以恢复载波。理论上，测量接收机接收时刻的载波相对于该载波在卫星发送时刻的相位差值，就可以精确求出接收机和卫星之间的距离。

下面将对载波相位的测量原理进行详细的阐述。

1. GPS 测相伪距基本观测量

测相伪距观测量是指卫星星钟 t^j 时刻发射的载波信号，在用户接收机站钟于 t_i 时刻被接收到，其间载波信号传播的相位称为载波相位观测量，亦称为测相伪距观测量。若发送、传播和接收过程中均为理想状态，不含有误差，则载波相位观测量是卫星 t^j 时刻载波相位与用户接收机 t_i 时刻复制的载波相位之间的相位差（以后若不特殊提及，则相位的单位都是 2π 或周）。

载波相位观测量标识符及其原理见图 3.29。

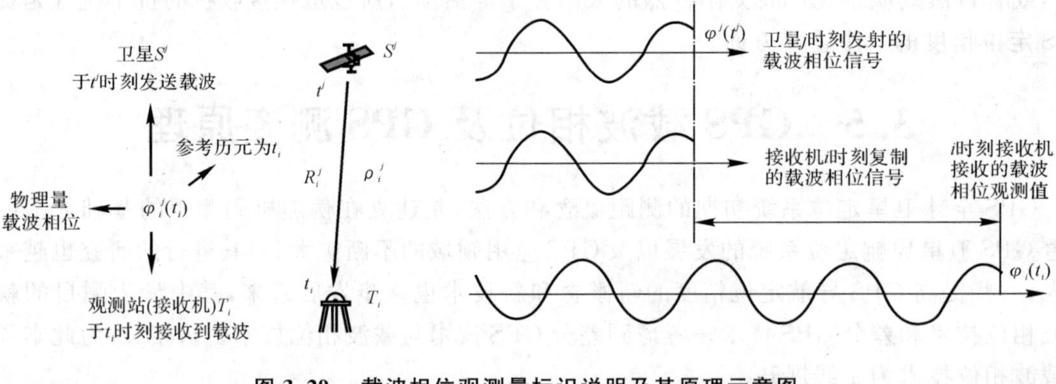

图 3.29 载波相位观测量标识说明及其原理示意图

若设 $\varphi^j(t^j)$ 表示卫星 S^j 于 t^j 发射的载波信号相位，$\varphi_i(t_i)$ 表示接收机 T_i 于历元 t_i 的接收信号相位，则上述载波相位差为

$$\Phi_i^j = \varphi_i(t_i) - \varphi^j(t^j) \tag{3.35}$$

设载波信号的波长是 λ，则由卫星到接收机的几何距离为

$$r_i^j = \lambda\, \Phi_i^j = \lambda[\varphi_i(t_i) - \varphi^j(t^j)] \tag{3.36}$$

实际上，卫星的原子钟与接收机的时钟不严格同步，同时卫星发射的载波信号受到电离层和对流层的折射影响亦会产生延迟，由卫星到接收机的相位差包含着上述影响导致的误差，因此称载波相位观测量所确定的卫星至接收机的距离为“伪距”，用 ρ_i^j 来表示。

2. GPS 测相伪距观测方程

理论上载波相位观测量是指：GPS 信号在用户接收瞬时相对卫星发射瞬时，载波在星站路径上所传播的相位值。实际上，对应于某一瞬时的载波相位值是无法直接测量的。因此，这里所说的载波相位观测量，实际是指在某一时刻（历元）由接收机产生的参考载波信号的相位与此时接收到的卫星载波信号的相位差。

在进行载波相位测量时，接收机实际上能测定的只是不足一个整周的部分 $\delta\varphi_i^j(t_i)$。因为载波只是一种不带有任何的识别标志的余弦波，无法确定正在量测的是第几个整周的小数部分，于是在载波相位测量中出现了一个整周未知数 $N_i^j(t_i)$，这就是整周模糊度。

当跟踪到卫星信号后，在初始观测历元 $t_i = t_0$，载波相位值可以写成

$$\Phi_i^j(t_0) = N_i^j(t_0) + \delta\varphi_i^j(t_0) \tag{3.37}$$

卫星信号于历元 t_0 被跟踪（锁定）后，载波相位变化的整周数便被接收机自动计数。所以，对其后的任一历元 t 的总相位差 $\Phi_i^j(t)$，可以由下式表达：

$$\Phi_i^j(t) = N_i^j(t_0) + N_i^j(t - t_0) + \delta\varphi_i^j(t) \tag{3.38}$$

式中，$N_i^j(t_0)$ 为初始历元的整周未知数（或简称整周模糊度），它在信号被锁定后就确定不变，成为一个未知常数；$N_i^j(t - t_0)$ 为从起始观测历元 t_0 至后续观测历元 t 之间载波相位的整周数，可由接收机自动连续计数来确定，为一个已知量；$\delta\varphi_i^j(t)$ 为后续观测历元 t 时刻不足一周的小数部分相位。

上述载波相位观测量式(3.38) 的几何意义见图 3.30。

若定义已知观测量为 $\varphi_i^j(t)$，则

$$\varphi_i^j(t) = N_i^j(t - t_0) + \delta\varphi_i^j(t) \tag{3.39}$$

那么 $\varphi_i^j(t)$ 也可以用未知的初始整周模糊度表示为

$$\varphi_i^j(t) = \Phi_i^j(t) - N_i^j(t_0) \tag{3.40}$$

式中，$\varphi_i^j(t)$ 是载波相位的实际观测量，即用户 GPS 接收机相位观测输出值。

因此任一观测历元 t，由卫星到接收机的理论上相位观测量是一个相位差 $\Phi_i^j(t_i)$。它包含 3 种成分。

① 初始整周未知数；

②$(t - t_0)$ 时间间隔中接收机的整周计数值；

③ 历元 t 时刻非整周量测相位值。

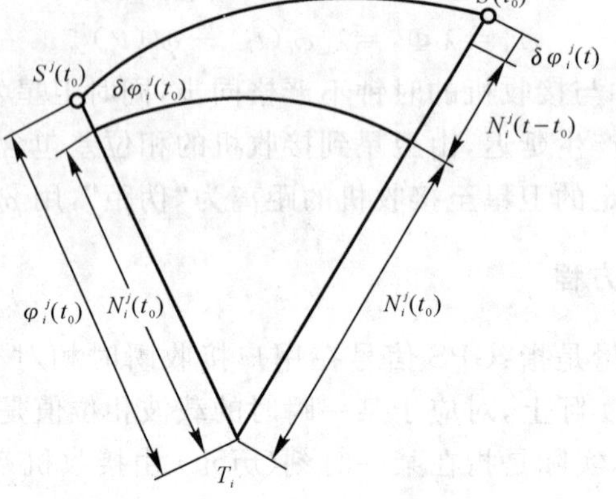

图 3.30 载波相位观测量

考虑卫星钟差、接收机钟差及大气折射误差等因素,载波测量值与星地几何距离有

$$\lambda\Phi_i^j(t)=r_i^j(t)+c\left[\delta t_i(t)-\delta t^j(t)\right]+\Delta_{i,I}^j(t)+\Delta_{i,T}^j(t) \tag{3.41}$$

式中,$\delta t_i(t)$ 为接收机钟差;$\delta t^j(t)$ 为卫星钟差;c 为光速;$r_i^j(t)$ 为星地之间几何距离;$\Delta_{i,I}^j(t_i)$ 为在观测历元 t_i,电离层折射对卫星载波信号传播路程的影响;$\Delta_{i,T}^j(t_i)$ 为在观测历元 t_i,对流层折射对卫星载波信号传播路程的影响。

由式(3.41)可得如下的测相伪距观测方程

$$\lambda\varphi_i^j(t)=r_i^j(t)+c\left[\delta t_i(t)-\delta t^j(t)\right]-\lambda N_i^j(t_0)+\Delta_{i,I}^j(t)+\Delta_{i,T}^j(t) \tag{3.42}$$

考虑到 $c=\lambda f$,则载波相位观测量方程为

$$\varphi_i^j(t)=\frac{f}{c}r_i^j(t)+f\left[\delta t_i(t)-\delta t^j(t)\right]-N_i^j(t_0)+\frac{f}{c}\left[\Delta_{i,I}^j(t)+\Delta_{i,T}^j(t)\right] \tag{3.43}$$

一般要求的情况下,可以采用测相伪距观测方程式(3.42)。在实际应用中,须要采用的一些平差观测量均是上述观测量的各种线性组合(即差分)所构成,它可作为载波相位测量理论的基本方程。

3.5.2 GPS 相位观测量的平差与差分 GPS

方程式(3.43)是载波相位观测量方程的一般形式,它是各种平差运算的基本公式。假设有两台接收机相对于两颗 GPS 卫星于两个历元进行同步观测,则可获得以下 8 个独立的载波相位观测量:

$$\varphi_1^j(t_1),\varphi_1^j(t_2),\varphi_1^k(t_1),\varphi_1^k(t_2),\varphi_2^j(t_1),\varphi_2^j(t_2),\varphi_2^k(t_1),\varphi_2^k(t_2)$$

在静态相对定位中,普遍采用这些独立观测量的 3 种差分形式:单差、双差、三差。要说明

的是，相位差分仅取决于求差的要素（星、站、历元）以及求差的次数，而与求差分顺序无关。

1. 单差

取符号 $\Delta\varphi^j(t)$，$\nabla\varphi_i(t)$，$\delta\varphi_i^j(t)$ 分别表示不同接收机之间，不同卫星之间，不同历元之间的相位观测量的一次差，简称单差（见图 3.31），则有：

站际单差：
$$\Delta\varphi^j(t)=\varphi_2^j(t)-\varphi_1^j(t) \tag{3.44}$$

星际单差：
$$\nabla\varphi_i(t)=\varphi_i^k(t)-\varphi_i^j(t) \tag{3.45}$$

历元际单差：
$$\delta\varphi_i^j(t)=\varphi_i^j(t_2)-\varphi_i^j(t_1) \tag{3.46}$$

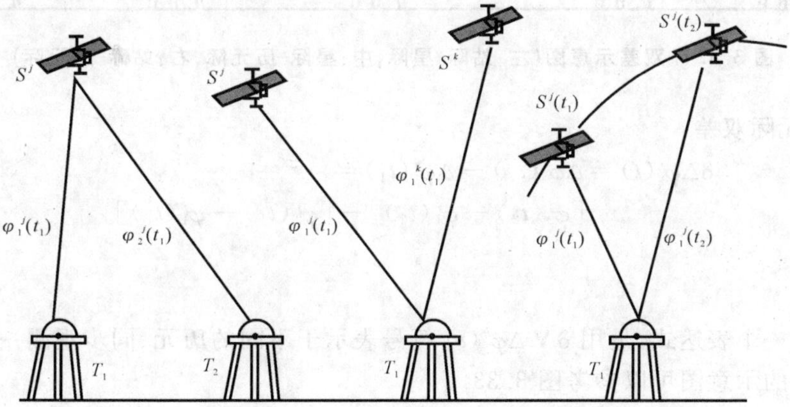

图 3.31　单差示意图（左（站际单差），中（星际单差），右（历元际单差））

将载波相位观测方程式代入各单差形式中，经过简单处理后，通过观察整理后的平差方程，即可看出各个单差的显著优点：站际单差可以消除星钟误差；星际单差可以消除站钟误差；历元际单差可以消除整周模糊度。

2. 双差

双差就是对单差进行其他要素的再次差分。各双差的示意图可以参考图 3.32。站际-星际、星际-历元际和站际-历元际双差的表达式分别如下：

站际-星际双差：

$$\begin{aligned}\nabla\Delta\varphi^k(t)&=\Delta\varphi^k(t)-\Delta\varphi^j(t)=\\&[\varphi_2^k(t)-\varphi_1^k(t)]-[\varphi_2^j(t)-\varphi_1^j(t)]\end{aligned} \tag{3.47}$$

星际-历元际双差：

$$\begin{aligned}\delta\nabla\varphi_i(t)&=\nabla\varphi_i(t_2)-\nabla\varphi_i(t_1)=\\&[\varphi_i^k(t_2)-\varphi_i^j(t_2)]-[\varphi_i^k(t_1)-\varphi_i^j(t_1)]\end{aligned} \tag{3.48}$$

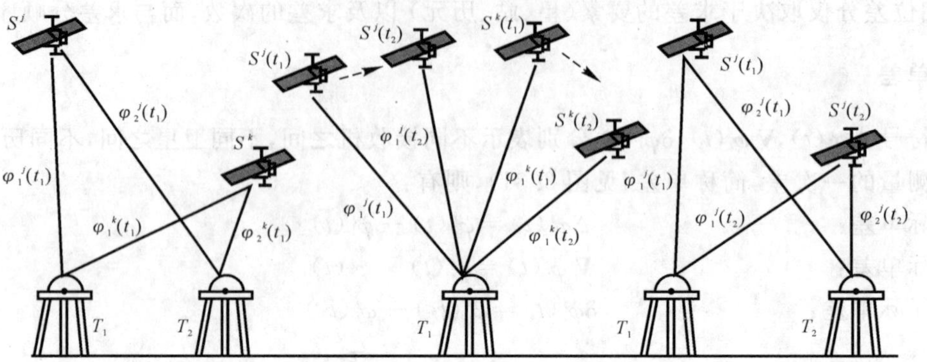

图 3.32　双差示意图(左:站际-星际,中:星际-历元际,右:站际-历元际)

站际-历元际双差:

$$\delta\Delta\varphi^j(t)=\Delta\varphi^j(t_2)-\Delta\varphi^j(t_1)=$$
$$[\varphi_2^j(t_2)-\varphi_1^j(t_2)]-[\varphi_2^j(t_1)-\varphi_1^j(t_1)] \tag{3.49}$$

3. 三差

三差只有一个表达式,是用 $\delta\nabla\Delta\varphi^k(t)$ 符号表示于不同的历元、同步观测一组卫星的双差的差值。三差的示意图可以参考图 3.33。

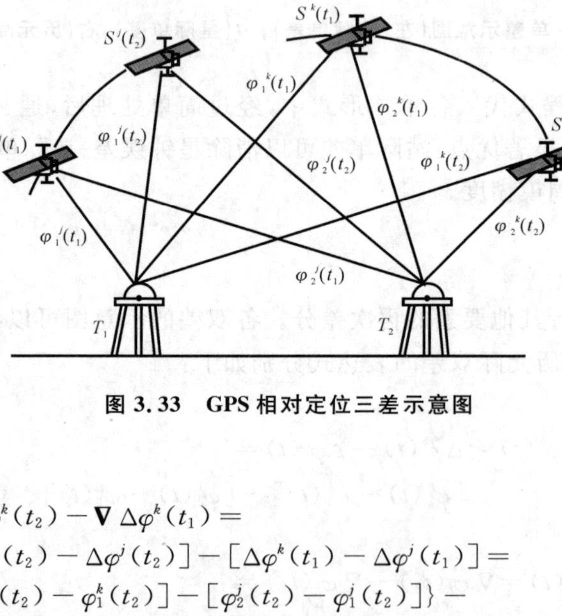

图 3.33　GPS 相对定位三差示意图

三差的表达式为

$$\delta\nabla\Delta\varphi^k(t)=\nabla\Delta\varphi^k(t_2)-\nabla\Delta\varphi^k(t_1)=$$
$$[\Delta\varphi^k(t_2)-\Delta\varphi^j(t_2)]-[\Delta\varphi^k(t_1)-\Delta\varphi^j(t_1)]=$$
$$\{[\varphi_2^k(t_2)-\varphi_1^k(t_2)]-[\varphi_2^j(t_2)-\varphi_1^j(t_2)]\}-$$
$$\{[\varphi_2^k(t_1)-\varphi_1^k(t_1)]-[\varphi_2^j(t_1)-\varphi_1^j(t_1)]\} \tag{3.50}$$

上述是关于载波相位原始测量值的不同线性组合，可以根据需要进行选择使用[10]。

4. 差分 GPS 概念

差分 GPS(DGPS) 是一种精度较高、实时性较好的 GPS 实用模式。

DGPS 定位须要事先确定一个具有精确位置的基准站，当基准站和用户接收机之间进行 GPS 同步观测时，用户机可以接收来自基准站发射器发出的误差改正参数(如相位改正数、位置改正数、伪距改正数、相位平滑伪距改正数等)，并利用两者误差的相关性提高自身的定位精度。

图 3.34 是 DGPS 工作原理示意图。

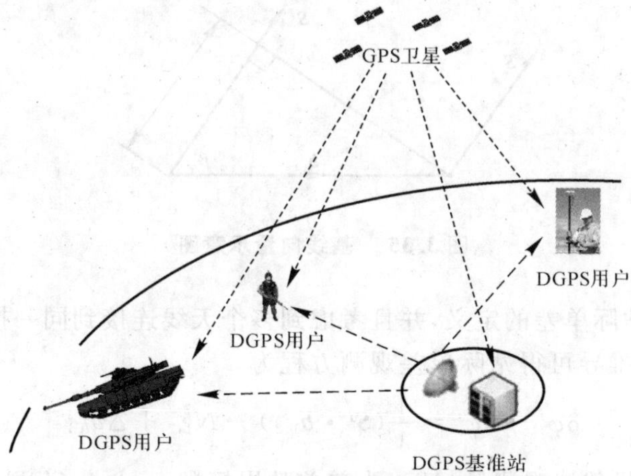

图 3.34　DGPS 工作原理示意图

3.5.3　利用 GPS 载波相位信号确定载体姿态

利用 GPS 载波相位信息作为观测量进行相对定位，其定位精度可优于毫米级，这就为利用载波相位信号确定载体姿态的可行性提供了条件。GPS 实时确定载体姿态是在载体上配置多根天线(至少为 3 根 GPS 天线)，构成的平面表示了运动体的刚体平面，利用各天线测量的 GPS 载波相位信号的相位差，来实时确定运动体坐标系相对于当地地理系的角位置，完成 GPS 的测姿任务。

为了便于对 GPS 测量载体姿态有个更深入的概念，下面介绍其中一种模糊度求解相对简单的多天线配置 GPS 测姿原理和方法。

1. 姿态测量的基本思想

在载体上安装两根 GPS 天线，则两根 GPS 天线接收中心之间的连线形成一条基线，该基线在当地地理系投影可以反映载体的对应姿态物理量。当该基线沿着载体纵向放置时，对应载体的姿态物理量是航向角度和俯仰角度；当该基线沿着载体横向放置时，对应载体的姿态物理量是航向角度和横滚角度；若载体上同时存在 2 条互相垂直的基线（至少 3 根 GPS 天线即可），则根据天线面与地理系的关系，可以同时获得载体的横滚角、俯仰角和航向角。

考察基线 $\boldsymbol{b}_{1,2}$，由于基线长度远小于天线和GPS卫星的距离，可将GPS信号的波前看做是平面波，所以卫星 j 到两天线 1 和 2 的两单位向量可以看成相同，用 $\boldsymbol{S}^j$ 表示，如图 3.35 所示。

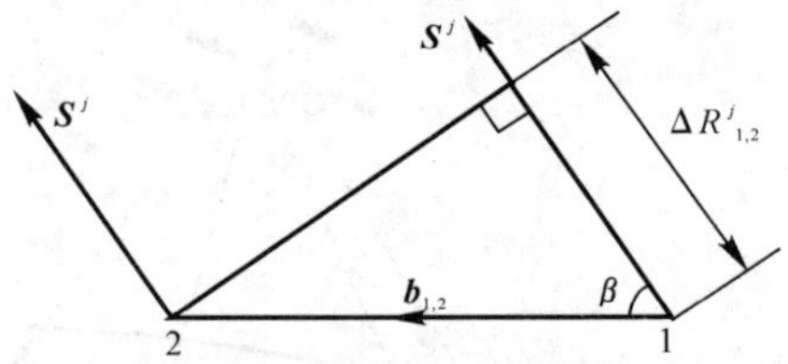

图 3.35 基线向量示意图

利用前一小节的站际单差的定义，并且考虑到多个天线连接到同一接收机上，单差方程消除接收机钟差的影响，推导可得站际单差观测方程为

$$\delta\varphi_1^j - \delta\varphi_2^j = \frac{1}{\lambda}(\boldsymbol{S}^j \cdot \boldsymbol{b}_{1,2}) - N_{1,2}^j + \Delta v_{\mathrm{AB}}^j \tag{3.51}$$

式中，$\delta\varphi_1^j$，$\delta\varphi_2^j$ 为接收机载波观测量；$N_{1,2}^j$ 为单差整周模糊度；Δv_{AB}^j 为测量噪声。

从式(3.51) 可以看出，如果有 3 颗或者 3 颗以上的GPS导航卫星，并且已知单差的整周模糊度，即可利用最小二乘求解基线矢量 $\boldsymbol{b}_{1,2}$。所以关键的问题就在于确定站际整周模糊度单差 $N_{1,2}^j$。

2. 确定整周单差和基线向量

对于载波相位观测方程来说，计算整周模糊度是一个非常重要和复杂的过程，下一节将对求解整周模糊度的方法作综合的说明。本节中利用多天线配置方法，求解整周模糊度。

这种方法基于这样一个事实：当基线长小于半个波长时候，则可以利用整周模糊度的整数条件直接确定模糊度，但是在一定的载波测量精度下，求解姿态的精度较低；而长基线相对的测量精度高，但是模糊度难以求解，下面的方法就是将两者之间相互结合起来，充分利用长短基线的优点，达到了快速解算姿态的目的。本方法是将多根 GPS 接收机天线，按图 3.36 形式配置。其中，1，2，3 共线；1，4，5 共线。基线 $\boldsymbol{b}_{1,3}$ 和 $\boldsymbol{b}_{1,5}$ 的长度不超过载波波长的 1/2。

因为基线 $\boldsymbol{b}_{1,3}$ 的长度不超过波长的 1/2，所以基线矢量对 $\boldsymbol{S}^j$ 的投影的取值范围为

$$-\frac{1}{2} < \frac{1}{\lambda}(\boldsymbol{S}^j \cdot \boldsymbol{b}_{1,3}) < \frac{1}{2} \tag{3.52}$$

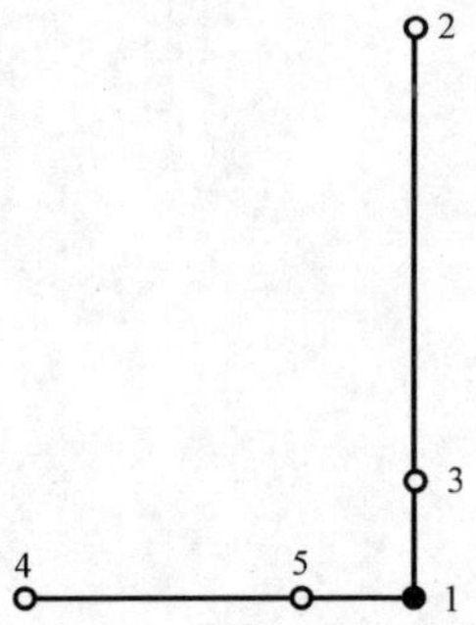

图 3.36 多天线配置图

根据式(3.51),可得1,3天线的单差观测方程,并取整可得

$$N_{1,3}^j = \mathrm{Int}(\delta\varphi_1^j - \delta\varphi_3^j) \tag{3.53}$$

其中,Int(•)为四舍五入取整运算。

获得单差模糊度之后,就可以精确地知道基线 $\boldsymbol{b}_{1,3}$ 在 $\boldsymbol{S}^j$ 的投影所占的波长数为

$$\frac{1}{\lambda}(\boldsymbol{S}^j \cdot \boldsymbol{b}_{1,3}) = \delta\varphi_1^j - \delta\varphi_3^j - N_{1,3}^j \tag{3.54}$$

利用 $\boldsymbol{b}_{1,3}$ 与 $\boldsymbol{b}_{1,2}$ 的几何关系 $\boldsymbol{b}_{1,2} = k\boldsymbol{b}_{1,3}$,$k$ 为两个基线的长度的比值,可得

$$N_{1,2}^j = \mathrm{Int}\left[\delta\varphi_1^j - \delta\varphi_2^j + \frac{k}{\lambda}(\boldsymbol{S}^j \cdot \boldsymbol{b}_{1,3})\right] \tag{3.55}$$

即可获得所需的整周模糊度。假设接收到 n 颗卫星,则有观测方程组

$$(\boldsymbol{S} \cdot \boldsymbol{b}_{1,2}) = \lambda(\delta\varphi_{1,2} + N_{1,2}) \tag{3.56}$$

其中

$$\boldsymbol{S} = [\boldsymbol{S}^{1\mathrm{T}} \quad \boldsymbol{S}^{2\mathrm{T}} \quad \cdots \quad \boldsymbol{S}^{n\mathrm{T}}]^{\mathrm{T}} \tag{3.57}$$

$$\delta\varphi_{1,2} = [(\delta\varphi_1^1 - \delta\varphi_2^1) \quad (\delta\varphi_1^2 - \delta\varphi_2^2) \quad \cdots \quad (\delta\varphi_1^n - \delta\varphi_2^n)]^{\mathrm{T}} \tag{3.58}$$

$$\boldsymbol{N}_{1,2} = [N_{1,2}^1 \quad N_{1,2}^2 \quad \cdots \quad N_{1,2}^n]^{\mathrm{T}} \tag{3.59}$$

利用最小二乘原理,获得基线矢量为

$$\boldsymbol{b}_{1,2} = (\boldsymbol{S}^{\mathrm{T}}\boldsymbol{W}\boldsymbol{S})^{-1}\boldsymbol{S}^{\mathrm{T}}\boldsymbol{W}\lambda(\delta\boldsymbol{\varphi}_{1,2} + \boldsymbol{N}_{1,2}) \tag{3.60}$$

式中,$\boldsymbol{W}$ 为单差噪声阵。

对于基线向量 $\boldsymbol{b}_{1,4}$ 可以按照 $\boldsymbol{b}_{1,2}$ 的方式,或者利用垂直 $\boldsymbol{b}_{1,2}$ 的几何关系解算出来。

多天线配置法求解模糊度简单易行,可以实现单历元模糊度的求解问题,这对载波相位的波动和跳变也是有利的,付出的代价是要有较高的硬件配置。

求解出来的两个基线向量是在地球坐标系(WGS-84)下解算出来的,为了进行载体姿态的计算,可以利用坐标变换方法,将其变换到当地地理系中去表达。

3. 载体姿态的确定

假设GPS接收机的载体是飞机,若要获得飞机相对于当地地理坐标系的姿态角参数,则须知道地理坐标系(n系——东北天)和机体系(b系——右前上)的旋转关系,如图3.37所示。

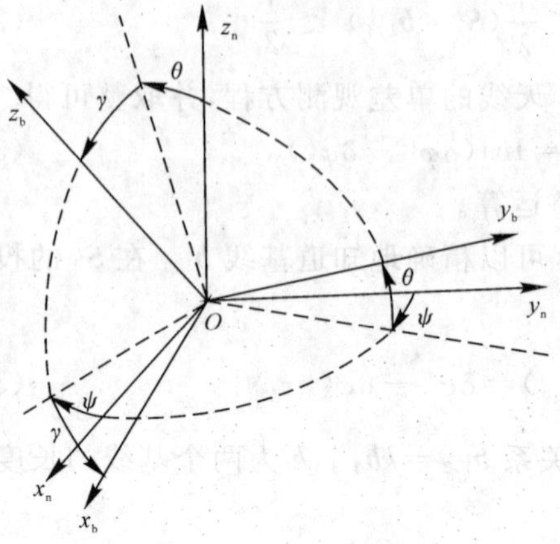

图 3.37　机体 b 系相对于当地地理 n 系的姿态角

根据式(1.17),可以将机体坐标系和地理坐标系之间的姿态转换矩阵 C_n^b 表示如下：

$$C_n^b = \begin{bmatrix} \cos\gamma\cos\psi + \sin\gamma\sin\theta\sin\psi & -\cos\gamma\sin\psi + \sin\gamma\sin\theta\cos\psi & -\sin\gamma\cos\theta \\ \cos\theta\sin\psi & \cos\theta\cos\psi & \sin\theta \\ \sin\gamma\cos\psi - \cos\gamma\sin\theta\sin\psi & -\sin\gamma\cos\psi - \cos\gamma\sin\theta\cos\psi & \cos\gamma\cos\theta \end{bmatrix} = \begin{bmatrix} T_{11} & T_{12} & T_{13} \\ T_{21} & T_{22} & T_{23} \\ T_{31} & T_{32} & T_{33} \end{bmatrix} \tag{3.61}$$

用 C_n^b 的元素 T_{ij} 提取飞行器的 3 个姿态角度(航向角度、俯仰角度、横滚角度)的公式可分别表示如下：

航向角度：$\psi = \arctan \dfrac{T_{21}}{T_{22}}$　(3.62)

俯仰角度：$\theta = -\arcsin T_{23}$　(3.63)

横滚角度：$\gamma = \arctan\left(-\dfrac{T_{13}}{T_{33}}\right)$　(3.64)

在多天线测姿中,假设基线长度是 1 m,测量的位置误差是 1 cm,那么该系统的测角精度大约是 1/100 rad,为 0.5° 左右。

3.5.4　整周模糊度的求解分析

在以 GPS 载波相位观测量为基础的姿态测量中,由于 GPS 接收机仅能测量相位的小数部分,因此整周模糊度的快速、准确求解是其关键技术之一。

通常只有 L1 和 L2 载波的情况下，正确实时地实现 GPS 载波相位的模糊度解算是一个非常复杂的问题。由于整周模糊度与卫星锁定的时刻有关，锁定一个新的卫星时候，须要对新卫星的整周模糊度进行解算。此外，当 GPS 接收机对卫星信号失锁时，GPS 接收机载波相位观测值的整周计数会发生突变，这就是周跳。它的发生和存在给整周模糊度的准确求解增加了难度。

以下主要对整周模糊度的求解方法作简单的介绍和分析[19]。

(1) 静态相对定位法[20]

该方法是将相位模糊度与其他未知参数在平差计算中一起求解。其具体处理过程是，首先利用不带模糊度的相位三差方程求出点位的概略坐标，然后采用浮动双差法求解出点位坐标和相位模糊度，再用固定双差法求解其精确坐标值。此法的缺点是所需观测时间长，这是由于为了解算相位模糊度，在同步观测 4 颗以上卫星时，至少需要观测 2 个历元。若相隔时间太短，由于卫星的几何分布变化小，将导致方程式的病态，从而难以保证求解的精度和可靠性，甚至不可求解。一般须要观测 1 ～ 3 h 才能获得较精确的结果，因此效率比较低，不能实时应用。

(2) Remondi 的伪动态定位法[21]

为了使卫星几何分布有较大改变，必须观测间隔足够长，而等待的时间太长会降低 GPS 的作业效率。实际上，并不须要在一个测站上长时间观测以等待卫星几何关系的改变。根据载波相位测量的基本原理，一旦相位器锁定载波相位，在不失锁的情况下，以后的载波相位的观测方程中整周模糊度不会发生变化。而且一旦模糊度确定下来，短基线上相对定位的精度立刻就能达到厘米级。

初始模糊度的确定主要有两种方法：一是利用两个已知点，根据已知基线（中误差优于 ±5 cm）来建立方程，确定模糊度；二是利用一个基准点和一个天线交换点，利用交换天线法来建立方程，求解模糊度。天线交换法是指利用接收机位置的变化来确定相位模糊度。先将两天线分别安置在彼此不太远（5 ～ 10 cm）的两点上，同步观测至少 4 颗以上的相同卫星数分钟，将两天线交换位置后再观测数分钟，最后再将天线还原到原来位置观测数分钟。若在天线交换的过程中无周跳和失锁，其模糊度将保持不变。交换前后相位双差观测量中，只改变了符号，可通过消元法确定出两点的相对位置，进而反算出待定的相位模糊度。

(3) 模糊度函数法（Ambiguity Function Method，AFM）

该方法最早由 Counselman 和 Gourevith 于 1981 年提出，Remondi 将它运用于 GPS 数据处理[22]，后来又经 Mader 和 Han 等人的完善和发展[23]。它借用了射电干涉测量的模糊度函数的概念，其实质是从基本变量中消去了除去分数相位之外的所有整周相位，不采用常规的最小二乘平差处理技术，而使用所谓的“试探-修正”的搜索计算策略。模糊度函数法是利用近似坐标来求解模糊度值的，所以又称搜索基线向量法。该方法的具体实现可参考相关资料。

(4) 最小二乘搜索法 (Least Squares Am biguity Search Technique)

最小二乘搜索法采用搜索相位模糊度法。其基本原理是在所有的双差模糊度中，只有3个是独立的，只要能确定3个双差的整周模糊度，则其他的双差模糊度就可以确定下来。具体做法是，首先利用4颗几何图形强度较好的卫星和给定的近似坐标，计算出一组双差相位模糊度初值，以此构成搜索正确模糊度的立方体区域的节点，来建立整周模糊度的搜索空间，从中选取一组待测点的模糊度作为基本模糊度，利用相应的3个双差观测量计算出所求点的整周模糊度作为剩余模糊度。而后对所有可能的模糊度进行不同的组合，利用最小二乘法求解其他的双差整周模糊度，直到使得载波相位残差的二次项式达到最小为止，以此作为相位模糊度的最优解。当然，最优解的确定亦可选择其他的统计准则。

(5)P 码双频法

P 码双频率法是通过 L1 和 L2 载波相位观测量的线性组合形成宽波，通过对宽波相位观测量和 P 码相位观测量的综合处理，来确定相位模糊度。在具有 P 码双频接收机的条件下，扩频技术甚至只要观测 1 个历元便可解算模糊度。因此，它对于缩短静态相对定位时间，加快作业速度具有重要意义。由于多路径效应对扩频技术的影响较大，对测相伪距和测码伪距的影响分别可达到几分米至 1m，因此选用 P 码双频法时，应慎重选择测站的位置，并适当地延长观测时间，尽可能减小多路径效应的影响。

(6) Hatch 的删除法[24]

Hatch 的删除法是建立在删除不适用的整周数集合之上。它要求观测 5 颗以上卫星，并用其中三组双差观测进行求解，确定其搜索范围。在搜索范围内，同其余每颗卫星观测值比较残差的平方和。如果超过了某一个整周模糊度解集所允许的上限，即予删除，此后也不再进一步核减该组整数解。当余下唯一一组解时，取该组为最后模糊度求解结果。

(7) FARA 方法 (Fast Ambiguity Resolution Approach)[25]

FARA 方法是整周模糊度快速逼近技术。该方法是由 E. Frei 和 G. Beutler 等人于 1990 年提出的一种快速求解整周模糊度的方法。它以数理统计理论的参数估计和假设检验为基础，利用初始平差的解向量(坐标及实数模糊度)和所要求的精度信息(方差与协方差阵及单位权方差)，确定一个解的置信空间，并在此空间内确定出整周模糊度可能的整数解组合，搜索出方差最小的一组似然整周数解来确定最佳的模糊度参数，并判断其优于其他解集的显著性。

(8) LAMBDA 方法 (Least-squares Ambiguity Decorrelation Adjustment)

该方法由 Teunissen 提出，其主要特点是利用高斯整数变换，即 Z 变换来构造搜索范围。但是在快速定位中，如果当前观测数据不足以确定模糊度，就须要增加观测数据。这时 LAMBDA 方法就要用已有的观测方程系数和增加的观测方程系数来重新计算模糊度参数的协方差矩阵，然后再构造新的 Z 变换矩阵和搜索范围。如果观测方程个数比较多，并且要重复多次，重新计算模糊度参数的协方差矩阵的计算量就特别大，比较费时，从而影响求解模糊度速度和工作的快速进行。

(9)TCAR 方法 (Three-Carrier-Phase-Ambiguity Resolution)[26]

TCAR 方法由 Harris 和 Forsell 提出，可迅速、方便地解算载波相位的初始模糊度。该技术使用 3 个频率来解算载波相位的初始模糊度，将不同波长的 3 种载波两两组合，使得下一步的测量波长远大于上一步的测量噪声，同时下一步的测量噪声小于上一步的测量不确定性，从而逐步提高测量精度，最终确定任何频率的载波模糊度。然而由于测量噪声与多路径效应的影响，TCAR 技术还存在较高的错误率，须进一步改进算法(可采用小空间模糊度搜索策略)。具体过程实例可以参考第 3.9.5 节。

另外还有由 Chen 和 Lachapelle 提出的快速搜索滤波法(Fast Amnblguity Search Filter，FASF)[27]，Cholesky 分解法，并行遗传算法的搜索技术或采用几何约束条件[28]等方法。这些方法都有自己的一些特点，共同之处就是首先估计初始姿态或整周模糊度，从而建立一定的搜索空间，检验该空间上可能的模糊度组合，并用一定的标准来检验这些组合，当达到一定的精度后，搜索过程停止，模糊度确定。

虽然以上各种求解模糊度的方法各有特色和优点，但是如何在导航动态情况下实现快速、准确地求解模糊度，并使之符合相应的工程实时性要求，仍须进一步研究和完善。

3.6　GPS 的应用和 GPS 现代化

GPS 系统的建立给导航和定位技术带来了巨大的变化，它较好地解决了人类在地球上的导航和定位问题，可以满足不同用户的需要。用 GPS 信号可以进行陆、海、空领域的导航(见图 3.38)。

GPS 的应用与服务通常可分为低端和高端两类。

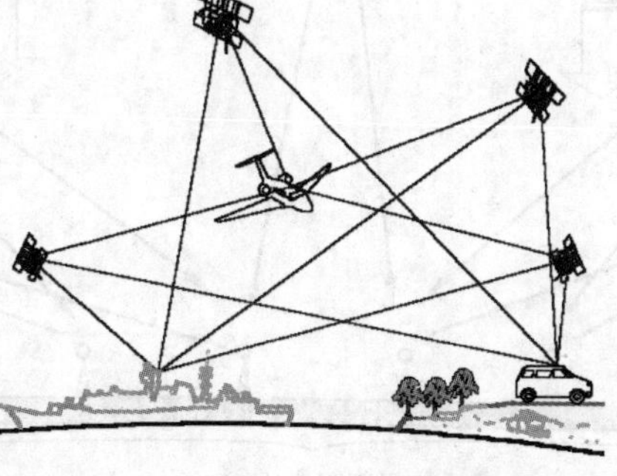

图 3.38　GPS 在海、陆、空的导航定位应用

3.6.1 GPS应用情况

GPS已发展成多领域、多模式、多用途、多机型的高新技术国际性产业。GPS的应用领域，正如人们所说的"今后GPS的应用，将只受人类想象力的制约"。以下是部分典型应用的介绍。

1. GPS的广域增强系统

(1)采用广域增强系统

美国联邦航空局(FAA)开发了一种GPS标准定位服务(Standard Position Service，SPS)的广域增强系统(Wide Area Augmentation System，WAAS)。WAAS的结构如图3.39所示，其组成包括：

①广域基准站(WRS)；

②广域主控站(WMS)和上行注入站的地面地球站(GES)；

③站间通信网络；

④静止卫星(GEO)上的导航转发器。

在WAAS系统中，地面基准站用GPS接收机监测GPS卫星信号，并将监测数据发送到主控站。主控站计算修正数据及其有效性，然后将数据通过近地通信卫星发给飞机用户。而机载用户设备不必另设数据链的射频接收部分，只要将GPS接收机留出一个通道，加设WAAS导航电文提取和处理程序即可。WAAS的工作原理如图3.39所示。

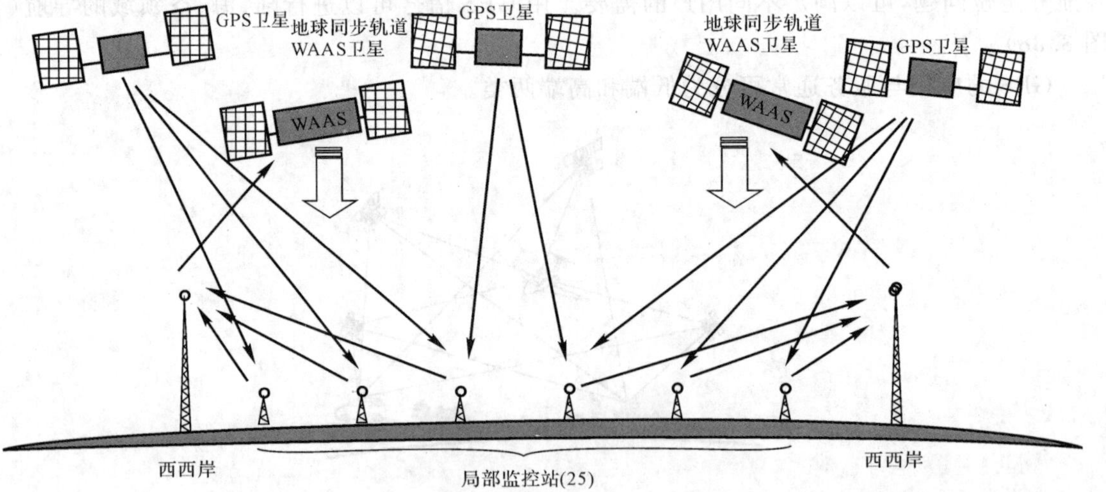

图3.39 美国广域增强系统WAAS结构图

WAAS的目标是改善GPS的SPS完善性、可用性、服务连续性和提高精度,最终目的是提供直至精密进场着陆的所有飞行阶段参数的导航系统。美国联邦航空局于1994年5月颁布了"WAAS规范",计划用WAAS设备装备逐步代替ILS(仪表着陆系统),到2010年不再使用基于地基系统的机载设备装备飞机。

(2) 其他卫星增强系统

将GPS与罗兰C系统结合使用,形成一体化测量;另外一种是欧洲目前正在引进的Eurofix方法,即使用DGPS校准并生成一个国际性罗兰附加因子修正表,将该修正表存在接收机存储区中,并定时存取。无论用哪种方法,经过电导率误差修正后得到的定位精度将高于GPS的定位精度。

欧洲的GPS区域增强系统EGNOS已经投入使用。日本在1999年后发射了多功能运输卫星MTSAT,建立基于MTSAT卫星的GPS增强系统,包括增发GPS格式的测距信号。

国内开展GPS定位应用较早,现已建成连续运行的GPS观测站30多个,其中7个纳入国际GPS服务站(IGS)网,全国GPS二级网站布测534点,平均边长约为160 km,从根本上解决了我国测量使用参考框架的问题,比传统测量方法提高效率3倍以上,费用降低50%。此外,我国还积极开展利用现有的、自主的卫星导航系统北斗系统进行GPS差分增强系统的研究工作。

2. GPS在中国2000国家大地控制网的应用[29]

为充分利用GPS的高精度3维信息,世界各国相继建成了城市GPS控制网、区域网、国家网,甚至洲际网及国际GPS服务站网。

中国的2000国家GPS大地控制网的全网参与平差的数据有2 587个GPS点,点位分布见图3.40,国外站点(IGS)点64个,国内站点2 523个。根据观测单位和观测时间,全网平差数据分为6个区,它们是:一、二级网(1991—1997年)553个点数据;A,B级网(1991—1997年)832个点数据;地壳监测网(1988—1999年)408个点数据;网络工程GPS网(1998—2001年)1222个点数据。

经过平差处理后的2000国家GPS大地控制系统具有以下优点:

①2000国家GPS大地控制网标定的坐标系统平均点位坐标精度优于3 cm;

②将各GPS网的观测信息进行统一平差,增强了统一后各GPS网的精度和可靠性。

③网络工程数据和结果在整网平差处理中发挥了重要作用,各网结果已统一到网络工程点上来,并得到了很好的精度。

④采用基线数据平差可以先不考虑坐标系统基准和地壳运动改正,而在平差时加入尺度和3个坐标旋转参数,这些参数可以吸收各GPS网中存在的尺度系统误差、定向误差及地壳运动引起的点位误差,使它们在整网平差时自动向基准数据转换。

⑤采用双因子抗差估计方法探测和控制相关观测量,减小异常观测的权,降低其在参数估

计中的影响，而且保证了原有观测量的相关系数不变。

⑥采用方差分量估计可以大大改善各子网在整个控制网平差中的权比。

图 3.40　2000 国家 GPS 大地控制网点分布图

3. GPS 在智能交通系统中的应用

智能运输系统(ITS)成为当今交通管理领域的热门研究课题，而车辆导航定位系统作为 ITS 的核心部分，是实现车辆管理智能化的关键技术之一。

南京航空航天大学导航研究中心和其他一些高校研究部门一起，从上世纪 90 年代中期起，开始对全球卫星定位系统在汽车上的应用进行了大量的研究工作，成功研制出 VNS－1 和 VNS－2 型 GPS/DR/BB 组合城市车辆导航系统。

GPS 定位技术的出现给车辆、轮船等交通工具的导航定位提供了具体的、实时的定位能力。图 3.41 是某地区的 GPS 公交车辆定位跟踪系统结构图。通过车载 GPS 接收机，驾驶员能够随时知道自己的具体位置。通过车载电台将 GPS 定位信息发送给调度指挥中心，调度指挥中心就可及时掌握车辆的具体位置，并在大屏幕电子地图上显示出来。目前，用于公安、交通系统的主要有：车辆 GPS 定位与无线通信系统相结合的指挥管理系统，应用 GPS 差分技术的指挥管理系统等。

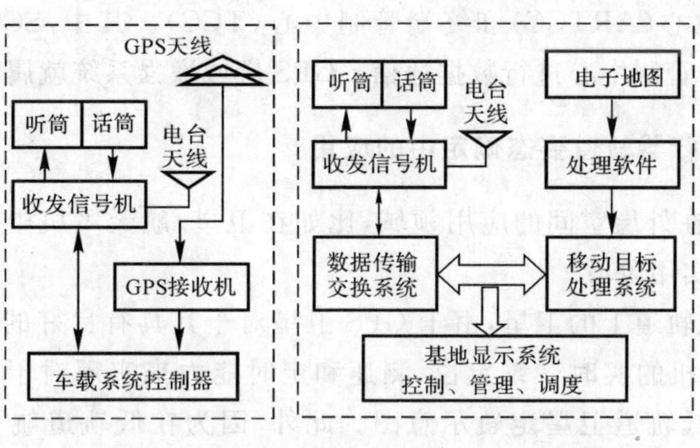

图 3.41　GPS 公交车辆定位跟踪系统结构图

4. GPS 在航空交通管制中的作用

空中交通管理系统(ATC)的目的，就是要采用高度自动化的指挥和管制系统，保证飞机安全、有序地飞行，进而增强民航营运能力，提高民航效益。GPS 辅助的 ATC 系统由 3 部分来组成：空间系统、地面系统和机载系统。

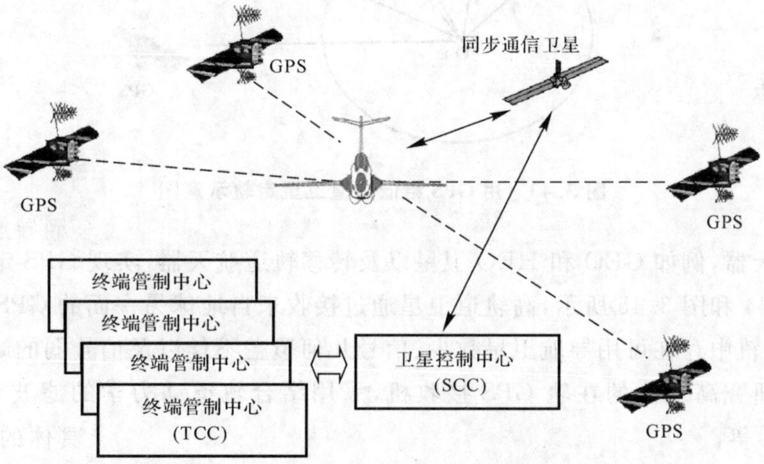

图 3.42　GPS 辅助 ATC 空间基系统原理图

在空间基 ATC 系统中，导航、监视和通信都要依靠空间卫星，如图 3.42 所示。空间卫星分为 GPS 导航卫星和监视通信数据链卫星(SD)。飞机位置报告数据由 SD 转发到地面卫星控制中心(SCC)，请求数据和命令由 SCC 注入到 SD，再转发给飞机。地面系统包括卫星控制中心、航路交通管制中心(ARTCC)和终端管制中心(TCC)。其中,SCC 搜集和处理监视数据,并且与飞机以及各管制中心进行数据通信。GPS 广域增强系统就属于此类空管系统。

5. GPS 在航天飞行器轨道姿态确定中的应用

近 20 年来,GPS 在外层空间的应用领域,比如在卫星、航天飞机中的定轨和导航技术方面亦由试验渐渐进入实用阶段。

对于运行于中、低轨道上的卫星,由于 GPS 卫星对于其具有良好的空间覆盖性,因此,可以利用星载 GPS 接收机的实时 3 维定位、测速和定时能力来实现对于卫星轨道的测定。图 3.43 是利用 GPS 给低轨道卫星定轨示意图。此外,因为在低轨道航天器上也可采用多个 GPS 接收机,实现基于 GPS 的姿态确定功能。

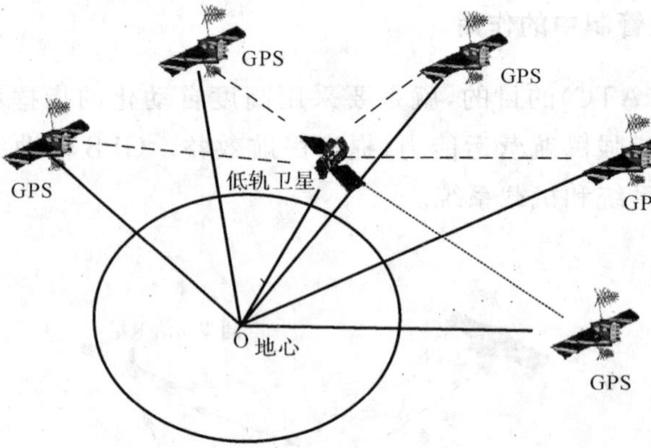

图 3.43 用 GPS 给低轨道卫星定轨示意图

高轨道航天器,例如 GEO 和 HEO 卫星以及转移轨道航天器,实现 GPS 定轨是其有特殊性的。如图 3.44 和图 3.45 所示,高轨道卫星通过接收来自地球另一面的 GPS 信号进行轨道确定,因而在定轨中存在可用导航卫星数少、信号几何覆盖不佳以及信号弱的缺点。解决这一问题的方法有研究高性能的在轨 GPS 接收机,采用结合轨道动力学的滤波定轨,采用多个 GNSS 系统信号等。

GPS 定位技术在航天领域的应用日趋活跃,为航天飞行器的自主测量和控制,提供了独特的丰富的信息源。如何最大限度地利用和开发这一信息资源,使其能够向精度低成本、高可靠、低风险地应用于这一领域,是目前迫切须要研究和解决的问题。

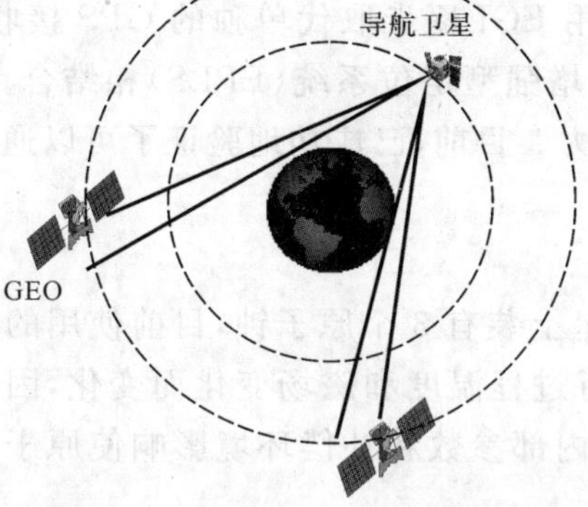

图 3.44　导航卫星对 GEO 的定位图示

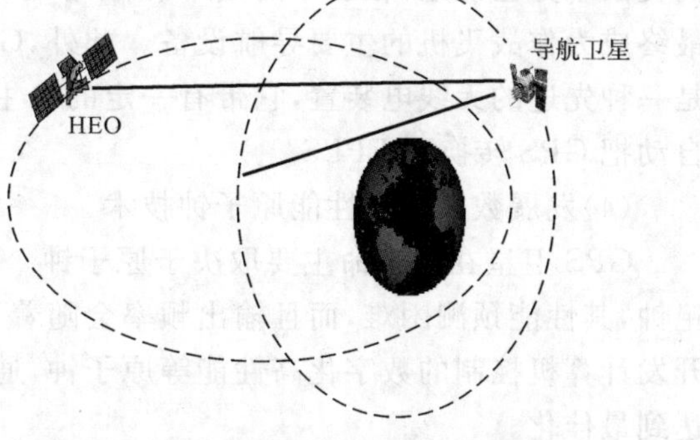

图 3.45　导航卫星对 HEO 的定位图示

6. GPS 系统的新兴应用[30]

GPS 在各方面的应用都得到了加强和发展，以 GPS 卫星信号作为间接的测量手段进行物理参数的测试也成为 GPS 应用的方向，例如，利用“掩星”技术[30]的 GPS 气象学、GPS 在电离层监测中的应用、GPS 在对流层监测中的应用、GPS 在卫星测高仪中的应用、GPS 在卫星追踪技术中的应用、GPS 在大坝变形监测中的应用[31]等。

3.6.2　卫星导航定位技术发展趋势

1. 全球卫星导航定位系统技术发展趋势

全球卫星导航定位系统的技术发展趋势如下：

(1)向多系统组合导航方向发展

为了摆脱对美、俄的导航定位系统的依赖，世界各国、各地区和组织将纷纷建立自己的卫星导航定位系统。今后 10 年内将会出现几种系统同时并存的局面。多系统组合接收机有很好的发展前景。

(2)向差分导航方向发展

使用差分导航技术，既可降低或消除那些影响用户和基准站的观测量的系统误差，包括信号传播延迟和导航卫星本身的误差，还可消除人为引入的误差。今后，差分导航将得到越来越广泛的应用，有效地提高测量精度。

(3)卫星导航定位技术与惯性导航技术、无线电导航技术相结合

INS 与 GPS 深度耦合中，GPS 接收机作为一块线路板嵌入到惯性导航机箱内，这就是

EGI 系统。由于 EGI 系统能充分发挥 INS 和 GPS 两者的互补作用,并有极强的保密功能,因而美国军方已确定,在三军的战术和战略飞机上,将用 EGI 逐步取代单独的 GPS 接收机,而最终成为作战飞机的主要导航设备。此外,GPS 可与增强型定位系统(EPLS)相结合。EPLS 是一种先进的无线电装置,它带有一定的自主导航能力。目前,已成功地验证了可以通过网络自动把 GPS 转换到 EPLS。

(4)发展数字化高性能原子钟技术

GPS 卫星在轨寿命主要取决于原子钟。每个卫星上装有 3 个原子钟,目前使用的是模拟铯钟,其性能预测困难,而且输出频率会随着卫星运行过程温度和磁场变化而变化,因此须要开发计算机控制的数字化高性能等原子钟,通过调整内部参数和补偿环境影响使原子钟性能达到最佳化。

2. GPS 系统技术的一些新进展

在新世纪以及未来军事中 GPS 将发挥更加巨大的作用,这样的形势下迫使 GPS 技术必须要有新的突破。经过不懈的努力钻研,如今已经取得些成绩。下面是一些技术方面的进展。

(1) 采用创新轨道设计

欧洲多年来从未中断对导航定位卫星的研究、论证。在第一代中,有全球导航卫星系统以及欧洲静止轨道导航重叠业务系统等,它们都是结合利用 GPS 和静止轨道通信卫星的方案。在第二代中,目前采用创新轨道设计的“伽利略”方案被认为是能够实现最少投入而达到理想应用目的的最佳方案。它既是独立系统,又有开放性特点,可与 GPS 兼容。这种系统还将在民航选择最佳航线、飞机安全进场着陆等领域有新的应用突破。

(2)大力开发抗干扰和干扰技术

为防止敌方干扰,美国将从 2005 年发射的第 7 颗 GPS－2F 卫星上开始使用新型信号结构。这样,除了更加保密外,还可实现 6 dB 的信号/干扰比的改善。正在研制不受干扰和欺骗的 GPS 接收机应用模块(GRAM)和选择利用抗欺骗模块(SAASM),同时装有这两种模块的接收机被称为国防部高级 GPS 接收机(DARG)。美国还在开发抗干扰的军事伪系统(Millitary Pseudolites),它可为地域发射 GPS 差分信号,以改进信号捕获并提高质量。为保护军用飞机使用 GPS,美国还在开发微带自适应天线阵列。

为使敌方不能使用 GPS,美国已开发出 GPS 干扰机,可使敌方无法接收 GPS 信号。

(3) 提高 GPS 导航信号性能的技术措施

通过增加新的军用和民用信号,GPS 卫星信号的定位精度、完备性及其与其他导航卫星系统的兼容性都得到较大的提高,从而提高 GPS 整体的导航信号性能。同时,通过提升地面站的性能、增加地面站的数量等方式,提高导航卫星本身的测轨精度,从而改进卫星星历精度,达到提高 GPS 导航信号性能的目的。

3. GPS 接收机方面的相关进展

(1)抗干扰技术

一直以来,GPS 用户接收机抗干扰技术是 GPS 接收机的一个主要技术发展方向。由于地面设备要接收来自 2 万多米高空的微弱信号,所以卫星导航接收机易受干扰,特别是在战时,军用系统易受敌对方的干扰信号影响。就用户接收机而言,主要通过电磁屏蔽、扩频、自适应天线、GPS 接收机数字技术、抗干扰滤波、直接 Y 码捕获、陆基伪卫星技术、其他导航系统辅助以及保密和欺骗等技术,对抗电磁脉冲、人为干扰和欺骗。美国已经掌握及近期有望投入使用的抗干扰技术有:

①采用自适应调零天线;

②采用组合式导航技术;

③直接捕获 P(Y)码;

④抗干扰滤波技术等。

(2)软件接收机[32]

在过去的 10 年中,GPS 接收机技术已经完成了从模拟到数字结构的转变。数字信号处理在性能、尺寸、质量和功率方面具有巨大的优势,但同时,由于这些数字结构是通过硬件实现的,所以要实现新特点、改善算法或者调到新的频率都意味着要购买新的接收机,而软件接收机可以很容易地重新编程。从研究观点考虑,软件结构为研究人员提供尝试各种算法的灵活性,无须在硬件上实际执行这些算法。软件卫星导航接收机的主要问题是实时模式或近实时模式操作下多信道相关器的实现。难点是 IF(中频)上的相关需要大量的计算量。

4. GPS 系统发展趋势

结合美国 GPS 自身的特性,可以看出美国 GPS 系统的一些发展趋势。

(1) 向长寿命方向发展

美国正在研制的 GPS 2F 卫星的设计寿命延长至 15 年,而下一代 GPS—3 卫星的设计寿命将达到 30 年。罗斯正在部署的新一代 GLONASS—M 卫星的设计命从 GLONASS 卫星的 3 年延长到 5～7 年,GLONASS—K 卫星的设计寿命将进一步延长到 10 年。而欧洲的 Galileo 卫星设计寿命也达到 15 年。只有寿命的提高,才能保证长期稳定的运行,从而提高应用效益。

(2) 向提高抗干扰能力方向发展

由于其军民两用的特性,导航定位卫星必须具备抗干扰能力。2002 年,美国国会批准了国防部申请,在 2003 年国防预算中增加 5 000 万美元,改进 GPS—2F 卫星的抗干扰系统。这 5 000 万美元用于改进 2F 与 2R 卫星,通过增大太阳帆板实现电源功率增加,并且通过转换装置实现功率转换,在精确的 P 码和新军码 M 码之间切换功率。改进之后系统的抗干扰性能将提高到当前 GPS 系统的 10 倍。而未来的 GPS—3 系统抗干扰能力与当前卫星相比，将提高 100～150 倍。

(3) 向提高自主运行能力方向发展

GPS 2R 卫星的自主运行能力，与 GPS—2A 相比，获得了增强，卫星不须地面控制就能精确导航 6 个月到 1 年。卫星能够灵活运用星上冗余硬件和可重新编程的软件执行任务，代替人工操作。

3.6.3 GPS现代化情况介绍

GPS 从提出构想到启动实施以及沿用至今，它已历经近半个世纪。随之而来的就是各种问题相继出现。同任何高技术装备都有优势和缺陷两个方面一样，GPS 同样存在自己的“死穴”和“盲点”。

一般说来，GPS 受到的潜在威胁如下[33]：

①反卫星激光和粒子武器的发展使得 GPS 卫星受到威胁。

②GPS 系统地面监控系统庞大，包括一个主控站、多个注入站和监测站，其位置除美国本土外，还有遍布世界各地的军事基地，一旦其中某个设施被摧毁，将削弱整个 GPS 系统性能。

③GPS 信号非常微弱，商用甚高频无线电、超视距军用雷达和广播电视等都构成了潜在的具有威胁的干扰，而最具威胁的还是人为干扰，一个 GPS 频带内的小功率噪声电平就能够中断几十甚至上百英里范围内的 GPS 接收机正常工作。

因此，实行提高 GPS 导航系统的整体综合能力的 GPS 系统改进和完善计划[34]，已成为 GPS 生存发展的重要一环，被提到日程上来了。同时已投入运行的俄罗斯 GLONASS 系统和欧盟伽利略系统的研制对 GPS 系统在世界卫星导航市场的霸主地位产生威胁，同时 GPS 差分系统及载波相位测量技术的迅速发展使得美国 GPS－SA 政策名存实亡。为此，美国于 1997 年起启动了“GPS 现代化计划”。

1. GPS 现代化的提出与计划实施阶段

GPS 现代化的提出是 1999 年 1 月 25 日美国前副总统以文告的形式发表的。文告只提出了几项民用 GPS 导航技术的改进和发展，但其整个 GPS 现代化实质是要加强 GPS 对美军现代化战争中的支撑和保持全球民用导航领域中的领导地位。随后美国军方和波音公司(GPS 系统主要制造商)发表的文章都阐明了 GPS 现代化的内涵。

一是保护，即 GPS 现代化是为了更好地保护美方和友好方的使用，发展军码、强化军码的保密性能，加强抗干扰能力；

二是阻止，即阻扰敌对方的使用，施加干扰，施加 SA，AS 等；

三是保持，即是保持在有威胁地区以外的民用用户有更精确、更安全的使用。

GPS 现代化计划分为以下 3 个阶段：

GPS 现代化第一阶段：发射 12 颗改进型的 GPS BLOCK ⅡR 型卫星，它们具有一些新的功能。能发射第二民用码，即在 L2 上加载 CA 码；在 L1 和 L2 上播发 P(Y)码的同时，在这两个频率上还试验性地同时加载新的军码(M 码)；ⅡR 型的信号发射功率，不论在民用通道还是军用通道上都有很大提高。

GPS 现代化第二阶段：发射 6 颗 GPS BLOCKⅡF(“ⅡFLite”)。GPS BLOCKⅡF 型卫星除了有上面提到的 GPS BLOCKⅡR 型卫星的功能外，还进一步强化发射 M 码的功率和增加发射第三民用频率，即 L5 频道。拟定到 2016 年 GPS 卫星系统应全部以ⅡF 卫星运行，共计 24＋3 颗。

GPS 现代化第三阶段：发射的 GPS BLOCKⅢ型卫星，在 2003 年前完成代号为 GPSⅢ的 GPS 完全现代化计划设计工作。目前正在研究未来 GPS 卫星导航的需求，讨论制定 GPSⅢ型卫星系统结构，系统安全性、可靠程度和各种可能的风险。计划用近 20 年的时间完成 GPSⅢ计划，取代目前的 GPSⅡ。

GPS 现代化发展情况见表 3.3。

表 3.3　GPS 现代化发展一览表

Block ⅡA/ⅡR	Block ⅡR－M，ⅡF	Block Ⅲ
最基本的 GPS 标准服务 · 单一频率(L1) · 粗捕获码(C/A)导航 精确服务 · Y 码(L1Y 和 L2Y) · Y 码导航	Block ⅡR－M：改进的ⅡA/ⅡR · 第二种民用信号(L2C) · M 码(L1M 和 L2M) ⅡF：改进的ⅡR－M · 第三种民用信号(L5) · 抗干扰能力 · 设计寿命 12 年	具有向后兼容性 第四代民用信号(L1C) 提高了精度 用户测距误差比ⅡF 提高 4 倍 增强的抗干扰能力 增强可用性 增强完整性

2. GPS 现代化以及发展的主要举措

GPS 现代化发展采取的主要措施有下述几项。

①关闭 SA。美国前总统克林顿在 1996 年宣布 GPS 全球发展的计划，包括从 2000 年 5 月 1 日华盛顿时间午夜(midnight Washington DC)起，美国政府关闭 SA。这个变化改善了空间信号的精度，消除由 SA 所产生的大约 24.2 m 的伪距误差。

②更新 GPS 信号结构。在 L2 频率上广播第二民用信号，同时将采用新的军用信号和编码结构，改善密码保护，改变数据信息的广播方式。其中最显著的举措就是增加新的军用 M 码信号，在必要的时候，以比现有的 P(Y)码高 20 dB 的功率，区域性地发射。

2005 年，GPS Block IIR－M 卫星发射 L5 信号，研究人员正在跟踪并且研究此信号。按计划，第一个 Block IIF 卫星将在 2009 年底发射，该卫星将发射 3 种频率信号。

截至 2009 年 5 月底，在轨运行的 GPS 卫星中，有 15 颗卫星已经服役超过 10 年(GPS 设计寿命为 7.5～10 年)，有 6 个现代化后的卫星(Block IIR－M)有 L2C 频段信号，这 6 颗卫星的情况如表 3.4 所示。

表 3.4 新近的 Block IIR—M 卫星概况

SNV	PRN	发射时间	轨道面	启用日期
52	17	2005.09.26	C4	2005.12.16
52	31	2006.09.25	A2	2006.10.12
58	12	2006.11.17	B4	2006.12.13
55	15	2007.10.17	F2	2007.10.31
57	29	2007.12.21	C6	2008.01.02
07	48	2008.03.17	A4	2008.03.24

③增发第三民用信号 L5。考虑到民用飞行救生应用，决定增加第三民用频率信号 L5，该信号的频率采用 1 176.45 MHz。L5 将比 L1 和 L2 更为安全可靠。L5 仍为 CDMA 扩频信号，但比 L1 信号将有如下几点改进：增加带宽，提高码元速率，增加发射功率，改进数据奇偶检查。

④启动 GPSⅢ卫星计划。国防部于 2000 年 11 月启动了 GPS 系统更新计划工作，即“GPSⅢ卫星”计划，研究新型轨道、卫星发射、设计和控制技术，以及包括管理在内的全部因素。重点体现在打算放弃目前 MEO 的 GPS 卫星星座，采用“HEO＋GEO”的星座形式。

⑤更新 GPS 地面设施。操作控制部分的更新将提高监测卫星信号的能力，使控制网络更加强大，提高民用和军用的精度，增加控制现代化卫星所必须具备的功能等。

3.7 GLONASS 卫星定位系统

GLONASS 是俄罗斯卫星无线电导航系统，功能上类似于 GPS。GLONASS 也由 3 部分组成，即空间部分、地面监控部分和用户接收机部分。GLONASS 的空间部分由 24 颗周期约 12 h 的卫星组成，它们不断发送测距和导航信息。控制部分由一个系统控制中心以及一系列在俄罗斯境内分布的跟踪站和注入站组成。与 GPS 相似，控制部分除对卫星工作状态进行监测并于必要时通过指令调整其工作状态外，还对各卫星进行测量以确定其轨道和卫星钟差，最后以导航电文的形式通过卫星存储、转发给用户。用户接收机也采用伪随机码测距技术取得伪距观测量，接收并解调导航电文，最后进行导航解算。和 GPS 不同的是，GLONASS 采用频分多址而不是码分多址，卫星的识别是靠卫星发播的载波频率存在的差异实现的。

3.7.1 GLONASS 系统简介

GLONASS 卫星于 1982 年 10 月 19 日进行首次发射，每一颗 GLONASS 卫星都安装有后向反射器，以便使用遍布苏联的量子光学跟踪站的卫星激光测距装置对卫星进行跟踪。俄罗斯把至今发射入轨的所有卫星都当成样星，共有 4 种。

1982 年 10 月至 1985 年 5 月发射的前 10 颗卫星称为Ⅰ型。

1985 年 5 月至 1986 年 9 月发射的 6 颗卫星称为 Ⅱ_a 型。

1987 年 4 月至 1988 年 5 月发射的 12 颗卫星称为 Ⅱ_b 型，由于运载火箭发生故障，其中 6 颗卫星丢失。

第四种称为 Ⅱ_V 型。到 2000 年年底，俄罗斯已部署 25 颗 Ⅱ_V 型卫星。

各型号卫星相继都进行了设备的改进，延长了使用寿命。GLONASS—M 型卫星提高了频率和定时精度，预期寿命为 5～7 年。

1993 年，俄罗斯政府正式把 GLONASS 系统交付给俄罗斯航天部队（VKS）主管。该部队负责 GLONASS 卫星部署、在轨维护和用户设备检验。VKS 还管理科学信息协调中心，由此对公众发布 GLONASS 信息。

1. 组成及性能特点

GLONASS 由地面、空间和用户 3 个部分组成。

(1) 空间部分

这部分由 GLONASS 星座组成，整个星座包括 24 颗卫星。GLONASS 卫星分布在 3 个轨道面上，升交点赤经相互间隔 120°。每一个轨道面有 8 颗卫星，这 8 颗卫星彼此相距 45°。相邻轨道面上卫星之间相位差为 15°，卫星倾角为 64.8°，在长半径为 26 510 km 的椭圆轨道上，轨道周期约为 675.8 min。

(2) 地面部分

目前 GLONASS 系统的地面站网都由军方管理，GLONASS 系统的地面部分由 1 个地面控制中心、4 个指令测量站、4 个激光测量站和 1 个监测网组成。

地面控制中心包括 1 个轨道计算中心、1 个计划管理中心和 1 个坐标时间保障中心，主要任务是接收处理来自各指令测量站和激光测量站的数据，完成精密轨道计算，产生导航电文，提供坐标时间保障，并发送对卫星的上行数据注入和遥控指令，实现对整个导航系统的管理和控制。

指令测量站均布设在俄罗斯境内，每站设有 C 波段无线电测量设备，跟踪测量视野内的 GLONASS 卫星，接收卫星遥测数据，并将所测得的数据送往地面控制中心进行处理。同时指令测量站将来自地面控制中心的导航电文和遥控指令发射至卫星。

4 个激光测量站中有 2 个与指令测量站并址，另 2 个分别设在乌兹别克斯坦和乌克兰境内。激光测量站跟踪测量视野内的 GLONASS 卫星，并将所测得的数据送往地面控制中心进行处理，主要用于校正轨道计算模型和提供坐标时间保障。

系统还建有 GPS/GLONASS 监测网，该监测网独立工作，主要用于监测 GPS/GLONASS 系统的工作状态和完好性。

(3) 用户部分

同 GPS 一样，GLONASS 是一个具有双重功能的军用/民用系统。所有军用和民用 GLONASS 用户构成用户部分。该系统的潜在民用前景巨大，而且与 GPS 互为补充。

俄罗斯联邦政府宣布 GLONASS 的 C/A(也称之为标准精度通道)码为世界范围内的民间用户提供水平方向至少 60 m(97.7%的概率)、垂直方向至少 75 m(99.7%的概率)的实时点定位(独立)精度。

俄罗斯航天部队监控 GLONASS 的性能，并向 GLONASS 用户发布咨询通报，通告因异常或预定的维护而停止工作的卫星。

2. 现状及发展计划

由于俄罗斯经济一度不佳，GLONASS 系统曾经处于崩溃的边缘。至 1999 年 12 月在轨工作的卫星共有 10 颗，其中有 3 颗是 1998 年底发射的，其余 7 颗均为 1995 年底前发射的。卫星的设计寿命为 3 年，实际使用寿命可长达 5 年。因此，到 2006 年底，除了 1998 年底发射的 3 颗卫星外，其余 7 颗卫星均已超期服役。为了挽救 GLONASS，俄罗斯也制定了相应的发展计划，发展计划大体可以划分为 3 个阶段，即维持阶段、改进阶段和远景阶段。

随着俄罗斯经济的复苏，GLONASS 发展计划得以实施。俄罗斯正逐步通过发射寿命较长、质量较小的改进型 GLONASS 卫星，以实现新型的 GLONASS 系统。截至 2009 年 11 月 1 日，俄罗斯 GLONASS 卫星系统的在轨卫星数已经达到 19 颗。预计 2010 年底，实现 24 颗 GLONASS 卫星的满星座运行。

3.7.2 GPS/GLONASS 技术体制比较

GLONASS 在系统配置、定位测速原理等许多方面类似于 GPS，但两者在一些技术体制上也存在一定的差别，本节将重点介绍这些差别。

1. GLONASS 与 GPS 的总体特性比较

GLONASS 与 GPS 的总体特性比较见表 3.5。

表 3.5　GLONASS 与 GPS 的总体特性比较

类别	技术参数	GLONASS(俄罗斯)	GPS(美国)
卫星	卫星数量	21+3	21+3
	轨道面数量	3	6
	轨道面倾角	64.8°	55°
	轨道长半径/km	25 510	26 560
信号	原始钟频/MHz	5.0	10.23
	信号识别技术	频分多址	码分多址
	L1 载波频率/MHz	1 602～1 616	1 575.42
	L2 载波频率率/MHz	1 246～1 257	1 227.60
	C/A 码率/MHz	0.511	1.023
	P 码/MHz	5.11	10.23
	C/A 码长/m	587	293
	P 码长/m	58.7	29.3
星历码	帧长度/min	2.5	12.5
	每帧容量/B	7 500	37 500
	每帧保留空间/B	约 620	约 2 750
	字段长度/B	2.0	0.6
	每帧字数	100	30
	字段容量/B	15	50
	广播星历表述方式	地心直角坐标及其导数	开普勒根数和摄动因子
参考系统	时间参考系统	UTC(SU)	UTC(USNO)
	坐标参考系统	PZ－90	WGS－84

2. 多址方式

同 GPS 卫星类似，GLONASS 卫星以 BIT/SK 发射 2 路伪随机噪声信号。然而，GLONASS信号的时钟频率大约是 GPS 的一半：P 码和 C/A 的码的频率分别为 5.11 和 0.511 MHz，信号上也叠加了 50 b/s 的信息。起初，该系统以两个频段发射信号：L1，1 602～1 615.5 MHz；L2，1 246～1 256.5 MHz。L1 的频率间隔为 0.562 5 MHz，L2 的频率间隔为 0.437 5 MHz。这种安排提供了 25 个信道，以便在 24 颗星全星座中每颗卫星都分配一个唯一频率（保留剩下的一个信道用于试验）。这种同时多路发射的系统称为频分多址（FDMA）。

这是 GLONASS 和 GPS 重大差别之一,后者是一个码分多址(CDMA)系统。

某些 GLONASS 卫星的发射信号最初干扰了射电天文学家的工作,他们在 GLONASS 频率附近研究非常微弱的自然射电信号。射电天文学家使用 1 610.6~1 613.8 MHz 和1 660~1 670 MHz频段观察星际空间中从羟基辐射的光谱,并且国际电信联盟(ITU)也规定他们为该频段的主要用户。同时,ITU 还将 1 610~1 626.5 MHz 频段分配给近地轨道移动通信卫星的经营者。鉴于此,GLONASS 的管理部门决定减少卫星所用的点频数,并调整到稍低的频段上。

结果,该系统将仅使用 12 个主用频率信道(加上 2 个用于试验的备用信道),频段将移到 1 598.062 5~1 604.25 MHz 和 1 242.937 5~1 247.75 MHz。解决办法是,处于地球正面和背面的卫星(同一轨道面上相隔 180°的两颗星)共用同一频率。这个方法是相当成功的,因为在地球上任何地点的用户不可能同时接收到来自这样一对卫星的信号。

3. 信号格式

同 GPS 一样,GLONASS 在 L1 和 L2 上发送 P 码,目前只在 L1 上发送 C/A 码。C/A 码码长为 511 码元,速率为 5.11×10^5 码元/s,重复周期为 1 ms。P 码码长为 33 554 432 码元,速率为 5.11×10^6 码元/s,这是一种截短码序列,重复周期为 1 s。与 GPS 卫星不同,所有 GLONASS 卫星发射相同的码,从星上 3 个 5 MHz 铯原子钟之一导出各种定时和频率信号,信号是右圆极化,发射信号强度与 GPS 类似。

两路单独的 50b/s 的导航信息各自模 2 叠加到 C/A 码和 P 码上。C/A 码信息包括:卫星时钟偏离 GLONASS 时间的初始时差和速率偏差;按照某一个基准时刻卫星位置、速度和加速度矢量给出的星历表;其他诸如同步位、数据龄期、卫星健康状态、GLONASS 时间偏离俄罗斯联邦国家时间和频率局(NTFS)维护的世界协调时 UTC(SU)的偏差;其他所有 GLONASS 卫星的历书(粗略星历)等信息。全部信息持续 2.5 min,但是星历和时钟信息每 30 s 重复一次。

GLONASS 管理机构尚未公布 P 码导航信息的细节。然而,据说全部信息占时 12 min,星历和时钟信息每 30 s 重复一次。

4. 时间基准和坐标基准

GLONASS 采用世界时作为时间量度基准,它采用俄罗斯维持的世界协调时 UTC(SU)作为时间量度基准。UTC(SU)与 UTC(BIMP)相差数微秒,后者是巴黎经度局的国际标准世界协调时。GLONASS 时间系统保持与 UTC(SU)之差小于 1 μs。GLONASS 计划将时间系统做一些调整,以便与 UTC(BIMP)的跳秒相一致。

与 GPS 采用原子时不同,GLONASS 采用世界协调时作为时间计量基准,这可能出自卫星位置计算的考虑。GLONASS 的导航电文给出卫星在地球坐标系内的位置、速度和加速度。在计算卫星位置时涉及惯性坐标系,在两种坐标系进行变换时须要提供相关地球参数。从精度和实时性的角度考虑,并顾及地面卫星星历计算和接收机卫星位置计算所采用参数的一致性,使用俄罗斯自测的 UTC(SU)时间系统更为有利。这也许就是 GLONASS 采用 UTC(SU)作为时间计量基准的原因之一。

采用世界协调时作为时间计量基准的缺点是,存在跳秒问题,这将导致时间的不连续。当跳秒发生时,须有相应的技术措施才可保障系统的工作正常。发生跳秒时主要产生两个问题,一是接收机届时应能做相应跳秒,二是卫星星历的使用期限不要跨越跳秒瞬间。这些问题在采取一定的技术措施后是可以解决的。

GLONASS 星历是以 Parametry Zemli 1990 PZ－90 测地基准作为参考的。PZ－90 代替了直到 1993 年前 GLONASS 一向使用的苏联测地坐标系 1985(SGS 85)。PZ－90 是一个全球基准系统,其坐标是按与国际地球基准坐标(ITRF)相同的方式定义的。表 3.6 列出了 GPS 与 GLONASS 系统坐标参数。

表 3.6　GPS 与 GLONASS 系统坐标参数比较

参数名	GPS(WGS－84)	GLONASS(PZ－90)
地球自转速率	$7.92\ 115\times10^{-6}$ rad/s	$7.92\ 115\times10^{-6}$ rad/s
万有引力常数	$398\ 600.5\times10^{9}\ m^3/s$	$398\ 600.44\times10^{9}\ m^3/s$
大气引力常数	$0.35\times10^{9}\ m^3/s$	$0.35\times10^{9}\ m^3/s$
光速	299 792 458 m/s	299 792 458 m/s
椭球长半径	6 378 137 m	6 378 136 m
椭球扁率	1/298.257 223 563	1/298.257
赤道引力加速度	$9.780\ 328\ m/s^2$	$9.780\ 328\ m/s^2$

PZ－90 坐标是通过调整基准站坐标而实现的,结果是相对于 ITRF 和世界测地坐标系 1994(WGS－84)的原点和轴向有偏差,刻度也不同。目前,少量 GLONASS 接收机在精确计算两坐标系间的关系时存在一些困难。不过,至少有两个研究组织已在建立初步的转换关系式。

5. 系统精度

GLONASS 与 GPS 类似,提供两个精度等级。高精度服务仅供俄罗斯军用,而精度较低的服务供民用。高精度服务具有反欺骗能力,它由俄罗斯国防部控制。据英国利兹大学和美国 3S 公司的观测报道,军用服务提供的精度类似于 GPS PPS 的技术规范,水平大约为 20 m(2drms,两倍标准差,相当于 95%概率),垂向大约为 34 m(2drms)。然而,GLONASS 的军用精度仍然是保密的。

GLONASS民用精度的技术规范是，水平精度为100 m(2drms，95%概率)，垂向精度为150 m(2drms)，速度精度为15 m/s(2drms)，GLONASS满星座(21颗卫星加3颗工作预备)设计成以94.7%的概率精度提供民用导航信息。导出的时间精度不超过GLONASS系统时1 ms和5 ms UTC(SU)。

实际上，GLONASS精度远远高于上面引用的规定值。工作系统试验证明，水平的民用精度为26 m(2drms，95%概率)，垂直的民用精度为45 m(95%概率)。速度测量精度在3～5 cm/s之间。

3.7.3 GPS/GLONASS组合应用与兼容技术

由于GPS和GLONASS这两种星基导航系统在系统构置、导航定位机理、工作频段、调制方式、信号和星历数据结构等方面是基本相同和相近的，都以发射扩频测距码、测量卫星与用户之间的伪距来完成导航定位，所以就存在利用一部用户设备同时接收这两种卫星信号的可能性。在两个系统各自单独工作时，可能存在难以覆盖的空白带，且会受制于人。但是，如果能将两个系统组合使用，由于可用卫星数目增多，不仅能填补单一系统存在的覆盖空白问题，而且可使系统精度显著提高。尤其对军用用户，这有利于解除后顾之忧。因此，GPS/GLONASS组合技术已经成为近几年研究的重点。

1. GPS/GLONASS组合应用及其优点

所谓GPS/GLONASS组合技术，就是用一台接收机同时接收和测量GPS和GLONASS两种卫星信号，以便在世界上任何地方、任何时间精确测出3维位置、3维速度、时间和姿态参数，为用户提供仅用GPS接收机或仅用GLONASS接收机无法获得的性能。该组合接收机具有以下一些优点。

①提高了系统完善性。在实际的导航系统中，完善性是一个很重要的指标。当一颗已经失效(不论是暂时或是长期)的卫星依然在广播导航电文时，地面用户很可能由错误的电文导致错误的导航定位，这会产生严重的后果。但在组合使用两个系统时，由于可观测卫星数目增倍，能够很可靠地发现失效的卫星，避免出现损失。

②提高了系统可靠性。卫星系统仅仅可用是不够的，还应该有足够高的可靠性。国际民航组织(ICAO)对民用航空导航系统的可靠性有严格的要求，规定其失效概率应当小于1.0×10^{-8}。这对于两个系统中的任何一个来说都是过于苛刻的要求。但对组合系统来说，由于一般可以同时观测到10颗以上卫星，只要其中有4～5颗能正常工作就可以获得有效的导航解，满足ICAO的要求。

③提高了系统精度。组合导航可以在两个系统中选择最小几何精度因子(PDOP)值的一组卫星，所以可为用户提供更高的导航精度。

④提高了导航连续性。试验结果表明,仅观测GPS星座的4颗卫星难以实现连续的精确导航,特别是在高动态应用场合,运动载体和GPS卫星之间存在较大的加速度径向分量,易于导致接收机跟踪环路的失锁,难以获得稳定的实时定位和姿态测量精度。采用GPS/GLONASS组合接收机以后,既可在一天的任何时间内接收4颗以上的卫星信号,又可选择径向加速度较小的卫星构成定位星座,确保导航的连续性。

一般来讲,GPS/GLONASS组合接收机在锁定4颗同类卫星时,可确定3维位置和速度,速度精度为1 cm/s。典型组合接收机有12个跟踪GPS卫星的并行口和12个跟踪GLONASS卫星的并行口,容量很大,因此总能利用最佳可用星座以提供最精确的位置。如果一个卫星系统或某颗卫星被关闭或发生故障,或卫星变得不健康,这种组合接收机将自动使用运行正常的卫星。

2. GPS/GLONASS组合技术难点

正如上文所述,1台接收机完全可以同时接收和测量GPS与GLONASS信号,但要设计出这种实用的组合接收机还必须正确处理两种导航定位系统之间的不同之处,其中所含关键技术项目主要包括3个方面。

(1)寻求接收机的公共频率源

GPS和GLONASS系统虽然工作在同一频段,但载波频率和码率均不相同,这须要设计一个能同时得到这两个系统所需的本振频率和钟频频率的频率综合器。由于星座中所有的GPS卫星都发射两个相同的载频(1 575.42 MHz和1 227.60 MHz),而每颗GLONASS卫星载频随卫星编号不同而异,因此GPS/GLONASS组合接收机必须具有一个公共频率源,以便采用GPS/GLONASS组合星座测定动态用户的状态参数(3维位置、3维速度和时间)。

(2)处理两种位置坐标系之间的差异

由于两个系统均使用自己的位置坐标系,即PZ－90(GLONASS)和WGS－84(GPS),但是这两个坐标系进行转换所需的7个参数是未知的,只是各国的试验中零散地给出了各个地方的局部偏差估计值。

(3)建立统一的时间尺度

因为这两个系统分别使用了并不同步的系统,即GPS的UTC(USNO)和GLONASS的UTC(SU),因此在组合使用时至少要考虑下面3个方面的时间差别,建立统一的时间尺度。即:

①卫星时间与各自系统时间的差别;

②各自系统时间与其时间参考系的差别;

③UTC(USNO)和UTC(SU)的差别。

这些问题如果不能很好地解决,将会使组合设备产生过大的导航定位误差。

3. 国内外 GPS/GLONASS 组合接收机的研究概况

由于GPS/GLONASS组合接收机具有以上几个突出的优点，特别是美国及俄罗斯都希望将自己系统的民用码作为国际通用的标准，因此国外许多导航设备制造商和公司对组合设备的研制都非常积极，纷纷投入了巨大的人力和财力，以加快这种接收机的研制，满足军、民市场的需要。目前已经取得了一定的成果。从全世界用户的观点来看，能够同时使用 GPS 和 GLONASS 星座的组合设备将受到人们普遍的关注。因为这样可以改善 PDOP，从而提高和保持定位精度，又可以减少因政治因素而受到一个国家制裁的可能性。另外，对改善导航信息可用度也有一定的好处。为此，在民用服务方面，美国和俄罗斯正在开展有关合作，有些厂家已经生产出可分别或混合使用两种星座的组合接收机。

卫星导航作为当今世界广泛应用的导航手段之一，具有很强的生命力，GPS/GLONASS 组合应用是完全可行的，它最大的好处在于为提高导航定位完善性和可靠性提供了一个良好的手段，能够在一定程度上避免政治因素对单一卫星导航系统所产生的干扰和影响。

3.8 北斗卫星定位系统

20 世纪 70 年代以来，美国和苏联相继启动了各自的卫星导航定位计划，面对卫星导航技术的迅速发展及其在国民经济发展和现代战争中的重要作用，根据国情，我国在 1980 年决定建立一个独立的北斗卫星导航系统。

2003 年，我国顺利建成了北斗的验证系统，即北斗双星系统，其中卫星和备份星的发送时间分别是 2000 年 10 月 31 日、2000 年 12 月 21 日和 2003 年 5 月 25 日。我国北斗卫星导航系统的顺利建成，改变了我国长期缺少高精度、实时定位卫星的局面，打破了美国和俄罗斯在这一领域的垄断地位，填补了我国卫星导航定位系统领域的空白[35]。

“北斗”是中国独立自主设计、建设的卫星导航系统，也是联合国有关机构认定的全球卫星导航定位四大核心供应商之一。北斗一代的建成使中国成为继 GPS，GLONASS 之后，能够独立提供服务的 3 大卫星导航系统之一。

北斗系统的建成分为两步，首先建立北斗卫星导航定位系统（北斗一代），然后在此基础上进行完善实现具有全球导航功能的北斗导航定位系统（北斗二代）。

3.8.1 北斗一代的组成与技术指标

北斗卫星一代导航定位系统由通信导航卫星、地面应用系统和测控系统组成，如图 3.46 所示。

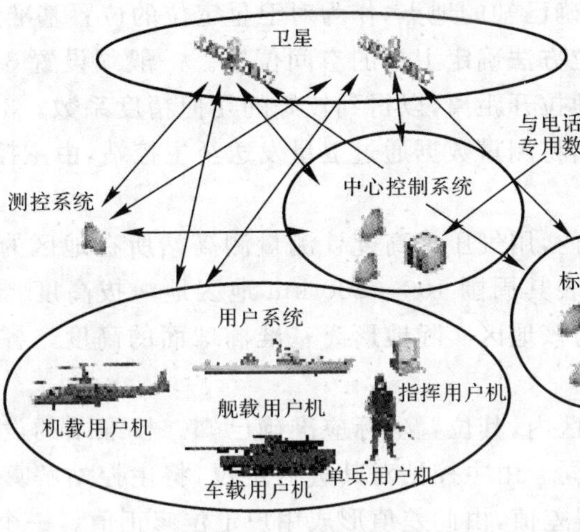

图 3.46　北斗一代卫星导航系统组成示意图

1. 导航通信卫星

系统中的卫星是空间导航站，即在空间的位置基准点，也是通信中继站，它是离地约 36 000 km高的地球静止卫星。整个卫星由 3 颗北斗一号卫星组成，2 颗卫星分别定点在东经 80°、东经 140°上空，另 1 颗在轨备份星在东经 110.5°上空。卫星波束覆盖我国领土和周围区域，主要满足国内导航通信的需要。

2. 地面测控网

地面测控网包括主控站（包括计算中心）、测轨站、气压测高站和校准站。

主控站设在北京，控制整个系统工作。其完成的主要任务有：

①接收卫星发射的遥测信号；向卫星发送遥控指令，控制卫星的运行、姿态和工作。

② 控制各测轨站的工作，收集它们的测量数据，对卫星进行测轨、定位，结合卫星的动力学、运动学模型，制作卫星星历。

③ 实现中心与用户间的双向通信，并测量电波在中心、卫星、用户间往返的传播时间。

④ 收集来自测高站的海拔高度数据和校准站的系统误差校正数据。

⑤ 主控站利用测得的主控站、卫星与用户间电波往返的传播时间、气压高度数据、误差校正数据和卫星星历数据，结合存储在计算中心的系统覆盖区数字地图，对用户进行精确定位。

⑥ 系统中各用户通过与计算中心的通信，间接地实现用户与用户之间的通信。由于主控站集中了系统中全部用户的位置、航迹等信息，可方便地实现对覆盖区内的用户进行识别、监视和控制。

测轨站设置在位置坐标准确已知的地点，作为对卫星定位的位置基准点，测量卫星和测轨站间电波传播时间，以多边定位方法确定卫星的空间位置。一般须设置 3 个或 3 个以上的测轨站，各测轨站之间应尽可能地拉开距离，以得到较好的几何精度系数。3 个测轨站分别设在佳木斯、喀什和湛江。各测轨站将测量数据通过卫星发送至主控站，由主控站进行卫星位置的解算。

测高站设置在系统覆盖区内，用气压式高度计测量测高站所在地区的海拔高度。通常一个测高站测得的数据粗略地代表其周围 100～200 km 地区地海拔高度。海拔高度与该地区大地水准面高度的代数和，即为该地区实际地形离基准椭球面的高度。各测高站将测量的数据通过卫星发送至主控站。

标准站也分布在系统覆盖区内，其位置坐标应准确已知。校准站的设备及其工作方式与用户的设备及工作方式完全相同。由主控站对其进行定位，将主控站解算出的校准站的位置与校准站的实际位置相减，求得差值，由此差值形成用户定位修正值。一个校准站的修正值一般可以为其周围 100～200 km 区域内的用户提供定位修正值。

一般的测轨站、测高站、校准站均是无人值守的自动数据测量、收集中心，在主控站的控制下工作。

3. 用户设备

用户设备是带有全向收发天线的接收、转发器，用于接收卫星发射的 S 波段信号，从中提取出由主控站传给用户的数字信息。用户设备仅是接收、转发设备，这使设备可做得简单些，成本也可降低。

用户设备系统具有 3 大特点：

① 开机快速定位。用户开机几秒钟就可以进行定位，而 GPS 等其他卫星导航系统需要几分钟。

② 位置报告功能。用户与用户、用户管理部门，以及地面中心之间均可实行双向报文通信，传递位置及其他信息，这是目前其他导航系统所不具备的。

③ 双向授时功能。可以为用户提供双向授时服务，这也是目前其他卫星导航系统所不具备的。

与其他卫星导航系统相比，该系统投资少，而且还具有其他系统所不具备的功能。所以北斗一代卫星导航系统是一个具有较高性价比的、具有中国特色的卫星导航系统。

4. 主要技术指标

① 服务区域。经度区间为 70°～145°(E)；纬度区间为 5°～55°(N)。其服务区域如图3.47所示。

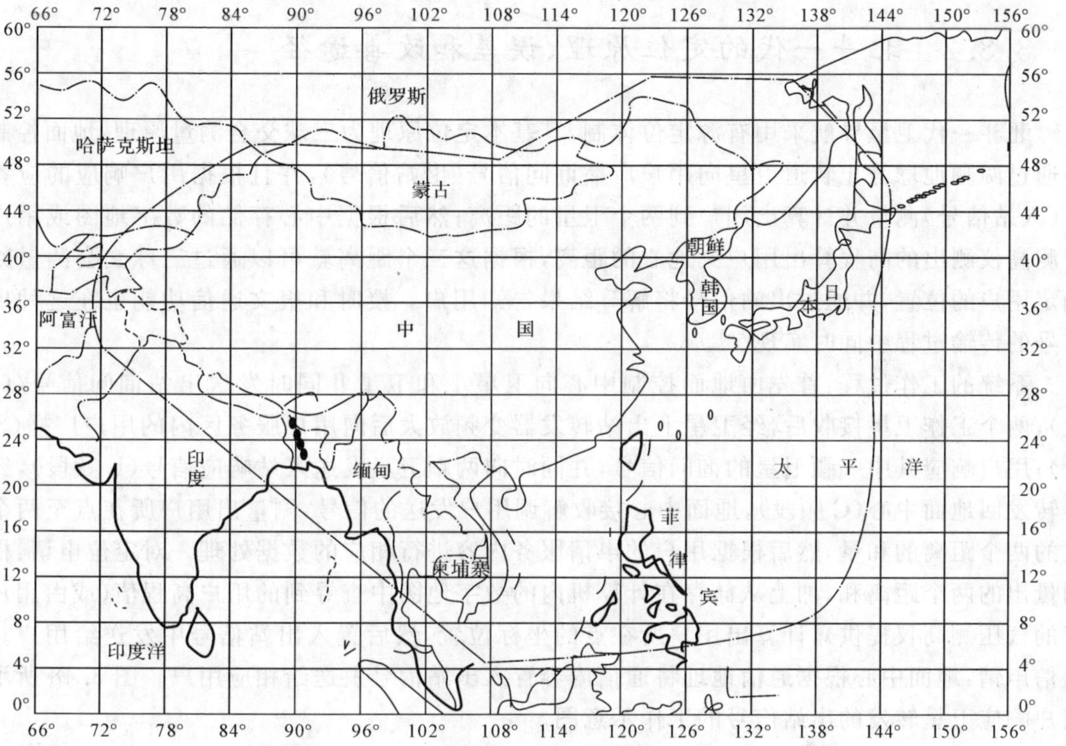

图 3.47　北斗一代卫星导航定位系统的服务区域

② 动态性能及环境条件。适合于瞬时速度小于 1 000 km/h 的动静态用户，在树木有轻微遮挡条件下能正常工作。平面定位精度为 20 m(1 σ)（不设标校机区域为 100 m），高程定位精度为 10 m(1 σ)。

③ 用户容量。每小时可提供 54 万次服务。其中，一类用户：10 000～20 000 个，适合于单兵携带，5～10 min 服务一次；二类用户：5 500 个，适合于车辆、舰船和直升机等中速用户，10～60 s 服务一次；三类用户：10～20 个，飞机和特殊用户，1～5 s 服务一次。

④ 授时精度：单向，100 ns；双向，20 ns。

⑤ 一次定位成功率：95%。

⑥ 具有简单报文通信能力，可最多传递 120 个汉字。

总之，北斗一代卫星导航系统的建成，不但使国内获得独立自主和快速有效的定位手段，而且标志着我国在卫星导航技术领域取得了重大突破。但是，北斗一代采用有源定位体制，使得系统在用户容量、定位精度、隐蔽性和定位频度等方面均受到一定限制，例如，定位时间长，定位精度低，系统无测速功能，不能满足远程精确打击武器的高精度制导的要求等。

3.8.2 北斗一代的定位原理、误差和改善途径

北斗一代卫星导航采用有源定位体制，其基本定位原理为三球交会测量原理：地面控制中心通过两颗地球静止轨道卫星向用户广播询问信号（出站信号），并且根据用户响应的应答信号（入站信号）测量并计算出用户到两个卫星的距离；然后根据中心存储的数字地图或用户自带测高仪测出的高程算出用户到地心的距离，根据这三个距离就可以通过三球交会测量原理确定用户的位置，并通过出站信号将解算结果告知用户。授时和报文通信功能也在这种出站信号的传输过程中同时实现[36]。

系统的工作过程：首先由地面控制中心向卫星Ⅰ和卫星Ⅱ同时发送出站询问信号（C频段）；两个工作卫星接收后，经卫星上出站转发器变频放大后向用户服务区内的用户广播（S频段）；用户响应其中一颗卫星的询问信号，并同时向两颗卫星发送入站响应信号（L频段），经卫星转发回地面中心（C频段），地面中心接收解调用户发送的信号，测量出用户所在点至两个卫星的两个距离的和量，然后根据用户的申请服务内容进行相应的数据处理。对定位申请：根据测量出的两个距离和，加上从储存在计算机内的数字地图中查寻到的用户高程值（或由用户携带的气压测高仪提供），计算出用户所在点的坐标位置，然后置入出站信号中发送给用户。对通信申请：地面中心根据通信地址将通信内容置入出站信号发送给相应用户。图3.48所示为用户响应卫星转发的出站信号的工作示意图。

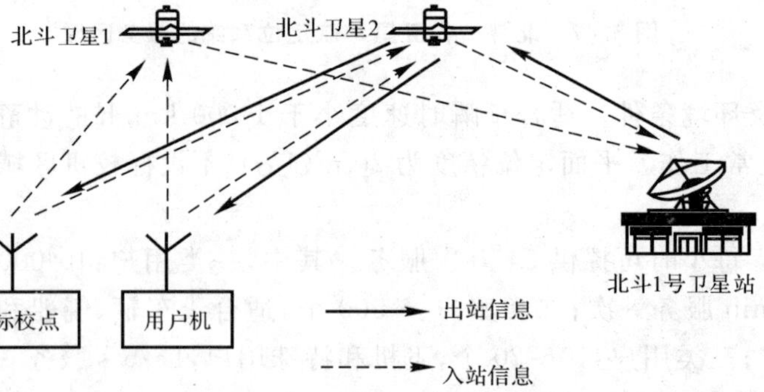

图3.48 系统工作原理图

$$\left.\begin{aligned}\rho_1 &= 2R_{U1} + 2R_{O2}\\ \rho_2 &= R_{U1} + R_{O1} + R_{U2} + R_{O2}\end{aligned}\right\} \tag{3.65}$$

其中

$$\left.\begin{aligned}R_{U1} &= \sqrt{(x_U - x_1)^2 + (y_U - y_1)^2 + (z_U - z_1)^2}\\ R_{U2} &= \sqrt{(x_U - x_2)^2 + (y_U - y_2)^2 + (z_U - z_2)^2}\end{aligned}\right\} \tag{3.66}$$

式中，(x_U, y_U, z_U) 代表用户在空间直角坐标系中的位置关系；(x_i, y_i, z_i) 为卫星在空间直角坐标系中的位置。

如图 3.49 所示，设测站法线到短轴的距离为观测值 ρ_3，与 ρ_1，ρ_2 三边交会于测站点。由椭球几何学知，地球短轴上 O' 的空间直角为 $(0, 0, -Ne^2 \sin B)$。因此，测站至地球短轴上 O' 点的距离为

$$\rho_3 = \sqrt{X^2 + Y^2 + (Z + Ne^2 \sin B)^2} \tag{3.67}$$

也即测站点大地高与卯酉圈曲率半径之和为

$$N + H = \sqrt{X^2 + Y^2 + (Z + Ne^2 \sin B)^2} \tag{3.68}$$

式(3.68) 与式(3.65) 联立可组成观测方程为

$$\left.\begin{aligned} L_1 &= 2(\rho_1 + S_1) \\ L_2 &= \rho_1 + S_1 + \rho_2 + S_2 \\ L_3 &= \sqrt{X^2 + Y^2 + (Z + Ne^2 \sin B)^2} \end{aligned}\right\} \tag{3.69}$$

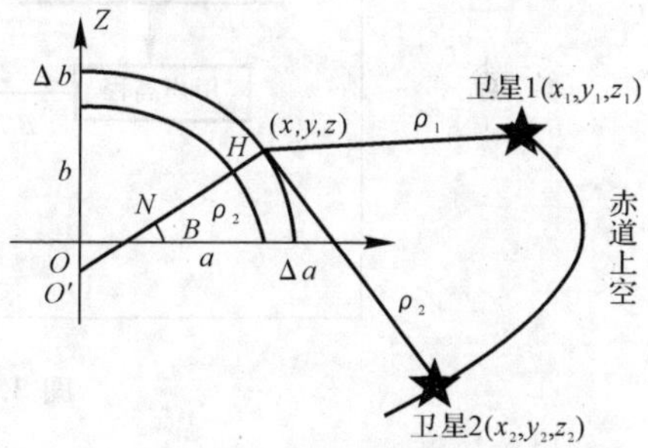

图 3.49　相似椭球示意图

为了书写的方便，先集中给出下文的符号的定义：

$\boldsymbol{L} = (L_1 \quad L_2 \quad L_3)$：观测值矢量；

$\boldsymbol{r} = (X \quad Y \quad Z)$：用户坐标矢量；

$\boldsymbol{r}_0 = (X_0 \quad Y_0 \quad Z_0)$：用户近似坐标矢量；

$\boldsymbol{r}_1 = (X_1 \quad Y_1 \quad Z_1)$：卫星 1 坐标矢量；

$\boldsymbol{r}_2 = (X_2 \quad Y_2 \quad Z_2)$：卫星 2 坐标矢量；

$\boldsymbol{r}_3 = (X_3 \quad Y_3 \quad Z_3)$：控制中心坐标矢量；

$\Delta\boldsymbol{r} = (X - X_0, Y - Y_0, Z - Z_0)$：坐标改正数矢量；

$f(\boldsymbol{r}_0, \boldsymbol{r}_1, \boldsymbol{r}_2, \boldsymbol{r}_3) = \begin{bmatrix} f_1(\boldsymbol{r}_0, \boldsymbol{r}_1, \boldsymbol{r}_2, \boldsymbol{r}_3) \\ f_2(\boldsymbol{r}_0, \boldsymbol{r}_1, \boldsymbol{r}_2, \boldsymbol{r}_3) \\ f_3(\boldsymbol{r}_0, \boldsymbol{r}_1, \boldsymbol{r}_2, \boldsymbol{r}_3) \end{bmatrix}$：观测方程右函数。

将式(3.69) 在用户的近似坐标处展开线性化，并写成矩阵形式有

$$\begin{bmatrix} \dfrac{\partial f_1}{\partial x} & \dfrac{\partial f_1}{\partial y} & \dfrac{\partial f_1}{\partial z} \\ \dfrac{\partial f_2}{\partial x} & \dfrac{\partial f_2}{\partial y} & \dfrac{\partial f_2}{\partial z} \\ \dfrac{\partial f_3}{\partial x} & \dfrac{\partial f_3}{\partial y} & \dfrac{\partial f_3}{\partial z} \end{bmatrix} \begin{bmatrix} \Delta x \\ \Delta y \\ \Delta z \end{bmatrix} = \begin{bmatrix} L_1 - f_1(\boldsymbol{r}_0, \boldsymbol{r}_1, \boldsymbol{r}_2, \boldsymbol{r}_3) \\ L_2 - f_2(\boldsymbol{r}_0, \boldsymbol{r}_1, \boldsymbol{r}_2, \boldsymbol{r}_3) \\ L_3 - f_3(\boldsymbol{r}_0, \boldsymbol{r}_1, \boldsymbol{r}_2, \boldsymbol{r}_3) \end{bmatrix} \tag{3.70}$$

记式(3.70) 方程组的系数矩阵为

$$\mathbf{A} = \left(\frac{\partial f}{\partial \boldsymbol{r}}\right) = \left(\frac{\partial f}{\partial x} \quad \frac{\partial f}{\partial y} \quad \frac{\partial f}{\partial z}\right) \tag{3.71}$$

最后，求逆解得用户坐标改正数向量为

$$\Delta \boldsymbol{r} = \mathbf{A}^{-1}[\boldsymbol{L} - f(\boldsymbol{r}_0, \boldsymbol{r}_1, \boldsymbol{r}_2, \boldsymbol{r}_3)] \tag{3.72}$$

具体计算时可由用户近似坐标(B,L)和 H,N 的值，获得坐标改正数，然后再计算出较精确的经纬度，迭代查询 H 和重新计算 N 的值，计算流程如图 3.50 所示。

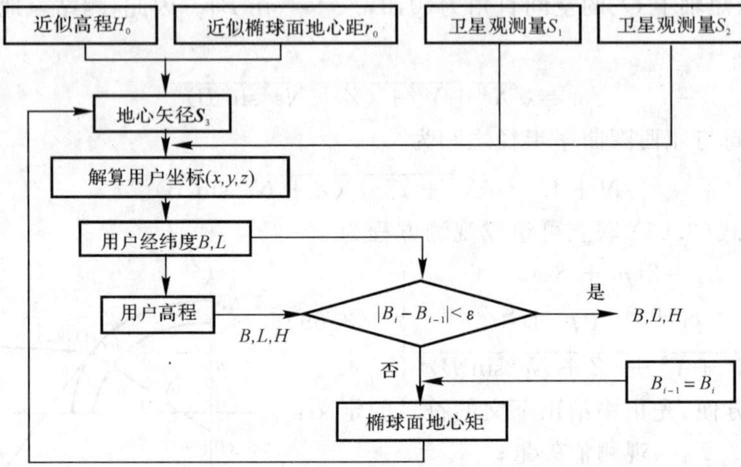

图 3.50 北斗定位计算流程图

影响北斗卫星导航定位精度的主要因素有星历误差、电离层和对流层引起的传播误差、多路径效应误差、用户位置与卫星相对几何图形对定位精度的影响。由于北斗卫星导航的两颗导航卫星是分布在赤道上的地球同步卫星，因此在地球赤道附近的用户终端与卫星构成的几何图形最不理想，用户终端定位的精度最差。大地水准面高程误差，由于北斗卫星导航定位系统属于 2 维定位，3 维定位则须要由数字地形图大地水准面等高线提供点位高程。对于地面导航的用户终端，还须要由测高仪提供测高数据。数字地形图的制作误差和高度表的测量误差都会引入定位误差。

为了尽可能地减弱各项误差的影响，北斗系统在我国佳木斯、喀什和湛江建有测轨标校站，以准确确定两颗地球同步卫星在赤道上空的位置。在全国各地建有 33 个标校站，这些标校站在地固坐标系中的准确坐标是已知的，以确定卫星导航系统的相应的修正量，然后采用差分技术，对用户进行差分修正。通过这些技术手段，使卫星导航系统的定位误差有了比较大的提高和较均匀的误差分布。图 3.51 分别给出了高程误差是 10 m，5 m 和 100 m 时北斗系统的定位精度分布图。

可以看出系统的定位精度主要与纬度有关，纬度越高，定位精度越高；随着纬度的减小，定位误差急剧增大；系统的定位误差，与经度的相关性不大；在已知的固定地理位置点上，北斗卫星导航的定位误差与高程误差是正相关的。

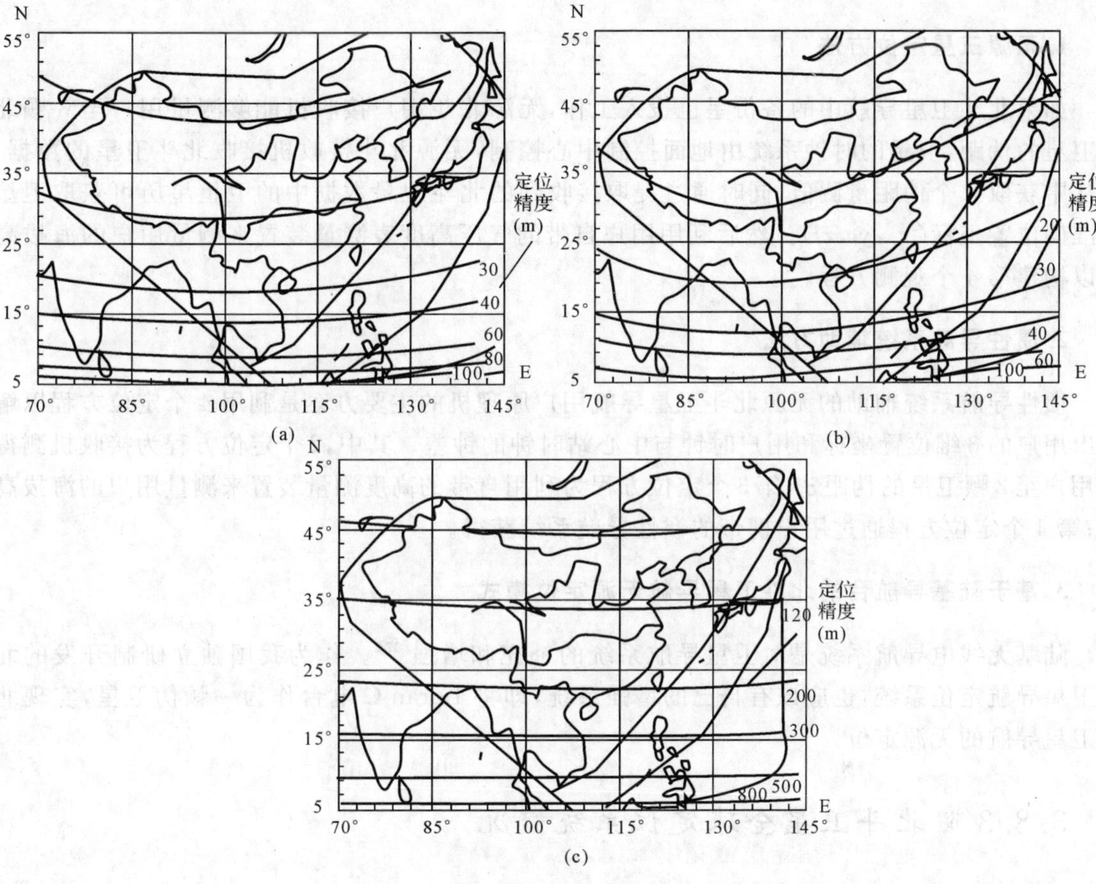

图 3.51　高程误差不同时候的定位精度对比

(a) 定位精度(高程误差 10 m)；(b) 定位精度(高程误差 5 m)；(c) 定位精度(高程误差 100 m)

采用有源定位方式的北斗一代卫星导航定位系统在用户容量、导航定位维数、隐蔽性和实时性等方面受到限制，在体制上不能与国际上的 GPS，GLONASS 及将来的伽利略兼容。其主要局限性表现在：

① 整个系统工作在节点方式，用户不能自主定位。所有用户的定位处理均在地面控制中心内完成，故对中心控制系统的数据处理能力要求相当高，同时导致了定位数据有较大的滞后误差；假如中心控制系统发生故障，则整个系统瘫痪。

② 系统工作于有源方式。由于用户须要向卫星发射定位申请信号，用户容易暴露目标；系统的用户数量受到限制；用户的数据更新频率低。

针对北斗一代卫星导航定位系统的不足，在北斗一代卫星论证和使用初期主要有以下几种改良方案：

1. 无源三星定位方法

如果北斗卫星导航中的备份星也投入工作，无源北斗用户接收机能够测量用户至3颗北斗卫星的伪距，卫星的时钟系统由地面控制中心控制，无源北斗接收机接收北斗卫星的数据，并从中获取3个伪距量测值，同时通过提取接收到的北斗卫星数据中的卫星星历可获取卫星的准确位置坐标(x_i, y_i, z_i)。然后利用用户自带的气压高度表测量装置来测量用户的海拔高度以构建第4个观测方程。

2. 惯性导航系统辅助方法

惯性导航系统辅助的无源北斗卫星导航用户原理机的主要方案是利用4个定位方程以解算出用户的3维位置坐标和用户时钟与中心站时钟的钟差。其中，2个定位方程为接收机测得的用户至2颗卫星的伪距ρ_i；第3个定位方程为利用自带的高度测量装置来测量用户的海拔高度；第4个定位方程通过用户携带的惯性导航系统获得。

3. 基于陆基导航台的北斗卫星导航无源定位模式

陆基无线电导航系统是对卫星导航系统的补充和增强[37]。作为我国独立研制开发的北斗卫星导航定位系统，也应该有自己的增强系统，即将 Loran-C 电台作为一颗伪卫星，实现北斗卫星导航的无源定位。

3.8.3 北斗卫星全球定位系统概况

1. 北斗卫星全球定位系统基本概况

北斗试验系统(北斗一代)由于选择了地球静止轨道为空间段，所以北纬50°以北基本不能覆盖，因此必须加速北斗二代的建设，实现全球导航的功能，从根本上解决高纬度地区无法覆盖的问题。北斗二代是北斗一代的延续和拓展，不仅完全继承兼容北斗一代，而且在用户容量、服务区域、动态性能、定位精度和使用方式上将有重大改进和提高，目前正在组网建设中。其相关进展如下：

2007年4月14日，我国在西昌卫星发射中心用“长征三号甲”运载火箭，成功发射了第1颗北斗导航卫星，它是飞行在高度为21 500 km的中圆轨道导航卫星。

2009年4月15日零时16分，我国在西昌卫星发射中心用“长征三号丙”运载火箭，成功将第2颗北斗导航卫星送入预定轨道，是地球同步静止轨道卫星。预计中国未来几年将有多颗卫星发射升空完成系统组网，并具备基本的运行能力。预计在2020年左右形成覆盖全球的卫星导航定位系统。

北斗系统的部署将分三步走(见图 3.52):第一步,北斗导航系统验证系统;第二步,北斗导航卫星系统,2010 年将首先覆盖亚太地区;第三步,2020 年左右实现全球导航系统。其中,在 2009—2011 年之间,将使用 10 枚长征 3 号火箭发射 10 多颗卫星以提供区域性服务。

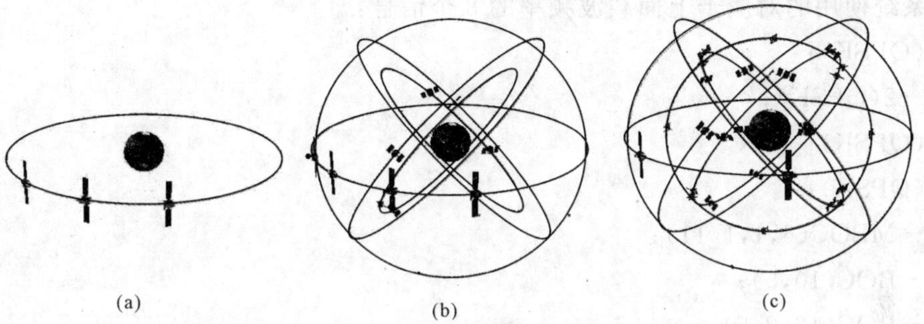

(a)　　(b)　　(c)

图　3.52

(a)2003 年北斗系统星座；(b)2010 年北斗系统星座；(c)2020 年北斗系统星座

北斗系统提供服务包括全球性服务和区域服务,其中全球服务为:

①开放性服务(Open Service)。该服务免费提供,定位精度 10 m,守时精度 20 ns,速度精度 0.2 m/s。

②授权服务(Authorized Service)。该服务能在复杂环境下仍保证高可靠性。

两种区域服务包括广域差分服务(定位精度 1 m)和短信服务。

2. 北斗卫星全球定位系统的频率和信号概况

我国北斗卫星定位系统是一个混合星座的卫星系统,由高轨、中轨、静止轨道三种卫星组成。和其他的 GNSS 系统一样,基本由 3 个大部分组成,即:

①空间部分(Space Segment)由 5 颗地球同步轨道(GSO)卫星和 30 颗中轨道(MEO)卫星组成;

②地面部分(Ground Segment)包括主控站、上传站和检测站;

③用户部分(User Segment)包括北斗用户终端和交互终端。

北斗系统使用的 8 个频率:

①B1(1 561.098 MHz);

②B1－2(1 589.742 MHz);

③B2(1 207.14 MHz);

④B3(1 268.52 MHz);

⑤B1－BOC(1 575.42 MHz);

⑥B2－BOC(1 207.14 MHz)；

⑦B3－BOC(1 268.52 MHz)；

⑧L5(1 176.45 MHz)等。

北斗系统使用的对应于上面载波频率的 8 个信号：

①B1(QPSK)；

②B1－2(QPSK)；

③B2(QPSK)；

④B3(QPSK)；

⑤B1－MBOC(6,1,1/11)；

⑥B2－BOC(10,5)；

⑦B3－BOC(12,2.5)；

⑧L5(QPSK)。

其中：

QPSK 为正交相移键控调制(Quadrature Phase-Shift Keying)；

BOC 为二进制偏移载波调制(Binary Offset Carrier)；

MBOC 为混合二进制偏移载波调制(Multiplexed Binary Offset Carrier)。

3. 北斗卫星全球定位系统的卫星当前状况

至 2009 年 11 月 1 日,北斗发射卫星的状况见表 3.7。

表 3.7 北斗卫星现状

序号	卫星名称	发射时间(北京时间)	性质
1	BEIDOU－1A(1)	2000 年 10 月 31 日	GEO139.9° E
2	BEIDOU－1B	2000 年 12 月 21 日	GEO80.3° E
3	BEIDOU－1C	2003 年 5 月 25 日	GEO110.5° E
4	BEIDOU－1D(2A)	2007 年 2 月 3 日	准同步轨道
5	BEIDOU－M1/Compass－M1	2007 年 4 月 14 日	MEO21500km
6	BEIDOU－G2(2B)/Compass－G2	2009 年 4 月 15 日	GEO77.2° E

根据美国相关的卫星追踪网站对世界多个国家和地区的卫星进行的跟踪和实时报告见图 3.53和图 3.54,我国北斗卫星的相关参数见表 3.8[38]。

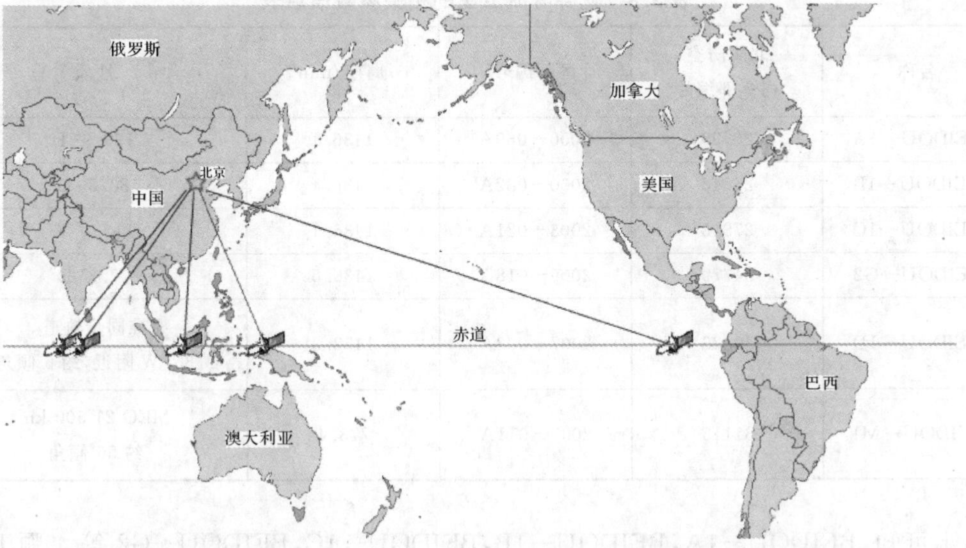

图 3.53　BEIDOU—G2/1B/1C/1A 与卫星 1D 的相对位置(北京时间 2009.11.2)

BEIDOU－G2　BEIDOU－1B　BEIDOU－1C　BEIDOU－1A　BEIDOU－1D
GEO77.2° E　GEO80.3° E　GEO110.5° E　GEO139.9° E　准同步轨道

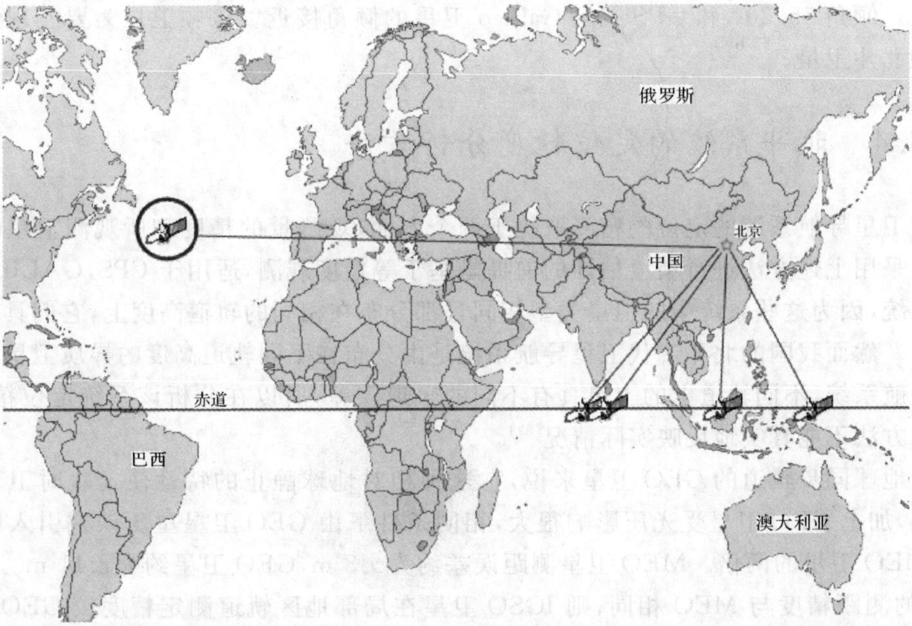

图 3.54　BEIDOU—M1 与 G2/1B/1C/1A 相对位置(北京时间 2009.11.1,03:00)

表 3.8 北斗导航卫星的相关参数信息表

名称	北美防空司令部编号	国际编号	周期/min	性质
BEIDOU—1A	26599	2000—069A	1436.1	139.9° E
BEIDOU—1B	26643	2000—082A	1436.1	80.3° E
BEIDOU—1C	27813	2003—021A	1436.1	110.5° E
BEIDOU—G2	34779	2009—018A	1436.5	77.2° E
BEIDOU—1D	30323	2007—003A	1452.3	准同步轨道 85° W 附近，约 6°倾角
BEIDOU—M1	31115	2007—011A	773.4	MEO 21 500 km 约 56°倾角

从上可知，BEIDOU—1A，BEIDOU—1B，BEIDOU—1C，BEIDOU—G2 等 4 颗卫星，都是静止轨道卫星，周期接近 24 h，轨道倾角接近 0°。BEIDOU—1D 周期也是近似 24 h，但是轨道倾角大约 6°(即：在赤道附近划小圆)，为准地球同步轨道卫星。

BEIDOU—M1 是中高轨道卫星，半长轴和半短轴分别是 21 545 km 和 21 519 km，基本是圆轨道。倾角 55.26°，和 GPS 卫星 Galileo 卫星的倾角接近。该颗卫星为要实现全球覆盖的第 1 颗北斗卫星。

3.8.4 北斗系统的定位精度分析方法

一般卫星导航系统的定位的精度取决于两个方面，观测量的精度和所观测卫星的空间几何分布。采用上述方法进行精度估计的前提是基于等精度观测，适用于 CPS，GALILEO 等卫星导航系统，因为这些系统中的卫星类型相同且都分布在相同的轨道高度上，它们具有相同的测距误差。然而我国的北斗二代卫星导航系统是由分布在不同轨道高度的异质卫星组成的混合星座导航系统，不同轨道上的卫星具有不同的轨道误差，所以在分析该系统定位精度时，采用上面的方法不能真实地反映实际情况[39]。

对于地球同步轨道的 GEO 卫星来说，它这种相对地球静止的特性使定轨时卫星的钟差难以分离，加上 GEO 卫星受光压影响很大，相同条件下由 GEO 卫星星历误差引入的测距误差约为 MEO 卫星的两倍。MEO 卫星测距误差约为±8 m，GEO 卫星约为±11 m。假设 IGSO 卫星的测距精度与 MEO 相同，则 IGSO 卫星在局部地区轨道测定精度较 GEO 和 MEO 来说是最好的，但其轨道高度与 GEO 相同，所以受光压影响也较大。

设 $\hat{\boldsymbol{\delta}}_X$ 为未知点坐标改正数的估计值，由误差方程[40]

$$V = A\hat{\boldsymbol{\delta}}_X - l \tag{3.73}$$

可以得到法方程

$$(A^{T}PA)\hat{\boldsymbol{\delta}}_X = APl \tag{3.74}$$

$$Q_{\hat{X}} = (A^{T}PA)^{-1} \tag{3.75}$$

从而得到加权

$$\mathrm{GDOP} = \mathrm{tr}(Q_{\hat{X}}) \tag{3.76}$$

在非等精度的情况下，根据不同类卫星的不同测距误差对观测值赋以相应的权值，通过加权计算得出的几何精度因子，可以更加客观地评定定位精度。参考文献[39]引入了加权几何精度因子(WGDOP)，利用模拟观测数据对北斗二代卫星导航系统的定位精度进行了研究与分析。

3.8.5　北斗系统的信号特性与参数

与 GPS、GLONASS、伽利略不同，北斗星座的构型是一个复杂的构型，包含了多种类型的卫星。其相关参数对比见表 3.9[41]。

表 3.9　北斗系统的星座构型与其他卫星的对比表

参　数	Galileo	GPS	GLONASS	Compass
星座	Walker 星座中高地球轨道(27/3/1)，3 颗备份星	中高地球轨道(24/6)，包括激活的 3 颗备份星	中高地球轨道(24/3)	对地同步轨道(5)，中高地球轨道(27)，对地静止轨道(3)
对地静止轨道经度				58.75°，80°，110.5°，140°
对地同步轨道穿越经度				118°
离心率	0	0	0	0
对地同步轨道倾斜度				55°
中高地球轨道倾斜度	56°	55°	64.8°	55°
长半轴	29 601.297 km	26 559.7 km	25 440 km	27 840 km

从频率分布上看，北斗系统与其他系统有相互紧密靠近，有重合之处，其示意图如图 3.55 所示。

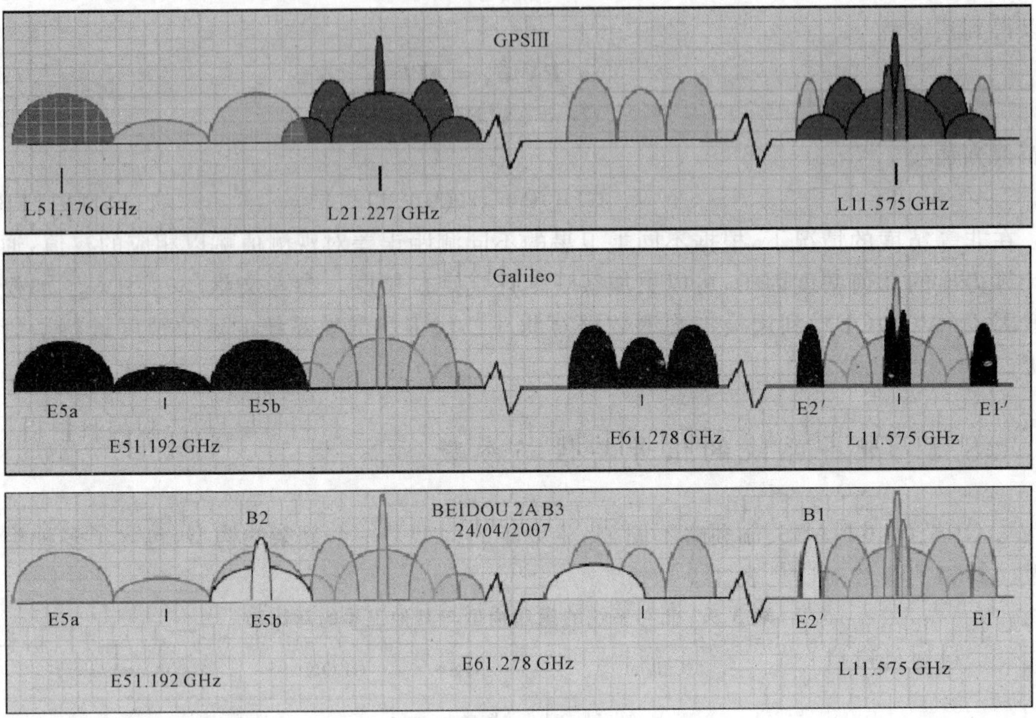

图 3.55 GPS、伽利略和北斗的频率分布图

2007 年 4 月 14 日发射的中轨道北斗二代卫星(BEIDOU M1)引起了世界各国的关注。该卫星在发射几天后就开始发射信号。法国空间局(CNES)和德国联邦武装部队慕尼黑大学(University FAF Munich)对该卫星进行了跟踪分析,发现北斗二代的所有频谱都覆盖 GPS 和 Galileo 的信号频谱[41]。

根据中国给国际电联(ITU)提供的数据,该卫星将会在下面 4 个频段发射信号:1 561 MHz(E2),1 589 MHz(E1),1 268 MHz(E6),1 207 MHz(E5b)。表 3.10 为预期的北斗 M1 的频率和调制。

表 3.10 北斗二代卫星 M1 的频率和调制

频率/MHz	1 561.10	1 589.74	1 268.52	1 207.14
调制	QSPK(2)	QSPK(2)	QSPK(10)	BPSK(10)+BPSK(2)

根据法国和德国的分析结果发现[41],北斗的信号特征见表 3.11。

表 3.11 北斗信号特征表

频段	调制模式	组成		频率	波长	周期
E2	QPSK	相位	编码	2.046 Mclip/s		>400 ms
		调制码	基本码	2.046 Mclip/s	2 046	1 ms
			副码	1 kHz	20	20 ms
			数据	50 Hz		
E6	QPSK	相位	编码	10.23 Mclip/s		>160 ms
		调制码	基本码	10.23 Mclip/s	10 230	1 ms
			副码	1 kHz	20	20 ms
			数据	50 Hz		
E5b	QPSK	相位	编码	10.23 Mclip/s		>160 ms
		调制码	基本码	2.046 Mclip/s	2 046	1 ms
			副码	1 kHz	20	20 ms
			数据	50 Hz		

美国 Stanford 大学的一个 GPS 研究小组通过卫星的广播信号破译，得到了北斗 M1 导航卫星信号伪随机码及其扩频码，并获得了 M1 北斗卫星信号生成多项式总结[42]，其中 2 个编码发生器为 13 级 gold 编码，类型为 BPSK(10)，主要编码周期为 1 ms 的 E6 信号的多项式如图 3.56 所示。

E61 通道编码(头)	
多项式_1	$X^{13}+X^{12}+X^{10}+X^{9}+X^{7}+X^{6}+X^{5}+X+1$
初始状态_1	[1 1 1 1 1 1 1 1 1 1 1 1 0]
多项式_2	$X^{13}+X^{4}+X^{3}+X+1$
编码生成多项式和初始状态产生北斗 E61 通道信号的初始 8 191 个字节	

E61 通道编码(尾)	
多项式_1	$X^{13}+X^{12}+X^{10}+X^{9}+X^{7}+X^{6}+X^{5}+X+1$
初始状态_1	[1 1 1 1 1 1 1 1 1 1 1 1 1]
多项式_2	$X^{13}+X^{4}+X^{3}+X+1$
编码生成多项式和初始状态产生北斗 E61 通道信号的 8 191～10 230 字节(最后的 2 040 字节)	

图 3.56 北斗二代 M1 卫星 E6 信号生成多项式

3.8.6 北斗系统的应用及发展原则

北斗卫星导航是我国首次建立的具有全天候、高精度、大范围、快速实时等特点的卫星导航定位系统，具有快速定位、简短数字报文通信和精密授时 3 大功能，在军事领域和国家建设中发挥重要作用。系统除提供军事应用外，也为国民经济建设服务。

1. 军事应用

北斗卫星导航建成后，可在我国大陆、台湾、南沙及其他岛礁、日本海、太平洋部分海域及周边部分地区为我国各军兵种中低动态及静态用户提供快速定位、简短数字报文通信和授时服务，将极大地改善我军长期缺乏自主有效地高精度实时定位手段的局面，使我军可以实现"看得见"的指挥、胸有成竹的机动、卓有成效的协同，从而大大增强我军快速反应、快速机动和协同作战的能力，初步满足我军在执行训练、演习、边海防巡逻、抢灾救险等任务中对导航定位的需求。

2. 民用

民用项目的保密程度一般没有军用的要求高，民事所涉及的行业、领域和范围远大于军事，因此北斗卫星导航在民事方面的应用更加广泛。我国自主建成的北斗一代卫星导航定位系统，为中国及周边地区的交通运输、渔业、勘探、森林防火、水文气象等领域提供了服务。

特别说明的是，在 2008 年 5 月四川汶川大地震抢险救灾中，北斗导航定位系统在常规通信中断的情况下，为救灾人员提供导航定位服务，实时传递最新灾情，为抗震救灾起到了至关重要的作用。

我国北斗系统的发展原则是：

①开放性：向全球用户提供免费的民用信号。

②独立性：在同时考虑国家安全和用户利益的基础上，向用户独立提供服务，未来系统的建设、运行和发展均是独立的。

③兼容性：北斗愿意与其他卫星导航系统兼容，这样用户可通过使用多个系统得到更好的服务。

④渐进性：为了控制风险，北斗的发展将采用循序渐进的方式，它的建设将建立在中国科技和经济发展的基础上。北斗将为用户提供长期的连续的服务，并不断提高系统性能。

目前北斗一直在推进与其他 GNSS 系统的合作，主要在以下几个方面。

①频率兼容性；

②多系统下导航信号、地理基准、时间基准的互用性；

③发展 GNSS 应用的共同标准；

④GNSS接收机测试与验证；

⑤未来导航技术发展；

⑥执行搜救服务；

⑦完善监测。

总的来说，建设北斗卫星定位系统是我国的一项国家战略，目前它正在平稳的建设当中，我们希望北斗成为国家GNSS组织中一个重要成员，我国也鼓励通过国际合作来促进与其他GNSS系统的兼容性和互用性。

与当前仍在运行的卫星导航系统相比，北斗系统在诸多方面具有优势，它可以有效避免遭受电磁干扰和攻击，实现无源定位，并且在精确度方面大大提高。卫星导航系统定位精度在10 m左右，而北斗系统可以精确到厘米之内。

尽管目前的"北斗"还处在成长期，但我国北斗的设计理念和服务模式为全球卫星导航带来了新的活力和机遇。北斗独创的汇集有源、无源方式，兼备定位、报告、授时功能，开辟了卫星导航集成应用新途径。同时，中国北斗在与GPS，GLONASS及伽利略系统进行卫星频率共用磋商，探讨实现兼容与互操作的有效途径。

除此以外，我国还积极进行其他类型的区域定位系统(Chinese Area Positioning System，CAPS)研究[43-45]。2005年6月，中国科学院国家天文台、国家授时中心、上海微小卫星中心、微电子所和自动化所等研究机构，与卫通集团等其他国内机构，合作研制出转发式CAPS的验证系统，并通过国家有关部门的验收。其粗码信号的定位精度达到20 m左右，精码则达到10 m左右，已经与GPS民用码的精度相当。

3.9　伽利略卫星定位系统

伽利略卫星定位系统计划是1990年末欧盟(EU)宣布开发的民用GNSS空间系统计划，在2002年3月26日由欧盟15国交通部长会议一致决定正式启动。该计划的实施标志欧洲将拥有自己的卫星导航系统，并将结束欧洲对美国全球卫星定位系统严重依赖的局面，同时也开创了全新的卫星导航定位系统商业化运作模式。

3.9.1　伽利略卫星定位系统的计划

伽利略计划初期拟定建设总投资额在32～36亿欧元之间，其中启动经费为11亿欧元，由欧洲航天局和欧盟分别承担50%。另外21～25亿欧元为系统展开阶段费用。欧盟委员会希望私营企业至少能够承担这部分费用的三分之二。该计划原定在2008年全面投入使用，但是目前已经推迟到2013年。目前，在轨的伽利略卫星只有2颗试验卫星，分别是2005年12月28日发射的GIOVE－A和2008年4月27日发射的GIOVE－B。

伽利略卫星定位系统将由 30 颗卫星组成，卫星的轨道高度为 23 222 km，倾角为 56°，分布在 3 个轨道面上，每个轨道面部署 9 颗工作星和 1 颗在轨备份星，卫星寿命大于 12 年。这样的星座构型能够保证全球各地都能有至少 4 颗星可用，而且大多数地区能有 6～8 颗可见。伽利略系统将为用户提供误差不超过 1 m、授时精确的定位服务。伽利略系统与 GPS 相比，有较大的不同和优越性。例如，伽利略系统的卫星数多，轨道位置高、轨道面少；伽利略系统更多用于民用，可为地面用户提供 3 种信号：免费使用的信号、加密且须交费使用的信号、加密且须满足更高要求的信号。其精度依次提高，最高精度比 GPS 高 10 倍，即使是免费使用的信号精度也达到 6 m。如果说 GPS 只能找到街道，伽利略系统则可找到车库门。所以伽利略系统的用户不但可根据需要进行选择，而且获得的定位精度优于 GPS。

3.9.2　伽利略系统的组成与原理

1.全球设施部分

全球设施部分是伽利略系统基础设施的核心，又可分为空间段和地面段两大部分。

(1)空间段星座

它由 30 颗中轨道地球轨道卫星(MEO)组成。卫星分布在 3 个倾角为 56°、高度为23 000 多千米的等间距轨道上。卫星寿命大于 12 年。每条轨道上均匀分布 10 颗卫星，其中包括 1 颗备份星，卫星约 14 h 22 min 绕地球 1 周。这样的分布可以满足全球无缝隙导航定位。

卫星采用一箭多星的方式，通过火箭同时将 8 颗卫星投入运行轨道。由小型运载火箭来完成试验卫星发射任务和补充发射任务。

由原子钟提供精确的时间参考，由此产生的地面位置误差小于 30 cm。卫星上载有两种不同的原子钟。铷原子钟质量为 3.3 kg，由激光泵激发铷原子钟振荡，使其频率达到微波级的6.2 GHz；另一个是更加精确的被动氢原子微波激射器，质量为 15 kg，将直接以 1.4 GHz 的频率振动，该钟的稳定性非常高，卫星绕轨道运行一周只须一次地面注入。两种原子钟在星上相互备份。

信号发生器部分发出导航信息。信息包括 4 种码，它们首先与导航电文进行模 2 加，然后调制载波，最后传到发射部分。导航电文中包括关于星历和时钟参考的信息。

(2)地面段

地面段的两大功能是卫星控制和任务控制。卫星控制使用 TT&C 上行链路进行监控，来实现对星座的管理。任务控制是指对导航任务的核心功能(如定轨、时钟同步)，以及通过 MEO 卫星发布完好性消息进行全球控制。地面段的组成部分如下：

① 伽利略控制中心(GCC)。坐落在欧洲的两个伽利略控制中心是系统地面段的核心。它的功能是：控制星座，保证卫星原子钟的同步，完好性信号分析，监控卫星及由它们提供的服

务，所有内部及外部数据的处理。

② 伽利略上行链路站(GUS)。往返于卫星的数据将通过伽利略上行链路站的全球网络来传输，其中每个 GUS 都综合了一个 TT&C 站和一个任务上行站(MUS)。TT&C 站上行链路通过 S 波段发射，MUS 通过 C 波段发射。

③ 伽利略监控站(GSS)网络。分布在全球范围的 GSS 网络接收卫星导航信息(SIS)，并且检测卫星导航信号的质量，以及气象和其他所要求的环境信息。这些站收到的信息将通过伽利略通信网(GCN)中继传输至两个 GCC。完好性信息是伽利略与其他 GNSS 系统的主要区别。

④ 伽利略全球通信网络。利用地面和 VSAT 卫星链路，把所有地面站和地面设施连接起来。

2. 区域设施部分

区域设施部分由完好性监测站(IMS)网络、完好性控制中心(ICC)和完好性注入站(IULS)组成。区域范围内服务的提供者可独立使用伽利略提供的完好性上行链路通道发布区域完好性数据，这将确保每个用户能够收到至少由 2 颗仰角在 25°以上的卫星提供的完好性信号。全球最多可设 8 个区域性地域设施。在欧洲以外地区由专门对该地区伽利略系统进行完好性监测的地面段组成独立的区域设施，区域服务供应商负责投资、部署和运营。

3. 局域设施部分

伽利略局域设施部分将根据当地的需要，增强系统的性能，例如在某些地区(如机场、港口、铁路枢纽和城市市区)提供特别的精确性和完好性，以及为室内用户提供导航服务。局域设备须要确保完好性检测、数据的处理和发射。将数据传输至用户接收机既可以通过特制的链路，也可以不通过伽利略系统，而采用如 GSM 或 UMTS 标准的移动通信网、Loran－C 海事导航系统等已存在的通信网。

局部设施部分应包括下列设备。

(1)本地精确导航设备

它通过无线数据广播或 GSM，UMTS 提供本地差分修正信号，用户终端可以用来修正星历和时钟，以及补偿对流层延迟残差。

(2)本地高精度导航设备

它通过无线数据广播或 GSM、UMTS 提供本地差分数据信号，三载波模糊度解算的用户终端可以用来修正星历和时钟，补偿对流层、电离层延迟误差。

(3)本地辅助导航设备

使用单向或双向通信方式(例如通过 GSM 或 UMTS)来协助用户终端确定在复杂环境下

的位置。在以用户终端为中心的方式,单向通信用来向用户终端传递卫星信息(例如星历和多普勒频移),来减少首次锁定时间(TIFF)。与使用新获得的卫星信号相比,用户终端能够更快地确定自己的位置。这种信息能够使用户终端方面减小 SIS 的跟踪阈值,还可以提高可用性。在以服务为中心的方式中,首先使用双向通信来将用户终端接收到的伪距传回中央处理设施,解算位置后再传回用户终端。此后,由于不需要解调及接收附加的卫星信息,就减小了首次锁定时间并增加了跟踪阈值。在以上两种方式下,附加在开放服务信号上的导频音/控制音,可以进一步地改进跟踪阈值性能。

(4)本地扩大可用性导航设备

它提供了本地辅助“伪卫星”传输,使用户终端就像增加了卫星一样,这可以在视野受限及可用性要求较高的条件下补充可见的卫星。本地测距信息与从伽利略卫星收到的测距信号相比,由于所受到的环境畸变不在一个数量级上,因而质量更高。

3.9.3 伽利略系统的频率分布

伽利略系统提供的 10 个信号分布在 3 个频段上,其频段范围分别为 1 164～1 215 MHz (E5A 与 E5B),1 215～1 300 MHz (E6)和 1 559～1 592 MHz (L1)。其中,有 4 个中心频率 1 176.450 MHz,1 207.140 MHz,1 278.750 MHz,1 575.420 MHz,如图 3.57 所示;4 个导航信号在 E5 频段,3 个导航信号在 E6 频段,3 个导航信号在 L1 频段,1 个搜救信号在频段1 544 MHz～1 545 MHz(L6)。

E5A 上调制有 2 个信号,在信号①上的低速率的导航信息(25 b/s)和信号②上的辅助导航信息(其实没有调制导航信息,用于增强接收机的跟踪鲁棒性)。

E5B 上也调制了 2 个信号,信号③上的导航信息(125 b/s)、完备性信息和 SAR 数据;信号④上的辅助导航信息。

E6 上调制有 3 个信号,信号⑤为加密的导航信号,可提供稳定的信号并在欧盟成员国政府的控制之下,保证其他服务停止后欧盟成员国对伽利略系统的特殊使用(如用于国防、执法等);信号⑥为商用信号,在公开服务的基础上提供增值服务,由商业运营公司保证在世界范围内达到亚米级定位精度。这种服务内容包括分发加密的导航相关数据,为专业应用领域提供测距和定时服务以及导航定位和无线通信网络的集成应用。这种服务要收费,但服务质量有保证;信号⑦为辅助导航信息。

L1 上调制有 3 个信号,信号⑧同信号⑤一致,信号⑨同信号③一致,信号⑩为辅助导航信息[46]。

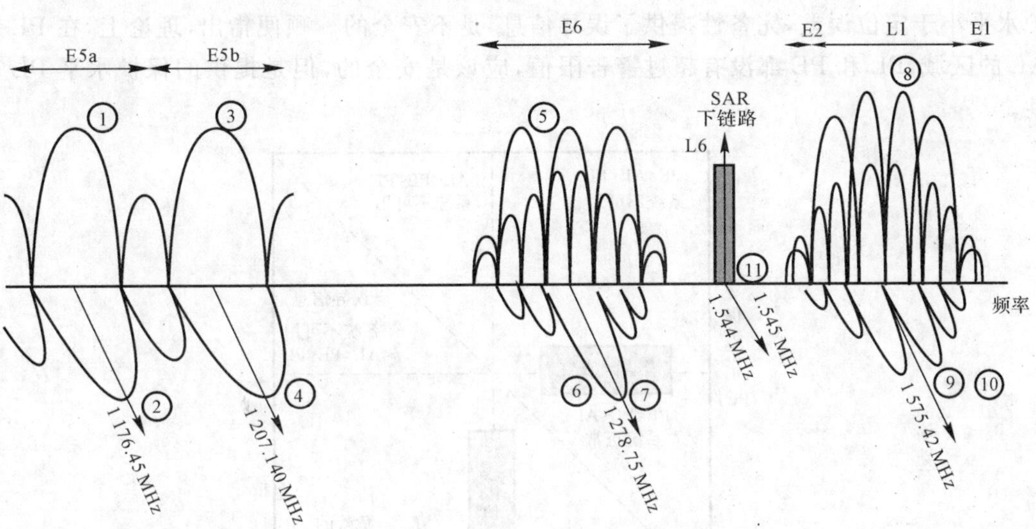

图 3.57　伽利略信号示意图

3.9.4　伽利略系统的特点及服务

1. 系统的完备性

完备性是用户对系统提供信息的可信程度的一种度量，包括系统给用户提供及时有效的警告信息的能力。完备性是一个保证用户安全性的重要参数，当系统误差超过限值时警告用户。与完备性相关的另一个参数是完备性风险，即系统发送信号的误差超过限值但是却没有给用户警告信息的概率。

完备性通常由 3 个参数组成：警告限值、警告时间和完备性风险。理论上，用户根据卫星信号(或辅以其他的差分改正信号)确定自己的位置，与其真实位置的差值即为定位误差 PE，定位误差应小于警告限值。然而，用户的真实位置不能获得，定位误差也就是未知数，因此必须寻找另外的参数来表征完备性。

接收机依据各种误差源的误差(或差分改正后的残余误差)连续为每一个位置解预估定位误差，即保护水平(PL)。考虑到完备性风险，按概率适当放大，故保护水平总比定位误差大(PL＞PE)。完备性评价基于保护水平和警告限值。接收机估计定位保护水平 PL，并与警告限值 AL 比较，如果 PL＞AL，则发出警告信息。估计完备性时有一个假设是 PL＞PE，如图 3.58 所示，主对角线左边的区域是安全的。当 PE＜PL＜AL 时，系统能正常使用；如果在某些情况下 PL＞AL，则系统给出警告信息，此时系统不可用。主对角线右边的区域 PL＜PE，保护水平小于定位误差,完备性提供了误导信息,是不安全的。顺便指出,理论上,在 PL<PE<AL 的区域,PL 和 PE 都没有超过警告限值,应该是安全的,但是提供的保护水平 PL 有误导性。

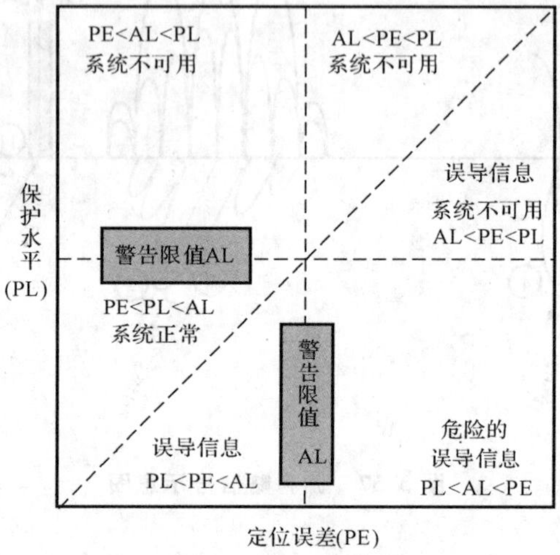

图 3.58 伽利略完备性示意图

2. 伽利略系统的服务

伽利略系统提供两类核心服务:

(1)定位、测速和定时服务

这一类服务包括 4 种:

①公开服务(Open Service)。提供定位、导航和定时服务。这种服务面向大众导航定位应用领域,将与 GPS 竞争(也是和 GPS 兼容的),是免费的。这种服务的定位精度水平方向约为 4 m,垂直方向约为 8 m,可获得性为 99.5%,但是没有完备性信息可用。GPS 现代化后,GPS 和伽利略双系统的定位垂直精度可以提高到 4～5 m,在有高遮挡的条件下可见性也大幅度提高。使用的频段有 E5A,E5B,L1。

②商业服务(Commercial Service)。在公开服务的基础上提供增值服务,由商业运营公司保证在世界范围内达到亚米级定位精度。这种服务内容包括分发加密的导航相关数据,为专业应用领域提供测距和定时服务以及导航定位和无线通信网络的集成应用。这种服务要收费,但服务质量有保证。使用的频段有 E6。

③生命安全服务(Safety Of Life Service, SOL)。这种服务的设计符合某些国际组织的相关要求,包括完备性要求,主要应用于这些领域,相关参数见表 3.12。使用的频段有 E5A,E5B,L1。

表 3.12 伽利略生命安全服务系统参数

项目		参数	
覆盖范围		全球	
精度(95%)		H:4 m,V:8 m	
完备性	警告限值 AL	H:4 m,V:8 m(a*)	H:556 m(b*)
	警告时间	6 s	10 s
	完备性风险	$1.5\times10^{-7}/150$ s	10^{-7}/h
连续性风险		$8\times10^{-6}/15$ s	$10^{-4}\sim10^{-8}$/h
定时精度		50 ns	
可靠性验证		是	
可获得性		99.8%	

注:a*表示关键级应用;b*表示非关键级应用。

④ 公共管制服务(Public Regulated Service)。这种服务有稳定的信号并在欧盟成员国政府的控制之下,保证其他服务停止后欧盟成员国对伽利略系统的特殊使用(如用于国防、执法等),相关参数见表3.13。

使用的频段有E6,L1。

表 3.13 伽利略公共管制服务系统参数

项目		参数
覆盖范围		全球
精度(95%)		H:6.5 m,V:12 m
完备性	警告限值 AL	H:12 m,V:20 m
	警告时间	10 s
	完备性风险	$3.5\times10^{-7}/150$ s
连续性风险		$10^{-5}/15$ s
定时精度		100 ns
可靠性验证		分析中
可获得性		99%～99.9%

(2)支持搜寻与救援服务(Search And Rescue, SAR)[47]

以现有的COSPAS/SARSAT卫星为基础，伽利略系统将加入国际救援体系，提供SAR搜救服务。计划在每颗卫星上安装支持SAR的有效荷载，它支持现有的COSPAS/SARSAT系统，SAR求救信息将被伽利略卫星在406 MHz频带检出，并用1 544～1 545 MHz频带（称为L6频带，保留为紧急服务使用）传播到专门接收的地面站。地面部分实现与救援协调中心（Rescue Coordination Centers）的连接接口，为求救者提供反馈信号。伽利略救援体系能够满足国际海事组织（IMO）和国际民航组织（ICAO）在求救信号探测方面的要求，相关参数见表3.14。

表3.14 伽利略支持SAR服务系统参数

项　目	参　数
能力描述	每颗卫星能转发150个同步信标的信号
预计系统延时	从信标到SAR地面站的时间少于10 min
服务质量	码误差率$<10^{-5}$
数据速率	6message×100bits/min
可获得性	>99%

SAR系统的工作模式是：持有地面终端的用户在须要求救时通过终端向伽利略卫星发送求救信号，信号由伽利略卫星转发给COSPAS/SARSAT系统的地球同步卫星，然后转发到地面站救援系统，地面站救援系统收到求救信号并确认后原路反向发送反馈信号给用户，同时展开救援行动，保证用户在最短的时间内获得帮助。

伽利略系统提供的SAR服务在以下方面有重大改进：

①减少了在探测、本地化和确认过程中的时间延迟；

②附带的辅助信息改进了系统的性能；

③卫星信号多重覆盖保证了在特殊条件下也不存在盲区；

④有多个可供选择的信号；

⑤为从救援协调中心到求救者提供了新的返回链路；

⑥返回信号集成在导航信号L1上。

除上述核心服务外，伽利略系统还与其他类似的全球导航定位系统兼容并为地区服务提供商提供接口，支持全球或局部增强，为用户提供更多特殊的服务[48]。

3.9.5 伽利略与GPS的比较和特色

1. 信号不佳区域定位的实现

伽利略系统的卫星发射信号功率比GPS要大[49]，所以在一些GPS系统不能实现定位的区域，伽利略则可以实现；如果某一区域用户需要附加的服务，伽利略系统也可以通过使用虚拟卫星来提供。

虚拟卫星定位示意如图 3.59 所示，由 GPS 定位原理可得观测方程

$$\rho_{iju} = r_{ij} + c\tau + r_{ju} + c\delta t_u + \varepsilon_{iju} \tag{3.77}$$

式中，ρ_{iju} 为接收机观测距离；r_{ij} 为卫星到虚拟卫星的距离；τ 为虚拟卫星转发卫星信号的延迟；r_{ju} 为虚拟卫星到接收机的距离；δt_u 为接收机的时钟差；ε_{iju} 为天基卫星的有关误差，包括卫星时钟差、电离层以及对流层延迟误差。

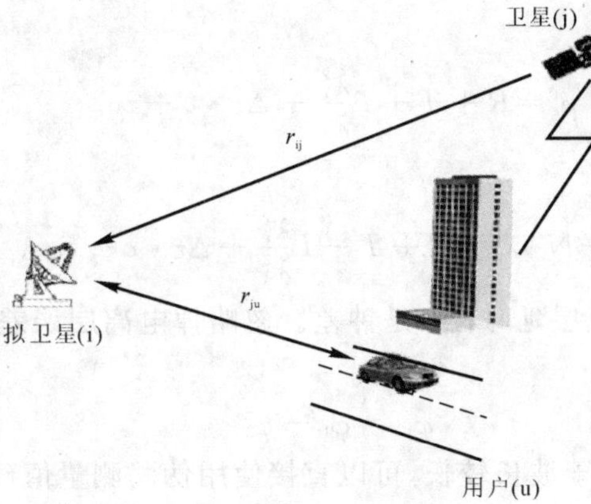

图 3.59　虚拟卫星示意图

虚拟卫星的位置和转发信号的延迟都是已知的，通过虚拟信号广播给用户，所以公式中只包含用户位置和接收机时钟差共 4 个未知数，和 GPS 定位方程基本相同，只是多了 1 个常数项（cτ）。因此，接收机只要接收到 4 个不同的信号就可以实现定位。当接收到的信号不满足定位要求时，可以通过虚拟卫星转发卫星信号来补充[50]。

2. TCAR（Three-Carrier-Phase-Ambiguity Resolution）技术

载波相位测量定位技术可以使定位的精度达到毫米级，主要应用于大地测量等需要高精度的系统中，目前 GPS 已经开发出了一套成熟的载波相位定位技术。GPS 系统中实现载波相位定位主要存在着两个问题：整周模糊度解算和周跳[51-52]，其中最重要的是整周模糊度的确定；由于 GPS 只有两个载波频率，不能通过观测方程直接求得整周模糊数。GPS 解决整周模糊度的方法从经典的将整周作为参数求解，到利用三差法和“停-走”法，两次设站法求解，再到 90 年代提出了快速模糊度解算法（Fast Ambiguity Resolution Approach，FARA）。无论使用什么方法，由于受到载波频率数的限制，都得进行多次观测与计算。

伽利略系统载波相位测量定位原理与 GPS 相同，但是伽利略系统至少有 3 个载波频率，

利用 3 个载波频率就可以很好地解决整周模糊度的问题。欧洲航天局(European Space Agency,ESA)提出了使用三载波解决整周模糊度的 TCAR 方案,TCAR 方案利用 3 个载波上伪码观测方程和相位观测方程直接求得任何一个载波上的整周模糊度。

因为伽利略有 3 个载波频率,对观测值进行不同的线性组合,可以获得不同的宽巷和窄巷观测值。宽巷组合具有合适的波长和较小的方差,有利于模糊度的求解。

现给出 TCAR 计算的一般过程,通过 4 个步骤,可以获得每个载波上的模糊度值,而且每计算一步,其精度就会提高。在 3 个频率 E1,E2 和 E4 上,都有 2 个基本的观测量:伪码观测量和载波相位观测量。

伪码观测量为

$$\rho_i = R + T + I\frac{\lambda_i^2}{\lambda_1^2} + \Delta\tau \cdot c + v\rho_i \tag{3.78}$$

载波相位观测量为

$$(\varphi_i + N_i)\lambda_i = R + T - I\frac{\lambda_i^2}{\lambda_1^2} + \Delta\tau \cdot c + v\varphi_i\lambda_i \tag{3.79}$$

式中,R 是几何距离;T 是对流层延时;$\Delta\tau$ 是钟差。忽略掉电离层误差 I,则第一个宽巷载波是 E1 和 E2 的组合:

$$\varphi_{12} = \varphi_1 - \varphi_2 \tag{3.80}$$

组合后的波长为 10.47m。由于波长较长,可以直接使用伪码测量值确定其模糊度值:

$$N_{12} = \frac{\rho_1}{\lambda_{12}} - (\varphi_1 - \varphi_2) \tag{3.81}$$

第二步是 E1 和 E4 的宽巷组合,其波长是 0.9 m:

$$\varphi_{14} = \varphi_1 - \varphi_4 \tag{3.82}$$

其模糊度值由更精确的宽巷载波测量值 φ_{12} 来确定,此时 N_{12} 已经确定:

$$N_{14} = (\varphi_1 - \varphi_2 + N_{12}) \cdot \frac{\lambda_{12}}{\lambda_{14}} - (\varphi_1 - \varphi_4) \tag{3.83}$$

在第三和第四步,任何一个载波的模糊度都可以通过宽巷模糊度 N_{14} 来求解获得。以 E1 为例,其模糊度值为

$$N_1 = (\varphi_1 - \varphi_4 + N_{14}) \cdot \frac{\lambda_{14}}{\lambda_1} - \varphi_1 \tag{3.84}$$

如果解决了整周模糊度,那么每个方程中,只剩下 4 个未知数(3 个位置和 1 个接收机钟差),这样就可以通过一次观测多颗卫星来解算方程,解算出位置参数。

伽利略系统进行载波相位测定时,不须要进行大量的观测和计算,因此也就减少了载波相位测量的时间。对于申请特殊服务的用户,伽利略系统向这些用户提供 3 个不同载波上的信号,用户就可以通过多载波实现载波相位测定。整周模糊度的快速确定,也使解决“周跳”变得简单[53]。

3. 伽利略系统的通信

伽利略系统在定义初期提出了要实现通信功能，并不断验证各种方法的可行性。未来通信和导航合而为一是必然的趋势，伽利略系统考虑到这一点，计划通过地面已有的通信网络来实现其通信功能，一方面可以实现通信与导航定位服务相互结合，另一方面也可以降低系统成本。

对于与地面已有的通信网络相结合，伽利略系统主要考虑使用欧洲的全球移动通信系统(Universal Mobile Telecommunications System，UMTS)。对此，伽利略系统提出了一项伽利略和 S-UMTS 协作系统(Galileo And S-UMTS Synergetic System，GAUSS)计划，该计划将使伽利略系统的大部分通信功能融入到 UMTS 中。GAUSS 计划中的接收机包含两个部分：通信部分和导航定位部分。接收机可以同时接收、处理通信信号和导航信号。

伽利略还提供了一种搜索和救援服务，这种服务的通信功能直接通过用户接收机和天基卫星完成，处于紧急状态的用户向伽利略天基卫星发射一个求救信号，卫星通过一个特定的搜索天线发现信号后，向地面基站发送用户的相关信息，基站作出判断并进行相应处理。

伽利略的通信服务主要由 UMTS 完成，只有特殊的服务(如搜索救援服务)才通过天基卫星参与完成[48]。

3.10　未来的全球卫星定位系统

预见 2013 年的 GNSS 系统应包括以下 5 个星座系统。

①美国的 GPS 系统；

②俄国的 GLONASS 系统；

③欧盟的伽利略系统(欧盟的这一系统将包含不同的服务类型)；

④中国的北斗系统；

⑤其他系统：包括美国广域增强系统(WAAS)，欧洲同步卫星导航覆盖系统(EGNOS)，中国区域定位系统(CAPS)，日本 MT－SAT 卫星增强服务系统(MSAS)、地球同步轨道增强系统(GAGAN)，印度区域导航卫星系统(IRNSS)等。

届时，经过现代化后的 GPS 系统，拥有更多的频率和信号。GLONASS 完善了导航星座，保障导航系统的完备性。伽利略系统向不同用户提供不同精度、安全等级的服务。与伽利略一样，北斗也采用了类似的等级划分，逐步实现公开民用服务、授权民用服务、生命安全服务，并以不同的信号频率和调制方式加以区别。区域增强系统也是 GNSS 系统的重要部分，其能够有效地将定位、导航、授时与通信功能有机地整合，服务各类用户，但是其战略地位无法与全球导航系统并列，只能作为全球导航系统的增强角色。

经过多种卫星导航系统的兼容应用，导航卫星的各个频谱互相覆盖[54]。在北斗、伽利略和 GPS 的共同作用下，用户的 PDOP 值将会大大减小[55]。图 3.60 反映了 27 星 GPS、35 星北斗、GPS 与 27 星伽利略、GPS+北斗+伽利略的 PDOP 值变化趋势。

少数几个全球卫星导航系统将分享全部卫星导航最佳资源，从频率以及空间资源出发，上述的前 4 大系统将占有几乎全部的最佳资源。4 大系统已经形成强大的兼容共用能力，瓜分全球的无线电导航市场。

目前 GNSS 系统的运行情况是，只有 GPS 卫星导航系统是完整运行的，GLONASS 存在星数欠缺的问题，而伽利略和北斗尚在建设中。多卫星导航系统是未来的发展趋势，但是由于代表利益的不同以及激烈的国际竞争，4 大系统之间存在合作、挑战和竞争。

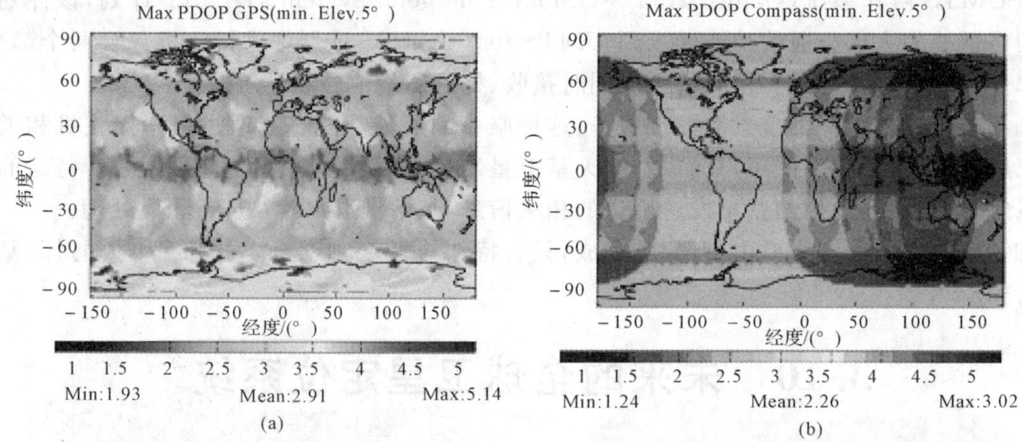

图 3.60 未来全球卫星定位系统的 PDOP 值分布情况

(a) 27 星的 GPS 的 PDOP 分布；(b) 35 星的北斗的 PDOP 分布；

(c) GPS 和 27 星伽利略兼容 PDOP 值；(d) GPS、伽利略北斗兼容 PDOP 值

3.11 本章小结

本章以美国的GPS的原理、功能以及应用作为主线，全面介绍了卫星导航定位系统的各个历史和发展，深入分析了影响卫星导航定位系统的重要因素。同时，结合俄罗斯的GLONASS系统、欧洲的伽利略系统、中国的北斗系统等其他全球导航定位系统，分析了提高GNSS系统精度、拓宽GNSS应用深度的技术和GNSS未来发展趋势。

虽然GNSS具有良好的发展前景，但GNSS从广义上属于无线电导航，其定位精度和性能容易受到自然环境、自然条件以及人为因素的干扰，故而无法保证在任何时候都能够实时准确地定位和导航。为此，有必要从更高的角度、更广泛的层面，对其他类型的导航系统和辅助导航系统予以全面介绍，从而为后继高精度、高可靠导航系统的实现打下坚实的基础。

思考与练习题

3.1　简述GPS卫星导航系统的组成与及各部分的作用。

3.2　简述GPS卫星导航系统的基本工作原理。

3.3　描述GPS卫星的各个轨道参数及其意义，说明如何获得卫星在地固坐标系下的坐标。

3.4　简述GPS信号调制和接收过程中用到的技术及其优点。

3.5　简述GPS测码伪距的定位测速原理与方法。

3.6　简述卫星分布与用户定位精度的关系，如何衡量之？

3.7　请列举GPS定位中误差的来源及其主要解决方法。

3.8　请结合实际的观测量，简述GPS载波相位测量原理及其优点。

3.9　简述GPS载波相位的组合观测量种类，并分析其优点。

3.10　请详细写出GPS天线求取载体姿态的过程。

3.11　简述模糊度概念，以及一般的模糊度求解方法。

3.12　请结合GPS的最新应用发展情况，列举5个GPS的应用实例，并简单描述之。

3.13　请结合全球卫星导航系统的发展趋势，简述GPS的现代化计划。

3.14　简述我国北斗一代卫星导航定位系统的结构和组成。

3.15　概述我国北斗全球定位导航系统的特点和性能。

3.16　简述我国北斗导航系统与其他导航系统的比较特色。

3.17　分析GLONASS与GPS两个卫星导航系统的相同点和不同点。

3.18　简述伽利略系统的结构、组成，并和GLONASS，GPS比较，有怎样的优势。

3.19　分析用TCAR技术求解整周模糊度的过程。

3.20 实时关注各国卫星导航状况，讨论未来卫星导航与定位系统的发展趋势。

参考文献

[1] 曾庆化，刘建业，熊智，郁丰. 卫星导航系统相关技术发展动态[J]. 全球定位系统，2006，1:35-40.

[2] 马芮. GNSS 系统的现状与发展[J]. 现代防御技术，2008，02，36(2):73-77.

[3] 刘基余，GNSS 全球导航卫星系统的新发展[J]. 遥测遥控，2007，04，28(4):1-6.

[4] 陈俊勇. 全球导航卫星系统进展及其对导航定位的改善[J]. 大地测量与地球动力学，2009，29(2):1-3.

[5] 项鑫，刘红旗，李军杰. 全球卫星导航系统的发展现状[J]. 科技信息，2009，1:66-67.

[6] 曹冲. 全球导航卫星系统(GNSS)竞争格局和发展趋势研究[J]. 全球定位系统，2006，03:35-38.

[7] 范胜林. GPS 姿态及定向系统的研究与实现[D]. 南京：南京航空航天大学，2001.

[8] 周忠谟，易杰军. GPS 卫星测量原理与应用[M]. 北京：测绘出版社，1992.

[9] Wikipedia. Global Positioning System[EB/OL]. [2009-08-20]. http://en.wikipedia.org/wiki/GPS.

[10] 苗剑峰，孙永荣，刘建业. GPS 软件接收机并行处理的实现[J]. 应用科学学报，2009，02，27(2):203-209.

[11] James Bao，Yen Tsui. GPS 软件接收机基础[M]. 2 版. 北京：电子工业出版社，2008.

[12] 文立，刘建业，李荣冰. 面向深组合导航技术的 GPS 软件接收机捕获算法[J]. 弹箭与制导学报，2009，29(1):31-34.

[13] 张欣. 扩频通信数字基带信号处理算法及其 VLSI 实现[M]. 北京：科学出版社，2004.

[14] Elliott D. Kaplan and Christopher J. Hegarty. GPS 原理与应用[M]. 2 版. 北京：电子工业出版社，2008.

[15] 常薇. 软件 GPS 接收机的研究[D]. 太原：中北大学，2007.

[16] Akos D M，Ene A，Thor J. A Prototyping Platform for Multi-Frequency GNSS Receivers[C]// Proceedings of the 16th International Technical Meeting of the Satellite Division of the Institute of Navigation ION GPS/GNSS 2003. Portland(Oregon):[s. n.]，2003.

[17] Pany T，Förster F，Sanroma D B. Eissfeller:A High-Bandwidth GPS L1/L2 C/A Code Software Receiver For Real-Time Kinematic (RTK) Positioning[C/OL]. [2009-09-02]. http://forschung.unibw-muenchen.de/berichte/2006/bf0sx2a 3szzsiy 3rrnp 0tsk 8osqx13.pdf.

[18] 方群,袁建平,郑谔.卫星定位导航基础[M].西安:西北工业大学出版社,1999

[19] 李建伟,李俊毅,刘雁雨.GPS姿态测量中模糊度的快速解算[J].测绘科学技术学报,2007,24:62-65

[20] 王德胜.GPS多天线控制系统数据传输研究与实现[D].南京:南京航空航天大学,2002.

[21] 王子茹,李风斌.综述GPS定位中整周模糊度求解问题[J].东北测绘,2000,23(1):14-16.

[22] 赵丽.北斗双星定位仿真系统与GPS整周模糊度解算[D].南京:南京航空航天大学,2004.

[23] Hm S, Rizos C, Improving the Computational Efficiency of the Ambiguity Algorithm [J]. Journal of Geodesy, 1996, 70(6):330-341.

[24] Hatch R. Instantaneous ambiguity resolution[C]// Proc. Kinematic Systems in Geodesy, Surveying and Remote Sensing, KIS Symposium. Banff (Canada): [s. n.], 1990:299-308.

[25] Frei E, Beutler G. Rapid Static Positioning Based on the Fast Ambiguity Resolution Approach: the Alternative to Kinematic Positioning[C]// Proc. Of the Second International Symposium on Precise Positioning with the Global Positioning System. Ottawa: [s. n.], 1990.

[26] 郁丰,刘建业,曾庆化.伽利略卫星定位系统三载波姿态确定技术研究[J].宇航学报,2006,27(6):1187-1190.

[27] Lachapelle G, Cannon M E, et al. High Precision C/A Code Technology for Rapid Static GPS Surveys[C]// Proceedings of the 6th International Symposium on Satellite Positioning. Columbus(Ohio): [s. n.], 1992.

[28] 段志勇,袁信.应用约束条件快速解算整周模糊度[J].南京航空航天大学学报,2000,32(1):38-42.

[29] 唐颖哲,杨元喜,宋小勇.2000国家GPS大地控制网数据处理方法与结果[J].大地测量与地球动力学,2003,23(3):77-82.

[30] Josep Marco Pallarés, Giulio Ruffini, and Leonardo Ruffini, Ionospheric Tomography Using GNSS Reflections[J]. IEEE TRANSACTIONS ON GEOSCIENCE AND REMOTE SENSING. 2005,43(2):321-326.

[31] 孙永荣,刘建业,丁晓莉,等.GPS多天线数据采集与控制系统[J].数据采集与处理,2003,18(1): 74-77.

[32] 苗剑峰,陈武,刘建业,等.基于软件无线电技术的GPS软件接收机的研究与实现[J].南京航空航天大学学报,2008,40(6):774-779.

[33] 袁书明,葛远声. LORAN-C无线电导航系统的发展方向[J]. 全球卫星定位系统,2002,27(1):24-27.

[34] 席献光,张锁熊,王慧君. 卫星导航系统发展动态[J]. 飞行器测控学报,2003,22(1):1-6.

[35] 李跃,邱致和,导航与定位——信息化战争的北斗星[M]. 北京:国防工业出版社,2008.

[36] 林雪原. 北斗双星/捷联惯性组合导航技术研究[D]. 南京:南京航空航天大学,2004.

[37] 赵丽,刘建业,林雪原,等. 双星定位系统改进方案与仿真研究[J]. 中国空间科学技术,2004,24(4).

[38] N2YO.com. Real Time Satellite Tracking[EB/OL]. [2009-10-20]. http://www.n2yo.com/satellites/? c=10&srt=1&dir=1.

[39] 范龙,柴洪州. 北斗二代卫星导航系统定位精度分析方法研究[J]. 海洋测绘,2009,29(1):25-27.

[40] 袁建平,罗建军,岳晓奎,等. 卫星导航原理与应用[M]. 北京:中国宇航出版社,2003.

[41] Grelier T, Ghion A, Dantepal J, et al. Compass Signal Structure and First Measurement[C]// Proceedings of 2007 ION GNSS. Fort Worth(TX):[s. n.], 2007.

[42] Chen A, et al. GNSS over China: The Compass MEO satellite codes[J]. Inside GNSS, 2007, 1(7):36-42.

[43] Ai Guoxiang, Shi Huli, Wu Haitao, et al. Principle of positioning system based on communication satellites[J]. Science in China Series G: Physics, Mechanics & Astronomy, 2009, 52(3):472-488.

[44] Cui Junxia, Shi Huli, Chen Jibin, et al. The transmission link of CAPS navigation and communication system. Science in China Series G: Physics, Mechanics & Astronomy, 2009, 52(3):402-411.

[45] Hu Yonghui, Hua Yu, Hou Lei, et al. Design and implement for the receiver of CAPS. Science in China Series G: Physics, Mechanics & Astronomy, 2009, 52(3): 445-457.

[46] 李会锋,刘兵,李强. 基于伽利略的线性偏移载波调制技术[J]. 弹箭与制导学报,2008,28(2):287-290.

[47] 林墨,刘绍波,尚丽娜,等. 伽利略卫星导航系统搜索与救援服务中国区性能分析[J]. 遥测遥控,2009,30(3):10-16.

[48] 程鹏飞,景宾,赵静. 伽利略系统及其地面段的设计[J]. 海洋测绘,2003,23(4):49-53.

[49] 王克平,边少锋,翟国君,等. Galileo与GPS卫星导航系统的性能比较研究[J]. 海洋测绘,2008,28(6):74-78.

[50] 战兴群,张炎华.伽利略卫星导航系统当前进展[J]. China Academic Journal Electronic Publishing House,2006,276-283.

[51] 唐磊,赵春霞,唐振明,张浩锋.基于模糊自适应 Kalman 滤波的 GPS/DR 数据融合[J].控制理论与应用,2007,24(6):891-894.

[52] 赵伟,万德均,刘建业.一种用 INS 辅助 GPS 周跳检测和求解整周模糊度的方法[J].中国空间科学技术,2004,24(2):13-18.

[53] Vollath U, Birnbach S, Landau H. Analysis of Three-Carrier Ambiguity Resolution (TCAR) Technique for Precise Relative Positioning in GNSS-2[C]. Nashville(TN):[s. n.], 1998:417-426.

[54] 张志荣,范胜林,刘建业.GPS 与 Galileo 组合定位系统的定位性能研究[J].传感器与微系统,2007,09,26(9):7-10.

[55] Grelier T, Ghion A, Dantepal J, et al. Compass Signal Structure and First Measurements[C]// Proceedings of 2007 ION GNSS. Fort Worth(TX):[s. n.],2007.

第4章　无线电、天文和其他导航系统

惯性导航系统是目前航空、航天和航海领域中广泛使用的导航设备，全球卫星定位系统则是航天技术出现以后新发展起来的一种新的导航定位方法。除了这两种重要的导航系统之外，还有很多其他的导航方法，如各种无线电导航、多普勒导航以及天文导航等。

无线电导航产生于20世纪初，它的原理类似于古老的地标导航，只是地标改为用无线电发射台来代替，距离、角度等几何关系改为利用无线电的传播和接收来进行测量。无线电导航技术从产生之始就一直处在不断的飞速发展之中。目前它的导航系统多种多样，导航范围由近到远，几乎涵盖了整个地球表面。随着人类航天技术的发展，无线电导航技术也逐步由陆地导航转向卫星导航。卫星导航实际上就是将无线电发射台放在卫星上，无线电导航的影响也由此达到了顶峰。

多普勒导航系统是利用多普勒频移效应构成的导航系统。从方法上讲，它和惯性导航一样属于推算式导航。此外，它也是除惯性导航之外，另一种具备一定自主性的导航系统，因此近年来在军事领域又重新得到重视。目前最主要的应用领域有轰炸机、运输机、直升机、无人机等，在民航飞机上也有使用。

天文导航根据天体来测定载体位置和航向。最早用于航海，航空和航天天文导航都是在航海天文导航基础上发展起来的。随着天文敏感器技术的不断创新和发展，天文导航早已不局限于以往古老的导航方式，其导航算法获得了较大的发展，导航精度、导航性能也获得很大提高，应用的范围也更加广泛。一般来说，航空天文导航观测亮度较强的恒星，而航天中则要用到亮度较弱的恒星或其他天体。天文导航由于通过被动接受导航天体信息进行导航解算，因此具有较好的自主性，在军事应用中显得尤为重要，即便是在各种导航技术、导航方式飞速发展的今天，它仍在导航技术领域中占有重要位置。

汽车在当今社会的日常生活中发挥着越来越重要的作用，智能交通导航系统是提高交通效率、对车辆实行安全监控和调度的有效手段，已成为交通管理领域的热门研究课题。车载导航系统是智能交通导航系统的核心部分，是智能交通导航系统其他各种应用的基础。

此外，在航空、航天领域中还有一些其他常用的导航手段及资源。

本章主要对上述导航系统及导航资源作分析和阐述。

4.1　无线电导航系统

无线电导航系统是借助于运动体上的电子设备接收已设置的无线电信号进行距离测量和角度测量，进而在此基础上通过几何式定位、定向的方式获得相应的导航参数，从而确定运动体位置的一种导航系统。本章将在概述的基础上，按照导航距离的远近对目前几种最常用的无线电导航系统进行阐述。

4.1.1　无线电导航系统的概述

1. 无线电导航系统的发展历史

无线电导航系统的发展阶段按照时间顺序，可以划分为早期阶段、发展阶段和成熟阶段。

(1)早期阶段[1]

第二次世界大战前是无线电导航的早期阶段。它主要是利用无线电传播的定向性来引导船舶等出航、归航和按照预定航线航行。例如，19 世纪末期出现，20 世纪 30～40 年代在世界主要区域普及的无线电信标、指点信标和四航道信标，其中前两者现在还在为航空和航海服务。

(2)发展阶段[2]

从 1939 年第二次世界大战爆发至 20 世纪 60 年代初，是无线电导航技术的发展阶段。在这一阶段中，无线电导航技术取得了突飞猛进的发展。以此为基础，世界各国研制了名目繁多的无线电导航系统。例如，至今仍在广泛使用的 20 世纪 40 年代出现的甚高频全向信标台(Very High Frequency Mni-directional Range，VOR)和测距设备(Distance Mesurement Equipment，DME)，美国 1943 年开始装备的中程脉冲双曲线式的罗兰 A 系统，英国 1944 年开始使用的近程相位双曲线的台卡系统，美国 1952 年研制成功的近程测向测距式的空军用的“塔康(TACAN)”系统，法国 1952 年研制成功的近程相位双曲线式的“拉娜”系统，1957 年英国开始装备的远程脉冲/相位双曲线的罗兰 C 系统等。在这一阶段中，无线电导航覆盖面积扩大，全球各主要海区均布设了各种无线电导航系统，设备的自动化程度、可靠性等均有所提高。

(3)成熟阶段[2]

20 世纪 60 年代初至今为成熟阶段。这一阶段中，由于核动力潜艇、大型运输机、大型远洋船队的发展，迫切要求研制生产具有全球覆盖、武器制导和自动驾驶功能的无线电导航系统，同时对定位精度的要求也越来越高。例如，超远程相位双曲线甚低频系统奥米加导航系统于 1967 年建成了 4 个试验台，1970 年建成第 1 个地面台，1982 年全球共 8 个台建成，理论入水深度为 18 m，可覆盖全球。美国的子午仪卫星导航系统(又称海军卫星导航系统)研制成功，1964 年投入使用，采用多普勒测速，可全球覆盖。此外，还有许多其他的高精度无线电导航系统。

2. 无线电导航系统的分类[2]

从不同的角度出发，可以对无线电导航进行不同的分类。

(1)按作用距离分类

①近程无线电导航系统(飞机为 100～500 km,舰船为 50～100 n mile),如台卡(英国)、“塔康”(美国)、“拉娜”(法国)等系统。

②中程无线电导航系统(飞机为 500～1 000 km,舰船为 300～600 n mile),如罗兰 A 等系统。

③远程无线电导航系统(飞机为 2 000～3 000 km;舰船为 1 500 n mile),如罗兰 C(美国)等系统。

④超远程无线电导航系统(均大于 10 000 km),如奥米加(美国)。但该系统因为在精度、数据更新率和多值性方面无法与 GPS 比拟,已于 1997 年关闭。

(2)按测量电信号的不同参量分类[2]

①振幅式无线电导航系统。这类导航系统在定位过程中,接收和处理的电参量是无线电波的振幅,并将无线电波的振幅与导航参量建立起相应的关系,完成导航参量的测量,如无线电测量仪。

②频率式无线电导航系统。这类系统一般是通过测量无线电信号的频率变化,并把频率变化转化成为导航信息,如多普勒导航系统。

③相位式无线电导航系统。它的原理是通过对两对岸台信号的相位差测量,得到两条相交的双曲线位置线,实现对载体的定位,如台卡、奥米加系统。

④脉冲式无线电导航系统,采用脉冲工作方式来测量脉冲前沿间隔,并作为其工作基础的无线电导航系统叫做脉冲式无线电导航系统,如罗兰 A 系统。

⑤混合式无线电导航系统。这类导航系统处理电信号的参量有多个,如测量脉冲/相位参量的罗兰 C 系统等。

3. 无线电导航系统的未来发展[1-2]

20 世纪 90 年代出现的卫星导航对无线电导航系统的应用造成了巨大的影响,然而这并不意味着无线电导航没有必要继续发展。这是因为:

①现在的卫星导航系统如 GPS 和 GLONASS、北斗等都是由一国控制和运行的系统,而且是以国家安全作为首要的服务目标,世界交通运输完全依赖于这种系统的风险太大。而无线电导航系统是由各国分头建立和运行,并按国际协议和标准而统一建设的系统,因而在国家主权和国际通航方面实现了良好的平衡。

②卫星导航系统抗干扰能力比较低,对恶意干扰攻击的承受能力差。一旦受到破坏或出现故障,会使各国的用户航行安全没有保证。而无线电导航系统的信号功率大,作用距离近,干扰的难度大。同时,它的导航系统众多,具有很强的容错性。

因此,目前美国、欧洲和世界许多国家的无线电导航的政策为:把无线电导航作为卫星导航的冗余备份系统,以备卫星导航系统失效时,为交通运输提供最基本的导航服务。这就意味着无线电导航系统还要使用下去。

根据当前无线电导航技术的发展状况以及军民应用中对导航定位的要求，无线电导航技术的发展趋势主要有以下两个方面。

①充分利用现有的无线电导航系统。利用现代科技成果对其改造，进一步提高无线电导航定位系统的可靠性和精度。运用新技术、新工艺研制更新的无线电导航设备，使导航设备微型化、自动化程度更高。

②采用组合导航方式。载体上配备多种无线电导航和其他导航设备，通过计算机信息处理获得最佳的导航参数，从而提高整个导航的精度、可靠性，降低对子导航系统质量的要求。因此，组合系统是无线电导航发展的一个明显方向。

4.1.2　VOR/DME 近程无线电导航系统

1. 组成简介

VOR 和 DME 是两种近距离无线电测量系统。VOR 可测量飞机的方位角；DME 可测量飞机与地面 DMC 台间的斜距。

由于 VOR 系统距离较远时定位误差较大，VOR 系统一般不单独使用，而是由 1 套 VOR 系统和 2 套 DME 系统配合使用组成 VOR/DME 近距无线电导航系统。由于 3 套子系统并存，因此 VOR/DME 近距无线电导航系统中，存在 2 种工作方式，即 DME/DME 工作方式和 VOR/DME 工作方式。

在 DME/DME 工作方式下，利用机载 DME 机测出的飞机相对两个地面台的斜距和从其他设备输入的飞机高度信号，计算出与飞机相应的地面点 $P(k)$ 到地面台的距离 $\rho(k)$（k 表示 k 时刻），根据系统内计算机储存的地面台位置信息，即可计算出 k 时刻的飞机位置。在 VOR/DME 工作方式下，利用 VOR 接收机测出的飞机相对地面台的方位角和机载 DME 机测出的相对某地面台的斜距，以及从其他设备输入的飞机高度信号，计算出与飞机相应的地面点到地面台的距离 $\rho(k)$，同样根据系统内计算机储存的地面台位置信息，即可计算出 k 时刻的飞机位置。

2. VOR 测角原理

VOR 为甚高频全向信标系统。它由机载甚高频全向信标接收机和地面甚高频全向方位导航台组成。VOR 导航台工作于 112～118 MHz 频段，抗干扰能力较强。VOR 地面台虽然全方位发射信号，但不能在天线顶空发射信号，所以以天线为顶点的倒置圆锥区为顶空盲区，圆锥顶角一般为 60°～100°。

VOR 的测角原理如图 4.1(a)所示。地面 VOR 台发射一个用 30 Hz 参考频率调制的全向信号(称为基准信号),以及一个以 30 r/s 旋转的各方位相位不同的信号。机上 VOR 接收机接收这两种信号,并将两个 30 Hz 频率的相位进行比较,即可得到飞机相对地面台的方位。

由于 2 个信号安排在地面台磁北方向上同相,所以接收机测到的是飞机相对地面台的磁方位角,即飞机相对地面台的位置矢量偏离地面台磁北方向的角度,角度的正负值规定与飞机航向角正负值规定相同。在未考虑地面台信号方位误差时,理论上 2 套 VOR 系统(包括 2 个地面台和 2 个机载接收机或 1 个多通道接收机)就可以确定飞机的位置。

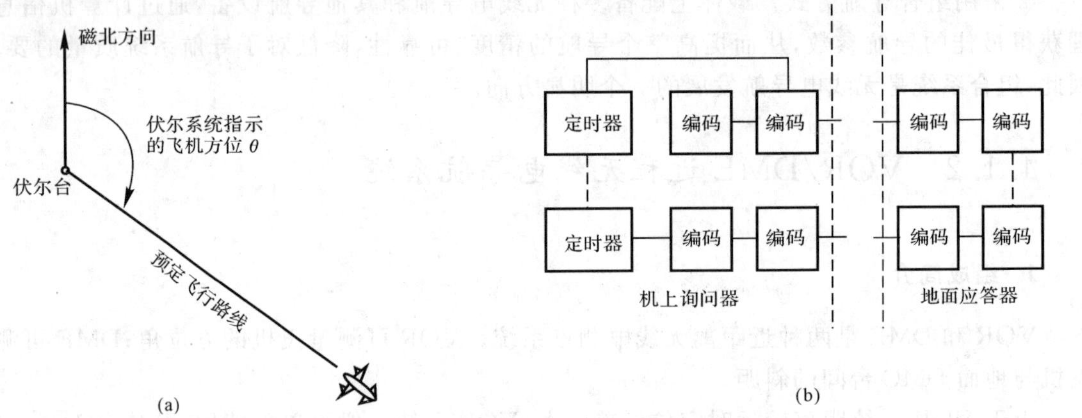

图 4.1 VOR 系统和 DME 系统工作原理

(a)VOR 系统工作原理; (b)DME 系统工作原理

3. DME 测距原理

DME 为无线电测距系统,它由机载 DME 机(为测距设备,是询问器)和地面 DME 台(应答器)组成,如图 4.1(b)所示。工作时,机载 DME 机发出特高频无线电脉冲波,地面 DME 台接收后延迟一段固定的时间再发射应答脉冲,机上设备接收后测出发射时间到接收时间的经过时间,从中减去固定的延迟时间,就能得出飞机和该地面台之间的斜距。

从机载仪表设备提供的高度(绝对高度或相对高度加当地海拔高度)和 DME 地面台海拔高度,可算出飞机相对地面台的地面距离,系统的测距误差一般为 0.1～0.4 n mile。系统作用距离一般为 300～500 km,最远可达 700 km。利用 2 套 DME 系统(2 个地面台和 2 个机载机或 1 个多通道机载机),就可确定飞机的位置。

VOR/DME 是民用系统,是世界上最多、最主要的无线电导航点。许许多多的 VOR/DME 台站相隔一定距离成网络状散点分布,当飞机上的接收机收到 VOR 信标的信号,飞行人员就可通过专用仪表判断飞机与该发射台站的相对位置,结合测距的 DME 系统,就可知道飞机与台站的距离,从而确定飞机当前的位置,并知道应以多少度的航线角飞抵目的地。

由于 VOR 的无线电信号是直线传播的,会被山峰等障碍物阻隔,所以即使距离很近,在地面也很少能接收到 VOR 信号，通常处于一定的高度才能收到信号，飞得越高，接收的距离就越远。VOR 最大接收距离随环境和高度而定，一般是 40～130 n mile 之间。

4.1.3　TACAN 近程无线电导航系统

1. 组成简介

战术空中导航系统(TACAN，简称塔康)是美国 1955 年研制并投入装备的近程无线电导航系统。该系统由塔康地面设备(也称为塔康信标)和机载设备组成，为以地面设备为中心，半径 350～370 n mile 范围内的飞行器(高度 10 000 m)提供导航服务。信标可架设于机场、航路点或航空母舰上，机载塔康设备安装在飞机上，与塔康信标配合工作，可连续给出飞机所在点相对于信标的方位角和距离。在特殊需要时，也将信标装在大型飞机上，但这种信标比较简单，实际上是机载塔康设备的修改型。

1 个塔康链通常由 1 个主台和 3 个副台(分别称为红台、绿台和紫台)组成，呈星形布局。1 个塔康链的各个台以不同的发射频率加以区分，但各台频率之间有 1 个最大公约频率 f，称为基波频率。主、红、绿、紫各台分别在 $6f$，$8f$，$9f$，$5f$ 上发射相位同步的连续波信号。各塔康链的 f 取 14 ～ 14.3 kHz 中一个特定值，以便区别台链，由此塔康系统的工作频率范围是 70 ～ 130 kHz。

塔康系统是用极坐标方式定位的，如图 4.2 所示。图中，已知 O 点为塔康信标，B 点为装载了机载设备的飞机。在 B 点，以磁北 N 为参照方向，测量出顺时针方向的 θ 角和 OB 的距离 D，即定出了飞机(B) 相对于信标(O) 的位置。

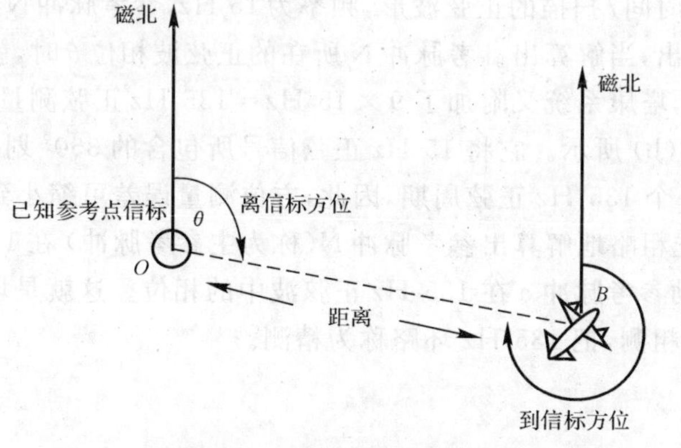

图 4.2　塔康系统示意图

2. 测角原理[3]

图 4.3 为塔康系统的方位测量示意图。图 4.3(a) 为信标发射的心脏形无线电波。在图 4.3(a) 中,以塔康信标所在地 O 为原点,OX 为起始轴,建立一个极坐标系。

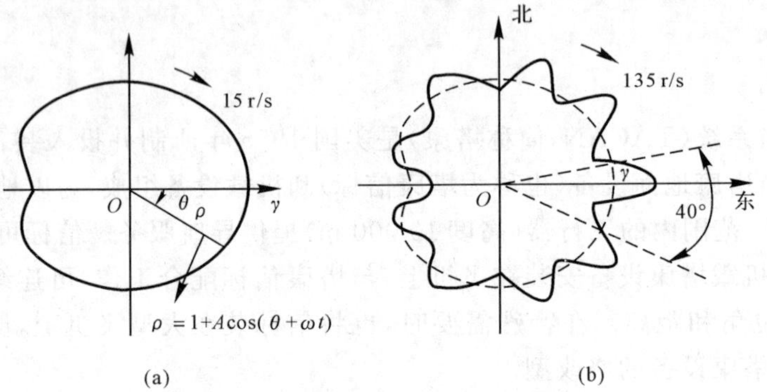

图 4.3 方位测量示意图
(a)15 Hz 粗测环路; (b)135 Hz 精测环路

当将图 4.3(a) 以 $f=15$ Hz 顺时针方向旋转时,方向(θ) 处接收到的无线电波的函数 $\rho(\theta)$ 可表示为

$$\rho(\theta) = 1 + A\cos(\theta + \omega t) \tag{4.1}$$

式中,ω 为无线电波的角频率;A 为幅值;t 为时间。

在函数值 $|\rho(\theta)|$ 为最大值且与 OX 重合时刻,发射测量参考脉冲 N。在坐标系内的每个 θ 方向都可得到一个随时间 t 扫描的正弦波形,频率为 15 Hz,参考脉冲 N 恰好在该正弦波的 θ 相位出现。由此可以看出,当解算出参考脉冲 N 所在的正弦波相位 θ 时,就完成了方位测量。为了提高方位测量精度,塔康系统又附加了 9×15 Hz $=135$ Hz 正弦测量环路,形成一个 9 瓣的心脏形图形,如图 4.3(b) 所示。它将 15 Hz 正弦信号所包含的 360° 划分成 9 个相等的 40° 区域,每个 40° 恰好是一个 135 Hz 正弦周期,因此,方位测量误差可缩小到 1/9。

方位测量时,首先粗略地解算出参考脉冲 N(称为主参考脉冲) 在 15 Hz 正弦波形的相位,然后,精确地解算辅助参考脉冲 a 在 135 Hz 正弦波中的相位。这就是塔康方位测量原理。一般把 15 Hz 环路称为粗测,把 135 Hz 环路称为精测。

3. 测距原理

塔康系统的距离测量依据的是二次雷达工作原理。

机载设备以 80 ～ 120 Hz(搜索状态) 或 20 ～ 30 Hz(跟踪状态) 速率发射询问脉冲对信号,地面信标接收到询问脉冲信号后,经过一个固定延迟,再向机载设备发射应答脉冲对信号。机载设备接收到信标发射的信号后，经过识别，选择出对自己的测距应答脉冲，并测量出询问脉冲与应答脉冲之间的时间间隔。利用这个时间间隔，可按下式换算出机载设备与信标台之间的距离：

$$D = 1/2 \times c(t - T_0) \tag{4.2}$$

式中，c 为电波在空间的传播速度，取 3×10^8 m/s；T_0 为信标台的固定延时，μs；t 为脉冲和应答脉冲之间的时间间隔，μs。

由于飞机在地球表面上空的一定高度上飞行，机载设备测出飞机相对于塔康信标台的距离是斜距。在远区(飞行高度 h 远小于斜距 D 时)，可将 D 近似认为飞机在地面上的投影点与信标台的距离。

美国最初设计的塔康系统用于航空母舰编队，为航空母舰舰载飞机提供导航服务，塔康信标天线安装于舰桥顶部。在以航母为中心，半径 350～370 km 的范围内，无论航母如何运动，飞机都可完成相对航母的方位和距离测量。由于塔康系统测位测距精度较高，系统能提供2维定位，信标天线体积小，便于机动等，很快被空军采用，广泛用于世界各国。目前，塔康系统在技术上取得了很大的进步，功能得到了多方面的开发，成了一个较为完备的导航系统，不仅用做航路导航，而且用做空空导航，如空中加油、编队飞行等。

现在，塔康系统在世界各国普遍推广。我国从 20 世纪 60 年代初开始对塔康系统进行研制，70 年代初完成第一代系统设备的试飞和定型，并提供地面设备和机载设备供空军试用，后来，又研制出多个型号的地面设备和机载设备，用于不同场合的导航。

4.1.4　罗兰C远程无线电导航系统

1. 概述[1]

罗兰C是一种低频、脉冲/相位式、双曲线精密远程无线电导航定位系统。它采用 100 kHz 载波频率，传播距离远，能抑制天波干扰。它兼顾了脉冲和相位两种体制的优点，较好地解决了主副台识别、消除多值性、同步等问题，克服了罗兰A系统作用距离不够远、定位精度不够高、信号衰减大等不足之处。其系统主要由地面设施、用户设备、传播媒介和应用方法4大部分组成。

其中，地面设备包括形成台链的一组发射台、工作区监测站和台链控制中心。罗兰C系统的发射台链是指一组发射台形成的网络，这些发射台具有共同的时间基准并位于同一地理区域。至少要有3个发射台才能组成1个双曲线台链。台链中的1个发射台为主台，其余各台为副台。主台和每个副台都组成1个台对，台链中副台的数量一般不超过5个。

主台的功能是：在规定的公差容限内发射规定格式的9脉冲组信号；建立台链的时间基准和脉冲组重复周期；监测副台信号。副台的功能是：在规定的公差容限内发射规定格式的8脉冲组信号；保持规定的发射延迟；按控制台的要求在系统超差时发射闪烁信号以实现向用户告警。

台链中各发射台之间位置的相互关系，包括发射台间的距离和方位，称做台链的配置。常见的台链配置有三角形，Y形和星形3种。三角形的台链配置是最简单的一种，也叫做一个台组。

目前，拥有罗兰C系统的国家除美国以外，还有俄罗斯、中国、加拿大、沙特阿拉伯、日本、韩国和法国等(见图4.4)。截至2006年，全世界就建成了30多个罗兰C台链[4]，大部分的台链见表4.1。

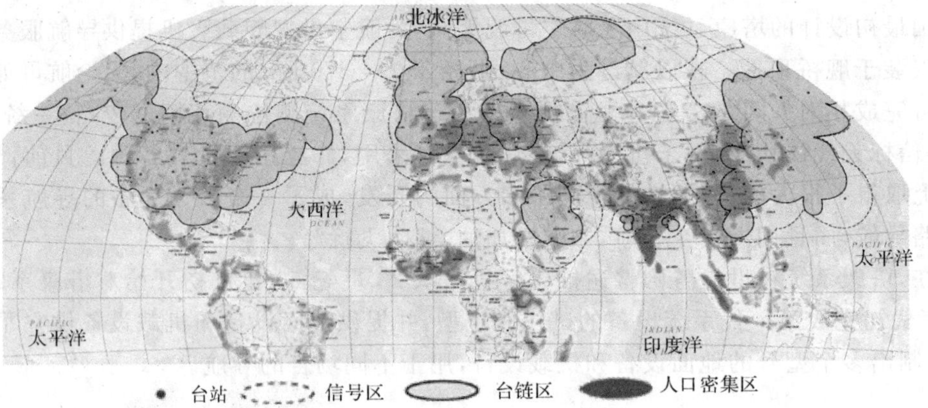

图4.4 全球罗兰C系统示意图

表4.1 罗兰C的全球台链分布(大部分)

序号	链名	组重复周期(10 μs)	国家和地区	序号	链名	组重复周期(10 μs)	国家和地区
1	阿拉斯加湾链	7960	美国	14	LESSAY链	6731	法国
2	美国东南链	7980	美国	15	中国北海链	7430	中国
3	美国中北链	8290	美国	16	中国东海链	8390	中国
4	美国中南链	9610	美国	17	中国南海链	6780	中国
5	大湖链	8970	美国	18	俄国西部链	8000	俄罗斯
6	美国西海岸链	9940	美国	19	俄美白令海链	5980	俄罗斯/美国
7	美国东北链	9960	美国	20	俄日链	7950	俄罗斯/日本
8	北太平洋链	9990	美国	21	俄日韩链	9930	韩国/日本/俄罗斯

续 表

序号	链名	组重复周期 (10μs)	国家和地区	序号	链名	组重复周期 (10μs)	国家和地区
9	加拿大东海岸链	5930	加拿大	22	日韩链	8930	日本 / 韩国
10	加拿大西海岸链	5990	加拿大	23	EJDE 链	9007	西欧
11	纽芬兰东海岸链	7270	加拿大	240	BOE 链	7001	西欧
12	沙特北部链	8990	沙特阿拉伯	25	SYLT 链	7499	西欧
13	沙特南部链	7170	沙特阿拉伯				

2. 我国罗兰 C 系统的建设和使用[1]

我国对罗兰 C 的研究工作早在 20 世纪 60 年代初就已开始。1979 年，国家正式批准在我国建立罗兰 C 系统，即“长河二号”工程。

“长河二号”工程的目的是在我国沿海建立一种能为国家独立控制的远程无线电导航系统，以满足各种海上用户的导航定位需求。它设计有 6 个地面发射台，3 个系统工作区监测站和 3 个台链控制中心，分布在吉林、山东、上海、安徽、广东、广西 6 个省区。6 个地面发射台相互链接，构成 3 个台链，其覆盖范围北起日本海，东至太平洋，南达南沙诸岛，在我国沿海形成了比较完整的罗兰 C 系统覆盖网。表 4.2 ～ 表 4.4 给出了 3 个“长河二号”台链的配置和系统参数。

表 4.2　北海台链配置

台站名称	台址	与主台的基线长度
主台 / 控制中心	山东荣成	
南副台	安徽宣城	739 km
北副台	吉林和龙	852 km
监测站	山东蓬莱	

表 4.3　东海台链配置

台站名称	台址	与主台的基线长度
主台 / 控制中心	安徽宣城	
南副台	广东饶平	837 km
北副台	山东荣成	739 km
监测站	上海南汇	

表 4.4 南海台链配置

台站名称	台址	与主台的基线长度
主台/控制中心	广西贺县	
东副台	广东饶平	538 km
西副台	广西崇左	486 km
监测站	广东台山	

3. 双曲线模式的导航原理

罗兰C系统是一种双曲线无线电导航系统。它的基本工作原理是:在工作区内某点接收同一罗兰C台链两个发射台的信号到达的时间差,再把时间差转换为距离差。具有相同距离差的点的轨迹是以发射台为焦点的一条双曲线(见图 4.5(a)),如果能获取两条相交的双曲线,则其交点就是要确定的位置。

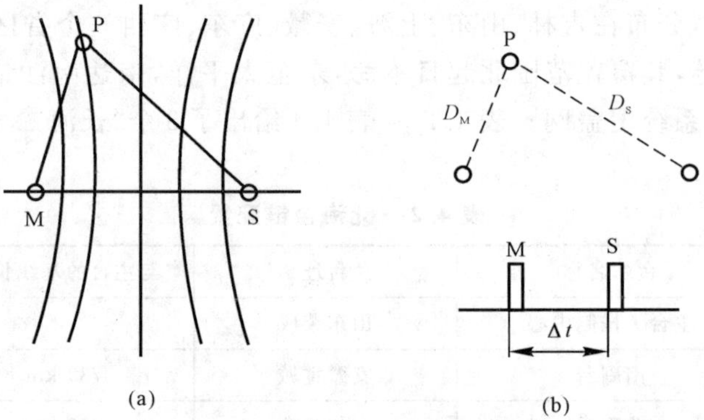

图 4.5 脉冲法双曲线定位原理

(a) 脉冲法测距的发射示意; (b) 脉冲法测距的计算

(1) 测量距离差的方法

目前测量距离差的方法,主要有脉冲法、相位法和脉冲相位法。

① 脉冲法。脉冲测距离差法是测定两个导航台发送的脉冲信号到达航行体的时间间隔,来表示相应的距离差值。

如图 4.5(b) 所示,M和S两个导航台,在 t_0 时同时发射脉冲信号,在 t_M 和 t_S 时,两脉冲先后到达航行体所处P点。已知电波传播速度 $c=3\times10^8$ m/s。P点与M,S两点之间的距离差 ΔD 和脉冲到达的时间差 Δt 之间的关系为

$$\Delta D = D_S - D_M = c(t_S - t_0) - c(t_M - t_0) = c\Delta t \tag{4.3}$$

式中，$\Delta t = t_S - t_M$。

时差有正、负之分，为避免这种情况，实际上两导航台不是同时发射信号，而是采用主从的发射关系，先由主台发射信号，延迟一段时间，再由副台发射信号。

② 相位法。相位测距离差法是测量两个导航台发射的信号到达航行体时的相位差。

如图 4.6 所示，两个导航台为 A，B，它们以相同的频率发射等幅正弦波信号。假设发射的信号在起始时间相位是相同的，经过距离 D_A 和 D_B 而到达 P 点时，其相位变化分别为

$$\varphi_A = 2\pi \frac{D_A}{\lambda}, \quad \varphi_B = 2\pi \frac{D_B}{\lambda} \tag{4.4}$$

式中，λ 为电波的波长。

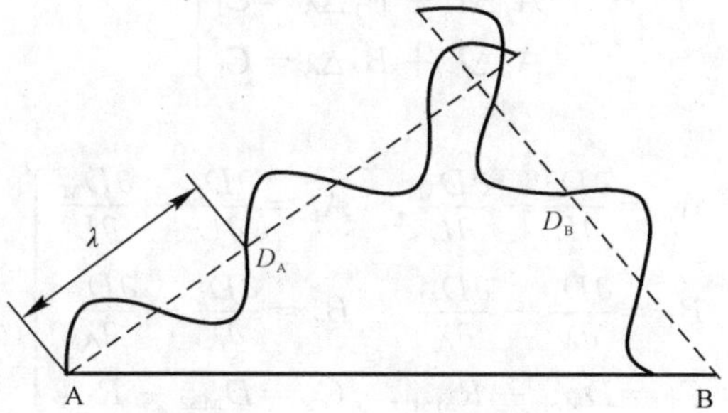

图 4.6　相位差测量

在 P 点接收到的两个信号的相位差

$$\Delta\Phi = \Phi_A - \Phi_B = 2\pi \frac{D_A - D_B}{\lambda} = 2\pi \frac{\Delta D}{\lambda} \tag{4.5}$$

式(4.5) 表明相位差 $\Delta\Phi$ 与距离差 ΔD 的关系。设 $\Delta\Phi = 2\pi n + \Delta\varphi'$，其中 n 是 $\frac{\Delta D}{\lambda}$ 除式商的整数；$\Delta\varphi'$ 是除式商的小数与 2π 的乘积，是小于 1 周的相位差值。在实际仪器中，只能测出小于 1 周的相位差，整周数难以确定。相位测量法比脉冲测量法具有更高的精度。

③ 脉相法。把脉冲法和相位法相结合，用脉冲法作为粗测，用相位法作为精测，以此可求得精密的距离差。

(2) 双曲线模式的定位方法

当应用方法是双曲线工作模式时，在测量出距离差的基础上，利用距离差位置线是双曲线这一几何定位体制，就可以实现对载体的定位。

① 位置双曲线方程组。导航台的地理位置是已知的，航行体到主台 M 和副台 S_1，S_2 的距离差用 D_{MS1} 和 D_{MS2} 表示，D_{MS1}，D_{MS2} 是航行体经纬度的二元函效，即

$$\left.\begin{aligned}D_{\mathrm{MS1}} &= F_1(L,\lambda) = D_1 - D_M\\ D_{\mathrm{MS2}} &= F_2(L,\lambda) = D_2 - D_M\end{aligned}\right\}\tag{4.6}$$

式中,D_1,D_2,D_{M} 分别为航行体到副台 S_1,S_2 和主台 M 的距离。把 F_1 和 F_2 按推算位置 L_c,λ_c 展成泰勒级数,只取一次项得

$$\left.\begin{aligned}D_{\mathrm{MS1}} &= F_1(L_c,\lambda_c) + \left(\frac{\partial D_1}{\partial L} - \frac{\partial D_{\mathrm{M}}}{\partial L}\right)\Delta L + \left(\frac{\partial D_1}{\partial \lambda} - \frac{\partial D_M}{\partial \lambda}\right)\Delta\lambda\\ D_{\mathrm{MS2}} &= F_2(L_c,\lambda_c) + \left(\frac{\partial D_2}{\partial L} - \frac{\partial D_{\mathrm{M}}}{\partial L}\right)\Delta L + \left(\frac{\partial D_2}{\partial L} - \frac{\partial D_M}{\partial L}\right)\Delta L\end{aligned}\right\}\tag{4.7}$$

式中,$F_1(L_c,\lambda_c)$,$F_2(L_c,\lambda_c)$ 分别是推算位置点到两个台对的距离差。

令 $R_{\mathrm{MS1}} = F_1(L_c,\lambda_c)$,$R_{\mathrm{MS2}} = F_2(L_c,\lambda_c)$,则式(4.7) 可写成

$$\left.\begin{aligned}A_1\Delta L + B_1\Delta\lambda = C_1\\ A_2\Delta L + B_2\Delta\lambda = C_2\end{aligned}\right\}\tag{4.8}$$

式中

$$\left.\begin{aligned}A_1 &= \frac{\partial D_1}{\partial L} - \frac{\partial D_M}{\partial L},\quad A_2 = \frac{\partial D_2}{\partial L} - \frac{\partial D_M}{\partial L}\\ B_1 &= \frac{\partial D_1}{\partial \lambda} - \frac{\partial D_M}{\partial \lambda},\quad B_2 = \frac{\partial D_2}{\partial \lambda} - \frac{\partial D_M}{\partial \lambda}\\ C_1 &= D_{\mathrm{MS1}} - R_{\mathrm{MS1}},\quad C_2 = D_{\mathrm{MS2}} - R_{\mathrm{MS2}}\end{aligned}\right\}\tag{4.9}$$

式(4.8) 即为位置线方程。

② 航行体位置计算。联立求解式(4.8),可得

$$\left.\begin{aligned}\Delta L &= \frac{B_2C_1 - B_1C_2}{A_1B_2 - A_2B_1}\\ \Delta\lambda &= \frac{A_1C_2 - A_2C_1}{A_1B_2 - A_2B_1}\end{aligned}\right\}\tag{4.10}$$

ΔL,$\Delta\lambda$ 和推算的位置相加,则得航行体的位置,即

$$L = L_c + \Delta L,\quad \lambda = \lambda_c + \Delta\lambda\tag{4.11}$$

上述算法可用迭代方法进行。例如,规定 ΔL,$\Delta\lambda$ 小于或等于 0.1,若算出的 ΔL,$\Delta\lambda$ 大于规定值,则把得到的 L,λ 作为 L_c,λ_c 进行第二次计算,直到 ΔL,$\Delta\lambda$ 小于或等于规定值为止。通常经 2 ~ 4 次迭代计算即可满足精度要求。

4. 测距模式的定位方法

罗兰 C 系统本质上是一种测距系统,因此也可以工作在直接的单向测距模式。但由于测距时不可避免地存在着时钟效应等误差,因而测得的距离实际上也是(类似于 GPS) 伪距。GPS 全球定位系统是通过测量用户到导航卫星的伪距来进行定位的,而罗兰 C 测量的伪距是用户到导航台的伪距。显然,如果把导航台看做是伪卫星,那么罗兰 C 就可以采用和 GPS 一

样的定位方法。这种定位方式就称做测距模式。这是罗兰 C 系统的一种新的工作模式。采用这种工作模式的罗兰 C 系统，可以比较方便地和 GPS 全球定位系统综合，构成一种高性能的导航系统。图 4.7 表示单独的和组合的 GPS、罗兰 C 系统功能框图。

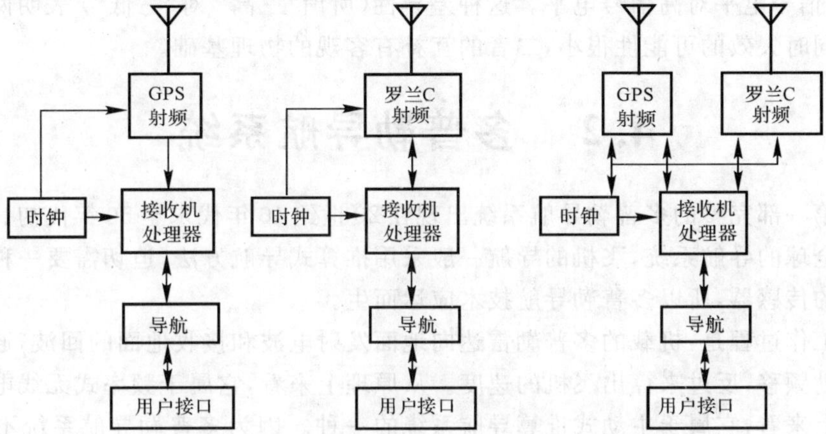

图 4.7 单独的和组合的 GPS、罗兰 C 功能图

5. 罗兰 C 导航系统的新发展

近年来，GPS 导航系统持续发展对罗兰 C 的存在形成了压力，但这种压力反过来也促进了罗兰 C 的发展，改善了罗兰 C 的性能，扩展了罗兰 C 的功能。

罗兰 C 导航系统的性能更新和功能扩展主要体现在如下几个方面[5]。

① 现代罗兰 C 接收机采用线性平均数字技术(Linear Averaging Digital，LAD)，合并了混合自适应滤波数字信号处理(DSP) 技术，与传统罗兰 C 接收机相比，几乎每种技术指标都有提高，主要体现在能够使接收机同时跟踪接收最多达到40个罗兰C台信号；可使现有单个罗兰C台站的有效覆盖区半径向外延伸约 300 km，即使在市区，可利用性也有较大提高；系统的信噪比(SNR) 提高了约 20 dB，减小了定时应用中的统计抖动等。

② 开发了新的小型罗兰磁场天线。其直径 4 in，高约 1 in。这种天线能切实消除雨雪静电干扰。它与 GPS 天线合并在一起已经成为现实，可以满足组合导航、授时系统的应用需求。

③ 在现有罗兰 C 设施的基础上，以不影响罗兰 C 正常导航、定位、授时的功能[6] 为前提，利用罗兰 C 信道资源实现数据通信，是罗兰 C 功能扩展的主要体现。通过发播差分 GPS 或 DGLONASS/ 北斗改正值及其完善性信息[7]，罗兰 C 可以构成 GPS/ 北斗最为经济有效的增强系统[8]。正是由于这种独特的优势，使得欧美并没有淘汰 LORAN 系统，而是将其升级为性能更优越的 eLORAN (Enhanced LORAN) 系统。

总之,罗兰 C 与 GPS/北斗都不能单独构成非常完善的主用导航设备,它们之间是兼容而不是对立排斥的关系,通过多种途径互补或组合,能够获得比单独一个系统更好的导航、定位、授时性能[9-10]。从物理因素的角度看,GPS/北斗和罗兰 C 有明显不同的特性:天基对陆基、高频对低频、低信号电平对高信号电平。这种差异性(所谓"三高"对"三低")表明两种系统因为同样的原因同时失效的可能性很小,二者的互补有客观的物理基础。

4.2 多普勒导航系统

世界上第一部完整的多普勒导航系统出现在20世纪40年代末至50年代初。因为当时还没有能覆盖全球的导航系统,飞机的导航一般采用推算式导航方法,迫切需要一种能够精确测量飞机地速的传感器,所以多普勒导航技术应运而生。

多普勒工作过程是:机载的多普勒雷达向地面发射电波和接收地面的回波,通过测量地面回波的多普勒频移,反过来算出飞机的速度。从原理上来看,它属于频率式无线电导航系统。从导航方法上来看,它属于主动式推算导航系统的一种。因为多普勒导航系统不需要有地面或卫星发射台,同时多普勒雷达发射的波束窄,角度陡,难以被监测,所以多普勒导航系统有很大的自主性。这是它的优点之一。它还有测速精度较高,不需要初始对准等优点。它的缺点主要是定位误差发散,在水上工作精度有所降低等。目前,多普勒导航系统主要应用在中低高度的飞行器上。

4.2.1 多普勒测速原理

多普勒雷达测速原理是以多普勒效应为基础的。多普勒效应是微波技术中的一种现象,1842 年奥地利物理学家多普勒(Christian Johann Doppler)在研究声学问题时发现的。多普勒效应表述为:当发射声波的物体和反射声波的物体之间存在着相对运动时,则发射的声波频率 f_1 和反射回来的声波频率 f_2 不同,其差值 $f_d=f_2-f_1$ 称做多普勒频率。它的大小与发射物体和反射物体之间的相对运动速度成正比。自从在音频范围内发现多普勒效应后,在 1938 年也证明了在电波频域内同样有多普勒效应。后来,人们应用这种效应研制出了多普勒雷达。

如果在飞行器上安装一个多普勒雷达,如图 4.8 所示,以一定的倾角 α 向地面发射电波,当飞行器相对地面的飞行速度为 v 时,则沿电波发射方向,飞行器相对地面的运动速度为 $v\cos\alpha$。此时多普勒频移 f_d 为

$$f_2-f_1=f_d=\frac{2v\cos\alpha}{\lambda} \tag{4.12}$$

式中,λ 为波长。λ 和 α 都是定值,可见 f_d 和 v 成比例。

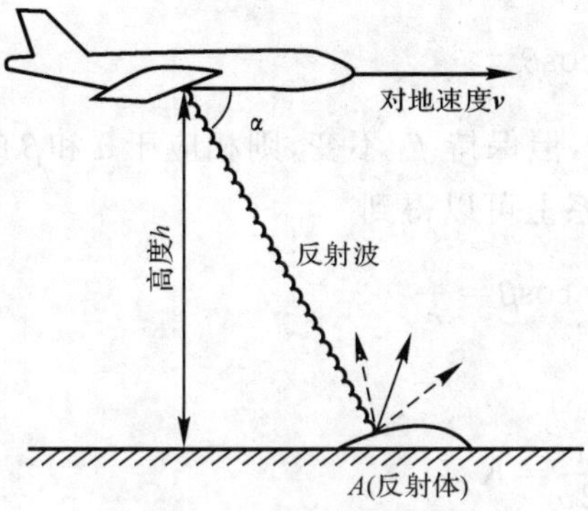

图 4.8　电波反射示意图

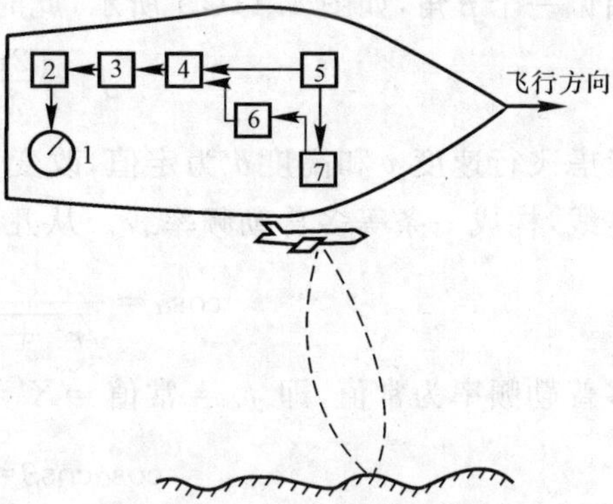

图 4.9　多普勒测速原理图

多普勒测速原理框图如图 4.9 所示。图中，1 为速度指示器，2 为频率计，3 为放大变换装置，4 为综合比较装置，5 为发射机，6 为接收机，7 为天线装置。

发射机所发射的天线电波束是一个圆锥体，照射到地面上是一个椭圆面积，如图 4.10(a)所示。接收机接收到的反射信号，是射束照射面积上的无数小面积上反射信号的总和，这些小面积上的反射信号其幅值和相位各不相同。因此，反射信号的特性只能用其频谱特性来表示。频谱特性的一般形状如图 4.10(b) 所示。

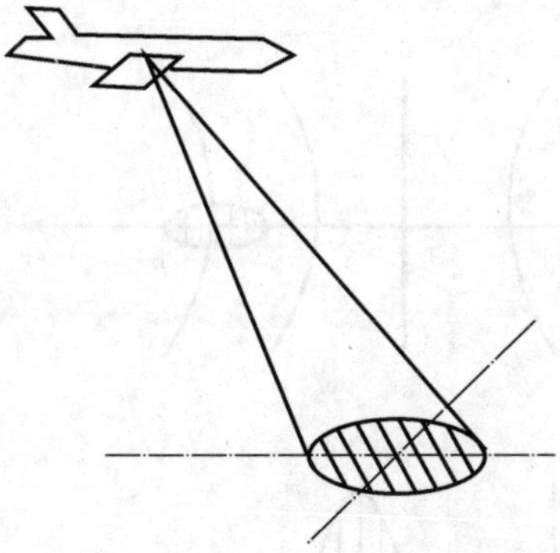
(a)

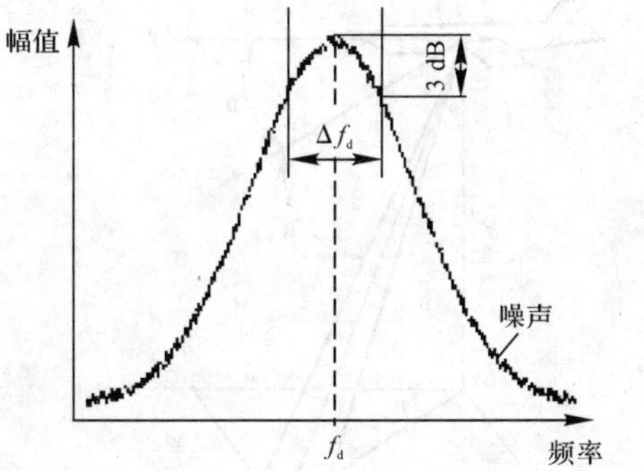

(b)

图 4.10　波束与频谱特性

(a) 发射机发射；(b) 接收机信号频谱

4.2.2　等多普勒频率曲线及偏流角测量

如果在飞行器上发射的射束方向，除相对水平面有一个 α 角外，又相对飞行器纵轴所在的

垂直平面偏一个 β 角，如图 4.11(a) 所示，此时多普勒频率的表达式变为

$$f_d = \frac{2v}{\lambda}\cos\alpha\cos\beta \tag{4.13}$$

若考虑飞行速度 v 和高度 h 为定值，改变 α 和 β，但保持 f_d 不变，则相应于 α 和 β 的地面反射点的连线，构成一条等多普勒频率线。从几何关系上可以得到

$$\cos\alpha = \frac{r}{\sqrt{r^2+h^2}}, \quad \cos\beta = \frac{y}{r} \tag{4.14}$$

当多普勒频率为常值，即 $f_d =$ 常值 $= K'$ 时，有

$$\cos\alpha\cos\beta = K'\ \frac{\lambda}{2v} = K \tag{4.15}$$

即

$$\left(\frac{y}{r}\right)\left(\frac{r}{\sqrt{r^2+h^2}}\right) = K \tag{4.16}$$

稍作整理，可以得到

$$\frac{y^2}{K^2h^2} - \frac{x^2}{h^2} = 1 \tag{4.17}$$

式(4.17) 说明，等多普勒频率曲线是双曲线。若取不同的 K 值，则可以得到一族双曲线，如图 4.11(b) 所示。这种等多普勒频率线的特性，可用来测量飞行器的偏流角。

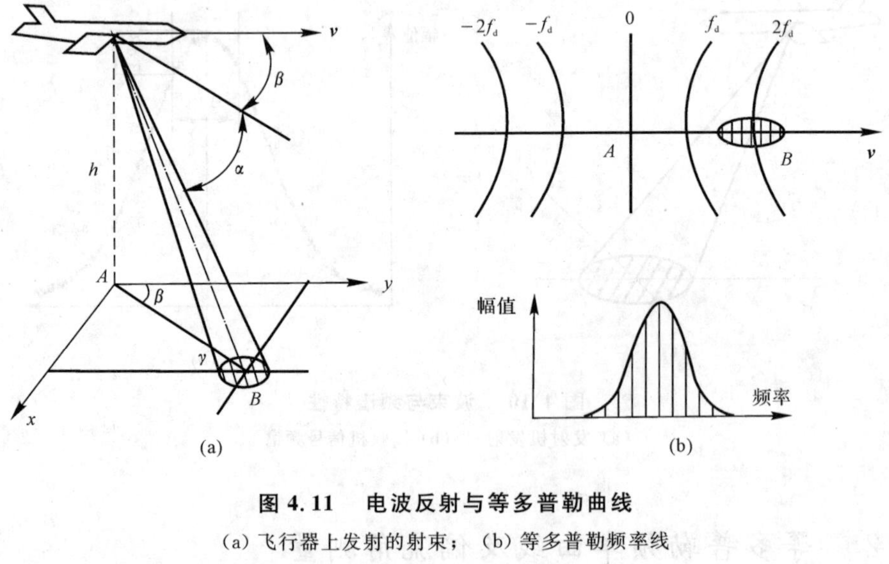

图 4.11 电波反射与等多普勒曲线

(a) 飞行器上发射的射束；(b) 等多普勒频率线

偏流角是空速矢量 $\boldsymbol{v}_B$ 和地速矢量 $\boldsymbol{v}$ 之间的夹角，这里用 δ 表示。真航向角 ψ 加上偏流角 δ，等于地速 $\boldsymbol{v}$ 的方位角，即航迹角。

在飞行器上以相同的倾角 α 和偏角 β，向前方左右侧相对飞行器纵轴对称地发射两个射束 L 和 R，如图 4.12(a) 所示。当偏流角为零时，两个射束照射到同一条等多普勒频率曲线上，如图 4.12(c) 所示，此时两个射束的多普勒频率相等。当有偏流角时，如图 4.12(b) 所示，两个射束照射到不同的等多普勒频率曲线上，因此，两个多普勒频率存在着差值 Δf_d。利用 Δf_d 转动天线，直到 $\Delta f_d=0$，则天线转动的角度即为偏流角。如果两个射束改为前后发射，根据相同的原理，同样也可以测量偏流角。

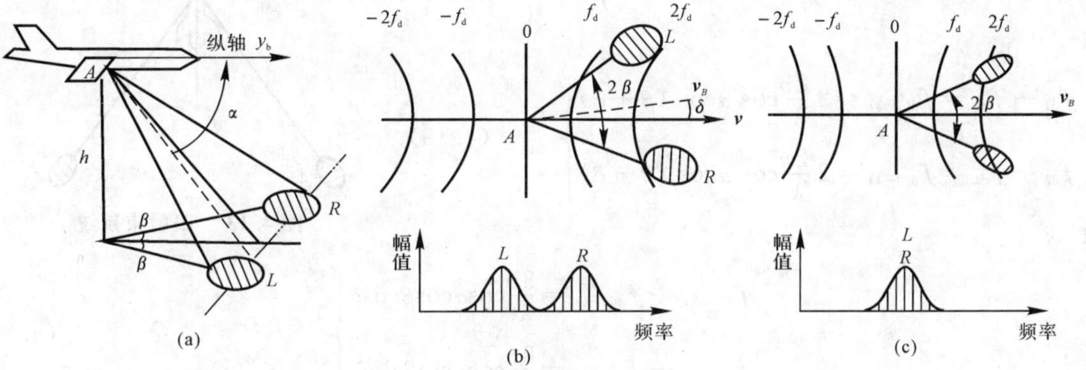

图 4.12　测偏流角原理

(a) 飞行器端；(b) 偏流角不为 0；(c) 偏流角为 0

4.2.3　多普勒的四射束系统

前面分析的多普勒测速和测偏流角的原理中，都是假定射束的倾角 α 和倾角 β 为常值，这只有在飞行器水平飞行时成立。当飞行器姿态变化时，α 和 β 都会随飞行器的姿态变化而改变，从而引起测速和测偏流角的误差。因此，飞行器姿态变化时必须进行补偿。可能的方法有 3 种。一种方法是用陀螺垂直稳定器把多普勒雷达天线稳定在需要的方位，使其不受飞行器姿态变化的影响。另一种方法是根据飞行器的姿态信息，通过计算机用计算的方法，补偿掉飞行器姿态变化对测速和测偏流角的影响。第三种方法就是采用四射束系统，即向飞行器前后对称地发射 4 个射束。这样的系统不仅可以补偿地速测量和偏流角测量中俯仰和倾斜误差，而且还可以测量飞行器的垂直速度和侧向速度，从而给出飞行器的空间速度矢量。

1. 用四射束系统测偏流角

如图 4.13 所示，飞行器存在着偏流角 δ，1，2，3，4 这 4 个射束相对飞行器是对称的，即具有相同的倾角 α 和偏角 β。假定飞行器没有俯仰和倾斜，则 4 个射束的多普勒频率为

$$\left.\begin{aligned} f_{d1} &= \frac{2v}{\lambda}\cos\alpha\cos(\beta+\delta) \\ f_{d2} &= \frac{2v}{\lambda}\cos\alpha\cos(\beta-\delta) \\ f_{d3} &= -\frac{2v}{\lambda}\cos\alpha\cos(\beta+\delta) \\ f_{d4} &= -\frac{2v}{\lambda}\cos\alpha\cos(\beta-\delta) \end{aligned}\right\} \quad (4.18)$$

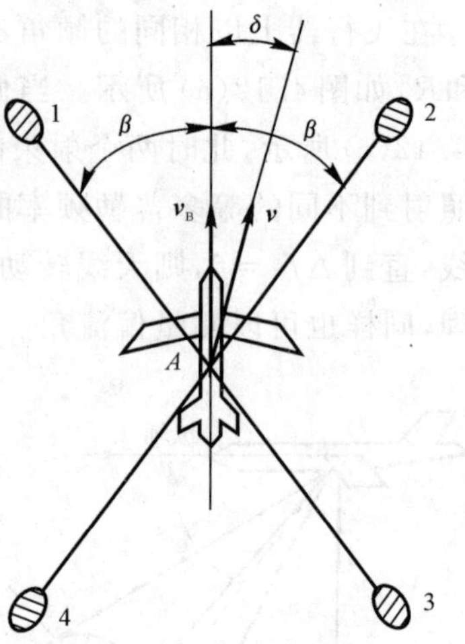

图 4.13 四射束系统

取

$$\left.\begin{aligned} f_{d1}-f_{d3} &= f_{d(1-3)} = 2\,\frac{2v}{\lambda}\cos\alpha\cos(\beta+\delta) \\ f_{d2}-f_{d4} &= f_{d(2-4)} = 2\,\frac{2v}{\lambda}\cos\alpha\cos(\beta-\delta) \end{aligned}\right\} \quad (4.19)$$

故

$$\left.\begin{aligned} f_{d(1-3)}+f_{d(2-4)} &= \frac{8v}{\lambda}\cos\alpha\cos\beta\cos\delta \\ f_{d(2-4)}-f_{d(1-3)} &= \frac{8v}{\lambda}\cos\alpha\sin\beta\sin\delta \end{aligned}\right\} \quad (4.20)$$

由此可得

$$\delta = \arctan\frac{K_1}{K_2}\,\frac{f_{d(2-4)}-f_{d(1-3)}}{f_{d(1-3)}+f_{d(2-4)}} \quad (4.21)$$

式中

$$\left.\begin{aligned} K_1 &= \frac{8v}{\lambda}\cos\alpha\cos\beta \\ K_2 &= \frac{8v}{\lambda}\cos\alpha\sin\beta \end{aligned}\right\} \quad (4.22)$$

式(4.21)说明，利用 4 个多普勒频率可以计算偏流角。当然，如果利用 $f_{d(2-4)}-f_{d(1-3)}$ 差值信号，通过随动系统转动天线，类似双射束系统的情况，也可以直接测量偏流角。系统稳定后，$f_{d(2-4)}-f_{d(1-3)}=0$，天线转过的角度即为偏流角。

采用四射束系统，可以补偿飞行器的俯仰和倾斜引起的偏流角测量误差。如图 4.14 有俯仰、倾斜时的四射束所示，1，2，3，4 为飞行器没有俯仰和倾斜时，4 个射束的地面反射点位置，其多普勒频率如表达式(4.18)。当飞行器机头上仰时，如图 4.14(a) 所示，射束 1，2 的多普勒频率增大，而射束 3，4 的多普勒频率减小，合成频率 $f_{d(1-3)}$ 和 $f_{d(2-4)}$ 则近似保持不变，故偏流角式(4.21) 基本保持不变。与此类似，当飞行器有倾斜角时，如图 4.14(b) 所示，合成频率 $f_{d(1-3)}$ 和 $f_{d(2-4)}$ 仍近似保持不变，从而偏流角测量基本保持不变。

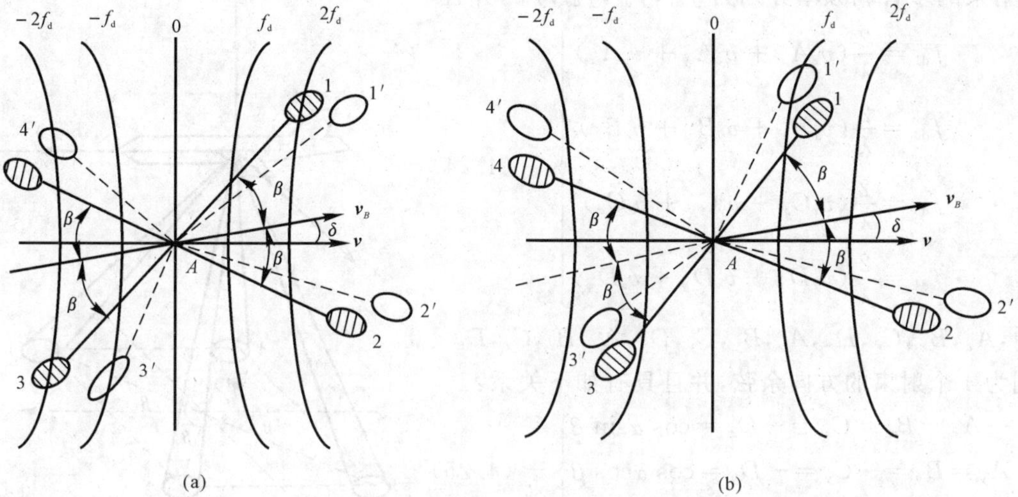

图 4.14　有俯仰、倾斜时的四射束

(a) 飞行器机头上仰；(b) 飞行器有倾斜角

2. 利用四射束系统测量速度矢量

如果只考虑飞行器水平飞行，则在采用四射束系统时，可利用式(4.21)中任一合成频率来测量速度，即

$$\left.\begin{aligned} v &= \frac{\lambda}{4\cos\alpha\cos(\beta+\delta)} f_{d(1-3)} \\ v &= \frac{\lambda}{4\cos\alpha\cos(\beta-\delta)} f_{d(2-4)} \end{aligned}\right\} \tag{4.23}$$

如前所述，采用四射束系统时，飞行器的俯仰和倾斜基本上不改变 $f_{d(1-3)}$ 和 $f_{d(2-4)}$ 的大小，因此，也可以认为不产生测速误差。实际上，由于多普勒频率与射束倾角和偏角的变化不是直线关系而是余弦关系，故由飞行器俯仰和倾斜所发生的多普勒频率的改变，前后射束并不能彼此完全补偿，因而仍然存在着测速和测偏流角误差。只有当俯仰角和倾斜角不大时，误差才较小。所以实际应用的多普勒系统，仍必须同时采用天线稳定。

以上的讨论，只考虑飞行器的水平飞行速度。实际上，飞行器飞行中还存在垂直速度和侧向速度。利用四射束系统，可以同时测量 3 个轴向的速度分量，从而给出飞行器的空间速度矢量。

如图 4.15 所示，假定飞行器纵向速度分量为 v_y，垂直速度分量为 v_z，侧向速度分量为 v_x，4 个射束具有相同的倾角 α 和偏角 β。此时，沿每个射束方向的速度均是 3 个速度分量的合成，

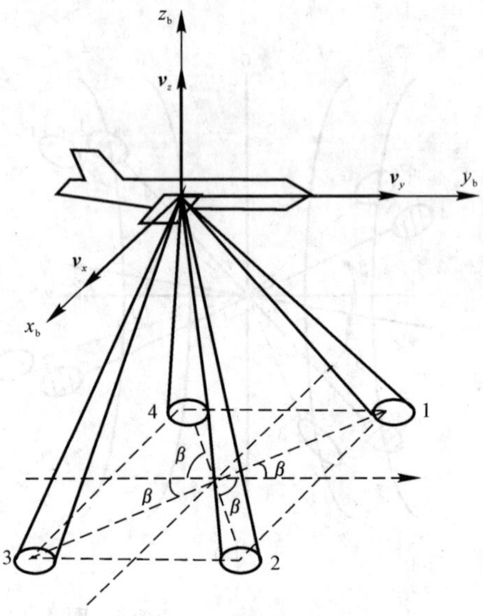

图 4.15 速度矢量测量

4 个射束的多普勒频率分别为 f_{d1}，f_{d2}，f_{d3}，f_{d4}，并且

$$\left.\begin{aligned} f_{d1} &= \frac{2}{\lambda}(v_x A_x + v_y A_y + v_z A_z) \\ f_{d2} &= \frac{2}{\lambda}(v_x B_x + v_y B_y + v_z B_z) \\ f_{d3} &= \frac{2}{\lambda}(v_x C_x + v_y C_y + v_z C_z) \\ f_{d4} &= \frac{2}{\lambda}(v_x D_x + v_y D_y + v_z D_z) \end{aligned}\right\} \tag{4.24}$$

式中，A_x，B_x，C_x，D_x，A_y，B_y，C_y，D_y，A_z，B_z，C_z，D_z 分别为 4 个射束的方向余弦，并且具有如下关系：

$$\left.\begin{aligned} -A_x = B_x = C_x = -D_x &= \cos\alpha\sin\beta \\ A_y = B_y = -C_y = -D_y &= \cos\alpha\cos\beta \\ A_z = B_z = C_z = D_z &= -\sin\alpha \end{aligned}\right\} \tag{4.25}$$

则式(4.24) 可以写做

$$\left.\begin{aligned} f_{d1} &= \frac{2}{\lambda}(-v_x\cos\alpha\sin\beta + v_y\cos\alpha\cos\beta - v_z\sin\alpha) \\ f_{d2} &= \frac{2}{\lambda}(v_x\cos\alpha\sin\beta + v_y\cos\alpha\cos\beta - v_z\sin\alpha) \\ f_{d3} &= \frac{2}{\lambda}(v_x\cos\alpha\sin\beta - v_y\cos\alpha\cos\beta - v_z\sin\alpha) \\ f_{d4} &= \frac{2}{\lambda}(-v_x\cos\alpha\sin\beta - v_y\cos\alpha\cos\beta - v_z\sin\alpha) \end{aligned}\right\} \tag{4.26}$$

将式(4.26) 联立求解，可以求得 3 个速度分量 v_x，v_y，v_z。

$$\left.\begin{aligned} v_x &= \frac{\lambda}{4\cos\alpha\sin\beta} f_{d(2-1)} \\ v_y &= \frac{\lambda}{4\cos\alpha\sin\beta} f_{d(2-3)} \\ v_z &= -\frac{\lambda}{4\sin\alpha} f_{d} \end{aligned}\right\} \tag{4.27}$$

合成速度为

$$v = \sqrt{v_x^2 + v_y^2 + v_z^2} \tag{4.28}$$

当 x_b 和 y_b 轴处于水平位置时，则偏流角为

$$\delta = \arctan\frac{v_x}{v_y} \tag{4.29}$$

测定了偏流角和地速之后，即可进行导航定位。

4.2.4　多普勒导航定位系统

用多普勒雷达测定了地速和偏流角后，再从航向系统引来航向信息，则通过导航定位计算，即可得到飞行器的位置信息。以地理坐标系作为导航坐标系，用地理经纬度表示飞行器的位置，则定位方程为

$$L = L_0 + \int_0^t \frac{v\sin(\psi+\delta)}{R}\mathrm{d}t,\quad \lambda = \lambda_0 + \int_0^t \frac{v\sin(\psi+\delta)}{R\cos L}\mathrm{d}t \tag{4.30}$$

式中，ψ 为航向角。多普勒导航系统的原理如图 4.16 所示。

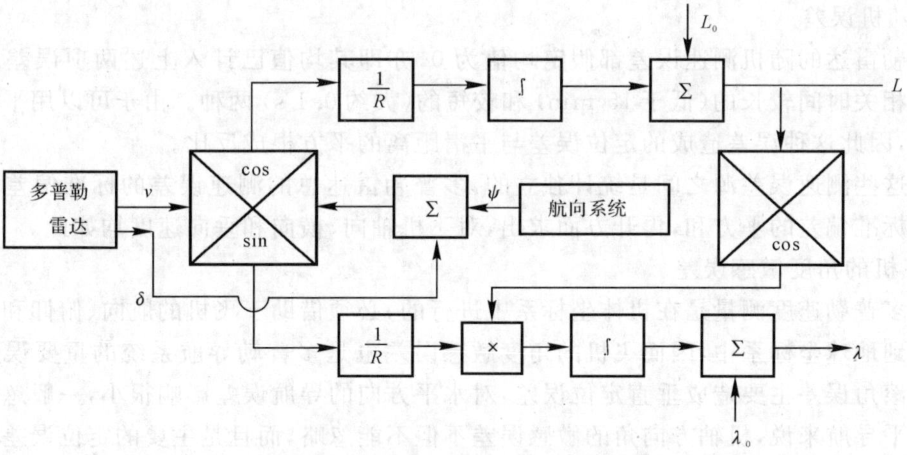

图 4.16　多普勒导航系统原理示意图

4.2.5　多普勒导航系统的误差

1. 多普勒定位误差的构成[1]

从多普勒导航系统的工作原理可知，其定位误差主要有两方面构成：多普勒雷达的测速误差和飞机的角度敏感误差。

1）多普勒雷达的测速误差

多普勒导航系统中飞机的位置是由多普勒雷达测量的速度积分而求得的，因此多普勒雷达的测速误差将造成飞机的定位误差。多普勒雷达的测速误差可以由多种原因引起。这些误差从性质上可以分为两类：一类是系统误差，另一类是随机误差。

(1) 系统误差

系统误差又分为速度偏移误差和刻度系数误差。

① 速度偏移误差。速度偏移误差所造成的定位误差随工作时间而线性增长。但是,实际偏移误差随每一部雷达和飞机的各次飞行而不同,因此要用多架飞机和多次飞行所得的数据作统计处理,并用统计平均值对雷达加以校准。所以这里说的速度偏移误差是指对多普勒雷达进行校准之后留下的测速偏差,其大小用标准偏差来表示。

② 刻度系数误差。刻度系数误差表示的是多普勒雷达的测速误差中,其大小与飞机速度成正比的那一部分。那一部分多普勒雷达测速误差等于刻度系数误差与飞机速度的乘积。实际的刻度系数误差也是随每部雷达和各次飞行而变化的,也要用统计均值对雷达加以校准。这里的刻度系数误差指校准后留下的偏差,因而大小也用标准偏差表示。

(2) 随机误差

多普勒雷达的随机测速误差都假定均值为0,亦即其均值已计入上述两项误差之中。随机误差有相关时间较长的(低于15 min)和较短的(大约0.1 s)两种。由于可以用平滑技术减小其影响,因此这种误差造成的定位误差与平滑距离的平方根成反比。

由于这些测速误差源之间是统计独立的,多普勒雷达总的测速误差的标准偏差可以用它们各自的标准偏差的平方和,再开方而求出,对飞机轴向、横向和垂向速度均如此。

2) 飞机的角度敏感误差

由于多普勒速度测量是在机体坐标系中进行的,必须借助于飞机的航向、俯仰和横滚角数据而变换到地球坐标系中,因而飞机的角度敏感误差也是多普勒导航系统的重要误差源。俯仰角和横滚角误差主要造成垂直定位误差,对水平方向的导航误差影响很小,一般忽略不计。然而对水平导航来说,机轴方向角的敏感误差不但不能忽略,而且是主要的定位误差源。

2. 多普勒定位误差的表示[1]

多普勒导航系统水平定位误差一般用两维误差来表示,即用沿航迹方向的位置误差(称为航程误差)和与航迹相垂直方向的位置误差(称为横向航迹误差)来表示。航程误差虽然同时由多普勒雷达机轴方向的测速误差和机轴方向角敏感误差引起,但后者的影响是次要的,它的影响可以忽略,因而主要取决于多普勒雷达沿机轴方向的测速误差。横向航迹误差则不然,1°的机轴方向角敏感误差将导致横向定位误差放大到1.75倍,因而它成为横向定位的主要误差源。同时,多普勒雷达的横向测速误差也不可忽略。据有关资料表明,在1996年,用于固定翼飞机的采用固定天线和FM-CW调制的多普勒导航系统的航程误差已经达到了0.14%所飞距离(标准偏差),横向航迹误差为0.15%(标准偏差)所飞距离的精度水平。同时,用于直升机的多普勒导航系统的航程误差为0.25%(标准偏差)所飞距离,横向航迹误差为1%(标准偏差)所飞距离[1]。

4.3　天文导航系统

天文导航是指利用测量设备观测天体，确定载体导航信息的技术。它起源于航海，由于其精度较高，误差不随时间积累，抗干扰能力强等特点，在现代航空、航天领域获得了很好的发展。天文导航既能确定载体的位置信息（经度、纬度），又能确定载体的姿态信息（横滚角、俯仰角和航向角），在导航技术中占有重要位置。本节在介绍天文导航的基础知识和基本原理的基础上，阐述并分析航空、航天领域天文导航技术的基本原理、主要方法及天文导航技术的研究前沿和未来发展方向，以突出其在现代导航中的重要性。

4.3.1　天文导航基础

人类的文明史是紧密地与导航技术相联系的。直到 20 世纪 30 年代无线电导航技术问世前的 2 000 多年中，天文导航一直是唯一可用的航海陆地导航手段。由于它具有仪器简单，不需陆岸设备，定位精度不受离航行起始点距离远近的影响等优点，至今仍获得广泛使用。

1. 天文导航的发展

早在 2 000 多年前，我国就有将天文导航方法用于航海的记录。1 500 多年前东晋法显和尚在所著《佛国记》中写道："船航行于海上 …… 唯望日月星宿而进。" 这种导航方法即有名的"牵星过洋术"。到了八百年前的宋代，海船上装了我国四大发明之一的指南针。1119 年宋人朱或所著《萍州可谈》记有："舟师识地理，夜则观星，昼则观日，阴晦观指南针或以绳钩取海底泥，嗅之便知所至"。明代著名航海家郑和"七下西洋"，规模最大的远航，船队由 63 条大船和 27 000 人组成。从明代茅元仪所著《武备志》中找到了郑和的 4 幅"过洋牵星图"。当时郑和已使用了简单的测角仪，测量从水平线到星体的仰角。

到了 18 世纪，欧洲出现了船用测角仪器六分仪和精确计时器航海天文钟，使天文测船位的精度明显提高。1837 年，美国船长萨姆纳发明了等高线求经纬度的方法；1875 年，法国海军中校圣・希勒尔将其改进为"高度差法"，标志着天文导航理论走向成熟。

随着现代科学技术的发展，特别是计算机科学、微电子技术的突破，传统的天文导航技术产生了巨大变革。1974 年，美国喷气实验室（JPL）研究开发了第一代 CCD 星敏感器，能直接输出星的像面坐标位置，天文导航从单纯定位技术开始向定姿技术方向发展，其应用环境也从航海领域转向航空、航天领域。美国最早将星敏感器应用于航天器的姿态测量上，俄罗斯、德国、法国、日本等国也先后使用星敏感器进行测姿。20 世纪 80 年代，我国开始星跟踪器的研制，目前技术已基本成熟，并已成为航天器定姿的主要导航技术之一。

近年来，随着 X 射线脉冲星观测技术的发展，基于 X 射线脉冲星的新型天文导航原理得到了极大重视和快速发展。X 射线脉冲星导航是一种新型的航天器自主天文导航方法，能够为近地轨道、深空探测和行星际飞行的航天器提供位置、速度、姿态和时间等丰富的导航信息。与 GPS 系统相比，脉冲星导航系统不须要建立和维护空间的导航星座，大大降低了导航系统使用和维护的成本；同时不容易受到敌对方的干扰和控制，具有很强的安全性和隐蔽性能，其提供的位置和时间信息精度更高。X 射线脉冲星导航技术的研究具有很好的实际应用价值，也成为了目前国际上航天器自主导航技术的主要研究方向之一。

2. 天文导航的观测

天文导航的观测包括观测对象和天文观测量两个概念，天文导航的观测对象指所有发光或反光的天体，例如太阳、月亮、恒星等。太阳和月亮是容易识别的天体，而恒星的识别较为复杂，通常须要借助星光跟踪、捕捉和星图识别等技术来完成。现对有关天体的一些基本常识做下述介绍。

① 星座。将少数亮星连成图形，这些亮星率领附近众多小星，以神话中的人或动物、物品命名，构成星座，如猎户座、大熊座等。1928 年，国际天文学会议将整个星空分为 88 个星座。

② 星名。在星座中，对其亮星进行了命名，按亮度依希腊字母 α, β, γ 命名，称为星名，如天鹰座 α、天鹰座 β 等。亮星除星名外还有专名，如天琴座 α 的拉丁专名是 Vega，我国称为织女一，俗称织女星。

③ 星等。整个星空按星亮暗程度分星等。一等星最亮；人眼刚能看到的为六等星。等差一级的亮度比为 $\sqrt[5]{100} = 2.512$ 倍。星等不一定是整数，如天鹰座 α 的星等为 0.9，大犬座 α 的星等为 1.6。亮于 1.5 的星为一等星，在 1.5 ～ 2.5 之间的星为二等星，在 2.51 ～ 3.5 之间的星为三等星等。在星空中，有一等星 20 颗、二等星 54 颗、三等星 174 颗、四等星 570 颗、五等星 1 834 颗、六等星5 799 颗。

天文观测量指与观测天体相关的物理量和辅助量（见图 4.17），一般包括以下概念：

① 星下点 GP：在某时刻星体与地心连线与地球表面的交点称做星下点。

② 高度(角)h：观测者所在位置和所观测天体的连线与当地水平面所成的角度称做高度(角)。

③ 顶距 Z：观测者所在位置和所观测天体的连线与测者所在位置的垂线所成的角度称为顶距。顶距与高度(角) 存在一个互

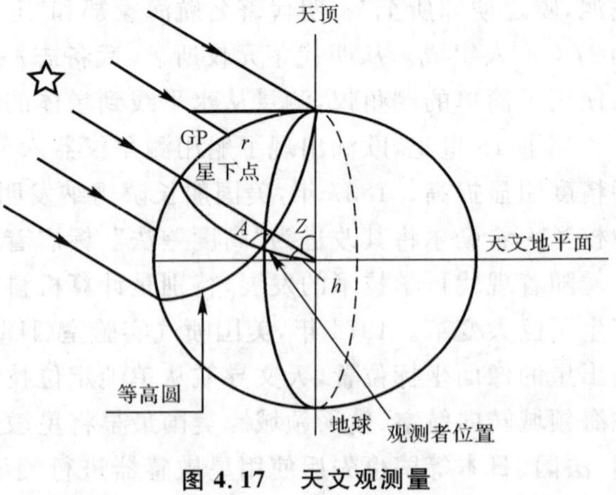

图 4.17　天文观测量

余的关系，即 $Z=90°-h$。

④ 等高圆：在同一时刻观测一个给定的天体，地球上不同位置的人可以得到相同的高度(角)，将这些位置(点)连在一起构成一个圆，即等高圆。

⑤ 方位角 A：观测者所在位置与星下点构成的大圆弧称做方位线。方位线与观测者所在子午线的夹角称做方位角。

3. 天球与天文坐标[11-13]

载体相对地球的位置可用地理坐标描述，为导航计算待求量；星体相对地球的位置为天文坐标，是固定值，为已知量；载体上的天文敏感设备观测测得星体高度角或方位角，为观测量。借助上述关系便可实现导航定位，因而有必要引入天球与天球坐标的概念。

(1) 天球

观测者仰视夜空，可看到众多的星体嵌在巨大的球壳上，这个球壳称为天球。天球是以地心为中心，半径无限大的想象球体。由于地球的自转引起的表观周日运动，整个星空相对观测者在由东向西地旋转，如图 4.18 所示。

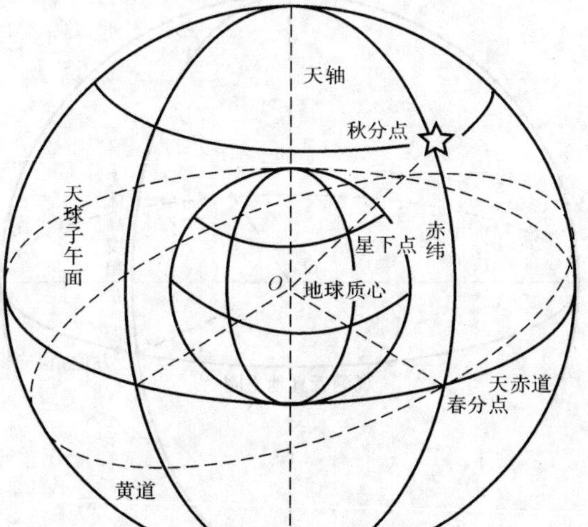

图 4.18　天球与地球的关系示意图

(2) 天球坐标系

天球坐标系是观测天体的基础，下面首先介绍天球中常见的一些概念，再介绍几种常用的天球坐标系。

天轴：地球自转轴的延伸直线为天轴。

天球赤道面与子午面：通过地球质心 O 与天轴垂直的平面。这里天球赤道面与地球赤道面相重。赤道面与天球相交的大圆称为天球赤道。包含天轴并通过任一点的平面，称为天球子午面。天球子午面与赤道面正交。

黄道：地球绕太阳公转的轨道面称为黄道面，黄道面与天球相交的大圆，称为黄道。黄道面与赤道面的夹角称为黄赤交角，约为 23.5°。

春分点和秋分点：黄道与赤道的两个交点分别称为春分点和秋分点。其中，视太阳在黄道上从南半球向北半球运动时，黄道与赤道的交点称为春分点。

天球坐标系由大圆、原点和天体坐标度量组成，包括地平坐标系、第一赤道坐标系、第二赤道坐标系、黄道坐标系等。

地平坐标系：用于描述观测者与天体之间的相对位置关系。原点取正北点或正南点。大圆是观测者真地平圈，即与过地球质心 O 垂直于观测者位置直线相垂直平面与天球相交的大圆。第一坐标是方位角 A，自地平圈上自西向东起，为 0° ～ 360°。第二坐标是高度角，范围是 －90° ～ 90°，在地平之上为正，反之为负，如图 4.19 所示。

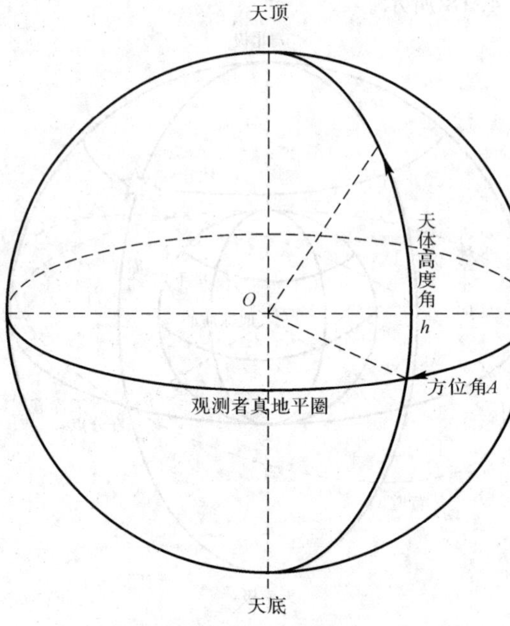

图 4.19　地平坐标系

第一赤道坐标系：原点为天赤道与过观测者位置子午圈的交点 Q，基本大圆是天赤道。第一坐标是天体地方时角(LHA)，即测者子午圈到天体方位圆在天赤道上所成的角度，自天赤道面上自西向东起，为 0° ～ 360°。第二坐标为天体赤纬(Dec)，即从天赤道至天体时圆所成的角度，范围是 －90° ～ 90°，向北为正，向南为负，如图 4.20 所示。

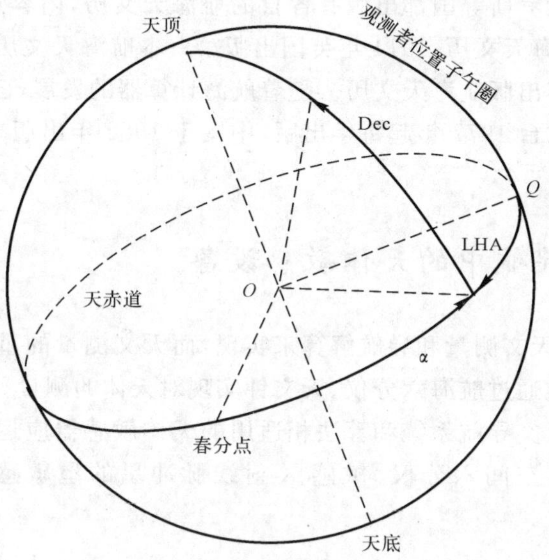

图 4.20　赤道坐标系

第二赤道坐标系：基本大圆是天赤道。原点为春分点。第一坐标是天体赤经（α），从春分点向东到天体时圆在天赤道所成的角度，范围是 0° ～ 360°。第二坐标是天体赤纬（Dec），定义与第一赤道坐标系相同。第一赤道坐标系是右旋坐标系，第二赤道坐标系为左旋坐标系。天体的周日运动不影响春分点与天体之间的相对位置，因此也就不会改变天体的赤经和赤纬，而在不同的测站、不同的观测时间，天体的时角却是变化的。所以，在各种星表中通常列出的都是天体在第二赤道坐标系中的坐标（赤经和赤纬），供全球各地的观测者使用，如图 4.20 所示。

黄道坐标系：基本大圆是黄道。原点为春分点。第一坐标为黄经，从春分点向东到天体黄经圈在黄道上所成的角度，范围是 0° ～ 360°。第二坐标为黄纬，从黄道至天体时圆所成的角度，范围是 －90° ～ 90°，向北为正，向南为负。黄道坐标系在天文定位导航中应用较少。

4. 天体运动与天文历书

天文历书是按年度出版、反映天体运动规律的历表，它可提供观测天体的星下点位置，如赤经 α 和赤纬 Dec 等，是实现天文导航定位的主要工具之一。其主要内容包括太阳、月球、各大行星和千百颗基本恒星在一年内不同时刻的各种精确位置；日食、月食、月掩星、行星动态、日月出没和晨昏蒙影等天象的预报；用于提供天体各种坐标之间换算的必要数据，如岁差和章动、光行差等。此外，还有天体物理观测历表、天然卫星历表以及辅助性用表和资料等；根据天文历的用途，现可分航海天文历和航空天文历等，其内容相似，现在都单独出版，是远洋船舰和远程飞机天文定位的主要资料。

中、法、日、英、美、俄罗斯等国都出版有各自的航海天文历，内容近似。美国于1855年开始出版美国星历表和航海天文历，1914年英国出版第一本航海天文历，中国于1954年开始由紫金山天文台编算，逐年出版航海天文历。随着航海计算器的发展，已有专用于计算器的航海天文历，如美国海军天文台1977年起每年出版，中国于1982年出版《计算机用航海天体位置表》试用本，效果良好。

4.3.2 天文导航中的天体敏感设备

天文导航必须通过天文测量和导航解算来实现，而天文测量的重要组成部分之一便是天体敏感器，航海天文导航通过航海六分仪、天文钟实现对天体的测量。随着天文导航技术在航天领域的应用，各种与天文导航系统和算法相适用的天体敏感器应运而生，包括红外敏感器、紫外敏感器、星敏感器、空间六分仪、敏感X射线脉冲星的星敏感器、CMOS天体敏感器等等。

1. 六分仪

六分仪是用来测量远方两个目标之间夹角的光学仪器，通常用它测量某一时刻太阳或其他天体与海平线或地平线的夹角，以便可以得知舰船或飞机所在经纬度。六分仪的原理最初由牛顿提出，它呈扇状外形，由一架小望远镜、一个半透明半反射的固定平面镜、一个与指标相连的活动反射镜组成，如图4.21所示。它的刻度弧为圆周的六分之一，因而得名六分仪。使用时，观测者手持六分仪，转动指标镜，使在视场里同时出现的天体与海平线重合，根据指标镜的转角可以读出天体的高度角，其误差约为±0.2°～±1°。在航空六分仪的视场里，一般还须配备代替地平线的水准器。

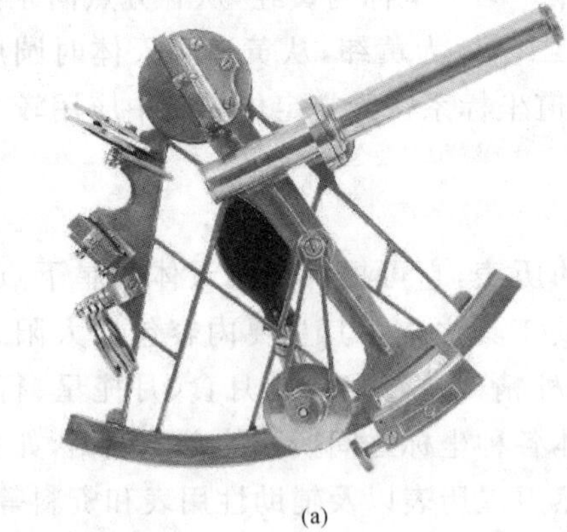

(a)

(b)

图 4.21 六分仪

(a) 旧式航海六分仪； (b) 德国海军六分仪

六分仪发展很快，20 世纪 40 年代出现了人工地平气泡六分仪、陀螺六分仪；70 年代前后出现了光增夜视六分仪、昼夜数字六分仪、遥控微光电视照相六分仪、计算机六分仪等[14]。随后出现的空间六分仪使得天文导航技术可以方便地应用到航空、航天领域，这种六分仪的精度非常高，修正后可达±0.1″。即使在无线电和卫星导航广泛应用的今天，六分仪仍然作为航海天文导航中的重要设备广泛地应用着。

2. 天文钟

天文钟是一种特别设计，为天文导航提供精确的时间，以获得与准确世界时相对应的天体坐标的时钟。图 4.22 所示为航海天文钟。

(a)

(b)

图 4.22　航海天文钟

(a) 机械航海天文钟；　(b)CZ－05 高频石英航海天文钟

天文钟一般有机械天文钟和石英天文钟两种。机械天文钟在结构上与一般机械钟表类似，但通常配有各种减小外界环境对其影响的装置，如水平保持装置、温度补偿装置、保持发条输出力矩均匀的装置等，因此，机械天文钟比普通的钟走时更准、误差更小。石英天文钟由石英晶体振荡器和电子电路构成，由于其计时精度更高、成本低、受环境限制更少，开始逐渐取代机械天文钟而成为广泛使用的船用天文钟。此外，对于天文导航系统来说，除了需要准确的世界时，还需要天文年历以获取恒星的天体坐标信息。

3. 太阳敏感器

太阳敏感器[15]是使用最广泛的一类敏感器，所有的卫星上都配备有太阳敏感器。太阳敏感器通过敏感太阳矢量的方位来确定太阳矢量在星体坐标中的方位,从而获得航天器相对于太阳的方位信息。太阳和地球不一样,太阳视在圆盘的角半径几乎和航天器轨道无关并且很小,因此对大多数应用而言,可以把太阳近似看做点光源。这样就简化了敏感器设计和姿态确定算法。太阳光强度大,信噪比大,所以比较容易检测[16]。太阳敏感器还可用来保护灵敏度很高的仪器如星敏感器,同时还可用来进行太阳帆板定向,但是当航天器位于地球阴影区时无法使用。

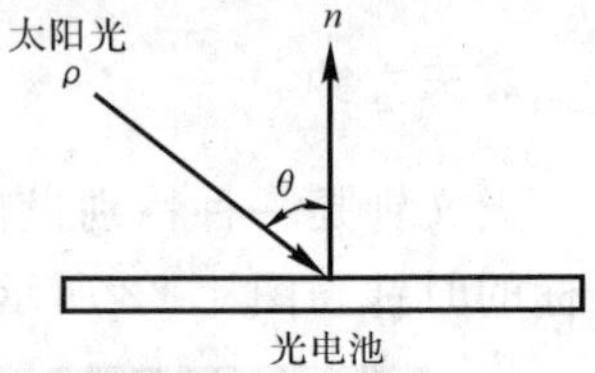

图 4.23 模拟式太阳敏感器原理示意图

太阳敏感器一般由光学探头、传感器部分和信号处理部分组成。它具有结构简单,视场范围较大、工作可靠等优点,因而发展迅速且种类繁多。其主要类型分为太阳出现探测器、模拟式太阳敏感器和数字式太阳敏感器 3 种。

① 太阳出现探测器。太阳出现探测器可用来保护仪器,使航天器或实验仪器定位。当太阳进入该探测器视场内时,就产生一个阶跃函数响应,持续的阶跃信号指示太阳位于探测器的视场中。

② 模拟式太阳敏感器。模拟式太阳敏感器所产生的输出信号是太阳角的连续函数。常用太阳敏感器利用硅太阳电池输出电流随太阳角余弦变化来确定相对太阳的角度(见图 4.23),故又通常称为余弦检测器。

③ 数字式太阳敏感器。数字式太阳敏感器通过计算太阳光线在探测器上相对中心的位置的偏差来计算太阳光的角度,主要有 CCD 和 APS 两种,目前 CCD 的数字式太阳敏感器应用较多。数字式的太阳敏感器的视场一般在 $\pm 60°$ 左右,工作波段多采用 0.4 ~ 1.1 mm 的可见光波段。尽管数字式太阳敏感器的视场很大,但真正用到的只是其中的一小段。数字式太阳敏感器精度较高,其精度可达小于或等于 0.05°。图 4.24 为日本和美国的两款太阳敏感器。

(a)

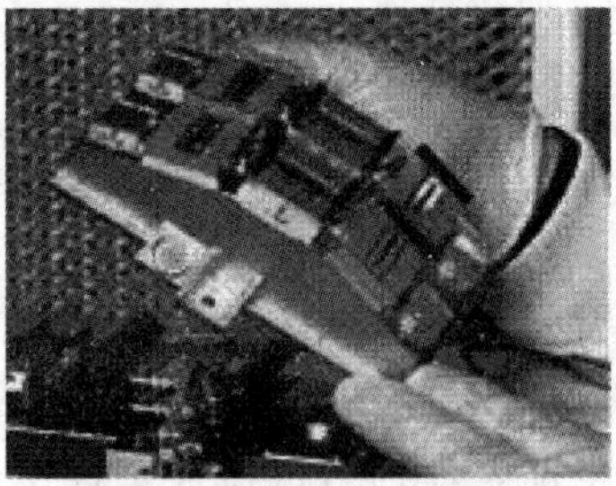

(b)

图 4.24 太阳敏感器

(a) 日本 Astro 公司研制的太阳敏感器; (b) 美国 GoodRich 公司研制的太阳敏感器

4. 星敏感器[17]

星敏感器是当前卫星中广泛应用的天体敏感器,它以恒星作为姿态测量参考源,星敏感器通过对恒星的辐射敏感来测量飞行器中某一基准轴与已知恒星视线之间的夹角，因此星敏感器可以获取相对于惯性空间的方位信息。星敏感器可以认为是一架安装在卫星上测量飞行器与恒星间角距的望远镜，它可以通过对恒星的测量值直接确定探头光轴在惯性空间的方位，为卫星或其他飞行器的姿态控制和自主导航系统提供高精度的测量数据。

星敏感器作为一种高精度的姿态测量仪器，具有独立工作的能力，使得它成为国内外研究的热点。国外对自主导航卫星敏感器的研究非常重视，把自主导航卫星敏感器称为"真正"的第二代星敏感器，其代表是 1997 年分别由洛克马丁公司研制的 AST－201 和丹麦理工大学研制的 CHAMPASC。丹麦发射的 Oersted 微小卫星上使用的 ASC 星敏感器，美国发射的 Clementine 和 Cassini 卫星上使用的星敏感器都是具有一定自主导航能力的星敏感器。Ball 公司的 CT－633 是具有自主导航能力的星敏感器产品的典型代表，其视场角为 $20^\circ \times 20^\circ$，偏航和俯仰轴姿态精度可达 $10''$，横滚轴精度达 $40''$，质量只有 2.5 kg。图 4.25 为美国 Ball 公司的一款星敏感器 CT－620。

图 4.25　CT－620

5. 红外地球敏感器

由于太阳敏感器在地球阴影区无法使用，而星敏感器易受其他光源干扰，红外地球敏感器因此成为星上备份的重要光电姿态敏感器之一。

红外地球敏感器用于测量天底地心相对敏感器基准坐标的方向，形式多样。其基本原理均是利用地球边缘附近红外热辐射值的陡变获得地球地平的信息，经过处理可确定地心的位置，由此确定当地地垂线矢量在航天器本体坐标系中的方向，因而又称红外地平仪。

红外地平仪由光学头部、传感器、信号处理、机械扫描部件组成。根据机械扫描部件的工作方式不同，红外地平仪又分动态和静态两类。静态红外地平仪没有活动部件，工作方式类似于人眼，通过探测对投影在焦平面上的地球红外图像的响应计算地球的方位，具有功耗低、质量轻的优点，特别适合寿命长的卫星。动态红外地平仪通过运动的机械部件带动一个或几个探测单元的视场扫过地平圆，以检测地球的宽度或相位计算出地平圆的位置，确定两轴姿态。按扫描方式，又分圆锥扫描式和摆动扫描式动态红外地平仪。圆锥扫描式红外地平仪出现较早，优点是扫描视场大、响应速度快，但体积较大，一般用于中低轨道航天器姿态测量。图4.26 为欧空局应用于静止轨道卫星(GEO) 上的一款红外地球敏感器 STD15S－mk2。

图 4.26　STD15S－mk2

6. 紫外敏感器

紫外敏感器是近年来发展起来的一种新型敏感器，是一种基于硅成像陈列的三轴姿态敏感器，它工作在紫外波段，通过对天体的观测获得航天器姿态信息。其优点是体积小、无可动机构，利于长期运行，且具有多种敏感器的功能。紫外敏感器包含锥形中心视场和环形视场两部分，它不仅可以敏感恒星，还可以敏感地球、月球和太阳，且抗干扰能力强，因此，将来很有可能取代太阳敏感器和星敏感器等而成为航天器姿态测量的主要敏感器。图 4.27 为美国 PRASIX 公司研制的一款紫外敏感器。

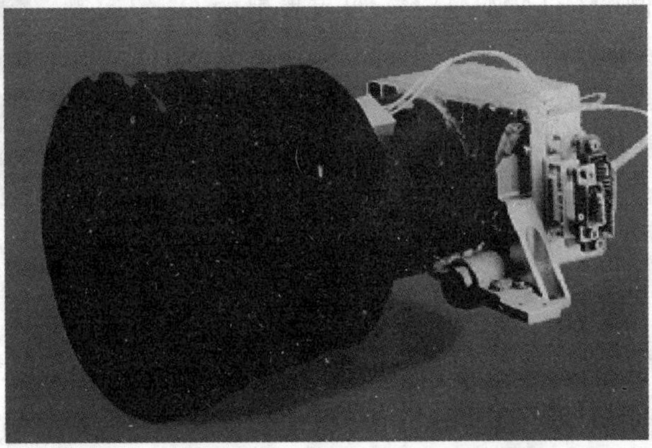

图 4.27 美国 PRASIX 公司研制的紫外敏感器

紫外敏感器对星下球体表面成像，通过对图像的处理和分析来提取卫星的姿态和位置信息。对于高轨道卫星来说，其观地夹角为十几度，其 30° 的中心视场可以满足观地平的需要，环形视场可以用来观星，此时天体在紫外敏感器上的成像为圆盘。对于中低轨道卫星，其观地夹角较大，30° 的中心视场已经不满足观地平的需要，此时环形视场既用来观地平又用来观星，中心视场已失去作用，天体在紫外敏感器上的成像为圆环，紫外敏感器的视场如图 4.28 所示。

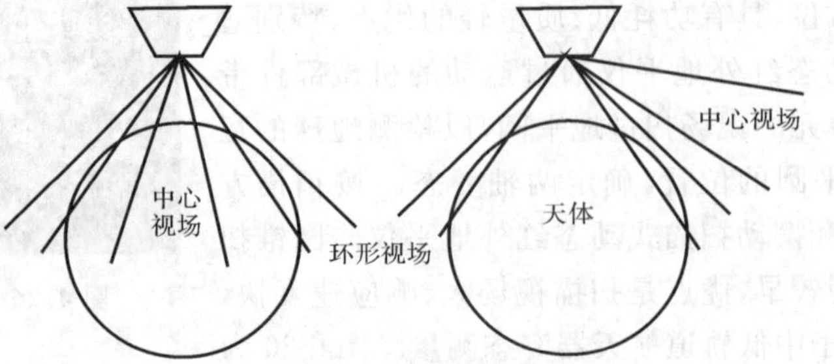

图 4.28 紫外敏感器的视场

7. 空间六分仪

空间六分仪由 2 个望远镜、1 个角度测量头、1 个基准平台以及计算装置组成。角度测量头装在具有 3 个自由度的框架上，平台上装有 1 个平面镜、棱镜组合件和 1 个陀螺组件。

空间六分仪通过观测两颗恒星与月球边缘之间的夹角来确定航天器载体位置。当测量恒星一和月球中心间夹角时，航天器载体位于夹角锥面的某个地方(锥体顶点在月球中心的位置上，锥体轴在恒星方向上)。当测量恒星二和月球间夹角时，则建立起另一个锥面。而航天器必位于两个锥面的两条相交线上，根据航天器飞行的物理特性确定真实位置所处交线，从而实现航天器定位。

空间六分仪由美国空军从 1973 年开始组织研制，从 1975 年到 1978 年完成工程模型硬件研制，在 1982 年通过航天飞机进行的飞行实验，20 世纪 80 年代后期正式提供使用。根据在航天飞机进行的飞行实验结果，空间六分仪可以同时提供轨道和姿态的测量结果，轨道位置精度为 240 m，速度精度为 0.03 m/s。图 4.29 为美国 Kollsman 公司研制的一款空间六分仪。

图 4.29　空间六分仪

8. X 射线探测器[18-19]

X 射线探测器的作用是捕获和记录脉冲星发出的 X 射线频段的高能光子。其设计原理为：当 X 射线光子到达探测器后，与探测器内材料的原子相碰撞并释放出能量，释放能量的大小与被探测到的光子数目成比例，探测器通过测定能量来敏感光子。光子进入探测器栅格的位置则由探测器内安装的 2 维阵列来确定。目前，已知 X 射线探测器的类型有：充气式正比探测器，微通道板型探测器，电荷耦合元件(Charge Coupled Device，CCD)，半导体探测器，闪烁型探测器，热量敏感型探测器，固态半导体型探测器等。上述各种类型的探测器特点不同，使用场合也有区别，一般可根据X射线航天任务的具体要求来进行设计和选择。目前，大多数探测器是充气比较计数器，使用准直仪敏感X射线光子的到达。一些基于硅的新型半导体，可以用做定向容器底部的探测器。编码孔径罩、X射线聚焦装置用来帮助视野内的X射线源成像。另外，在设计中还须要考虑天体源的信号存在微弱、相位整周、瞬变、眩光、爆发和自转速度突变以及X射线背景辐射噪声等问题，只有在解决这些问题之后，才能获得可信的导航解。

国外对基于X射线脉冲星的导航方法的原理研究已经比较成熟，目前已经开展了X射线探测器的软硬件研究，全面开始了工程化应用，至今已有使用X射线探测器成功进行在轨导航的先例，如ARGOS(Advanced Research and Global Observations Satellite)卫星上的非常规恒星特征实验(Unconventional Stellar Aspect experiment, USA)；从1999年5月1日到2000年11月16日，美国海军研究实验室为ARGOS卫星上的非常规恒星特征实验提供了基于脉冲星的航天器导航系统试验平台，其采集的X射线观测数据最初用来验证测姿性能，后来则在这次航行试验记录数据的基础上论证定位和授时的精度。图4.30为美国安装于ARGOS卫星上的X射线探测器。

图4.30 美国ARGOS卫星上的X射线探测器

4.3.3 天文导航基本原理

1. 早期的天文导航方法

早期的天文导航通过判断星下点与船舰之间的距离来确定船舰所处位置。要实现这一目的，必须具备3个条件：星下点的位置、精密时间以及星下点与航船之间的距离。对于星下点位置，早期航海家利用天文历查找与当时最精密的时间对应的准确星下点位置；而星下点与船舰之间的距离，则是通过星下点仰角和船舰仰角之间弧度角 β 来确定。

如图 4.31 所示，在星下点观察该恒星，星下点的仰角为 90°，在船上观察同一颗恒星，其仰角为 α。由于恒星距地球的距离很远，可认为恒星是平行光源，因此星下点与船舰之间的弧度角 $\beta=90^\circ-\alpha$。弧度角乘以地球半径，则可以获得船舰距星下点圆弧的距离。由于在地球表面，1′的圆弧对应的距离约为 1 n mile(即 1 852 m)。所以，也可以由 β 角直接获得船舰与星下点之间的地球表面圆弧距离。

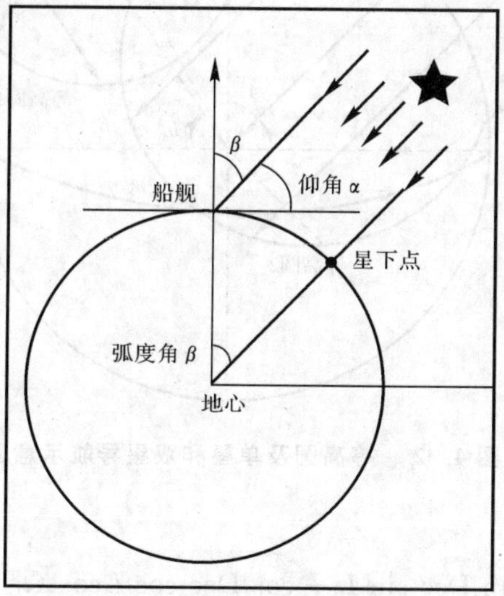

图 4.31　星下点与船舰间的距离

早期的这种方法由于船与星下点之间的地球表面圆弧距离太远而精度太低，实用性差。1837 年美国船长萨姆纳发明了等高线求经纬度的方法(萨姆纳法)，是以位置圆的割线作为位置线，方法虽然简单，然而精度较低。直到 1875 年，法国海军中校圣・希勒尔将其改进为“高度差法”，通过高度差和天体方位线确定位置圆的切线作为位置线，才使得天文导航的精度满足导航定位的基本需求，天文导航理论才逐渐走进现代天文导航理论范畴。

下文围绕现代天文导航的定位定姿的基本原理进行介绍和分析。

2. 现代天文导航定位原理

现代天文导航的定位通过敏感器观测天体来确定载体位置，常用的方法有单星定位导航、双星定位及三星定位、解析高度差法等。

(1) 单星导航原理

单星导航是通过观测一个星体的高度角 h 和方位角 A 进行定位的方法。其定位计算公式可由球面三角公式求得(参阅图 4.32)。

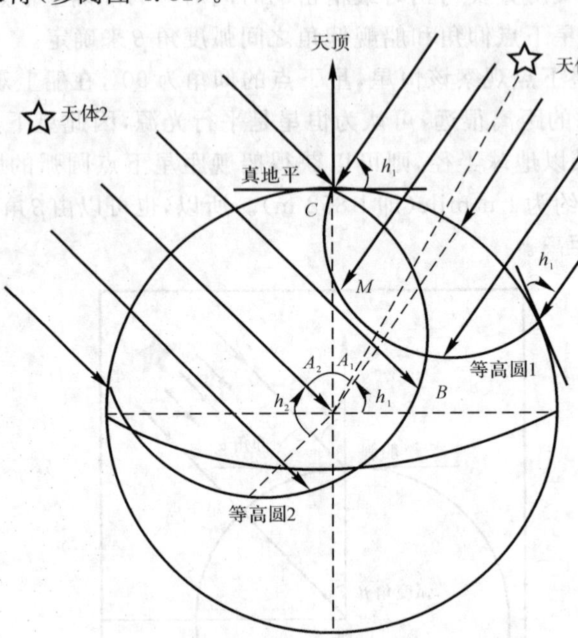

图 4.32 等高圆及单星和双星导航示意图

因此,有

$$\left.\begin{aligned}\sin h &= \sin \mathrm{Dec} \sin L - \cos \mathrm{Dec} \cos L \cos (t_G - \alpha + \lambda) \\ \tan A &= \frac{\sin L \cos (t_G - \alpha + \lambda) - \cos L \tan \mathrm{Dec}}{\sin (t_G - \alpha + \lambda)}\end{aligned}\right\} \tag{4.31}$$

其中,λ,L 为载体的经度、纬度;Dec,α 为赤纬、赤经,可由天文历查得;t_G 为格林时角,通过赤经可得。

以上两个方程中,只有用户的位置 λ,L 是未知的,因此理论上可以解算出来,可得到载体的导航信息。然而单星导航观测星体只能获得一个等高圆,且通常方位角测量的精度较低,又对选星要求苛刻,故单星导航不常使用,而用观测两颗或以上星体的双星和三星导航。

(2) 双星导航及三星导航原理

双星和三星导航定位计算方式与单星导航类似,由于在导航时,多引入了一颗或两颗观测星体的信息,因而增加了一个或两个等高圆,大大提高了定位精度。如图 4.32 所示,在地球上的同一地点 C 观测两个星体可得两个高度角 h_1,h_2,于是可作两个等高圆。两圆交于 C 和 B 点。该两点一般相距较远,可以用近似的地理位置来判别真伪位置,若再观测第三个星体的高度角,则可得第三个等高圆,三个圆的交点便是观测者的位置。

下面给出双星导航定位的数学表达式。观测两颗星体的高度角 h_1,h_2,与单星导航类似,

得到其定位计算公式

$$\left.\begin{aligned}\sin h_1 = \sin \mathrm{Dec}_1 \sin L - \cos \mathrm{Dec}_1 \cos L \cos (t_G - \alpha_1 + \lambda)\\ \sin h_2 = \sin \mathrm{Dec}_2 \sin L - \cos \mathrm{Dec}_2 \cos L \cos (t_G - \alpha_2 + \lambda)\end{aligned}\right\} \tag{4.32}$$

式中只有两个未知数 L 与 λ，可通过方程求得。当选择双星观测时，为了获得较好的几何精度，应尽量使 $|A_1 - A_2| \approx 90°$，而当选星有困难时就不必苛求。

(3) 高度差法[11]

除上述采用等高圆的方法外，还有高度差法。

以双星定位为例，高度差法的定位基本思路是：由观测设备观测天体，获得天体的观测高度角 h_o；再由天文历书获得观测天体的星下点位置，以及已知的载体的经纬度位置初值，获得该天体的计算高度角 h_c 与方位角 A(见式(4.31))；观测高度角与计算高度角二者之差即为高度(角) 差 Δh。

再观测另一天体或不同时刻观测同一天体，获得另一组高度差与方位角，然后通过解析高度差法解算即获得天文经度 λ 和纬度 L。

同时观测两个天体，获得 $\Delta h_1, \Delta h_2, A_1, A_2$，再通过解析高度差法求解载体经、纬度。引入中间辅助量 a,b,c,d,e,f，有

$$\left.\begin{aligned}a &= \cos^2 A_1 - \cos^2 A_2\\ b &= \sin A_1 \cos A_1 - \sin A_2 \cos A_2\\ c &= \sin^2 A_1 - \sin^2 A_2\\ d &= \Delta h_1 \cos A_1 - \Delta h_2 \cos A_2\\ e &= \Delta h_1 \sin A_1 - \Delta h_2 \sin A_2\\ f &= ac - b^2\end{aligned}\right\} \tag{4.33}$$

计算天文定位经纬度的迭代公式为

$$\lambda = \lambda_0 + \frac{ae - bd}{f \cos L_0} \tag{4.34}$$

$$L = L_0 + \frac{cd - be}{f} \tag{4.35}$$

式中，λ_0, L_0 为经、纬度初值。高度差法通过迭代 1 ~ 2 次即可达到很高的精度。须要指出的是，高度差法忽略了真正位置线的曲率，因此得到的位置不是测得的真正位置，这是由于高度差法本身的计算误差造成的。但是由于地球半径很大，由此引起的误差很小，该误差在地理经纬度的角秒级别以内。

3. 天文导航定姿原理

天文导航定姿主要是通过星(太阳) 敏感器等姿态测量传感器实现的，航空、航天是其主要应用领域。星敏感器是一种高精度的姿态测量仪器，它作为一种天文导航方式得到越来越

广泛的应用,它通过 CCD 元件拍摄星空,从拍摄到的恒星中通过一定的条件筛选出有用的恒星,计算出这些恒星在该星敏感器坐标系(s) 中的坐标位置。再利用已知的恒星星表(数字化的天文历书) 将上述恒星识别出来,并计算出该光学系统坐标系相对于地心赤道惯性坐标系(i) 的方位,可直接输出载体相对于地心赤道惯性坐标系的 3 个姿态角。

星敏感器基本测量原理[12] 如图 4.33 所示。

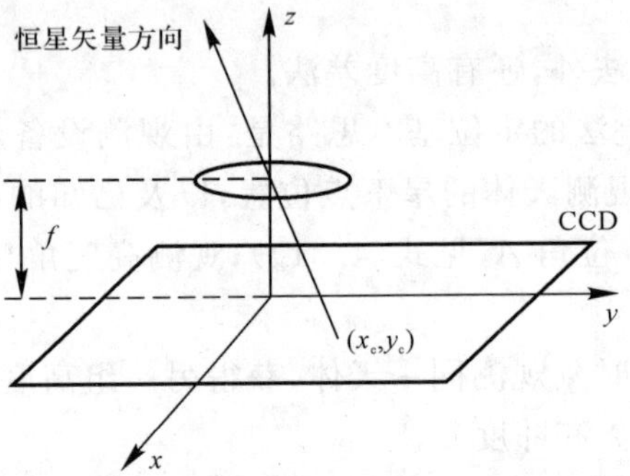

图 4.33 星敏感器测姿原理图

恒星在星敏感器焦平面上成像为一弥散圆,通过质心提取,其像点坐标为(x_c, y_c),则恒星单位矢量在星敏感器坐标系中的表示为

$$\boldsymbol{s}=\begin{bmatrix}-\sin\alpha_i\cos\delta_i\\ \cos\alpha_i\cos\delta_i\\ -\sin\delta_i\end{bmatrix}=\frac{1}{\sqrt{u_i^2+v_i^2+f^2}}\begin{bmatrix}-u_i\\ f\\ -v_i\end{bmatrix} \tag{4.36}$$

式中,f 为星敏感器光学透镜焦距;α,δ 为恒星矢量与 s 系所成的 2 个角,也是星敏感器所能直接观测得到的量。其观测精度很高,国外目前已经达到 1″ 量级。

恒星单位矢量在惯性系下可表示为

$$\boldsymbol{v}=\begin{bmatrix}\cos\alpha_i\cos\delta_i\\ \sin\alpha_i\cos\delta_i\\ \sin\delta_i\end{bmatrix} \tag{4.37}$$

式中,α,δ 分别是该恒星拍摄时刻下在惯性系下的赤经、赤纬。

假设观测到 3 颗恒星,且记

$$\boldsymbol{S}=\begin{bmatrix}\boldsymbol{s}_1^T\\ \boldsymbol{s}_2^T\\ \boldsymbol{s}_3^T\end{bmatrix},\quad \boldsymbol{V}=\begin{bmatrix}\boldsymbol{v}_1^T\\ \boldsymbol{v}_2^T\\ \boldsymbol{v}_3^T\end{bmatrix}$$

则

$$\boldsymbol{S}=\boldsymbol{A}\boldsymbol{V}$$

式中，$\boldsymbol{A}=\boldsymbol{C}_{\mathrm{i}}^{\mathrm{s}}=\boldsymbol{C}_{\mathrm{i}}^{\mathrm{b}}$，即可求得 $\boldsymbol{C}_{\mathrm{i}}^{\mathrm{b}}$。

得到 $\boldsymbol{C}_{\mathrm{i}}^{\mathrm{b}}$ 后，可通过 $\boldsymbol{C}_{\mathrm{n}}^{\mathrm{b}}=\boldsymbol{C}_{\mathrm{i}}^{\mathrm{b}}\boldsymbol{C}_{\mathrm{e}}^{\mathrm{i}}\boldsymbol{C}_{\mathrm{n}}^{\mathrm{e}}$ 求得载体相对导航系的姿态矩阵(其中 $\boldsymbol{C}_{\mathrm{e}}^{\mathrm{i}}$，$\boldsymbol{C}_{\mathrm{n}}^{\mathrm{e}}$ 矩阵通过其他导航方式可以已知)，再由姿态阵解算可得到载体姿态信息。

由于设载体俯仰角、滚转角、航向角为 θ,γ,ψ，姿态阵 $\boldsymbol{C}_{\mathrm{n}}^{\mathrm{b}}$ 为

$$\boldsymbol{C}_{\mathrm{n}}^{\mathrm{b}}=\begin{bmatrix}\cos\gamma\cos\psi+\sin\gamma\sin\theta\sin\psi & -\cos\gamma\sin\psi+\sin\gamma\sin\theta\cos\psi & -\sin\gamma\cos\theta\\ \cos\theta\sin\psi & \cos\theta\cos\psi & \sin\theta\\ \sin\gamma\cos\psi-\cos\gamma\sin\theta\sin\psi & -\sin\gamma\sin\psi-\cos\gamma\sin\theta\cos\psi & \cos\gamma\cos\theta\end{bmatrix} \tag{4.38}$$

用 t_{ij} 表示 $\boldsymbol{C}_{\mathrm{n}}^{\mathrm{b}}$ 的元素($i=1,2,3;j=1,2,3$)，则

$$\left.\begin{aligned}\theta&=\arctan\frac{t_{23}}{\sqrt{t_{21}^2+t_{22}^2}}\\ \gamma&=\arctan\left(-\frac{t_{13}}{t_{33}}\right)\\ \psi&=\arctan\frac{t_{21}}{t_{22}}\end{aligned}\right\} \tag{4.39}$$

根据对 3 个姿态角的定义，除俯仰角 θ 外，其余两个角度都要进行象限的判断，具体参阅 2.1.2 节表 2.1。

4.3.4　机载天文导航定位技术

对于天文导航技术的研究，国内多家高校、科研院所也一直在进行研究和探索[2]，相继提出了一些天文导航定位、定姿算法。资料显示，国内天文导航目前研究成果来看，主要集中在弹载和星载天文导航应用，对于机载应用，还处于发展阶段。

1. 机载天文导航的特点和实现方案

对于机载天文导航应用而言，由于其直接固连在载机上，而载机自身总是处于不断的姿态调整过程中，此时无法借助已有的外界水平姿态基准实现导航定位；同时，在机载环境下，天文敏感器的观测易受气候条件、观测星光的视场和范围等调节限制，其输出具有间断性。因此，单纯依靠捷联天文导航系统自身实现对机载环境下的导航定位是无法实现的，必须在其基础上，引入其他辅助的信息，实现天文导航定位。

考虑到惯性导航系统一般都作为主导航系统装备在载机上，因此，设计如图 4.34 所示的机载天文导航定位实现方案，利用惯性导航系统输出的姿态信息为天文导航提供水平基准信息，在此基础上，直接利用高度差法实现载体导航定位；另一方面，还可进一步考虑利用高精度的天文导航定位信息修正惯性导航的累积误差，提高载体导航定位的精度。

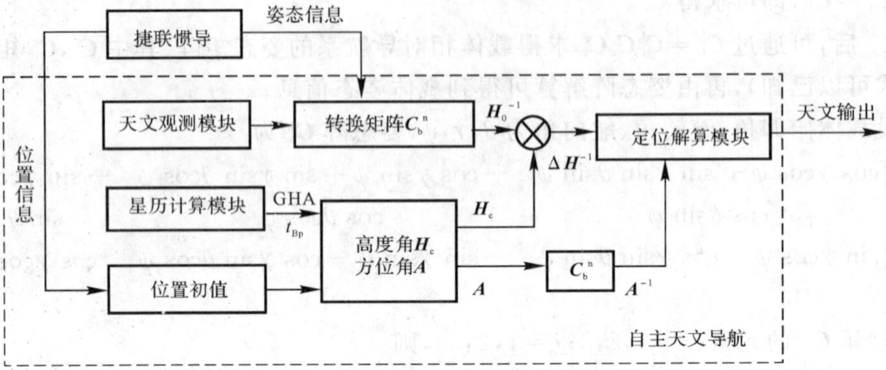

图 4.34 机载天文导航实现方案

2. 机载天文定位观测分析

从天文导航定位基本原理来看，在有外界水平姿态基准的条件下，可以通过高度差法直接获得载体的地理位置信息。高度差法的基本求解原理要求在进行天文测量时，必须利用已有的水平基准信息，但在机载捷联环境下，是无法直接利用当地的水平基准信息的。为此，结合惯性导航提供的姿态信息，实现天文测量输出到当地水平基准坐标系的变换，构造出虚拟的天文测量水平基准，以实现机载捷联下天文定位计算。

设同时观测到的两颗恒星高度角和方位角分别为(h_1, A_1)和(h_2, A_2)，则在捷联安装的情况下，假设载体具有一定的横滚、俯仰和航向姿态，表示为(γ, θ, ψ)，选择导航坐标系为东北天当地地理水平坐标系，则有姿态转换矩阵C_b^n（第 2 章捷联惯性导航系统中有介绍）将捷联安装情况下天文导航观测到的高度角和方位角度输出转换为当地地理水平姿态基准情况下的天文导航观测输出(h_1^1, A_1^1)和(h_2^1, A_2^1)，从而在此基础上，利用高度差法实现天文导航定位解算。其转换原理如下：

设天文导航系统坐标系和载机的机体坐标系完全重合，则由观测到的恒星高度角和方位角可以获得星光单位方向矢量在载机本体坐标系下的坐标表达式为

$$\left.\begin{aligned} \boldsymbol{X}_1 &= [\cos h_1 \sin A_1 \quad \cos h_1 \cos A_1 \quad \sin h_1]^{\mathrm{T}} \\ \boldsymbol{X}_2 &= [\cos h_2 \sin A_2 \quad \cos h_2 \cos A_2 \quad \sin h_2]^{\mathrm{T}} \end{aligned}\right\} \tag{4.40}$$

利用姿态转换矩阵，则可以获得星光单位方向矢量在导航坐标系下的表示式为

$$\left.\begin{aligned} \boldsymbol{X}_1^1 &= \boldsymbol{C}_b^n \boldsymbol{X}_1 = [\cos h_1^1 \sin A_1^1 \quad \cos h_1^1 \cos A_1^1 \quad \sin h_1^1]^{\mathrm{T}} = [a_1 \quad a_2 \quad a_3]^{\mathrm{T}} \\ \boldsymbol{X}_2^1 &= \boldsymbol{C}_b^n \boldsymbol{X}_2 = [\cos h_2^1 \sin A_2^1 \quad \cos h_2^1 \cos A_2^1 \quad \sin h_2^1]^{\mathrm{T}} = [b_1 \quad b_2 \quad b_3]^{\mathrm{T}} \end{aligned}\right\} \tag{4.41}$$

利用式(4.40)和式(4.41)，可以求得观测到的恒星相对于当地地理水平基准坐标系下的观测输出为

$$h_1^1 = \arcsin a_3,\quad A_1^1 = \arctan \frac{a_1}{a_2},\quad h_2^1 = \arcsin b_3,\quad A_2^1 = \arctan \frac{b_1}{b_2} \tag{4.42}$$

在此基础上,可直接利用高度差法实现载体的导航定位。

4.3.5　基于 X 射线脉冲星的天文导航技术

航天技术的发展及高精度天体敏感设备的出现极大地推动了天文导航技术的发展,目前,天文导航成为卫星、深空探测、载人航天等航天器自主导航关键技术之一,本节将简单介绍基于 X 射线脉冲星的卫星自主天文导航算法。

X 射线脉冲星导航是一种新型的航天器自主天文导航方法,随着天体观测的发展,越来越多的天体被探测到,其中一类有特别属性的天体 X 射线脉冲星被发现可以用于航天器导航。利用 X 射线脉冲星实现航天器导航的基本工作模式与基于 GPS 实现的航天器导航有着相似的工作模式。研制相应的 X 射线脉冲星信号探测器,即可实现基于 X 射线脉冲星的导航[20-21],因此 X 射线脉冲星导航技术具有重要的研究价值和良好的应用前景。

1. X 射线脉冲星导航系统结构

脉冲星导航系统的实时导航中,须对 X 射线脉冲星辐射的周期脉冲信号进行测量;通过多个脉冲周期叠加,形成波形稳定的脉冲轮廓,与已知的脉冲轮廓模板比较,确定到达航天器处的脉冲相位,再利用脉冲相位差,即可实现导航定位。导航系统的组成主要包括以下 4 部分[21-22]。

(1) 探测脉冲信号的 X 射线探测器

探测脉冲信号的 X 射线探测器用于捕获和记录脉冲星发出的 X 射线频段的高能光子,以确定光子的到达时间,一般要求探测器对光子到达时间的计时精度达到 1 μs。

(2) 星载时间系统

星载时间系统中的主要硬件为高精度的星载原子钟。要实现基于脉冲星的高精度导航,须对 X 射线光子到达时间进行高精度的计时;高准确度和高稳定度的原子频标和时间系统是实现高精度计时的硬件基础。因此,星载原子钟是脉冲星导航系统的核心载荷之一。

(3) 星载导航计算机

星载导航计算机的设计要满足导航算法运行的速度和容量要求。对于X射线探测器系统而言,配套用于处理光子到达信息的电路也是非常重要的。对于高性能系统,必须设计高精度的光子到达计时方法;同时,在导航系统内进行光子到达计时,要进行大量的数据处理。这个处理过程要求在轨计算机有足够的能力,才能进行精确的导航解算。

(4) 脉冲星计时模型数据库

能用于导航的脉冲星,具有位置稳定,容易探测,具有规则的 X 射线流和脉冲流等特点。通过长时间的天文观测可建立各颗脉冲星的计时模型,当脉冲星的脉冲信号被探测并被识别后,即可寻找对应的计时模型。目前已发现的 X 射线脉冲星有 50 多颗,随着空间观测计划的推进,将发现更多的脉冲星源,足以满足脉冲星导航系统运行的需要。

为了保障系统的可靠性,许多航天器导航系统都采用了冗余设计,提高了整个导航系统的精确性。目前常用的传感器包括常用的 GPS 接收机、星敏感器等,其中陀螺仪和加速度计的加入还可以提高系统的机动性和自主性。

2. 基于脉冲星的卫星定轨导航算法

基于脉冲星的卫星几何定轨是通过比较卫星处的脉冲相位和参考点(SSB) 处的脉冲相位,确定卫星与 SSB 之间的距离,并利用观测时刻的地球星历,确定卫星在地心惯性系下的三维绝对位置矢量。

图 4.35 给出了基于 X 射线脉冲星的卫星几何定轨的空间方位示意图。$\boldsymbol{n}_1,\boldsymbol{n}_2,\boldsymbol{n}_3,\boldsymbol{n}_4$ 分别表示从 SSB 到脉冲星 1、脉冲星 2、脉冲星 3 和脉冲星 4 的方向矢量;$\boldsymbol{r}_{\text{sat}}$ 表示卫星相对于 SSB 的位置矢量,$\boldsymbol{r}_{\text{E}}$ 表示地心相对于 SSB 的位置矢量;$\boldsymbol{r}$ 表示卫星相对于地心的位置矢量。

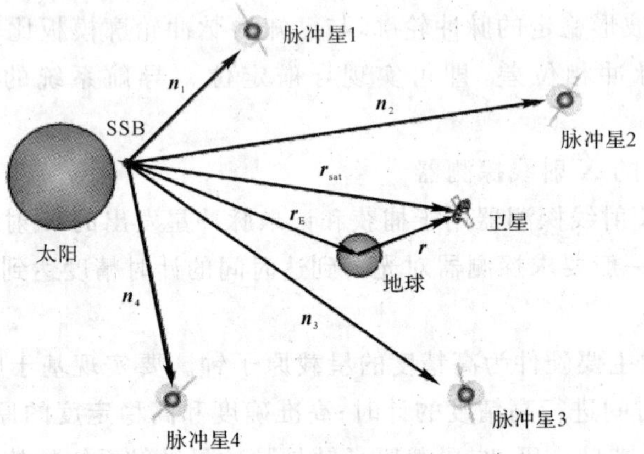

图 4.35 脉冲星几何定轨示意图

为了通过观测多颗脉冲星的脉冲信息确定卫星的绝对位置,必须首先确定到达卫星的脉冲是来自哪颗脉冲星。由于每颗脉冲星的脉冲信号上没有标识信息,要确定脉冲来自的脉冲源,须将观测得到的一系列脉冲轮廓和已知的脉冲辐射轮廓模板进行比较,并考虑每颗脉冲星的方向。脉冲辐射轮廓模板包含有脉冲周期、脉冲频率、脉冲宽度、脉冲轮廓等特征信息,是脉冲星导航中的重要参照标准。

对于第 $i(i=1,2,3,\cdots)$ 颗脉冲星，利用星载 X 射线探测器测量获得在观测时刻 t 时卫星处第 i 颗脉冲星的自转相位值 $\varphi_{\text{sat}}(0\leqslant\varphi_{\text{sat}}<1)$；同时根据脉冲星钟模型式

$$\varphi(t)=\varphi(t_0)+f[t-t_0]+\frac{\dot{f}}{2}[t-t_0]^2+\frac{\ddot{f}}{6}[t-t_0]^3 \tag{4.43}$$

可以预报得到脉冲星 i 相对于 SSB 的自转相位 $\varphi_{\text{SSB}}(0\leqslant\varphi_{\text{SSB}}<1)$；由于观测时刻的地球位置矢量 $\boldsymbol{r}_{\text{E}}$ 可从地球星历表中精确获取，因此可以根据脉冲相位传播与距离的关系，利用式(4.43)和地球星历表精确计算出 t 时地心处的脉冲相位 φ_{E}，且有 $0\leqslant\varphi_{\text{E}}<1$。

$$t_{\text{SSB}}=t_{\text{sat}}+\frac{\boldsymbol{n}\cdot\boldsymbol{r}_{\text{sat}}}{c}+\frac{1}{2cd_0}[(\boldsymbol{n}\cdot\boldsymbol{r}_{\text{sat}})^2-r_{\text{sat}}^2]+\frac{1}{cd_0}[(\boldsymbol{n}\cdot\boldsymbol{r}_{\text{SSB}})(\boldsymbol{n}\cdot\boldsymbol{r}_{\text{sat}})-(\boldsymbol{r}_{\text{SSB}}\cdot\boldsymbol{r}_{\text{sat}})]+\frac{2GM_{\odot}}{c^3}\ln\left|\frac{\boldsymbol{n}\cdot\boldsymbol{r}'_{\text{sat}}+r'_{\text{sat}}}{\boldsymbol{n}\cdot\boldsymbol{r}_{\text{SSB}}+r_{\text{SSB}}}\right| \tag{4.44}$$

在绕地卫星轨道上，卫星与 SSB 之间的主要相对论效应项是太阳的 Shapiro 延迟，其量值在微秒量级，另外两个相对论效应项的影响在纳秒量级；而卫星与地心之间的距离与卫星到 SSB 的距离相比，是一个小量；因此，在基于脉冲星的卫星几何定轨应用中，为了快速给出卫星的轨道初值，为后续的卡尔曼滤波运算的初始化做准备，可以忽略卫星与地心之间脉冲传播的相对论效应的影响。从而在脉冲星视线方向上卫星和地心的距离与脉冲星脉冲相位的关系为

$$\boldsymbol{n}\cdot\boldsymbol{r}=\lambda[(\varphi_{\text{E}}-\varphi_{\text{sat}})+\Delta N]=\lambda(\Delta\varphi+\Delta N) \tag{4.45}$$

式中，$\boldsymbol{n}\cdot\boldsymbol{r}$ 表示在脉冲星视线方向上卫星到地心的距离；ΔN 表示卫星与 SSB 之间相位差的整周数，即整周模糊度；$\Delta\varphi=\varphi_{\text{E}}-\varphi_{\text{sat}}$，表示地心与卫星之间的脉冲相位差；$\lambda$ 表示脉冲星的波长，有

$$\lambda=c\cdot P \tag{4.46}$$

在测得脉冲星的自转相位值和整周模糊度已知的情况下，如果同时观测到的脉冲星的个数 $k\geqslant 3$，那么可以给出卫星位置解算方程为

$$\left.\begin{aligned}\boldsymbol{n}_1\cdot\boldsymbol{r}&=\lambda_1(\Delta\varphi_1+\Delta N_1)\\ \boldsymbol{n}_2\cdot\boldsymbol{r}&=\lambda_2(\Delta\varphi_2+\Delta N_2)\\ &\cdots\cdots\\ \boldsymbol{n}_k\cdot\boldsymbol{r}&=\lambda_k(\Delta\varphi_k+\Delta N_k)\end{aligned}\right\} \tag{4.47}$$

式中的下标$(1,2,\cdots,k)$表示观测的脉冲星的序号。在观测得到脉冲星的相位差值和确定整周模糊度值的情况下，利用式(4.47)即可解算出卫星在地心惯性系中的绝对位置值。但在脉冲星几何定轨技术中，整周模糊度的确定是一个技术难点。由于每颗脉冲星的属性具有差异性，其确定方法与 GPS 中的方法有相似之处，但又有其特点。为此，针对脉冲星观测的特点，提出了最小二乘法用于确定整周模糊度和卫星的位置。

4.4 车载导航和智能交通技术

车载导航系统是一种安装在车辆上用来对其进行导航的系统，它融合了汽车、交通、计算机、通信、系统科学等领域的技术。其得到普及和推广是伴随着美国 GPS 系统的发展而出现的，进入 20 世纪 90 年代，随着计算机和通信技术的飞速发展，车辆定位和导航系统开始进入真正的实用阶段。

智能交通系统是在较完善的基础设施之上将先进的信息技术、数据通信传输技术、电子传感技术、控制技术及计算机技术等有效地集成运用于整个地面交通管理系统而建立的一种在大范围内、全方位发挥作用的，实时、准确、高效的综合交通运输管理系统。它可以有效地利用现有交通设施，减少交通负荷和环境污染，保证交通安全，提高运输效率。本节在介绍车载导航系统和智能交通系统原理的基础上，主要阐述并分析车载导航系统、智能交通系统的主要方法、研究前沿和发展趋势。

4.4.1 车辆导航系统原理

1. 车辆 DR 导航系统原理

车辆航位推算定位(DR)系统是一种常用的自主式车辆定位系统。DR 系统的距离、速度传感器为里程表，目前通常采用的里程表为光电式或电磁式。

DR 系统测量航向的传感器在系统中起重要作用，如何选用既有一定精度，又有较低成本的航向传感器非常重要。目前较常见的适用于车辆航向测量的传感器主要有 3 类[23]：差分里程表、磁罗盘和速率陀螺仪。由于采用差分里程表进行航向测量的误差较大，磁罗盘容易受车体磁化程度的变化及道路环境磁场的影响造成较大误差，因此大多采用速率陀螺测量航向变化率(即角速率)，进而得到航向的变化量。

考虑到成本因素，我国目前的 DR 车载系统大多采用压电(或 MEMS) 微小型化陀螺和里程仪构成。在建立准确的 DR 系统模型的基础上，应用最优估计方法消除陀螺仪随机漂移误差，是减小 DR 系统推算误差积累的有效方法。

DR 系统的主要原理为使用航向和距离传感器测量位移矢量，从而推算车辆的位置。车辆在 t_k 时刻的位置可表示为[24]

$$\left.\begin{aligned} x_k &= x_0 + \sum_{i=0}^{k-1} s_i \cos\theta_i \\ y_k &= y_0 + \sum_{i=0}^{k-1} s_i \sin\theta_i \end{aligned}\right\} \tag{4.48}$$

式中，(x_0, y_0) 是车辆 t_0 时刻的初始位置；s_i，θ_i 分别是车辆从 t_i 时刻的位置 (x_i, y_i) 到 t_{i+1} 时刻的位置 (x_{i+1}, y_{i+1}) 的位移矢量的长度和绝对航向[25]，如图 4.36 所示。相对航向定义为连续两个绝对航向之差，用 ω_i 表示。若给出 $t_0, t_1, \cdots, t_k$ 时刻的相对航向测量值 ω_i，则 t_k 时刻的车辆绝对航向 θ_k 可由式 $\theta_k = \sum_{i=0}^{k} \omega_i$ 算出。

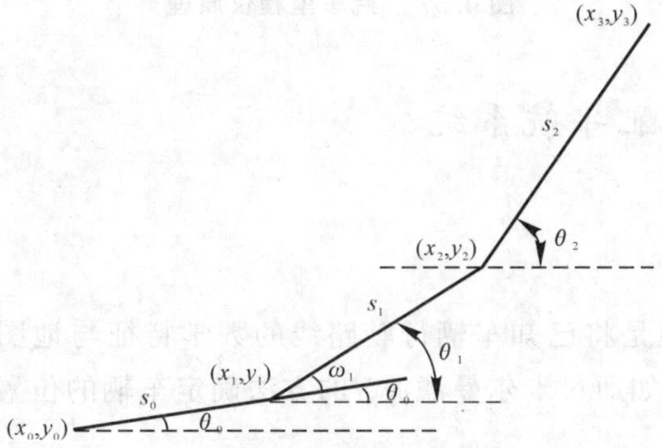

图 4.36　航位推算方法

虽然单个 DR 系统能够在短时间内获得一定的估计精度，但其总体趋势是发散的。因此，为了保证估计误差在长时间内不发散，使系统具有较高的精度，须要将 DR 系统与其他系统进行组合应用，例如 GPS/DR 组合导航、地图匹配（Map Match，MM）/DR 组合导航[26] 等。此外，对东向 $\sigma_{a_e}^2$ 和北向机动加速度方差 $\sigma_{a_n}^2$ 采用自适应算法求解，将有助于进一步提高系统的精度[27]。有兴趣的读者可以参阅相关文献。

2. 汽车里程仪

汽车里程仪基本原理是：根据汽车轮轴的转动圈数测量汽车行驶的距离。汽车里程仪一般由减速器、光电编码器、计算机检测及输出设备构成，如图 4.37 所示。减速器与汽车的轮轴相连，作用是将汽车轮轴的旋转速度按比例降低到一个较低的值，方便测量。减速器带动光电编码器转动，连续输出距离脉冲。计算机检测设备接收到光电编码器输出的光脉冲信号后，经过各种电路运算，送到输出设备或者需要的其他导航系统。

另外有一些里程仪没有减速器，由一个磁电传感器和一组贴在车轮上的磁片构成。车轮每旋转一圈，磁电传感器便产生一定数量的脉冲，通过这种脉冲的计数，便可知车辆的行驶的路程。

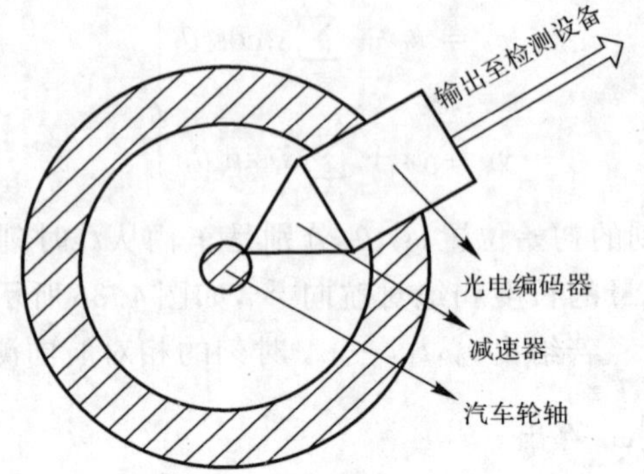

图 4.37 汽车里程仪原理

4.4.2 地图匹配导航系统

1. 地图匹配系统原理

地图匹配方法的思想是将已知车辆行驶路线的数学特征与地图数据库中道路的特征比较，从而用直接或间接（例如通过卡尔曼滤波）的方法确定车辆的位置和行驶轨迹并校正传感器的误差。

通常，地图匹配算法用来辅助航位推算系统校正航位推算的积累误差。地图匹配方法使用的前提是假设车辆是行驶在道路上，如图 4.38 所示。在图 4.38 中，车辆驶过交叉路口越远，拐到路 R_2 上的概率越小。当这种概率下降到一定程度后，剩下的选择路 R_1 就作为车辆正确的行驶道路，这样，航位推算的误差得到修正。

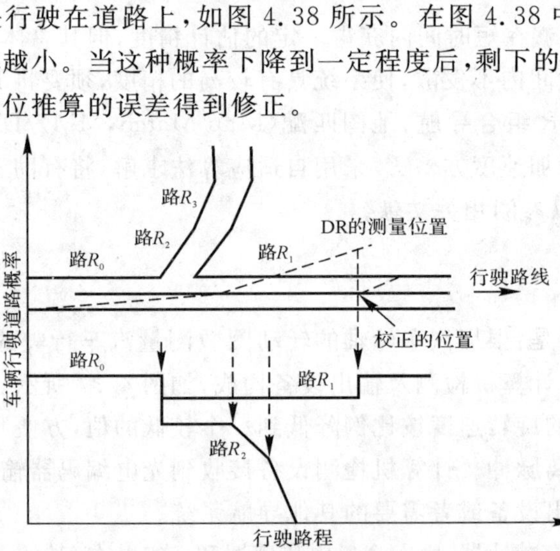

图 4.38 地图匹配方法

地图匹配方法实际上是一个伪定位系统。通常先识别道路交叉点，再通过地图坐标确定车辆的位置。其具体过程是：在道路的交叉点和形状点（道路方向改变的节点，但不是道路交叉点）得到车辆的行驶位置。如果算法得到的位置精度高于车载定位系统的精度，则采用计算得到的位置（但这不包括车辆不在道路网络中行驶的情况）。一般来说，地图须具有优于 15 m 的位置精度。

2. 地图匹配算法

以上对地图匹配方法及原理进行了介绍，下面介绍地图匹配方法的常用算法。

（1）相关性算法

地图匹配算法采用的基本原理是概率论与数量统计。地图匹配的前提是必须知道起始点的位置和方向，从起始点开始定位系统给出的车辆轨迹，通常是速率陀螺仪给出的航向变化与车辆预期位置附近的地图特征进行相关性比较。如果测量出的车辆航向角的变化与数字地图的矢量路线变化相关，那么，车辆的真实位置就可以在地图上确定下来。根据车辆的具体位置，还可校正角度传感器的漂移误差，同时对车轮直径误差进行标定。

假设车辆在 $t=1,2,\cdots,k(k\leqslant N)$ 时刻内，定位系统测出的车辆行驶轨迹分别是 $s_1,s_2,\cdots,s_k$，对应于电子地图有 k 条行驶路线（此路线的位置和航向在地图数据中是已知的），并设地图上与导航传感器测出数据对应的轨迹分别为 $L_{i1},L_{i2},\cdots,L_{ik}$，则相关性系数

$$\rho_i=\frac{\sum_{k=1}^{N}(s_k-\bar{s})(L_{ik}-\bar{L}_i)}{N_{\sigma_s}\sigma_{L_i}} \tag{4.49}$$

式中

$$\bar{s}=\frac{\sum_{k=1}^{N}s_k}{N},\quad \bar{L}_i=\frac{\sum_{k=1}^{N}L_{ik}}{N}$$

式中，σ_s，σ_{L_i} 分别是序列 s_k 和 s_{L_i} 的标准差。若 ρ_i 值较大，表示传感器测出轨迹和地图上某一条道路轨迹具有较高的相似性。在所有候选路线中，与实际测出路线相关性最高的路线即为车辆行驶的真实路线。相关性地图匹配算法在车辆行驶航向有比较大的改变（例如车辆在十字路口拐弯时）效果最好，但在其他情况下，容易出现两条候选路线相关性相差不大的情况，造成实际行驶路线无法确定，因此有待改进。

（2）基于卡尔曼滤波残差的地图匹配算法

该算法的基本思想是根据车辆导航系统获得的车辆位置信息，确定地图数据库中与之相关的候选最优路线。以地图上每条候选路线作为卡尔曼滤波方程的状态转移变量，以路线相关的匹配系数为状态量，通过卡尔曼滤波方程可以确定匹配系数的最优估计值，进而确定最优路线。

近年来，地图匹配算法在不断的发展之中，除了上述的两种算法之外，新的算法不断出现[28]，例如基于确定性值的地图匹配[29]，基于代价函数的地图匹配[30]，基于模糊逻辑的地图匹配[31]等。

4.4.3 智能交通系统

1. 智能交通系统发展概况

近20年来，随着我国经济的高速发展，交通需求日益增加，城市车辆保有数量急剧上升，由此引发的城市交通拥堵、交通事故频发、道路损坏等现象已经成为不容忽视的社会问题。早期的解决方式是在现有基础上大规模地修建道路和扩建各种等级公路，然而这种做法只能更加剧有限的土地资源、能源和生产用地之间的矛盾。在这样的背景下，进行科学的交通管理，提高现有交通设施的服务质量和使用效率成为改善当前城市交通安全状况的一个重要手段，因此智能交通技术应运而生。

智能交通系统(Intelligent Transportation Systems,ITS)是应用自动车辆定位技术、地理信息系统与数据库技术、计算机技术、多媒体技术和现代通信技术的高科技综合系统，并能为车辆驾驶员提供以下重要功能。

① 自动车辆定位。可在出行时准确、实时地确定出车辆当前的位置，并以图形化方式显示在电子地图背景中[32]。

② 行车路线设计。可依据驾驶员提供的起点、终点和经过点，自动规划出旅行代价最少的最佳行驶路线。

③ 路径引导服务。可在出行过程中产生语音或图形的实时引导指令，帮助驾驶员沿预定行车路线顺利抵达目的地。

④ 综合信息服务。可向用户提供与电子地图有关的信息检索与查询服务，如按用户要求显示停车场、主要旅游景点、宾馆饭店等服务设施的位置的数据资料，并在电子地图中指示其所处的位置。

⑤ 无线通信功能。可接收实时交通信息广播，使用户及时掌握最新的道路状况，同时还可将车辆状况报告给交通控制中心，实现报警、求助和通信功能。

智能交通系统在美、日、欧等发达国家发展得最快。从1991年推出《陆上综合运输效率化法案》开始，美国从立法的角度统一规划ITS的发展，制定投资计划。为了完成基础设施建设目标，主要在9个关键部分[33]—— 高速公路管理、事件管理、主干道管理、电子收费、电子售票、公共交通管理、铁路-公路平交道口、紧急事件管理和区域多方式出行者信息等 —— 进行调查研究。目前美国城市ITS的基础实施水平呈现稳步提高的趋势。

在1973年日本开始开发汽车综合控制系统时即已发起ITS的研发活动。现在日本积极地推动车辆信息与通信系统等的实际应用,促进自动驾驶公路系统的研发。日本先进的自动化公路系统(AHS)将进一步实验演示并朝着实用阶段迈进。

欧盟对 ITS 中基于 RDA-TMC(Radio Data System-traffic Message Channel)的交通信息服务、电子收费、交通数据交互与信息管理、人机接口和系统框架为优先发展的 5 个关键发展领域[34]。目前,欧洲实施的智能交通系统组成可分为停车诱导系统、车辆密度分布计算系统、故障预警和紧急事故处理系统以及车辆限速系统。

我国的国情与发达国家不同。目前,我国的 ITS 系统只是在高速公路上使用了通信系统、监控系统和收费系统,对于城市交通或乡村交通的智能化还没有正式实施[35]。根据目前国内的实际情况,ITS 的研究应分为:一是以提高现有交通设备利用效率为主要目标的先进交通管理系统、信息服务系统、自动收费系统和实现合理交通结构为中心的先进的公交交通系统;二是着眼于未来的先进车辆控制系统和先进公路系统。

2. 智能交通系统的组成

典型的智能交通系统由 8 个主要功能模块组成,如图 4.39 所示。其中,电子地图数据库是现代车辆导航系统必不可少的组成部分,它包含以预定格式存储的数字化导航地图,为系统提供诸如地理特征、道路位置及坐标、交通规则、基础设施等多种重要信息。

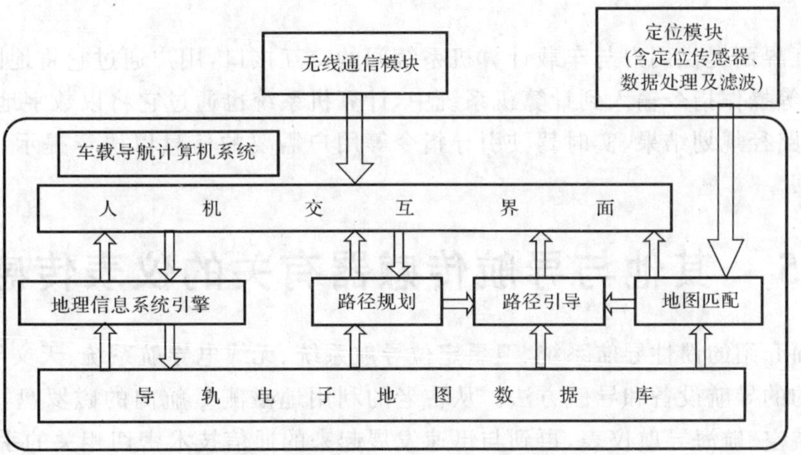

图 4.39　智能交通导航系统原理框图

地理信息系统引擎是操作和查询电子地图数据库的接口,提供电子地图的显示、浏览、动态刷新、缩放等功能和相关的信息检索与查询服务。

定位模块由定位传感器和数据处理及滤波电路组成,其功能是提供实时、连续的车辆位置估计,以使系统能够正确辨别车辆当前的行驶路段和正在接近的交叉路口。车辆定位的方式趋于多样化，例如，基于无线通信网络[36]、蓝牙技术的车载导航系统[37]等。

地图匹配模块将定位模块输出的位置估计与地图数据库提供的道路位置信息进行比较，并通过适当的模式匹配和识别过程确定车辆当前的行驶路段以及在路段中的准确位置。

路径规划是帮助车辆驾驶员在旅行前或旅途中选择合适的出行路线的过程，通常是依据电子地图中的交通路网信息，提供从车辆当前位置到目的地之间总旅行代价最小的路线供用户参考。旅行代价可以是时间、距离、收费等用户关心的因素。如有可能，在进行路径规划时还应考虑从无线通信网络中获取的实时交通信息，以便对道路交通状况的变化做出及时反应。

路径引导是帮助驾驶员沿预定路线行驶，从而顺利到达目的地的过程。它根据地图数据库中的道路信息和内定位模块，从地图匹配模块提供的当前车辆位置产生适当的实时驾驶指令。

无线通信模块能够进一步增强车载导航系统的功能。通过无线通信网络，车辆及其使用者和交通管理系统之间能够互相交换实时交通信息，使车载系统和公路网络工作更加安全和有效。

除定位和无线通信模块外，其他功能模块都必须以车载导航计算机系统为硬件平台，借助应用软件来实现。另外，车载计算机系统也是包括定位和通信装置在内的所有车载设备的控制平台。

人机交互界面提供用户与车载计算机系统间的交互接口，用户通过它将地图显示、信息查询、路径规划等操作指令输入到计算机系统中，计算机系统也通过它将以数字地图为背景的车辆位置、最优路径规划结果、实时驾驶引导指令等用户需要的信息以语音提示、可视图形等多媒体方式返回。

4.5 其他与导航传感器有关的仪表传感器

除了前面介绍的惯性导航系统、卫星定位导航系统、无线电导航系统、天文导航系统外，还有许多其他的的导航设备和导航方法。从古老的利用地磁测量航向的磁罗盘，到应用多种现代传感器的航空、航海导航仪表，再到与迅速发展起来的通信技术密切相关的手机定位导航系统等，它们都在人类的生产、生活中发挥着重要的作用。本节对这些导航资源作简单的阐述。

4.5.1 磁航向仪

磁航向仪也叫磁罗盘，它是一种利用地磁测量航向的传统航向测量方法。磁罗盘系统造价低，能够自动寻北，具有结构简单、质量轻、信号易处理的特点，但是易受环境磁场的影响，精度一般。

现代导航系统，很多场合下都须要磁罗盘来提供辅助的航向信息[38]。带有数字信号处理电路的磁航向仪叫数字罗盘，一般内嵌微处理器，自身模块化，通过 RS232，SPI 等数字接口和外界交互，便于嵌入到别的系统中，是当前比较通用的航向测量器件。目前，广为使用的是三轴捷联磁阻式数字磁航向仪[39]，下面以其为例，介绍磁航向仪的工作原理及相关概念。

1. 航向和罗差

载体的航向是指载体的机头方向，航向角的大小是用载体纵轴的水平投影线（称航向角的定位线）与地平面上某一基准线之间的夹角来度量。

（1）真航向

真子午线（即地理经线）与载体纵轴在水平面上的夹角为真航向角。按真航向角计算的航向叫做真航向。真航向的 0°，90°，180°，270° 方向即为正北、正东、正南和正西。

（2）磁航向

磁子午线（即地球磁经线）与载体纵轴在水平面上的夹角为磁航向角。按磁航向角计算的航向叫做磁航向，磁航向的 N(0°)，E(90°)，S(180°)，W(270°) 分别代表磁北、磁东、磁南和磁西。因为磁子午线与真子午线方向不一致而形成的磁偏角称为磁差，规定磁子午线北端与真子午线东侧磁差为正，在西侧为负。地球磁差随时间、地点不同而异。

（3）罗航向

载体上存在钢铁磁场和电磁场，它们形成载体磁场。将磁罗盘装上载体后，其传感器不仅感受到地球磁场，也感受到载体磁场。所以，用磁罗盘传感器测得的航向基准线实际上是地球磁场与载体磁场两者形成的合成磁场分量方向。如图 4.40 所示，磁罗盘测得的这一合成磁场水平分量方向，称为罗子午线，或称罗经线，该线与载体纵轴在水平面上的夹角为罗航向角。按罗航向角计算的航向叫做罗航向。

（4）罗差

罗子午线与磁子午线之间形成的夹角称为罗差，并规定罗子午线北端在磁子午线东侧时的罗差为正，在西侧为负。由于载体磁场的大小和方向是随载体转动而发生变化的，因此载体在不同的航向上，其罗差值是不相同的。

根据罗差产生的原因不同，将罗差分成下列几种来描述：

① 半圆罗差。半圆罗差主要是由载体硬铁磁场（永久磁场）的水平分量引起的。

② 圆周罗差和象限罗差。圆周罗差和象限罗差是是由载体软铁磁场（感应磁场）的水平分量引起的。在载体航向改变 360° 的过程中，罗差符号及大小均保持不变的，称为圆周罗差（或称等值罗差）；罗差在圆周各象限从极大到极小的周期性变化，称为象限罗差。

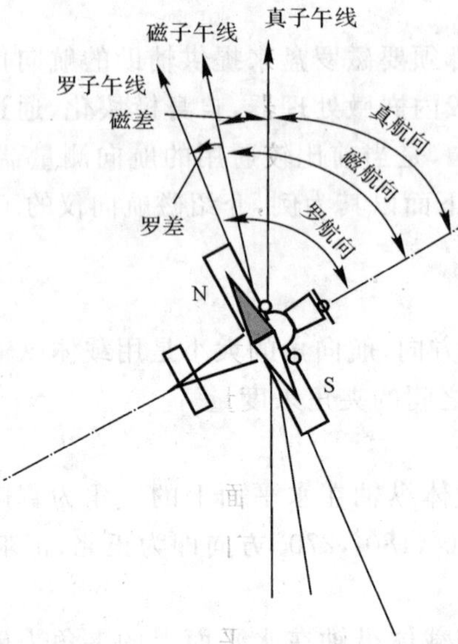

图 4.40 真航向、磁航向与罗航向之间的关系

③ 安装罗差。罗盘在载体上安装位置(角度)不准确,将会产生安装罗差,安装罗差又称为一致性误差。

2. 三轴数字磁阻式罗盘的工作原理[40]

三轴数字磁阻式罗盘由3个一维磁阻传感器组合而成,3个磁阻传感器分别沿磁传感器坐标的3个轴(x_s,y_s,z_s)安装。坐标系定义如下:x轴沿载体纵轴向前,y轴平行于磁阻式罗盘安装面向右,并与x轴正交,则z轴与x,y垂直,方向向下,如图4.41所示。在实际的应用中,磁传感器坐标($Ox_sy_sz_s$)与机体坐标系(b系)重合。设磁地理坐标系为m系($Ox_my_mz_m$),当机体坐标系(b系)与磁地理坐标系(m系)重合,即磁传感器坐标($Ox_sy_sz_s$)与磁地理坐标系(m系)重合时(见图4.41),磁阻传感器的感应电势为

$$\boldsymbol{E}_B = \boldsymbol{E}_M = \begin{bmatrix} E_N \\ 0 \\ E_D \end{bmatrix} \tag{4.50}$$

式中,E_N为磁地理坐标系与磁传感器坐标系重合时,由地磁水平分量在磁传感器坐标系x轴上产生的感应电势;E_D为磁地理坐标系与磁传感器坐标系重合时,由地磁垂直分量在磁传感器坐标系z轴上产生的感应电势。

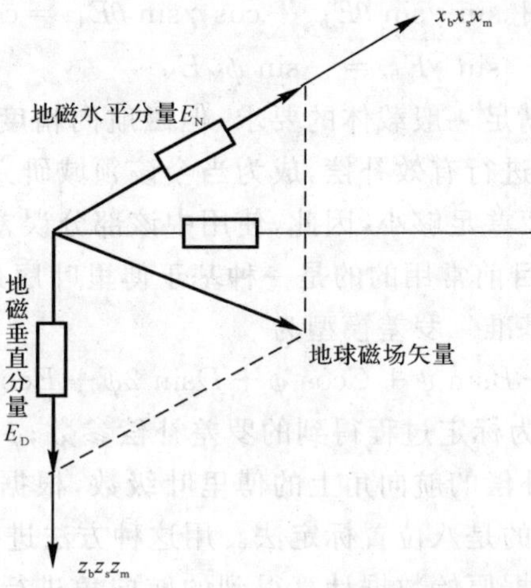

图 4.41　三维磁航向传感器坐标示意图

当机体坐标系处于任意姿态时，磁阻传感器的感应电势为[41]

$$\boldsymbol{E}_B=\begin{bmatrix}E_{bx}\\E_{by}\\E_{bz}\end{bmatrix}=\boldsymbol{C}_n^b\boldsymbol{E}_M=$$

$$\begin{bmatrix}\cos\psi_M\cos\theta & \cos\psi_M\sin\theta\sin\gamma-\sin\psi_M\cos\gamma & \cos\psi_M\sin\theta\cos\gamma+\sin\psi_M\sin\gamma\\ \sin\psi_M\cos\theta & \sin\psi_M\sin\theta\sin\gamma+\cos\psi_M\cos\gamma & \sin\psi_M\sin\theta\cos\gamma-\cos\psi_M\sin\gamma\\ -\sin\theta & \cos\theta\sin\gamma & \cos\theta\cos\gamma\end{bmatrix}\times$$

$$\begin{bmatrix}E_N\\0\\E_D\end{bmatrix}=\begin{bmatrix}\cos\psi_M\cos\theta E_N-\sin\theta E_D\\(\cos\psi_M\sin\theta\sin\gamma-\sin\psi_M\cos\gamma)E_N+\cos\theta\sin\gamma E_D\\(\cos\psi_M\sin\theta\cos\gamma+\sin\psi_M\cos\gamma)E_N+\cos\theta\cos\gamma E_D\end{bmatrix}\tag{4.51}$$

式中，ψ_M 为载体的磁航向角；θ 为载体的俯仰角；γ 为载体的横滚角；E_{bx} 为地磁在载体坐标系 x 轴上的感应电势；E_{by} 为地磁在载体坐标系 y 轴上的感应电势；E_{bz} 为地磁在载体坐标系 z 轴上的感应电势；$\boldsymbol{C}_n^b$ 为测量系对机体系的方向余弦矩阵。在俯仰角 θ，横滚角 γ，E_B 已知情况下，可以计算出磁航向角

$$\psi_M=\arctan\left|\frac{E_y}{E_x}\right|\ (E_X>0,E_y<0)=$$

$$180^\circ-\arctan\left|\frac{E_y}{E_x}\right|(E_x<0,E_y<0)=$$

$$360^\circ-\arctan\left|\frac{E_y}{E_x}\right|(E_x>0,E_y>0)\tag{4.52}$$

式中

$$\left.\begin{aligned}E_x&=\cos\theta E_{bx}+\sin\gamma\sin\theta E_{by}+\cos\gamma\sin\theta E_{bz}=\cos\psi_M E_N\\E_y&=\cos\gamma E_{by}-\sin\gamma E_{bz}=-\sin\psi_M E_N\end{aligned}\right\}\tag{4.53}$$

磁罗盘提供的航向精度能满足一般载体的要求，但磁航向精度易受外界干扰磁场影响。因此，如何对磁罗盘的航向误差进行有效补偿，成为当今该领域研究的热点之一。由于现在的生产的工艺过程能够保证安装罗差足够小，因此，使用中该部分误差可以忽略；而对"软铁"和"硬铁"罗差要进行罗差补偿。目前常用的的是一种基于傅里叶序列罗差模型的标定方法，标定时由外部航向系统提供航向基准。罗差模型为

$$\Delta\psi=A+B\sin\psi+C\cos\psi+D\sin 2\psi+E\cos 2\psi\tag{4.54}$$

式中，$\Delta\psi$ 为罗差；A,B,C,D,E 为标定过程得到的罗差补偿参数；ψ 为补偿之前的磁航向角。这种方法将罗差表示为在未经补偿的航向角上的傅里叶级数，根据实际情况取有限阶次。取二阶的是四位置标定法，取三阶的是八位置标定法。用这种方法进行补偿时，不对磁阻传感器的原始数据进行补偿，而是对根据原始数据计算得到的航向角进行修正。由于四位置法标定简单，但误差较大，八位置法精度较高，但标定复杂，因此，在外界软铁影响较小的情况下，通常可以选用四位置标定法。

4.5.2 飞行仪表

飞行仪表的种类很多，可以分为驾驶仪表和航行仪表，它们为飞行器提供导航必需的参数，例如航向、姿态、飞行速度、飞行高度等。除了前面提到的陀螺仪、加速度计、磁航向仪以外，空速表和高度表也是飞行仪表系统的重要组成部分，本文对它们作简要的介绍。

1. 空速表

飞机相对于空气的运动速度就叫做空速。空速表是测量飞机空速的仪表。现对空速表的有关原理作下述介绍。

(1) 几种表示飞机飞行速度的意义

飞机的飞行速度相关定义有以下几种：

① 风速 —— 空气相对于地面的运动速度叫做风速；

② 真空速 —— 飞机相对于空气运动的真实速度；

③ 指示空速 —— 按海平面标准大气条件下动压与空速的关系得到的空速；

④ 地速 —— 飞机相对于地面的运动速度，地速等于真空速和风速的矢量和；

⑤ 马赫数 —— 飞机的真空速与飞机所在高度的声速之比叫做马赫数(Ma)，Ma 可以表示飞机在飞行中空气被压缩的程度。

(2) 测量指示空速的原理

飞机飞行时，在正对气流运动方向的飞机表面上，气流完全受阻，因此空气的温度升高、压

力增大，这个压力叫全受阻压力，简称全压。气流未被扰动处的压力为大气压力，叫做静压，全压和静压之差叫做动压。在飞机上有专门收集全压和静压的管子，叫做全静压管（即空速管）。

指示空速表是根据空速与动压的关系，利用开口膜盒测量动压表示空速的。图 4.42 给出了空速表的基本原理和工作情况。在飞机上安装一个全静压管（空速管）来感受飞机在飞行时气流产生的动压和大气的静压，分别用管路与指示空速表上的全、静压接头相连。空速表内有一个开口膜盒，其内部通全压，外部（表壳内）通静压，膜盒内外的压力差就是动压。在动压的作用下膜盒产生位移，经过传送机构带动指针指示，指针角位移即可反映动压的大小。在静压和气温一定的条件下，动压的大小完全取决于空速，因此指针的角位移可以表示空速的大小。指示空速表就是根据海平面标准大气条件下空速与动压的关系，通过测量动压来表示空速的。

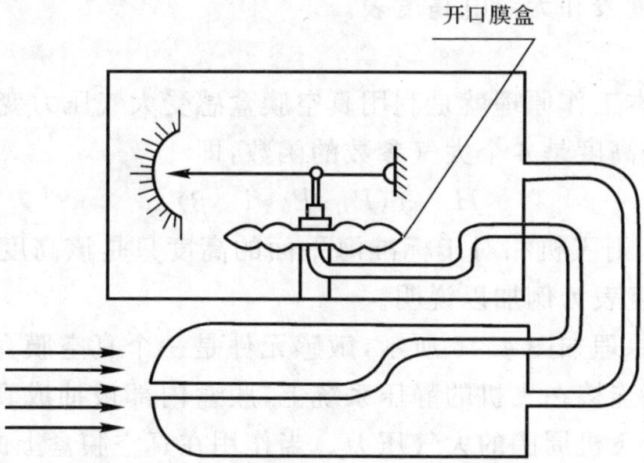

图 4.42　指示空速表的基本原理

如果飞机周围的大气参数不符合海平面标准大气条件，虽然空速不变，但因静压、气温改变，动压也要改变，所以仪表的指示不完全等于真实的空速，因此称为指示空速。在海平面标准大气条件下，指示空速等于真空速。如果保持真空速不变而飞行高度升高，这样一方面空气密度变小导致动压变小；另一方面气温降低，空气压缩性修正量增大导致动压变大。但由于空气密度比空气压缩性修正量变化得快，因此实际上动压变小，指示空速小于真空速。高度越高，它们的差别越大。

指示空速表的指示值和求出的相应的真空速值之间的差，叫做指示空速表的方法误差，这种误差对指示空速表来说只能通过计算才能加以修正。而真空速表是利用测量静压、气温和动压的大小自动修正而指示出真空速的。

2. 高度表

飞机的飞行高度是飞机在空中距某一个基准面的垂直距离。测量飞机高度的基准面(起点)不同,得出的飞行高度也不同。飞机在飞行中使用的飞行高度有以下4种。

① 相对高度:飞机从空中到某一既定的机场地面的垂直距离;

② 真实高度:飞机从空中到正下方地面目标上顶的垂直距离;

③ 绝对高度:飞机从空中到海平面的垂直距离;

④ 标准气压高度:飞机从空中到标准气压平面(即大气压力等于760 mmHg的气压面)的垂直距离。

衡量飞机的高度,是现代飞机飞行时必不可少的重要工作之一,所以,设计、制造一个测量准确、反应快、判读性好的高度表或高度传感器具有很重要的意义。高度表种类繁多,其中应用最为广泛的是气压高度表和无线电高度表。

(1) 气压高度表

气压式高度表的基本工作原理就是利用真空膜盒感受大气压力变化表示飞行高度变化。由上述可知,被测重力势高度是4个大气参数的函数,即

$$H=f(P_H,P_0,T_0,\beta)$$

在标准大气情况下,则飞机相对于标准海平面的高度只是该高度处大气压力 P_H 的单值函数。现以公制机械高度表为例加以说明。

高度表的基本工作原理如图4.43所示,敏感元件是一个真空膜盒,装在一个密封的表壳内,表壳背后有一个接头连接在飞机的静压系统上,膜盒内部被抽成真空,压力可以认为等于零,膜盒外部的压力等于飞机周围的大气压力。当作用在真空膜盒上的气压为零时,它处于自然状态。受大气压力的作用后,真空膜盒收缩并产生相应的弹力,当弹力与作用在真空膜盒上的大气总压力平衡时,真空膜盒变形程度一定,指针指示出相应的高度。

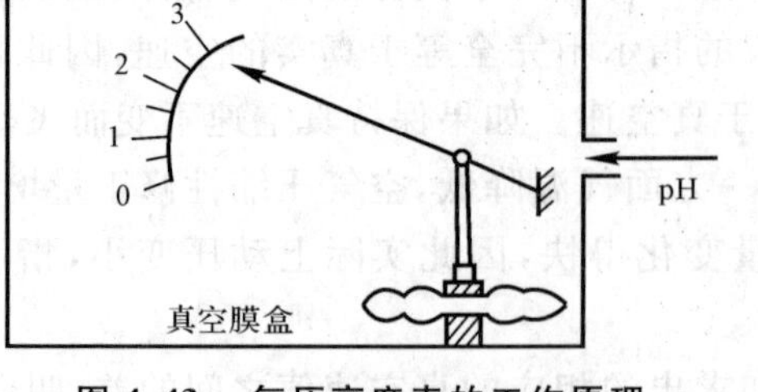

图4.43 气压高度表的工作原理

如果高度改变,大气压力也随之改变,作用在真空膜盒的总压力相应改变,其变形程度也相应变化,指针指示出改变后的高度。

使用气压高度表时,选定的基准面不同,测量出的高度也不同。若以标准气压平面为基准

面，则仪表指示标准气压高度；若以某一机场的场面气压平面为基准面，则仪表指示的是相对于该机场的相对高度（即场面气压高度）；若以修正的海平面为基准面，则仪表指示绝对高度。

（2）无线电高度表

无线电高度表用来测量飞机与当前地面的实际高度，提供预定高度或决断高度的声音和灯光信号。它是在进近和着陆过程中保证飞行安全的重要设备[42]。

无线电高度表系统因为各型飞机安装机件不同，所以有多种型别。通常包括收发机、指示器和收发天线。在飞机上装有无线电发射机，它通过发射天线向地面发射电磁波，电磁波到达地面后又反射回来，由接收天线将其接收，如图 4.44 所示，则飞机对地的飞行高度为

$$h=\frac{c\tau+l}{2} \tag{4.55}$$

式中，c 为无线电波的传播速度；τ 为发出信号与接收到反射信号之间的时间间隔；l 为二天线间的距离。

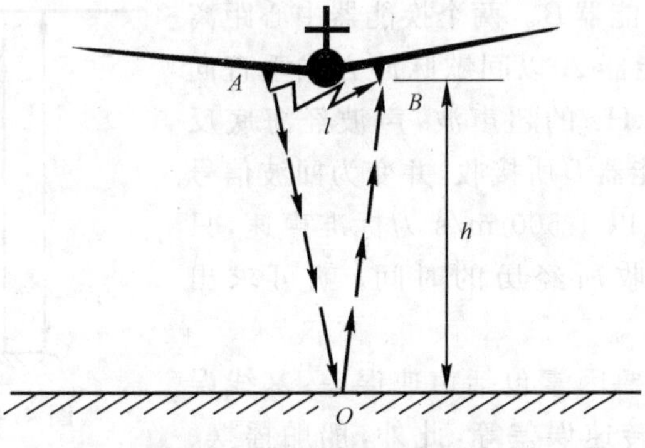

图 4.44　无线电测高原理

由于无线电波传播速度比飞机的飞行速度大很多，所以无线电波从飞机到地面然后再反射回来所经过的时间与飞机的飞行速度无关。式(4.55)对任何飞行速度都是正确的。另外，由于无线电高度表测量的时间间隔仅为百万分之几秒（几个微秒），所以实际的无线电高度表都通过测量其他量的方法来测量时间间隔。目前常用的为调频式和脉冲式两种无线电高度表。

无线电高度表目前主要用来测量不太高的高度（例如 1 500 m）。这是因为测量小高度时无线电高度表的误差较小；而当测量大高度时，对测量频率差的无线电高度表而言，无线电发射机的频率将与高度的 4 次方成比例增大。

4.5.3　航海水声设备

采用仪器的船舶导航发展至今，已经走过一个多世纪的漫长道路，从 100 多年前出现了机

械式船舶计程仪开始,至今船舶已有过20余种导航仪器,并且新型导航设备和系统正在蓬勃发展中。其中,航海水声设备作为船舶导航特有的导航设备,自从出现以后一直在海洋开发、海洋工程及海军技术领域广泛地使用[43]。

1. 回声测深仪[44]

电磁波和光波在海水介质中的传播性能较差,而声波在水中传播距离较远,速度基本恒定。回声测深仪是一种采用测量声波自发射经海底反射至接收的时间间隔,再计算得到水深的水声导航仪器。回声测深仪的用途有:在特殊情况下,可通过测量水深来辨认船位;在开辟新航区或浅水航区航行时,可用于导航,以确保船舶航行安全;在航道及港口测量方面,它可提供准确可靠的水深资料。由于回声测深仪具有测量深度准确,测量速度快,且可连续工作等诸多优点,因此回声测深仪是船舶必不可少的导航设备。

回声测深仪的测深原理如图4.45所示。在船底装有发射换能器A和接收换能器B。两个换能器中心距离为S,称为基线。发射换能器A以间歇脉冲方式垂直向下发射频率为20～200 kHz的超声波,声波经海底反射,一部分能量被接收换能器B所接收,并变为回波信号以显示水深。回波测深仪以1 500 m/s为标准声速,只要测出声波自发射至接收所经历的时间,就可求出水深。

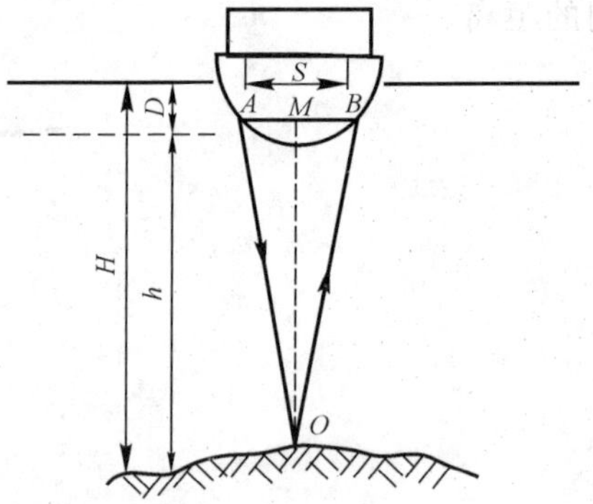

图4.45 回声测深原理图

影响测深仪误差的主要因素包括声速误差、基线误差、零点误差和时间电机转速误差等,此外,船舶摇摆、海水中的气泡、换能器工作面的附着物、船速以及海底的性质与坡度等因素对测深仪的工作都将产生一定的影响。

2. 船舶计程仪

船舶计程仪是用来测定船舶航行速度和累计船舶航程的一种导航仪器。它能精确地测量船舶航行速度及航程,对船舶驾驶极为重要,是现代船舶必不可缺的重要航海仪器之一。

(1) 电磁计程仪

电磁计程仪是应用电磁感应原理,测量船舶航行时的瞬时对水速度,并累计航程的一种相对计程仪。通过水流(导体)切割安装在船底的电磁传感器的磁场,将船舶航行相对于水的运动速度转换为感应电势,再转换为航速和航程。其优点是线性好、灵敏度较高,可测退后速度,目前使用较广泛。

电磁计程仪的原理如图4.46所示。传感器安装在船底,它由倒"山"字型铁芯、激磁绕组、信号电极等组成。两个信号电极由非磁性材料的填料分别密封和固定在倒"山"型铁芯的两个间隙位置。绕在铁芯上的激磁绕组，接通电源后产生的交变磁场通过铁芯和船底的水层构成磁路。当船舶前进或后退时，水层切割传感器磁场的磁力线，两个电极有感应电势产生。

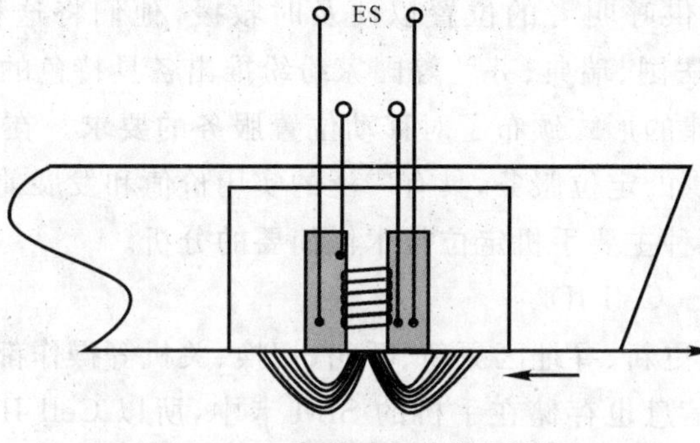

图 4.46　电磁计程仪的原理图

(2) 声相关计程仪

声相关计程仪是应用相关技术处理水声信息，测量船舶航速并累计航程的一种水声导航仪器。它采用垂直向发射和接收超声波信号，并对回波信号的幅度包络进行相关信息处理来进行测速，其测量精度不受声波在海水中传播速度变化的影响，即不受海水温度和盐度等因素的影响；换能器发射波束宽度比较宽，以减小船舶摇摆时可能发生的回波信号漏失；它还可以兼作测深仪。在安装使用时，无须进行测速试航。

声相关计程仪的测速原理如图 4.47 所示。在船底沿纵向等间距安装有发射换能器 T、接收换能器 R_f 和 R_a，R_f 在前，R_a 在后，其间距为定值 S。T 位于 R_f 和 R_a 中心连线的中点，并以一定时间间隔垂直向海底发射超声波脉冲，经海底反射的回波被接收换能器 R_f 和 R_a 所接收。通过 R_f 和 R_a 的时间延时、两接收换能器的间距 S 就可以确定船速，将船速对时间求积分，可得到船舶航程。

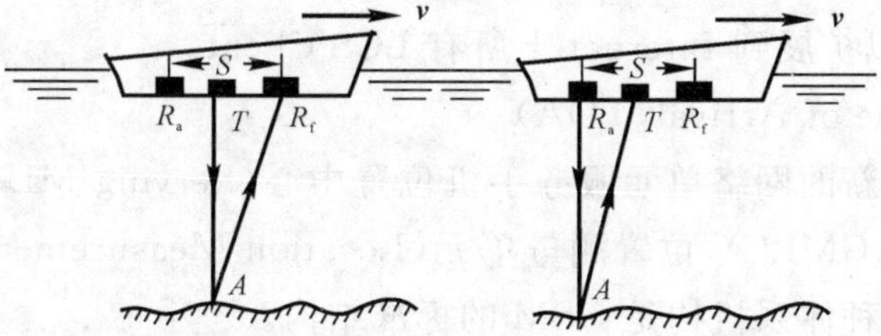

图 4.47　相关测速原理

4.5.4　手机卫星定位系统

手机定位服务又称移动位置服务(Location Based Service)，它是通过电信移动运营商的网络获取移动终端用户的位置信息(经纬度坐标),在电子地图平台的支持下,为用户提供相应服务的一种增值业务。早在1996年,美国联邦通信委员会(FCC)要求移动运营商为手机用户提供紧急求助服务,即提供呼叫者的位置以便及时救援,他们将这种移动位置服务命名为E911。此后,日本、德国、法国、瑞典、芬兰等国家纷纷推出各具特色的商业化的位置服务。目前,世界许多国家都以法律的形式颁布了对移动位置服务的要求。在移动通信蓬勃发展的今天,通过无线通信网络提供的定位服务,具有广泛的实用价值和发展前景[45]。

下面对目前应用的几种主要手机定位技术做简要的分析。

(1) 服务小区位置——Cell ID

手机在开机后的位置更新、寻址区更新、呼叫、切换、关机等操作都会向系统报告当前服务小区的位置信息,同时此信息也存储在手机的 SIM 卡中,所以 Cell ID 有基于 SIM 卡和基于网络两种方式。这种定位的精度将随着每一个小区的覆盖范围而变化。在繁华商业中心、办公楼等地,定位精度可以达到几十米甚至几米;而在用户较少的城市边缘、乡村,定位精度可能只有几百米甚至上千米不等[46]。

基于 SIM 卡的方式:这种方式下 SIM 卡工具包软件(STK)从手机的 SIM 卡中提取当前的服务小区号(Serving Cell ID)供定位服务使用。应用对象主要是本用户,并且要求用户的 SIM 卡有此 STK 功能。手机通过无线互联网(基于 WAP)将 Cell ID 和服务请求提供给定位服务器(LCS Sever)。服务器查询小区位置数据库和分析服务请求并向手机用户提供满足要求的信息。

基于网络的方式:移动通信网络在用户的活动中清楚地知道手机在网络中的位置。要使此信息能够提供定位服务,网络须增加新的单元——手机位置中心(Mobile Location Center, MLC)。MLC 从网络获得各手机的服务小区号,转换成经纬度储存在数据库中,并不断更新提供定位服务用户(LCS Client)查询。MLC 通过 Internet 与 LCS Client 相连。这种应用不仅限于本用户,而且可以扩展到 Internet 上所有 LCS Client。

(2) 到达时刻(Time of Arrival, TOA)

这种方式须要增加新的网络单元服务手机位置中心(Serving MLC, SMLC)、网关手机位置中心(Gateway MLC, GMLC)、位置测量单元(Location Measurement Unit, LMU),而不须要手机作任何改动。这种体系机构是 GSM 的标准结构。

上行 TOA 定位方式是通过三个或更多的测量单元度量从手机发出的一个可知信号。可知信号是由手机完成一个异步切换而产生接入脉冲(Access Burst)。SMLC 用一对 TOA 的值相减得到 Time Difference Of Arrival(TDOA)。手机的位置将通过三边测量的双曲线计算得到,并且基于以下假设:

①测量单元的地理坐标是已知的；

②负责度量的测量单元之间的时间差也是已知的，也就是在测量单元上使用绝对 GPS 时钟或使用参考测量单元在一个已知位置检测 Real Time Difference(RTD)的值。

测量单元利用接入脉冲探测 TOA。在一个定位请求中，测量单元被设置在一个正确的频率定位手机的 TOA，手机因此被迫完成一个异步的切换。在此情况下，手机将以一个指定的功率在语音信道发射最多 70 个接入脉冲(320ms)。每一个测量单元将根据接收到的信号探测 TOA，并加以平均，同时还要考虑多径效应，以精确测量信号到达的直线距离。分级接收、跳频技术将提高处理多径效应的能力，更提高了测量精确度。SMLC 还将根据 LCS Client 提出的定位精度要求，选择测量单元的数目。LMU 将作为 TOA 的测量单元。

(3)增强观测时差(Enhanced Observed Time Difference，E-OTD)

不是一个同步网，基站发射信号的帧也不是同步的。因此，E-OTD 网络须要测量每一对被测基站的相关时间差(Relative Time Difference)或绝对时间差(Absolute Time Difference)。为了获得精确的三角测量，E-OTD 的测量和为非同步基站相关时间差或绝对时间差，测量至少需要 3 个在地理位置上散布开来的基站，如图 4.48 所示。根据 E-OTD 测量的结果形成的双曲线交界的地方就是手机的位置。如果周围有更多的基站可供测量，手机的位置将会定位得更加精确。定位计算可以由网络完成。获得网络提供定位辅助数据，手机也可以完成定位计算。E-OTD 测量的准确性根据无线环境的不同会有些变化，定位精度大约在 100 m 左右。

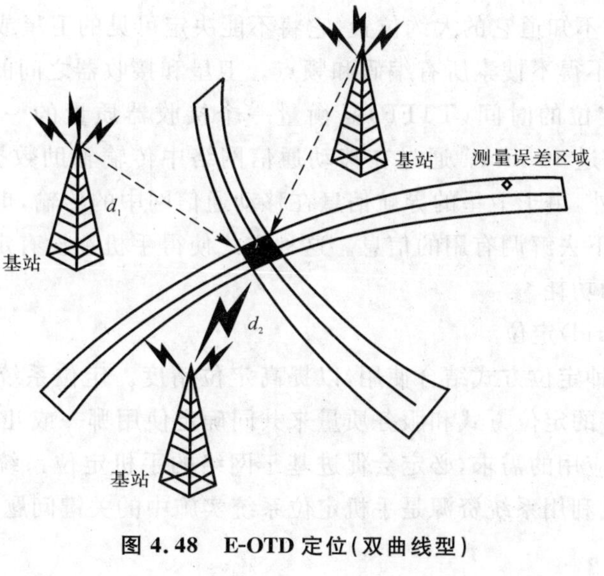

图 4.48　E-OTD 定位(双曲线型)

(4) 辅助 GPS(Assisted GPS,AGPS)

AGPS 定位方式是利用 GPS 系统,手机配备 GPS 接收设备,同时通过一个与网络相连的 GPS 参考接收设备向被定位手机提供辅助数据来实现定位功能,如图 4.49 所示。AGPS 又分成两类:定位计算功能在网络完成,叫做手机辅助方案;定位计算功能在手机完成,叫做基于手机方案。采用差分 GPS 修正、手机的大约位置/小区基站位置和其他辅助数据的传输能够提高定位精度和减少捕获时间。定位精度可到 10 m 左右。

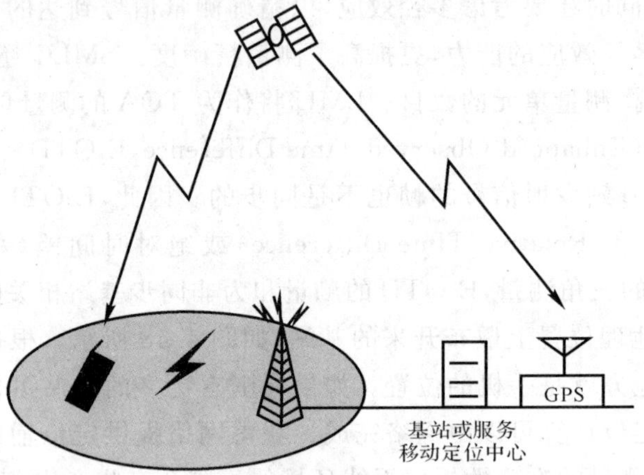

图 4.49　AGPS 定位

如果 GPS 接收器不知道它的大约位置,它将不能决定可见的卫星或估算这些卫星的范围和多普勒频率。它将不得不搜索所有编码和频点。卫星和接收器之间的相对运动将使搜索非常耗时。因此,首次定位的时间(TTFF)是衡量一个接收器质量的一个重要参数。独立的 GPS,这一时间可能超过 10 min。通过在移动通信网络中传输辅助数据,将可降低接收器的 TTFF 到几秒钟。此外,由于卫星的导航信息在移动通信网中的传输,也可辅助接收器在卫星信号比较微弱的情况下去解调有用的信息。这种方式使得手机在没有定位请求时回到空闲状态,从而降低了手机的功耗。

(5) 混合式(Hybrid)定位

混合式就是将多种定位方式结合使用,以提高定位精度。定位系统要根据定位系统支持的定位方式、手机支持的定位方式和服务质量来共同确定使用哪一或几种定位方式[47]。

随着人们对定位应用的需求,必定会促进基于网络的手机定位系统的发展。如何提高定位系统性能,同时有效利用系统资源是手机定位系统实施中的关键问题。

4.6 本章小结

本章分别对无线电导航、多普勒导航、天文导航和其他导航资源进行了一一介绍。这些导航系统有些历史悠久，但不断推陈出新，有些则是近年来新出现的导航技术。它们各自具备不同的特点和价值，是对惯性导航、卫星导航必要的补充。

本章所介绍的各种导航系统都属于几何式测量导航，须要借助或依赖载体外界的部分信息，这与完全自主的惯性导航系统是具有本质区别。其中，无线电导航是目前广为发展与应用的一种导航手段。它的优点是：不受时间限制并且基本不受天候限制；定位精度高、定位时间短，有些甚至可以连续、实时地定位；自动化程度高、操作简便等。但由于辐射或接收无线电信号的工作方式，使用易被发现，隐蔽性不好。同时，由于无线电信号入水深度不够，所以水下不易定位。无线电导航今后的发展趋势是作为卫星导航系统的备份系统使用。

多普勒导航属于主动探测推算式导航。它的测速精度高，但定位导航误差随飞行距离发散，在水上工作时精度相对降低。因为其具备一定的自主性，所以在军事领域有着特殊的意义。国内近年来对于北斗/多普勒/惯性组合导航开展了大量的研究，这种组合导航方式具有精度高、自主性强、动态性好的优点，是适用于我国国情的一种高精度和高自主性的导航系统[48]。

天文导航是一种重要的导航手段，其被动探测，隐蔽性好，不受电磁干扰，可靠性高，近自主工作，不依赖其他导航手段的优点使得即便是美俄等拥有卫星导航和高水平惯性导航技术的国家仍然非常重视天文导航技术的研究，并成功应用在众多的领域中。在航海领域，天文导航被公认为舰艇必备的独立可靠导航手段之一；在航空领域，将天文导航以及惯性/天文组合导航技术应用于大型高空远程飞机和战略导弹的导航，是其发展的重点和目标；在航天领域，天文导航将在未来的深空探测、高精度卫星导航控制、载人飞船自主导航等领域发挥重要作用。上述应用都显示了天文导航技术的重要性，也预示天文导航将有更大的发展空间。

在民用领域，其他导航资源也发挥着各自的作用。近年来，智能交通系统成为研究热点，同时 GPS 等在车载导航领域的应用也促进了该系统的发展。另外，磁航向仪、航空导航仪表等仪器仪表也是导航应用的重要辅助手段，将这些导航资源有效地结合起来使用以提高导航精度是未来导航的发展趋势。

思考与练习题

4.1　说明罗兰 C 双曲线导航定位的原理。

4.2　罗兰 C 双曲线定位法能否消除用户时钟偏置的影响？

4.3　罗兰 C 导航系统有哪两种工作方式？

4.4 说明罗兰C和GPS全球定位系统综合的基本原理。

4.5 什么叫多普勒效应?

4.6 说明多普勒导航原理。

4.7 说明多普勒测速原理和测偏流角原理。

4.8 说明多普勒四射束系统补偿俯仰和倾斜误差的概念。

4.9 当采用等高圆的天文导航方法时,试分析单星、双星和三星导航在定位精度方面各有何特点。

4.10 说明天文钟、天文年历、星体跟踪器与陀螺平台在天文导航系统中的作用。

4.11 试比较太阳敏感器、地球敏感器和星敏感器的优缺点。

4.12 阐述X射线脉冲星自主导航的基本原理。

4.13 说明车载DR系统原理。

4.14 为什么说MM是伪定位系统?

4.15 磁航向传感器罗差产生的原因是什么?

4.16 简述无线电高度表和气压高度表的工作原理。

4.17 目前船用计程仪有几种,它们各自的性能和特点是什么?

4.18 目前常用的手机定位方式有哪几种?

参考文献

[1] 李跃,邱致和. 导航与定位——信息化战争的北斗星[M]. 2版. 北京:国防工业出版社,2008.

[2] 吴苗,朱涛,李方能,许江宁. 无线电导航原理及应用[M]. 北京:国防工业出版社,2008.

[3] 吴晓进. 航空导航发展史(续1)[J]. 导航,2003,5(1):114-118.

[4] 刘美生. 全球定位系统及其应用综述(一)——导航定位技术发展的沿革[J]. 中国测试技术,2006,(32)5:1-7.

[5] 吴海涛,边玉敬,李志刚. 罗兰C最新进展及其对我国相关系统改造的启示[J]. 陕西天文台台刊,2000,22(1):10-18.

[6] Wu Haitao, He Peng, Li Xiaohui. On the method of automatic UTC synchronization with Loran-C multichain signals[J]. Chinese Astronomy and Astrophysics, 2003, 27(2):246.

[7] Petrovic B D. The Loran C receiver for windfinding program[C]// 5th International Conference on Telecommunications in Modern Satellite, Cable and Broadcasting Service. Piscataway(NJ):IEE, 2001.

[8] 黄显亮. 罗兰C/北斗双星/惯性组合导航系统研究[D]. 南京:南京航空航天大学,2006.

[9] Johnson G,Shalaev R,Hartnett R,et al. Can LORAN meet GPS backup requirements? [J] IEEE Aerospace and Electronic Systems Magazine,2005,20(2):3-12.

[10] 段方,刘建业. 罗兰 C 辅助北斗双星对同温层气球的定位研究[J]. 应用科学学报,2005,23(1):1-5.

[11] 夏坚白,陈永龄,王之卓. 实用天文学[M]. 武汉:武汉大学出版社,2007:11-53.

[12] 房建成,宁晓琳. 天文导航原理及应用[M]. 北京:北京航空航天大学出版社,2006:69-90.

[13] 沈长治,孙国元. 天文导航[M]. 北京:国防工业出版社,1987.

[14] 陈义,程言. 天文导航的发展历史、现状及前景[J]. 中国水运(理论版),2006,4(6):27-28.

[15] Ashitey Trebi-Ollennu,Terry Huntsberger,et al. Design and Analysis of a Sun Sensor for Planetary Rover Absolute Heading Detection[J]. IEEE Transactions on Robotics and Automation,2001,17(6):939-948.

[16] 段方,刘建业,李荣冰. 基于 Unscented 卡尔曼滤波器的微小卫星姿态确定算法[J]. 上海交通大学学报,2005,39(11).

[17] Sangwoo Cho,Joohwan Chun. Satellite Attitude Acquisition Using Dual Star Sensors with a Bootstrap Filter[C]// IEEE Sensors. 2002:1723-1727.

[18] Ray P S,Wood K S,Fritz G,et al. The USA X-ray Timing Experiment,X-ray Astronomy: Stellar Endpoints, AGN,and the Diffuse X-ray Background[J]. American Institute of Physics (AIP) Proceedings,2001,599(1):336-345.

[19] Wood K S, Kowalski M, Lovellette M N, et al. The Unconventional Stellar spect (USA) xperiment on ARGOS[C]// AIAA Space Conference and Exposition,AIAA Paper 2001-4664. Albuquerque(NM):[s. n.],2001:258-265.

[20] 帅平,陈绍龙,吴一帆. X 射线脉冲星导航原理[J]. 宇航学报,2007,28(6):1538-1543.

[21] Qiao Li, Liu Jianye, Zheng Guanglou, et al. Novel Celestial Navgation For Satellite Using X-Ray Pulsars[J]. 2008,25(2):101-104.

[22] 杨廷高,南仁东,金乘进,等. 脉冲星在空间飞行器定位中的应用[J]. 天文学进展,2007,25(3):249-261.

[23] 万德钧,房建成,王庆. GPS 动态滤波的理论、方法及其应用[M]. 南京:江苏科学技术出版社,2000:144-167.

[24] 袁朔. 基于微小型计算机的新型车辆导航系统研究[D]. 南京:南京航空航天大学,2004.

[25] 王慧青,王庆. 车载航位推算系统中传感器参数的在线标定[J]. 测控技术,2008,27

(12):21－23.

[26] 谢彩香,林宗坚,刘召芹. GPS/DR/MM 组合导航中的车辆定位精度研究[J]. 测绘科学,2006(31):75－76.

[27] 孙永荣,刘建业,陆涛,等. 基于自适应滤波的车载 DR 系统研究[J]. 南京航空航天大学学报,2000,32(4):450－454.

[28] Joshi R R. A new approach to map matching for in-vehicle navigation systems: the rotational variation metric. IEEE Intelligent Transportation Systems, Oakland, CA, USA, IEEE,2001:33－38.

[29] 张维,王忠,薛晓娜. 确定性值地图匹配算法的改进[J]. 四川大学学报,2009,46(1):52－56.

[30] 张其善,吴今培,杨东凯. 智能车辆导航定位系统及其应用[D]. 北京:科学出版社,2002:163—174.

[31] 丁露,陈家斌,张丽华. 拓扑结构/模糊逻辑的车载导航系统地图匹配算法[J]. 火力与指挥控制,2008,33(6):52－54.

[32] 沈雪松. 城市车辆导航系统定位精度提高与工程化研究[D]. 南京:南京航空航天大学,2005.

[33] 迟铁军,高鹏. 国外智能交通系统发展状况分析及对我国的启示[J]. 黑龙江交通科技,2009(2):111－114.

[34] 李新佳. 欧洲智能交通建设情况及启发[J]. 城市交通,2004,2(2):58－62.

[35] 杜宏川. 我国智能交通系统发展现状与对策分析[J]. 吉林交通科技,2009(1):60－63.

[36] Piccolo A, Longo M, Orio D, et al. Intelligent transportation systems with 2.5 and 3 G mobile networks. Recent Advances in Computers, Computing and Communications, 2002, 473－475.

[37] 熊彗. 应用蓝牙技术的车辆导航系统研究[D]. 南京:京航空航天大学,2003.

[38] 杨新勇,黄圣国. 智能磁航向传感器的研制及误差补偿算法分析[J]. 北京航空航天大学学报,2004,30(3):244－248.

[39] 曾庆化,刘建业,等. 三维捷联磁传感器模拟器的研究与实现[J]. 传感器技术,2004,23(2):7－32.

[40] 熊剑,刘建业等. 数字磁罗盘的研制[J]. 传感器技术,2004,23(8):6－52.

[41] 熊剑. 三维捷联式数字磁罗盘仿真系统及实现算法研究[D]. 南京:京航空航天大学,2004.

[42] 蔡成仁. 航空无线电[M]. 北京:科学出版社,1992:379－400.

[43] 王世远. 21 世纪船舶集成导航系统[J]. 中国航海,2003,(54):1－6.

[44] 陶志刚. 航海仪器[M]. 北京:人民交通出版社,2002.

[45] 王视环. 蜂窝网与 GPS 相结合的手机混合定位技术——GPSOne[J]. 信息与电子工程，2004,2(3):238-240.

[46] Thedore S Stamoulakatos. A Network Architecture To Obtain Traffic Information for Location Based Service Application[C]// 7th International Conference on Telecommunications. Zagreb(Croatia):IEEE，2003：197-204.

[47] 赵文浩. 基于 GSM 网络的 GPS/DR 车辆导航与监控系统的研究[D]. 南京:南京航空航天大学,2002.

[48] 林雪原,张立民,刘建业,等. 基于 RDSS 辅助的 Doppler/SINS 组合导航系统研究[J]. 中国空间科学技术,2004,24(1):20-25.

第5章　卡尔曼滤波技术及其在导航系统中的应用

随着科学技术的发展，目前已有各种适用于航行载体的导航系统，它们各自都有其优点和特色，但同时也有其固有的不足之处。例如，捷联惯性导航系统（SINS）和卫星全球定位系统（GPS）是常见的两种导航系统。它们都存在自身不可避免的缺点，其中SINS有导航误差积累问题，GPS信号容易受到遮蔽和干扰等。将载体上安装的几种导航系统组合起来，构成组合导航系统，能达到取长补短、综合发挥各导航系统优点的目的，同时能提高导航信息精度，更好地满足载体对导航系统的要求。

数据融合技术是组合导航系统的关键技术之一。20世纪60年代以前，数据融合一般采用频率滤波或古典自动控制校正方法，具体的形式是环节校正。60年代以后，数据融合开始采用卡尔曼滤波（Kalman Filter，KF）技术。卡尔曼滤波估计方法是一种最小方差估计，利用卡尔曼滤波对组合导航数据进行融合的方法常称为组合导航最优滤波方法。在组合导航系统中，一般采用卡尔曼滤波技术去估计导航系统的各种误差（称为误差状态），再用误差状态的估值去校正系统，达到组合导航的目的。

一般情况下导航系统的误差方程并不是线性方程，当采用卡尔曼滤波技术时，须将误差方程线性化处理，当然这样的处理只是一种近似处理，须满足一定的条件。当系统中出现难以线性化的非线性环节时，卡尔曼滤波不方便直接处理。从20世纪90年代开始，非线性滤波理论得到较快的发展，其中扩展卡尔曼滤波（Extended Kalman Filter，EKF）、无味卡尔曼滤波（Unscented Kalman Filter，UKF）、粒子滤波（Particle Filter，PF）等非线性滤波理论得到进一步的发展和完善，成为卡尔曼滤波理论的有益补充。本章将以卡尔曼滤波为主，对估计滤波技术进行简要介绍和分析，并结合组合导航的特点，阐述这些理论的特点及其在组合导航系统中的应用。

5.1　卡尔曼滤波技术

所谓滤波就是把信号里面的污染噪声尽可能地去掉，从而获取所需的信号。在工程技术问题中，为获取工程对象（系统）各个物理量（状态）的实际数据，须要利用测量手段对系统的可测状态进行量测。量测值可能仅是系统的部分状态或部分状态的线性组合，且量测值中含有随机误差（常称为量测噪声）。1960年，美国工程师R. E. Kalman提出的卡尔曼滤波理论就是针对上述问题的一种解决方法。它能将仅与部分状态有关的量测值进行处理，得出从某种统计意义上估计误差最小的更多（或全部）状态的估值。

卡尔曼滤波是一种最优估计技术,它的目标是估计误差方差最小,且针对线性随机系统设计,所以也被称为线性最小方差估计。由于它采用递推计算方式,适合在计算机上在线计算,因此卡尔曼滤波一经提出,很快就在工程技术中得到广泛应用。本节主要介绍卡尔曼滤波的基本原理及其在组合导航中的应用方法和特点,同时对卡尔曼滤波的稳定性、可观性、仿真方法等方面进行了简要的分析与介绍。

5.1.1 卡尔曼滤波理论和特性

卡尔曼滤波是一种线性最小方差估计方法,它不但考虑信号与观测值的基本统计特性,而且用到系统的状态空间描述。在导航系统中,滤波通常采用导航计算机实现,卡尔曼滤波的应用主要采用离散递推的表达形式。本节首先介绍基于最小方差估计准则的最优滤波概念,在此基础上给出卡尔曼滤波的离散递推公式,其次介绍卡尔曼滤波的应用条件及其使用的局限性。

1. 最优估计与卡尔曼滤波

所谓估计(统计估计)是根据已获取的不同时刻观测序列获取某个时刻矢量 $\boldsymbol{X}$ 的估值。根据不同的估计准则和估计计算方法,有很多不同种类的估计方法。其中,估计误差方差最小是估计准则之一,最小方差估计的准则是估计的均方误差最小,即

$$E\{[\boldsymbol{X}-\hat{\boldsymbol{X}}(\boldsymbol{Z})][\boldsymbol{X}-\hat{\boldsymbol{X}}(\boldsymbol{Z})]^{\mathrm{T}}\} \leqslant E\{[\boldsymbol{X}-\boldsymbol{r}(\boldsymbol{Z})][\boldsymbol{X}-\boldsymbol{r}(\boldsymbol{Z})]^{\mathrm{T}}\} \tag{5.1}$$

式中,$\boldsymbol{X}$ 为系统的 n 维随机状态向量;$\boldsymbol{Z}$ 为 m 维随机量测向量;$\hat{\boldsymbol{X}}(\boldsymbol{Z})$ 为用 $\boldsymbol{Z}$ 计算得到的 $\boldsymbol{X}$ 的最小方差估值;$\boldsymbol{X}-\hat{\boldsymbol{X}}(\boldsymbol{Z})$ 即为估计误差(或称残差 $\widetilde{\boldsymbol{X}}$),即

$$\widetilde{\boldsymbol{X}}=\boldsymbol{X}-\hat{\boldsymbol{X}}(\boldsymbol{Z}) \tag{5.2}$$

$E\{\cdot\}$ 是对 $\{\cdot\}$ 取均值的符号,$E\{\widetilde{\boldsymbol{X}}\widetilde{\boldsymbol{X}}^{\mathrm{T}}\}$ 为估计均方误差阵;$\boldsymbol{r}(\boldsymbol{Z})$ 为根据其他估计方法用 $\boldsymbol{Z}$ 计算得到的 $\boldsymbol{X}$ 的估值。式(5.1)表明,最小方差估计的均方误差小于或等于其他估计的均方误差。由于最小方差估计具有无偏性质,即它的估计误差 $\widetilde{\boldsymbol{X}}$ 的均值为零,即

$$E\{\boldsymbol{X}-\hat{\boldsymbol{X}}(\boldsymbol{Z})\}=E\{\widetilde{\boldsymbol{X}}\}=0 \tag{5.3}$$

这样,估计的均方误差就是估计误差的方差,即

$$E\{\widetilde{\boldsymbol{X}}\widetilde{\boldsymbol{X}}^{\mathrm{T}}\}=E\{[\widetilde{\boldsymbol{X}}-E(\widetilde{\boldsymbol{X}})][\widetilde{\boldsymbol{X}}-E(\widetilde{\boldsymbol{X}})]^{\mathrm{T}}\} \tag{5.4}$$

因此最小方差估计不但使估值 $\hat{\boldsymbol{X}}(\boldsymbol{Z})$ 的均方误差最小,而且这种最小的均方误差就是 $\hat{\boldsymbol{X}}(\boldsymbol{Z})$ 的误差方差,这也是此种估计称为最小方差估计的原因。为求得 $\boldsymbol{X}$ 的最小方差估计,须要得到 $\boldsymbol{X}$ 的条件概率密度。对工程对象而言,系统状态的各种条件概率密度不容易统计得到,因此这种估计方法的应用范围受到一定的限制。

将估值 $\hat{\boldsymbol{X}}$ 规定为量测向量 $\boldsymbol{Z}$ 的线性函数,即

$$\hat{\boldsymbol{X}}=\boldsymbol{A}\boldsymbol{Z}+\boldsymbol{b} \tag{5.5}$$

式中,$\boldsymbol{A}$ 和 $\boldsymbol{b}$ 分别是$(n\times m)$阶和 n 维的矩阵和向量。若 $\boldsymbol{A}$ 值和 $\boldsymbol{b}$ 值仍然按式(5.1)的准则选择,则这样的估计方法称为线性最小方差估计。可以证明,这种估计只须要知道被估计值 $\boldsymbol{X}$ 和量测值 $\boldsymbol{Z}$ 的一、二阶统计特性。

卡尔曼滤波是一种递推线性最小方差估计,它的估计准则仍是式(5.1);它的估值同样是量测值的线性函数,符合式(5.5);只要包括初始估值在内的滤波器初值选择正确,它的估值具有无偏的特性,符合式(5.3)。但在计算方法上采用递推形式,即在以前时刻估值的基础上,根据 t 时刻的量测值 $\boldsymbol{Z}(t)$,递推得到 t 时刻的状态估值 $\hat{\boldsymbol{X}}(t)$。由于以前时刻估值是根据该时刻以前的量测值得到,所以按这种递推算法得到的估值 $\hat{\boldsymbol{X}}(t)$,也可以说是综合利用 t 时刻及以前的所有量测信息。而且一次仅处理一个时刻的量测值,使计算量大大减少。因为卡尔曼滤波是利用线性状态方程和量测方程描述系统状态量和量测值,所以它主要适用于线性动态系统。

2. 线性离散卡尔曼滤波方程

虽然工程对象一般都是连续系统,但考虑到计算机的实现方式,常用离散化模型描述系统,离散卡尔曼滤波方程是最常用的方式。本节所提到的离散系统就是用离散化后的差分方程描述的连续系统。设离散化后的系统状态方程和量测方程分别为

$$\boldsymbol{X}_k=\boldsymbol{\Phi}_{k,k-1}\boldsymbol{X}_{k-1}+\boldsymbol{\Gamma}_{k-1}\boldsymbol{W}_{k-1} \tag{5.6}$$

$$\boldsymbol{Z}_k=\boldsymbol{H}_k\boldsymbol{X}_k+\boldsymbol{V}_k \tag{5.7}$$

式中,$\boldsymbol{X}_k$ 为 k 时刻的 n 维状态向量,也是被估计向量;$\boldsymbol{Z}_k$ 为 k 时刻的 m 维量测向量;$\boldsymbol{\Phi}_{k,k-1}$ 为 $k-1$ 到 k 时刻的系统一步转移矩阵($n\times n$ 阶);$\boldsymbol{W}_{k-1}$ 为 $k-1$ 时刻的系统噪声(r 维);$\boldsymbol{\Gamma}_{k-1}$ 为系统噪声矩阵($n\times r$ 阶),它表征由 $k-1$ 到 k 时刻的各个系统噪声分别影响 k 时刻各个状态的程度;$\boldsymbol{H}_k$ 为 k 时刻的量测矩阵($m\times n$ 阶);$\boldsymbol{V}_k$ 为 k 时刻的 m 维量测噪声。卡尔曼滤波要求 $\{\boldsymbol{W}_k\}$ 和 $\{\boldsymbol{V}_k\}$ 是互不相关的零均值的白噪声序列,即

$$E\{\boldsymbol{W}_k\boldsymbol{W}_j^{\mathrm{T}}\}=\boldsymbol{Q}_k\delta_{kj} \tag{5.8}$$

$$E\{\boldsymbol{V}_k\boldsymbol{V}_j^{\mathrm{T}}\}=\boldsymbol{R}_k\delta_{kj} \tag{5.9}$$

$\boldsymbol{Q}_k$ 和 $\boldsymbol{R}_k$ 分别称为系统噪声和量测噪声的方差矩阵,在卡尔曼滤波中要求它们分别是已知值的非负定阵和正定阵;δ_{kj} 是 Kronecker 函数,即

$$\delta_{kj}=\begin{cases}0, & k\neq j\\ 1, & k=j\end{cases} \tag{5.10}$$

初始状态的一、二阶统计特性为

$$E\{\boldsymbol{X}_0\}=\boldsymbol{m}_{X_0},\quad \mathrm{Var}\{\boldsymbol{X}_0\}=\boldsymbol{C}_{X_0} \tag{5.11}$$

式中,$\mathrm{Var}\{\cdot\}$ 为对 $\{\cdot\}$ 求方差的符号。卡尔曼滤波要求 $\boldsymbol{m}_{X_0}$ 和 $\boldsymbol{C}_{X_0}$ 为已知量,且要求 $\boldsymbol{X}_0$ 与 $\{\boldsymbol{W}_k\}$ 以及 $\{\boldsymbol{V}_k\}$ 都不相关。

离散系统的卡尔曼滤波方程的推导方法很多,有的简单易于理解,但数学上不太严格,如最优加权平均法;有的数学意义上十分严格,但方法比较抽象难以理解,如状态空间法。根据

前面的说明,可以看出卡尔曼滤波是一种基于误差方差最小准则的递推线性最小方差估计算法。由于卡尔曼滤波技术比较成熟,且卡尔曼滤波公式的推导比较复杂[1],这里直接给出满足以上条件的离散卡尔曼滤波方程。

状态一步预测方程:

$$\hat{\boldsymbol{X}}_{k|k-1} = \boldsymbol{\Phi}_{k,k-1}\hat{\boldsymbol{X}}_{k-1|k-1} \tag{5.12}$$

状态估值方程:

$$\hat{\boldsymbol{X}}_{k|k} = \hat{\boldsymbol{X}}_{k|k-1} + \boldsymbol{K}_k(\boldsymbol{Z}_k - \boldsymbol{H}_k\hat{\boldsymbol{X}}_{k|k-1}) \tag{5.13}$$

滤波增益方程:

$$\boldsymbol{K}_k = \boldsymbol{P}_{k|k-1}\boldsymbol{H}_k^{\mathrm{T}}(\boldsymbol{H}_k\boldsymbol{P}_{k|k-1}\boldsymbol{H}_k^{\mathrm{T}} + \boldsymbol{R}_k)^{-1} \tag{5.14}$$

一步预测均方误差方程:

$$\boldsymbol{P}_{k|k-1} = \boldsymbol{\Phi}_{k,k-1}\boldsymbol{P}_{k-1}\boldsymbol{\Phi}_{k,k-1}^{\mathrm{T}} + \boldsymbol{\Gamma}_{k-1}\boldsymbol{Q}_{k-1}\boldsymbol{\Gamma}_{k-1}^{\mathrm{T}} \tag{5.15}$$

估计均方误差方程:

$$\boldsymbol{P}_{k|k} = (\boldsymbol{I} - \boldsymbol{K}_k\boldsymbol{H}_k)\boldsymbol{P}_{k|k-1}(\boldsymbol{I} - \boldsymbol{K}_k\boldsymbol{H}_k)^{\mathrm{T}} + \boldsymbol{K}_k\boldsymbol{R}_k\boldsymbol{K}_k^{\mathrm{T}} \tag{5.16}$$

或

$$\boldsymbol{P}_{k|k} = (\boldsymbol{I} - \boldsymbol{K}_k\boldsymbol{H}_k)\boldsymbol{P}_{k|k-1} \tag{5.17}$$

其中,式(5.12)和式(5.15)又称为时间修正方程,其他 3 个方程又称为量测修正方程。有时习惯上对滤波估计值符号给出简化定义:$\hat{\boldsymbol{X}}_k \xlongequal{\text{def}} \hat{\boldsymbol{X}}_{k|k}$,$\boldsymbol{P}_k \xlongequal{\text{def}} \boldsymbol{P}_{k|k}$,在本章的部分内容中,有的地方也用到这种简化符号。对于使用计算机采用数字化的方式实现的卡尔曼滤波算法,卡尔曼滤波器可以理解为解算以上滤波方程以得到估值的计算工具(计算机及相关软件算法)。下面分别介绍各符号及滤波方程的物理意义。

① 状态一步预测方程。$\hat{\boldsymbol{X}}_{k-1}$ 是状态 $\boldsymbol{X}_{k-1}$ 的卡尔曼滤波估值;$\hat{\boldsymbol{X}}_{k|k-1}$ 是利用 $\hat{\boldsymbol{X}}_{k-1}$ 计算得到的对 $\boldsymbol{X}_k$ 的一步预测。

② 状态估值计算方程。式(5.13)是计算估值 $\hat{\boldsymbol{X}}_{k|k}$ 的方程。它是在一步预测 $\hat{\boldsymbol{X}}_{k|k-1}$ 的基础上,根据量测值 $\boldsymbol{Z}_k$ 计算得到的。

③ 滤波增益方程。$\boldsymbol{K}_k$ 选取的标准就是卡尔曼滤波的估计准则,也就是使估值 $\hat{\boldsymbol{X}}_{k|k}$ 的均方误差阵最小。

④ 一步预测均方误差方程。式(5.15)中 $\boldsymbol{P}_{k|k-1}$ 为估值 $\hat{\boldsymbol{X}}_{k|k-1}$ 的均方误差阵,即定义为

$$\boldsymbol{P}_{k|k-1} \xlongequal{\text{def}} E\{\tilde{\boldsymbol{X}}_{k|k-1}\tilde{\boldsymbol{X}}_{k|k-1}^{\mathrm{T}}\} \tag{5.18}$$

⑤ 估计均方误差方程。式(5.16)和式(5.17)都是计算 $\boldsymbol{P}_{k|k}$ 的方程。式(5.17)的计算量小,但在计算机有舍入误差的条件下,不能始终保证计算后 $\boldsymbol{P}_{k|k}$ 的对称性。而式(5.16)可以确保所计算的 $\boldsymbol{P}_{k|k}$ 具有对称性,因此常用式(5.16)。

⑥ 初值的确定。在滤波开始时刻,必须有初始值 $\hat{\boldsymbol{X}}_{0|0}$ 和 $\boldsymbol{P}_{0|0}$ 才能进行,所以 $\hat{\boldsymbol{X}}_{0|0}$ 和 $\boldsymbol{P}_{0|0}$ 必须选择给定。可以证明,为保证估值的无偏性,应选择

$$\hat{\boldsymbol{X}}_{0|0}=E\{\boldsymbol{X}_0\}=\boldsymbol{m}_{X_0} \tag{5.19}$$

从而有

$$\boldsymbol{P}_{0|0}=E\{(\boldsymbol{X}_0-\hat{\boldsymbol{X}}_{0|0})(\boldsymbol{X}_0-\hat{\boldsymbol{X}}_{0|0})^{\mathrm{T}}\}=E\{(\boldsymbol{X}_0-\boldsymbol{m}_{X_0})(\boldsymbol{X}_0-\boldsymbol{m}_{X_0})^{\mathrm{T}}\}=\mathrm{Var}\{\boldsymbol{X}_0\}=\boldsymbol{C}_{X_0} \tag{5.20}$$

这样，才能保证估计均方误差阵 $\boldsymbol{P}_k(k=1,2,3,\cdots)$ 始终最小。由于上述初值选择条件比较苛刻，有时可以适当放松选择条件，对滤波的结果影响不大，相关内容将在本章后面加以讨论。

3. 卡尔曼滤波的性质与应用条件

卡尔曼滤波的最突出的优点是它的“递推性”和“实时性”，但它的应用有时受到一定限制。当应用条件与卡尔曼滤波推导过程中所涉及的假设条件和初始条件不相符时，滤波效果将受到影响，甚至无法正常使用。

下面给出在工程实践中应用卡尔曼滤波受到的一些常见限制条件。

① 模型问题。卡尔曼滤波要求系统状态和观测量数学模型已知，但对于许多实际问题，精确给出这些模型很难办到。一方面须要建立尽可能精确的数学模型，从而获得更好的滤波结果，另一方面卡尔曼滤波对系统模型的偏差也有一定的鲁棒性。

② 初始条件问题。卡尔曼滤波要求给出状态量的初始值及初始方差阵，初始值对滤波性能有时有一定的影响，比如能影响收敛时间的快慢。总体来说，对于一般的稳定系统，初值对 KF 滤波结果没什么影响。

③ 滤波误差协方差的退化问题。卡尔曼滤波理论决定了 $\boldsymbol{P}_{k|k}$ 阵是对称正定阵，而实际上，由于计算机的舍入误差、截断误差等计算误差往往破坏了 $\boldsymbol{P}_{k|k}$ 阵的对称性和正定性。

④ 噪声性质问题。卡尔曼滤波要求动态噪声序列 $\{\boldsymbol{W}_{k-1}\}$ 和观测噪声序列 $\{\boldsymbol{V}_k\}$ 是高斯白噪声序列，而实际上遇到的噪声往往是有色噪声。在卡尔曼滤波过程中，须要建立符合实际情况的噪声模型，对于有色噪声一般要进行适当处理，如采用状态扩展法处理状态量的有色噪声。

⑤ 实时能力问题。提高实时能力就是设法减少计算机负担，以避免滤波受计算机运算速度和存储量的影响而不能实时处理。一般情况下，卡尔曼滤波计算时间 T 约与状态维数三次方（n^3）成正比，存储量 S 约与状态维数二次方（n^2）成正比。尤其是高维系统，如果卡尔曼滤波缺乏实时能力，那么滤波就没有任何实用价值。

对上述限制因素，到目前为止已经有许多改进和提高的方法。这些方法促进了卡尔曼滤波的推广应用，使该滤波技术在军事、控制、通信等领域得到广泛应用。同时卡尔曼滤波技术还随着其他理论和技术的发展而不断地得到完善和提高。

5.1.2　卡尔曼滤波器在组合导航系统中的应用特点

针对采用两个及以上的导航系统构成的组合导航系统，应用卡尔曼滤波器时有一些普遍的特点，分析和了解这些特点对正确应用好卡尔曼滤波器有重要的意义。本节首先分析应用卡尔曼滤波器时的系统动态方程形式，即直接法和间接法；然后再分析间接法估计时的两种校正控制模式，即输出校正和反馈校正，由此得到的一些结论可以直接在组合导航系统设计时引用。

1. 直接法估计和间接法估计

根据组合导航系统卡尔曼滤波器状态选取和结构设计的不同，估计方法分直接法和间接法两种。直接法直接以各种导航参数 $\boldsymbol{Y}$（例如经纬度 λ, L，地理速度 $V_{\mathrm{E}}, V_{\mathrm{N}}, V_{\mathrm{Z}}$ 等）为主要状态，滤波器估值的主要部分就是导航输出参数估值 $\hat{\boldsymbol{Y}}$。间接法以组合导航系统中某一种导航系统（常采用惯性导航系统）输出的导航参数 $\boldsymbol{Y}_{\mathrm{I}}$ 的误差 $\boldsymbol{X}$（例如位置误差、速度误差等）为滤波器主要状态量，其中 $\boldsymbol{X} \overset{\text{def}}{=\!=} \Delta \boldsymbol{Y}$ 为导航误差的常用表示符号。滤波器估值的主要部分就是导航参数误差估值 $\hat{\boldsymbol{X}}$，然后用 $\hat{\boldsymbol{X}}$ 去校正 $\boldsymbol{Y}_{\mathrm{I}}$。

利用直接法进行估计时，系统方程和量测方程可能是线性，也可能是非线性。对于导航系统，利用间接法进行估计时，通常情况下系统方程的状态量主要是导航参数的误差量。由于误差通常为小量，一阶近似的线性方程一般就能精确地描述导航参数误差的规律，所以间接法的系统方程和量测方程一般都是线性方程。

在使用间接法估计时，所谓“系统”实际就是导航系统的各种误差的“组合体”，它不参与原导航系统的计算流程（对惯性导航系统而言就是力学编排方程计算过程），所以基于卡尔曼滤波的误差估计过程是与原导航系统无关的独立计算过程。对原导航系统而言，除接收基于卡尔曼滤波的误差估值的校正外，导航系统能保持其工作的独立性，这使得间接法能充分发挥各个系统的特点。例如，当惯性 / 卫星组合导航滤波器采用间接法时，惯性导航系统具有较高输出更新频率的特点仍能充分发挥出来。所以组合导航系统的滤波器常采用间接法实现，本书相关的讨论也都是针对采用间接法的组合导航系统。

间接法估计的状态都是误差状态，即滤波方程中的状态向量是上述导航参数误差状态 $\boldsymbol{X}$ 和其他误差状态的集合（仍用 $\boldsymbol{X}$ 表示）。利用状态估值 $\hat{\boldsymbol{X}}$ 去对原系统进行校正也有两种方法，即输出校正和反馈校正。

2. 间接法估计时的输出校正法

以惯性导航系统和其他某一种导航系统组合为例，间接法的组合导航卡尔曼滤波器将惯性导航系统和其他导航系统各自计算的某些导航参数(分别用 $\boldsymbol{Y}_{\mathrm{I}}$ 和 $\boldsymbol{Y}_{\mathrm{N}}$ 表示)进行比较,其差值就包含惯性导航某些导航参数误差 $\boldsymbol{X}_{\mathrm{I}}$ 和其他导航系统的误差 $\boldsymbol{X}_{\mathrm{N}}$,即

$$\boldsymbol{Y}_{\mathrm{I}}-\boldsymbol{Y}_{\mathrm{N}}=(\boldsymbol{Y}+\Delta\boldsymbol{Y}_{\mathrm{I}})-(\boldsymbol{Y}+\Delta\boldsymbol{Y}_{\mathrm{N}})=\Delta\boldsymbol{Y}_{\mathrm{I}}-\Delta\boldsymbol{Y}_{\mathrm{N}}=\boldsymbol{X}_{\mathrm{I}}-\boldsymbol{X}_{\mathrm{N}} \tag{5.21}$$

滤波器将这种差值作为量测值,经过滤波计算,得到滤波器状态(也即包括 $\boldsymbol{X}_{\mathrm{I}}$ 和 $\boldsymbol{X}_{\mathrm{N}}$ 在内的各种误差状态)的估值。

所谓输出校正,就是用导航参数误差的估值 $\hat{\boldsymbol{X}}$ 去校正系统输出的导航参数,得到组合导航系统的导航参数估值 $\hat{\boldsymbol{Y}}$(经过校正后的系统导航参数值,见图 5.1),即

$$\hat{\boldsymbol{Y}}=\boldsymbol{Y}_{\mathrm{I}}-\Delta\hat{\boldsymbol{Y}}_{\mathrm{I}}=\boldsymbol{Y}_{\mathrm{I}}-\hat{\boldsymbol{X}}_{\mathrm{I}} \tag{5.22}$$

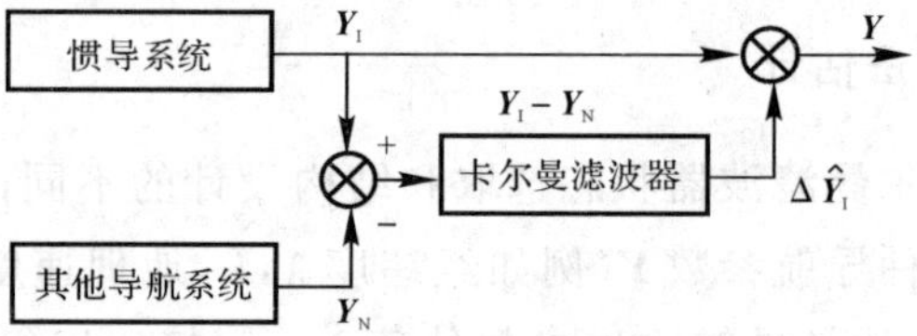

图 5.1 输出校正的滤波示意图

定义 $\hat{\boldsymbol{Y}}$ 的估计误差 $\tilde{\boldsymbol{Y}}$(即经过校正后的系统导航参数误差)为

$$\tilde{\boldsymbol{Y}}=\boldsymbol{Y}-\hat{\boldsymbol{Y}} \tag{5.23}$$

把式(5.22)代入式(5.23),则

$$\tilde{\boldsymbol{Y}}=\boldsymbol{Y}-(\boldsymbol{Y}_{\mathrm{I}}-\Delta\hat{\boldsymbol{Y}}_{\mathrm{I}})=\boldsymbol{Y}-(\boldsymbol{Y}+\Delta\boldsymbol{Y}_{\mathrm{I}})+\Delta\hat{\boldsymbol{Y}}_{\mathrm{I}}=\Delta\hat{\boldsymbol{Y}}_{\mathrm{I}}-\Delta\boldsymbol{Y}_{\mathrm{I}}=\hat{\boldsymbol{X}}_{\mathrm{I}}-\boldsymbol{X}_{\mathrm{I}}\overset{\text{def}}{=\!=\!=}-\tilde{\boldsymbol{X}}_{\mathrm{I}} \tag{5.24}$$

即组合导航系统的导航参数 $\hat{\boldsymbol{Y}}$ 的误差 $\tilde{\boldsymbol{Y}}$ 就是惯性导航系统导航参数误差估值 $\hat{\boldsymbol{X}}_{\mathrm{I}}$ 的估计误差 $\tilde{\boldsymbol{X}}_{I}$。式(5.24)中的负号是估计误差的定义(真值减估值)与导航参数误差的定义(惯性导航输出的导航参数值减真值)不同所致。

在组合导航间接滤波中,无论是输出校正还是反馈校正,卡尔曼滤波的状态量(一般用 $\boldsymbol{X}$ 表示)是惯性导航输出参数(以上用 $\boldsymbol{Y}$ 表示)的误差量,在下面讨论的所有间接滤波的卡尔曼滤波校正算法中都须要注意这一点。在开环卡尔曼滤波校正算法中,其基本滤波方程就是上面给出的式(5.12)~式(5.17)。用滤波估计 $\hat{\boldsymbol{X}}_{k|k}$ 对系统进行校正,这是一种理想的情况。由于卡尔曼滤波的计算需要一定的时间,因而 $\hat{\boldsymbol{X}}_{k}$ 不可能实时得到。所以工程实现上,校正 $\boldsymbol{X}_{k+1}$ 状态的量可以是 $\hat{\boldsymbol{X}}_{k+1|k}$,即用预测估计对系统进行开环校正。若系统状态方程为

$$\boldsymbol{X}_{k+1}=\boldsymbol{\Phi}_{k+1|k}\boldsymbol{X}_{k}+\boldsymbol{W}_{k} \tag{5.25}$$

则用 $\hat{\boldsymbol{X}}_{k+1|k}$ 开环校正后的系统残差为

$$\tilde{\boldsymbol{X}}_{k+1}=\boldsymbol{X}_{k+1}-\hat{\boldsymbol{X}}_{k+1|k}=\boldsymbol{\Phi}_{k+1|k}\boldsymbol{X}_{k}+\boldsymbol{W}_{k}-\hat{\boldsymbol{X}}_{k+1|k} \tag{5.26}$$

稍作整理,可得

$$\tilde{\boldsymbol{X}}_{k+1}=\boldsymbol{X}_{k+1}-\hat{\boldsymbol{X}}_{k+1|k}=\boldsymbol{\Phi}_{k+1|k}[\boldsymbol{I}-\boldsymbol{K}_{k}\boldsymbol{H}_{k}]\tilde{\boldsymbol{X}}_{k}-\boldsymbol{\Phi}_{k+1,k}\boldsymbol{K}_{k}\boldsymbol{V}_{k}+\boldsymbol{W}_{k} \tag{5.27}$$

显然,残差 $\tilde{\boldsymbol{X}}_{k+1}$ 就是开环校正后的系统误差,也是卡尔曼滤波器的预测估计误差。按式

(5.18) 的定义，卡尔曼滤波预测估计的协方差阵可用来描述预测估计对系统进行开环校正后的精度。

3. 间接法估计时的反馈校正法

采用反馈校正的间接法估计是将惯性导航系统导航参数误差 $\boldsymbol{X}$ 的估值 $\hat{\boldsymbol{X}}$ 反馈到惯性导航系统内，对误差状态进行校正[2]。反馈校正的滤波见图 5.2。在一般情况下，反馈校正须要对各中间过程进行反馈修正，不失一般性，下面以带有控制项的卡尔曼滤波模型为例展开讨论。

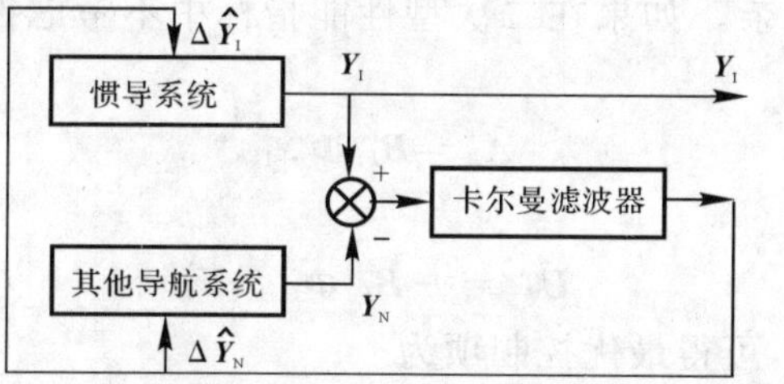

图 5.2　反馈校正的滤波示意图

具有反馈校正控制的系统状态方程和量测方程为

$$\left.\begin{aligned}\boldsymbol{X}_{k+1} &= \boldsymbol{\Phi}_{k+1,k}\boldsymbol{X}_k + \boldsymbol{B}_k\boldsymbol{U}_k + \boldsymbol{W}_k \\ \boldsymbol{Z}_{k+1} &= \boldsymbol{H}_{k+1}\boldsymbol{X}_{k+1} + \boldsymbol{V}_{k+1}\end{aligned}\right\} \tag{5.28}$$

与输出(开环) 校正控制的状态和测量方程相比，仅在状态方程中增加控制项 $\boldsymbol{B}_k\boldsymbol{U}_k$，其中 $\boldsymbol{U}_k$ 是控制矢量，$\boldsymbol{B}_k$ 是控制矢量系数矩阵。而对应的闭环卡尔曼滤波方程为

$$\left.\begin{aligned}\hat{\boldsymbol{X}}_{k|k-1} &= \boldsymbol{\Phi}_{k,k-1}\hat{\boldsymbol{X}}_{k-1|k-1} + \boldsymbol{B}_{k-1}\boldsymbol{U}_{k-1} \\ \hat{\boldsymbol{X}}_{k|k} &= \hat{\boldsymbol{X}}_{k|k-1} + \boldsymbol{K}_k[\boldsymbol{Z}_k - \boldsymbol{H}_k\hat{\boldsymbol{X}}_{k|k-1}] \\ \boldsymbol{K}_k &= \boldsymbol{P}_{k|k-1}\boldsymbol{H}_k^{\mathrm{T}}[\boldsymbol{H}_k\boldsymbol{P}_{k|k-1}\boldsymbol{H}_k^{\mathrm{T}} + \boldsymbol{R}_k]^{-1} \\ \boldsymbol{P}_{k|k-1} &= \boldsymbol{\Phi}_{k,k-1}\boldsymbol{P}_{k-1}\boldsymbol{\Phi}_{k,k-1}^{\mathrm{T}} + \boldsymbol{Q}_{k-1} \\ \boldsymbol{P}_k &= [\boldsymbol{I} - \boldsymbol{K}_k\boldsymbol{H}_k]\boldsymbol{P}_{k|k-1}\end{aligned}\right\} \tag{5.29}$$

与输出(开环) 校正控制的卡尔曼滤波方程相比，闭环卡尔曼滤波在预测估计公式(第一个公式) 中多一项控制项 $\boldsymbol{B}_{k-1}\boldsymbol{U}_{k-1}$，其他方程和开环应用时的卡尔曼滤波方程形式相同。考虑系统的反馈校正控制，由于组合导航系统是随机系统，因此可应用分离定理设计最优控制律。最后，用状态估计值作为最优控制中的已知状态，使系统整体的性能最优。

考虑最优控制时，通常对系统设置二次型的最优性能指标，由此推导出系统最优控制规律。对于本节考虑的反馈控制方式，设置二次型的最优性能指标为

$$J_{\mathrm{N}} = E\left\{\sum_{k=0}^{N-1}[\boldsymbol{X}_k^{\mathrm{T}}\boldsymbol{Q}_k^0\boldsymbol{X}_k + \boldsymbol{U}_k^{\mathrm{T}}\boldsymbol{R}_k^0\boldsymbol{U}_k] + \boldsymbol{X}_{\mathrm{N}}^{\mathrm{T}}\boldsymbol{S}\boldsymbol{X}_{\mathrm{N}}\right\} \tag{5.30}$$

式中,$\boldsymbol{Q}_K^0$,$\boldsymbol{R}_k^0$,$\boldsymbol{S}$为加权阵;$\boldsymbol{X}_k^{\mathrm{T}}\boldsymbol{Q}_k^0\boldsymbol{X}_k$为控制过程中的误差;$\boldsymbol{U}_k^{\mathrm{T}}\boldsymbol{R}_k^0\boldsymbol{U}_k$为控制能量;$\boldsymbol{X}_{\mathrm{N}}^{\mathrm{T}}\boldsymbol{S}\boldsymbol{X}_{\mathrm{N}}$为终端误差。用动态规划的方法可以求得使$J_N$最小的最优控制为

$$\boldsymbol{U}_k^* = -\boldsymbol{A}_k\boldsymbol{X}_k \tag{5.31}$$

式中

$$\boldsymbol{A}_k = [\boldsymbol{R}_k^0 + \boldsymbol{B}_k^{\mathrm{T}}\boldsymbol{P}_{k+1}^0\boldsymbol{B}_k]^{-1}\boldsymbol{B}_k^{\mathrm{T}}\boldsymbol{P}_{k+1}^0\boldsymbol{\Phi}_{k+1,k} \tag{5.32}$$

且$\boldsymbol{P}_k^0$须满足下列离散形式的Riccati方程,即

$$\boldsymbol{P}_k^0 = \boldsymbol{Q}_k^0 + \boldsymbol{\Phi}_{k+1}^{\mathrm{T}}\boldsymbol{P}_{k+1}^0\boldsymbol{\Phi}_{k+1,k} - \boldsymbol{\Phi}_{k+1}^{\mathrm{T}}\boldsymbol{P}_{k+1}^0\boldsymbol{B}_k[\boldsymbol{R}_k^0 + \boldsymbol{B}_k^{\mathrm{T}}\boldsymbol{P}_{k+1}^0\boldsymbol{B}_k]^{-1}\boldsymbol{B}_k^{\mathrm{T}}\boldsymbol{P}_{k+1}^0\boldsymbol{\Phi}_{k+1,k} \tag{5.33}$$

显然以上的控制律比较复杂。如果在二次型性能指标中不考虑控制能量,即取$\boldsymbol{R}_k^0=0$,则式(5.32)化简为

$$\boldsymbol{A}_k = \boldsymbol{B}_k^{-1}\boldsymbol{\Phi}_{k+1,k} \tag{5.34}$$

代入式(5.31),得

$$\boldsymbol{U}_k^* = -\boldsymbol{B}_k^{-1}\boldsymbol{\Phi}_{k+1,k}\boldsymbol{X}_k \tag{5.35}$$

用估计值$\hat{\boldsymbol{X}}_k$代替状态$\boldsymbol{X}_k$,可得最优控制项为

$$\boldsymbol{U}_k^* = -\boldsymbol{B}_k^{-1}\boldsymbol{\Phi}_{k+1,k}\hat{\boldsymbol{X}}_k \tag{5.36}$$

把式(5.36)代入闭环卡尔曼滤波方程,得

$$\left.\begin{aligned}
&\hat{\boldsymbol{X}}_{k|k-1} = \boldsymbol{0}\\
&\hat{\boldsymbol{X}}_k = \boldsymbol{K}_k\boldsymbol{Z}_k\\
&\boldsymbol{K}_k = \boldsymbol{P}_{k|k-1}\boldsymbol{H}_k^{\mathrm{T}}[\boldsymbol{H}_k\boldsymbol{P}_{k|k-1}\boldsymbol{H}_k^{\mathrm{T}} + \boldsymbol{R}_k]^{-1}\\
&\boldsymbol{P}_{k|k-1} = \boldsymbol{\Phi}_{k,k-1}\boldsymbol{P}_{k-1}\boldsymbol{\Phi}_{k,k-1}^{\mathrm{T}} + \boldsymbol{Q}_{k-1}
\end{aligned}\right\} \tag{5.37}$$

当$\hat{\boldsymbol{X}}_k = \boldsymbol{K}_k\boldsymbol{Z}_k$时,把式(5.36)代入式(5.28)的第1式,得

$$\boldsymbol{X}_{k+1} = \boldsymbol{\Phi}_{k+1,k}\boldsymbol{X}_k - \boldsymbol{\Phi}_{k+1,k}\boldsymbol{K}_k\boldsymbol{Z}_k + \boldsymbol{W}_k \tag{5.38}$$

整理得反馈校正后的系统残差为

$$\widetilde{\boldsymbol{X}}_{k+1} = \boldsymbol{X}_{k+1} - \hat{\boldsymbol{X}}_{k+1|k} = \boldsymbol{\Phi}_{k+1,k}[\boldsymbol{I} - \boldsymbol{K}_k\boldsymbol{H}_k]\widetilde{\boldsymbol{X}}_k - \boldsymbol{\Phi}_{k+1,k}\boldsymbol{K}_k\boldsymbol{V}_k + \boldsymbol{W}_k \tag{5.39}$$

式(5.39)与开环校正时的残差表示式(5.27)完全相同,说明理想情况下两种校正方式的系统整体效果相同。

4. 反馈校正时的两种主要方式

根据误差状态的性质,反馈校正又分3种,即脉冲校正(对速度误差和位置误差等的校正),速率校正(对平台误差角的校正)和补偿校正(对惯性仪表误差的校正)。速率校正是对误差状态按速率形式进行校正。例如对平台误差角按施矩量进行校正,则校正需要持续一段时间才能完成。但一般持续时间短,故可近似作为脉冲校正对待。下面以组合导航间接法反馈校正滤波为例,讨论这两种主要反馈校正方式的特点。

(1) 脉冲反馈校正

利用卡尔曼滤波方程计算状态估值需要一定的时间,为反映校正过程的时间关系,以卡尔

曼滤波连续系统的状态方程和量测方程模型为例加以说明，其连续动态模型为

$$\dot{\boldsymbol{X}}(t)=\boldsymbol{F}(t)\boldsymbol{X}(t)+\boldsymbol{G}(t)\boldsymbol{W}(t) \tag{5.40}$$

$$\boldsymbol{Z}_k=\boldsymbol{H}_k\boldsymbol{X}_k+\boldsymbol{V}_k \tag{5.41}$$

为简化讨论，设利用量测值 $\boldsymbol{Z}_k$ 在 t_k 时刻即能计算得到估值，并能施加校正。设 $\boldsymbol{X}_k$ 各状态在 t_k^c 时刻都能施加脉冲反馈校正 $\boldsymbol{U}_k^p$，t_k^c 表示施加校正后的 t_k 时刻，则 t_k^c 时刻的状态 $\boldsymbol{X}_k^c$ 为

$$\boldsymbol{X}_k^c=\boldsymbol{X}_k+\boldsymbol{U}_k^p \tag{5.42}$$

校正 $\boldsymbol{U}_k^p$ 就是估值 $\hat{\boldsymbol{X}}_k$ 的负值，则滤波器中经校正的估值 $\hat{\boldsymbol{X}}_k^c$ 为

$$\hat{\boldsymbol{X}}_k^c=\hat{\boldsymbol{X}}_k+\boldsymbol{U}_k^p=\hat{\boldsymbol{X}}_k-\hat{\boldsymbol{X}}_k=\boldsymbol{0} \tag{5.43}$$

即经过校正后的估值为零。另有

$$\dot{\hat{\boldsymbol{X}}}(t)=\boldsymbol{F}(t)\hat{\boldsymbol{X}}(t)\quad(t_{k-1}^c\leqslant t\leqslant t_k^-) \tag{5.44}$$

t_k^- 和下面用到的 t_k^+ 各表示量测校正前后的 t_k 时刻，则 $\hat{\boldsymbol{X}}\,|_{t=t_k^-}$ 可从 $\hat{\boldsymbol{X}}(t)\,|_{t=t_{k-1}^c}$ 计算得到。从式(5.43)可知 $\hat{\boldsymbol{X}}_{k-1}^c=\boldsymbol{0}$，即 $\hat{\boldsymbol{X}}(t)\,|_{t=t_{k-1}^c}=\hat{\boldsymbol{X}}_{k-1}^c=\boldsymbol{0}$，故 $\hat{\boldsymbol{X}}\,|_{t=t_k^-}=\boldsymbol{0}$，有

$$\hat{\boldsymbol{X}}_{k|k-1}=\hat{\boldsymbol{X}}(t)\,|_{t=t_k^-}=\boldsymbol{0} \tag{5.45}$$

$$\hat{\boldsymbol{X}}_k=\hat{\boldsymbol{X}}_{k|k-1}+\boldsymbol{K}_k(\boldsymbol{Z}_k-\boldsymbol{H}_k\hat{\boldsymbol{X}}_{k|k-1})=\boldsymbol{K}_k\boldsymbol{Z}_k \tag{5.46}$$

式(5.46)即为脉冲反馈校正的估计计算简化方程。

(2) 补偿反馈校正

补偿反馈校正是滤波器工作时间内任何时刻都施加在组件上的校正量。设各状态都施加补偿校正 $\boldsymbol{U}^c$，补偿校正前的状态为 $\boldsymbol{X}^b$，补偿后的状态为 $\boldsymbol{X}$，$\boldsymbol{X}=\boldsymbol{X}^b+\boldsymbol{U}^c$。$\boldsymbol{X}^b$ 方程不因 $\boldsymbol{U}^c$ 而改变，量测方程一般与经过校正后的状态有关。即

$$\boldsymbol{Z}=\boldsymbol{H}\boldsymbol{X}+\boldsymbol{V}=\boldsymbol{H}(\boldsymbol{X}^b+\boldsymbol{U}^c)+\boldsymbol{V} \tag{5.47}$$

在 t_{k-1}^c 时刻可认为 $\boldsymbol{X}(t)=0$，有

$$\boldsymbol{U}_{k|k-1}^c=\boldsymbol{U}^c(t)\,|_{t=t_k^-} \tag{5.48}$$

$$\hat{\boldsymbol{X}}_{k|k-1}=\hat{\boldsymbol{X}}\,|_{t=t_k^-}=\boldsymbol{0} \tag{5.49}$$

t_k^+ 时刻

$$\hat{\boldsymbol{X}}_k=\hat{\boldsymbol{X}}_{k|k-1}+\boldsymbol{K}_k(\boldsymbol{Z}_k-\boldsymbol{H}_k\hat{\boldsymbol{X}}_{k|k-1})=\boldsymbol{K}_k\boldsymbol{Z}_k \tag{5.50}$$

$$\boldsymbol{U}_k^c=\boldsymbol{U}_{k|k-1}+\hat{\boldsymbol{X}}_k \tag{5.51}$$

将 $\hat{\boldsymbol{X}}_k$ 作为校正量的一部分之后，即认为该估值为零，即 $\hat{\boldsymbol{X}}_k^c=\boldsymbol{0}$，相当于 $\boldsymbol{X}_k^b$ 的估值为

$$\hat{\boldsymbol{X}}_k^b=-\boldsymbol{U}_k^c \tag{5.52}$$

根据以上分析可以看出，上述两种反馈校正具有共同的校正形式，即

$$\hat{\boldsymbol{X}}_k=\boldsymbol{K}_k\boldsymbol{Z}_k,\quad \hat{\boldsymbol{X}}_{k|k+1}=\boldsymbol{0},\quad \hat{\boldsymbol{X}}_k^c=\boldsymbol{0} \tag{5.53}$$

5. 输出校正和反馈校正的比较

以上介绍的输出校正和反馈校正，都是假定利用 $\boldsymbol{Z}_k$ 在 t_k 时刻即能计算得到滤波估计 $\hat{\boldsymbol{X}}_k$ 由

于卡尔曼滤波方程计算需要时间，因此上述假设在工程上有时难以实现。在应用中可以把 t_{k-1} 时刻的滤波估计预测到 t_k 时刻，得到$\hat{\boldsymbol{X}}_{k|k-1}$。在 t_k 时刻，用$\hat{\boldsymbol{X}}_{k|k-1}$ 去校正系统状态 $\boldsymbol{X}_k$，在滤波器中就是校正$\hat{\boldsymbol{X}}_{k|k-1}$，使$\hat{\boldsymbol{X}}_{k|k-1}=\boldsymbol{0}$，此时，以上分析的结果仍然成立。

从形式上看，输出校正仅校正系统的输出量，而反馈校正则校正系统内部的状态。但可以证明，如果滤波器是最优滤波器，即它的状态基本上包括真实系统的所有状态，状态方程真实地描述真实系统的变化规律，则利用输出校正的组合导航系统输出量 $\hat{\boldsymbol{Y}}$ 和利用反馈校正的组合导航系统输出量 $\boldsymbol{Y}_\text{I}$ 具有同样的精度。从这个意义上讲，两种校正方法的性质相同。

但输出校正的滤波器所估计的状态是未经校正的导航参数误差 $\boldsymbol{X}$，而反馈校正的滤波器所估计的状态是经过校正的导航参数误差。前者数值大，后者数值小，一般情况下导航系统的状态方程都经过了线性近似处理，状态量数值越小，则近似的准确性越高。因此，利用反馈校正的系统状态方程，更能接近真实地反映系统误差状态的动态过程。由于以上原因，在实际系统中，只要状态能够具体实施反馈校正，组合导航系统应可尽量采用反馈校正的滤波方法。

既然两种校正的效果在理想情况下一样，则前面讨论输出校正时得到的估计误差关系式(5.24)对两种校正方法就都能适用。对间接法滤波，在理想的情况下不论采用哪种校正方法，校正后系统导航参数估值 $\hat{\boldsymbol{Y}}$ 的估计误差 $\tilde{\boldsymbol{Y}}$ 就是导航参数误差估值 $\hat{\boldsymbol{X}}$ 的估计误差 $\tilde{\boldsymbol{X}}$。而最优滤波器中的 $\boldsymbol{P}_k$ 就是这种估计误差 $\tilde{\boldsymbol{X}}$ 的均方阵。从而可以得到以下结论：间接法最优滤波器计算得到的误差状态估计均方误差阵 $\boldsymbol{P}_k$，就是利用误差状态的估值去校正系统状态后的状态误差 $\tilde{\boldsymbol{Y}}$ 的均方阵。

如果实际系统既需估计又要校正，且滤波器是最优，则在地面模拟滤波方案时可以仅计算滤波器的估计过程，不必再模拟系统得到校正后的状态剩余误差性能，$\boldsymbol{P}_k$ 就表示这种误差的均方阵。

5.1.3 卡尔曼滤波的稳定性分析

卡尔曼滤波要求初始条件为 $\hat{\boldsymbol{X}}_0=\boldsymbol{m}_{X_0}$，$\boldsymbol{P}_0=\boldsymbol{C}_{X_0}$，卡尔曼滤波才具有无偏和估计均方误差最小的特性。在实用中，被估计状态的一、二阶统计特性 $\boldsymbol{m}_{X_0}$ 和 $\boldsymbol{C}_{X_0}$ 往往不能准确得到，在这种情况下，滤波必须满足稳定性要求。否则不同的初始条件会导致滤波得出不同的估值。满足滤波稳定性是指：

① 随着滤波时间的增长，估值$\hat{\boldsymbol{X}}_k$ 逐渐不受初始值$\hat{\boldsymbol{X}}_0$ 的影响；

② 随着滤波时间的增长，估计均方误差阵 $\boldsymbol{P}_k$ 逐渐不受初始估计均方误差阵 $\boldsymbol{P}_0$ 的影响。

如果滤波器具有稳定性，即使初始条件不同，随着滤波时间的增长，估值和估计均方误差阵也会逐渐趋于相同。估值$\hat{\boldsymbol{X}}_k$ 逐渐不受初值$\hat{\boldsymbol{X}}_0$ 的影响，是滤波器稳定的唯一标志。可以证明，只要滤波器具有稳定性，估计均方误差阵 $\boldsymbol{P}_k$ 同样是逐渐不受初值 $\boldsymbol{P}_0$ 的影响。因此，经常用滤波器是否稳定来说明滤波稳定性。

卡尔曼等人首先提出用随机可控性和随机可观测性作为判别滤波稳定性的条件。以连续系统为例，如果系统是一致完全随机可控可观，且系统噪声方差强度阵 $\boldsymbol{Q}(t)$ 和量测噪声方差强度阵 $\boldsymbol{R}(t)$ 都正定，那么卡尔曼滤波器一致渐近稳定。

一致完全随机可控是指

$$\boldsymbol{W}(t,t-\sigma) \xlongequal{\text{def}} \int_{t-\sigma}^{t} \boldsymbol{\varphi}(t,\tau)\boldsymbol{G}(\tau)\boldsymbol{Q}(t)\boldsymbol{G}^{\mathrm{T}}(\tau)\boldsymbol{\varphi}^{\mathrm{T}}(t,\tau)\mathrm{d}\tau > 0 \tag{5.54}$$

式中，$\boldsymbol{W}(t,t-\sigma)$ 为连续系统随机可控阵，σ 为与 t 无关的正数；$\boldsymbol{\varphi}(t,\tau)$ 为系统从 τ 到 t 时刻的转移矩阵。

一致完全可观测是指

$$\boldsymbol{M}(t,t-\sigma) \xlongequal{\text{def}} \int_{t-\sigma}^{t} \boldsymbol{\varphi}^{\mathrm{T}}(t,\tau)\boldsymbol{H}^{\mathrm{T}}(\tau)\boldsymbol{R}^{-1}(\tau)\boldsymbol{H}(\tau)\boldsymbol{\varphi}(\tau,t)\mathrm{d}\tau > 0 \tag{5.55}$$

式中，$\boldsymbol{M}(t,t-\sigma)$ 为连续系统随机可观测阵，σ 为与 t 无关的正数。

须要指出的是，随机可控与随机可观测是判别滤波稳定性的充分条件，而不是充要条件，所以工程技术中还希望有比上述更宽的判别条件。1971 年，B. D. O. Anderson 提出用推广形式的随机可控阵代替随机可控阵判别滤波稳定性。

连续系统推广形式的随机可控阵 $\overline{\boldsymbol{W}}(t,t_0)$ 是指

$$\overline{\boldsymbol{W}}(t,t_0) = \boldsymbol{\varphi}(t,t_0)\boldsymbol{P}(0)\boldsymbol{\varphi}^{\mathrm{T}}(t,t_0) + \int_{t_0}^{t} \boldsymbol{\varphi}(t,\tau)\boldsymbol{G}(\tau)\boldsymbol{Q}(t)\boldsymbol{G}^{\mathrm{T}}(\tau)\boldsymbol{\varphi}^{\mathrm{T}}(t,\tau)\mathrm{d}\tau \tag{5.56}$$

如果系统是一致完全随机可观，$\overline{\boldsymbol{W}}(t,t_0)$ 对某时刻非奇异，系统有关参数阵（$\boldsymbol{\varphi}(t,t_0)$，$\boldsymbol{G}(t)$，$\boldsymbol{H}(t)$，$\boldsymbol{Q}(t)$，$\boldsymbol{R}^{-1}(t)$）有界，那么卡尔曼滤波器渐近稳定。因为系统各状态在估计开始时刻一般都不可能有准确无误的估值，所以 $\boldsymbol{P}(0)$ 正定的条件较易满足。从这个意义上讲，随机可观测是滤波器是否稳定的主要条件。从简要分析组合导航系统卡尔曼滤波器的估计性能的实际情况出发，用随机可观测性来辨别滤波稳定性并分析滤波效果比较合适。

5.1.4 卡尔曼滤波的仿真分析方法

设计组合导航系统时，利用计算机仿真是评价组合导航滤波器设计质量，调整滤波器设计参数和衡量系统功能的主要方法和手段。从前面推导的 5 个卡尔曼滤波方程来看，可以只单独计算式(5.15)的 $\boldsymbol{P}_{k|k-1}$、式(5.14)的 $\boldsymbol{K}_k$、式(5.16)或式(5.17)的 $\boldsymbol{P}_{k|k}$，而无须考虑式(5.12)的 $\hat{\boldsymbol{X}}_{k|k-1}$ 和式(5.13)的 $\hat{\boldsymbol{X}}_{k|k}$。从仿真分析的角度看，计算后者更复杂。认识这一点对仿真分析很有利，可以把卡尔曼滤波的仿真分为两步，从而引出了两种分析方法——方差分析法和蒙特-卡洛(Monte-Carlo)分析法，下文分别予以介绍。

1. 方差分析方法

在已知系统估值方差初始值 $\boldsymbol{P}_0$，系统噪声方差阵 $\boldsymbol{Q}_k$ 和观测噪声方差阵 $\boldsymbol{R}_k$ 的情况下，可以

直接计算出滤波误差协方差阵 $\boldsymbol{P}_k$，通过对其对角线元素的分析，可以大致判断出滤波器的精度和方差的稳定性。

如果状态方程真实地描述真实系统的变化规律，滤波器中设置的各种统计特性参数正确，则滤波器中 $\boldsymbol{P}_k$ 就真实地反映滤波器状态估计的均方误差。但是如果滤波器是次优滤波器，如滤波器中设置的各种统计特性参数不够正确，则滤波器中计算的 $\boldsymbol{P}_k$ 只是假设滤波器是最优滤波器前提下的状态估计均方误差阵，即

$$\boldsymbol{P}_k = E\{(\boldsymbol{X}_k - \hat{\boldsymbol{X}}_k)(\boldsymbol{X}_k - \hat{\boldsymbol{X}}_k)^{\mathrm{T}}\} \tag{5.57}$$

式中，$\boldsymbol{X}_k$ 是滤波器的状态向量，不是真实系统的状态向量。因此，$\boldsymbol{P}_k$ 并不是真实的状态估计均方误差阵。而方差分析的目的是计算出真实的状态估计均方误差阵 $\boldsymbol{P}_k^{\mathrm{p}}$，$\boldsymbol{P}_k^{\mathrm{p}}$ 为

$$\boldsymbol{P}_k^{\mathrm{p}} = E\{(\boldsymbol{X}_k^{\mathrm{r}} - \hat{\boldsymbol{X}}_k)\ (\boldsymbol{X}_k^{\mathrm{r}} - \hat{\boldsymbol{X}}_k)^{\mathrm{T}}\} \tag{5.58}$$

式中，$\boldsymbol{X}_k^{\mathrm{r}}$ 表示真实系统中与滤波器状态向量对应的状态向量，即 $\boldsymbol{X}_k^{\mathrm{r}}$ 与 $\hat{\boldsymbol{X}}_k$ 的维数一致，$\boldsymbol{P}_k^{\mathrm{p}}$ 的计算公式与校正情况有关。方差分析法最大的特点是无须用到观测方程中的观测值 $\boldsymbol{Z}_k$，这一点给仿真工作带来了很大的方便，但同时仿真后得到的信息也有一定的限制。

2. 蒙特-卡洛分析方法

方差误差分析方程在推导 $\boldsymbol{P}_k^{\mathrm{p}}$ 的过程中定义滤波器的真实估计误差 $\tilde{\boldsymbol{X}}_k^{\mathrm{p}}$。但是这种分析方法并不计算系统每次随机过程的 $\tilde{\boldsymbol{X}}_k^{\mathrm{p}}$ 的具体值，而是通过 $\tilde{\boldsymbol{X}}_k^{\mathrm{p}}$ 的关系式直接算出它的均方阵，即真实的状态估计均方误差阵 $\boldsymbol{P}_k^{\mathrm{r}}$。

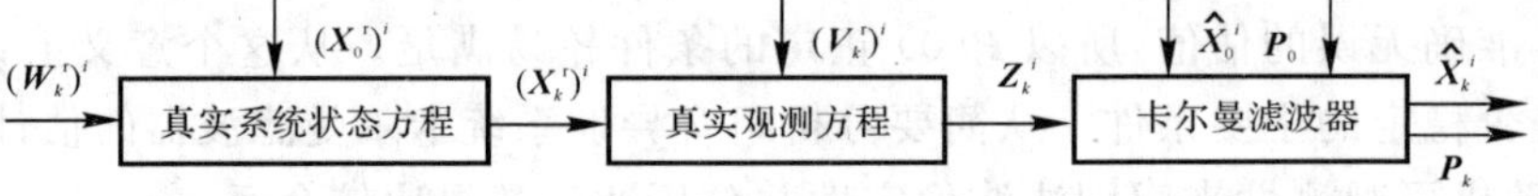

图 5.3　蒙特-卡洛分析方法示意图

蒙特-卡洛分析方法与此不同（见图 5.3），它通过真实系统状态初值的随机具体值 $(\boldsymbol{X}_0^{\mathrm{r}})^i$（$i$ 表示系统第 i 次随机过程）、系统噪声随机具体值 $(\boldsymbol{W}_k^{\mathrm{r}})^i$ 和真实系统状态方程（图中用离散方式的状态方程表示），计算出真实系统第 i 次随机过程的状态向量随机具体值 $(\boldsymbol{X}_k^{\mathrm{r}})^i$。其中，$(\boldsymbol{W}_k^{\mathrm{r}})^i$ 表示系统第 i 次随机过程中第 k 步的系统噪声向量随机具体值的设置；通过量测噪声向量随机具体值 $(\boldsymbol{V}_k^{\mathrm{r}})^i$ 的设置和真实量测方程，计算出量测向量 $\boldsymbol{Z}_k^i$；再用 $\boldsymbol{Z}_k^i$ 和设计的卡尔曼滤波器，计算出第 i 次的估计向量 $\hat{\boldsymbol{X}}_k^i$。设真实状态向量 $\boldsymbol{X}_k^{\mathrm{r}}$ 中与估值向量 $\hat{\boldsymbol{X}}_k$ 相对应的分向量为 $\boldsymbol{X}_k^{\mathrm{r}_1}$，则第 i 次随机过程中第 k 步估值的估计误差为 $(\boldsymbol{X}_k^{\mathrm{r}_1})^i - \hat{\boldsymbol{X}}_k^i$。通过 l 次（例如 $l=20$）随机过程的计算，可得到真实的状态估计误差的样本均方阵

$$\hat{\boldsymbol{P}}_k^{\mathrm{p}} = \frac{1}{l}\sum_{i=1}^{l}\{[(\boldsymbol{X}_k^{\mathrm{r}_1})^i - \hat{\boldsymbol{X}}_k^i][(\boldsymbol{X}_k^{\mathrm{r}_1})^i - \hat{\boldsymbol{X}}_k^i]^{\mathrm{T}}\} \tag{5.59}$$

其中，$(\boldsymbol{X}_0^r)^i$，$(\boldsymbol{W}_k^r)^i$ 和 $(\boldsymbol{V}_k^r)^i$ 等随机具体值可采用计算伪随机数的方法得到；对 $\hat{\boldsymbol{X}}_0^i$ 的设置常令 $\hat{\boldsymbol{X}}_0^i=0$，伪随机数的计算和产生方法可查阅有关书籍。

用蒙特-卡洛分析方法得到的 $\hat{\boldsymbol{P}}_k^p$ 仅是利用 l 次样本过程统计得到，l 越大，$\hat{\boldsymbol{P}}_k^p$ 越接近 $\boldsymbol{P}_k^p$；由于计算量受限，l 不能太大，因此 $\hat{\boldsymbol{P}}_k^p$ 不能完全代表真实系统的状态估计均方误差阵；一般情况下，即使 l 不大，蒙特-卡洛分析方法的计算量也较方差分析方法计算量大。

从以上两种仿真分析方法的介绍可以看出，两种方法都各有特点，使用时可根据仿真分析对象的情况和仿真任务要求确定采用哪种方法。必要时，可同时采用两种仿真方法对组合导航系统进行仿真计算，对两种仿真结果参照对比，得出更全面的分析结果。同时可以看出，蒙特－卡洛分析方法能适用于方差分析方法不适用的某些情况。例如，它能分析真实系统为非线性系统的滤波性能，还能分析卡尔曼滤波器有关滤波方程具体计算方法对滤波性能的影响。对利用卡尔曼滤波器进行系统故障检测的效果仿真，同样须要采用蒙特-卡洛分析方法，而方差分析方法不适合在这些情况下应用。

5.2　卡尔曼滤波技术的发展

如 5.1.1 节中第 3 部分所述，卡尔曼滤波器在使用时具有一定的限制条件[3]，而在实际的组合导航系统中，即使不考虑组合导航系统的非线性，这些条件往往很难满足。在线性组合导航系统研究的范围内，主要存在的常见问题如下：

① 系统有色噪声和系统模型精确性问题；

② 卡尔曼滤波器的发散问题；

③ 滤波器增益阵修正问题；

④ 滤波器的鲁棒性问题；

⑤ 多子系统分散滤波及容错问题。

为使卡尔曼滤波在上述问题存在的情况下能有效应用，众多学者研究了各种类型不同和特点各异的实用卡尔曼滤波改进方法，促进了卡尔曼滤波技术的向前发展[1]。本节针对以上几个方面的问题，介绍卡尔曼滤波器的改进和发展。

5.2.1　有色噪声情况下的卡尔曼滤波

标准卡尔曼滤波器要求系统噪声和观测噪声都应该为白噪声，实际上这样的条件很难满足，如果系统噪声和观测噪声，或其中之一，是有色噪声，必须要经过转换才能应用卡尔曼滤波器，通常用状态扩充法处理。

首先分析系统噪声为有色噪声，而观测噪声为白噪声情况时的状态扩充法。系统的状态和观测方程如式(5.6)、式(5.7)所示。式中观测噪声 $\boldsymbol{V}_k$ 为零均值白噪声，系统噪声 $\boldsymbol{W}_k$ 为有色

噪声,假设 $\boldsymbol{W}_k$ 满足方程

$$\boldsymbol{W}_k=\boldsymbol{\Pi}_{k,k-1}\boldsymbol{W}_{k-1}+\boldsymbol{\xi}_{k-1} \tag{5.60}$$

式中,$\boldsymbol{\xi}_k$ 为零均值白噪声序列。

下面采用状态扩充方法进行卡尔曼滤波方程的推导。将 $\boldsymbol{W}_k$ 列为扩充的状态,则扩增后的状态为

$$\boldsymbol{X}_k^{\mathrm{a}}=\begin{bmatrix}\boldsymbol{X}_k\\ \boldsymbol{W}_k\end{bmatrix} \tag{5.61}$$

扩增状态后的系统方程和观测方程为

$$\begin{gathered}\begin{bmatrix}\boldsymbol{X}_k\\ \boldsymbol{W}_k\end{bmatrix}=\begin{bmatrix}\boldsymbol{\Phi}_{k,k-1} & \boldsymbol{\Gamma}_{k,k-1}\\ \mathbf{0} & \boldsymbol{\Pi}_{k,k-1}\end{bmatrix}\begin{bmatrix}\boldsymbol{X}_{k-1}\\ \boldsymbol{W}_{k-1}\end{bmatrix}+\begin{bmatrix}\mathbf{0}\\ \mathbf{1}\end{bmatrix}\boldsymbol{\xi}_{k-1}\\ \boldsymbol{Z}_k=[\boldsymbol{H}_k\quad \mathbf{0}]\begin{bmatrix}\boldsymbol{X}_k\\ \boldsymbol{W}_k\end{bmatrix}+\boldsymbol{V}_k\end{gathered} \tag{5.62}$$

把上式改写成简化形式,即

$$\boldsymbol{X}_k^{\mathrm{a}}=\boldsymbol{\Phi}_{k,k-1}^{\mathrm{a}}\boldsymbol{X}_k^{\mathrm{a}}+\boldsymbol{\Gamma}_{k,k-1}^{\mathrm{a}}\boldsymbol{W}_k^{\mathrm{a}} \tag{5.63}$$

$$\boldsymbol{Z}_k=\boldsymbol{H}_k^{\mathrm{a}}\boldsymbol{X}_k^{\mathrm{a}}+\boldsymbol{V}_k \tag{5.64}$$

式中,$\boldsymbol{W}_k^{\mathrm{a}}(\boldsymbol{W}_k^{\mathrm{a}}=\boldsymbol{\xi}_k)$ 和 $\boldsymbol{V}_k$ 都是零均值白噪声序列,符合卡尔曼基本滤波方程的要求,可以通过标准的滤波方程计算滤波结果。但扩增状态后系统状态的维数增加,所以滤波器阶数增高,计算量有所增加。

上面比较详细地分析了系统噪声为有色噪声而观测噪声为白噪声情况时的状态扩充法。对于系统噪声为白噪声而观测噪声为有色噪声时的卡尔曼滤波,当采用状态扩充法时有时不能保证扩充后的观测噪声方差阵正定,因此一般采用前后时刻观测法来解决。对于系统噪声和观测噪声均为有色噪声的情况,可同时采用上述方法处理,详细处理步骤在此不再赘述。

5.2.2 卡尔曼滤波发散的抑制

理想条件下,卡尔曼滤波是线性无偏最小方差估计。但在实际应用中,由于模型的不准确、计算的数字误差以及控制效果的非理想化等问题,滤波得到的状态估计可能有偏,且估计误差的方差也可能很大。更有甚者,其滤波误差的均值与方差都有可能趋于无穷大,出现滤波发散现象。针对造成滤波发散的不同原因,已经出现了几种抑制滤波发散的方法,常用的有限定下界法滤波、扩充状态法滤波、衰减记忆滤波、限定记忆滤波、平方根滤波、自适应滤波等。这些滤波方法大多是以降低滤波的最优性为代价抑制发散,即多数是次优滤波算法。下面仅仅介绍和分析两种效果较好的抑制滤波器发散的滤波算法。

1. 衰减记忆滤波

衰减记忆滤波的基本思想就是设法加大新观测数据的作用,而相对地减小过去数据对滤

波的影响。为达到此目的,一般采取把以前的 $\boldsymbol{R}$,$\boldsymbol{Q}$ 和 $\boldsymbol{P}$ 矩阵的数值加权变大实现。

(1) 指数加权衰减记忆滤波

设系统状态方程和观测方程如式(5.6)、式(5.7) 所示，初始状态 $\boldsymbol{X}_0=E[\boldsymbol{X}_0]$,$\boldsymbol{P}_0=\mathrm{Var}[\boldsymbol{X}_0]$;$\boldsymbol{W}_k$,$\boldsymbol{V}_k$ 和 $\boldsymbol{X}_0$ 三者不相关。由卡尔曼滤波的最优增益矩阵公式,有

$$\boldsymbol{K}_k=\boldsymbol{P}_k\boldsymbol{H}_k^{\mathrm{T}}\boldsymbol{R}_k^{-1} \tag{5.65}$$

取时刻 $k=N$,则

$$\boldsymbol{K}_N=\boldsymbol{P}_N\boldsymbol{H}_N^{\mathrm{T}}\boldsymbol{R}_N^{-1} \tag{5.66}$$

为抑制滤波发散,应相对地突出 $\boldsymbol{K}_N$,而逐渐地减小时刻 N 以前的 $\boldsymbol{K}_k$ 值。由式(5.65) 知,$\boldsymbol{K}_k$ 与 $\boldsymbol{R}_k$ 成反比例关系,因此为达到上述目的,可使离 N 越来越远的 $\boldsymbol{R}_k$ 逐渐变大。例如,采取指数加权的办法,将 $\boldsymbol{P}_0$,$\boldsymbol{R}_1$,…,$\boldsymbol{R}_{N-1}$ 分别变为下列矩阵

$$\exp\Big(\sum_{i=0}^{N-1}C_i\Big)\boldsymbol{P}_0,\quad \exp\Big(\sum_{i=1}^{N-1}C_i\Big)\boldsymbol{R}_1,\cdots,\exp(C_{N-1})\boldsymbol{R}_{N-1},\quad \boldsymbol{R}_N \tag{5.67}$$

式中,$C_i(i=1,2,\cdots)$ 是适当选取的正整数,exp 指的是自然指数函数。采用这种指数加权,就是把 N 以前的测量值的作用逐渐衰减。系统噪声也可以同样的方法给予指数加权。根据卡尔曼滤波公式,可以推导出一组衰减记忆滤波方程

$$\widehat{\boldsymbol{X}}_k^*=\boldsymbol{\Phi}_{k,k-1}\widehat{\boldsymbol{X}}_{k-1}^*+\boldsymbol{K}_k^*[\boldsymbol{Z}_k-\boldsymbol{H}_k\boldsymbol{\Phi}_{k,k-1}\widehat{\boldsymbol{X}}_{k-1}^*] \tag{5.68}$$

$$\boldsymbol{K}_k^*=\boldsymbol{P}_{k|k-1}^*\boldsymbol{H}_k^{\mathrm{T}}[\boldsymbol{H}_k\boldsymbol{P}_{k|k-1}^*\boldsymbol{H}_k^{\mathrm{T}}+\boldsymbol{R}_k]^{-1}=\boldsymbol{P}_k^*\boldsymbol{H}_k^{\mathrm{T}}\boldsymbol{R}_k^{-1} \tag{5.69}$$

$$\boldsymbol{P}_{k|k-1}^*=\boldsymbol{\Phi}_{k,k-1}\boldsymbol{P}_{k-1}^*\boldsymbol{\Phi}_{k,k-1}^{\mathrm{T}}e^{C_{k-1}}+\boldsymbol{\Gamma}_{k,k-1}\boldsymbol{Q}_{k-1}\boldsymbol{\Gamma}_{k,k-1}^{\mathrm{T}} \tag{5.70}$$

$$\boldsymbol{P}_k^*=[\boldsymbol{I}-\boldsymbol{K}_k^*\boldsymbol{H}_k]\boldsymbol{P}_{k|k-1}^*=[(\boldsymbol{P}_{k|k-1}^*)^{-1}+\boldsymbol{H}_k^{\mathrm{T}}\boldsymbol{R}_k^{-1}\boldsymbol{H}_k]^{-1} \tag{5.71}$$

(2)$\boldsymbol{S}^{\mathrm{a}}$ 加权衰减记忆滤波

把 $\boldsymbol{P}_0$,$\boldsymbol{R}_k$ 和 $\boldsymbol{Q}_{k-1}$ 分别变成下列形式的矩阵

$$\boldsymbol{P}_0=\boldsymbol{P}_0\,S^N,\quad \boldsymbol{R}_k=\boldsymbol{R}_k\,S^{N-k},\quad \boldsymbol{Q}_{k-1}=\boldsymbol{Q}_{k-1}\,S^{N-k} \tag{5.72}$$

则可得下列滤波方程组

$$\hat{\boldsymbol{X}}_k^*=\boldsymbol{\Phi}_{k,k-1}\hat{\boldsymbol{X}}_{k-1}^*+\boldsymbol{K}_k^*[\boldsymbol{Z}_k-\boldsymbol{H}_k\boldsymbol{\Phi}_{k,k-1}\hat{\boldsymbol{X}}_{k-1}^*] \tag{5.73}$$

$$\boldsymbol{K}_k^*=\boldsymbol{P}_{k|k-1}^*\boldsymbol{H}_k^{\mathrm{T}}[\boldsymbol{H}_k\boldsymbol{P}_{k|k-1}^*\boldsymbol{H}_k^{\mathrm{T}}+\boldsymbol{R}_k]^{-1}=\boldsymbol{P}_k^*\boldsymbol{H}_k^{\mathrm{T}}\boldsymbol{R}_k^{-1} \tag{5.74}$$

$$\boldsymbol{P}_{k|k-1}^*=\boldsymbol{\Phi}_{k,k-1}\boldsymbol{P}_{k-1}^*\boldsymbol{\Phi}_{k,k-1}^{\mathrm{T}}S+\boldsymbol{Q}_{k-1} \tag{5.75}$$

$$\boldsymbol{P}_k^*=[\boldsymbol{I}-\boldsymbol{K}_k^*\boldsymbol{H}_k]\boldsymbol{P}_{k|k-1}^* \tag{5.76}$$

与卡尔曼滤波基本方程相比,在式(5.68)、式(5.69)、式(5.70)、式(5.71) 中多一个因子 $\exp(C_{k-1})$,而在式(5.73)、式(5.74)、式(5.75)、式(5.76) 中多一个因子 S。由于 $\exp(C_{k-1})>1$,$S>1$,所以

$$\left.\begin{aligned}\boldsymbol{P}_{k|k-1}^*&>\boldsymbol{P}_{k|k-1}\\ \boldsymbol{K}_k^*&>\boldsymbol{K}_k\end{aligned}\right\} \tag{5.77}$$

式(5.77) 表明观测数据 $\boldsymbol{Z}_k$ 在滤波方程中的权值得到了加强。又由于

$$\hat{\boldsymbol{X}}_k^*=[\boldsymbol{I}-\boldsymbol{K}_k^*\boldsymbol{H}_k]\boldsymbol{\Phi}_{k,k-1}\hat{\boldsymbol{X}}_{k-1}^*+\boldsymbol{K}_k^*\boldsymbol{Z}_k=[\boldsymbol{I}-\boldsymbol{K}_k^*\boldsymbol{H}_k]\hat{\boldsymbol{X}}_{k|k-1}^*+\boldsymbol{K}_k^*\boldsymbol{Z}_k \tag{5.78}$$

相应地又减小 $\hat{\boldsymbol{X}}_{k|k-1}^{*}$ 的权值，即降低旧数据对 $\hat{\boldsymbol{X}}_{k}^{*}$ 的影响。

2. 限定记忆滤波

抑制滤波发散的另一种途径是限定记忆滤波。由 $\hat{\boldsymbol{X}}_k = E[\boldsymbol{X}_k \mid \boldsymbol{Z}_1\boldsymbol{Z}_2\cdots\boldsymbol{Z}_k]$ 可知，卡尔曼滤波基本方程对观测数据的记忆具有无限增长的特性，即计算 $\hat{\boldsymbol{X}}_k$ 要用到已有的全部观测值。采用限定记忆法估计 $\boldsymbol{X}_k$ 时，只是用离 k 最近的 N 个测量值 $\boldsymbol{Z}_{k-N+1}, \boldsymbol{Z}_{k-N+2}, \cdots, \boldsymbol{Z}_k$，而完全截断 $k-N+1$ 时刻以前的陈旧观测值对滤波结果的影响。该方法的效果与衰减记忆滤波方法相当，但其计算式较复杂，此处不详细介绍，只给出限定记忆滤波方程的推导思路。

在使用卡尔曼滤波基本方程求取 $\hat{\boldsymbol{X}}_k$ 时，须要使用前 k 个观测值 $\boldsymbol{Z}_1, \boldsymbol{Z}_2, \cdots, \boldsymbol{Z}_k$，先利用前 $k-1$ 个观测值求取 $\hat{\boldsymbol{X}}_{k|k-1}$，再在 $\hat{\boldsymbol{X}}_{k|k-1}$ 基础上使用 $\boldsymbol{Z}_k$ 获得 $\hat{\boldsymbol{X}}_k$，从而建立起 $\hat{\boldsymbol{X}}_k$ 与 $\hat{\boldsymbol{X}}_{k|k-1}$ 的线性关系。类似地，对于限定记忆滤波，为求得 $\boldsymbol{X}_k$ 的限定记忆滤波值，对 $\boldsymbol{X}_k$ 及其过去值进行 k 次测量，测量值为 $\boldsymbol{Z}_1, \boldsymbol{Z}_2, \cdots, \boldsymbol{Z}_d, \cdots, \boldsymbol{Z}_{k-1}, \boldsymbol{Z}_k$。设 $\boldsymbol{Z}_d$ 至 $\boldsymbol{Z}_k$ 共有 $N+1$ 个观测值，记

$$\overline{\boldsymbol{Z}}_{d,k}^{N+1} = \begin{bmatrix} \boldsymbol{Z}_d \\ \boldsymbol{Z}_{d+1} \\ \vdots \\ \boldsymbol{Z}_{k-1} \\ \boldsymbol{Z}_k \end{bmatrix}, \quad \overline{\boldsymbol{Z}}_{d,k-1}^{N} = \begin{bmatrix} \boldsymbol{Z}_d \\ \boldsymbol{Z}_{d+1} \\ \vdots \\ \boldsymbol{Z}_{k-1} \end{bmatrix}, \quad \overline{\boldsymbol{Z}}_{d+1,k}^{N} = \begin{bmatrix} \boldsymbol{Z}_{d+1} \\ \boldsymbol{Z}_{d+2} \\ \vdots \\ \boldsymbol{Z}_k \end{bmatrix} \tag{5.79}$$

$$\hat{\boldsymbol{X}}_k^{N+1} = \hat{\boldsymbol{E}}[\boldsymbol{X}_k / \overline{\boldsymbol{Z}}_{d,k}^{N+1}] \tag{5.80}$$

$$\hat{\boldsymbol{X}}_{k|k-1}^{N} = \hat{\boldsymbol{E}}[\boldsymbol{X}_k / \overline{\boldsymbol{Z}}_{d,k-1}^{N}] \tag{5.81}$$

$$\hat{\boldsymbol{X}}_k^{N} = \hat{\boldsymbol{E}}[\boldsymbol{X}_k / \overline{\boldsymbol{Z}}_{d+1,k}^{N}] \tag{5.82}$$

建立起 $\hat{\boldsymbol{X}}_k^{N+1}$ 与 $\hat{\boldsymbol{X}}_{k|k-1}^{N}$ 之间的线性关系式和 $\hat{\boldsymbol{X}}_k^{N+1}$ 与 $\hat{\boldsymbol{X}}_k^{N}$ 之间的线性关系式，再根据这两式确定出 $\hat{\boldsymbol{X}}_{k|k-1}^{N}$ 与 $\hat{\boldsymbol{X}}_k^{N}$ 之间的线性关系式，从而获得 $\boldsymbol{X}_k$ 的限定记忆滤波方程。

除此之外，常用的抑制卡尔曼滤波发散的方法还有限定下界法、扩充状态法以及自适应滤波法。限定下界法是使增益系数 $\boldsymbol{K}_k$ 在经过一定时间以后，就不再下降，使它不随 k 的无限增长而趋于零；还可以通过限制滤波误差的方差矩阵和人为地增加系统噪声的办法使滤波增益矩阵不要趋于零，从而抑制滤波器的发散现象；如果模型误差是一种未知输入，那么这时可以把未知输入看做是由白噪声激励的一个线性系统的输出，并且将它看做是系统的扩充状态向量的一部分，通过适当选取扩充状态的统计特性，可以使滤波不致发散，这便是扩充状态法；自适应滤波就是在利用观测数据进行滤波时，不断地对未知的或不确切知道的系统模型的参数或噪声的统计特性进行估计并修正[4]，以减小模型误差。

5.2.3 自适应卡尔曼滤波

自适应滤波的类型很多，在组合导航系统中应用也相当广泛[5-6]，大体上可分为贝叶斯法、

极大似然法、相关法与协方差匹配法 4 类，主要是适应组合导航系统模型参数的不稳定。其中，最基本的是相关法，而相关法中又以输出相关法最为简单。因此，本节以输出相关法为例说明相关法自适应滤波的基本原理。

设系统的状态方程和观测方程如式(5.6)、式(5.7) 所示，是完全可观可控线性定常系统。为简化输出相关法的推导过程，假设系统状态方程中的噪声系数阵为单位阵。其基本思路是，当滤波器已达到稳态时，增益阵 $\boldsymbol{K}_k$ 已趋近于稳态值$\boldsymbol{K}$；根据观测数据$\{\boldsymbol{Z}_t\}$估计出输出相关函数序列$\{\boldsymbol{C}_t\}$，再由$\{\boldsymbol{C}_t\}$推算出最佳稳态增益阵 $\boldsymbol{K}$，使得增益 $\boldsymbol{K}$ 不断地与实际量测数据$\{\boldsymbol{Z}_t\}$相适应。下面根据该思路给出输出相关法自适应滤波的算法流程。

1. 量测数据的相关函数 $\boldsymbol{C}_k(k=1,2,\cdots,n)$ 与 $\boldsymbol{\Gamma H}^{\mathrm{T}}$ 阵的求取

由状态方程和量测方程得

$$\boldsymbol{X}_i=\boldsymbol{\Phi X}_{i-1}+\boldsymbol{W}_{i-1}=\boldsymbol{\Phi}^k\boldsymbol{X}_{i-k}+\sum_{l=1}^{k}\boldsymbol{\Phi}^{l-1}\boldsymbol{W}_{i-l} \tag{5.83}$$

$$\boldsymbol{Z}_i=\boldsymbol{HX}_i+\boldsymbol{V}_i=\boldsymbol{H\Phi}^k\boldsymbol{X}_{i-k}+\boldsymbol{H}\sum_{l=1}^{k}\boldsymbol{\Phi}^{l-1}\boldsymbol{W}_{i-l}+\boldsymbol{V}_i \tag{5.84}$$

显然$\{\boldsymbol{X}_i\}$为平稳序列，记

$$\boldsymbol{\Gamma}=E[\boldsymbol{X}_i\boldsymbol{X}_i^{\mathrm{T}}] \tag{5.85}$$

由于 $\boldsymbol{\Gamma}$ 与 i 无关，再考虑$\{\boldsymbol{V}_i\}$，$\{\boldsymbol{W}_i\}$，$\boldsymbol{X}_0$ 之间的不相关性，得$\{\boldsymbol{Z}_i\}$的相关函数

$$\boldsymbol{C}_0=E[\boldsymbol{Z}_i\boldsymbol{Z}_i^{\mathrm{T}}]=\boldsymbol{H\Gamma H}^{\mathrm{T}}+\boldsymbol{R} \tag{5.86}$$

$$\boldsymbol{C}_k=E[\boldsymbol{Z}_i\boldsymbol{Z}_{i-k}^{\mathrm{T}}]=\boldsymbol{H\Phi}^k\boldsymbol{\Gamma H},\quad k>0 \tag{5.87}$$

以上两式都含有 $\boldsymbol{\Gamma H}^{\mathrm{T}}$，该阵又与增益有关，所以 $\boldsymbol{\Gamma H}^{\mathrm{T}}$ 是沟通待求增益阵 $\boldsymbol{K}$ 与$\{\boldsymbol{C}_k\}$间关系的桥梁，是输出相关自适应滤波中的一个重要矩阵。根据式(5.87) 可得

$$\boldsymbol{C}=\boldsymbol{A}=(\boldsymbol{C}_1,\boldsymbol{C}_2,\cdots,\boldsymbol{C}_n)^{\mathrm{T}}=\boldsymbol{A\Gamma H}^{\mathrm{T}} \tag{5.88}$$

式中，n 是状态的维数，其中系统的可观测阵 $\boldsymbol{A}$ 定义为

$$\boldsymbol{A}=(\boldsymbol{H\Phi},\boldsymbol{H\Phi}^2,\cdots,\boldsymbol{H\Phi}^n)^{\mathrm{T}} \tag{5.89}$$

根据系统完全可观测的假设，$\mathrm{rank}(\boldsymbol{A})=n$，$\boldsymbol{A}^{\mathrm{T}}\boldsymbol{A}$ 为非奇异阵，则

$$\boldsymbol{\Gamma H}^{\mathrm{T}}=(\boldsymbol{A}^{\mathrm{T}}\boldsymbol{A})^{-1}\boldsymbol{A}^{\mathrm{T}}\boldsymbol{C} \tag{5.90}$$

2. 由 $\boldsymbol{\Gamma H}^{\mathrm{T}}$ 求取最佳稳态增益阵 $\boldsymbol{K}$

最佳稳态增益阵为

$$\boldsymbol{K}=\boldsymbol{PH}^{\mathrm{T}}[\boldsymbol{HPH}^{\mathrm{T}}+\boldsymbol{R}]^{-1} \tag{5.91}$$

将式(5.91) 转化为 $\boldsymbol{\Gamma H}^{\mathrm{T}}$ 的表达式，得

$$\boldsymbol{\Gamma}=E[\boldsymbol{X}_k\boldsymbol{X}_k^{\mathrm{T}}]=E[(\hat{\boldsymbol{X}}_{k|k-1}+\tilde{\boldsymbol{X}}_{k|k-1})(\hat{\boldsymbol{X}}_{k|k-1}+\tilde{\boldsymbol{X}}_{k|k-1})^{\mathrm{T}}]=\boldsymbol{F}+\boldsymbol{P} \tag{5.92}$$

因为$\{\boldsymbol{X}_k\}$为平稳序列，所以 $\boldsymbol{F}$ 与 k 无关。将 $\boldsymbol{P}=\boldsymbol{\Gamma}-\boldsymbol{F}$ 代入式(5.91)，得

$$\boldsymbol{K}=(\boldsymbol{\Gamma H}^{\mathrm{T}}-\boldsymbol{FH}^{\mathrm{T}})[\boldsymbol{H\Gamma H}^{\mathrm{T}}+\boldsymbol{R}-\boldsymbol{HFH}^{\mathrm{T}}]^{-1} \tag{5.93}$$

将式(5.86)代入式(5.93),得

$$\boldsymbol{K}=(\boldsymbol{\Gamma H}^{\mathrm{T}}-\boldsymbol{FH}^{\mathrm{T}})(\boldsymbol{C}_0-\boldsymbol{HFH}^{\mathrm{T}})^{-1} \tag{5.94}$$

式中,$\boldsymbol{C}_0$ 与 $\boldsymbol{FH}^{\mathrm{T}}$ 在根据 $\{\boldsymbol{Z}_i\}$ 估计出 $\{\boldsymbol{C}_i\}$ 之后都是已知阵。对于未知阵 $\boldsymbol{F}$,由于 $\boldsymbol{F}$ 是 $\boldsymbol{X}_k$ 的预测值的均方误差阵,则可根据 $\boldsymbol{X}_k$ 的预测递推方程

$$\hat{\boldsymbol{X}}_{k+1|k}=\boldsymbol{\Phi}\hat{\boldsymbol{X}}_k=\boldsymbol{\Phi}[\hat{\boldsymbol{X}}_{k|k-1}+\boldsymbol{K}(\boldsymbol{H}\widetilde{\boldsymbol{X}}_{k+1|k}+\boldsymbol{V}_k)] \tag{5.95}$$

$$\boldsymbol{F}=E[\hat{\boldsymbol{X}}_{k|k-1}\hat{\boldsymbol{X}}_{k|k-1}^{\mathrm{T}}]=\boldsymbol{\Phi}[\boldsymbol{F}+\boldsymbol{K}(\boldsymbol{HPH}^{\mathrm{T}}+\boldsymbol{R})\boldsymbol{K}^{\mathrm{T}}]\boldsymbol{\Phi}^{\mathrm{T}} \tag{5.96}$$

把式(5.95)代入式(5.96),得

$$\boldsymbol{F}=\boldsymbol{\Phi}[\boldsymbol{F}+\boldsymbol{K}(\boldsymbol{HPH}^{\mathrm{T}}+\boldsymbol{R})\boldsymbol{K}^{\mathrm{T}}]\boldsymbol{\Phi}^{\mathrm{T}} \tag{5.97}$$

将式(5.94)代入式(5.97),又因 $\boldsymbol{\Gamma},\boldsymbol{F},\boldsymbol{C}_0$ 都是对称阵,则

$$\boldsymbol{F}=\boldsymbol{\Phi}[\boldsymbol{F}+(\boldsymbol{\Gamma H}^{\mathrm{T}}-\boldsymbol{FH}^{\mathrm{T}})(\boldsymbol{C}_0-\boldsymbol{HFH}^{\mathrm{T}})^{-1}(\boldsymbol{\Gamma H}^{\mathrm{T}}-\boldsymbol{FH}^{\mathrm{T}})^{\mathrm{T}}]\boldsymbol{\Phi}^{\mathrm{T}} \tag{5.98}$$

这是一个关于 $\boldsymbol{F}$ 的非线性矩阵方程,当 $\{\boldsymbol{C}_i\}$ 已知时,$\boldsymbol{\Gamma H}^{\mathrm{T}}$ 是已知阵,采用近似解法可得到 $\boldsymbol{F}$ 的近似值。求得 $\boldsymbol{F}$ 后,根据式(5.94)即可确定出 $\boldsymbol{K}$,最后剩下的问题是如何根据 $\{\boldsymbol{Z}_i\}$ 估计出 $\{\boldsymbol{C}_i\}$。

3. 由 $\{\boldsymbol{Z}_i\}$ 估计 $\{\boldsymbol{C}_i\}$

设已获得量测值 $\boldsymbol{Z}_1,\boldsymbol{Z}_2,\cdots,\boldsymbol{Z}_n$,假设平稳序列 $\{\boldsymbol{Z}_i\}$ 具有各态历经性,则 $\{\boldsymbol{Z}_i\}$ 的自相关函数 $\boldsymbol{C}_i$ 的估计 $\hat{\boldsymbol{C}}_i^k$(下标 i 表示时间间隔,上标 k 表示估计所依据的量测数据的个数)是

$$\hat{\boldsymbol{C}}_i^k=\hat{\boldsymbol{C}}_i^{k-1}+\frac{1}{k}(\boldsymbol{Z}_k\boldsymbol{Z}_{k-i}^{\mathrm{T}}-\hat{\boldsymbol{C}}_i^{k-1})\quad i=0,1,2,\cdots,n \tag{5.99}$$

式(5.99)是 $\hat{\boldsymbol{C}}_i^k$ 的递推公式。若给定 $\hat{\boldsymbol{C}}_t^{2i}$ 的值,则由 $\hat{\boldsymbol{C}}_t^{2i}$ 及 $\boldsymbol{Z}_{2i+1}\boldsymbol{Z}_{i+1}^{\mathrm{T}}$ 可得到 $\hat{\boldsymbol{C}}_t^{2i+1}$,再由 $\hat{\boldsymbol{C}}_t^{2i+1}$ 及 $\boldsymbol{Z}_{2i+2}\boldsymbol{Z}_{i+2}^{\mathrm{T}}$ 可得 $\hat{\boldsymbol{C}}_t^{2i+2}$,最后由 $\hat{\boldsymbol{C}}_i^{k-1}$ 及 $\boldsymbol{Z}_k\boldsymbol{Z}_{k-t}^{\mathrm{T}}$ 可得 $\hat{\boldsymbol{C}}_i^k(i=0,1,2,\cdots,n)$,这样解决了 $\{\boldsymbol{C}_i\}$ 的估计问题。

4. 输出相关法自适应滤波方程

综合式(5.94)、式(5.90)、式(5.98)及式(5.99),得完全可控和完全可观测定常系统的稳态输出相关自适应滤波方程

$$\hat{\boldsymbol{X}}_k=\boldsymbol{\Phi}\hat{\boldsymbol{X}}_{k|k-1}+\hat{\boldsymbol{K}}^k[\boldsymbol{Z}_k-\boldsymbol{H\Phi}\hat{\boldsymbol{X}}_{k-1}] \tag{5.100}$$

$$\hat{\boldsymbol{K}}^k=[\boldsymbol{\Gamma}^k\boldsymbol{H}^{\mathrm{T}}-\hat{\boldsymbol{F}}^k\boldsymbol{H}^{\mathrm{T}}][\hat{\boldsymbol{C}}_0^k-\boldsymbol{H}\hat{\boldsymbol{F}}^k\boldsymbol{H}^{\mathrm{T}}]^{-1} \tag{5.101}$$

$$\boldsymbol{\Gamma H}^{\mathrm{T}}=(\boldsymbol{A}^{\mathrm{T}}\boldsymbol{A})^{-1}\boldsymbol{A}^{\mathrm{T}}\hat{\boldsymbol{C}}^k \tag{5.102}$$

$$\hat{\boldsymbol{F}}^k=\boldsymbol{\Phi}[\hat{\boldsymbol{F}}^k+(\hat{\boldsymbol{\Gamma}}-\hat{\boldsymbol{F}}^k)\boldsymbol{H}^{\mathrm{T}}(\hat{\boldsymbol{C}}_0^k-\boldsymbol{H}\hat{\boldsymbol{F}}^k\boldsymbol{H}^{\mathrm{T}})^{-1}\boldsymbol{H}(\hat{\boldsymbol{\Gamma}}^k-\hat{\boldsymbol{F}}^k)^{\mathrm{T}}]\boldsymbol{\Phi}^{\mathrm{T}} \tag{5.103}$$

$$\hat{\boldsymbol{C}}_t^k=\hat{\boldsymbol{C}}_{t-1}^{k-1}+\frac{1}{k}(\boldsymbol{Z}_k\boldsymbol{Z}_{k-1}^{\mathrm{T}}-\hat{\boldsymbol{C}}_i^{k-1}) \tag{5.104}$$

式中，$\hat{\boldsymbol{K}}^k$，$\hat{\boldsymbol{\Gamma}}^k$，$\hat{\boldsymbol{F}}^k$ 和 $\hat{\boldsymbol{C}}_t^k$ 的上标 k 表示估计所依据的量测数据的个数。以上算法实现了根据实际量测数据序列 $\{\boldsymbol{Z}_t\}$ 获取最佳稳定增益阵 $\boldsymbol{K}$，从而达到自适应滤波的目的。

5.2.4　H_∞ 滤波技术

H_∞ 滤波是最优控制理论中的 H_∞ 控制在系统状态估计中的应用[7]。系统状态估计就是解决如何从一个受到噪声干扰的测量输出中，估计出系统的状态信息。如果这个干扰的统计特性已知，则可以利用随机估计理论得到最小方差准则下的最优状态估计，这就是随机滤波问题，即卡尔曼滤波。如果噪声干扰特性未知，则运用 H_∞ 控制理论采用限制噪声能量最小的准则，得到系统状态的最优估计，这种状态估计方法称为 H_∞ 滤波。H_∞ 滤波不须要建立精确的误差模型，也不须要知道系统误差的统计特性，滤波参数设置简单，这正是卡尔曼滤波所缺乏的。在很多的实际应用场合，如空间运行过程中的大型航天器或无源北斗双星定位[8] 等，由于对干扰信号的统计特性一般无法精确知道，H_∞ 滤波就可以获得比卡尔曼滤波更好的表现[9-10]。但 H_∞ 滤波解的不确定性，导致其滤波精度差，使得这种方法的应用在一定程度上受到限制。

下面简要介绍一下 H_∞ 滤波的基本原理及解算方法。设系统的状态方程和观测方程如式(5.6)、式(5.7)所示，并设观测方程中噪声矢量的系数阵为 $\boldsymbol{D}$。若 $\boldsymbol{W}_k$，$\boldsymbol{V}_k$ 在所有时间间隔 $0 \leqslant k \leqslant N$ 内为有限能量信号，即

$$\sum_{k=0}^{N} \|\boldsymbol{W}_k\|^2 < \infty, \quad \sum_{k=0}^{N} \|\boldsymbol{V}_k\|^2 < \infty \tag{5.105}$$

则 H_∞ 鲁棒滤波就是基于测量序列 $\{\boldsymbol{Z}_0, \boldsymbol{Z}_1, \cdots, \boldsymbol{Z}_k\}$ 求出 $\boldsymbol{X}_k$ 的估计 $\bar{\boldsymbol{X}}_{k|k}$，使得估计误差与噪声干扰之间的最大能量比率小于预先设定的值 γ^2，用数学表达为

$$\sup_{w,v,x_0} \frac{\sum_{t=0}^{N} \|\boldsymbol{X}_k - \bar{\boldsymbol{X}}_{k|k}\|^2}{(\|\boldsymbol{W}_k\|^2 + \|\boldsymbol{V}_k\|^2) + \|\boldsymbol{X}_0 - \bar{\boldsymbol{X}}_0\|^2_{\boldsymbol{\Pi}^{-1}}} < \gamma^2 \tag{5.106}$$

式中，$\hat{\boldsymbol{X}}_{k|k}$ 是基于 $\{\boldsymbol{Z}_0, \boldsymbol{Z}_1, \cdots, \boldsymbol{Z}_k\}$ 的系统状态估计量；$\hat{\boldsymbol{X}}_0$ 是对初始状态 $\boldsymbol{X}_0$ 的估计；$\boldsymbol{\Pi}$ 是表示初始状态估计误差的方差阵；$\|\cdot\|$ 表示向量的 2 范数。

于是可以定义价值函数 J 为

$$\begin{aligned} J \overset{\text{def}}{=\!=} & \sum_{k=1}^{N} \|\boldsymbol{X}_k - \hat{\boldsymbol{X}}_{k|k}\|^2 - \gamma^2\Big(\sum_{k=1}^{N} \|\boldsymbol{W}_k\|^2 + \sum_{k=1}^{N} \|\boldsymbol{V}_k\|^2 + \|\boldsymbol{X}_0 - \bar{\boldsymbol{X}}_0\|^2_{\boldsymbol{\Pi}^{-1}}\Big) = \\ & \sum_{k=1}^{N} \|\boldsymbol{X}_k - \hat{\boldsymbol{X}}_{k|k}\|^2 - \gamma^2\Big(\sum_{k=1}^{N} [\|\boldsymbol{W}_k\|^2 + \|\boldsymbol{Z}_k - \boldsymbol{H}_k\boldsymbol{X}_k\|^2_{\boldsymbol{R}_k^{-1}}] + \|\boldsymbol{X}_0 - \bar{\boldsymbol{X}}_0\|^2_{\boldsymbol{\Pi}^{-1}}\Big) \end{aligned} \tag{5.107}$$

对所有的 $\{\boldsymbol{W}_k\}$，$\{\boldsymbol{V}_k\}$，$\boldsymbol{X}_0$，式(5.106)等价于

$$J(\{\boldsymbol{W}_k\},\{\boldsymbol{V}_k\},\boldsymbol{X}_0) < 0 \tag{5.108}$$

从而可得到 H_∞ 滤波方程。

(1) 验前预测和验后滤波

$$\left.\begin{aligned}\hat{\boldsymbol{X}}_{k+1|k} &= \boldsymbol{\Phi}_{k,k-1}\hat{\boldsymbol{X}}_{k|k}\\ \hat{\boldsymbol{X}}_{k+1|k+1} &= \hat{\boldsymbol{X}}_{k+1|k} + \hat{\boldsymbol{K}}_k[\boldsymbol{Z}_k - \boldsymbol{H}_k\hat{\boldsymbol{X}}_{k+1|k}]\\ \hat{\boldsymbol{X}}_{0|-1} &= \hat{\boldsymbol{X}}_0\end{aligned}\right\} \tag{5.109}$$

(2) 验后滤波增益

$$\hat{\boldsymbol{K}}_k = \hat{\boldsymbol{P}}_k\boldsymbol{H}_k^{\mathrm{T}}[\boldsymbol{H}_k\hat{\boldsymbol{P}}_k\boldsymbol{H}_k^{\mathrm{T}} + \boldsymbol{R}_k]^{-1} \tag{5.110}$$

(3)Riccati 方程

$$\hat{\boldsymbol{P}}_{k+1} = \boldsymbol{\Phi}_{k,k-1}\hat{\boldsymbol{P}}_k\boldsymbol{\Sigma}_k^{-1}\boldsymbol{\Phi}_{k,k-1}^{\mathrm{T}} + \boldsymbol{\Gamma}_k\boldsymbol{\Gamma}_k^{\mathrm{T}} \tag{5.111}$$

$$\left.\begin{aligned}\boldsymbol{\Sigma}_k &= \boldsymbol{I} + (\boldsymbol{H}_k^{\mathrm{T}}\boldsymbol{R}^{-1}\boldsymbol{H}_k - \gamma^{-2}\boldsymbol{I})\hat{\boldsymbol{P}}_k\\ \boldsymbol{\Sigma}_0 &= \boldsymbol{\Pi}\end{aligned}\right. \tag{5.112}$$

对式(5.111)中的 Riccati 方程,若存在一正定矩阵 $\hat{\boldsymbol{P}}_k$,满足

$$\boldsymbol{V}_k \overset{\text{def}}{=\!=\!=} \gamma^2\boldsymbol{I} - \hat{\boldsymbol{P}}_k(\boldsymbol{I} + \boldsymbol{H}_k^{\mathrm{T}}\boldsymbol{R}_k^{-1}\boldsymbol{H}_k\hat{\boldsymbol{P}}_k)^{-1} > 0 \tag{5.113}$$

则 H_∞ 滤波器存在。

另一方面,若干扰项 $\boldsymbol{W}_k,\boldsymbol{V}_k$ 为高斯白噪声,则可以得到普通卡尔曼滤波器,即假设

$$E\{\boldsymbol{W}_k\}=0,\quad E\{\boldsymbol{V}_k\}=0 \tag{5.114}$$

$$E\left\{\begin{pmatrix}\boldsymbol{W}_k\\ \boldsymbol{V}_k\end{pmatrix}(\boldsymbol{W}_s^{\mathrm{T}}\quad \boldsymbol{V}_s^{\mathrm{T}})\right\} = \begin{bmatrix}\boldsymbol{I} & \boldsymbol{0}\\ \boldsymbol{0} & \boldsymbol{I}\end{bmatrix}\delta_{ks} \tag{5.115}$$

$$\boldsymbol{Q}_k \overset{\text{def}}{=\!=\!=} \boldsymbol{B}_k\boldsymbol{B}_k^{\mathrm{T}},\quad \boldsymbol{R}_k \overset{\text{def}}{=\!=\!=} \boldsymbol{D}_k\boldsymbol{D}_k^{\mathrm{T}} > 0 \tag{5.116}$$

则可以得到卡尔曼滤波器为:

(1) 预测和滤波估计方程

$$\left.\begin{aligned}\hat{\boldsymbol{X}}_{k+1|k} &= \boldsymbol{\Phi}_{k+1,k}\hat{\boldsymbol{X}}_{k|k}\\ \hat{\boldsymbol{X}}_{k+1|k+1} &= \hat{\boldsymbol{X}}_{k+1|k} + \boldsymbol{K}_k[\boldsymbol{Z}_k - \boldsymbol{H}_k\hat{\boldsymbol{X}}_{k+1|k}]\end{aligned}\right\} \tag{5.117}$$

(2) 卡尔曼滤波增益

$$\boldsymbol{K}_k = \boldsymbol{P}_{k+1|k}\boldsymbol{H}_k^{\mathrm{T}}[\boldsymbol{H}_k\boldsymbol{P}_{k+1|k}\boldsymbol{H}_k^{\mathrm{T}} + \boldsymbol{R}_k]^{-1} \tag{5.118}$$

(3) 预测和滤波协方差矩阵

$$\boldsymbol{P}_{k+1|k} = \boldsymbol{\Phi}_{k+1,k}\boldsymbol{P}_{k|k}\boldsymbol{\Phi}_{k+1,k}^{\mathrm{T}} + \boldsymbol{\Gamma}_k\boldsymbol{\Gamma}_k^{\mathrm{T}} \tag{5.119}$$

$$\left.\begin{aligned}\boldsymbol{P}_{k+1|k+1} &= \boldsymbol{P}_{k+1|k} - \boldsymbol{K}_k\boldsymbol{H}_k\boldsymbol{P}_{k+1|k}\\ \boldsymbol{P}_{0|0} &= \boldsymbol{\Pi}\end{aligned}\right. \tag{5.120}$$

以上分析的基于 H_∞ 的卡尔曼滤波器可以有效地应用于组合导航系统[8-9],是一种针对性强的滤波改进方法。

5.2.5　联邦滤波算法

利用卡尔曼滤波技术对组合导航系统进行最优组合有两种途径：一种是集中式卡尔曼滤波，另一种是分散化卡尔曼滤波。集中式卡尔曼滤波是利用一个卡尔曼滤波器集中地处理所有导航子系统的信息。集中式卡尔曼滤波虽然在理论上可给出误差状态的最优估计，但现实系统中它存在一些缺点：集中式卡尔曼滤波器的状态维数高，因此计算负担重，不利于滤波的实时运行；集中式卡尔曼滤波器的容错性能差，不利于故障诊断，这是因为任一导航子系统的故障在集中式滤波器中会污染其他状态，使组合系统输出的导航信息不可靠。

分散化滤波技术能较好地解决上述问题，早在 1971 年 Pearson 就提出动态分解的概念和状态估计两级结构，随后 Kerr 和 Carlson[11] 等一批学者都对分散化滤波技术做出了贡献。在众多的分散化滤波方法中，Carlson 提出的联邦滤波器(Federated Filter) 由于其设计灵活、计算量小和容错性能好而受到广泛的重视。联邦滤波器被美国空军的容错导航系统“公共卡尔曼滤波器”计划选为基本算法。随着导航技术的发展，人们对导航系统的容错能力和可靠性有更高的要求，这使得联邦滤波在导航领域有一定的应用[12-13]。

1. 联邦滤波器的结构

在组合导航卡尔曼滤波系统中，惯性导航状态量的误差如位置、速度、姿态等误差量可以看做是公共参考系统。除此之外，还有如 GPS、多普勒导航雷达、天文导航等子系统的状态及观测信息，它们可以构成各个子滤波器。联邦滤波器是一种两级滤波结构，如图 5.4 所示。图中公共参考系统(一般为惯性导航系统)，它的输出 $\boldsymbol{X}_k$ 一方面直接给主滤波器，另一方面它可以输出给各子滤波器作为它们的公共状态量。各子系统的输出只给相应的子滤波器，各子滤波器的局部估计 $\hat{\boldsymbol{X}}_i$(公共状态) 及其协方差阵 $\boldsymbol{P}_i$ 送入主滤波器和主滤波器的估计值一起进行融合以得到全局最优估计。此外，从图 5.4 中还可以看到，由子滤波器与主滤波器合成的全局估计值 $\hat{\boldsymbol{X}}_g$ 及其相应的协方差 $\boldsymbol{P}_g$ 被放大成 $\beta_i^{-1}\boldsymbol{P}_g(\beta_i \leqslant 1)$ 后，再反馈到子滤波器(图 5.4 中用虚线表示，也可以不反馈)，可以重置子滤波器的估计值及方差信息。同时，主滤波器误差的协方差阵也可重置为全局协方差阵的 β_m^{-1} 倍，即为 $\beta_m^{-1}\boldsymbol{P}_g(\beta_m \leqslant 1)$。这种反馈的结构是联邦滤波器区别于一般分散化滤波器的特点，$\beta_i(i=1,2,\cdots,N,m)$ 称为信息分配系数。

信息分配系数 β_i 对联邦滤波的设计非常重要，不同的信息分配原则可衍生出不同的联邦滤波结构。典型的联邦滤波结构有融合-复位式(Fuse-Rest)、零化式(Zeros-Reset)、无复位式(No-Reset)、重调式(Rescale)4 种。不同的滤波结构对系统的滤波效果、容错能力、计算量、通信量有不同的影响。

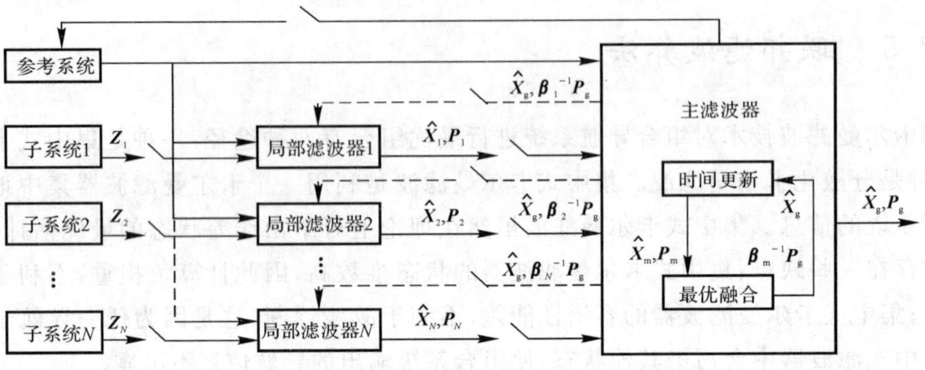

图 5.4　联邦滤波器的一般结构

2. 联邦滤波器算法的基本原理

通过对联邦滤波器结构的分析,可以看出联邦滤波是一种特殊的分散滤波方法。它采用信息分配原则、方差上界、信息重置等技术和方法,使得各子滤波器估计互不相关,简化了滤波算法结构。本小节从一种各子状态互不相关的分散滤波算法开始,得出联邦滤波算法的一般形式。然后讨论当各子状态相关及主滤波器状态与公共状态维数不同时联邦滤波器的处理方法。

(1) 各子滤波器估计不相关时融合算法

联邦滤波在继承了分散滤波算法结构的基础上做了一定的改进,其主要包含一个信息分配过程。下面对联邦滤波的问题进行描述,设系统的状态量为 $\boldsymbol{X}$,系统的状态方程和观测方程为

$$\left.\begin{aligned} \boldsymbol{X}(k) &= \boldsymbol{\Phi}(k,k-1)\boldsymbol{X}(k-1) + \boldsymbol{\Gamma}(k-1)\boldsymbol{W}(k-1) \\ \boldsymbol{Z}(k) &= \boldsymbol{H}(k)\boldsymbol{X}(k) + \boldsymbol{V}(k) \end{aligned}\right\} \tag{5.121}$$

假设有 N 个观测单元,每个观测单元都可以构成一个滤波子系统,设其状态方程和量测方程为

$$\left.\begin{aligned} \boldsymbol{X}_i(k) &= \boldsymbol{\Phi}_i(k,k-1)\boldsymbol{X}_i(k-1) + \boldsymbol{\Gamma}(k-1)\boldsymbol{W}_i(k-1) \\ \boldsymbol{Z}_i(k) &= \boldsymbol{H}_i(k)\boldsymbol{X}_i(k) + \boldsymbol{V}_i(k) \end{aligned}\quad (i=1,2,\cdots,N)\right\} \tag{5.122}$$

值得注意的是,上述系统中 $\boldsymbol{X}$,$\boldsymbol{X}_i$(为描述方便省去时间变量 k) 可以是同一个状态量,也可以是不同的状态量,对此联邦滤波有不同的处理方法。对于后者,联邦滤波只对各系统的公共状态量进行全局滤波。为简化原理的阐述,不妨先假设 $\boldsymbol{X}$,$\boldsymbol{X}_i$ 是指同一个状态量。比如在组合导航的联邦滤波中,各局部滤波器都使用同一个状态方程,即惯性导航的误差方程。如果各个局部滤波器的估计不相关,可以证明:对于上述各局部滤波器系统,若有 N 个局部状态估计 $\hat{\boldsymbol{X}}_1,\hat{\boldsymbol{X}}_2,\cdots,\hat{\boldsymbol{X}}_N$ 和相应的估计误差协方差阵 $\boldsymbol{P}_{11},\boldsymbol{P}_{22},\cdots,\boldsymbol{P}_{NN}$,且各局部估计互不相关,即 $\boldsymbol{P}_{ij}=$

$0(i \neq j)$，则全局最优估计可表示为

$$\hat{\boldsymbol{X}}_{\mathrm{g}} = \boldsymbol{P}_{\mathrm{g}} \sum_{l=1}^{N} \boldsymbol{P}_{ii}^{-1} \hat{\boldsymbol{X}}_{i} \tag{5.123}$$

$$\boldsymbol{P}_{\mathrm{g}} = \left(\sum_{l=1}^{N} \boldsymbol{P}_{ii}^{-1} \right)^{-1} \tag{5.124}$$

式中，$\hat{\boldsymbol{X}}_{\mathrm{g}}$ 是状态量的全局最优估计结果；$\boldsymbol{P}_{\mathrm{g}}$ 是估计状态量的协方差阵。各子滤波器的滤波信息可以根据各自的状态方程和观测方程独立求出。上述算法是根据各子滤波器状态不相关推导得到，但实际系统的子滤波器往往相关。在子系统状态估计相关的情况下，上述滤波公式式(5.123)、式(5.124)无法直接成立。下面将介绍联邦滤波是如何利用信息分配等方法对分散滤波过程进行改进，使得上述滤波公式式(5.123)、式(5.124)仍然成立，从而大大简化分散滤波的计算流程。

(2) 各子滤波器估计相关时的融合算法

在导航系统和其他实际滤波系统中，各子滤波器估计状态往往都相关。为解决这个问题，联邦滤波采用信息分配的方法使得各局部滤波器估计状态可以按不相关的方式处理，从而简化滤波算法流程。假设联邦滤波按式(5.125)把全局滤波信息分配给各局部滤波器(包括子滤波器和主滤波器)。

$$\left.\begin{aligned}
&\hat{\boldsymbol{X}}_{i} = \hat{\boldsymbol{X}}_{\mathrm{g}}, \quad \boldsymbol{P}_{ii} = \beta_{i}^{-1} \boldsymbol{P}_{\mathrm{g}} \\
&\boldsymbol{P}_{\mathrm{m}}^{-1} + \sum_{i=1}^{N} \boldsymbol{P}_{ii}^{-1} = \boldsymbol{P}_{\mathrm{g}}^{-1} \\
&\sum_{i=1}^{N} \beta_{i} + \beta_{\mathrm{m}} = 1, \quad \gamma_{i} = \beta_{i}^{-1}
\end{aligned}\right\} \tag{5.125}$$

同样，局部滤波器的过程噪声阵方差信息也满足式

$$\left.\begin{aligned}
&\boldsymbol{Q}^{-1} = \sum_{i=1}^{N} \boldsymbol{Q}_{i}^{-1} + \boldsymbol{Q}_{m}^{-1} \\
&\boldsymbol{Q}_{i} = \beta_{i}^{-1} \boldsymbol{Q}
\end{aligned}\right\} \tag{5.126}$$

的分配原则。

可以证明，当采用上述信息分配原则后，式(5.123)、式(5.124)总是成立的，这样全局滤波器的滤波结果很容易得到。同时也可以证明当采用信息分配原则，局部滤波虽然次优，但合成后的全局滤波却具有最优性。如果全局滤波的计算周期长于局部滤波周期，即经过几次局部滤波后才进行一次数据融合，那么全局估计也会变成次优。

(3) 联邦滤波器对公共状态量的处理

联邦滤波可以采用各子滤波器和主滤波器有相同的状态量和相同的状态方程，全局滤波器只须将相同状态量进行数据融合，从而简化算法流程。在组合导航系统中，这样处理会使得

状态量的维数过高。这时也可以对局部滤波器的系统方程进行简化，使得子滤波器和主滤波器的状态向量都包含公共状态 $\boldsymbol{X}_{\mathrm{c}}$ 和各自系统的特定状态 $\boldsymbol{X}_{\mathrm{b}i}(i=1,2,\cdots,N,m)$，而无须包含过多的其他状态量。联邦滤波器只有对公共状态进行信息融合，以获得全局估计。各子系统的误差状态由各自的子滤波器估计，但公共状态和子系统的误差状态相互交联。局部滤波器的协方差阵可写为

$$\boldsymbol{P}_i=\begin{bmatrix}\boldsymbol{P}_{\mathrm{c}i} & \boldsymbol{P}_{\mathrm{c}i,\mathrm{b}i}\\ \boldsymbol{P}_{\mathrm{b}i,\mathrm{c}i} & \boldsymbol{P}_{\mathrm{b}i}\end{bmatrix} \tag{5.127}$$

式中，$\boldsymbol{P}_{\mathrm{c}i,\mathrm{b}i}$ 和 $\boldsymbol{P}_{\mathrm{b}i,\mathrm{c}i}$ 就是公共状态和子系统误差状态的交联项。联邦滤波只是对公共状态量进行全局滤波，并把滤波结果反馈到各局部滤波器，例如，把 $\boldsymbol{X}_{\mathrm{g}}$，$\boldsymbol{P}_{\mathrm{g}}$ 的全部或部分反馈给 $\boldsymbol{X}_{\mathrm{c}i}$，$\boldsymbol{P}_{\mathrm{c}i}$。由于全局滤波器综合更多的观测信息，使得公共状态估计精度提高。这样局部滤波器的协方差阵 $\boldsymbol{P}_{\mathrm{c}i}$ 会下降。通过状态间的耦合影响，$\boldsymbol{P}_{\mathrm{b}i}$ 也下降，即子系统的误差估计也会有一定程度的改善。

3. 联邦滤波器算法流程

通过上述描述，可以得出联邦滤波的设计流程。为使滤波更加具体，可以结合卡尔曼滤波滤波技术，给出联邦卡尔曼滤波的设计步骤及算法流程。

① 初始化。利用方差上界技术，对联邦滤波的局部滤波器进行初始化，将局部滤波器的初始估计协方差阵设置为组合系统初始值的 $\gamma_i(i=1,2,\cdots,N,m)$ 倍。γ_i 满足信息守恒原则，即 $\beta_1+\cdots+\beta_N+\beta_m=1$，其中 $\gamma_i=\beta_i^{-1}$。

② 各子滤波器根据各自的状态方程，独立获取时间更新信息。这时主滤波器也要根据自己的状态方程对信息进行更新。

③ 各子滤波器根据自己的最新量测信息对子滤波器进行量测更新从而获取最新量测更新信息。这时主滤波器由于没有直接的量测信息不用进行量测更新。

④ 在得到各子滤波器的局部估计和主滤波器的估计后按式(5.123)、式(5.124) 进行最优融合，得到主滤波器的滤波值和方差信息。

⑤ 在得到全局状态估计信息 $\hat{\boldsymbol{X}}_{\mathrm{g}}$，$\boldsymbol{P}_{\mathrm{g}}$，$\boldsymbol{Q}$ 后，根据式(5.125)、式(5.126) 按照一定的信息分配原则对局部滤波器进行分配和重置。

⑥ 从第 ② 步重复上述步骤。

通过以上分析可以看出，联邦滤波是一种特殊的分散滤波方法。它采用信息分配、重置等方法，使得各子滤波器估计互不相关，简化了分散滤波的算法流程。同时，由于各子滤波器是并行运算而且互不干扰，当某一子滤波器出现故障时，可以很容易地实现故障诊断和故障隔离，从而提高导航系统的容错性和可靠性，这也使得联邦滤波算法成为一种常用的组合导航滤波方法[11-12]。

5.3　非线性滤波技术及其特点

一般情况下导航系统是一个非线性系统，比如直接以惯性导航参数为滤波对象的状态方程基本都是非线性的。即使对于由误差小量构成的误差方程，如果考虑高阶小量，其状态方程也具有非线性。因此，在有非线性的情况和无法有效进行线性化的背景下，直接使用线性卡尔曼滤波算法难以解决导航数据融合问题。随着计算机技术和滤波理论的发展，各种非线性滤波技术得到了发展和改进，有的已经在导航系统中得到应用[14]。

和线性卡尔曼滤波相比，一般情况下非线性滤波算法复杂，计算量大，难以满足实时性，尤其是在高维的组合导航系统中，这些也是非线性滤波在导航系统中应用受到限制的因素。本节以导航系统数据处理为背景，首先介绍非线性滤波技术的发展和特点，同时结合导航系统的特点，介绍两种常用的有代表性的非线性滤波算法。

5.3.1　非线性滤波技术简介

在导航系统中，滤波方法分为线性滤波（如卡尔曼滤波）和非线性滤波两种。其中线性滤波要求系统的状态方程和观测方程都是线性的，为满足这个要求，一般采用导航误差小量作为系统的状态量，并用间接滤波的方法实现卡尔曼滤波算法。但在实际的导航系统中，有时难以满足误差小量的假设或无法推导出符合实际情况的误差方程，测量方程的非线性也比较普遍。在这种情况下，有时须要采用非线性滤波解决导航中的数据融合问题。在组合导航、初始对准、地形辅助等导航系统中，都存在一定的非线性环节，通过对状态方程及观测方程进行一定的处理都可使用非线性滤波算法。

由于导航系统对滤波精度及实时性都有一定的要求，并不是所有的非线性滤波方法都适合。对于导航系统，在线性滤波方法难以取得理想滤波效果的情况下，可以尝试采用非线性滤波方法解决数据融合问题。采用的具体算法实现也应该简洁明了，避免使用复杂、计算量大的非线性滤波算法。

目前解决非线性滤波问题的种类和方法很多，如 EKF，UKF，PF ，DDF (Divided Difference Filter)等。对于种类繁多的非线性滤波，从整体上看，可以分为两大类：一类是近似求解非线性函数；另一类是近似求解非线性密度函数，从而达到求解状态量的后验估计值（滤波值）的目的。当然近似求解方法包括解析法和蒙特卡洛模拟等方法。

为把握非线性滤波技术的一般特点，下面就上面提到的两点对部分非线性滤波做一个分析和比较。比如 EKF 采用泰勒展开的方式处理非线性函数，UKF 采用 UT 变换（Unscented Transform）的方式来获取模拟密度函数的样本点。一般情况下求解或模拟概率密度函数要比直接处理非线性方程简单，这也是有时 UKF 实现起来比 EKF 要容易些的原因之一。由于

UKF 和 PF 都是模拟系统的密度函数，从这个意义上看，UKF 可以算是一种特殊的 PF，它是采用 UT 变换确定性采样的方式取得样本点，PF 是采用一定的采样策略随机抽取样本点。总体上 PF 需要的样本点要远大于 UKF，这也是 PF 计算量大的原因。和其他非线性滤波方法相比，PF 对系统方程和噪声没有较多限制[15]，从理论上说，在强非线性、非高斯系统中，粒子滤波有更好的滤波效果[16]。对于其他非线性滤波，也可以通过上述方法进行类似分析和比较。下面介绍几种常用的典型非线性滤波方法。

5.3.2 EKF 滤波技术

随着电子技术及计算机的发展，卡尔曼滤波理论作为一种重要的最优估计理论被广泛应用于组合导航、目标跟踪、通信等领域。R. E. Kalman 最初提出的 KF 滤波理论只是应用于线性系统，要求状态方程和观测方程都是线性的。1970 年前后，Bucy，Sunahara 等人提出并研究了扩展卡尔曼滤波，从而将卡尔曼滤波理论的应用扩展到非线性领域。EKF 的基本思想是将非线性函数线性化，然后对线性化后的系统进行卡尔曼滤波。由于线性化过程带来额外误差，因此 EKF 是一种次优滤波。随后，多种二阶广义卡尔曼滤波方法的提出及应用进一步推动了扩展卡尔曼滤波的发展。二阶滤波考虑了泰勒级数展开的二次项，因此减少了由于线性化所引起的额外误差，在一定程度上提高了系统的滤波精度，但同时增加了滤波的计算量，因此在实际中反而没有 EKF 应用广泛[17]。因此，EKF 是卡尔曼滤波在非线性系统上的一种应用形式，下面简要介绍它的通用形式。

1. EKF 算法基本原理

EKF 的主要思想是对非线性函数进行线性化近似，对高阶项采用忽略或逼近解决非线性问题。通过对非线性函数的泰勒展开式进行一阶线性截断，从而将非线性问题转化为线性问题。设随机非线性系统离散形式的状态空间模型可由系统的非线性状态方程和量测方程表示为

$$\boldsymbol{X}_k = f(\boldsymbol{X}_{k-1}) + \boldsymbol{\Gamma}_{k-1}\boldsymbol{W}_{k-1} \tag{5.128}$$

$$\boldsymbol{Z}_k = h(\boldsymbol{X}_k) + \boldsymbol{V}_k \tag{5.129}$$

式中，$f(\cdot)$，$h(\cdot)$ 是某种非线性函数；$\boldsymbol{W}_{k-1}$，$\boldsymbol{V}_k$ 是高斯白噪声。在 EKF 滤波过程中，首先将非线性函数 $f(\cdot)$ 围绕上次滤波值 $\hat{\boldsymbol{X}}_{k-1|k-1}$ 采用泰勒级数的形式展开，并忽略二次以上项，得到该非线性函数的近似值

$$f(\boldsymbol{X}_{k-1}) = f(\hat{\boldsymbol{X}}_{k-1|k-1}) + \frac{\partial f(\hat{\boldsymbol{X}}_{k-1|k-1})}{\partial \boldsymbol{X}}[\boldsymbol{X}_{k-1} - \hat{\boldsymbol{X}}_{k-1|k-1}] \tag{5.130}$$

同理，在 $\hat{\boldsymbol{X}}_{k|k-1}$ 处对非线性函数 $h(\cdot)$ 线性化，得到以下近似值

$$h(\boldsymbol{X}_k) = h(\hat{\boldsymbol{X}}_{k|k-1}) + \frac{\partial h(\hat{\boldsymbol{X}}_{k|k-1})}{\partial \boldsymbol{X}}[\boldsymbol{X}_k - \hat{\boldsymbol{X}}_{k|k-1}] \tag{5.131}$$

注意式(5.131)是在 $\hat{\boldsymbol{X}}_{k|k-1}$ 处而不是$\hat{\boldsymbol{X}}_{k-1|k-1}$ 处进行线性化,否则无法完成 EKF 递推运算。

通过以上线性化处理,可以得到一阶线性化的状态方程和观测方程

$$\boldsymbol{X}_k = f(\hat{\boldsymbol{X}}_{k-1|k-1}) + \frac{\partial f(\hat{\boldsymbol{X}}_{k-1|k-1})}{\partial \boldsymbol{X}}[\boldsymbol{X}_{k-1} - \hat{\boldsymbol{X}}_{k-1|k-1}] + \boldsymbol{\Gamma}_{k-1}\boldsymbol{W}_{k-1} \tag{5.132}$$

$$\boldsymbol{Z}_k = h(\hat{\boldsymbol{X}}_{k|k-1}) + \frac{\partial h(\hat{\boldsymbol{X}}_{k|k-1})}{\partial \boldsymbol{X}}[\boldsymbol{X}_k - \hat{\boldsymbol{X}}_{k|k-1}] + \boldsymbol{V}_k \tag{5.133}$$

为了简化滤波公式的表达,对以下公式进行如下定义:

$$\frac{\partial f(\hat{\boldsymbol{X}}_{k-1|k-1})}{\partial \boldsymbol{X}} = \boldsymbol{\Phi}(k,k-1) \tag{5.134}$$

$$f(\hat{\boldsymbol{X}}_{k-1|k-1}) - \frac{\partial f(\hat{\boldsymbol{X}}_{k-1|k-1})}{\partial \boldsymbol{X}}\hat{\boldsymbol{X}}_{k-1|k-1} = \boldsymbol{M}(k-1) \tag{5.135}$$

$$\frac{\partial h(\hat{\boldsymbol{X}}_{k|k-1})}{\partial \boldsymbol{X}} = \boldsymbol{H}(k) \tag{5.136}$$

$$h(\hat{\boldsymbol{X}}_{k|k-1}) - \frac{\partial h(\hat{\boldsymbol{X}}_{k|k-1})}{\partial \boldsymbol{X}}\hat{\boldsymbol{X}}_{k|k-1} = \boldsymbol{N}(k) \tag{5.137}$$

把式(5.134)、式(5.135)、式(5.136)、式(5.137)代入式(5.132)、式(5.133),可以得到简化后的系统状态方程和观测方程:

$$\boldsymbol{X}_k = \boldsymbol{\Phi}(k \mid k-1)\boldsymbol{X}_{k-1} + \boldsymbol{M}(k-1) + \boldsymbol{\Gamma}_{k-1}\boldsymbol{W}_{k-1} \tag{5.138}$$

$$\boldsymbol{Z}_k = \boldsymbol{H}(k)\boldsymbol{X}(k) + \boldsymbol{N}(k) + \boldsymbol{V}_k \tag{5.139}$$

根据上述表达式和卡尔曼滤波原理,可以得到离散扩展卡尔曼滤波方程:

状态一步预测方程

$$\hat{\boldsymbol{X}}_{k|k-1} = f(\hat{\boldsymbol{X}}_{k-1|k-1}) \tag{5.140}$$

状态估值方程

$$\hat{\boldsymbol{X}}_{k|k} = \hat{\boldsymbol{X}}_{k|k-1} + \boldsymbol{K}_k(\boldsymbol{Z}_k - h(\hat{\boldsymbol{X}}_{k|k-1})) \tag{5.141}$$

滤波增益方程

$$\boldsymbol{K}_k = \boldsymbol{P}_{k|k-1}\boldsymbol{H}_k^{\mathrm{T}}(\boldsymbol{H}_k\boldsymbol{P}_{k|k-1}\boldsymbol{H}_k^{\mathrm{T}} + \boldsymbol{R}_k)^{-1} \tag{5.142}$$

一步预测均方误差方程

$$\boldsymbol{P}_{k|k-1} = \boldsymbol{\Phi}_{k,k-1}\boldsymbol{P}_{k-1}\boldsymbol{\Phi}_{k,k-1}^{\mathrm{T}} + \boldsymbol{\Gamma}_{k-1}\boldsymbol{Q}_{k-1}\boldsymbol{\Gamma}_{k-1}^{\mathrm{T}} \tag{5.143}$$

估计均方误差方程

$$\boldsymbol{P}_{k|k} = (\boldsymbol{I} - \boldsymbol{K}_k\boldsymbol{H}_k)\boldsymbol{P}_{k|k-1}(\boldsymbol{I} - \boldsymbol{K}_k\boldsymbol{H}_k)^{\mathrm{T}} + \boldsymbol{K}_k\boldsymbol{R}_k\boldsymbol{K}_k^{\mathrm{T}} \tag{5.144}$$

或

$$\boldsymbol{P}_{k|k} = (\boldsymbol{I} - \boldsymbol{K}_k\boldsymbol{H}_k)\boldsymbol{P}_{k|k-1} \tag{5.145}$$

从式(5.134)、式(5.135)、式(5.136)、式(5.137)中可以看出,在求解 $\boldsymbol{\Phi}(k \mid k-1)$,$\boldsymbol{M}(k-1)$,$\boldsymbol{H}(k)$,$\boldsymbol{N}(k)$ 的过程中,要用到雅可比矩阵,这增加了 EKF 的计算量和滤波难度[18]。从

EKF 滤波方程中可以看出，$\boldsymbol{M}(k-1)$，$\boldsymbol{N}(k)$ 并未在滤波公式中出现，只是在计算 $\boldsymbol{X}_k$，$\boldsymbol{Z}_k$ 中用到。

2. EKF 算法特点

EKF 对非线性环节进行线性化，是通过对非线性函数的泰勒展开式进行一阶线性化截断、忽略高阶项实现的，因此 EKF 存在如下特点：首先，当非线性函数泰勒展开式的高阶项无法忽略时，线性化会使系统产生较大的误差，甚至使滤波结果发散。一般情况下，EKF 滤波须满足近线性的假设，但该条件有时难以判断和评价。其次，在 EKF 滤波过程中要计算雅可比矩阵，有的滤波系统中难以得到非线性函数的雅可比矩阵，且雅可比矩阵的计算比较烦琐，从而增加了滤波的计算量。EKF 的实现过程中须了解非线性函数的具体形式，从而难以使滤波模块化应用。尽管 EKF 存在以上所说的缺点，但由于 EKF 简单易行，与粒子滤波等非线性滤波相比，计算量小，这使得 EKF 成为一种在实际工程应用中广泛使用的非线性滤波。

5.3.3 UKF 滤波技术

Julier[19] 以 UT 变换为基础，提出一种针对非线性滤波的无味卡尔曼滤波器（Unscented Kalman Filter，UKF），其中 Unscented 只是表示一个名称而已，没有实际意义。UKF 的基本思想是利用一定数量的采样点逼近非线性密度函数，这种方式往往要比逼近任意的非线性函数容易。其基本思路是寻找一种采样方法，既能精确地捕捉到信息的均值和方差，又能通过真实的系统进行状态转移。UT 变换就是这样的一种采样方式，它的采样过程如下：已知 n 维随机变量 $\boldsymbol{x}$ 的均值 $\bar{\boldsymbol{x}}$ 及其方差 $\boldsymbol{P}_x$，由矩阵 $\pm\sqrt{n\boldsymbol{P}_x}$ 的各个列构成的 $2n$ 个采样点向量，则该向量集的均值为 $\bar{\boldsymbol{x}}$，方差为 $\boldsymbol{P}_x$。如果引入一个参数 λ，即取 $\pm\sqrt{(n+\lambda)\boldsymbol{P}_x}$ 的各个列，则采样点集的均值未改变，但其分布的稀疏程度被改变，它的引入在某种程度上能提高系统的性能。

1. UKF 算法基本原理

UKF 采用 UT 变换的方式获取一定数量的采样点逼近非线性密度函数，从而得到状态量的滤波值。在 UT 变换算法中，最重要的是确定 Sigma 点采样策略，也就是确定使用 Sigma 点的个数、位置以及相应权值。Sigma 点的选择应确保其抓住输入变量 $\boldsymbol{x}$ 的最重要的特征。假设 $p_x(\boldsymbol{x})$ 是 $\boldsymbol{x}$ 的密度函数，Sigma 点的选择遵循如下条件函数

$$g[\{\boldsymbol{\chi}_i\},p_x(\boldsymbol{x})]=0 \tag{5.146}$$

以确保其抓住 $\boldsymbol{x}$ 的必要特征。式(5.146)中，$\boldsymbol{\chi}_i$ 为采样点序列，$i=1,\cdots,2n+1$；$g[\{\boldsymbol{\chi}_i\},p_x(\boldsymbol{x})]$ 为条件函数，

$$g[\{\boldsymbol{\chi}_i\},p_x(\boldsymbol{x})]=\begin{bmatrix}\sum_{i=0}^{2n}w_i-1\\ \sum_{i=0}^{2n}w_i\boldsymbol{\chi}_i-\bar{\boldsymbol{x}}\\ \sum_{i=0}^{2n}w_i(\boldsymbol{\chi}_i-\bar{\boldsymbol{x}})(\boldsymbol{\chi}_i-\bar{\boldsymbol{x}})^{\mathrm{T}}-\boldsymbol{P}_{xx}\end{bmatrix}\tag{5.147}$$

式中，w_i 为权值。

UKF 滤波器分为以下几个步骤[20]：

(1) 初始化

将过程噪声和量测噪声增广为状态向量，增广后的状态向量为 $\boldsymbol{x}^{\mathrm{a}}$，相应的采样点向量为 $\boldsymbol{\chi}^{\mathrm{a}}$，$\boldsymbol{P}_0$ 为原状态向量协方差初始估计值，$\boldsymbol{P}_{\mathrm{v}}$ 是过程噪声方差，$\boldsymbol{P}_{\mathrm{n}}$ 是量测噪声方差。

$$\boldsymbol{x}^{\mathrm{a}}=[\boldsymbol{x}^{\mathrm{T}}\quad\boldsymbol{v}^{\mathrm{T}}\quad\boldsymbol{\eta}^{\mathrm{T}}]^{\mathrm{T}}\tag{5.148}$$

$$\boldsymbol{\chi}^{a}=[(\boldsymbol{\chi}^{x})^{\mathrm{T}}\quad(\boldsymbol{\chi}^{\mathrm{v}})^{\mathrm{T}}\quad(\boldsymbol{\chi}^{\eta})^{\mathrm{T}}]^{\mathrm{T}}\tag{5.149}$$

$$\hat{\boldsymbol{x}}_0^{\mathrm{a}}=E[\boldsymbol{x}^{\mathrm{a}}]\tag{5.150}$$

$$\boldsymbol{P}_0=E[(\boldsymbol{x}_0-\hat{\boldsymbol{x}}_0)(\boldsymbol{x}_0-\hat{\boldsymbol{x}}_0)^{\mathrm{T}}]\tag{5.151}$$

$$\boldsymbol{P}_0^{\mathrm{a}}=E[(\boldsymbol{x}_0^{\mathrm{a}}-\hat{\boldsymbol{x}}_0^{\mathrm{a}})(\boldsymbol{x}_0^{\mathrm{a}}-\hat{\boldsymbol{x}}_0^{\mathrm{a}})^{\mathrm{T}}]=\begin{bmatrix}\boldsymbol{P}_0&0&0\\0&\boldsymbol{P}_{\mathrm{v}}&0\\0&0&\boldsymbol{P}_{\mathrm{n}}\end{bmatrix}\tag{5.152}$$

(2) 计算采样点

构造一个 n 行(n 为增广状态向量的维数)，$2n+1$ 列的矩阵，各列形式如下：

$$\boldsymbol{\chi}_{0,k-1}^{\mathrm{a}}=\hat{\boldsymbol{x}}_{k-1}^{\mathrm{a}}\tag{5.153}$$

$$\boldsymbol{\chi}_{i,k-1}^{\mathrm{a}}=\hat{\boldsymbol{x}}_{k-1}^{\mathrm{a}}+(\sqrt{(n+\lambda)\boldsymbol{P}_{k-1}^{\mathrm{a}}})_i\quad i=1,\cdots,n\tag{5.154}$$

$$\boldsymbol{\chi}_{i,k-1}^{\mathrm{a}}=\hat{\boldsymbol{x}}_{k-1}^{\mathrm{a}}-(\sqrt{(n+\lambda)\boldsymbol{P}_{k-1}^{\mathrm{a}}})_{i-n}\quad i=n+1,\cdots,2n\tag{5.155}$$

这里，$\lambda=\alpha^2(n+k)-n$。α 决定采样点距均值的远近程度，通常被赋一个较小的正值；$k\geqslant 0$ 保证方差阵的半正定性。

(3) 时间更新方程

$$\boldsymbol{\chi}_{i,k|k-1}^{x}=f(\boldsymbol{\chi}_{i,k|k-1}^{x},\boldsymbol{\chi}_{i,k-1}^{\mathrm{v}})\quad(i=0,1,\cdots,2n)\tag{5.156}$$

式中，f 为系统的非线性状态方程式。

$$\hat{\boldsymbol{x}}_{k|k-1}=\sum_{i=0}^{2n}W_i^{(m)}\boldsymbol{\chi}_{i,k|k-1}^{x}\tag{5.157}$$

$$\boldsymbol{P}_{k|k-1}=\sum_{i=0}^{2n}W_i^{(c)}[\boldsymbol{\chi}_{i,k|k-1}^{x}-\hat{\boldsymbol{x}}_{k|k-1}][\boldsymbol{\chi}_{i,k|k-1}^{x}-\hat{\boldsymbol{x}}_{k|k-1}]^{\mathrm{T}}\tag{5.158}$$

$$\boldsymbol{z}_{k|k-1}=\boldsymbol{h}(\boldsymbol{\chi}_{k|k-1}^{x},\boldsymbol{\chi}_{k-1}^{\eta})\tag{5.159}$$

式中，h 为系统的非线性量测方程式。

$$\hat{z}_{k|k-1} = \sum_{i=0}^{2n} W_i^{(m)} z_{i,k|k-1} \tag{5.160}$$

其中

$$W_0^{(m)} = \frac{\lambda}{n+\lambda}, \quad W_0^{(c)} = \frac{\lambda}{n+\lambda} + (1 - \alpha^2 + \beta) \tag{5.161}$$

$$W_i^{(m)} = W_i^{(c)} = \frac{1}{2(n+\lambda)}, \quad i = 1, 2, \cdots, 2n \tag{5.162}$$

β 用于包含状态量分布的高阶成分信息，$\beta \geqslant 0$。

(4) 量测更新方程

$$\boldsymbol{P}_{\hat{z}_k \hat{z}_k} = \sum_{i=0}^{2n} W_i^{(c)} [\boldsymbol{z}_{i,k|k-1} - \hat{\boldsymbol{z}}_{k|k-1}][\boldsymbol{z}_{i,k|k-1} - \hat{\boldsymbol{z}}_{k|k-1}]^{\mathrm{T}} \tag{5.163}$$

$$\boldsymbol{P}_{x_k z_k} = \sum_{i=0}^{2n} W_i^{(c)} [\boldsymbol{\chi}_{i.k|k-1}^{x} - \hat{\boldsymbol{x}}_{k|k-1}][\boldsymbol{z}_{i,k|k-1} - \hat{\boldsymbol{z}}_{k|k-1}]^{\mathrm{T}} \tag{5.164}$$

$$\boldsymbol{\kappa} = \boldsymbol{P}_{x_k z_k} \boldsymbol{P}_{\hat{z}_k \hat{z}_k}^{-1} \tag{5.165}$$

$$\hat{\boldsymbol{x}}_k = \hat{\boldsymbol{x}}_{k|k-1} + \boldsymbol{\kappa}(\boldsymbol{z}_k - \hat{\boldsymbol{z}}_{k|k-1}) \tag{5.166}$$

$$\boldsymbol{P}_k = \boldsymbol{P}_{k|k-1} - \boldsymbol{\kappa} \boldsymbol{P}_{\hat{z}_k \hat{z}_k} \boldsymbol{\kappa}^{\mathrm{T}} \tag{2.167}$$

2. UKF 算法特点

UKF 算法的核心是 UT 变换，它能够产生代表状态量统计特性的最少数量的采样点。UT 变换具有一些比较好的特性[21]：对非线性函数的概率密度分布进行近似，而不是对非线性函数进行近似，不须要知道非线性函数的显式表达式；非线性函数统计量的精度至少达到二阶，对于采用特殊的采样策略，如高斯分布 4 阶采样和偏度采样等可达到更高阶精度；计算量与 EKF 同阶，不须要求导计算 Jacobian 矩阵，可以处理非可导的非线性函数。

UKF 和 EKF 都可以看做是以卡尔曼滤波为基础的非线性滤波器，通过上面对 UT 变换的分析，可以看出 UKF 的滤波特点。EKF 在线性化过程中，对高阶项的忽略与微小量的近似会引入误差[22]。从数学模型上理解，EKF 并没有求其数学期望，状态变量的传递只是以一阶线性化近似的系统进行。UKF 方法的状态变量通过未被近似的系统进行传递，而且以三阶精度保证传递后状态量的分布，模型更精确。UKF 在保证一定精度的情况下，计算量要比 PF 少很多，也不用求 Jacobian 矩阵，这使得 UKF 成为一种重要非线性滤波技术[23]。

5.3.4 粒子滤波技术

通过上述分析可以看出 UKF 能较好地解决非线性滤波问题，但对于强非线性、非高斯系统，UKF 也有一定的局限性，粒子滤波在这种情况下有一定的优势。粒子滤波是采用蒙特卡洛方法来实现递推贝叶斯估计问题的一种滤波方法。其中心思想是使用一组具有相应权值的随机样本集合(通常称为粒子)逼近所需的后验概率密度。早在 20 世纪 50 年代,基于序贯重要性采样(Sequential Importance Sampling,SIS)的粒子滤波方法在刚提出不久就应用于物理和统计学领域。到 60 年代后期,该方法被引入自动控制领域。70 年代后,有大量学者对此进行了研究,这些方法均是基于 SIS 粒子滤波框架。SIS 粒子滤波普遍存在粒子退化问题(Degeneracy Problem),即经过多次迭代后,只有少数粒子权值较大,大部分粒子的权值可忽略不计。由于粒子退化问题难以解决,粒子滤波在此后的很长一段时间发展缓慢。直到 1993 年,Gordon 等将重采样(Resampling)步骤引入到粒子滤波,在一定程度上解决了 SIS 的退化问题,并由此产生粒子滤波算法(Sampling Importance Resampling Filter,SIR)。SIR 算法的出现,使得粒子滤波的发展上了一个新台阶,此后粒子滤波在很多领域得到广泛关注和应用,2003 年前后很多重要国际期刊为粒子滤波出了专刊。

目前具体的粒子滤波算法种类很多,大部分都是以 SIS 算法为基础,根据系统的实际情况,对粒子滤波的部分环节或整体进行改进和优化,从而提高滤波效果。目前粒子滤波的改进方法很多,有些改进后的滤波性能有较大的提高[24],这使得粒子滤波成为一类实现十分灵活的非线性滤波。为了较好地理解粒子滤波,本节首先介绍 SIS 算法的基本原理,在此基础上阐述粒子滤波算法中常见的若干问题及解决措施。理解上述两个方面的内容,也就能从整体上掌握了粒子滤波的主要概念和基本实现方法。

1. SIS 粒子滤波算法基本原理

在理论上,粒子滤波能应用于任意非线性、非高斯系统。它的滤波过程不受系统动态方程及噪声分布的限制,从 SIS 算法的基本原理中可以看出这一特点。设随机非线性系统离散形式的状态空间模型可由系统的非线性状态方程和量测方程表示为

$$\boldsymbol{X}_n = f(\boldsymbol{X}_{n-1}, \boldsymbol{u}_n)\text{(状态方程)} \tag{5.168}$$

$$\boldsymbol{Y}_n = h(\boldsymbol{X}_n, \boldsymbol{v}_n)\quad\text{(量测方程)} \tag{5.169}$$

式中,$\boldsymbol{u}_n$ 和 $\boldsymbol{v}_n$ 是服从某种分布的随机噪声。由滤波理论可知系统的最小方差意义下的最优估计可由条件均值给出:

$$\hat{\boldsymbol{X}}_n = E[\boldsymbol{X}_n \mid \boldsymbol{Y}_{1:n}] = \int \boldsymbol{X}_n p(\boldsymbol{X}_n \mid \boldsymbol{Y}_{1:n}) \mathrm{d}\boldsymbol{X}_n \tag{5.170}$$

如果滤波动态方程是线性的,噪声分布也是高斯的,卡尔曼滤波是上述最小均方误差滤波问题的实现。对于非线性、非高斯系统,最优估计问题的关键是求系统的后验概率密度 $p(\boldsymbol{X}_n \mid \boldsymbol{Y}_{0:n})$,但该密度函数一般都很难得到,比较容易得到的常常是 $p(\boldsymbol{Y}_n \mid \boldsymbol{X}_n)$。离散系统后验密度函数的求解可由递推贝叶斯估计公式给出。该过程可总结为如下公式

$$p(\boldsymbol{X}_n \mid \boldsymbol{Y}_{0:n-1}) = \int p(\boldsymbol{X}_n \mid \boldsymbol{X}_{n-1}) p(\boldsymbol{X}_{n-1} \mid \boldsymbol{Y}_{1:n-1}) \mathrm{d}\boldsymbol{X}_{n-1}\quad\text{(预测-时间更新)} \tag{5.171}$$

$$p(\boldsymbol{X}_n \mid \boldsymbol{Y}_{1:n}) = C_n p(\boldsymbol{X}_n \mid \boldsymbol{Y}_{1:n-1}) p(\boldsymbol{Y}_n \mid \boldsymbol{X}_n)\quad\text{(滤波-量测更新)} \tag{5.172}$$

式中，$C_n = \left(\int p(\boldsymbol{X}_n \mid \boldsymbol{Y}_{1:n-1}) p(\boldsymbol{Y}_n \mid \boldsymbol{X}_n) \mathrm{d}\boldsymbol{X}_n\right)^{-1}$，为归一化因子。

由于常常不能得到密度函数的解析表达式，蒙特卡洛方法是求解上述贝叶斯估计的一种有效方法。设在时刻 n，系统状态值的分布函数 $p(\boldsymbol{X}_n)$ 可由一系列样本即粒子和其对应的权值表示。其中，样本 $\boldsymbol{\chi} = \{\boldsymbol{X}_n^{(1)}, \cdots, \boldsymbol{X}_n^{(M)}\}$ 是从 $p(\boldsymbol{X}_n)$ 中抽样产生，其对应的权值为 $W = \{w_n^{(1)}, \cdots, w_n^{(M)}\}$，$M$ 表示粒子个数。这样一组粒子和其对应的权值$\{\boldsymbol{\chi}, W\}$ 表示系统的概率密度函数 $p(\boldsymbol{X}_n)$，这样就可求出系统状态的均值、方差等被估计量。其中系统的密度函数和状态估计值可由下式给出：

$$p(\boldsymbol{X}_n) \approx \sum_{j=1}^{M} w_n^{(j)} \delta(\boldsymbol{X}_n - \boldsymbol{X}_n^{(j)}) \tag{5.173}$$

$$\hat{\boldsymbol{X}}_n = E(\boldsymbol{X}_n) \approx \sum_{j=1}^{M} \boldsymbol{X}_n^{(j)} w_n^{(j)} \tag{5.174}$$

根据蒙特卡洛方法抽样理论，在很多情况下不能从系统的状态密度函数 $p(\boldsymbol{X}_n)$ 中直接抽样产生样本，只能从所谓重要性密度函数 $\pi(\boldsymbol{X}_n)$ 中抽样产生样本 $\boldsymbol{\chi} = \{\boldsymbol{X}_n^{(1)}, \cdots, \boldsymbol{X}_n^{(M)}\}$，其对应的权值计算公式为 $w_n^{(i)} = \dfrac{p(\boldsymbol{X}_n^{(i)})}{\pi(\boldsymbol{X}_n^{(i)})}$。

根据上述贝叶斯估计框架和蒙特卡洛实现方法，可以总结出基本粒子滤波 SIS 实现的步骤。其算法基本流程如下：

① 根据状态量的初始分布 $\pi(\boldsymbol{X}_0)$，抽样产生 M 个粒子 $\boldsymbol{\chi}_0 = \{\boldsymbol{X}_0^{(1)}, \cdots, \boldsymbol{X}_0^{(M)}\}$；

② 根据重要性密度函数 $\pi(\boldsymbol{X}_n \mid \boldsymbol{X}_{n-1}, \boldsymbol{Y}_{1:n})$，抽样产生 M 个粒子 $\boldsymbol{\chi} = \{\boldsymbol{X}_n^{(1)}, \cdots, \boldsymbol{X}_n^{(M)}\}$；

③ 根据公式计算各粒子对应的权值 $w_n^{*(i)} = w_{n-1}^{(i)} \dfrac{p(\boldsymbol{Y}_n \mid \boldsymbol{X}_n^{(i)}) p(\boldsymbol{X}_n^{(i)} \mid \boldsymbol{X}_{n-1}^{(i)})}{\pi(\boldsymbol{X}_n^{(i)} \mid \boldsymbol{X}_{n-1}^{(i)}, \boldsymbol{Y}_{1:n})}$；

④ 根据公式 $w_n^{(i)} = \dfrac{w_n^{*(i)}}{\sum_{j=1}^{M} w_n^{*(j)}}$ 归一化权值，各粒子对应权值为 $W = \{w_n^{(1)}, \cdots, w_n^{(M)}\}$；

⑤ 根据粒子及其对应权值$\{\boldsymbol{\chi}, W\}$ 可计算出滤波结果，从第 ② 步重复上述过程。

以上介绍了 SIS 算法的基本原理，粒子滤波是贝叶斯滤波理论和蒙特卡洛计算方法结合的产物，上面的推导过程没有用到对系统线性和高斯条件的假设，这使得粒子滤波的应用范围比卡尔曼滤波广。

2. 粒子滤波常见问题及解决方法

由于SIS算法存在粒子退化等问题，在大部分情况下都不能直接应用SIS算法解决滤波问题。目前常用的粒子滤波算法基本上是在 SIS 算法的框架下对其部分环节或整体进行改进和优化，从而提高滤波效果。粒子滤波有很多优化改进措施，比如选择合适的重要性密度函数、改进粒子重采样过程、抑制粒子贫化、混合滤波策略[24]、构建近似密度模型[25]等方法。由于这些改进策略的方法种类繁多，涉及统计学、控制理论、估计与滤波等多方面的理论和内容，为方便理解，下面选择其中比较有代表性的两个基本问题进行讨论，从而进一步了解粒子滤波的算法结构及应用特点。

(1) 粒子退化问题

粒子退化问题的根源在于粒子的产生是从重要性函数中抽样得到。由于重要性函数和后验密度函数之间的差异，一般情况下，随着算法的迭代，权值的方差随着时间增大，因此退化现象无法避免。选取合适的重要性函数可以减缓粒子退化现象，如果重要性函数为后验概率密度函数，即

$$\pi(\boldsymbol{X}_n \mid \boldsymbol{X}_{n-1}, \boldsymbol{Y}_{1:n}) = p(\boldsymbol{X}_n \mid \boldsymbol{X}_{n-1}, \boldsymbol{Y}_{1:n}) \tag{5.175}$$

则粒子权重方差为 0，该重要性函数称为最优重要性函数。重要性函数越接近最优重要性函数，粒子就越不容易出现粒子退化现象。所以选择合适的重要性密度函数是粒子滤波的一个重要内容，也是改进优化粒子滤波的重要手段。

但在现实系统中，有时难以得到较精确的重要性函数，这使得粒子重采样策略成为解决粒子退化的有效方法。粒子重采样策略的基本思想是对采样后的粒子和其权值综合考虑，采用一定的策略和指标，剔除权值小的粒子，复制权值大的粒子。经重采样过程后的粒子的权值方差会比较小，不会出现严重的权值不均现象。重采样策略被认为是解决粒子退化的有效方法，基于重采样过程的粒子滤波 SIR 正逐渐成为粒子滤波的主要框架。目前常用的重采样算法包括多项式重采样、残差重采样、分层重采样、系统重采样等。

(2) 粒子贫化问题

基于粒子重采样过程的粒子滤波算法 SIR 在很大程度上解决了粒子退化现象，但同时也能带来一系列新问题，比如粒子贫化问题(Sample Impoverishment Problem)，有的文献也翻译成粒子枯竭。在重采样过程中，重权值的粒子被多次复制，经过若干次迭代后，粒子就会逐渐失去其多样性。尤其当系统噪声较小时，由于重权值粒子被多次复制，被复制的粒子更新后差异也不大，有时甚至会出现所有粒子都将趋向于一点，粒子的多样性彻底丧失。粒子贫化是粒子重采样过程中多次复制权重粒子造成的，一般可以通过改进粒子重采样策略避免这个问题。改进的基本思想是，重采样过程不是对粒子进行简单的复制，而是在保持粒子服从当前分布的前提下，尽量扩大被复制粒子之间的差异，从而保持粒子的多样性。比如，正则粒子滤波是在重采样过程中用正则化的方法扩大粒子间的差异。此外，有的粒子滤波没有独立的重采样过程，没有重采样过程对重权重粒子的复制，粒子就不会在循环中丧失多样性。比如高斯粒子滤波(GPF)[26]，由于该滤波方法中没有独立的重采样过程，也就不会出现明显的粒子匮乏现象。

只有解决粒子退化和粒子贫化等问题，粒子滤波才能有效迭代，解决这些问题是保证滤波效果的前提和基础。在此基础上，根据具体情况有很多改进措施可以减少粒子滤波的计算量，提高滤波精度，在此就不再展开。相比较而言，理论上粒子滤波在强非线性、非高斯系统有一定的优势，但同时粒子滤波存在计算量大等缺点，在高维滤波系统中尤为明显。在导航系统中，当其他滤波方法无法取得较好的滤波效果时，粒子滤波是其数据处理的一个有益补充。随着计算机技术和滤波理论的发展，粒子滤波的实时性和实用性将会得到一定程度的改善。

5.4 本章小结

卡尔曼滤波是一种线性最优估计，在工程技术中得到了广泛的应用，导航系统也是其典型的应用领域之一。本章主要介绍了卡尔曼滤波技术及其在导航系统中的应用，并以 UKF 和 PF 为代表简要介绍了非线性滤波技术。首先，根据递推线性最小方差估计原理，以离散化的形式，给出了卡尔曼滤波的 5 个基本方程，并分析了卡尔曼滤波的特点和应用条件。其次，结合组合导航的特点，分析了卡尔曼滤波在组合导航系统中的应用方法，简要给出直接滤波和间接滤波基本概念，卡尔曼滤波在组合导航中的应用主要以间接滤波的方式实现。在间接滤波中，状态方程中一般是以导航参数误差为状态量，根据这个特点，比较详细地介绍了输出校正及反馈校正的原理及实现方法。为了了解卡尔曼滤波仿真及滤波性能，介绍了卡尔曼滤波的稳定性分析和仿真实现方法。卡尔曼滤波的应用往往需要满足一些限制条件，而实际组合导航系统往往难以满足。针对这一问题，选择性地介绍了卡尔曼滤波的一些发展技术，如有色噪声扩展、滤波发散抑制、联邦滤波等方面的内容。最后，针对目前非线性滤波的发展现状及组合导航的特点，以 EKF，UKF，PF 为代表概括性地介绍了非线性滤波的基本原理及应用特点。

本章的主要内容是以组合导航系统为背景，以卡尔曼滤波技术为主要内容，介绍了滤波技术的基本原理及实现方法。主要内容侧重于滤波理论的介绍，并没有过多地涉及组合导航滤波的具体应用和实现形式。第 6 章将以本章的滤波技术及前面章节的导航系统知识为基础，较为详细地阐述和分析惯性组合导航系统的基本原理和方法，本章的部分内容也可结合第 6 章的具体应用形式来分析和理解。

思考与练习题

5.1 试通过离散卡尔曼滤波方程用物理意义解释卡尔曼滤波的估计性质。

5.2 说明间接法中输出校正和反馈校正性质的异同。

5.3 滤波稳定性是指什么？它与滤波器稳定有什么关系？

5.4 如果离散系统一致完全可观测，且卡尔曼滤波器的初始估计均方差阵 $\boldsymbol{P}_0$ 正定，则滤波的意义是什么？

5.5　卡尔曼滤波开环校正和闭环校正理论与实际滤波精度有无差别？为什么？

5.6　卡尔曼滤波应用的限制条件有哪些？

5.7　组合导航系统一般采用直接滤波还是间接滤波，为什么？

5.8　协方差分析法应用的条件是什么？

5.9　抑制滤波发散的卡尔曼滤波算法有哪些？

5.10　和卡尔曼滤波相比，H_∞滤波的主要优点有哪些？

5.11　自适应滤波的类型有哪些，其基本原理是什么？

5.12　联邦滤波采用什么措施使得估计相关的滤波子系统信息能够直接融合？

5.13　在量测更新过程中，联邦滤波的主滤波器是否要量测更新？

5.14　EKF是采用什么措施从而适用于非线性系统？该措施有什么优缺点？

5.15　EKF滤波公式和卡尔曼滤波相比有什么异同？

5.16　UT变换有什么特点？和EKF相比，UKF滤波精度和算法实现有什么优点？

5.17　UKF是如何使用卡尔曼滤波技术，它和卡尔曼滤波的主要区别在那里？

5.18　UKF和PF都是通过样本点近似系统的概率密度函数，它们的采用策略有什么区别？并说明各自采用策略对滤波算法性能的影响。

5.19　粒子滤波的主要滤波思想和优点是什么？

5.20　基本粒子滤波有哪些主要缺点？一般采取哪些措施解决？

5.21　粒子滤波重采样的基本思想是什么？目前有哪些重采样方法？

参考文献

[1]　付梦印，邓志红，张继伟．卡尔曼滤波理论及其在导航系统中的应用[M]．北京：科学出版社，2003.

[2]　康国华，刘建业，刘瑞华，等．闭环 H_∞ 滤波在无源北斗/SINS导航系统中的实现[J]．控制与决策，2007，22 (5)：566－568.

[3]　Kubo Y, Fujioka S, Nishiyama M, et al. Nonlinear filtering methods for the INS/GPS in-motion alignment and navigation[J]. International Journal of Innovative Computing Information and Control, 2006, 2(5): 1137－1151.

[4]　周海波，刘建业，赖际舟．干涉型光纤陀螺随机噪声的分析研究[J]．传感器与微系统，2006，25(11)：73－76.

[5]　Yang Y X, Gao W G . Comparison of adaptive factors in Kalman filters on navigation results [J]. Journal of Navigation, 2005, 58 (3): 471－478.

[6] 郁丰,刘建业,熊智等.基于伪陀螺/磁强计/地球敏感器的微卫星姿态自适应确定方法[J].应用科学学报,2007,25(1):108-110.

[7] Calafiore G C,Campi M C. The scenario approach to robust control design [J]. IEEE Transactions on Automatic Control,2006,51 (5):742-753.

[8] 康国华.基于无源北斗的多传感器惯性组合导航系统研究[D].南京:南京航空航天大学,2006.

[9] 岳淼,赵伟,刘建业,等.滤波在高精度载波相位组合导航中的应用研究[J].传感器与微系统,2007,26(11):69-71.

[10] 康国华,刘建业,刘瑞华,等.自适应闭环 滤波在组合导航系统中的实现研究[J].控制理论与应用,2008,25(3):547-550.

[11] Carlson N A. Federated filter for computer-efficient near-optimal GPS integration[C]. IEEE Conference Proceeding on Position Location and Navigation Symposium. Atlanta(GA):[s. n.],1996: 306-314.

[12] Hajiyev C,Tutucu M A. Development of GPS aided INS via Federated Kalman filter [C]. IEEE Conference Proceeding on Recent Advances in Space Technologies Istanbul (Turkey):[s. n.],2003:568-574.

[13] 刘勇,徐世杰.基于联邦 UKF 算法的月球探测器自主组合导航[J].宇航学报,2006,27(3):518-521.

[14] Schon T,Gustafsson F,Nordlund PJ. Marginalized particle filters for mixed linear/nonlinear state-space models [J]. IEEE Transactions on Signal Processing, 2005,53(7): 2279-2289.

[15] Hue C,Le Cadre J P, Perez P. Sequential Monte Carlo methods for multiple target tracking and data fusion[J]. IEEE Transactions on Signal Processing, 2002,50(2): 309-325.

[16] Giremus A, Tourneret J Y, Calmettes V. A particle filtering approach for joint detection/estimation of multipath effects on GPS measurements [J]. Signal Processing, 2007, 55 (4):1275-1285.

[17] Barut M, Bogosyan S. An EKF-based estimator for the speed sensorless vector control of induction motors [J]. Electric Power Components and Systems, 2005,33(7): 727-744.

[18] 刘国海, 施维,李康吉. 插值改进 EKF 算法在组合导航中的应用[J]. 仪器仪表学报, 2007,28(10):1897-1901.

[19] Julier S J. A New Approach for Filtering Nonlinear System[C]// The Proceedings of the American Control Conference. Seattle(USA):IEEE Press, 1995: 1628－1632.

[20] 段方.微小卫星定姿与自主导航系统研究[D].南京:南京航空航天大学,2005.

[21] 潘泉,杨峰,叶亮等.一类非线性滤波器——UKF 综述[J].控制与决策,2005,20(5):481－494.

[22] Vandyke M C,Schwartz J L,Hall C D. Unscented Kalman Filtering for Spacecraft Attitude State and Parameter Estimation[J]. Advances in the Astronautical Sciences, 2005,119(1):217－228.

[23] Jwo D J, Lai C N. Unscented Kalman filter with nonlinear dynamic process modeling for GPS navigation [J]. GPS Solutions, 2008, 12 (4):249－260.

[24] Sarkka S, Vehtari A, Lampinen J . Rao-Blackwellized particle filter for multiple target tracking [J]. Information Fusion, 2007,8(1): 2－15.

[25] Djurić P M,Bugallo M F, Míguez J. Density assisted particle filters for state and parameter estimation[C]// Proceedings of IEEE International Conference on Acoustics Speech and Signal Processing. Montreal(Canada):[s. n.],2004:701－704.

[26] Kotecha J H, Djurić P M. Gaussian particle filtering[J]. IEEE Transactions on Signal Processing, 2003, 51(10):2592－2601.

第6章 组合导航系统

在实际应用中有多种不同工作原理的导航系统,它们具有不同的特点。组合导航系统就是把具有不同特点的导航系统组合在一起,取长补短,用以提高导航系统的精度。实践证明,这是一种很有效的方法。随着各种辅助导航手段、现代估计技术和高性能计算机技术的快速发展,组合导航系统在近年来获得了广泛的应用。组合导航技术是目前导航技术发展的重要方向。

从组合导航技术的发展来看,早期的是以惯性导航系统为主的组合导航系统,其工作模式最初用重调,以后用经典控制理论,再用现代控制理论。自 20 世纪 60 年代现代控制理论出现以后,根据最优控制理论和卡尔曼滤波方法设计的组合导航滤波器,成为组合导航系统的核心[1-3]。基于卡尔曼滤波方法的组合导航系统是把各类传感器提供的各种导航信息提供给滤波器,应用卡尔曼滤波方法进行信息处理,继而得出惯性导航系统的误差最优估计值,再由控制器对惯性导航系统进行校正,使得系统误差最小。与一般重调、阻尼方式的组合导航系统相区别,通常将应用卡尔曼滤波器的组合导航系统称为最优组合导航系统。根据对系统校正模式的不同,卡尔曼滤波器有开环校正(输出校正)和闭环校正(反馈校正)之分。两种校正方式的原理、异同在第 5 章已有详细推导论述,考虑到实际工程应用中的特点,本章相关论述均采用反馈校正方式。

本章主要阐述和分析了惯性组合导航系统的基本原理和方法。GPS/惯性组合导航系统是目前应用最为广泛的一种组合导航系统,本章对 GPS/惯性组合导航系统中的位置/速度组合方式、位置/速度/姿态组合方式和伪距/伪距率组合方式进行了深入细致的分析。惯性导航系统以其优良的性能,除了与 GPS 组合外还能够与其他多种导航系统组合,例如天文/惯性、北斗双星/惯性、无线电/惯性等,对此也进行了相应的阐述。除此之外,本章对多传感器组合导航系统、非线性滤波及鲁棒滤波在组合导航中的应用进行了详细阐述。

6.1 GPS/惯性组合导航系统

GPS 全球定位系统是一种高精度的全球 3 维实时卫星导航系统,其导航定位的全球性和高精度,使之成为一种先进的导航设备。但是 GPS 全球定位系统也存在着一些不足之处,主要是 GPS 接收机的工作受载体机动的影响较大,容易受到干扰和人为控制[4-5],在遮挡的情况下不能使用(如室内、水下、地下、两边为高楼的狭窄街道等),因此 GPS 全球定位系统对国防应用而言,主要作为一种辅助导航设备使用。

GPS/惯性组合克服了各自缺点,取长补短,使组合后的导航精度高于两个系统单独工作的精度。其优点表现为对惯性导航系统可以实现惯性仪表的校准、惯性导航系统的空中对准、惯性导航系统高度通道的稳定等，从而可以有效地提高惯性导航系统的性能[6]。而对GPS全球定位系统，惯性导航系统的辅助可以提高其跟踪卫星的能力，提高接收机的动态特性和抗干扰能力。另外，GPS/惯性组合还可以实现GPS接收机完整性的检测，从而提高其可靠性。如把GPS接收机直接嵌入到惯性导航系统中，可实现组合导航系统的一体化，使系统的体积、质量和成本都得以减小，便于实现惯性导航系统和GPS接收机的实质性同步。总之，GPS/惯性组合可以构成一种比较理想的导航系统，是目前惯性组合导航系统的主要形式。

本节针对GPS/惯性组合导航系统的特点，对GPS/惯性组合导航系统的工作模式进行了阐述，给出了常用的3类组合方式。重点对位置/速度组合、位置/速度/姿态组合和伪距/伪距率组合的基本原理、状态方程和量测方程的建模进行了详细分析，并给出了相应的仿真实例。在此基础上，对GPS/惯性组合导航系统的发展趋势——“深组合”——进行了简要分析。

6.1.1　GPS/惯性组合模式

GPS和惯性导航系统的组合，根据不同的应用要求可以有不同方式的组合。按照组合深度，可以把组合导航系统大体分为3类：一类叫松组合或称简易组合，一类叫紧组合，另一类叫深组合或超紧组合。惯性信息辅助GPS接收机环路是紧组合和深组合的一个共同特征，因此在本节进行相应阐述。

1. 松组合

这是一种相对容易实现的组合，其主要特点是GPS接收机和惯性导航系统仍独立工作，组合作用仅表现在用GPS接收机辅助惯性导航系统。

(1)用位置、速度信息组合

这是采用组合卡尔曼滤波器的一种组合方式，其原理框图如图6.1所示。用GPS接收机和惯性导航系统输出的位置和速度信息的差值作为观测量，经组合卡尔曼滤波器估计惯性导航系统的误差，然后对惯性导航系统进行校正。

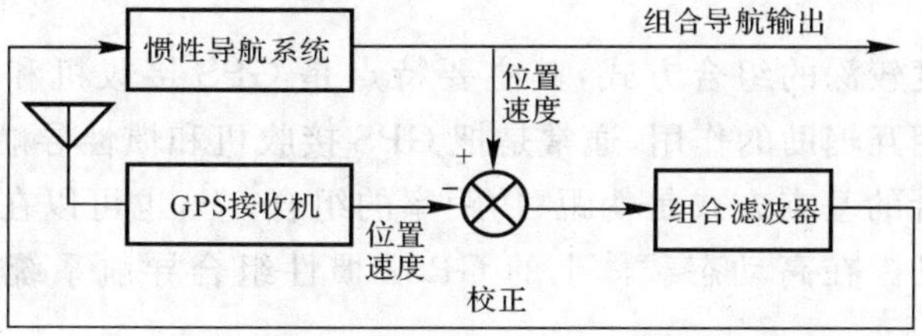

图6.1　位置、速度组合

这种组合方式的优点是：组合工作比较简单，便于工程实现，而且两个系统仍独立工作，使导航信息有一定余度。缺点是：卡尔曼滤波器要求量测噪声应为白噪声，而 GPS 接收机输出的位置的误差和速度的误差通常是时间相关的，特别是 GPS 接收机应用卡尔曼滤波器时更是如此。在这种组合方式下，GPS 接收机的误差仅简单设置为白噪声，因此模型的准确性不高。

卡尔曼滤波器在稳态时其作用相当于一个有一定时间常数的普通滤波器，其时间常数近似为

$$\tau = \sqrt{\frac{\text{Trace}\boldsymbol{R}}{\text{Trace}\boldsymbol{Q}}} \tag{6.1}$$

式中，$\boldsymbol{R}$ 为量测噪声协方差；$\boldsymbol{Q}$ 为系统噪声协方差。例如，LTM－700GPS 接收机其位置估计的时间常数约为 20 s，而速度估计的时间常数约为 0.5 s。采用这样的接收机和惯性导航系统组合时，GPS 接收机滤波器和组合滤波器串联，即 GPS 接收机滤波器的输出是组合滤波器的量测输入，而 GPS 接收机输出的位置误差和速度误差则是时间相关的，因此会产生一定的模型误差。

(2) 用位置/速度/姿态组合（全信息组合）

GPS/惯性的组合方式多种多样，这些组合方式可以满足一般的导航要求，其研究和应用都已成熟。但是大部分组合方式的天向平台误差角观测性相对东向和北向平台误差角要弱，以至于对天向平台误差角的校正效果较差，使得组合后的系统在载体不做机动时天向平台误差角误差增大，对方位角精度要求较高的系统来说很可能无法满足其需求。因此，有必要将 GPS 接收机与惯性导航系统的姿态、方位信息加以组合，使组合导航系统对航姿可以直接进行观测，以提高对天向平台误差角的估计精度，消除载体不做机动运动时天向平台误差角误差增大的现象。

随着近几年 GPS 应用技术的发展，利用多天线 GPS 接收机的姿态测量技术已基本成熟，使包含姿态、方位信息的 GPS/惯性全信息组合导航系统的实现成为可能。单天线 GPS/惯性组合技术，特别是位置/速度组合、伪距/伪距率组合已经相当成熟，基于多天线GPS的位置、速度与姿态的全信息组合方式[7] 正日益引起人们的重视。

2. 紧组合

紧组合是组合程度较深的组合方式，其主要特点是 GPS 接收机和惯性导航系统相互辅助。为了更好地实现相互辅助的作用，通常是把 GPS 接收机和惯性导航系统按组合的要求进行一体化设计。紧组合的基本方式是伪距、伪距率的组合[8-9]，也可以在其基础上增加对 GPS 接收机导航功能的辅助。在高动态载体上的 GPS/惯性组合导航系统通常都是采用紧组合方式。

(1) 用伪距、伪距率组合

这种组合方式的原理如图 6.2 所示。用GPS接收机给出的星历数据和惯性导航系统给出

的位置和速度，解算对应于惯性导航系统位置和速度的伪距 ρ_I 和伪距率 $\dot{\rho}_I$。把 ρ_I 和 $\dot{\rho}_I$ 与 GPS 接收机测量的 ρ_G 和 $\dot{\rho}_G$ 相比较作为观测量，通过组合卡尔曼滤波器估计惯性导航系统和 GPS 接收机的误差量，然后对两个系统进行校正。由于 GPS 接收机的测距误差容易建模，因而可以把它扩充为状态，通过组合滤波加以估计，然后对 GPS 接收机进行校正。

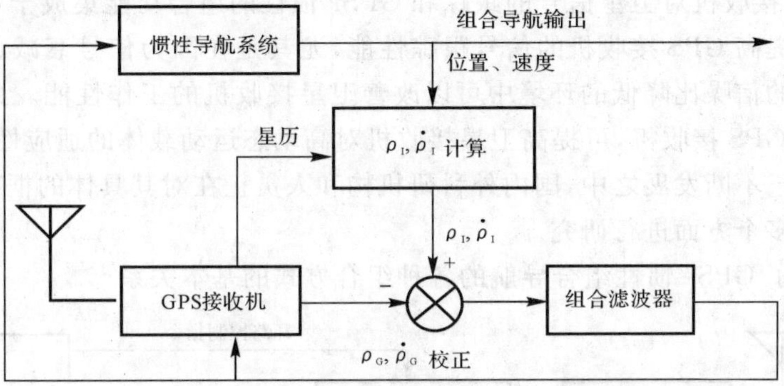

图 6.2　伪距、伪距率组合原理框图

因此，伪距、伪距率组合方式比位置、速度组合方式一般具有更高的组合导航精度。在这种组合方式中，GPS 接收机只提供星历数据和伪距、伪距率即可，可以省去导航解算部分。当然，如果仍保留导航解算部分作为备用导航信息，使导航信息具有余度，也是可取的一种方案。

(2) 用惯性位置、速度信息辅助 GPS 接收机导航功能

GPS 接收机的导航功能有很多也采用卡尔曼滤波技术。对高动态接收机，其导航滤波器的状态为 3 个位置、3 个速度、3 个加速度、用户时钟误差和时钟频率误差共 11 个。而低动态接收机则去掉 3 个加速度状态，有 8 个状态。如果把 GPS 接收机导航滤波器的位置和速度状态看做惯性导航系统简化的位置和速度误差状态，则用 GPS 接收机滤波器的估计值校正惯性导航系统输出的位置和速度信息，即可得到 GPS 接收机的导航解。在这种情况下，就称 GPS 接收机的导航功能是在惯性导航系统辅助下完成的。当采用这样的接收机和惯性导航系统组合时，其组合卡尔曼滤波器(有时称 INS 滤波器) 的状态和 GPS 接收机滤波器的估计误差相关。这种相关性也可能产生组合导航系统的不稳定，解决的办法是组合滤波器采用高阶模型，而 GPS 接收机滤波器采用低阶模型。

3. 深组合(超紧组合)

受卫星导航抗干扰需求的推动，20 世纪 90 年代中后期，提出了深组合技术的新概念内涵。深组合技术已成为美国下一代军用导航系统的重要典型特征[10-11]，其核心是利用卫星 / 惯性组合的导航结果辅助接收机的环路跟踪，并直接采用相关器的输出为观测量，利用一个组

合滤波器完成组合导航和接收机的误差估计，从而使得深组合与以伪距、伪距率为特征的紧组合区分开。近年来，国内外的学术会议、文献资料表明深组合及其相关的技术已成为当前导航领域的研究热点。

与松组合和紧组合相比，深组合在组合机制上有突出的特点：深组合导航系统采用一个组合滤波器将 GPS 接收机对卫星信号的跟踪和 GPS/ 惯性的组合功能集成于一体，这一组合体制上的改进可以提高 GPS 接收机的信号跟踪性能，尤其是在因为信号衰减、偶然干扰或有意干扰等因素导致的信噪比降低的环境中可以改善卫星接收机的工作性能。此外，将惯性导航系统的信息引入 GPS 接收机，可提高卫星接收机对高动态运动载体的适应性。卫星 / 惯性深组合技术正在处于不断发展之中，国内外科研机构和人员正在对其具体的框架体制、滤波方法以及硬件平台等多个方面进行研究。

图 6.3 说明了 GPS/ 惯性组合导航的各种组合方式的基本关系[12]。

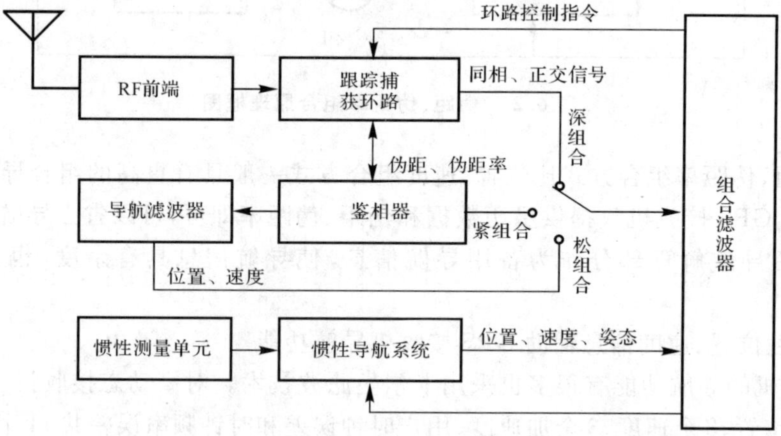

图 6.3 GPS/ 惯性组合导航系统的各种组合方式关系示意图

4. 惯性信息辅助 GPS 接收机环路

GPS 接收机内维持对接收到的卫星信号的载波和码的跟踪是 GPS 能够进行导航定位的前提，在高机动和强干扰的条件下，GPS 跟踪环路可靠性较低，GPS 信号载波频率多普勒频移变化过快，超过跟踪环路跟踪能力，极易发生失锁。为此，在高动态条件下，接收机欲实现并维持跟踪状态，一般需要更高的跟踪环路带宽以跟踪输入信号的变化；然而，跟踪环路带宽的增大又会引入更多的噪声，使卫星信号难以被提取，降低了接收机的抗干扰能力。惯性导航系统辅助 GPS 跟踪环路是解决这一对矛盾的有效方式。

在惯性导航系统辅助 GPS 接收机环路的情况下，根据惯性导航系统的速度和加速度以及卫星星历信息预测相应通道所跟踪的 GPS 信号的载波频率及其变化量，进而接收机环路只需跟踪这种预测的误差即可,从而可以有效提高跟踪的精度,提高环路的等效带宽,提高 GPS 的机动性能。此外,GPS 接收机环路有了惯性导航系统信息辅助之后,环路本身的带宽可以很窄,从而抑制更多的噪声,起到了抗干扰的作用。

根据辅助信息的不同,惯性导航系统辅助 GPS 有多种方式,可以分为速度辅助,加速度辅助与全信息辅助等。在理论上,只要接收机输出的信息足够,并接收外部输入的辅助信息,惯性导航系统辅助 GPS 环路的技术都是可以使用的。惯性导航系统辅助 GPS 环路需要卫星星历信息,在紧组合和深组合中,这一条件自然满足,因此惯性导航系统辅助 GPS 环路可以认为是紧组合和深组合两种组合模式的一个重要特征。

须要指出的是,采用了惯性导航系统辅助 GPS,惯性导航系统的误差将直接影响 GPS 环路的跟踪,惯性导航系统的故障甚至直接可能引起 GPS 无法正常工作,因此须要设计相应的故障检测方法。

6.1.2　位置、速度组合的松组合工作方式

松组合是较容易实现的组合方式,惯性导航系统和 GPS 接收机仍基本独立工作,用 GPS 接收机辅助惯性导航系统,两套系统工作于级联方式。松组合方式的主要优点为结构简单、具有一定冗余,可以应用于各种惯性导航系统和 GPS 的组合导航。松组合的结构图如图 6.1,除了组合导航之外,GPS 接收机可以独立工作,提供相关导航信息用于监控组合导航系统。松组合常采用的是位置、速度组合。

如图 6.1 所示,用 GPS 接收机和惯性导航系统输出的位置和速度信息的差值作为观测量,经卡尔曼滤波,估计惯性导航系统的误差,然后对惯性导航系统进行校正。由于卡尔曼滤波采用状态方程和量测方程来描述随机线性系统,因此应用卡尔曼滤波之前需要对系统模型进行推导。

1. 组合导航系统的数学模型 —— 状态方程

组合导航系统的数学模型是指针对图 6.1 的系统状态方程和量测方程。

当组合导航系统采用线性卡尔曼滤波器时,取惯性导航系统的导航输出参数误差作为状态,惯性导航系统的导航输出参数有 9 个:3 个惯性导航平台误差角,3 个速度误差和 3 个位置误差。结合第 2 章的惯性导航系统误差矢量方程表达式,将地球设为旋转椭球体,并考虑飞行高度为 h 时可列出惯性导航系统误差标量方程。

(1) 惯性导航平台误差角方程

$$\left.\begin{aligned}
\dot{\varphi}_E &= -\frac{\delta v_N}{R_M+h} + (\omega_{ie}\sin L + \frac{v_E}{R_N+h}\tan L)\varphi_N - (\omega_{ie}\cos L + \frac{v_E}{R_N+h})\varphi_U + \varepsilon_E \\
\dot{\varphi}_N &= \frac{\delta v_E}{R_N+h} - \omega_{ie}\sin L\delta L - (\omega_{ie}\sin L + \frac{v_E}{R_N+h}\tan L)\varphi_E - \frac{v_N}{R_M+h}\varphi_U + \varepsilon_N \\
\dot{\varphi}_U &= \frac{\delta v_E}{R_N+h}\tan L + (\omega_{ie}\cos L + \frac{v_E}{R_N+h}\sec^2 L)\delta L + (\omega_{ie}\cos L + \frac{v_E}{R_N+h})\varphi_E + \\
&\quad \frac{v_N}{R_M+h}\varphi_N + \varepsilon_U
\end{aligned}\right\} \tag{6.2}$$

式中，角下标注 E，N，U 代表地理坐标系的东、北、天方向；其中几个参数为 $R_M = R_e(1-2f+3f\sin^2 L)$，$R_N = R_e(1+f\sin^2 L)$，$R_e = 6\ 378\ 137\ \text{m}$，$f = 1/298.257$。

(2) 速度误差方程

$$\left.\begin{aligned}
\delta\dot{v}_E &= f_N\varphi_U - f_U\varphi_N + (\frac{v_N}{R_M+h}\tan L - \frac{v_U}{R_M+h})\delta v_E + (2\omega_{ie}\sin L + \frac{v_E}{R_N+h}\tan L)\delta v_N + \\
&\quad (2\omega_{ie}\cos L v_N + \frac{v_E v_N}{R_N+h}\sec^2 L + 2\omega_{ie}\sin L v_U)\delta L - (2\omega_{ie}\cos L + \frac{v_E}{R_N+h})\delta v_U + \nabla_E \\
\delta\dot{v}_N &= f_U\varphi_E - f_E\varphi_U - 2(\omega_{ie}\sin L + \frac{v_E}{R_N+h}\tan L)\delta v_E - \frac{v_U}{R_M+h}\delta v_N - \\
&\quad \frac{v_N}{R_M+h}\delta v_U - (2\omega_{ie}\cos L + \frac{v_E}{R_N+h}\sec^2 L)v_E\delta L + \nabla_N \\
\delta\dot{v}_U &= f_E\varphi_N - f_N\varphi_E + 2(\omega_{ie}\cos L + \frac{v_E}{R_N+h})\delta v_E + 2\frac{v_N}{R_M+h}\delta v_N - \\
&\quad 2\omega_{ie}\sin L v_E\delta L + \nabla_U + \frac{2g}{R}\delta h
\end{aligned}\right\} \tag{6.3}$$

如不考虑高度通道，可取 v_U，δv_U 为零。

(3) 位置误差方程

$$\left.\begin{aligned}
\delta\dot{L} &= \frac{\delta v_N}{R_M+h} \\
\delta\dot{\lambda} &= \frac{\delta v_E}{R_N+h}\sec L + \frac{v_E}{R_N+h}\sec L\tan L\delta L \\
\delta\dot{h} &= \delta v_U
\end{aligned}\right\} \tag{6.4}$$

如不考虑高度通道，可取 $\delta\dot{h}$，δh 为零。

(4) 惯性仪表误差

惯性仪表误差通常包括安装误差、刻度系数误差和仪表随机误差等，这些误差通常都是有色噪声。本章统一将这些物理误差考虑为综合性的随机误差。设陀螺漂移误差由随机常数、一阶马尔可夫过程随机误差和白噪声误差组成；设加速度计误差为一阶马尔可夫过程随机误差，且假定陀螺和加速度计 3 个轴向的误差模型都相同。

① 陀螺漂移误差模型。取陀螺漂移为

$$\varepsilon=\varepsilon_b+\varepsilon_r+w_g \tag{6.5}$$

式中，ε_b 为随机常数；ε_r 为一阶马尔可夫过程随机噪声；w_g 为白噪声。

依据第 5 章的讨论，应用卡尔曼滤波器来构成组合导航系统时，系统和量测方程中的有色噪声是不能直接出现的，要以白噪声驱动的数学模型形式出现，并扩充到状态方程中。

假定 3 个轴向的误差模型相同，陀螺的 2 个有色噪声可以用数学方程表示为

$$\left.\begin{aligned}\dot{\varepsilon}_b&=0\\ \dot{\varepsilon}_r&=-\frac{1}{T_g}\varepsilon_r+w_r\end{aligned}\right\} \tag{6.6}$$

式中，T_g 为相关时间。

② 加速度计误差模型。加速度计漂移仅考虑为一阶马尔可夫过程，且假定 3 个轴向的误差模型相同，同理有

$$\dot{\nabla}_a=-\frac{1}{T_a}\nabla_a+w_a \tag{6.7}$$

式中，T_a 为相关时间。

这样惯性仪表误差扩展的状态量为 9 维，其中每个陀螺仪扩展 2 个状态，每个加速度计扩展一个状态，3 个轴向的误差模型相同。将惯性仪表误差扩展的 9 个状态与惯性导航系统导航输出参数误差 9 个状态合并，可得 18 维系统状态方程为

$$\dot{\boldsymbol{X}}_I(t)=\boldsymbol{F}_I(t)\boldsymbol{X}_I(t)+\boldsymbol{G}_I(t)\boldsymbol{W}_I(t) \tag{6.8}$$

式中，状态矢量 $\boldsymbol{X}$ 和白噪声随机误差矢量 $\boldsymbol{W}$ 为

$$\boldsymbol{X}=\begin{bmatrix}\varphi_E & \varphi_N & \varphi_U & \delta v_E & \delta v_N & \delta v_U & \delta L & \delta\lambda & \delta h & \varepsilon_{bx} & \varepsilon_{by} & \varepsilon_{bz} & \varepsilon_{rx} & \varepsilon_{ry} & \varepsilon_{rz} & \nabla_x & \nabla_y & \nabla_z\end{bmatrix}^T \tag{6.9}$$

$$\boldsymbol{W}=\begin{bmatrix}w_{gx} & w_{gy} & w_{gz} & w_{rx} & w_{ry} & w_{rz} & w_{ax} & w_{ay} & w_{az}\end{bmatrix}^T \tag{6.10}$$

而误差系数矩阵 $\boldsymbol{G}_I$ 和状态系数矩阵 $\boldsymbol{F}_I$ 分别为

$$\boldsymbol{G}_I=\begin{bmatrix}\boldsymbol{I}_{3\times3} & \boldsymbol{0}_{3\times3} & \boldsymbol{0}_{3\times3}\\ \boldsymbol{0}_{9\times3} & \boldsymbol{0}_{9\times3} & \boldsymbol{0}_{9\times3}\\ \boldsymbol{0}_{3\times3} & \boldsymbol{I}_{3\times3} & \boldsymbol{0}_{3\times3}\\ \boldsymbol{0}_{3\times3} & \boldsymbol{0}_{3\times3} & \boldsymbol{I}_{3\times3}\end{bmatrix}\quad\text{(对平台式惯性导航系统)} \tag{6.11}$$

$$\boldsymbol{G}_{\mathrm{I}}=\begin{bmatrix}\boldsymbol{C}_{\mathrm{b}}^{\mathrm{n}} & \boldsymbol{0}_{3\times3} & \boldsymbol{0}_{3\times3}\\ \boldsymbol{0}_{9\times3} & \boldsymbol{0}_{9\times3} & \boldsymbol{0}_{9\times3}\\ \boldsymbol{0}_{3\times3} & \boldsymbol{I}_{3\times3} & \boldsymbol{0}_{3\times3}\\ \boldsymbol{0}_{3\times3} & \boldsymbol{0}_{3\times3} & \boldsymbol{I}_{3\times3}\end{bmatrix}\text{（对捷联式惯性导航系统）}\tag{6.12}$$

$$\boldsymbol{F}_{\mathrm{I}}=\begin{bmatrix}\boldsymbol{F}_{\mathrm{N}} & \boldsymbol{F}_{\mathrm{s}}\\ \boldsymbol{0} & \boldsymbol{F}_{\mathrm{M}}\end{bmatrix}_{18\times18}\tag{6.13}$$

式中，$\boldsymbol{F}_{\mathrm{N}}$ 为对应 9 个基本导航参数的系统阵，其具体的参数关系请参考第 2 章的内容；$\boldsymbol{F}_{\mathrm{S}}$ 和 $\boldsymbol{F}_{\mathrm{M}}$ 分别为

$$\boldsymbol{F}_{\mathrm{S}}=\begin{bmatrix}\boldsymbol{I}_{3\times3} \quad \cdots \quad \boldsymbol{I}_{3\times3} & \boldsymbol{0}_{3\times3}\\ & \boldsymbol{I}_{3\times3}\\ \boldsymbol{0}_{6\times6} & \vdots\\ & \boldsymbol{0}_{3\times3}\end{bmatrix}_{9\times9}\text{（对平台式惯性导航系统）}\tag{6.14}$$

$$\boldsymbol{F}_{\mathrm{S}}=\begin{bmatrix}\boldsymbol{C}_{\mathrm{b}}^{\mathrm{n}} \quad \cdots \quad \boldsymbol{C}_{\mathrm{b}}^{\mathrm{n}} & \boldsymbol{0}_{3\times3}\\ & \boldsymbol{C}_{\mathrm{b}}^{\mathrm{n}}\\ \boldsymbol{0}_{6\times6} & \vdots\\ & \boldsymbol{0}_{3\times3}\end{bmatrix}_{9\times9}\text{（对捷联式惯性导航系统）}\tag{6.15}$$

$$\boldsymbol{F}_{\mathrm{M}}=\mathrm{Diag}\left[0 \quad 0 \quad 0 \quad -\frac{1}{T_{\mathrm{g}x}} \quad -\frac{1}{T_{\mathrm{g}y}} \quad -\frac{1}{T_{\mathrm{g}z}} \quad -\frac{1}{T_{\mathrm{a}x}} \quad -\frac{1}{T_{\mathrm{a}y}}-\frac{1}{T_{\mathrm{a}z}}\right]\tag{6.16}$$

2. 组合导航系统的数学模型 —— 量测方程

在位置、速度组合方式中（组合关系见图 6.1），其观测量有两组：一组为位置观测量，即惯性导航系统给出的经度、纬度和高度信息和 GPS 接收机给出的相应信息的差值；另一组为两个系统给出的速度的差值。

表示惯性导航系统的位置信息为

$$\left.\begin{aligned}\lambda_{\mathrm{I}}&=\lambda_{\mathrm{t}}+\delta\lambda\\ L_{\mathrm{I}}&=L_{\mathrm{t}}+\delta L\\ h_{\mathrm{I}}&=h_{\mathrm{t}}+\delta h\end{aligned}\right\}\tag{6.17}$$

表示 GPS 接收机给出的位置信息为

$$\left.\begin{aligned}\lambda_{\mathrm{G}}&=\lambda_{\mathrm{t}}-N_{\mathrm{E}}/R_{\mathrm{N}}\cos L\\ L_{\mathrm{G}}&=L_{\mathrm{t}}-N_{\mathrm{N}}/R_{\mathrm{M}}\\ h_{\mathrm{G}}&=h_{\mathrm{t}}-N_{\mathrm{U}}\end{aligned}\right\}\tag{6.18}$$

式中，λ_t, L_t, h_t 为位置(经度、纬度和高度)的真值；N_E, N_N, N_U 为 GPS 接收机沿东、北、天方向的位置误差，常规的单位是米，为了与惯性导航系统经度和纬度的量纲配合，对 N_E 和 N_N 进行了转换。

定义位置量测方程为

$$\boldsymbol{Z}_p(t)=\begin{bmatrix}(L_t-L_G)R_M\\(\lambda_t-\lambda_G)R_N\cos L\\h_t-h_G\end{bmatrix}=\begin{bmatrix}R_M\delta L+N_N\\R_N\cos L\delta\lambda+N_E\\\delta h+N_U\end{bmatrix}\overset{\text{def}}{=\!=}\boldsymbol{H}_p(t)\boldsymbol{X}(t)+\boldsymbol{V}_p(t) \tag{6.19}$$

式中

$$\boldsymbol{H}_p=[\boldsymbol{0}_{3\times6}\ \vdots\ \mathrm{diag}[R_M\quad R_N\cos L\quad 1]\ \vdots\ \boldsymbol{0}_{3\times9}] \tag{6.20}$$

$$\boldsymbol{V}_p=[N_N\quad N_E\quad N_U]^T \tag{6.21}$$

量测噪声作为白噪声处理，其方差分别为 $\sigma_{pN}^2, \sigma_{pE}^2, \sigma_{pU}^2$，其中

$$\left.\begin{aligned}\sigma_{pN}&=\sigma_\rho\cdot \mathrm{HDOP_N}\\\sigma_{pE}&=\sigma_\rho\cdot \mathrm{HDOP_E}\\\sigma_{pU}&=\sigma_\rho\cdot \mathrm{VDOP}\end{aligned}\right\} \tag{6.22}$$

式中，σ_ρ 为伪距测量误差。

表示惯性导航系统的速度信息为

$$\left.\begin{aligned}v_{IN}&=v_N+\delta v_N\\v_{IE}&=v_E+\delta v_E\\v_{IU}&=v_U+\delta v_U\end{aligned}\right\} \tag{6.23}$$

表示 GPS 接收机给出的速度信息为

$$\left.\begin{aligned}v_{GN}&=v_N-M_N\\v_{GE}&=v_E-M_E\\v_{GU}&=v_U-M_U\end{aligned}\right\} \tag{6.24}$$

式中，v_N, v_E, v_U 是载体沿地理坐标系各轴向的速度真值；M_N, M_E, M_U 为 GPS 接收机测速误差。

定义速度量测方程为

$$\boldsymbol{Z}_v(t)=\begin{bmatrix}v_{IN}-v_{GN}\\v_{IE}-v_{GE}\\v_{IU}-v_{GU}\end{bmatrix}=\begin{bmatrix}\delta v_N+M_N\\\delta v_E+M_E\\\delta v_U+M_U\end{bmatrix}=\boldsymbol{H}_v(t)\boldsymbol{X}(t)+\boldsymbol{V}_v(t) \tag{6.25}$$

式中

$$\boldsymbol{H}_v=[\boldsymbol{0}_{3\times3}\ \vdots\ \mathrm{diag}[1\quad 1\quad 1]\ \vdots\ \boldsymbol{0}_{3\times12}] \tag{6.26}$$

$$\boldsymbol{V}_v=[M_N\quad M_E\quad M_U]^T \tag{6.27}$$

量测噪声作为白噪声处理，其方差分别为 $\sigma_{vE}^2, \sigma_{vN}^2, \sigma_{vU}^2$，用 $\sigma_{\dot\rho}^2$ 表示 GPS 接收机伪距率测量

误差,则东、北、天方向的速度误差标准差为

$$\left.\begin{aligned}\sigma_{vE} &= \sigma_{\dot\rho}\cdot \mathrm{HDOP_E}\\ \sigma_{vN} &= \sigma_{\dot\rho}\cdot \mathrm{HDOP_N}\\ \sigma_{vU} &= \sigma_{\dot\rho}\cdot \mathrm{VDOP}\end{aligned}\right\}\tag{6.28}$$

把位置量测方程和速度量测方程合在一起,得

$$\boldsymbol{Z}(t)=\begin{bmatrix}\boldsymbol{Z}_p(t)\\ \boldsymbol{Z}_v(t)\end{bmatrix}=\begin{bmatrix}\boldsymbol{H}_p(t)\\ \boldsymbol{H}_v(t)\end{bmatrix}\boldsymbol{X}(t)+\begin{bmatrix}\boldsymbol{V}_p(t)\\ \boldsymbol{V}_v(t)\end{bmatrix}=\boldsymbol{H}(t)\boldsymbol{X}(t)+\boldsymbol{V}(t)\tag{6.29}$$

式(6.29)即为位置和速度信息同时使用时组合导航系统的量测方程。

这样,式(6.19)、式(6.25)和式(6.29)构成了三组量测方程,分别是位置量测方程、速度量测方程和位置/速度量测方程。各量测方程的维数不同,它们都与系统的状态方程式(6.8)配套,可以根据实际的情况来设计和选用。

3. 卡尔曼滤波与系统模型离散化

卡尔曼滤波是一种线性最小方差滤波方法,关于卡尔曼滤波的相关公式请参考第五章内容。目前惯性组合导航系统中一般采用间接法的线性卡尔曼滤波器,故本章也以间接法为主,并采用反馈校正方式。

把状态方程式(6.8)和量测方程式(6.29)(其他量测方程处理方法系统)离散化,可得

$$\left.\begin{aligned}\boldsymbol{X}_k &= \boldsymbol{\Phi}_{k|k-1}\boldsymbol{X}_{k-1}+\boldsymbol{\Gamma}_{k-1}\boldsymbol{W}_{k-1}\\ \boldsymbol{Z}_k &= \boldsymbol{H}_k\boldsymbol{X}_k+\boldsymbol{V}_k\end{aligned}\right\}\tag{6.30}$$

式中

$$\boldsymbol{\Phi}_{k|k-1}=\sum_{n=0}^{\infty}[\boldsymbol{F}(t_k)T]^n/n!\tag{6.31}$$

$$\boldsymbol{\Gamma}_{k-1}=\left\{\sum_{n=1}^{\infty}\left[\frac{1}{n!}(\boldsymbol{F}(t_k)T)^{n-1}\right]\right\}\boldsymbol{G}(t_k)T\tag{6.32}$$

式中,T 为迭代周期。

状态方程和量测方程中的系统噪声和量测噪声应该具有如下性质:

$$\begin{aligned}&E\{\boldsymbol{W}(t)\}=0; && E\{\boldsymbol{W}(t)\boldsymbol{W}^{\mathrm T}(\tau)\}=\boldsymbol{Q}(t)\delta(t-\tau)\\ &E\{\boldsymbol{V}(t)\}=0; && E\{\boldsymbol{V}(t)\boldsymbol{V}^{\mathrm T}(\tau)\}=\boldsymbol{R}(t)\delta(t-\tau)\\ &E\{\boldsymbol{W}_k\}=0; && E\{\boldsymbol{W}_k\boldsymbol{W}_j^{\mathrm T}\}=\boldsymbol{Q}_k\delta_{kj}\\ &E\{\boldsymbol{V}_k\}=0; && E\{\boldsymbol{V}_k\boldsymbol{V}_j^{\mathrm T}\}=\boldsymbol{R}_k\delta_{kj}\end{aligned}$$

$$\delta_{kj}=\begin{cases}1, & k=j\\ 0, & k\neq j\end{cases}$$

式中,$\boldsymbol{Q}_k$,$\boldsymbol{R}_k$ 和 $\boldsymbol{Q}(t)$,$\boldsymbol{R}(t)$ 的关系可近似表示为

$$\left.\begin{aligned} \boldsymbol{Q}_k &= \boldsymbol{Q}(t)/T \\ \boldsymbol{R}_k &= \boldsymbol{R}(t)/T \end{aligned}\right\} \tag{6.33}$$

式(6.31)、式(6.32)在实际计算时取有限项即可。

在以上离散化前提下,就可以直接用离散形式的线性化递推卡尔曼滤波器方程,并且是在闭环最优控制条件下应用,具体的卡尔曼滤波器方程形式见第5章。

4. 组合导航系统仿真举例

设惯性导航系统的陀螺随机常数为0.1°/h,随机漂移均方差为0.1°/h,一阶马尔可夫噪声驱动白噪声均方差为0.1°/h,相关时间为3 600 s;加速度计一阶马尔可夫噪声驱动白噪声均方差为$10^{-4}g$,相关时间为1 800 s。GPS接收机随机伪距测量误差为10 m,随机伪距率测量误差为0.05 m/s。假设导航信息的初始误差为:水平姿态误差300″,方位误差600″,位置误差50 m,速度误差0.6 m/s;飞行航迹包括起飞、爬升、转弯、加速、减速、平飞等飞行状态。初始航向角为35°,初始位置为北纬30°、东经120°,海拔高度为1 000 m。

按Ⅰ速度组合、Ⅱ位置组合、Ⅲ位置和速度交替组合、Ⅳ位置和速度联合组合4种情况各仿真1h。其仿真结果如图6.4所示,其稳态误差如表6.1所列。

表6.1 位置、速度松组合的组合导航系统稳态误差

组合方式	稳态误差值								
	φ_E/(″)	φ_N/(″)	φ_U/(″)	东向速度/(m/s)	北向速度/(m/s)	天向速度/(m/s)	经度/m	纬度/m	高度/m
速度组合(Ⅰ)	16.2	16.2	44.5	0.024	0.024	0.03	77.3	77.2	71
位置组合(Ⅱ)	19.8	20.0	88.1	0.084	0.085	0.09	12.2	12.1	15.3
交替组合(Ⅲ)	16.4	16.5	52.7	0.021	0.021	0.03	10.6	10.7	11.3
联合组合(Ⅳ)	17.2	17.5	52.4	0.049	0.049	0.05	4.74	4.75	5.45

由仿真结果可以看出,将惯性导航系统与GPS接收机组合,克服了单个导航系统的缺点,组合后的导航精度高于两个系统单独工作的精度。无论哪种组合方式,对各个导航参数均有改善,其中交替组合和联合组合的效果最为明显。由于速度量测信息对位置参数不具有可观测性,在速度组合方式中组合导航的位置信息是发散的,为防止位置信息发散,必须采用包含

位置信息的组合方式。以上几种组合方式的天向平台误差角观测性相对东向和北向平台误差角要弱，单独位置组合时的天向平台误差角观测性最弱，因此其误差特性也较差；组合后的系统在载体不做机动时天向平台误差角误差增大，解决这一问题的方法可以采用位置／速度／姿态组合的松组合工作方式。

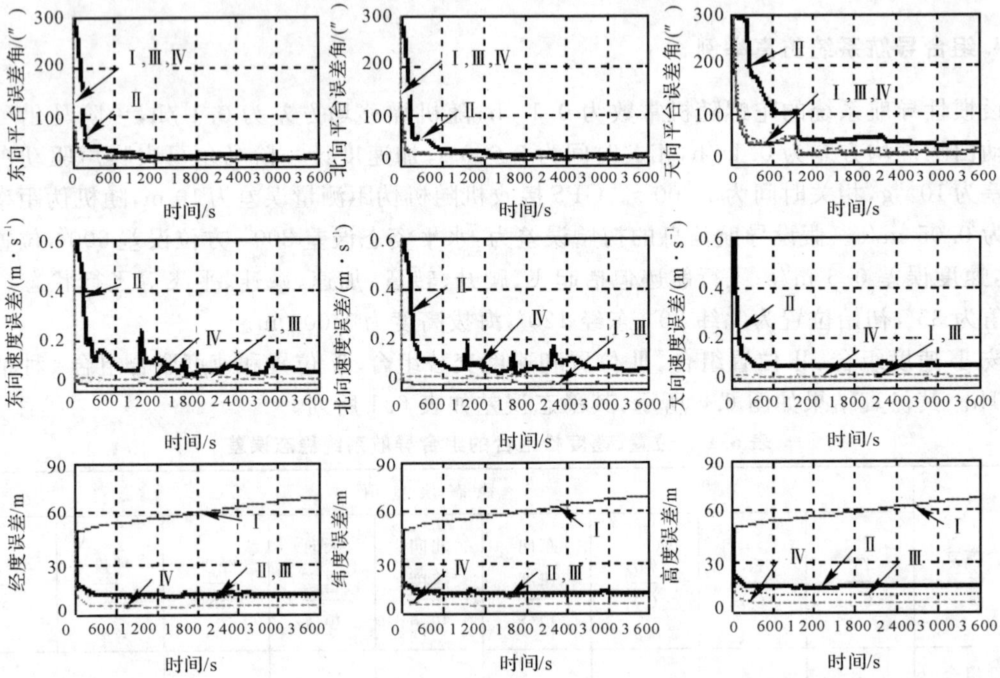

图 6.4 GPS/惯性位置、速度松组合均方差曲线

6.1.3 全信息组合的松组合工作方式

传统的 GPS/惯性组合导航系统，都以 GPS 接收机的位置和速度测量值作为卡尔曼滤波器的观测量，来估计惯性导航系统的误差状态量。其可观测性与载体的飞行航迹有关，从而影响了整个组合导航系统的精度和可靠性。随着 GPS 技术的不断发展，GPS 接收机不仅能够为载体提供精确的位置和速度信息，还能通过配置多根天线利用 GPS 载波相位信号给出较高精度的姿态信息。将 GPS 接收机的位置、速度和姿态信息与惯性导航系统进行组合，构成 GPS/惯性全信息组合导航系统，已经成为提高系统导航精度的可行方案。

1. 系统的状态方程

位置、速度、姿态全信息组合方式的状态方程与位置、速度组合方式的状态方程式(6.8)相同,不再重新书写。

2. 系统的量测方程

位置、速度、姿态全信息组合方式还是一种松组合方式,其位置与速度的量测方程与位置、速度组合方式相同,这里不再赘述,主要阐述增加的姿态量测方程[13-14]。

惯性导航系统和测姿 GPS 接收机都可输出载体的姿态角,它们各自都带有误差。定义 γ,θ,ψ 为载体姿态角的真值,则测姿 GPS 接收机的实际姿态输出表示为

$$\left.\begin{aligned}\gamma_{\mathrm{G}}&=\gamma-v_{\varphi\gamma}\\\theta_{\mathrm{G}}&=\theta-v_{\varphi\theta}\\\psi_{\mathrm{G}}&=\psi-v_{\varphi\psi}\end{aligned}\right\}\tag{6.34}$$

式中,测姿 GPS 接收机的姿态误差 $\boldsymbol{V}_{\varphi}=[v_{\varphi\gamma}\quad v_{\varphi\theta}\quad v_{\varphi\psi}]^{\mathrm{T}}$ 仅仅考虑为白噪声误差。

惯性导航系统的实际姿态输出为

$$\left.\begin{aligned}\gamma_{\mathrm{I}}&=\gamma+\delta\gamma\\\theta_{\mathrm{I}}&=\theta+\delta\theta\\\psi_{\mathrm{I}}&=\psi+\delta\psi\end{aligned}\right\}\tag{6.35}$$

式中,$\delta\gamma$,$\delta\theta$,$\delta\psi$ 为惯性导航系统的横滚、俯仰、航向误差角。

由于组合导航系统状态方程中的误差角状态量为惯性导航平台误差角 φ,它描述了(数学)平台与地理坐标系之间的误差角关系,因此要将惯性导航系统的姿态误差角和惯性导航平台误差角的本质转换关系表示出来。首先考虑三个正交直角坐标系之间的关系,即

$$\boldsymbol{C}_{\mathrm{p}}^{\mathrm{b}}=\boldsymbol{C}_{\mathrm{n}}^{\mathrm{b}}\boldsymbol{C}_{\mathrm{p}}^{\mathrm{n}}\tag{6.36}$$

式中,p 代表平台坐标系,b 代表机体坐标系,n 代表导航坐标系(地理坐标系)。$\boldsymbol{C}_{\mathrm{n}}^{\mathrm{b}}$ 表示了从 n 坐标系到 b 的转换关系矩阵(详见第 2 章)。

$$\boldsymbol{C}_{\mathrm{n}}^{\mathrm{b}}=\begin{bmatrix}\sin\psi\sin\theta\sin\gamma+\cos\psi\cos\gamma & \cos\psi\sin\theta\sin\gamma-\sin\psi\cos\gamma & -\cos\theta\sin\gamma\\ \sin\psi\cos\theta & \cos\psi\cos\theta & \sin\theta\\ \cos\psi\sin\gamma-\sin\psi\sin\theta\cos\gamma & -\cos\psi\sin\theta\cos\gamma-\sin\psi\sin\gamma & \cos\theta\cos\gamma\end{bmatrix}\tag{6.37}$$

而含有姿态误差的实际平台坐标系 p 到机体坐标系 b 的转换关系矩阵 $\boldsymbol{C}_{\mathrm{p}}^{\mathrm{b}}$ 为

$$\boldsymbol{C}_{\mathrm{p}}^{\mathrm{b}}=\begin{bmatrix}\sin\psi_{\mathrm{I}}\sin\theta_{\mathrm{I}}\sin\gamma_{\mathrm{I}}+\cos\psi_{\mathrm{I}}\cos\gamma_{\mathrm{I}} & \cos\psi_{\mathrm{I}}\sin\theta_{\mathrm{I}}\sin\gamma_{\mathrm{I}}-\sin\psi_{\mathrm{I}}\cos\gamma_{\mathrm{I}} & -\cos\theta_{\mathrm{I}}\sin\gamma_{\mathrm{I}}\\ \sin\psi_{\mathrm{I}}\cos\theta_{\mathrm{I}} & \cos\psi_{\mathrm{I}}\cos\theta_{\mathrm{I}} & \sin\theta_{\mathrm{I}}\\ \cos\psi_{\mathrm{I}}\sin\gamma_{\mathrm{I}}-\sin\psi_{\mathrm{I}}\sin\theta_{\mathrm{I}}\cos\gamma_{\mathrm{I}} & -\cos\psi_{\mathrm{I}}\sin\theta_{\mathrm{I}}\cos\gamma_{\mathrm{I}}-\sin\psi_{\mathrm{I}}\sin\gamma_{\mathrm{I}} & \cos\theta_{\mathrm{I}}\cos\gamma_{\mathrm{I}}\end{bmatrix}\tag{6.38}$$

另外,第 2 章已经定义了 $\varphi_E,\varphi_N,\varphi_U$ 为惯性导航平台误差角。通过惯性导航平台误差角,在误差小量一阶近似条件下的平台坐标系与地理坐标系之间的转换关系可以表示为

$$C_p^n=\begin{bmatrix}1 & -\varphi_U & \varphi_N\\ \varphi_U & 1 & -\varphi_E\\ -\varphi_N & \varphi_E & 1\end{bmatrix} \tag{6.39}$$

将式(6.35)代入式(6.38),并与式(6.37)、式(6.39)一起代入式(6.36),在展开的过程中略去 $\delta\gamma,\delta\theta,\delta\psi$ 的二阶小量,并将等式(6.36)左右两端矩阵元素一一对应,可以得到

$$\left.\begin{aligned}\delta\gamma&=-\frac{1}{\cos\theta}(\varphi_E\sin\psi+\varphi_N\cos\psi)\\ \delta\theta&=-\varphi_E\cos\psi+\varphi_N\sin\psi\\ \delta\psi&=-\frac{1}{\cos\theta}(\varphi_E\sin\psi\sin\theta+\varphi_N\cos\psi\sin\theta-\varphi_U\cos\theta)\end{aligned}\right\} \tag{6.40}$$

写为矩阵方程形式为

$$\begin{bmatrix}\delta\gamma\\ \delta\theta\\ \delta\psi\end{bmatrix}=H_\varphi\begin{bmatrix}\varphi_E\\ \varphi_N\\ \varphi_U\end{bmatrix} \tag{6.41}$$

以上方程表示的是惯性导航平台误差角到姿态误差角的转换,其中转换系数矩阵为

$$H_\varphi=\frac{-1}{\cos\theta}\begin{bmatrix}\sin\psi & \cos\psi & 0\\ \cos\psi\cos\theta & -\sin\psi\cos\theta & 0\\ \sin\psi\sin\theta & \cos\psi\sin\theta & -\cos\theta\end{bmatrix} \tag{6.42}$$

根据式(6.34)、式(6.35),则可以构成姿态量测方程为

$$Z_\varphi(t)=\begin{bmatrix}\gamma_I-\gamma_G\\ \theta_I-\theta_G\\ \psi_I-\psi_G\end{bmatrix}=\begin{bmatrix}\delta\gamma+v_{\varphi\gamma}\\ \delta\theta+v_{\varphi\theta}\\ \delta\psi+v_{\varphi\psi}\end{bmatrix}=H_\varphi(t)\begin{bmatrix}\varphi_E\\ \varphi_N\\ \varphi_U\end{bmatrix}+\begin{bmatrix}v_{\varphi\gamma}\\ v_{\varphi\theta}\\ v_{\varphi\psi}\end{bmatrix} \tag{6.43}$$

将姿态量测方程与原有的位置、速度量测方程合在一起,就构成了全信息组合的量测方程(包含 3 维位置、速度、姿态的 9 维观测量)

$$Z(t)=\begin{bmatrix}H_\varphi & 0_{3\times3} & 0_{3\times3}\\ 0_{3\times3} & H_v & 0_{3\times3}\\ 0_{3\times3} & 0_{3\times3} & H_p\end{bmatrix}X(t)+\begin{bmatrix}V_\varphi(t)\\ V_v(t)\\ V_p(t)\end{bmatrix} \tag{6.44}$$

关于状态方程和量测方程的离散化以及采用的卡尔曼滤波器形式,都与上一节的位置、速度组合的形式相同,这里就不再详细说明了。

3. 仿真实例

仿真中采用和位置、速度联合组合完全相同的仿真条件，并设 GPS 接收机随机姿态测量误差为 100″。分别使用位置、速度联合组合，以及位置、速度、姿态全信息组合两种方式进行仿真对比。仿真结果如图 6.5 所示，其稳态误差如表 6.2 所列。图中 Ⅰ 表示位置、速度联合组合方式的均方差曲线，Ⅱ 表示位置、速度、姿态全信息组合方式的均方差曲线。

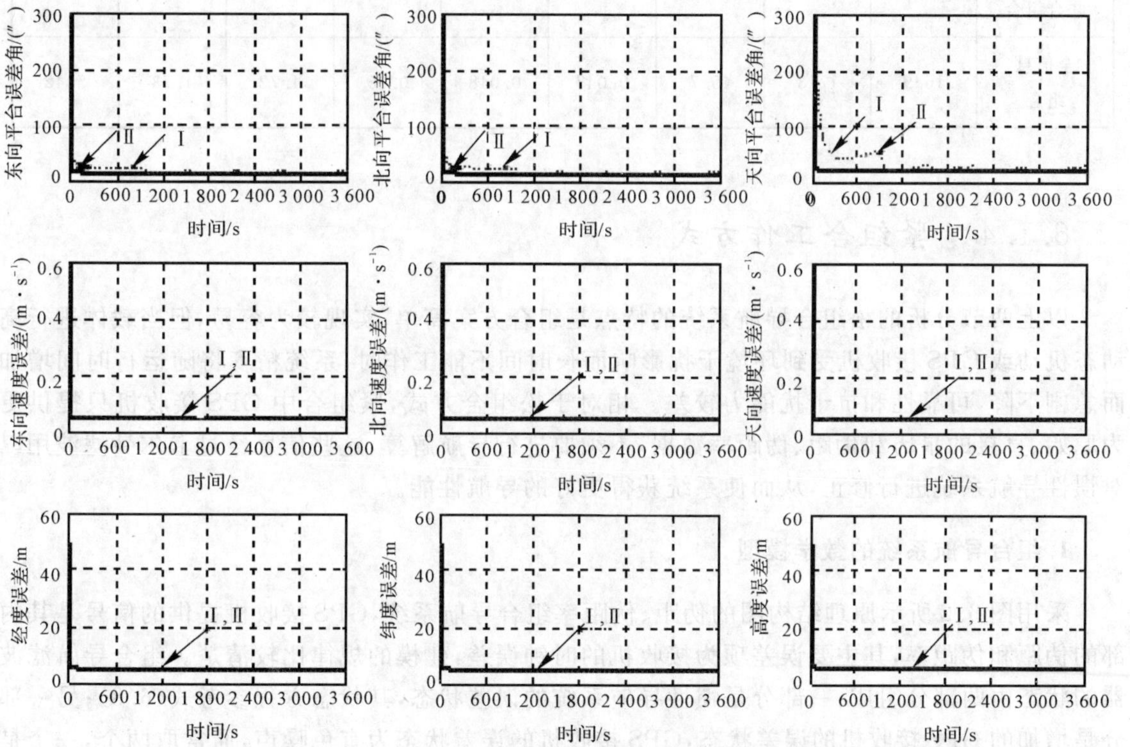

图 6.5　全信息松组合与位置、速度松组合均方差曲线

可以看出，与位置、速度联合组合方式相比，由于滤波器中融入了测姿 GPS 接收机的姿态信息，惯性导航平台误差角的可观性增强，尤其是天向平台误差角的可观性明显增强。同时，惯性导航平台误差角的估计速度也得到了明显提高，误差曲线能够快速收敛。因此，利用位置、速度、姿态全信息组合可以有效的保障系统导航精度，对实际工程应用具有较大的参考价值。

表 6.2 全信息组合的组合导航系统稳态误差

组合方式	稳态误差值								
	φ_E (″)	φ_N (″)	φ_U (″)	东向速度 m/s	北向速度 m/s	天向速度 m/s	经度 m	纬度 m	高度 m
位置、速度联合组合	17.2	17.5	52.4	0.049	0.049	0.05	4.74	4.75	5.45
全信息组合	16.9	17.3	45.7	0.047	0.048	0.05	4.72	4.73	5.42

6.1.4 紧组合工作方式

以上两节分析的松组合导航系统的特点是组合方案简单、实现较为容易，但当载体进行高动态机动或 GPS 接收机受到环境干扰影响而长时间不能工作时，系统精度将随运行时间增加而急剧下降，可靠性和抗干扰能力较差。相对于松组合方式，紧组合中 GPS 接收机只提供更为原始、直接的星历和伪距、伪距率数据，不须要进行导航解算，这些信息经过卡尔曼滤波用以对惯性导航系统进行修正，从而使系统获得更好的导航性能。

1. 组合导航系统的数学模型

采用图 6.2 所示原理结构图的伪距、伪距率组合导航系统，GPS 接收机提供的信号是其内部的伪距和伪距率，其主要误差项为接收机的时钟误差，建模的规律比较清楚。组合导航滤波器的状态由两部分组成：一部分是惯性导航系统的误差状态，其状态方程参考式(6.8)；另一部分是增加的 GPS 接收机的误差状态，GPS 接收机的误差状态为有色噪声，通常取两个，一个是等效时钟误差相应的距离 δt_u，另一个是等效时钟频率误差相应的距离率 δt_{ru}。

(1) 系统的状态方程

将 GPS 接收机等效时钟误差相应的距离和等效时钟频率误差相应的距离率扩展为系统状态，即

$$\boldsymbol{X}_G = [\delta t_u \quad \delta t_{ru}]^T \tag{6.45}$$

其微分方程为

$$\left.\begin{aligned} \delta\dot{t}_u &= \delta t_{ru} + w_{tu} \\ \delta\dot{t}_{ru} &= -\beta_{tru}\delta t_{ru} + w_{tru} \end{aligned}\right\} \tag{6.46}$$

即

$$\dot{\boldsymbol{X}}_{\mathrm{G}}(t)=\boldsymbol{F}_{\mathrm{G}}(t)\boldsymbol{X}_{\mathrm{G}}+\boldsymbol{G}_{\mathrm{G}}(t)\boldsymbol{W}_{\mathrm{G}}(t) \tag{6.47}$$

式中

$$\boldsymbol{F}_{\mathrm{G}}=\begin{bmatrix}0 & 1\\ 0 & -\beta_{\mathrm{tru}}\end{bmatrix} \tag{6.48}$$

$$\boldsymbol{G}_{\mathrm{G}}=\begin{bmatrix}1 & 0\\ 0 & 1\end{bmatrix} \tag{6.49}$$

合并式(6.8)和式(6.47),则得用伪距、伪距率组合的系统状态方程(20 维)为

$$\begin{bmatrix}\dot{\boldsymbol{X}}_{\mathrm{I}}(t)\\ \dot{\boldsymbol{X}}_{\mathrm{G}}(t)\end{bmatrix}=\begin{bmatrix}\boldsymbol{F}_{\mathrm{I}}(t) & \boldsymbol{0}\\ \boldsymbol{0} & \boldsymbol{F}_{\mathrm{G}}(t)\end{bmatrix}\begin{bmatrix}\boldsymbol{X}_{\mathrm{I}}(t)\\ \boldsymbol{X}_{\mathrm{G}}(t)\end{bmatrix}+\begin{bmatrix}\boldsymbol{G}_{\mathrm{I}}(t) & \boldsymbol{0}\\ \boldsymbol{0} & \boldsymbol{G}_{\mathrm{G}}(t)\end{bmatrix}\begin{bmatrix}\boldsymbol{W}_{\mathrm{I}}(t)\\ \boldsymbol{W}_{\mathrm{G}}(t)\end{bmatrix} \tag{6.50}$$

即

$$\dot{\boldsymbol{X}}(t)=\boldsymbol{F}(t)\boldsymbol{X}(t)+\boldsymbol{G}(t)\boldsymbol{W}(t) \tag{6.51}$$

(2) 系统的量测方程

① 伪距差量测方程。由于采用了 GPS 接收机的伪距信号,因此要建立系统的伪距量测方程。GPS 接收机输出的对应某颗卫星 i 的测量伪距值为

$$\rho_{\mathrm{G}i}=r_i-\delta t_{\mathrm{u}}-v_{\rho i} \tag{6.52}$$

式中,r_i 为卫星 i 到载体 GPS 接收机的距离真值;δt_{u} 为等效时钟误差相应的距离;$v_{\rho i}$ 为伪距测量误差(考虑为白噪声误差)。

惯性导航系统只能直接输出载体的地理位置信息,因此要推导用惯性导航系统位置地理信息表达的计算伪距。已知 GPS 第 i 颗卫星 t 时刻在地球固定坐标系(Earth Centered Earth Fixed,ECEF)上的位置(x_{si},y_{si},z_{si}),则相应于惯性导航系统给出的(转换为 ECEF 坐标系)位置所对应于某颗卫星 i 的计算伪距为

$$\rho_{\mathrm{I}i}=\left[(x_{\mathrm{I}}-x_{si})^2+(y_{\mathrm{I}}-y_{si})^2+(z_{\mathrm{I}}-z_{si})^2\right]^{\frac{1}{2}} \tag{6.53}$$

式中,$(x_{\mathrm{I}},y_{\mathrm{I}},z_{\mathrm{I}})$ 为惯性导航系统测得的相对于 ECEF 坐标系的载体位置,此式是非线性方程,要进行线性化处理。将它们相对于载体位置真值(x,y,z)处展开成泰勒级数,取前两项得

$$\rho_{\mathrm{I}i}=\left[(x-x_{si})^2+(y-y_{si})^2+(z-z_{si})^2\right]^{\frac{1}{2}}+\frac{\partial\rho_{\mathrm{I}i}}{\partial x}\delta x+\frac{\partial\rho_{\mathrm{I}i}}{\partial y}\delta y+\frac{\partial\rho_{\mathrm{I}i}}{\partial z}\delta z=$$

$$r_i+\frac{\partial\rho_{\mathrm{I}i}}{\partial x}\delta x+\frac{\partial\rho_{\mathrm{I}i}}{\partial y}\delta y+\frac{\partial\rho_{\mathrm{I}i}}{\partial z}\delta z \tag{6.54}$$

式中

$$\frac{\partial\rho_{\mathrm{I}i}}{\partial x}=\frac{x-x_{si}}{\left[(x-x_{si})^2+(y-y_{si})^2+(z-z_{si})^2\right]^{\frac{1}{2}}}=\frac{x-x_{si}}{r_i}=e_{i1} \tag{6.55}$$

$$r_i=\left[(x-x_{si})^2+(y-y_{si})^2+(z-z_{si})^2\right]^{\frac{1}{2}} \tag{6.56}$$

类似的情况有

$$\frac{\partial\rho_{\mathrm{I}i}}{\partial y}=\frac{y-y_{si}}{r_i}=e_{i2} \tag{6.57}$$

$$\frac{\partial \rho_{1i}}{\partial z}=\frac{z-z_{si}}{r_i}=e_{i3} \tag{6.58}$$

将式(6.54) 减去式(6.52),就可以构成相对某颗卫星 i 的伪距测量差矢量方程

$$\delta\rho_i=\rho_{1i}-\rho_{Gi}=e_{i1}\delta x+e_{i2}\delta y+e_{i3}\delta z+\delta t_u+v_{\rho i} \tag{6.59}$$

取 $i=1,2,3,4$,则得定义的伪距量测方程为

$$\delta\boldsymbol{\rho}=\begin{bmatrix}\rho_{11}-\rho_{G1}\\ \rho_{12}-\rho_{G2}\\ \rho_{13}-\rho_{G3}\\ \rho_{14}-\rho_{G4}\end{bmatrix}=\begin{bmatrix}e_{11} & e_{12} & e_{13} & 1\\ e_{21} & e_{22} & e_{23} & 1\\ e_{31} & e_{32} & e_{33} & 1\\ e_{41} & e_{42} & e_{43} & 1\end{bmatrix}\begin{bmatrix}\delta x\\ \delta y\\ \delta z\\ \delta t_u\end{bmatrix}+\begin{bmatrix}v_{\rho1}\\ v_{\rho2}\\ v_{\rho3}\\ v_{\rho4}\end{bmatrix} \tag{6.60}$$

如果惯性导航系统以 ECEF 坐标系 $Ox_e y_e z_e$ 为导航坐标系,则量测方程可直接用式(6.60) 构成。这里讨论的惯性导航系统是用地理经度、纬度和高度定位的,因此要把 $\delta x,\delta y,\delta z$ 用 $\delta L,\delta\lambda,\delta h$ 表示。由

$$\left.\begin{aligned}x&=(R_N+h)\cos L\cos\lambda\\ y&=(R_N+h)\cos L\sin\lambda\\ z&=[R_N(1-f)^2+h]\sin L\end{aligned}\right\} \tag{6.61}$$

有

$$\left.\begin{aligned}\delta x&=\delta h\cos L\cos\lambda-(R_N+h)\sin L\cos\lambda\delta L-(R_N+h)\cos L\sin\lambda\delta\lambda\\ \delta y&=\delta h\cos L\sin\lambda-(R_N+h)\sin L\sin\lambda\delta L+(R_N+h)\cos L\cos\lambda\delta\lambda\\ \delta z&=\delta h\sin L+[R_N(1-f)^2+h]\cos L\delta L\end{aligned}\right\} \tag{6.62}$$

把式(6.62) 代入式(6.60),则可得出伪距量测方程为

$$\boldsymbol{Z}_\rho(t)=\delta\boldsymbol{\rho}=\boldsymbol{H}_\rho(t)\boldsymbol{X}(t)+\boldsymbol{V}_\rho(t) \tag{6.63}$$

式中

$$\boldsymbol{H}_\rho=[\boldsymbol{0}_{4\times6}\ \vdots\ \boldsymbol{H}_{\rho1}\ \vdots\ \boldsymbol{0}_{4\times9}\ \vdots\ \boldsymbol{H}_{\rho2}]_{4\times20} \tag{6.64}$$

$$\boldsymbol{H}_{\rho1}=\begin{bmatrix}a_{11} & a_{12} & a_{13}\\ a_{21} & a_{22} & a_{23}\\ a_{31} & a_{32} & a_{33}\\ a_{41} & a_{42} & a_{43}\end{bmatrix}\qquad \boldsymbol{H}_{\rho2}=\begin{bmatrix}1 & 0\\ 1 & 0\\ 1 & 0\\ 1 & 0\end{bmatrix} \tag{6.65}$$

$$\left.\begin{aligned}a_{i1}&=(R_N+h)[-e_{i1}\sin L\cos\lambda-e_{i2}\sin L\sin\lambda]+[R_N(1-f)^2+h]e_{i3}\cos L\\ a_{i2}&=(R_N+h)[e_{i2}\cos L\cos\lambda-e_{i1}\cos L\sin\lambda]\\ a_{i3}&=e_{i1}\cos L\cos\lambda+e_{i2}\cos L\sin\lambda+e_{i3}\sin L\end{aligned}\right\} \tag{6.66}$$

② 伪距率量测方程。采用 GPS 接收机的伪距率信号构建量测方程,与伪距差量测方程类似,参照以上的方法,GPS 接收机输出的对应某颗卫星 i 的测量伪距率为

$$\dot{\rho}_{Gi} = \dot{r}_i - \delta t_{ru} - v_{\dot{\rho}i} \tag{6.67}$$

式中，$\dot{r}_i$ 为卫星 i 到载体 GPS 接收机的伪距率真值；δt_{ru} 为等效时钟频率误差相应的距离率；$v_{\dot{\rho}i}$ 为伪距率测量误差(考虑为白噪声误差)。

对式(6.56)求导，有

$$\begin{aligned}\dot{r}_i &= [(x - x_{si})(\dot{x} - \dot{x}_{si}) + (y - y_{si})(\dot{y} - \dot{y}_{si}) + (z - z_{si})(\dot{z} - \dot{z}_{si})]/r_i = \\ &e_{i1}(\dot{x} - \dot{x}_{si}) + e_{i2}(\dot{y} - \dot{y}_{si}) + e_{i3}(\dot{z} - \dot{z}_{si})\end{aligned} \tag{6.68}$$

则有

$$\dot{\rho}_{Gi} = e_{i1}(\dot{x} - \dot{x}_{si}) + e_{i2}(\dot{y} - \dot{y}_{si}) + e_{i3}(\dot{z} - \dot{z}_{si}) - \delta t_{ru} - v_{\dot{\rho}i} \tag{6.69}$$

同理，相应于惯性导航系统给出的位置和速度所对应于某颗卫星 i 的的计算伪距率为

$$\dot{\rho}_{Ii} = [(x_I - x_{si})(\dot{x}_I - \dot{x}_{si}) + (y_I - y_{si})(\dot{y}_I - \dot{y}_{si}) + (z_I - z_{si})(\dot{z}_I - \dot{z}_{si})]/\rho_{Ii} \tag{6.70}$$

其中

$$\dot{x}_I = \dot{x} + \delta\dot{x}, \quad \dot{y}_I = \dot{y} + \delta\dot{y}, \quad \dot{z}_I = \dot{z} + \delta\dot{z} \tag{6.71}$$

在(x, y, z)处展开成泰勒级数，忽略高阶项得

$$\dot{\rho}_{Ii} = e_{i1}(\dot{x} - \dot{x}_{si}) + e_{i2}(\dot{y} - \dot{y}_{si}) + e_{i3}(\dot{z} - \dot{z}_{si}) + e_{i1}\delta\dot{x} + e_{i2}\delta\dot{y} + e_{i3}\delta\dot{z} \tag{6.72}$$

相对某颗卫星 i 的伪距率测量差矢量方程可以定义为

$$\delta\dot{\rho}_i = \dot{\rho}_{Ii} - \dot{\rho}_{Gi} = e_{i1}\delta\dot{x} + e_{i2}\delta\dot{y} + e_{i3}\delta\dot{z} + \delta t_{ru} + v_{\dot{\rho}i} \tag{6.73}$$

取 $i = 1,2,3,4$，则得定义的伪距率量测方程为

$$\delta\dot{\boldsymbol{\rho}} = \begin{bmatrix} \dot{\rho}_{I1} - \dot{\rho}_{G1} \\ \dot{\rho}_{I2} - \dot{\rho}_{G2} \\ \dot{\rho}_{I3} - \dot{\rho}_{G3} \\ \dot{\rho}_{I4} - \dot{\rho}_{G4} \end{bmatrix} = \begin{bmatrix} e_{11} & e_{12} & e_{13} & 1 \\ e_{21} & e_{22} & e_{23} & 1 \\ e_{31} & e_{32} & e_{33} & 1 \\ e_{41} & e_{42} & e_{43} & 1 \end{bmatrix} \begin{bmatrix} \delta\dot{x} \\ \delta\dot{y} \\ \delta\dot{z} \\ \delta t_{ru} \end{bmatrix} + \begin{bmatrix} v_{\dot{\rho}1} \\ v_{\dot{\rho}2} \\ v_{\dot{\rho}3} \\ v_{\dot{\rho}4} \end{bmatrix} \tag{6.74}$$

如果惯性导航系统采用 ECEF 坐标系进行导航，则可用式(6.74)构造系统量测方程。当惯性导航系统用地理坐标系作为导航坐标系时，则须把 $\delta\dot{x}, \delta\dot{y}, \delta\dot{z}$ 用 $\delta v_E, \delta v_N, \delta v_U$ 表示。由

$$\begin{bmatrix} \delta\dot{x} \\ \delta\dot{y} \\ \delta\dot{z} \end{bmatrix} = \boldsymbol{C}_n^e \begin{bmatrix} \delta v_E \\ \delta v_N \\ \delta v_U \end{bmatrix} \tag{6.75}$$

有

$$\left.\begin{aligned} \delta\dot{x} &= -\delta v_E \sin\lambda - \delta v_N \sin L \cos\lambda + \delta v_U \cos L \cos\lambda \\ \delta\dot{y} &= \delta v_E \cos\lambda - \delta v_N \sin L \sin\lambda + \delta v_U \cos L \sin\lambda \\ \delta\dot{z} &= \delta v_N \cos L + \delta v_U \sin L \end{aligned}\right\} \tag{6.76}$$

把式(6.76)代入式(6.74)，则可得出伪距率量测方程为

$$\boldsymbol{Z}_{\dot{\rho}}(t) = \delta\dot{\boldsymbol{\rho}} = \boldsymbol{H}_{\dot{\rho}}(t)\boldsymbol{X}(t) + \boldsymbol{V}_{\dot{\rho}}(t) \tag{6.77}$$

式中

$$\boldsymbol{H}_{\dot{\rho}} = [\boldsymbol{0}_{4\times 3} \vdots \boldsymbol{H}_{\dot{\rho}1} \vdots \boldsymbol{0}_{4\times 12} \vdots \boldsymbol{H}_{\dot{\rho}2}]_{4\times 20} \tag{6.78}$$

$$\boldsymbol{H}_{\dot{\rho}1} = \begin{bmatrix} b_{11} & b_{12} & b_{13} \\ b_{21} & b_{22} & b_{23} \\ b_{31} & b_{32} & b_{33} \\ b_{41} & b_{42} & b_{43} \end{bmatrix}, \quad \boldsymbol{H}_{\dot{\rho}2} = \begin{bmatrix} 0 & 1 \\ 0 & 1 \\ 0 & 1 \\ 0 & 1 \end{bmatrix} \tag{6.79}$$

$$\left.\begin{aligned} b_{i1} &= -e_{i1}\sin\lambda + e_{i2}\cos\lambda \\ b_{i2} &= -e_{i1}\sin L\cos\lambda - e_{i2}\sin L\sin\lambda + e_{i3}\cos L \\ b_{i3} &= -e_{i1}\cos L\cos\lambda + e_{i2}\cos L\sin\lambda + e_{i3}\sin L \end{aligned}\right\} \tag{6.80}$$

2. 组合导航系统仿真举例

仿真中采用和位置、速度组合完全相同的仿真条件，按下列 4 种情况进行仿真：Ⅰ 伪距率组合；Ⅱ 伪距组合；Ⅲ 伪距、伪距率交替组合；Ⅳ 伪距、伪距率联合组合。仿真结果如图 6.6 所示，其稳态误差如表 6.3 所列。

表 6.3 GPS/惯性紧组合导航系统稳态误差

组合方式	稳态误差值								
	φ_E/(″)	φ_N/(″)	φ_U/(″)	东向速度/m/s	北向速度/m/s	天向速度/m/s	经度/m	纬度/m	高度/m
(Ⅰ)伪距率组合	15.6	15.8	42.3	0.01	0.007	0.01	50.3	50.2	41.6
(Ⅱ)伪距组合	18.6	19.1	75.1	0.07	0.06	0.04	4.8	6.7	11.1
(Ⅲ)交替组合	16.0	15.9	44.9	0.012	0.011	0.013	3.1	3.5	4.8
(Ⅳ)联合组合	15.6	15.7	41.3	0.01	0.007	0.01	1.8	1.65	2.82

由仿真结果可以看出，由于伪距、伪距率组合中 GPS 接收机只提供星历和伪距、伪距率数据，不进行导航解算，未引入 GPS 接收机的定位解算误差，因此伪距、伪距率组合精度优于位置、速度组合，尤其是可靠性和抗干扰能力强，适用于高动态载体的导航。与位置、速度组合类似，单独采用伪距率组合时，组合导航系统的位置信息是发散的。同时，所有的组合方式的天

向平台误差角观测性相对东向和北向平台误差角要弱。

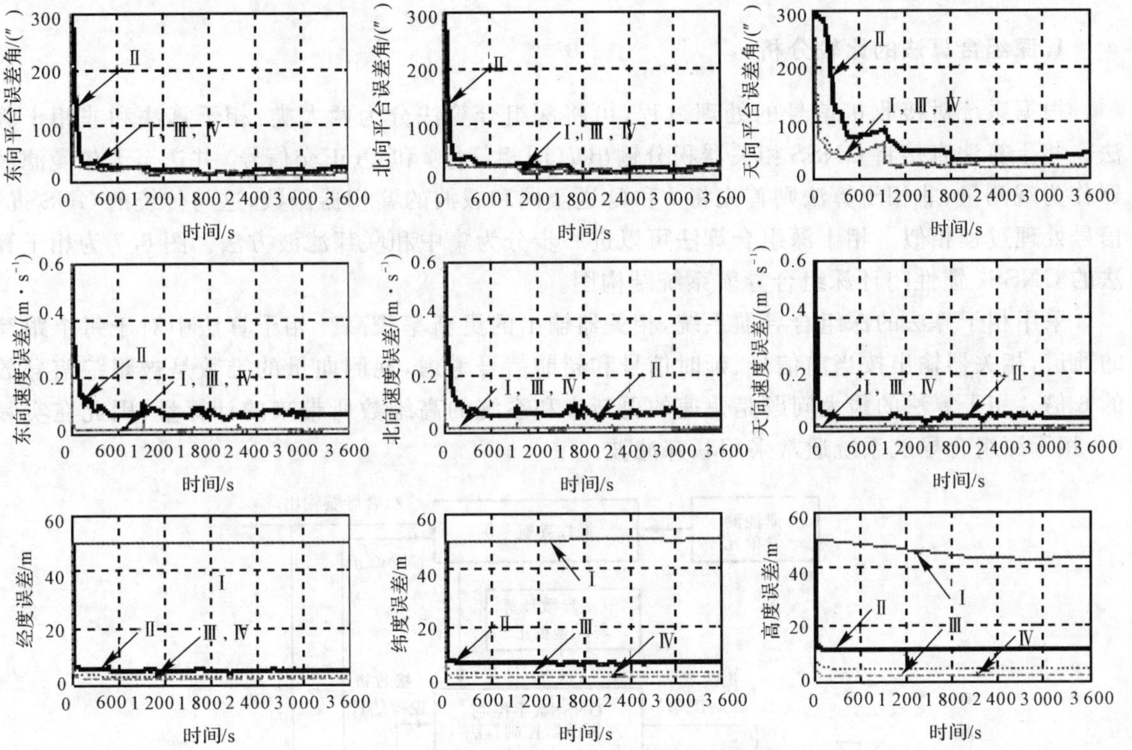

图 6.6 GPS/惯性紧组合均方差曲线

6.1.5 深组合(超紧组合)工作方式

在卫星/惯性组合导航系统的应用不断得到推广的同时,运载体对导航系统的综合性能提出的需求也在不断提高,卫星/惯性组合导航技术方面的研究不断深入。

深组合技术是下一代导航系统的典型标志,其核心是利用卫星/惯性组合导航系统的输出辅助接收机的环路跟踪。与松组合和紧组合相比,深组合导航系统将 GNSS 接收机对卫星信号的跟踪和 GNSS/惯性的组合功能集成于一体,这一组合机制可以提高 GNSS 信号跟踪的性能和卫星接收机对高动态运动载体的适应性。

深组合导航系统中,除惯性导航系统及组合导航计算机等硬件外,必须有参数配置可控的 GNSS 接收机,尤其是接收机相关器环路的压控振荡器(Voltage Controlled Oscillator,VCO)或数字控制振荡器(Numerically Controlled Oscillator,NCO)是可控的。为了获得可控的

GNSS接收机,很多研究单位都采用了软件接收机的方案,射频前端和中频信号采集由硬件完成,中频信号的处理则采用软件的方式来实现。

1. 深组合算法的比较分析

根据系统对接收机信号的处理过程,可将深组合算法分为两大类:相干算法和非相干算法。相干算法直接将GNSS相关器积分输出I(同相信号)和Q(正交信号)并送至卡尔曼滤波器作为观测量,非相干算法则首先将I和Q送至码和载波的鉴相器函数,这与传统的GNSS的信号处理过程相似。相干深组合算法可以进一步分为集中和联邦滤波方法。图6.7为相干算法的GNSS/惯性闭环深组合导航系统结构图。

采用相干算法的深组合导航系统,相关器输出的更新率较高。相干算法中对于每个跟踪的通道,相关器输出按当前信号、延时信号和超前信号考虑,观测向量的维数是被跟踪信号数的6倍。相干算法的最大问题是快速的更新率和系统的高维数所带来的计算量,因此在实际中,相干深组合导航系统通常采用联邦滤波。

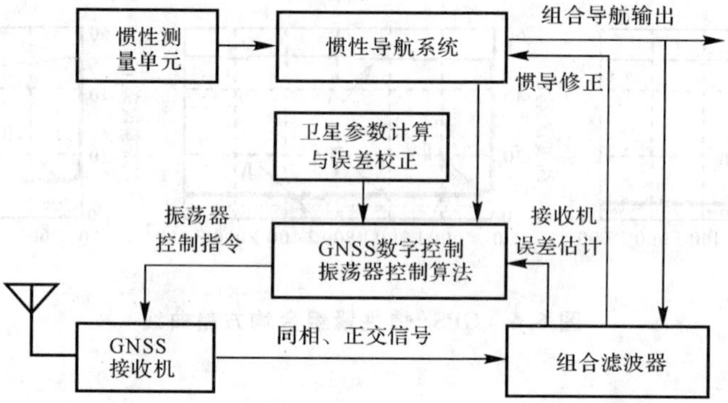

图6.7 GNSS/惯性相干深组合导航系统结构图

为了减小计算量,可以采用跟踪前置滤波器组,对I,Q信号的当前、延时和超前6个测量状态进行处理。将估计码相位及其跟踪误差、载波频率及其跟踪误差以及参考信号的载波相位偏移量等信号通过跟踪前置滤波器滤波,可以生成更新率为1～2 Hz的伪距和伪距率观测量。由于跟踪前置滤波器与组合滤波器存在级联问题,实际实现中,当跟踪前置滤波器的输出值输入到组合滤波器后,须要对码相位和载波频率状态估计量进行置零。这种方法的优点是不采用鉴相器,避免了鉴相器引入的无法建模的非线性因素,滤波增益更高,同时码跟踪噪声更小。缺点是必须获得本地参考信号的载波相位偏移量,前置跟踪滤波器才能够跟踪载波信号。对于载波相位须要精确跟踪的场合,可以优先采用相干深组合算法。但在低信噪比的环境中,载波相位的跟踪比码和载波频率的跟踪要难,因此,此方法不适用于低信噪比的环境。

非相干深组合算法中,I和Q用于计算码和载波频率鉴相器函数值,码鉴相器与载波相位是独立的，无论载波相位能否跟踪，码相位的计算都是可以进行的，因此非相干深组合算法能够在低信噪比的环境下保持跟踪。

2. 深组合导航系统的信号关系

深组合导航系统的卫星导航接收机的观测量输出为 I,Q 信息，它们来自于接收机相关器的各个跟踪通道$(1,2,\cdots,n)$，与惯性导航系统的位置、速度和姿态变量共同输入组合滤波器。下面对 I,Q 信号与接收机载波频率、相位之间的关系进行简要说明。

$$I=\int_{kT}^{(k+1)T}\sin(\hat{\omega}t+\hat{\varphi})[A\cos(\omega' t+\varphi')+\eta]\mathrm{d}t \tag{6.81}$$

$$Q=\int_{kT}^{(k+1)T}\cos(\hat{\omega}t+\hat{\varphi})[A\cos(\omega' t+\varphi')+\eta]\mathrm{d}t \tag{6.82}$$

式中，A 是合成信号的幅度；$\hat{\omega},\hat{\varphi}$ 是载波频率和相位的局部估计值；η 是高斯噪声；T 是预检测积分周期。

将局部载波估计值与输入信号相乘并在预检测间隔内积分，可得出 I,Q 信号。I,Q 信号通过环路滤波器滤波，滤波除 2 倍频分量，方程简化为

$$I=\int_{kT}^{(k+1)T}\left(\frac{A}{2}[\sin(\omega_{\mathrm{e}}t+\varphi_{\mathrm{e}})]+\eta_I\right)\mathrm{d}t \tag{6.83}$$

$$Q=\int_{kT}^{(k+1)T}\left(\frac{A}{2}[\cos(\omega_{\mathrm{e}}t+\varphi_{\mathrm{e}})]+\eta_Q\right)\mathrm{d}t \tag{6.84}$$

式中，$\omega_{\mathrm{e}}=\hat{\omega}-\omega'$，$\varphi_{\mathrm{e}}=\hat{\varphi}-\varphi'$，分别是频率和相位误差。这些误差由假定初始值给定，最终环路会判断出各误差并使其最小。这些误差参数由位置和速度表示为

$$\omega_{\mathrm{e}}=\frac{\omega}{c}|v_{\mathrm{u}}-\hat{v}_{\mathrm{u}}|=\frac{\omega}{c}v_{\mathrm{e}} \tag{6.85}$$

$$\varphi_{\mathrm{e}}=-\frac{\omega}{c}[|x_{\mathrm{u}}-\hat{x}_{\mathrm{u}}|-|v_{\mathrm{u}}-\hat{v}_{\mathrm{u}}|t]=-\frac{\omega}{c}[x_{\mathrm{e}}-v_{\mathrm{e}}t] \tag{6.86}$$

式中，x_{u} 和 v_{u} 是接收机位置和速度的实测值；$\hat{x}_{\mathrm{u}}$ 和 $\hat{v}_{\mathrm{u}}$ 是接收机位置和速度的估计值；x_{e} 和 v_{e} 是测量值和估计值之差。

$\omega_{\mathrm{e}},\varphi_{\mathrm{e}}$ 联系着 I,Q 与接收机的位置和速度，在稳定的状态下，当相位和频率误差小于阈值时，I 的幅值增加到最大，Q 的幅值减小到最小。

6.1.6　惯性信息辅助 GPS 接收机环路

在动态用户上使用的接收机，用户的动态会使接收机产生动态误差，甚至会产生失锁。为了减小动态误差，提高环路的跟踪性能，要求环路有足够的带宽。但是带宽的增大又降低了接收机的抗干扰性。解决这个矛盾的有效方法，是用惯性导航系统的信息辅助 GPS 接收机

环路。

1. 惯性信息辅助的接收机环路

GPS 接收机的码跟踪环，通常是延迟锁相环(Delay Locked Loop,DLL)，而载波跟踪环则是 Costas 环，两种环路都可等效成图 6.8 的形式。为了研究环路的跟踪特性，我们把惯性信息辅助的跟踪环路简化成图 6.9 的形式。图 6.9 中，A 表示用户在伪距方向上的运动加速度；$(1-k)/(\tau s+1)$ 表示惯性导航系统给出的用户在伪距方向上的速度的不完善，即 $\dot{\rho}_{\text{INS}}$ 的误差(其中 k 为标度系数误差，τ 为滞后时间常数)。

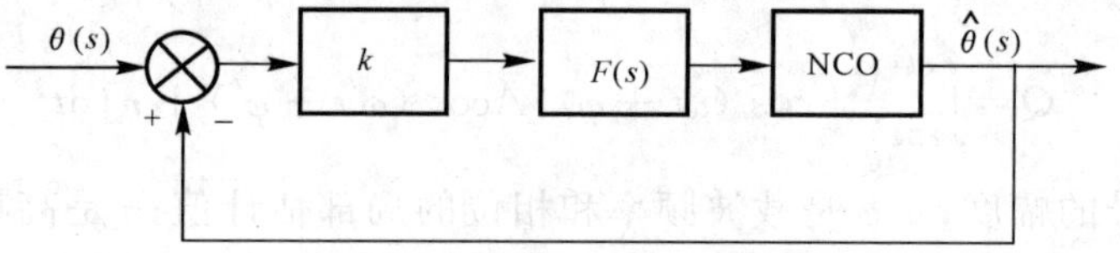

图 6.8 等效环路框图

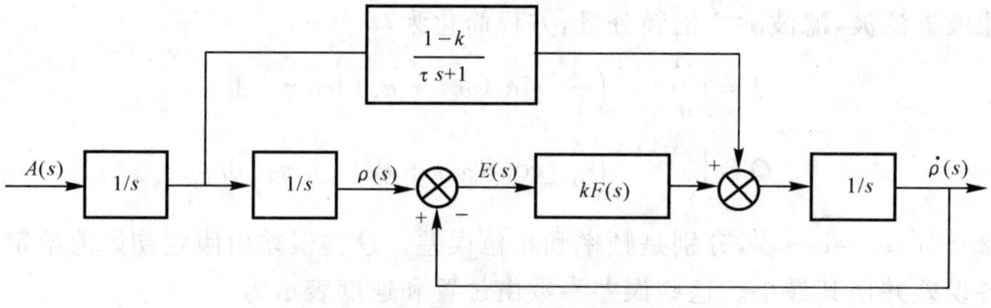

图 6.9 惯性信息辅助下环路等效框图

从图 6.9 可得惯性信息辅助下环路传递函数。环路滤波器传递函数取

$$F(s)=\frac{s+a}{s} \tag{6.87}$$

NCO 看做积分环节，则环路传递函数为

$$H(s)=\frac{\hat{\rho}(s)}{\rho(s)}=\frac{[(1-k)+K\tau]s^2+(K+Ka\tau)s+Ka}{\tau s^3+(1+K\tau)s^2+(K+Ka\tau)s+Ka} \tag{6.88}$$

$$H_{\text{e}}(s)=\frac{E(s)}{\rho(s)}=\frac{s^2}{s^2+Ks+Ka}\frac{\tau s+k}{\tau s+1} \tag{6.89}$$

从式(6.88) 和式(6.89) 可以看出，当惯性辅助信息为理想情况，即 $\tau=0,k=0$ 时，有

$$H(s)=1,\quad H_{\text{e}}(s)=0$$

说明环路可以跟踪载体的任何机动而不会产生误差。当然这只是一种理想情况。实际环路中，由于振荡器的不稳定等因素，即使有精确的速度辅助信息，仍然会有一定的跟踪误差。图 6.10 是在一定的带宽($B_{\text{L}}=0.08$) 情况下，辅助信号质量和位置误差的关系。显然，在一定

的载噪比的情况下，辅助速度误差越小，则跟踪误差也越小。

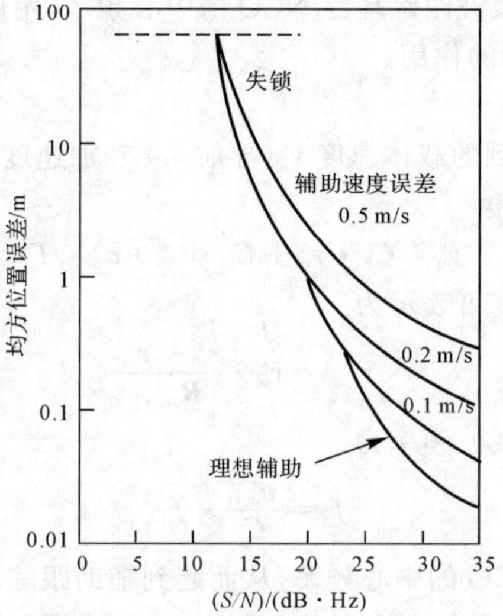

图 6.10　码环性能和辅助信号质量的关系

2. 惯性信息辅助环路的模式

GPS 环路辅助的模式有两种。一种是使用组合导航测得的加速度信息，预测下一时刻 GPS 信号多普勒频移的变化量，并将这一变化量输入 GPS 跟踪环路，作为跟踪环路中心频率的增量。这里我们将这种方法称为“加速度辅助”。另一种是使用组合导航测得的位置、速度和加速度等信息，估计下一时刻 GPS 信号频率，直接以此作为跟踪环路中心频率。这里我们将这种方法称为“频率预测辅助”。

(1) 加速度辅助模式

设由紧组合导航系统测得的载体加速度为 $\boldsymbol{a}_{\mathrm{u}}^{\mathrm{b}}$，该加速度矢量一般是机体系的，而 GPS 一般使用 ECEF 坐标系，因此在使用时须先进行坐标变换

$$\boldsymbol{a}_{\mathrm{u}}^{\mathrm{e}} = \boldsymbol{C}_{\mathrm{n}}^{\mathrm{e}} \cdot \boldsymbol{C}_{\mathrm{b}}^{\mathrm{n}} \cdot \boldsymbol{a}_{\mathrm{u}}^{\mathrm{b}} \tag{6.90}$$

设 i 通道卫星的位置为 $\boldsymbol{r}_{si}^{\mathrm{e}}$，用户位置为 $\boldsymbol{r}_{\mathrm{u}}^{\mathrm{e}}$，则载体相对于卫星的加速度可以写成(由于卫星加速度对多普勒频移影响较小，这里忽略了卫星的加速度)

$$a_{\mathrm{u\_}si}^{\mathrm{e}} = \boldsymbol{a}_{\mathrm{u}}^{\mathrm{e}} \cdot \frac{\boldsymbol{r}_{\mathrm{u}}^{\mathrm{e}} - \boldsymbol{r}_{si}^{\mathrm{e}}}{\left|\boldsymbol{r}_{\mathrm{u}}^{\mathrm{e}} - \boldsymbol{r}_{si}^{\mathrm{e}}\right|} = \boldsymbol{a}_{\mathrm{u}}^{\mathrm{e}} \cdot \frac{\boldsymbol{r}_{\mathrm{u}}^{\mathrm{e}} - \boldsymbol{r}_{si}^{\mathrm{e}}}{\boldsymbol{R}_{\mathrm{u\_}si}} \tag{6.91}$$

式中，$\boldsymbol{R}_{\mathrm{u\_}si} = \left|\boldsymbol{r}_{\mathrm{u}}^{\mathrm{e}} - \boldsymbol{r}_{si}^{\mathrm{e}}\right|$ 是卫星和用户之间的距离。

根据多普勒频移公式，卫星多普勒频移的增量为

$$\Delta f_i = \frac{a_{\mathrm{u\_}si}^{\mathrm{e}} \cdot T}{C} \cdot f_{\mathrm{L1}} \tag{6.92}$$

式中，T 是跟踪环路积分时间；f_{L1} 是 GPS 信号，L1 波段载波频率；C 是光速。

将这一增量加至 i 通道载波跟踪环路 NCO 的中心频率，用做下一时刻载波频率产生的基准，即可起到对跟踪环路辅助的作用。

(2) 频率预测辅助模式

根据紧组合导航计算得到的载体速度 $\boldsymbol{v}_{u}^{n}$（导航系）和加速度 $\boldsymbol{a}_{u}^{b}$（机体系），计算出载体下一时刻在 ECEF 坐标系下的速度

$$\boldsymbol{v}_{u}^{e}=\boldsymbol{C}_{n}^{e}\cdot\boldsymbol{v}_{u}^{n}+\boldsymbol{C}_{n}^{e}\cdot\boldsymbol{C}_{b}^{n}\cdot\boldsymbol{a}_{u}^{b}\cdot T \tag{6.93}$$

则载体 i 通道卫星的相对速度可表示为

$$\boldsymbol{v}_{u\_si}^{e}=\boldsymbol{v}_{u}^{e}\cdot\frac{\boldsymbol{r}_{u}^{e}-\boldsymbol{r}_{si}^{e}}{\boldsymbol{R}_{u\_si}} \tag{6.94}$$

再预测出下一时刻 i 通道的载波频率为

$$f_{i}=\frac{v_{u\_si}^{e}}{C}\cdot f_{L1} \tag{6.95}$$

将这一频率作为下一时刻 NCO 的中心频率，从而起到辅助跟踪环路的作用。

须要注意的是，由于组合导航存在误差，而载波对频率误差非常敏感，因此这里只能将 f_i 作为中心频率，而不能直接用 f_i 作为下一时刻的本地载波频率。另外，由于计算得到的频率变化不连续，须要对原有的环路低通滤波器进行一定的修改，以控制本地载波可以精确跟踪输入载波。

3. 惯性信息辅助下环路的等效带宽

环路带宽

$$B_{L}=\int_{0}^{\infty}|H(\mathrm{j}w)|^{2}\mathrm{d}f \tag{6.96}$$

其中

$$H(\mathrm{j}w)=\frac{c_{n-1}(\mathrm{j}w)^{n-1}+\cdots+c_{0}}{d_{n}(\mathrm{j}w)^{n}+\cdots+d_{0}} \tag{6.97}$$

则当 $n=1,2,3$ 时，有

$$B_{L1}=\frac{c_{0}}{4d_{0}d_{1}} \tag{6.98}$$

$$B_{L2}=\frac{c_{1}^{2}d_{0}+c_{0}^{2}d_{2}}{4d_{0}d_{1}d_{2}} \tag{6.99}$$

$$B_{L3}=\frac{c_{2}^{2}d_{0}d_{1}+(c_{1}^{2}-2c_{0}c_{2})d_{0}d_{3}+c_{0}^{2}d_{2}d_{3}}{4d_{0}d_{3}(d_{1}d_{2}-d_{0}d_{3})} \tag{6.100}$$

无速度辅助时，环路的传递函数为

$$H(s)=\frac{K(s+a)}{s^{2}+Ks+Ka} \tag{6.101}$$

对应的噪声带宽为

$$B_L=\frac{K+a}{4} \tag{6.102}$$

取 $K=20, a=10.1$，则 $B_L=7.525$。

当环路 K, a 已定时，则在有速度辅助的情况下，环路的等效带宽随 k 和 τ 而变化。表 6.4 是按式(6.88)计算的带宽 B_L 随 k 和 τ 变化的数据表。图 6.11 和图 6.12 是等效带宽随 k 和 τ 的变化曲线。

表 6.4　B_L 与 k 的关系($K=20, a=10.1$)

$\tau=0.001$		$K=0.001$	
k	B_L	τ	B_L
0.001	259.501	0.001	259.501
0.01	255.025	0.01	34.917
0.02	250.099	0.02	22.353
0.06	230.892	0.06	13.564
0.20	169.901	0.16	10.211
0.70	31.288	0.18	9.949
0.90	10.495	0.32	8.968
0.95	8.391	0.70	8.213
0.97	7.896	0.76	8.161
0.98	7.723	0.90	8.065
0.99	7.599	0.99	8.017
1.00	7.525	1.00	8.012

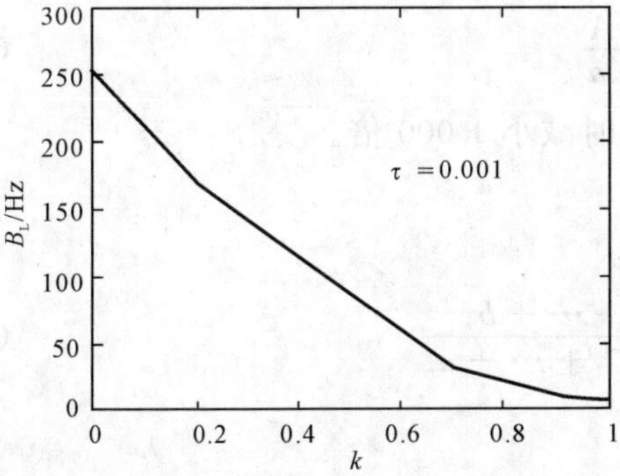

图 6.11　B_L 与 k 的关系

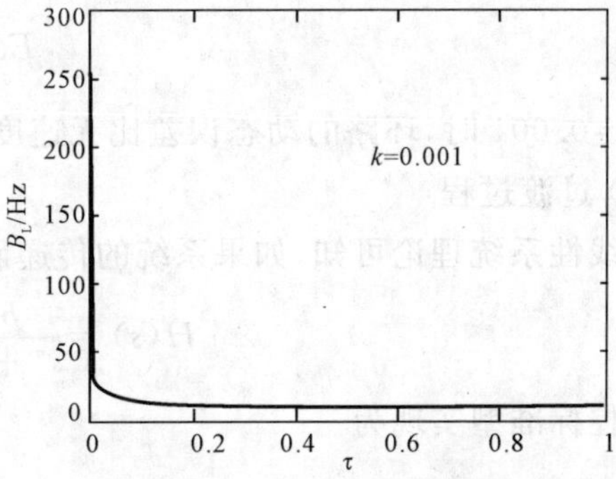

图 6.12　B_L 与 τ 的关系

表 6.4 和图 6.11、图 6.12 清楚地说明，随着 k 和 τ 的减小，环路的等效带宽迅速增大，这样，惯性导航系统的速度精度越高，对 GPS 接收机的辅助效果越好。

4. 惯性信息辅助下环路的跟踪特性

当环路工作在跟踪状态时，鉴相器可以近似为线性元件，因而跟踪性能的分析可采用线性分析的方法。对跟踪性能的要求主要有两个：一是稳态误差尽量小，二是过渡过程时间尽量短。

(1) 稳态误差

无速度辅助时，环路的误差传递函数为

$$\frac{E(s)}{\rho(s)}=\frac{s^2}{s^2+Ks+Ka} \tag{6.103}$$

当 $\rho(t)=\rho_0+vt+\frac{1}{2}At^2$ 时(其中 A 为载体加速度)，则稳态误差为

$$E_{s.s}=\frac{A}{Ka} \tag{6.104}$$

表明采用理想积分滤波器的二阶环路存在着加速度误差，即载体作加速度运动时产生稳态的跟踪误差。增大增益 K，可以减小动态误差，但是 K 的增大会降低环路的抗干扰性。

增加了速度辅助后，环路的误差传递函数变为

$$\frac{E(s)}{\rho(s)}=\frac{s^2}{s^2+Ks+Ka}\,\frac{\tau s+k}{\tau s+1} \tag{6.105}$$

显然，在理想情况下 $k=0$，$\tau=0$，则

$$E(s)=0 \tag{6.106}$$

即不管载体作怎样的加速运动，环路都不产生稳态跟踪误差。

在 k，τ 不为零的情况下，稳态误差为

$$E_{s.s}=\frac{kA}{Ka} \tag{6.107}$$

即当 $k=0.001$ 时，环路的动态误差比无速度辅助时减小 1 000 倍。

(2) 过渡过程

从线性系统理论可知，如果系统的传递函数为

$$H(s)=\frac{b_1s^{n-1}+\cdots+b_n}{s^n+a_1s^{n-1}+\cdots+a_n} \tag{6.108}$$

则其能控标准型实现为

$$\dot{\boldsymbol{X}}(t)=\begin{bmatrix}0 & 1 & \cdots & 0\\ 0 & 0 & \cdots & 0\\ \vdots & \vdots & & \vdots\\ -a_n & -a_{n-1} & \cdots & a_1\end{bmatrix}\boldsymbol{X}(t)+\begin{bmatrix}0\\ \vdots\\ \vdots\\ 1\end{bmatrix}\boldsymbol{U}(t) \tag{6.109}$$

$$\boldsymbol{Y}(t)=[b_n \quad b_{n-1} \quad \cdots \quad b_1]\boldsymbol{X}(t) \tag{6.110}$$

未加速度辅助的环路传递函数为

$$H(s)=\frac{K(s+a)}{s^2+Ks+Ka} \tag{6.111}$$

相应的动态方程为

$$\left.\begin{aligned}\dot{x}_1&=x_2\\ \dot{x}_2&=-Kax_1-Kx_2+u\\ y&=Kax_1+Kx_2\end{aligned}\right\} \tag{6.112}$$

加了速度辅助之后的环路传递函数为式(6.78)，其相应的动态方程为

$$\left.\begin{aligned}\dot{x}_1&=x_2\\ \dot{x}_2&=x_3\\ \dot{x}_3&=\{-Kax_1-(K\tau a+K)x_2-(1+K\tau)x_3\}/\tau+u\\ y&=\{Kax_1+(K+K\tau a)x_2+[(1-k)+K\tau]x_3\}/\tau\end{aligned}\right\} \tag{6.113}$$

取 $K=20$，$a=10.1$，当 k 和 τ 取不同值时，可用四阶龙格-库塔法对式(6.112)和式(6.113)进行数值积分。

5. 惯性信息辅助下环路的捕获特性

环路由失锁状态进入锁定状态的过程称为捕获过程。通常，捕获过程中相位误差角较大，鉴相器不能看做是线性元件，此时环路方程为非线性的，故必须进行非线性分析。

描述环路捕获特性的指标主要是捕获带和捕获时间。要求环路在任意起始条件下必然锁定所允许的固有最大频差称为捕获带，通常又把保证环路只有相位捕获一个过程的最大固有频差称为快捕带。为改善环路的捕获性能，希望捕获带越宽越好，捕获时间越短越好。为了加大环路的捕获带，应提高环路的增益 K 和增加滤波器的带宽。为了缩短环路的捕获时间，除采用上述措施外，还应设法减小作用在环路上的起始频差。但是加大环路增益和带宽会降低环路的抗干扰性。因此，环路的捕获经常采用一些辅助捕获方法。

辅助捕获的方法虽然有多种，但就其功能来说不外乎两类：一类是变带宽，即捕获时使环路有较大的带宽，锁定后再使带宽变小；另一类辅助捕获是减小起始频差，使之尽快落入快捕带内，以有效地减小捕获时间。

前面已经讨论了用惯性信息辅助 GPS 接收机在保证环路滤波器带宽足够窄的情况下，可

以有效地加大环路的等效带宽，从而也就加大了环路捕获带，提高了环路的捕获性能。

从图 6.9 可以看出，速度辅助信号通过$(1-k)/(\tau s+1)$环节直接加一信号到压控振荡器，对振荡器有强迫同步的作用。这样，可以保证环路在快捕带内，使环路捕获时间有效地减小。

综上所述，可以清楚地看出用惯性导航系统的信息辅助 GPS 接收机，可以有效地提高接收机的动态性能和抗干扰性。这种性能的提高和辅助速度信息的精度密切相关，辅助信息的精度高，则接收机性能提高大。因此，辅助 GPS 接收机的速度信息，通常都是用 GPS/ 惯性组合导航系统中经过校正后的速度信息，其原理如图 6.13 所示。惯性导航系统的速度信息经组合滤波器校正后，精度会有很大提高，但是不可避免地仍然会有误差存在。这样，接收机环路经速度辅助后，环路的跟踪误差中就包括了惯性导航速度误差。在 GPS/ 惯性组合导航系统中，码环输出的伪距是组合滤波器的量测值；而惯性导航系统的速度误差则是组合滤波器的状态量，环路的跟踪误差中包括了速度误差，致使组合滤波器的量测误差和状态相关。这种相关性有可能引起系统的不稳定，在 GPS/ 惯性组合导航系统设计中必须考虑。

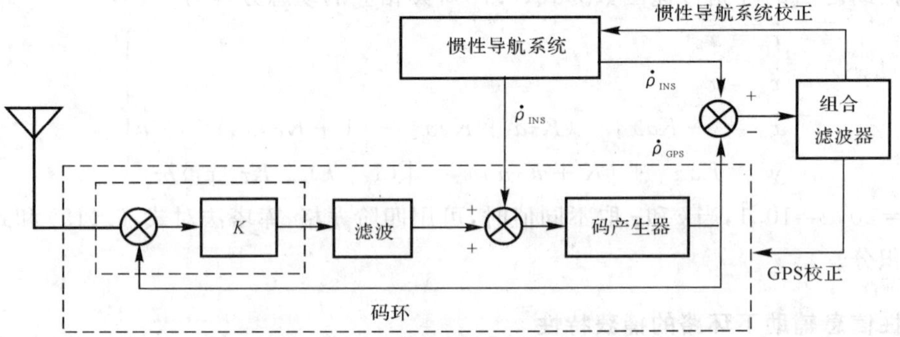

图 6.13　GPS/ 惯性紧组合导航系统

6. 惯性信息辅助 GPS 环路的仿真

高动态性能仿真基于一条预设的高机动航迹，该条高机动航迹基本表现为，在一个方向上先加速 5 s，然后减速 5 s，在速度即将降为 0 时转弯，然后在另一个方向上重复这个过程，但加速度增大 1g。这一过程一直持续 60 s。

仿真的结果如图 6.14 和图 6.15 所示，从上到下依次为 1～5 通道。从图中可以看到，无辅助的 GPS 环路，在加速度超过 2g 后便无法跟踪输入信号，载波频率的误差随运动变化而加大；而在惯性信息辅助下，即使在加速度达到 6g 时，仍然能够保持对输入信号的跟踪，频率误差不超过 10 Hz。仿真表明，惯性信息辅助 GPS 可以在高达 9g 的加速度下保持系统 GPS 不失锁。

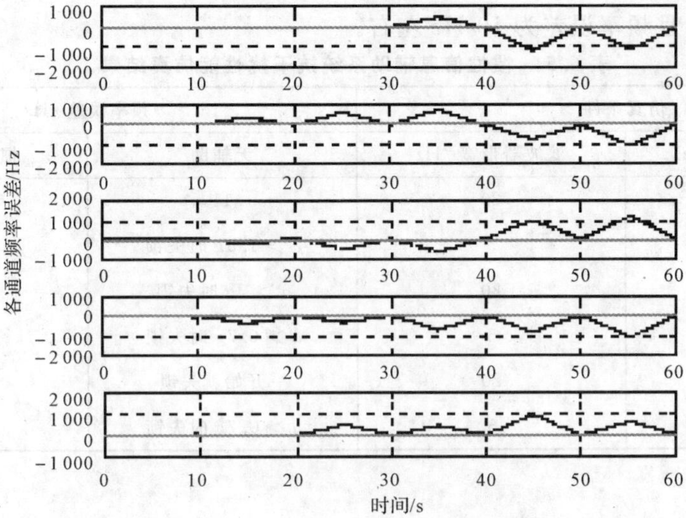

图 6.14　无辅助的载波跟踪误差

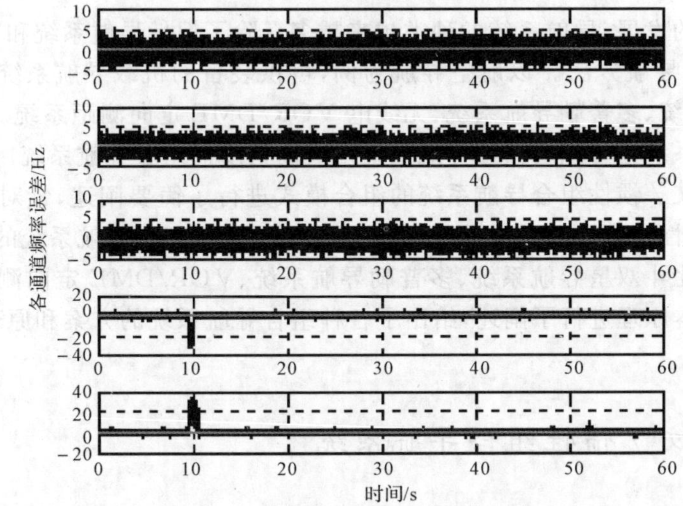

图 6.15　加速度辅助的载波跟踪误差

抗干扰的仿真基于一条加速度不断增大的直线航迹，使用不同的信号强度和不同的环路滤波器带宽来测试惯性信息辅助的接收机在干扰下的性能。多次不同仿真条件实验结果见表 6.5。从仿真的结果可以看出，无辅助情况下，在干扰信号中，使用宽带宽的环路滤波器无法从噪声中获取信号，而使用低带宽的环路滤波器又不能保证基本的动态性能。而在惯性信息辅助下，可以使用降低滤波器带宽的方法减小频率误差，且不会影响接收机的动态性能。仿真结果，在 25 dB·Hz 的极低载噪比环境中，惯性信息辅助的 GPS 环路在 $9g$ 的加速度下依然可以保持环路锁定，且频率误差为 10 Hz 左右。

表 6.5 惯性信息辅助系统抗干扰性能仿真结果

仿真条件		频率误差 /Hz	
载噪比 /(dB·Hz)	滤波器带宽 /Hz	无辅助	惯性信息辅助
40	20	11	11
40	5	$a>1.5g$ 时失锁	2.5
30	20	$a>7g$ 时失锁	50
30	5	$a>0.7g$ 时失锁	10
25	20	一开始就失锁	50
25	5	$a>0.7g$ 时失锁	12

6.2 其他惯性组合导航系统

随着科学技术的发展，导航系统的种类越来越多。除了惯性导航系统和 GPS 导航系统之外，还有很多其他的导航方法。以航空导航为例，可供装备的机载导航系统还有天文导航系统、北斗双星导航系统、多普勒导航系统、无线电 VOR/DME 定向测距系统、罗兰 C 导航系统等。利用这些导航系统也可以与惯性导航系统组成高精度的组合导航系统。

本节首先对天文 / 惯性组合导航系统的组合模式进行了简要阐述，针对天文导航系统特点，建立了天文 / 惯性组合导航系统模型，给出了天文 / 惯性组合导航系统的实现方案。然后对惯性导航系统与北斗双星导航系统、多普勒导航系统、VOR/DME 定向测距系统和罗兰 C 导航系统组合的基本原理进行了阐述，给出了各种组合导航系统的方案和原理，分析了各种组合导航系统的特点。

6.2.1 天文 / 惯性组合导航系统

天文导航是一种高精度、高自主式的导航方法，它与惯性导航系统组合可构成一种高精度组合导航系统。自 20 世纪 60 年代初卡尔曼滤波技术出现之后，它首先在舰船惯性导航系统的最优重调上获得应用，开创了最优组合导航系统成功应用的先例，继而在高精度导航领域内得到广泛的应用[15-18]。

1. 天文 / 惯性组合导航的组合模式

天文导航系统具有隐蔽性强、不受电磁干扰、安全可靠、定向精确等特点，随着高精度自主光学水平基准技术的发展，天文自主导航的精度越来越高。结合具体的机载应用环境，将惯性导航系统与天文导航系统组合，应用于高空远程飞机和战略导弹的导航，将具有极高的军事应用价值。依据不同的天文导航系统工作模式，天文／惯性组合导航可以选用不同的组合方式[19]。

① 天文／惯性组合校正载体的导航参数。其校正模式分两种，一种是在已知准确位置的前提下，通过天文导航系统精确测量载体的航向和姿态，用此信息直接校正惯性导航系统输出的相应导航数据；另一种是根据惯性导航系统提供的水平姿态信息，通过天文导航系统校正载体的位置和航向。

此方式为简单组合，是最成熟、最简单的天文／惯性组合模式。惯性导航系统独立工作，提供姿态、航向、速度等各种导航参数。天文导航系统基于惯性导航系统提供的位置和姿态信息，解算出天文位置和航向，对惯性导航系统位置、航向输出参数进行校正。这种方式已经得到广泛应用，如美国用于 B22 等大型轰炸机上的 NAS－26 系列天文／惯性组合导航系统。

② 天文／惯性组合精确补偿陀螺的随机漂移。新型大视场天文导航系统在不需要任何外部基准信息的前提下，可直接精确地提供机体坐标系相对于惯性坐标系的姿态信息，其精度达到 1"～7"，且测量精度在导航全程保持稳定；而惯性导航系统的陀螺组件也是直接敏感载体相对于惯性坐标系的角速率，可以通过积分求出载体的姿态，但由于陀螺具有随机漂移，导致输出的姿态精度随时间增长而降低。因此，该组合方法可有效地补偿惯性导航系统中因陀螺漂移而引起的导航误差。

③ 天文／惯性最优组合方式。除方式 ② 的功能之外，天文导航系统利用自身的高精度光学水平基准进行高精度自主确定位置、航向和姿态，从而可以对惯性导航系统实现最优校正。

20 世纪 50～90 年代初天文／惯性组合只采用简单组合导航方式，这主要是受当时天文导航技术的限制。当时的天文导航设备为小视场系统，采用“高度差法”导航原理，星体检测也只限于单星观测或在不同时刻完成对不同星体的检测，因此其只能作为惯性导航系统的校准设备使用，不能作为一种独立的导航手段使用[15]。

到了 20 世纪 90 年代后期，由于大视场星体快速检测技术的发展，天文导航系统能完成某一时刻的多星同步检测，且在不需要任何外部初始信息（包括水平基准）的前提下确定载体坐标系相对于惯性坐标系的姿态信息，因此，天文／惯性组合开始向补偿惯性导航系统中陀螺漂移的方式（方式 ②）发展。而随着高精度自主光学水平基准技术的发展，到上世纪末，天文／惯性组合模式开始向最优组合方式发展（方式 ③），且天文导航系统自主导航的精度越来越高（定位精度为 50～200 m），从而有力推动了天文导航技术的应用。

目前国外天文导航在小视场测星定位系统的基础上[15-16]，又形成了大视场测星定位和射电测星定位两种系统，并正在从传统的可见光测星定位向可见光测星定位和射电测星定位相结合的方向发展，从传统的小视场测星定位向小视场测星定位和大视场测星定位相结合的方向发展，以提高天文导航系统的精度和数据输出率，实现天文导航系统的高精度、自主、全天候和多功能化，从而能有效满足多种作战平台的需要。

2. 天文／惯性组合精确补偿陀螺随机漂移算法

由于天文导航系统提供的姿态信息精度高，且测量精度稳定，可将惯性导航系统与天文导航系统相对惯性坐标系的姿态差值作为观测量，并利用这一信息估计并补偿陀螺漂移[20]。

设载体相对惯性空间的角速度四元数形式为 $\boldsymbol{\omega}_{ib}^{bq}$，而陀螺漂移的四元数形式为 $\boldsymbol{\varepsilon}^{q}$，固连在载体上的陀螺仪组件输出的角速度四元数形式为 $\hat{\boldsymbol{\omega}}_{ib}^{bq}$，因此依赖于陀螺仪表示的载体相对惯性坐标系的姿态通过四元数姿态微分方程表示为

$$\dot{\hat{Q}}_{b}^{i}=\frac{1}{2}\hat{Q}_{b}^{i}\circ\hat{\boldsymbol{\omega}}_{ib}^{bq}=\frac{1}{2}\hat{Q}_{b}^{i}\circ(\boldsymbol{\omega}_{ib}^{bq}+\boldsymbol{\varepsilon}^{q}) \tag{6.114}$$

载体相对惯性坐标系的姿态真值通过四元数姿态微分方程表示为

$$\dot{Q}_{b}^{i}=\frac{1}{2}Q_{b}^{i}\circ\boldsymbol{\omega}_{ib}^{bq} \tag{6.115}$$

用微小旋转四元数 $\boldsymbol{\delta}_{q}$ 表示依赖于陀螺仪表示的载体相对惯性坐标系的姿态与姿态真值的差，即有

$$Q_{b}^{i}=\hat{Q}_{b}^{i}\circ\boldsymbol{\delta}_{q} \tag{6.116}$$

对式(6.116)两边求导，并将式(6.114)、式(6.115)代入，得

$$\dot{\boldsymbol{\delta}}_{q}=-\frac{1}{2}\boldsymbol{\delta}_{q}\circ\boldsymbol{\varepsilon}^{q}-\hat{\boldsymbol{\omega}}_{ib}^{bq}\circ\boldsymbol{\delta}_{q} \tag{6.117}$$

由于载体相对惯性坐标系的姿态误差是小角度姿态矢量，那么根据微小四元数与小角度姿态矢量间的关系 $\dot{\boldsymbol{\delta}}_{q}=\frac{\dot{\boldsymbol{\varphi}}}{2}$，其中 $\boldsymbol{\varphi}$ 为载体相对惯性坐标系的姿态误差。由此可得载体相对惯性坐标系的姿态误差与陀螺漂移的数学关系

$$\dot{\boldsymbol{\varphi}}=-\hat{\boldsymbol{\omega}}_{ib}^{b}\times\boldsymbol{\varphi}-\boldsymbol{\varepsilon} \tag{6.118}$$

式中，$\boldsymbol{\omega}_{ib}^{b}$ 为载体相对惯性空间的角速度；$\boldsymbol{\varepsilon}$ 为陀螺漂移。

取陀螺漂移

$$\boldsymbol{\varepsilon}=\boldsymbol{\varepsilon}_{b}-\boldsymbol{w}_{g} \tag{6.119}$$

式中，$\boldsymbol{\varepsilon}_{b}$ 为陀螺随机常数；$\boldsymbol{w}_{g}$ 为陀螺随机漂移（考虑为白噪声误差）。

然后可以利用卡尔曼滤波来估计陀螺漂移，从而进行补偿。选取载体相对惯性坐标系的姿态误差与陀螺漂移 $\boldsymbol{X}=[\boldsymbol{\varphi}\quad\boldsymbol{\varepsilon}_{b}]^{T}$ 为状态变量。状态方程为

$$\dot{\boldsymbol{X}}(t)=\begin{bmatrix}-(\hat{\boldsymbol{\omega}}_{ib}^{b}\times) & -\boldsymbol{I}_{3\times3}\\ \boldsymbol{0} & \boldsymbol{0}\end{bmatrix}\boldsymbol{X}(t)+\begin{bmatrix}w_{1}\\ w_{2}\\ w_{3}\end{bmatrix} \tag{6.120}$$

用惯性导航系统给出的载体相对惯性坐标系的姿态信息与天文导航系统给出的载体相对惯性坐标系的姿态信息之间的差值作为观测量。惯性导航系统给出的载体相对惯性坐标系的

姿态信息表示为

$$\left.\begin{aligned}\gamma_{\mathrm{I}}^{\mathrm{I}}&=\gamma^{\mathrm{I}}+\varphi_{\gamma}\\\theta_{\mathrm{I}}^{\mathrm{I}}&=\theta^{\mathrm{I}}+\varphi_{\theta}\\\psi_{\mathrm{I}}^{\mathrm{I}}&=\psi^{\mathrm{I}}+\varphi_{\psi}\end{aligned}\right\}\tag{6.121}$$

天文导航系统给出的载体相对惯性坐标系的姿态信息表示为

$$\left.\begin{aligned}\gamma_{\mathrm{C}}^{\mathrm{I}}&=\gamma^{\mathrm{I}}-v_{\gamma}\\\theta_{\mathrm{C}}^{\mathrm{I}}&=\theta^{\mathrm{I}}-v_{\theta}\\\psi_{\mathrm{C}}^{\mathrm{I}}&=\psi^{\mathrm{I}}-v_{\psi}\end{aligned}\right\}\tag{6.122}$$

式中，$\gamma^{\mathrm{I}},\theta^{\mathrm{I}},\psi^{\mathrm{I}}$ 为载体相对惯性坐标系的姿态真值；$\varphi_{\gamma},\varphi_{\theta},\varphi_{\psi}$ 为载体相对惯性坐标系的姿态误差；$v_{\gamma},v_{\theta},v_{\psi}$ 为天文导航系统给出的载体相对惯性坐标系的姿态误差。

则量测方程定义如下：

$$\boldsymbol{Z}_{\mathrm{Cs}}(t)=\begin{bmatrix}\gamma_{\mathrm{I}}^{\mathrm{I}}-\gamma_{\mathrm{C}}^{\mathrm{I}}\\\theta_{\mathrm{I}}^{\mathrm{I}}-\theta_{\mathrm{C}}^{\mathrm{I}}\\\psi_{\mathrm{I}}^{\mathrm{I}}-\psi_{\mathrm{C}}^{\mathrm{I}}\end{bmatrix}=\begin{bmatrix}\varphi_{\gamma}+v_{\gamma}\\\varphi_{\theta}+v_{\theta}\\\varphi_{\psi}+v_{\psi}\end{bmatrix}=[\boldsymbol{I}_{3\times3}\quad\boldsymbol{0}_{3\times3}]\boldsymbol{X}(t)+\boldsymbol{V}_{\mathrm{Cs}}(t)\tag{6.123}$$

式中，$\boldsymbol{V}_{\mathrm{Cs}}$ 为量测噪声，假设为白噪声，取值与天文导航系统的测量精度相适应。

3. 天文 / 惯性组合导航系统

天文导航系统可以提供载体的位置和姿态信息，因此天文 / 惯性组合导航系统可进行位置组合、姿态组合等。由第 4 章介绍的天文导航定位、定姿基本原理可知，在不同应用环境下，天文敏感器测量输出呈现不同特性，因而在进行天文 / 惯性组合时，其方案设计和建模方法存在不同。本节阐述目前较为常见的天文 / 惯性组合方式，即将天文定位误差、定姿误差考虑为白噪声时，天文导航系统和惯性导航系统进行组合的基本方法。

(1) 天文 / 惯性位置组合导航系统模型

对于位置组合，天文定位通过将天文敏感器观测到的载体系下高度角和方位角转换到虚拟水平基准下，参考 4.3.3 节，然后进行天文解算，输出经度和纬度信息。由于天文导航系统缺少高度信息，为了保证高度通道的可观测性，须要设计气压高度表辅助的天文 / 惯性位置组合导航系统方案。在系统中增加气压高度表，利用惯性导航系统、天文导航系统和气压高度表的测量信息，构成组合导航系统量测方程。设计天文 / 惯性位置组合导航算法方案结构如图 6.16 所示。

① 系统状态方程。导航坐标系选用东北天地理坐标系，采用线性卡尔曼滤波器进行组合。系统的状态方程采用惯性导航系统误差方程，由惯性导航平台误差角方程、速度误差方程、位置误差方程以及惯性仪表误差方程获得，参考式(6.8)。

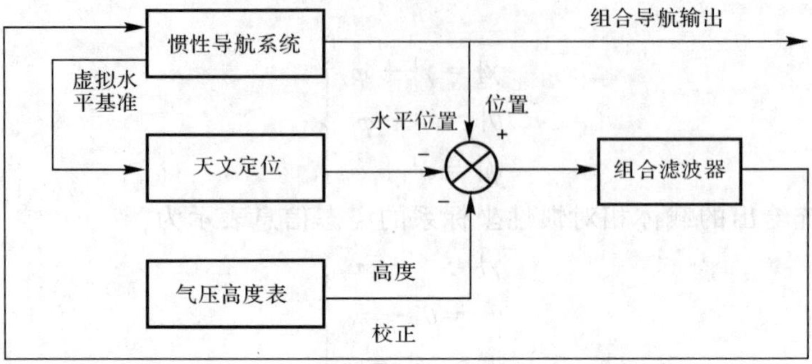

图 6.16 天文 / 惯性位置组合结构图

② 系统量测方程。量测信息来源于 3 个部分：天文导航系统输出的经度和纬度 λ_C，L_C，惯性导航系统输出的经度、纬度和高度 λ_I，L_I，h_I，以及气压高度计高度信息 h_P。

惯性导航系统的位置信息参考式(6.17)，天文导航系统和气压高度计输出的位置信息表示为

$$\left.\begin{aligned}\lambda_C &= \lambda_t - N_E/R_N\cos L\\ L_C &= L_t - N_N/R_M\\ h_P &= h_t - N_U\end{aligned}\right\}\qquad(6.124)$$

式中，λ_t，L_t，h_t 为位置（经度、纬度和高度）的真值；N_E，N_N，N_U 为天文导航系统沿东、北方向的位置误差和气压高度计的测量误差（考虑为白噪声误差）。

取惯性导航系统的位置信息与天文、气压高度计的位置信息的差值为观测量，则可定义位置量测方程为

$$\boldsymbol{Z}_{Cp}(t)=\begin{bmatrix}(L_I-L_C)R_M\\(\lambda_I-\lambda_C)R_N\cos L\\h_I-h_P\end{bmatrix}=\begin{bmatrix}R_M\delta L\\R_N\cos L\delta\lambda\\\delta h\end{bmatrix}+\begin{bmatrix}N_N\\N_E\\N_U\end{bmatrix}=\boldsymbol{H}_{Cp}(t)\boldsymbol{X}(t)+\boldsymbol{V}_{Cp}(t)\qquad(6.125)$$

式中，$\boldsymbol{H}_{Cp}(t)=\left[\begin{array}{c|ccc|c}\boldsymbol{0}_{3\times6} & R_M & 0 & 0 & \boldsymbol{0}_{3\times9}\\ & 0 & R_N\cos L & 0 & \\ & 0 & 0 & 1 & \end{array}\right]$，为量测矩阵；$\boldsymbol{V}_{Cp}=\begin{bmatrix}N_N\\N_E\\N_U\end{bmatrix}$，为量测噪声。

(2) 天文 / 惯性姿态组合导航系统模型

设计天文 / 惯性的姿态组合方案结构如图 6.17 所示。对于姿态组合，星敏感器的输出为机体坐标系相对于惯性坐标系的姿态，惯性导航系统的输出为机体坐标系相对导航坐标系的姿态，其间存在一定转换关系，在进行姿态组合之前，须要将星敏感器输出的相对惯性坐标系的姿态转换为相对导航系的姿态。转换方式如下：通过星敏感器输出的星光方向矢量，获得机体坐标系相对惯性坐标系的姿态阵 $\boldsymbol{C}_i^b$（具体见第 4 章），再由 $\boldsymbol{C}_n^b=\boldsymbol{C}_i^b\boldsymbol{C}_e^i\boldsymbol{C}_n^e$ 可得机体相对导航系的姿态矩阵，其中 $\boldsymbol{C}_e^i$ 为地球坐标系与地心惯性坐标系之间的转换矩阵，$\boldsymbol{C}_n^e$ 矩阵通过其他导航

方式可以已知，从而解算得到机体坐标系相对于导航坐标系的姿态角。

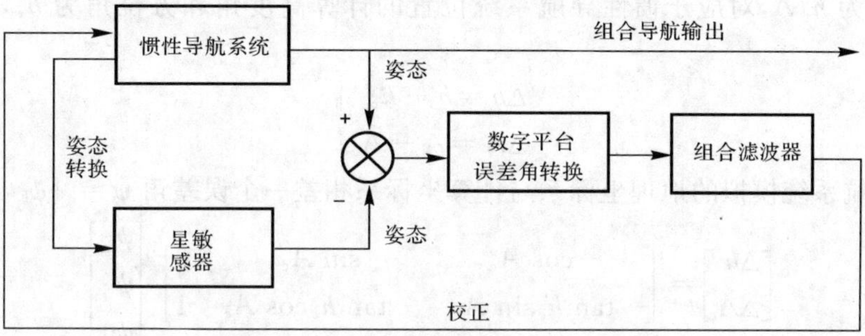

图 6.17　天文 / 惯性姿态组合结构图

系统的状态方程采用惯性导航系统误差方程，与天文 / 惯性位置组合一样，具体参考式(6.8)。设星敏感器相对惯性坐标系的姿态转换到相对导航坐标系的姿态为 γ_C,θ_C,ψ_C，惯性导航系统姿态输出为 γ_I,θ_I,ψ_I。

惯性导航系统的姿态信息参考式(6.35)，表示星敏感器的姿态信息为

$$\left.\begin{aligned}\gamma_C&=\gamma-v_{\varphi\gamma}\\ \theta_C&=\theta-v_{\varphi\theta}\\ \psi_C&=\psi-v_{\varphi\psi}\end{aligned}\right\}\tag{6.126}$$

式中，γ,θ,ψ 为载体的理想横滚角、俯仰角与航向角；$v_{\varphi\gamma},v_{\varphi\theta},v_{\varphi\psi}$ 为星敏感器横滚角、俯仰角与航向角的误差(考虑为白噪声误差)。

同时，组合导航系统状态方程中的惯性导航系统误差角为惯性导航平台误差角，而姿态误差角和惯性导航平台误差角本质上存在一定的角度转换关系，在建立量测方程时，应将其反映在量测方程的姿态观测矩阵中，具体关系可见式(6.41)、式(6.42)。建立天文 / 惯性姿态组合的量测方程为

$$\boldsymbol{Z}_{C\varphi}(t)=\begin{bmatrix}\gamma_I-\gamma_C\\ \theta_I-\theta_C\\ \psi_I-\psi_C\end{bmatrix}=\begin{bmatrix}\delta\gamma+v_{\varphi\gamma}\\ \delta\theta+v_{\varphi\theta}\\ \delta\psi+v_{\varphi\psi}\end{bmatrix}=\boldsymbol{H}_{C\varphi}(t)\boldsymbol{X}(t)+\boldsymbol{V}_{C\varphi}(t)\tag{6.127}$$

4. 基于高度角差和方位角差的天文 / 惯性组合方案

由第 4 章中天文导航的基本原理可知，天文定位解算需要外界提供一个可供参考的水平基准，这一水平基准在天文 / 惯性组合导航系统中由惯性导航系统提供，因此天文定位耦合了惯性导航系统的误差。这种耦合误差是通过高度角和方位角来体现的，因此可考虑由星体跟踪器得到的星体高度角、方位角与对应于惯性导航系统位置的星体高度角、方位角之差 $\Delta h,\Delta A$ 作为观测量，建立量测方程[21]。系统的状态方程采用惯性导航系统误差方程，参考式(6.8)。

以平台惯性导航系统模拟的地理坐标系为基准，设星体跟踪器观测星体在导航系下的高度角和方位角为 h, A，对应于惯性导航系统位置的计算高度角和方位角为 h_c, A_c，则高度角、方位角差为

$$\left.\begin{aligned}\Delta h &= h - h_c \\ \Delta A &= A - A_c\end{aligned}\right\} \tag{6.128}$$

而平台惯性导航系统模拟的地理坐标系与计算坐标系相差一个误差角 $\boldsymbol{\psi} = [\psi_E, \psi_N, \psi_U]^T$，可得

$$\begin{bmatrix}\Delta h \\ \Delta A\end{bmatrix} = \begin{bmatrix} -\cos A_c & \sin A_c & 0 \\ -\tan h_c \sin A_c & -\tan h_c \cos A_c & 1\end{bmatrix}\begin{bmatrix}\psi_E \\ \psi_N \\ \psi_U\end{bmatrix} \tag{6.129}$$

式中，$\Delta h, \Delta A$ 可以通过解算和观测得到。由于系统状态变量为惯性导航平台误差角，与误差角 $\boldsymbol{\psi}$ 之间存在一定转换关系

$$\left.\begin{aligned}\psi_E &= \varphi_E + \delta L \\ \psi_N &= \varphi_N - \delta\lambda \cos L \\ \psi_U &= \varphi_U - \delta\lambda \sin L\end{aligned}\right\} \tag{6.130}$$

式中，$\varphi_E, \varphi_N, \varphi_U$ 为惯性导航平台误差角；L 为当地纬度；$\delta L, \delta\lambda$ 为纬度和经度误差。

$$\left.\begin{aligned}&\Delta h = -\varphi_E \cos A_c + \varphi_N \sin A_c - \delta L \cos A_c - \delta\lambda \cos L \sin A_c \\ &\Delta A = -\varphi_E \tan h_c \sin A_c - \varphi_N \tan h_c \cos A_c + \varphi_U - \\ &\delta L \tan h_c \sin A_c + \delta\lambda(\cos L \tan h_c \cos A_c - \sin L)\end{aligned}\right\} \tag{6.131}$$

由此，定义量测方程为

$$\boldsymbol{Z}_{Cb} = \begin{bmatrix}\Delta h \\ \Delta A\end{bmatrix} = \begin{bmatrix} h - h_c \\ A - A_c\end{bmatrix} = \boldsymbol{H}_{Cb}(t)\boldsymbol{X}(t) + \boldsymbol{V}_{Cb} \tag{6.132}$$

式中，$\boldsymbol{V}_{Cb}$ 为量测噪声(考虑为白噪声误差)；$\boldsymbol{H}_{Cb}(t)$ 定义如下：

$$\boldsymbol{H}_{Cb}(t) = \begin{bmatrix} -\cos A_c & \sin A_c & 0 & \multirow{2}{*}{$\boldsymbol{0}_{2\times3}$} & -\cos A_c & -\cos L \sin A_c & \multirow{2}{*}{$\boldsymbol{0}_{2\times10}$} \\ -\tan h_c \sin A_c & -\tan h_c \cos A_c & 1 & & -\tan h_c \sin A_c & \cos L \tan h_c \cos A_c - \sin L & \end{bmatrix} \tag{6.133}$$

天文／惯性组合导航系统能有效对惯性导航系统的累积误差进行修正，但是由于受天文导航基本原理的局限，目前尤其是在机载环境下如何有效地解决天文定位过程中耦合惯性导航系统误差，寻求一个独立、可靠、高精度的水平基准是天文／惯性组合导航系统的重要研究方向。

6.2.2 北斗双星／惯性组合导航系统

北斗双星导航定位系统是我国区域性的卫星导航定位系统，能够覆盖我国全部国土，提供

全天候、高精度、大范围的定位服务系统。在本书写作时，我国正在北斗双星（北斗一代）导航系统的基础上，发展具有无源定位导航能力的北斗二代卫星导航系统。北斗二代建成后，北斗 / 惯性 组合导航技术可参照目前较成熟的 GPS/ 惯性组合导航技术来实现。

本小节着重讨论了北斗双星导航系统与惯性导航系统的组合方式和模型。从 2000 年北斗双星导航系统开始工作后，这样的组合模式和方式发挥了特殊的作用，对其他导航系统也有借鉴作用。

1. 基于位置补偿的北斗双星 / 惯性组合导航系统

由北斗双星导航系统的有源定位原理可知，对动态用户而言，北斗双星导航系统存在严重的定位滞后问题，即当前时刻接收机收到的定位信息实际上是上一时刻接收机申请定位时所处的位置信息。又考虑到卫星转发信号延迟、控制中心计算用户位置信息延迟等其他因素，因此在北斗双星导航系统与其他导航系统组合用于中、高动态用户时必须补偿这一延迟量（一般为 0.8 ～ 5 s）。

利用惯性导航系统短期内导航定位参数精度高以及卫星定位系统与惯性导航系统进行位置组合后输出速度误差较小的特点，可以解决水平位置滞后的问题[22-24]，如图 6.18 北斗双星 / 惯性组合导航系统所示。在图 6.18 中，“延迟区间的水平位置补偿量”部分的主要功能是在时间区间 $[t_{k-1}, t_k]$ 内，对初始时期纯惯性导航系统的输出水平速度或经卡尔曼滤波器校正后的惯性导航系统输出的水平速度（包含真实的水平速度和水平速度误差，水平速度误差在 0.1 m/s 的量级）进行积分，得到水平位置补偿量，然后与北斗双星接收机实际输出的水平位置信息相加，可得补偿后时刻 t_k 的水平位置信息。

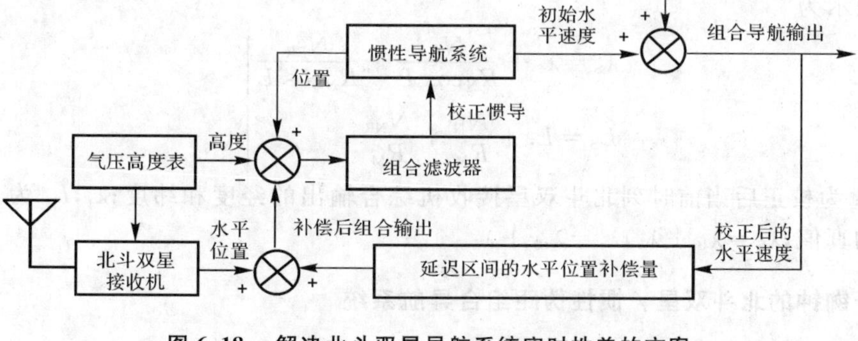

图 6.18　解决北斗双星导航系统实时性差的方案

假设经卡尔曼滤波器校正后的惯性导航系统输出的东向与北向水平速度分别为 v_E，v_N，可表示为

$$\left.\begin{aligned} v_E &= V_E + v_{ER} \\ v_N &= V_N + v_{NR} \end{aligned}\right\} \tag{6.134}$$

式中，V_E，V_N 为东向与北向水平速度的真值；而 v_{ER}，v_{NR} 为东向与北向水平速度误差。

在时间区间$[t_{k-1}, t_k]$对式(6.134)进行积分，得延迟区间的水平位置补偿量

$$\left.\begin{aligned} \lambda_B &= \frac{1}{R_N\cos L}\int_{t_{k-1}}^{t_k} v_E \mathrm{d}t = \frac{1}{R_N\cos L}\int_{t_{k-1}}^{t_k}(V_E + v_{ER})\mathrm{d}t = \lambda_{tB} + \frac{N_{ER}}{R_N\cos L} \\ L_B &= \frac{1}{R_M}\int_{t_{k-1}}^{t_k} v_N \mathrm{d}t = \frac{1}{R_M}\int_{t_{k-1}}^{t_k}(V_N + v_{NR})\mathrm{d}t = L_{tB} + \frac{N_{NR}}{R_M} \end{aligned}\right\} \tag{6.135}$$

式中，λ，L 分别代表经度和纬度；λ_{tB}，L_{tB} 为位置的水平位置滞后量；$N_{ER} = \int_{t_{k-1}}^{t_k} v_{ER}\mathrm{d}t$，$N_{NR} = \int_{t_{k-1}}^{t_k} v_{NR}\mathrm{d}t$，单位为米，因为都是对水平速度误差的积分，可以把 N_{ER}，N_{NR} 看做是由噪声 v_{ER}，v_{NR} 驱动的线性系统所产生的相关噪声，在这里可看做一阶马尔可夫过程，虽说这种随机过程只是一种特殊情形，但这对应用来说是足够广泛的情况。

设当前时刻 t_k 北斗双星接收机实际输出的水平位置信息为

$$\left.\begin{aligned} \lambda_k &= \lambda_{k-1} + \frac{N_E}{R_N\cos L} \\ L_k &= L_{k-1} + \frac{N_N}{R_M} \end{aligned}\right\} \tag{6.136}$$

式中，N_E，N_N 为北斗双星接收机输出的水平方向的位置误差，单位为米，假定为白噪声；λ_{k-1}，L_{k-1} 为上一时刻 t_{k-1} 申请定位时所处的水平地理位置真值。

式(6.135)与式(6.136)相加，得到补偿后，当前时刻 t_k 北斗双星接收机综合输出的经度和纬度可表示为

$$\left.\begin{aligned} \lambda_S &= \lambda_t + \frac{N_E}{R_N\cos L} + \frac{N_{ER}}{R_N\cos L} \\ L_S &= L_t + \frac{N_N}{R_M} + \frac{N_{NR}}{R_M} \end{aligned}\right\} \tag{6.137}$$

式中，λ_S，L_S 为校正后当前时刻北斗双星接收机综合输出的经度和纬度；λ_t，L_t 为当前时刻经度和纬度的真值，$\lambda_S = \lambda_B + \lambda_k$，$\lambda_t = \lambda_{tB} + \lambda_{k-1}$。

2. 基于铷钟的北斗双星／惯性伪距组合导航系统

小型铷钟具有体积功耗小、环境适应性强、频率稳定和漂移小的优点，因此广泛用于通信、导航、时间频率计量等军民用工程。目前铷钟的频率准确度为$(1 \sim 2)\times 10^{-11}$，在中、短程巡航时不会引起较大的误差，因此小铷钟适合于装配在北斗双星接收机上作为接收机的内部时钟。

(1) 系统状态方程

组合滤波器的状态方程由三部分组成：一部分是惯性导航系统的误差方程，参考惯性导航系统误差方程式(6.8)；一部分由装配有高精度小型铷钟的接收机的误差状态组成[25]；另一部分由气压高度表的误差模型组成。

① 铷钟的误差模型。铷钟的等效时钟频率误差相应的距离率非常小，因此可忽略不计；铷钟的时间相对于中心站的时间基准也会漂移，在这里仅考虑铷钟的等效时钟误差相应的距离误差。不失一般性，考虑为一阶马尔可夫过程 δt_{u}，即

$$\delta\dot{t}_{\mathrm{u}}=-\beta_{\mathrm{u}}\delta t_{\mathrm{u}}+w_{\mathrm{u}} \tag{6.138}$$

式中，β_{u} 为一阶马尔可夫过程的相关时间的倒数；w_{u} 为激励白噪声。

② 气压高度表误差模型。气压高度表给出的高度信息为

$$h_{\mathrm{S}}=h_{\mathrm{t}}-h_{\mathrm{r}}-N_{\mathrm{h}} \tag{6.139}$$

式中，h_{t} 为高度真值；N_{h} 为高度误差(考虑为白噪声误差)；h_{r} 为有色噪声，可表示为

$$\dot{h}_{\mathrm{r}}=-\frac{1}{T_{\mathrm{rh}}}h_{\mathrm{r}}+w_{\mathrm{h}} \tag{6.140}$$

合并式(6.8)、式(6.138)、气压高度表测得的高度误差的一阶马尔可夫过程 h_{r}，可得到基于铷钟的北斗双星 / 惯性伪距组合导航系统的状态方程

$$\begin{bmatrix}\dot{X}_{\mathrm{I}}(t)\\ \delta\dot{t}_{\mathrm{u}}\\ \dot{h}_{\mathrm{r}}\end{bmatrix}=\begin{bmatrix}F_{\mathrm{I}}(t) & 0 & 0\\ 0 & -\beta_{\mathrm{u}} & 0\\ 0 & 0 & -\dfrac{1}{T_{\mathrm{rh}}}\end{bmatrix}\begin{bmatrix}X_{\mathrm{I}}(t)\\ \delta t_{\mathrm{u}}\\ h_{\mathrm{r}}\end{bmatrix}+\begin{bmatrix}G_{\mathrm{I}}(t) & 0 & 0\\ 0 & 1 & 0\\ 0 & 0 & 1\end{bmatrix}\begin{bmatrix}W_{\mathrm{I}}(t)\\ w_{\mathrm{u}}\\ w_{\mathrm{h}}\end{bmatrix} \tag{6.141}$$

(2) 量测方程的建立

由于采用了北斗双星接收机的伪距信号，因此与 GPS/ 惯性紧组合类似建立系统的伪距量测方程。北斗双星接收机输出的对应某颗卫星 $i(i=1,2)$ 的测量伪距值为

$$\rho_{\mathrm{B}i}=r_i-\delta t_{\mathrm{u}}-v_{\rho i} \tag{6.142}$$

式中，r_i 为卫星 i 到载体北斗双星接收机的距离真值，参考式(6.56)；δt_{u} 为等效时钟误差相应的距离；$v_{\rho i}$ 为伪距测量误差(考虑为白噪声误差)。

已知北斗双星第 i 颗卫星 t 时刻在 ECEF 坐标系上的位置(x_{si}，y_{si}，z_{si})，则相应于惯性导航系统给出的位置(转换为 ECEF 坐标系) 所对应于卫星 i 的计算伪距参考式(6.53) ～ 式(6.58)。

将对应于惯性导航系统位置和速度的伪距与北斗双星接收机测量的伪距相减，可以构成相对卫星 i 的伪距测量差方程

$$\delta\rho_i=\rho_{\mathrm{I}i}-\rho_{\mathrm{B}i}=e_{i1}\delta x+e_{i2}\delta y+e_{i3}\delta z+\delta t_u+v_{\rho i} \tag{6.143}$$

惯性导航系统的高度信息参考式(6.17)，气压高度表的高度信息参考式(6.139)，高度测量差方程

$$\delta h_{\mathrm{c}}=h_{\mathrm{I}}-h_{\mathrm{S}}=\delta h+h_{\mathrm{r}}+N_{\mathrm{h}} \tag{6.144}$$

由载体所处的经度、纬度和高度与空间直角坐标系的转换关系参考式(6.62)。由此可得北斗双星/惯性组合导航系统的伪距量测方程为

$$\boldsymbol{Z}_{B\rho}(t)=\begin{bmatrix}\delta\rho_1\\\delta\rho_2\\\delta h_c\end{bmatrix}=\begin{bmatrix}\rho_{I1}-\rho_{B1}\\\rho_{I2}-\rho_{B2}\\h_I-h_S\end{bmatrix}=\boldsymbol{H}_{B\rho}(t)\boldsymbol{X}(t)+\boldsymbol{V}_{B\rho}(t) \tag{6.145}$$

式中

$$\boldsymbol{H}_{B\rho}=[\boldsymbol{0}_{3\times6}\quad\boldsymbol{H}_{B\rho1}\quad\boldsymbol{0}_{3\times9}\quad\boldsymbol{H}_{B\rho2}]_{3\times20}$$

$$\boldsymbol{V}_{B\rho}(t)=[v_{\rho1}\quad v_{\rho2}\quad N_h]^{T}$$

$$\boldsymbol{H}_{B\rho1}=\begin{bmatrix}a_{11}&a_{12}&a_{13}\\a_{21}&a_{22}&a_{23}\\0&0&1\end{bmatrix}\quad(a_{i1},a_{i2},a_{i3}\text{ 参阅式(6.66)})$$

$$\boldsymbol{H}_{B\rho2}=\begin{bmatrix}1&0\\1&0\\0&1\end{bmatrix}$$

3. 基于伪距的北斗双星/惯性组合导航系统

北斗双星/惯性组合导航系统在松组合方式中,系统受到北斗双星接收机数据更新率低的限制,组合效果不理想;在紧组合方式中,系统直接从北斗双星接收机中提取原始伪距等信息,精度高,实时性好,可以作为北斗双星导航系统与惯性导航系统组合的优选方案。

(1) 系统状态方程

与 GPS/惯性组合导航系统采用伪距、伪距率的组合方式类似,北斗双星/惯性组合导航系统滤波器的状态也由两部分组成:一部分是惯性导航系统的误差状态;另一部分是北斗双星接收机的误差状态。

① 惯性导航系统的误差模型。取惯性导航系统的误差方程与式(6.8)相同。

② 北斗双星接收机的误差模型。在接收机的误差模型中,主要考虑等效时钟误差相应的距离 δt_u 和等效时钟频率误差相应的距离率 δt_{ru},其微分方程参考式(6.47)。

③ 气压高度表误差模型。气压高度表测得的高度误差与前节一样,考虑为一阶马尔可夫过程 h_r。

④ 系统状态方程。将式(6.8)、北斗双星接收机的误差模型、h_r 合并,得到系统的状态方程(21维)为

$$\begin{bmatrix}\dot{X}_I(t)\\\dot{X}_B(t)\\\dot{h}_r\end{bmatrix}=\begin{bmatrix}F_I(t)&0&0\\0&F_B(t)&0\\0&0&-1/T_{rh}\end{bmatrix}\begin{bmatrix}X_I(t)\\X_B(t)\\h_r\end{bmatrix}+\begin{bmatrix}G_I(t)&0&0\\0&G_B(t)&0\\0&0&1\end{bmatrix}\begin{bmatrix}W_I(t)\\W_B(t)\\w_h\end{bmatrix} \tag{6.146}$$

(2) 系统量测方程

以伪距为观测量的北斗双星 / 惯性组合导航系统量测方程参考 GPS/ 惯性紧组合导航系统量测方程，形式类似。

北斗双星导航系统(有源北斗)是我国自主研制的第一代卫星导航定位系统，该系统对减少依赖国外导航卫星有着重要的意义，同时在北斗二代建成之后，也可以作为无源工作方式的有益补充和备份工作方式。

6.2.3　多普勒 / 惯性组合导航系统

多普勒导航系统是一种具有较好自主性的测速系统，因此多普勒 / 惯性组合导航是一种速度组合方式。其结构可以有两类：采用广义卡尔曼滤波器和采用线性卡尔曼滤波器的结构。本节主要阐述采用线性卡尔曼滤波器的组合结构。

1. 多普勒 / 惯性组合导航系统组合实现方案

利用线性卡尔曼滤波器能够将惯性导航系统和多普勒测速仪进行组合，构成具有高精度、高可靠性、高自主性的功能完善的组合导航系统。图 6.19 为多普勒 / 惯性组合导航系统原理框图。在校正模式的选择上，可采用输出校正与反馈校正相结合的办法。估计过程中首先采用输出校正，等滤波器稳定后进行反馈校正，并以校正后的导航参数作为导航结果输出。

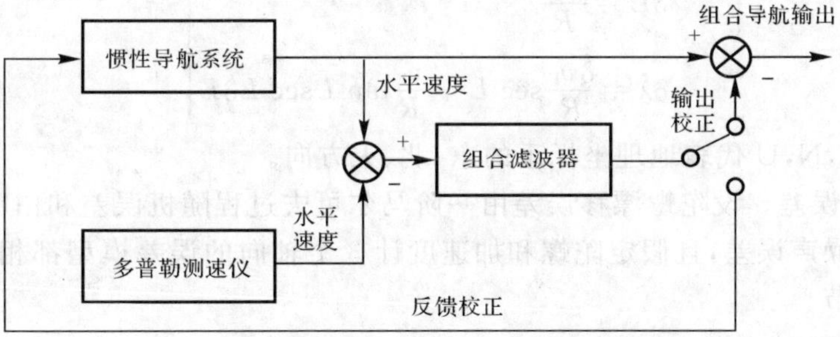

图 6.19　多普勒 / 惯性组合导航系统原理框图

2. 多普勒 / 惯性组合导航系统数学模型

由于惯性导航系统垂直通道是不稳定的，而多普勒雷达提供的垂直速度精度又很低，因此多普勒 / 惯性组合导航系统应该考虑导航系统的实际情况，建立相应的系统数学模型。

(1) 系统状态方程

参阅式(6.8),不考虑垂直通道,惯性导航系统的误差状态取2个水平速度误差、3个惯性导航平台误差角、2个位置误差和3个陀螺漂移误差。其系统状态方程如下:

① 速度误差方程

$$\left.\begin{aligned}\delta\dot{v}_E=&\varphi_U\left[\dot{v}_N+(2\omega_{ie}\sin L+\frac{v_E}{R}\tan L)v_E\right]+\varphi_N\left[g-\frac{v_N^2}{R}-(2\omega_{ie}\cos L+\frac{v_E}{R}\tan L)v_E\right]+\\&(2\omega_{ie}\sin L+\frac{v_E}{R}\tan L)\delta v_N+(2\omega_{ie}v_N\cos L+\frac{v_Ev_N}{R}\sec^2 L)\delta L+\nabla_E\\\delta\dot{v}_N=&-\varphi_U\left[\dot{v}_E-(2\omega_{ie}\sin L+\frac{v_E}{R}\tan L)v_N\right]+\varphi_E\left[g-\frac{v_N^2}{R}-(2\omega_{ie}\cos L+\frac{v_E}{R})v_E\right]-\\&(2\omega_{ie}\sin L+\frac{2v_E}{R}\tan L)\delta v_E-(2\omega_{ie}v_E\cos L+\frac{v_E^2}{R}\sec^2 L)\delta L+\nabla_N\end{aligned}\right\}\tag{6.147}$$

② 惯性导航平台误差角方程

$$\left.\begin{aligned}\dot{\varphi}_E&=(\omega_{ie}\sin L+\frac{v_E}{R}\tan L)\varphi_N-(\omega_{ie}\cos L+\frac{v_E}{R})\varphi_U-\frac{\delta v_N}{R}+\varepsilon_E\\\dot{\varphi}_N&=-(\omega_{ie}\sin L+\frac{v_E}{R}\tan L)\varphi_E-\frac{v_N}{R}\varphi_U+\frac{\delta v_E}{R}-\omega_{ie}\sin L\delta L+\varepsilon_N\\\dot{\varphi}_U&=(\omega_{ie}\cos L+\frac{v_E}{R})\varphi_E+(\omega_{ie}\cos L+\frac{v_E}{R}\sec^2 L)\delta L+\frac{v_N}{R}\varphi_N+\frac{\delta v_E}{R}\tan L+\varepsilon_U\end{aligned}\right\}\tag{6.148}$$

③ 位置误差方程

$$\left.\begin{aligned}\delta\dot{L}&=\frac{\delta v_N}{R}\\\delta\dot{\lambda}&=\frac{\delta v_E}{R}\sec L+\frac{v_E}{R}\tan L\sec L\delta L\end{aligned}\right\}\tag{6.149}$$

式中,下角标注E,N,U代表地理坐标系的东、北、天方向。

④ 惯性仪表误差。设陀螺漂移误差由一阶马尔可夫过程随机误差和白噪声误差组成,加速度计误差为白噪声误差,且假定陀螺和加速度计3个轴向的误差模型都相同。具体建模过程可参阅6.1.2节。

$$\left.\begin{aligned}\dot{\varepsilon}_{rx}&=-\beta_x\varepsilon_{rx}+w_{bx}\\\dot{\varepsilon}_{ry}&=-\beta_y\varepsilon_{ry}+w_{by}\\\dot{\varepsilon}_{rz}&=-\beta_z\varepsilon_{rz}+w_{bz}\end{aligned}\right\}\tag{6.150}$$

多普勒雷达的误差状态,考虑为测速误差δv_d、刻度系数误差δK和偏流角误差Δ。它们分别取下列数学模型:

$$\left.\begin{aligned}\delta\dot{v}_d&=-\beta_d\delta v_d+w_d\\\dot{\Delta}&=-\beta_\Delta\Delta+w_\Delta\\\delta\dot{K}&=0\end{aligned}\right\}\tag{6.151}$$

合并式(6.147) ～ 式(6.151) 并写成矩阵形式,则得 13 维的系统状态方程为

$$\dot{\boldsymbol{X}}(t)=\boldsymbol{F}(t)\boldsymbol{X}(t)+\boldsymbol{W}(t) \tag{6.152}$$

式中

$$\boldsymbol{X}=(\delta v_{\mathrm{E}}\quad \delta v_{\mathrm{N}}\quad \varphi_{\mathrm{E}}\quad \varphi_{\mathrm{N}}\quad \varphi_{\mathrm{U}}\quad \delta L\quad \delta\lambda\quad \varepsilon_{rx}\quad \varepsilon_{ry}\quad \varepsilon_{rz}\quad \delta K\quad \delta v_{\mathrm{d}}\quad \Delta)^{\mathrm{T}} \tag{6.153}$$

$$\boldsymbol{W}=(\nabla_{x}\quad \nabla_{y}\quad 0\quad 0\quad 0\quad 0\quad 0\quad w_{\mathrm{b}x}\quad w_{\mathrm{b}y}\quad w_{\mathrm{b}z}\quad 0\quad w_{\mathrm{d}}\quad w_{\Delta})^{\mathrm{T}} \tag{6.154}$$

(2) 系统的量测方程

多普勒 / 惯性组合导航系统的观测量取惯性导航系统给出的速度与多普勒雷达测出的速度之差。由于多普勒雷达测量的是飞机的对地速度,因此须要将该速度分解到地理坐标系东向和北向。如图 6.20 所示,其中虚线为飞机纵轴延伸线,v 为飞机对地速度,N_{p} 为平台所指北向,v_{d} 为多普勒雷达测得的对地速度。多普勒地速应由航迹角 ψ_{v} 分解到地理坐标系的北向和东向,但解算的航迹角是平台航向角 ψ_{p} 和多普勒雷达测出的偏流角 δ_{d} 之和,因此有平台方位误差角 φ_{U} 和多普勒偏流误差角 Δ 的影响。设多普勒地速还有刻度系数误差、速度误差和量测噪声 $\boldsymbol{V}_{\mathrm{D}}$(考虑为白噪声误差)。

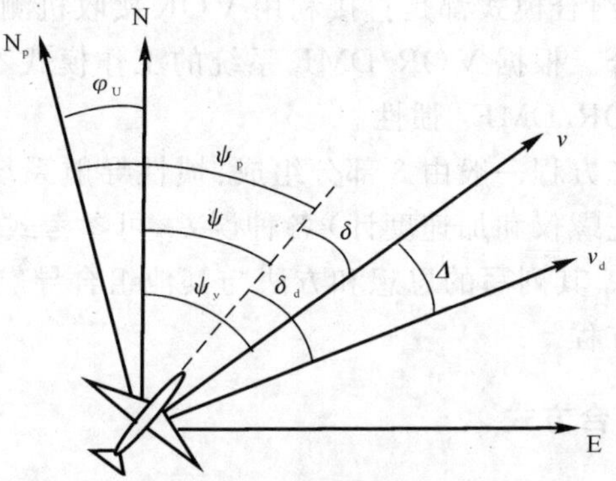

图 6.20　飞机飞行时的各种角度关系示意图

惯性导航系统的速度信息参阅式(6.23),多普勒雷达的速度信息表示为

$$\left.\begin{aligned} v_{\mathrm{dE}}&=v_{\mathrm{E}}+v_{\mathrm{N}}\varphi_{\mathrm{U}}+v_{\mathrm{N}}\Delta+v_{\mathrm{E}}\delta K+\delta v_{\mathrm{d}}\sin\psi_{\mathrm{v}}-M_{\mathrm{E}}\\ v_{\mathrm{dN}}&=v_{\mathrm{N}}-v_{\mathrm{E}}\varphi_{\mathrm{U}}-v_{\mathrm{E}}\Delta+v_{\mathrm{N}}\delta K+\delta v_{\mathrm{d}}\cos\psi_{\mathrm{v}}-M_{\mathrm{N}}\end{aligned}\right\} \tag{6.155}$$

则量测方程定义为

$$\boldsymbol{Z}_{\mathrm{D}}(t)=\begin{bmatrix} v_{\mathrm{IE}}-v_{\mathrm{dE}}\\ v_{\mathrm{IN}}-v_{\mathrm{dN}}\end{bmatrix}=\begin{bmatrix}\delta v_{\mathrm{E}}-v_{\mathrm{N}}\varphi_{\mathrm{U}}-v_{\mathrm{N}}\Delta-v_{\mathrm{E}}\delta K-\delta v_{\mathrm{d}}\sin\psi_{\mathrm{v}}+M_{\mathrm{E}}\\ \delta v_{\mathrm{N}}+v_{\mathrm{E}}\varphi_{\mathrm{U}}+v_{\mathrm{E}}\Delta-v_{\mathrm{N}}\delta K-\delta v_{\mathrm{d}}\cos\psi_{\mathrm{v}}+M_{\mathrm{N}}\end{bmatrix}=$$

$$H_{\mathrm{D}}(t)X(t)+V_{\mathrm{D}}(t) \tag{6.156}$$

式中

$$\boldsymbol{H}_{\mathrm{D}}=\begin{bmatrix}1 & 0 & 0 & 0 & -v_{\mathrm{N}} & 0 & 0 & 0 & 0 & 0 & -v_{\mathrm{E}} & -\sin\psi_{\mathrm{v}} & -v_{\mathrm{N}}\\ 0 & 1 & 0 & 0 & v_{\mathrm{E}} & 0 & 0 & 0 & 0 & 0 & -v_{\mathrm{N}} & -\cos\psi_{\mathrm{v}} & v_{\mathrm{E}}\end{bmatrix} \tag{6.157}$$

$$\boldsymbol{V}_{\mathrm{D}}=\begin{bmatrix}M_{\mathrm{E}} & M_{\mathrm{N}}\end{bmatrix}^{\mathrm{T}} \tag{6.158}$$

多普勒/惯性组合导航能够有效地提高导航精度，但是由于这种组合是速度组合，因此只能减小位置误差随时间增长的速度，并不能改变位置误差随时间增长的基本性质。这是速度组合导航系统的主要不足之处。要想改变惯性导航系统位置误差随时间增长的性质，必须采用位置信息进行组合。

6.2.4 VOR/DME/惯性组合导航系统

VOR 和 DME 是两种近距离无线电测量系统，在 VOR/DME 信号覆盖区域内，利用 VOR/DME 近距离无线电导航系统的信息和惯性导航系统组合，可以提高飞机区域导航或着陆前进场所需的导航信息的精度。由于 VOR 或 DME 信息的误差与各自地面台和机载接收机的误差和噪声有关，所以组合模式都是直接利用 VOR 接收机测量的方位角或 DME 机测量的斜距与惯性导航系统组合。根据 VOR/DME 系统的工作模式不同，通常有两种组合方式，即 DME/DME/惯性和 VOR/DME/惯性。

组合导航滤波器的状态方程一般由 3 部分组成：惯性导航系统导航参数误差（位置、速度和姿态等误差；惯性仪表（陀螺仪和加速度计）各种误差，可参考式(6.147)～式(6.150)；以及 DME 或/和 VOR 的误差。其列写的思想和方法与其他组合导航系统类似，本小节仅设计和分析组合导航系统的量测方程。

1. DME/DME/惯性组合方式

VOR/DME 近距无线电定位系统在以 DME/DME 方式工作时，组合滤波器的 2 个观测量为惯性导航系统利用本身位置信息解算的飞机相对 2 个 DME 台（设为 i 和 j 台）的 2 个斜距 $D_{ce}(e=i,j)$ 与 2 个 DME 机测量出的到飞机的 2 个斜距 $D_{De}(e=i,j)$ 的差值，即

$$\Delta D_e = D_{ce} - D_{De} \quad (e=i,j) \tag{6.159}$$

D_{ce} 因惯性导航系统位置含有误差$(\delta L,\delta\lambda,\delta h)$，故可用误差 δD_{ce} 来表示，即

$$D_{ce} = D_e + \delta D_{ce} \quad (e=i,j) \tag{6.160}$$

式中，D_e 为飞机到 DME 台的理想斜距。

由于 DME 作用距离短，因此计算斜距可按直角三角形求解，即

$$D_{ce}=\left[(h_c-h_e)^2+\rho_{ce}^2\right]^{1/2} \qquad (e=i,j) \tag{6.161}$$

式中，h_c 为惯性导航系统的计算高度；$h_e(e=i,j)$ 为 e 台的海拔高度；ρ_{ce} 为惯性导航系统利用本身的经度、纬度信息和 e 台经度、纬度数据解算得到的计算距离见图 6.21。图中，P_k 为飞机所在位置；P 为对应的地面位置；DME_e 为 DME 的 e 台。

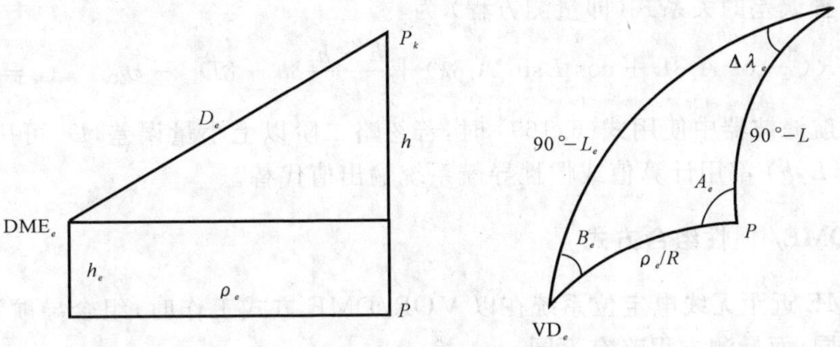

图6.21　飞机与VOR台或DME台在地球表面的球面三角关系

对式(6.161)微分，可得

$$\delta D_{ce}=\frac{\rho_e}{D_e}\delta\rho_{ce}+\frac{h-h_e}{D_e}\delta h\quad(e=i,j)\tag{6.162}$$

式中，δh 为惯性导航系统高度误差，设惯性导航系统高度回路利用大气数据计算机高度信息进行阻尼，并认为 δh 也是大气数据气压测量高度的误差；$\delta\rho_{ce}$ 为采用惯性导航系统位置信息解算的相对DME$_e$台水平距离的误差，它与惯性导航系统误差 δL 和 $\delta\lambda$ 的关系可从以下球面三角关系式导出。由图6.21，有

$$\cos\frac{\rho_e}{R}=\sin L_e\sin L+\cos L_e\cos L\cos\Delta\lambda_e\tag{6.163}$$

图6.21中，VD$_e$ 表示第 e 个VOR台或DME台，DME/DME工作方式时表示DME$_e$台；L_e 为DME$_e$台纬度；$\Delta\lambda_e$ 为DMEe台经度与飞机所在经度之差；L 为 P 点纬度。将式(6.163)微分，并运用关系式

$$\sin(\frac{\rho_e}{R})\cos A_e=\sin L_e\cos L-\cos L_e\sin L\cos\Delta\lambda_e\tag{6.164}$$

经代数整理后可得

$$\delta\rho_{ce}=(-\cos A_e\delta L+\cos L\sin A_e\delta\lambda)R\tag{6.165}$$

式中

$$A_e=\arcsin[\cos L_e\sin\Delta\lambda_e/\sin(\frac{\rho_e}{R})]\tag{6.166}$$

设DME机测量值 D_{De} 中含有随机常数误差(即偏置)δD_{be} 和白噪声误差 $v_{\delta De}$，即

$$\delta D_{De}=\delta D_{be}+v_{\delta De}\quad(e=i,j)\tag{6.167}$$

则

$$D_{De}=D_e+\delta D_{De}=D_e+\delta D_{be}+v_{\delta De}\quad(e=i,j)\tag{6.168}$$

组合式(6.159)、式(6.160)、式(6.162)、式(6.165)和式(6.168)，可得斜距差测量值与惯

性导航系统位置误差的关系式(即量测方程) 为

$$\Delta D_e = \frac{\rho_e}{D_e} R(-\cos A_e \delta L + \cos L \sin A_e \delta \lambda) + \frac{h - h_e}{D_e} \delta h - \delta D_{be} - v_{\delta De} \quad (e = i, j) \quad (6.169)$$

在组合导航滤波器中使用式(6.169) 时,若忽略二阶以上小量误差,D_e 可用 D_{De} 代替,其他参数(ρ_e, A_e, L, h) 都用计算值或惯性导航系统输出值代替。

2. VOR/DME/ 惯性组合方式

VOR/DME 近距无线电定位系统在以 VOR/DME 方式工作时,组合导航系统的状态方程仍然基本相同,而量测方程略有不同。

VOR/DME 的无线电定位方式是极坐标方式,VOR 和 DME 台在同一位置,因此量测方程的一个观测量仍为 DME 台到飞机的斜距差测量值,形式即为式(6.169) 中的一个。设 DME 台为第 i 台,则式(6.169) 中下标 e 改为 i 后的就是该测量值的表示式。

另一个观测量是关于飞机相对于 VOR 台的方位角差。

通过VOR台测量的飞机相对于VOR台的方位角为 B_v,而惯性导航系统利用本身位置信息解算的飞机相对 VOR 台的方位角为 B_c,定义二者之差为另外一个量测方程,即

$$\Delta B = B_c - B_v \quad (6.170)$$

设 B_c 的计算误差为 δB_c,B_v 的测量误差为 δB_v,则有

$$B_c = B + \delta B_c \quad (6.171)$$

$$B_v = B + \delta B_v \quad (6.172)$$

下面推导 δB_c 与误差源 δL 和 $\delta \lambda$ 的关系式。将球面三角关系式

$$\cos L \sin \Delta\lambda = \sin B \sin(\rho/R) \quad (6.173)$$

微分,并代入式(6.165),可得

$$\delta B_c = -\frac{1}{\sin(\rho/R)}(\sin A \delta L + \cos A \cos L \delta \lambda) \quad (6.174)$$

设 δB_v 中包含随机常数误差 δB_b 和白噪声误差 $v_{\delta B}$,即

$$\delta B_v = \delta B_b + v_{\delta B} \quad (6.175)$$

因 VOR 台作用距离短,一般 $\rho \leqslant 200$ n mile,以 $\rho = 200$ n mile 计,有

$$\rho/R - \sin(\rho/R) \approx 0.328 \times 10^{-4} \quad (6.176)$$

故近似用 $\rho/R \approx \sin(\rho/R)$ 代入式(6.174),且将式(6.171)、式(6.172)、式(6.174) 和式(6.175) 代入式(6.170),可得方位角差表示式为

$$\Delta B = -\frac{R}{\rho}(\sin A \delta L + \cos A \cos L \delta \lambda) - \delta B_b - v_{\delta B} \quad (6.177)$$

式(6.169)(只取一个方程) 和式(6.177) 就构成了 VOR/DME/ 惯性组合导航系统的二维量测方程。在组合导航滤波器中使用上式时,若忽略二阶以上小量误差,ρ, A, L 等参数都可用计算值或惯性导航系统输出值代替。

6.2.5　罗兰 C/ 惯性组合导航系统

罗兰 C 导航系统是一种远距无线电定位的导航系统，它可以工作在双曲线方式和测距方式。根据罗兰 C 接收机工作模式，罗兰 C/ 惯性组合导航系统可以分为两种组合方式：双曲线方式时的位置组合，测距方式时的伪距组合。

1. 双曲线方式时的位置组合

组合卡尔曼滤波器以惯性导航系统的误差作为状态变量，以惯性导航系统、罗兰 C 接收机输出的位置之差作为观测量，对误差作出最优估计，送回导航计算机进行反馈控制，其原理如图 6.22 所示。这种组合方式的优点是：采用反馈控制，惯性导航系统误差的线性微分方程能很好地反映实际物理系统。

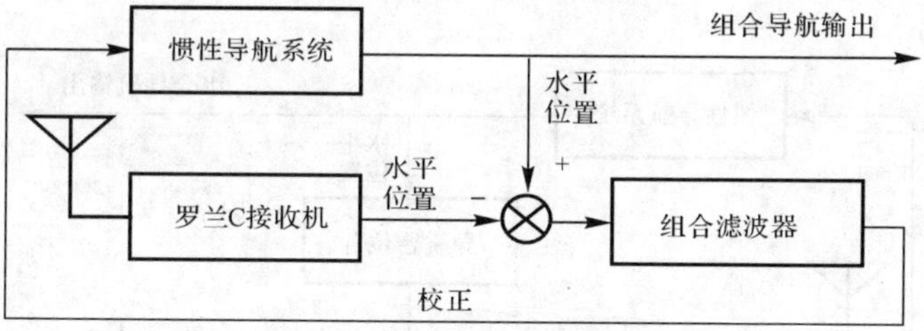

图 6.22　罗兰 C/ 惯性双曲线方式组合原理框图

(1) 系统状态方程

系统的状态方程通常是由两个导航系统中的误差状态构成的，若设置工作在双曲线定位状态下罗兰 C 接收机的定位误差为白噪声，此时系统状态方程就是惯性导航系统的误差方程。若不考虑垂直通道，则惯性导航系统的误差方程参考式(6.147) ～ 式(6.150)，可写成

$$\dot{\boldsymbol{X}}(t)=\boldsymbol{F}(t)\boldsymbol{X}(t)+\boldsymbol{W}(t) \tag{6.178}$$

$$\boldsymbol{X}=[\delta v_{\mathrm{E}}\quad \delta v_{\mathrm{N}}\quad \varphi_{\mathrm{E}}\quad \varphi_{\mathrm{N}}\quad \varphi_{\mathrm{U}}\quad \delta L\quad \delta\lambda\quad \varepsilon_{rx}\quad \varepsilon_{ry}\quad \varepsilon_{rz}]^{\mathrm{T}} \tag{6.179}$$

(2) 系统量测方程

工作在双曲线定位状态下罗兰 C 接收机可以直接给出地理水平面上的经度和纬度值，因此直接取惯性导航系统给出的地理位置和罗兰 C 接收机给出的位置的差值作为观测量。

惯性导航系统的位置信息参考式(6.17)，在假定罗兰 C 接收机的位置误差为白噪声的情况下，表示罗兰 C 接收机的位置信息为

$$\left.\begin{aligned}\lambda_{\mathrm{L}}&=\lambda_{\mathrm{t}}-v_2\\ L_{\mathrm{L}}&=L_{\mathrm{t}}-v_1\end{aligned}\right\} \tag{6.180}$$

式中，λ_{t}，L_{t} 为位置(经度和纬度) 的真值；v_1，v_2 为罗兰 C 接收机的位置误差(考虑为白噪声

误差)。

则定义量测方程为

$$\boldsymbol{Z}_{\mathrm{Lp}}(t)=\begin{bmatrix}L_{\mathrm{I}}-L_{\mathrm{L}}\\ \lambda_{\mathrm{I}}-\lambda_{\mathrm{L}}\end{bmatrix}=\begin{bmatrix}\delta L+v_1\\ \delta\lambda+v_2\end{bmatrix}=\boldsymbol{H}_{\mathrm{Lp}}(t)\boldsymbol{X}(t)+\boldsymbol{V}_{\mathrm{Lp}}(t) \tag{6.181}$$

$$\boldsymbol{H}_{\mathrm{Lp}}=\begin{bmatrix}0&0&0&0&0&1&0&0&0&0\\0&0&0&0&0&0&1&0&0&0\end{bmatrix},\quad \boldsymbol{V}_{\mathrm{Lp}}=[v_1\quad v_2]^{\mathrm{T}} \tag{6.182}$$

对式(6.178)和式(6.181)应用卡尔曼滤波,则构成罗兰C/惯性组合导航系统。

2. 测距方式时的伪距组合

罗兰C接收机工作在测距方式时和惯性导航系统的组合方式是把两个系统测量的伪距合在一起,用来解算用户的位置,也是一种伪距组合。与GPS/惯性组合导航系统中的伪距组合方式不同的是,罗兰C导航系统的导航台站的位置已知并且不会变化,其原理如图6.23所示。

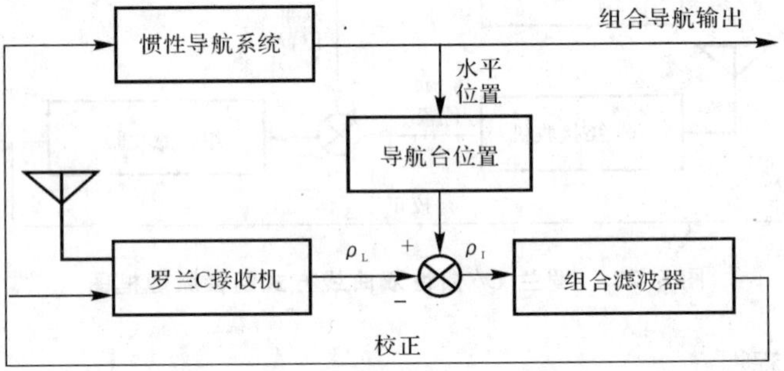

图6.23 罗兰C/惯性测距方式组合原理框图

(1) 系统状态方程

当组合导航系统仍采用线性滤波时,系统的状态方程仍取两个系统的误差量作为状态。当惯性导航系统不考虑垂直通道时,则惯性导航系统的误差方程参考式(6.147)~式(6.150),即

$$\boldsymbol{X}_{\mathrm{I}}=[\delta v_{\mathrm{E}}\quad \delta v_{\mathrm{N}}\quad \varphi_{\mathrm{E}}\quad \varphi_{\mathrm{N}}\quad \varphi_{\mathrm{U}}\quad \delta L\quad \delta\lambda\quad \varepsilon_{rx}\quad \varepsilon_{ry}\quad \varepsilon_{rz}]^{\mathrm{T}} \tag{6.183}$$

当工作在测距状态时,罗兰C接收机的误差也用等效时钟偏置和时钟频率误差所对应的距离和距离变化率误差表示。其状态方程形式为

$$\dot{\boldsymbol{X}}(t)=\boldsymbol{F}(t)\boldsymbol{X}(t)+\boldsymbol{W}(t) \tag{6.184}$$

式中

$$\boldsymbol{X}=[\boldsymbol{X}_{\mathrm{I}}^{\mathrm{T}}\ \vdots\ \boldsymbol{X}_{\mathrm{L}}^{\mathrm{T}}]^{\mathrm{T}},\quad \boldsymbol{X}_{\mathrm{L}}=[\Delta T_{\mathrm{L}}\quad \Delta T_{\mathrm{Lf}}]^{\mathrm{T}} \tag{6.185}$$

$$\left.\begin{aligned}\Delta \dot{T}_{\mathrm{L}} &= \Delta T_{\mathrm{fL}} + w_1 \\ \Delta \dot{T}_{\mathrm{fL}} &= -\beta_{\mathrm{fL}} \Delta T_{\mathrm{fL}} + w_2\end{aligned}\right\} \tag{6.186}$$

(2) 系统量测方程

罗兰 C 接收机伪距量测方程为

$$\rho_{\mathrm{L}i}(t) = |\boldsymbol{L}_i(t) - \boldsymbol{u}(t)| + c[T_{\mathrm{L}}(t) - T_{\mathrm{L}i}(t) + d_{\mathrm{L}i}(t,r)] \tag{6.187}$$

式中，$\boldsymbol{L}_i$ 为罗兰 C 导航台 i 发射机经地球曲率修正的位置矢量；$\boldsymbol{u}$ 为用户位置矢量；T_{L} 为用户时钟偏置；$T_{\mathrm{L}i}$ 为发射机时钟偏置；$d_{\mathrm{L}i}$ 为各种误差引起的时延。

设 $v_{\rho i}(t) = c[-T_{\mathrm{L}i}(t) + d_{\mathrm{L}i}(r,t)]$ 为测量噪声(考虑为白噪声误差)，$\Delta T_{\mathrm{L}} = cT_{\mathrm{L}}(t)$ 为用户时钟偏置等效距离误差，则测量的伪距简化为

$$\rho_{\mathrm{L}i}(t) = |\boldsymbol{L}_i(t) - \boldsymbol{u}(t)| + \Delta T_{\mathrm{L}} + v_{\rho i}(t) \tag{6.188}$$

如果用惯性导航系统给出的用户位置为 $\boldsymbol{u}_{\mathrm{I}}$，并考虑到惯性导航系统给出的位置误差，则可得

$$\rho_{\mathrm{I}i}(t) = |\boldsymbol{L}_i(t) - \boldsymbol{u}(t)| - \boldsymbol{e}_i \cdot \Delta \boldsymbol{u}_{\mathrm{I}} \tag{6.189}$$

式中，$\boldsymbol{e}_i$ 为沿伪距方向的单位矢量；$\Delta \boldsymbol{u}_{\mathrm{I}}$ 为惯性导航系统的位置误差矢量。

用测量伪距和计算伪距的差值作为观测量，则有伪距测量差矢量方程

$$\delta\rho_i = \rho_{\mathrm{L}i}(t) - \rho_{\mathrm{I}i}(t) = \boldsymbol{e}_i \cdot \Delta \boldsymbol{u}_{\mathrm{I}} + \Delta T_{\mathrm{L}} + v_{\rho i}(t) \tag{6.190}$$

因惯性导航系统没有考虑垂直通道，故 $\delta h = 0$，于是有

$$\delta\rho_i = [e_{i\mathrm{E}} \quad e_{i\mathrm{N}}] \begin{bmatrix} R\cos L\delta\lambda \\ n\delta L \end{bmatrix} + \Delta T_{\mathrm{L}} + v_{\rho i}(t) \tag{6.191}$$

因此定义量测方程为

$$\boldsymbol{Z}_{\mathrm{L}\rho}(t) = \begin{bmatrix} \delta\rho_1 \\ \delta\rho_2 \\ \delta\rho_3 \\ \delta\rho_4 \end{bmatrix} = \begin{bmatrix} \rho_{\mathrm{L}1}(t) - \rho_{\mathrm{I}1}(t) \\ \rho_{\mathrm{L}2}(t) - \rho_{\mathrm{I}2}(t) \\ \rho_{\mathrm{L}3}(t) - \rho_{\mathrm{I}3}(t) \\ \rho_{\mathrm{L}4}(t) - \rho_{\mathrm{I}4}(t) \end{bmatrix} = \boldsymbol{H}_{\mathrm{L}\rho}(t)\boldsymbol{X}(t) + \boldsymbol{V}_{\mathrm{L}\rho}(t) \tag{6.192}$$

式中

$$\boldsymbol{H}_{\mathrm{L}\rho} = \begin{bmatrix} 0 & 0 & 0 & 0 & 0 & e_{1\mathrm{N}}R & e_{1\mathrm{E}}R\cos L & 0 & 0 & 0 & 1 & 0 \\ 0 & 0 & 0 & 0 & 0 & e_{2\mathrm{N}}R & e_{2\mathrm{E}}R\cos L & 0 & 0 & 0 & 1 & 0 \\ 0 & 0 & 0 & 0 & 0 & e_{3\mathrm{N}}R & e_{3\mathrm{E}}R\cos L & 0 & 0 & 0 & 1 & 0 \\ 0 & 0 & 0 & 0 & 0 & e_{4\mathrm{N}}R & e_{4\mathrm{E}}R\cos L & 0 & 0 & 0 & 1 & 0 \end{bmatrix} \tag{6.193}$$

$$\boldsymbol{X} = [\delta v_{\mathrm{E}} \quad \delta v_{\mathrm{N}} \quad \varphi_{\mathrm{E}} \quad \varphi_{\mathrm{N}} \quad \varphi_{\mathrm{U}} \quad \delta L \quad \delta\lambda \quad \varepsilon_{rx} \quad \varepsilon_{ry} \quad \varepsilon_{rz} \quad \Delta T_{\mathrm{L}} \quad \Delta T_{\mathrm{fL}}]^{\mathrm{T}} \tag{6.194}$$

$$\boldsymbol{V}_{\mathrm{L}\rho} = [v_{\rho1} \quad v_{\rho2} \quad v_{\rho3} \quad v_{\rho4}] \tag{6.195}$$

当罗兰 C 接收机工作在双曲线导航状态时，和惯性导航系统的组合就属于位置组合方式；当罗兰 C 接收机工作在测距工作状态时，其和惯性导航系统的组合就类似于 GPS/ 惯性组合

导航系统中的伪距组合方式，本质上也是一种位置组合[26-27]。因此，罗兰 C/ 惯性组合导航系统可以消除惯性导航系统位置误差随时间增长的性质，组合后的位置误差有界，因而更适用于长时间工作的情况。

6.3 多传感器组合导航系统

随着多传感器融合理论的发展，组合导航系统从比较简单的GPS/ 惯性、多普勒 / 惯性、测距仪 / 惯性、天文 / 惯性等发展到了以惯性为核心、与其他多种导航系统组合的多传感器组合导航系统。通过引入测量原理与 GPS 不同的其他独立、非相似测量，对于提高系统精度、冗余度、容错能力是非常有效的。在 GPS/ 惯性组合导航系统基础上，引入地形辅助导航系统、无线电导航系统、天文导航系统等，可以极大地增强 GPS/ 惯性组合导航系统的各方面性能[28-31]。鉴于目前国际上已经建成或正在建设的卫星导航系统就有多个，为减小卫星导航服务性能对他国政策的敏感性，一种方法就是使用多种导航卫星组成的联合星座与惯性导航系统进行组合。

本节主要阐述惯性 / 多传感器组合导航系统构成及其滤波方法，设计了多传感器组合的方案。在分析惯性 /GPS/ 星敏感器组合导航系统的基础上给出了集中式滤波和联邦滤波的方法，并给出了相应的仿真实例。针对多卫星组合导航系统的特点，设计了基于联邦滤波的惯性 /GPS/ 伽利略 / 北斗双星组合导航系统。

6.3.1 多传感器组合导航系统概述

现有的导航系统按其工作平台可划分为星基导航系统、陆基导航系统和机载导航系统。如何发挥各种导航系统的优势，利用多种导航设备提供多重信息，构成一个多功能、高精度的冗余系统，是多传感器组合导航系统研究的主要任务。

1. 多传感器组合导航系统中的主要信息源

星基导航系统具有全球性、全天候和连续的精密三维定位能力，能实时地对载体的速度、位置进行测定以及精确授时。目前已投入运行的星基导航系统主要有美国的 GPS 导航系统、俄罗斯的 GLONASS 导航系统和我国的北斗一代导航系统；正在建设的有欧空局的伽利略导航系统、我国的北斗二代导航系统、日本的准天顶卫星系统和印度的印度区域导航卫星系统等。

针对星基导航系统存在的风险，各国重新开始重视使用陆基无线电导航系统。陆基导航系统主要有：无线电罗盘是一种通用的航空近程无线电导航测向系统，其设备简单，但测向误差大；VOR/DME 定向测距系统是将 VOR，DME 组合在一起，共同构成的标准近程导航系统；战术空中导航系统（塔康）为北大西洋公约组织近距导航的标准系统，最早应用于航空母舰编队，为航空母舰舰载飞机提供导航服务；罗兰 C 导航系统是一种相位－时间测距差双曲线定位系统；20 世纪 60 年代出现的奥米伽系统可以为飞机提供超远程的导航服务，并做到全球覆盖。

星基和陆基无线电导航系统均属于非自主导航系统，由于军事上的需求，各种自主式机载导航系统不断出现。惯性导航系统是一种航位推算系统，在初始对准之后，能够完全自主地提供连续、完备的导航信息；天文导航系统的特点是误差不随时间积累，隐蔽性好，自主性强，但容易受气象条件的影响；多普勒导航系统通过测量接收机与发射机之间的多普勒频移，进而确定飞机相对于地面的速度和偏流角；机载大气数据系统除了间接提供飞机的大气参数信息外，还可以提供重要的导航信息，包括真空速、升降速度和气压高度；除此之外，机载导航设备还有地形辅助导航和景象匹配等。

图 6.24 给出了多传感器组合导航系统的组成结构以及各种导航信息的来源。多传感器组合导航系统以惯性导航系统为核心，以其他机载、星基、陆基等多种导航系统为辅助，具有高精度、高冗余性的特点。

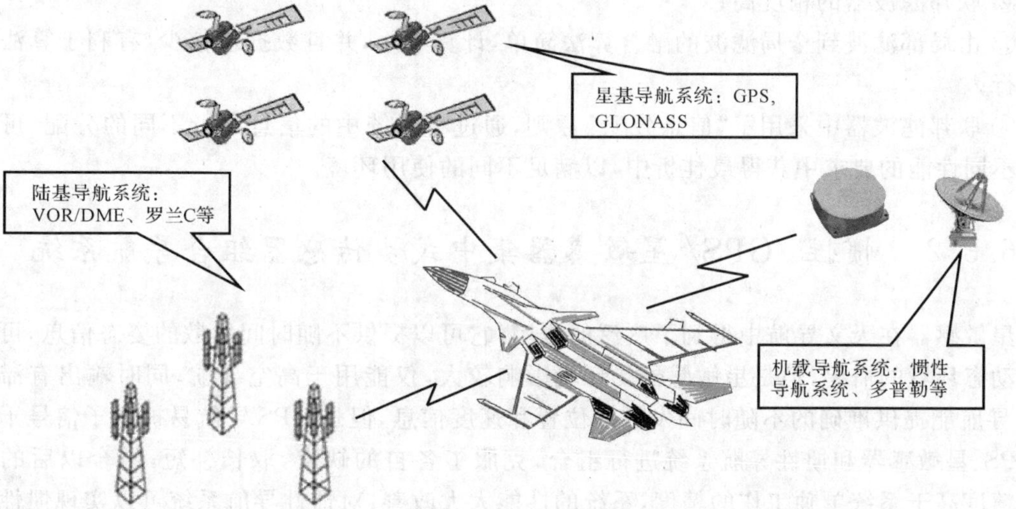

图 6.24　多传感器组合导航系统主要信息源示意图

2. 多传感器组合导航系统的数据融合方法

多传感器组合导航系统中利用卡尔曼滤波技术对多传感器数据进行最优融合，主要有两种途径：集中式滤波和分布式滤波。

集中式卡尔曼滤波采用一个卡尔曼滤波器集中处理所有导航子系统的信息，理论上可以给出系统误差状态的最优估计。其优点是数据全面、无信息丢失、最终判决结论置信度高。缺点是集中式卡尔曼滤波的状态维数高，滤波计算量以滤波器维数的三次方递增，在应用时不能保证滤波输出的实时性；子系统的增加使系统故障率随之增加，只要其中一个子系统失效，整个系统会被污染。因此，集中式卡尔曼滤波器的容错性能差，不利于故障检测与隔离。

所谓分布式滤波，就是将一个高阶系统的状态估计问题分解为若干子系统的局部状态估计问题，通过设计子观测器或局部滤波器以获得各子系统的局部状态估计，并依据一定的准则获得系统的整体状态估计。分布式滤波是解决多传感器组合导航中多传感器信息融合的有效方法之一。目前，分布式滤波已经发展了 30 多年，在众多的分布式滤波方法中，Carlson 提出的联邦滤波算法，具有设计灵活、计算量小、容错性能好的特点，得到了广泛应用[32]。联邦滤波器是一种两级滤波器，由一个主滤波器和若干个子滤波器共同组成，主滤波器和子滤波器联合工作。和集中式滤波相比，联邦滤波器有以下几个特点：

① 联邦滤波器的容错性能更好，当一个或几个子系统出现故障时，能容易地检测和分离故障，并能很快地将剩下的正常子系统重新组合起来以继续给出所需的状态估值；

② 联邦滤波器的精度高；

③ 由局部滤波到全局滤波的融合算法简单，计算量小，并且数据通信少，有利于算法的实时执行；

④ 联邦滤波器中采用了“信息分配”原则，通过将系统中的信息进行不同的分配，可以在几个不同性能的要求中获得最佳折中，以满足不同的使用环境。

6.3.2 惯性 /GPS/ 星敏感器集中式多传感器组合导航系统

星敏感器在天文导航中得到了广泛的应用，它可以提供不随时间发散的姿态信息，可以满足高动态环境的需要，但是星敏感器受环境影响较大，仅能用于高空导航，同时输出有滞后。GPS 导航能提供准确的不随时间发散的位置和速度信息，但是 GPS 导航易被电子信号干扰。将 GPS、星敏感器和惯性导航系统进行组合，克服了各自的缺点，取长补短，组合以后的导航系统精度高于系统单独工作的精度，系统的性能大大改善：对惯性导航系统可以实现惯性仪表的校准、惯性导航系统的空中对准、惯性导航系统高度通道的稳定等，从而有效地提高惯性导航系统的性能和精度；对 GPS 全球定位系统，惯性导航系统的辅助可以提高其跟踪卫星的能力，提高接收机的动态特性和抗干扰性能；对星敏感器，借助惯性导航系统的辅助，能更快地捕获到合适的星座。总之，惯性 /GPS/ 星敏感器组合导航系统是一种比较理想的导航系统。

1. 惯性 /GPS/ 星敏感器组合导航系统集中式滤波原理

惯性 /GPS/ 星敏感器组合导航系统集中滤波方式中只有一个卡尔曼滤波器，通过该滤波器估计出惯性导航系统的误差，然后对惯性导航系统进行校正。这种组合方式的优点是：组合工作比较简单，便于工程实现。针对惯性 /GPS/ 星敏感器组合导航系统中各传感器的特点，并最大化利用传感器信息，设计如图 6.25 所示的惯性 /GPS/ 星敏感器组合导航系统。可以看出，惯性 /GPS/ 星敏感器组合导航系统由惯性导航系统、GPS 导航系统、星敏感器组成，由于星敏感器只能提供载体相对于惯性坐标系的姿态，使用星敏感器组合时必须利用 GPS 接收机提供的当前位置信息将其转换为载体相对地理坐标系的姿态，具体见第 4 章，以下星敏感器姿态均指转换后的姿态信息。

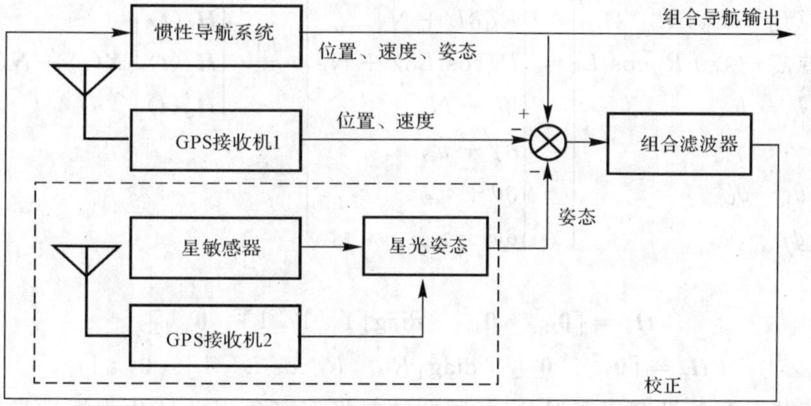

图 6.25　惯性 /GPS/ 星敏感器集中滤波组合导航系统原理

2. 惯性 /GPS/ 星敏感器组合导航系统状态方程

惯性 /GPS/ 星敏感器组合导航系统采用集中滤波进行导航误差估计，必须要建立组合导航系统的线性系统动态方程，即状态方程和量测方程。一般可选取惯性导航系统的惯性导航平台误差角、速度和位置误差、陀螺的常值漂移误差和一阶马尔可夫、加速度的一阶马尔可夫误差作为系统的状态向量，则惯性导航系统的状态方程参见式(6.8)。

3. 惯性 /GPS/ 星敏组合导航系统量测方程

量测方程是描述组合导航系统特性的两组数学方程之一，也是构成集中卡尔曼滤波器的必要条件之一，它反映了系统的组合实质，也是将导航系统的输出量与系统的误差状态方程进行联系的唯一形式。在惯性 /GPS/ 星敏感器组合方式下，共有三组观测量可供选择：第一组为位置观测量，即惯性导航系统给出的经度、纬度和高度信息以及 GPS 接收机给出的相应信息的差值；第二组为速度观测量，即惯性导航系统和 GPS 接收机各自给出的速度信息的差值；

第三组为姿态观测量，即惯性导航系统和星敏感器各自给出的姿态信息的差值。

惯性导航系统和GPS接收机的位置量测方程参考式(6.19)；惯性导航系统和GPS接收机的速度量测方程参考式(6.25)；惯性导航系统和星敏感器的姿态量测方程参考式(6.127)。

定义观测矢量为惯性导航系统的位置、速度和姿态信息与GPS接收机的位置、速度和星敏感器的姿态信息之间的差值，则系统的量测方程为

$$\boldsymbol{Z}(t)=\begin{bmatrix} v_{\mathrm{IN}}-v_{\mathrm{GN}} \\ v_{\mathrm{IE}}-v_{\mathrm{GE}} \\ v_{\mathrm{IU}}-v_{\mathrm{GU}} \\ (L_{\mathrm{I}}-L_{\mathrm{G}})R_{\mathrm{M}} \\ (\lambda_{\mathrm{I}}-\lambda_{\mathrm{G}})R_{\mathrm{N}}\cos L \\ h_{\mathrm{I}}-h_{\mathrm{G}} \\ \gamma_{\mathrm{I}}-\gamma_{\mathrm{C}} \\ \theta_{\mathrm{I}}-\theta_{\mathrm{C}} \\ \psi_{\mathrm{I}}-\psi_{\mathrm{C}} \end{bmatrix}=\begin{bmatrix} \delta v_{\mathrm{N}}+M_{\mathrm{N}} \\ \delta v_{\mathrm{E}}+M_{\mathrm{E}} \\ \delta v_{\mathrm{U}}+M_{\mathrm{U}} \\ R_{\mathrm{M}}\delta L+N_{\mathrm{N}} \\ R_{\mathrm{N}}\cos L\delta\lambda+N_{\mathrm{E}} \\ \delta h+N_{\mathrm{U}} \\ \delta\gamma+v_{\varphi\gamma} \\ \delta\theta+v_{\varphi\theta} \\ \delta\psi+v_{\varphi\psi} \end{bmatrix}\xlongequal{\text{def}}\begin{bmatrix} \boldsymbol{H}_{\mathrm{v}}(t) \\ \boldsymbol{H}_{\mathrm{p}}(t) \\ \boldsymbol{H}_{\varphi}(t) \end{bmatrix}\boldsymbol{X}(t)+\boldsymbol{N}(t) \tag{6.196}$$

式中

$$\boldsymbol{H}_{\mathrm{v}}=[\boldsymbol{0}_{3\times3}\quad \boldsymbol{0}_{3\times3}\quad \mathrm{diag}[1\quad 1\quad 1]\quad \boldsymbol{0}_{3\times9}] \tag{6.197}$$

$$\boldsymbol{H}_{\mathrm{p}}=[\boldsymbol{0}_{3\times3}\quad \boldsymbol{0}_{3\times3}\quad \mathrm{diag}[R_{\mathrm{M}}\quad R_{\mathrm{N}}\cos L\quad 1]\quad \boldsymbol{0}_{3\times9}] \tag{6.198}$$

由于系统状态变量没有姿态误差项，因此须要将姿态角误差转化为惯性导航平台误差角的表达式，具体参考式(6.40) ～ 式(6.43)。

系统的测量白噪声矢量为

$$\boldsymbol{N}=[M_{\mathrm{N}}\quad M_{\mathrm{E}}\quad M_{\mathrm{U}}\quad N_{\mathrm{N}}\quad N_{\mathrm{E}}\quad N_{\mathrm{U}}\quad v_{\varphi\gamma}\quad v_{\varphi\theta}\quad v_{\varphi\psi}]^{\mathrm{T}} \tag{6.199}$$

对应于测量白噪声矢量，其方差阵为

$$\boldsymbol{R}=\mathrm{diag}[\sigma_{\mathrm{vN}}^{2}\quad \sigma_{\mathrm{vE}}^{2}\quad \sigma_{\mathrm{vU}}^{2}\quad \sigma_{\mathrm{pN}}^{2}\quad \sigma_{\mathrm{pE}}^{2}\quad \sigma_{\mathrm{pU}}^{2}\quad \sigma_{\varphi\gamma}^{2}\quad \sigma_{\varphi\theta}^{2}\quad \sigma_{\varphi\psi}^{2}] \tag{6.200}$$

以上分别获得位置、速度和姿态的观测矩阵，根据不同的组合选用不同的观测矩阵和测量白噪声，可以获得不同组合下的量测方程。如GPS/惯性组合，就选用位置、速度量测方程；惯性/星敏感器组合就选用姿态量测方程；惯性/GPS/星敏感器组合就选用三组量测方程。惯性/GPS/星敏感器组合导航系统集中式滤波仿真与联邦滤波结果类似，此处不再逐一给出，相应仿真结果可参考联邦滤波仿真。

6.3.3 惯性/GPS/星敏感器联邦式多传感器组合导航系统

上一节介绍了集中式滤波器应用于惯性/GPS/星敏感器组合导航系统中的基本原理，本节将阐述基于联邦卡尔曼滤波的惯性/GPS/星敏感器组合导航系统原理和基本算法。

1. 惯性 /GPS/ 星敏感器组合导航系统联邦滤波原理

联邦滤波器由若干个子滤波器和一个主滤波器组成；各子滤波器独立地进行时间更新和测量更新；主滤波器的功能有两个，一是进行时间更新（相当于是一个“影子”滤波器），二是将各个滤波器的结果进行融合以得到全局最优估计。联邦滤波器可分为两种基本的结构：无重置的联邦滤波器和有重置的联邦滤波器。二者的差别在于：有重置的联邦滤波器将全局最优估计值和协方差反馈到各滤波器，以重置各滤波器的估计值和协方差。

惯性 /GPS/ 星敏感器组合导航系统联邦滤波原理如图 6.26 所示，$\hat{\boldsymbol{X}}_g$，$\boldsymbol{P}_g$ 表示全局估计值和方差；$\hat{\boldsymbol{X}}_i$，$\boldsymbol{P}_i(i=1,2)$ 表示第 i 个子滤波器的估计值和方差；$\hat{\boldsymbol{X}}_m$，$\boldsymbol{P}_m$ 表示主滤波器的估计值和方差。具体联邦滤波算法可参考第 5 章。

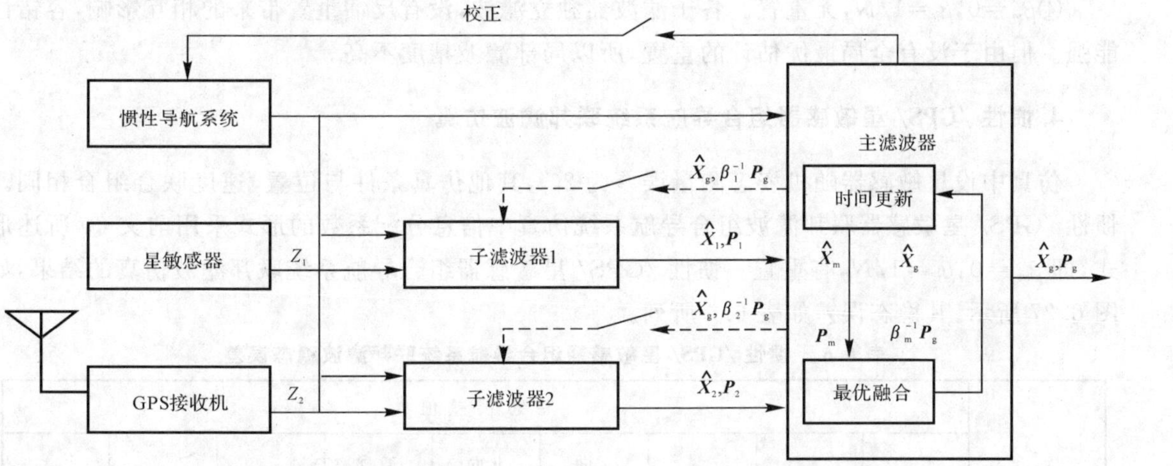

图 6.26　惯性 /GPS/ 星敏感器组合导航系统联邦滤波原理

2. 惯性 /GPS/ 星敏感器组合导航系统模型

图 6.26 中子滤波器 1 的状态方程和量测方程与集中卡尔曼滤波的惯性 / 星敏感器组合相同；子滤波器 2 的状态方程和量测方程与集中卡尔曼滤波的 GPS/ 惯性位置、速度组合相同。

3. 信息分配系数的设计

在设计联邦滤波器时，信息分配系数 $\beta_i(i=1,2,\cdots,N,m)$ 的确定是至关重要的。不同的分配系数值会影响联邦滤波器的结构和特性（容错性、最优性、计算量等）。下面介绍几种特殊的分配形式。

①$\beta_m=1,\beta_i=0$,“零化式”重置。主滤波器分配到全部的状态运动信息,便于用主滤波器的信息来检测传感器的故障,故主滤波器的故障检测和隔离(Fault Detection and Isolation, FDI)能力强。而子滤波器的过程噪声阵被重置为无穷,因此不须时间更新计算,计算简单;子滤波器的 *FDI* 能力很差。

②$\beta_m=\beta_i=1/N$,有重置。信息在主滤波器和子滤波器之间平均分配。融合后的全局滤波精度高,局部滤波精度由于有全局滤波的反馈重置而得到提高。但重置使得局部滤波受全局滤波的反馈影响,这样,一个传感器的故障可通过全局滤波的反馈重置而使其他未有故障的传感器的局部滤波也受到污染,容错性能下降。

③$\beta_m=0,\beta_i=1/N$,有重置。主滤波器状态方程无信息分配,不须用主滤波器进行滤波,所以主滤波器的估计即为全局估计,有重置带来的容错性下降与第 ② 种形式相同。

④$\beta_m=0,\beta_i=1/N$,无重置。各子滤波器独立滤波,没有反馈重置带来的相互影响,容错性能强。但由于没有全局最优估计的重置,所以局部滤波精度不高。

4. 惯性 /GPS/ 星敏感器组合导航系统联邦滤波仿真

仿真中设星敏感器随机姿态测量误差为 20″,其他仿真条件与位置、速度联合组合相同。惯性 /GPS/ 星敏感器联邦滤波组合导航系统仿真中信息分配系数的形式采用前文 ③ 所述形式,即 $\beta_m=0,\beta_i=1/N$,有重置。惯性 /GPS/ 星敏感器组合导航系统联邦滤波仿真的结果,如图 6.27 所示,其稳态误差如表 6.6 所列。

表 6.6 惯性 /GPS/ 星敏感器组合导航系统联邦滤波稳态误差

组合方式	稳态误差值								
	φ_E/(″)	φ_N/(″)	φ_U/(″)	东向速度/m/s	北向速度/m/s	天向速度/m/s	经度/m	纬度/m	高度/m
惯性 /GPS/ 星敏感器	13.5	13.5	16.6	0.044	0.043	0.47	4.61	4.52	5.25

由图 6.27 可以看出,惯性 /GPS/ 星敏感器多传感器组合导航系统与全信息组合的松组合方式类似,在 GPS/ 惯性组合导航系统的基础上引入星敏感器姿态,惯性导航平台误差角的可观性显著增强,能够迅速收敛至稳态值,系统的各项性能指标得以提高。同时,由于采用联邦滤波器,各个子系统的故障将不会影响整个系统的正常工作,系统的容错性能也得以提高。

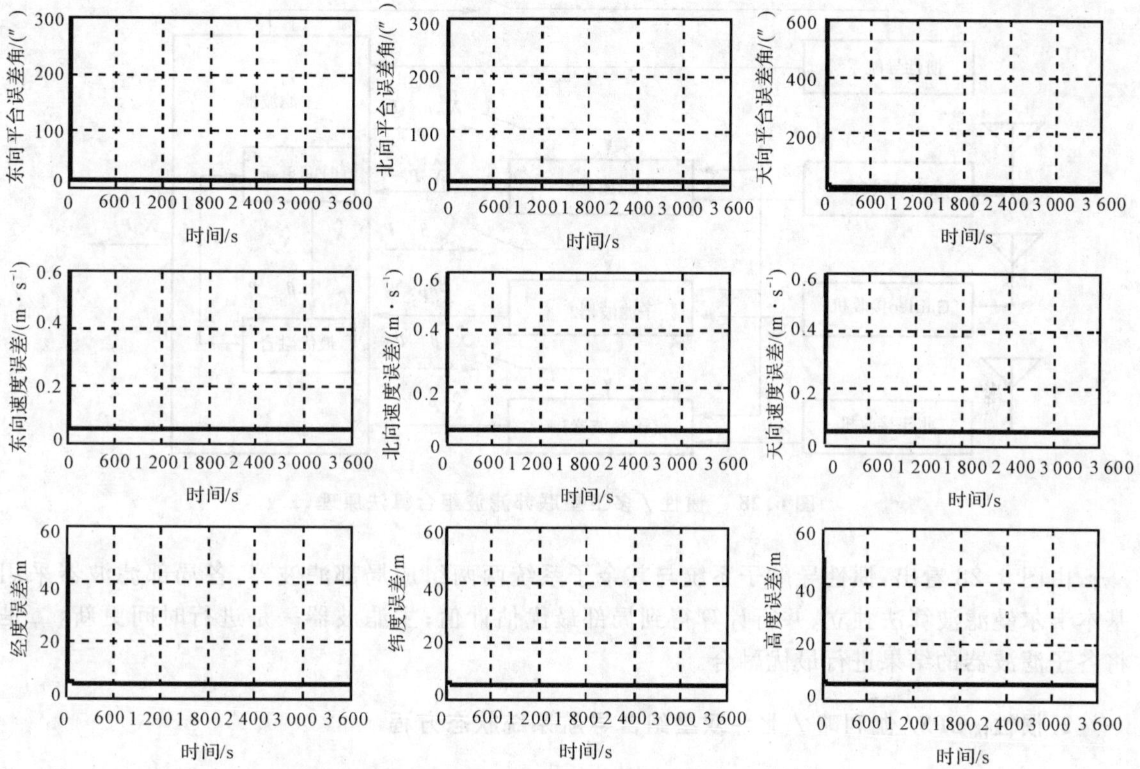

图 6.27　惯性 /GPS/ 星敏感器组合导航系统均方差曲线

6.3.4　惯性 /GPS/ 伽利略 / 北斗双星多传感器组合导航系统

多卫星组合导航系统是提高导航定位精度和增强容错性的有效手段，也是目前航空、航天、国防等领域导航技术的主要发展方向。为充分利用各种卫星导航的优势，进一步提高组合导航的精度和可靠性，将目前广泛应用的 GPS 系统、正在建设中的欧洲伽利略系统以及具有我国特色的北斗系统三者共同和惯性导航系统组合起来，可以构成惯性 /GPS/ 伽利略 / 北斗组合导航系统。对惯性 / 多卫星组合导航系统的研究既具有学术研究的前沿性，又具有实际应用的迫切性。

1. 惯性 /GPS/ 伽利略 / 北斗双星组合导航系统原理

联邦滤波应用于惯性 / 多卫星组合导航系统时，其结构如图 6.28 所示，具体联邦滤波算法参阅第 5 章。

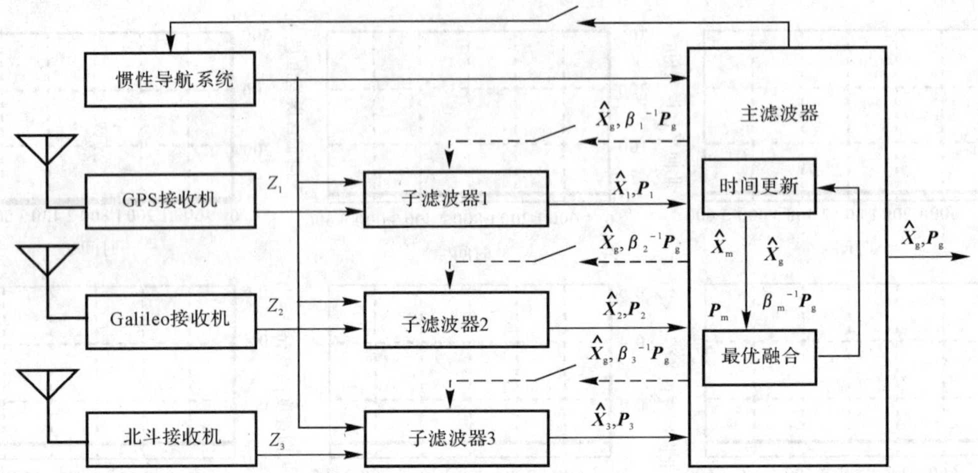

图 6.28 惯性/多卫星联邦滤波组合算法原理

由图 6.28 看出，惯性导航子系统与其余子系统两两组成局部滤波器，各局部滤波器采用基本卡尔曼滤波算法独立、并行计算得到局部最优估计值；主滤波器一是进行时间更新，二是将各子滤波器的结果进行最优融合。

2. 惯性/GPS/伽利略/北斗双星组合导航系统状态方程

惯性导航系统作为整个组合导航系统的基本参考系统，导航坐标系选为东北天地理坐标系，系统的状态方程采用惯性导航系统误差方程，由惯性导航平台误差角方程、速度误差方程、位置误差方程以及惯性仪表误差方程获得，参阅式(6.8)。

3. 惯性/GPS/伽利略/北斗双星组合导航系统量测方程

(1) 惯性/GPS组合导航子系统

在惯性/GPS组合导航系统中，采用位置、速度联合组合。其中，位置观测量由惯性导航系统给出的位置信息(经度、纬度和高度)与 GPS 接收机解算出的相应的位置信息求差；速度观测量由惯性导航系统给出的速度信息与 GPS 接收机给出的相应速度信息求差，参考 6.1.2 节。

由于伽利略系统和GPS有许多相似之处，所以惯性/伽利略子滤波器也采用位置、速度联合组合，量测方程类似 GPS，只是量测噪声误差小于 GPS，此处不再赘述。

(2) 惯性/北斗双星组合导航子系统

惯性/北斗双星组合导航系统的量测方程由惯性导航系统输出的经度、纬度和高度信息与北斗双星接收机和气压高度表给出的观测信息的差值构成。

惯性导航系统的位置信息参考式(6.17),北斗双星接收机的位置信息表示为

$$\left.\begin{aligned}\lambda_{\mathrm{B}}&=\lambda_{\mathrm{t}}-\frac{N_{\mathrm{E}}}{R_{\mathrm{N}}\cos L}\\L_{\mathrm{B}}&=L_{\mathrm{t}}-\frac{N_{\mathrm{N}}}{R_{\mathrm{M}}}\\h_{\mathrm{P}}&=h_{\mathrm{t}}-N_{\mathrm{U}}\end{aligned}\right\}\tag{6.201}$$

式中,λ_{t},L_{t},h_{t} 为真值位置(经度、纬度和高度);N_{E},N_{N},N_{U} 分为北斗双星接收机沿东、北方向的位置误差和气压高度表的高度误差(考虑为白噪声误差);R_{N},R_{M} 为地球卯酉圈、子午圈的曲率半径。

定义位置量测方程为

$$\boldsymbol{Z}_{\mathrm{Bp}}(t)=\begin{bmatrix}(L_{\mathrm{I}}-L_{\mathrm{B}})R_{\mathrm{M}}\\(\lambda_{\mathrm{I}}-\lambda_{\mathrm{B}})R_{\mathrm{N}}\cos L\\h_{\mathrm{I}}-h_{\mathrm{P}}\end{bmatrix}=\begin{bmatrix}R_{\mathrm{M}}\delta L+N_{\mathrm{N}}\\R_{\mathrm{N}}\cos L\delta\lambda+N_{\mathrm{E}}\\\delta h+N_{\mathrm{U}}\end{bmatrix}\equiv\boldsymbol{H}_{\mathrm{Bp}}(t)\boldsymbol{X}(t)+\boldsymbol{V}_{\mathrm{Bp}}(t)\tag{6.202}$$

式中,$\boldsymbol{H}_{\mathrm{Bp}}=[\boldsymbol{0}_{3\times6}\quad \mathrm{diag}[R_{\mathrm{M}}\quad R_{\mathrm{N}}\cos L\quad 1]\quad \boldsymbol{0}_{3\times9}]$;$\boldsymbol{V}_{\mathrm{Bp}}=[N_{\mathrm{N}}\quad N_{\mathrm{E}}\quad N_{\mathrm{U}}]$,为测量白噪声矢量。

4. 惯性/GPS/伽利略/北斗双星组合导航系统仿真

仿真中假设伽利略随机伪距测量误差为 5 m,随机伪距率测量误差为 0.02 m/s;北斗双星接收机与气压高度表的随机位置测量误差为 50 m。其他仿真条件与位置、速度联合组合相同。联邦滤波器信息分配系数假设为 $\beta_1=1/3$(GPS),$\beta_2=1/3$(伽利略),$\beta_3=1/3$(北斗双星);惯性/GPS/伽利略/北斗双星组合导航系统仿真如图 6.29 所示,其稳态误差如表 6.7 所列。

表 6.7 惯性/GPS/伽利略/北斗双星组合导航系统稳态误差

组合方式	稳态误差值								
	φ_{E} / (″)	φ_{N} / (″)	φ_{U} / (″)	东向速度 / m/s	北向速度 / m/s	天向速度 / m/s	经度 / m	纬度 / m	高度 / m
惯性/多卫星	16.7	16.4	45.6	0.019	0.019	0.02	2.43	2.59	2.87

由惯性/GPS/伽利略/北斗双星组合导航系统仿真结果可以看出,惯性/多卫星组合导航系统综合了各个卫星导航系统的优点,其组合精度优于惯性导航系统与单个卫星导航系统的组合精度。由于惯性导航系统与多个卫星导航系统进行组合,某个卫星导航系统出现故障时,不会影响整个系统的工作,进一步提高惯性/卫星组合导航的精度和可靠性。

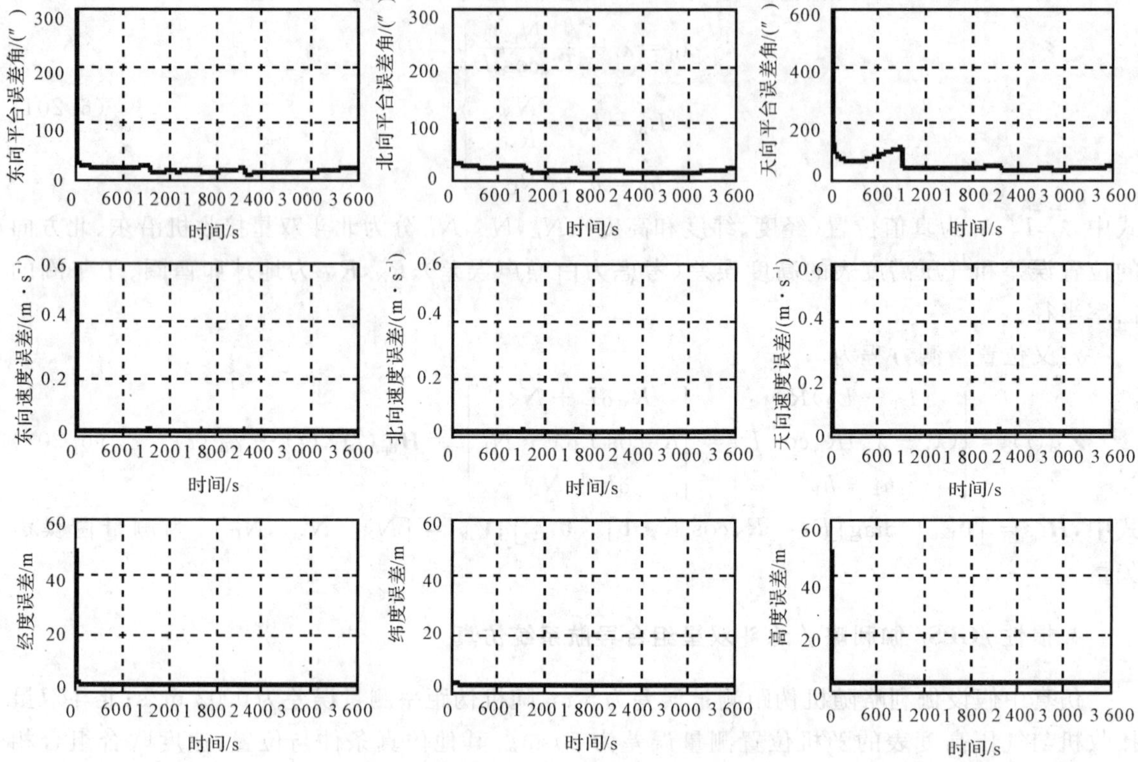

图 6.29 惯性 /GPS/ 伽利略 / 北斗双星组合导航系统均方差曲线

6.4 基于非线性滤波及鲁棒滤波理论的组合导航系统

随着近年来非相似性导航系统的增加、新传感器不断出现以及导航应用领域的扩展，组合导航系统的非线性特性、难以精确建模、难以获得噪声统计特性等问题逐渐突出，影响了线性卡尔曼滤波在组合导航系统中的应用。

组合导航系统本质上是非线性系统，当惯性仪表精度较差或载体作大机动运动时，组合导航系统中的非线性因素不能忽略，传统的线性小误差方程无法准确描述系统误差特性，继续采用线性卡尔曼滤波器，将会导致滤波状态发散，因此必须采用能准确反映实际系统的非线性数学模型和非线性滤波方法。近年来出现了多种非线性滤波方法，并在组合导航系统的应用方面引起关注。例如，基于加权统计线性回归的无味卡尔曼滤波与插值滤波方法；20 世纪 90 年代发展起来的粒子滤波理论；基于最小模型误差准则的预测滤波。

同时,对于一个实际系统,精确的系统模型往往很难确定,并且干扰信号统计特性也不一定完全已知,这些不确定性因素使得传统的卡尔曼滤波算法在实际应用中往往会失去最优性,导致估计精度下降,甚至可能出现滤波发散现象。因此,人们开始进一步研究鲁棒滤波方法,其中比较有代表性的两类滤波方法为 H_∞ 滤波算法和自适应卡尔曼滤波算法,它们都是针对系统模型的不确定性或者缺乏对噪声统计特性的认识而提出的。

本节在直接滤波基础上,以 GPS/ 惯性组合导航系统为背景,着重分析了 UKF 滤波算法应用于 GPS/ 惯性组合导航系统时,方向余弦矩阵的姿态采样点集的生成,给出了基于 UKF 的组合导航系统仿真实例。在间接滤波的基础上,推导了基于加性四元数的系统误差方程,分析了插值滤波应用于 GPS/ 惯性组合导航系统的具体流程,给出了相应的仿真。由于组合导航系统是高维系统,目前粒子滤波的使用难以保证其滤波的实时性,本节给出了无味粒子滤波在 GPS/ 惯性紧组合导航系统中的应用方案。针对系统模型参数或噪声统计特性的不确定性,本节对 H_∞ 滤波和自适应卡尔曼滤波在组合导航系统中的应用也进行了简要的阐述。

6.4.1　基于 UKF 的 GPS/ 惯性组合导航系统

基于 UKF 的 GPS/ 惯性组合导航系统,以捷联惯性导航系统解算方程直接作为状态方程,以惯性导航系统的导航参数作为被估状态,以 GPS 接收机输出的位置和速度信息作为观测量。GPS/ 惯性组合导航系统中的 UKF 是一种直接式的滤波,滤波估值通过反馈校正的方式来校正惯性导航系统的误差。

1. 系统的状态方程和量测方程

导航坐标系采用东北天地理坐标系,以惯性导航系统 9 个基本导航参数为状态量,GPS/惯性组合导航系统的状态方程为

$$\dot{\boldsymbol{X}}(t)=f[\boldsymbol{X}(t)\quad \boldsymbol{\omega}_{\mathrm{ib}}^{\mathrm{b}}\quad \boldsymbol{f}^{\mathrm{b}}\quad t] \tag{6.203}$$

式中,$\boldsymbol{X}$ 是系统的 9 维状态向量,$X=[\gamma\quad\theta\quad\psi\quad v_{\mathrm{E}}\quad v_{\mathrm{N}}\quad v_{\mathrm{U}}\quad L\quad\lambda\quad h]^{\mathrm{T}}$,依次为姿态(横滚角、俯仰角、航向角)、速度(东向、北向、天向)和位置(纬度、经度、高度);$\boldsymbol{\omega}_{\mathrm{ib}}^{\mathrm{b}}$,$\boldsymbol{f}^{\mathrm{b}}$ 分别表示机体坐标系相对于惯性坐标系的转动角速率在机体坐标系中的投影和载体相对于惯性坐标系的比力在机体坐标系中的投影,即陀螺和加速度计组件的 3 维直接输出,并且包含了系统测量噪声。

UKF 中,为了让噪声被采样并通过非线性系统参与状态的转移,通常要将系统噪声和观测噪声及状态向量一起,组成增广向量。状态预测和滤波修正过程中,增广向量中的状态 $\boldsymbol{X}^{\mathrm{T}}$、系统噪声 $\boldsymbol{W}^{\mathrm{T}}$ 和观测噪声 $\boldsymbol{V}_{\mathrm{G}}^{\mathrm{T}}$ 按各自在系统中的作用位置,叠加到系统的输出中,系统噪声和观测噪声的维数均为 6×1 维。增广向量 $\boldsymbol{X}^{\mathrm{a}}=[\boldsymbol{X}^{\mathrm{T}}\quad \boldsymbol{W}^{\mathrm{T}}\quad \boldsymbol{V}_{\mathrm{G}}^{\mathrm{T}}]^{\mathrm{T}}$,增广向量维数 M 为 21,增广

的方差阵为

$$\boldsymbol{P}^a = \begin{bmatrix} \boldsymbol{P}_k & & \boldsymbol{0} \\ & \boldsymbol{Q} & \\ \boldsymbol{0} & & \boldsymbol{R} \end{bmatrix}$$

其中 $\boldsymbol{Q}$,$\boldsymbol{R}$ 分别为系统噪声和观测噪声方差阵。

采用UKF的GPS/惯性组合导航系统以GPS接收机输出的位置和速度为观测量,其测量误差设为白噪声,则量测方程定义为

$$\boldsymbol{Z}_{\mathrm{G}}(t) = \boldsymbol{H}_{\mathrm{G}}(t)\boldsymbol{X}(t) + \boldsymbol{V}_{\mathrm{G}}(t) \tag{6.204}$$

式中,$\boldsymbol{Z}_{\mathrm{G}} = [v_{\mathrm{E}} \quad v_{\mathrm{N}} \quad v_{\mathrm{U}} \quad L \quad \lambda \quad h]^{\mathrm{T}}$;$\boldsymbol{H}_{\mathrm{G}} = [\boldsymbol{0}_{6\times3} \quad \boldsymbol{I}_{6\times6}]$;$\boldsymbol{V}_{\mathrm{G}}$ 为测量噪声(考虑为白噪声误差)。以位置和速度为观测量的GPS/惯性组合导航系统的量测方程是线性的。

2. 基于UKF的GPS/惯性组合导航系统的算法流程

状态变量的姿态部分是以具有明确物理意义的欧拉角表示的,姿态矩阵的解算则以四元数的形式进行。以采样点集 $\{\chi_{j,0}, j=0,1,\cdots,2M\}$ 作为UKF状态递推的初值,采集惯性仪表的角速率和比力,推动UKF的状态采样点集的递推(捷联惯性导航系统算法的推算)。各个采样点进行预测的递推方程如下:

$$\left.\begin{aligned}
&[\Delta\boldsymbol{\theta}_j] = \int_{t_1}^{t_2} \boldsymbol{M} * (\boldsymbol{\omega}_{\mathrm{ib}}^{\mathrm{b}} - \boldsymbol{C}_{\mathrm{n},j-1}^{\mathrm{b}}\boldsymbol{\omega}_{\mathrm{in},j-1}^{\mathrm{n}} + \boldsymbol{w}_{\mathrm{g},j})\mathrm{d}t = \begin{bmatrix} 0 & -\Delta\theta_{x,j} & -\Delta\theta_{y,j} & -\Delta\theta_{z,j} \\ \Delta\theta_{x,j} & 0 & \Delta\theta_{z,j} & -\Delta\theta_{y,j} \\ \Delta\theta_{y,j} & -\Delta\theta_{z,j} & 0 & \Delta\theta_{x,j} \\ \Delta\theta_{z,j} & \Delta\theta_{y,j} & -\Delta\theta_{x,j} & 0 \end{bmatrix} \\
&\boldsymbol{q}_{k,j} = e^{\frac{1}{2}[\Delta\boldsymbol{\theta}_j]}\boldsymbol{q}_{k-1,j} \\
&\boldsymbol{C}_{\mathrm{b},j}^{\mathrm{n}} = \begin{bmatrix} q_1^2+q_0^2-q_3^2-q_2^2 & 2(q_1q_2-q_0q_3) & 2(q_1q_3-q_0q_2) \\ 2(q_1q_2+q_0q_3) & q_2^2-q_3^2+q_0^2-q_1^2 & 2(q_2q_3+q_0q_1) \\ 2(q_1q_3+q_0q_2) & 2(q_2q_3-q_0q_1) & q_3^2+q_2^2-q_1^2+q_0^2 \end{bmatrix} \\
&\boldsymbol{v}_{k,j} = \boldsymbol{v}_{k-1,j} + (\boldsymbol{C}_{\mathrm{b},j}^{\mathrm{n}}(\boldsymbol{f}^{\mathrm{b}} + \boldsymbol{w}_{\mathrm{a},j}) + \boldsymbol{g}^{\mathrm{n}} - (2\boldsymbol{\omega}_{\mathrm{ie},j}^{\mathrm{n}} + \boldsymbol{\omega}_{\mathrm{en},j}^{\mathrm{n}}) \times \boldsymbol{v}_{k-1,j}^{\mathrm{n}})\Delta t \\
&\boldsymbol{p}_{k,j} = \boldsymbol{p}_{k-1,j} + \boldsymbol{v}_{k,j}\Delta t
\end{aligned}\right\} \tag{6.205}$$

得到 k 时刻系统状态记为 $\boldsymbol{X}_{k|k-1,j}$。式中,$j=1,2,\cdots,M$,表示采样点序号。

基于UKF的GPS/惯性组合导航系统的算法流程主要包括3部分:初始化、状态预测和量

测更新,如图 6.30 所示。

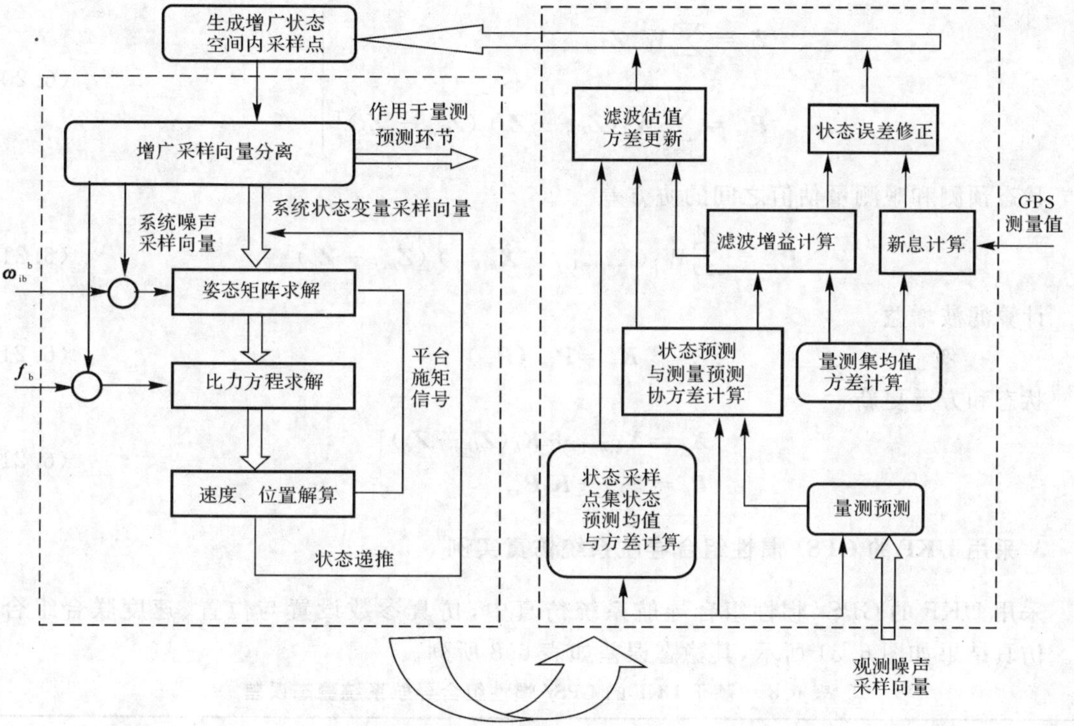

图 6.30　采用 UKF 的 GPS/惯性组合导航系统的状态预测和测量更新过程示意图

GPS 接收机给出的位置和速度的测量值

$$\boldsymbol{Z}_{\mathrm{G}} = [v_{\mathrm{GE}} \quad v_{\mathrm{GN}} \quad v_{\mathrm{GU}} \quad L_{\mathrm{G}} \quad \lambda_{\mathrm{G}} \quad h_{\mathrm{G}}]^{\mathrm{T}} \tag{6.206}$$

根据预测的状态和系统测量模型,对观测量进行预测,有

$$\boldsymbol{Z}_{k,j} = \boldsymbol{H}_{\mathrm{G}} \boldsymbol{X}_{k,j} + \boldsymbol{V}_{\mathrm{G}} \tag{6.207}$$

UKF 与常规卡尔曼滤波体系结构相同,在获得观测量和预测值后,计算新息,通过增益矩阵,获得各个状态的误差修正量。UKF 中新息和滤波增益矩阵的解算都涉及对状态预测集、观测量预测集一二阶矩(均值和方差)的解算[33-35],具体 UKF 算法原理参阅第 5 章。

通过 Sigma 点集实现的状态预测的均值和方差为

$$\left.\begin{aligned} \hat{\boldsymbol{X}}_{k|k-1} &= \sum_{j=0}^{2M} W_j^m \boldsymbol{X}_{k|k-1,j} \\ \boldsymbol{P}_{xx} &= \sum_{j=0}^{2M} W_j^c (\boldsymbol{X}_{k|k-1,j} - \hat{\boldsymbol{X}}_{k+1|k})(\boldsymbol{X}_{k|k-1,j} - \hat{\boldsymbol{X}}_{k|k-1})^{\mathrm{T}} \end{aligned}\right\} \tag{6.208}$$

估计观测量的均值和方差

$$\left.\begin{aligned} \boldsymbol{Z}_c &= \sum_{j=0}^{2M} W_j^m \boldsymbol{Z}_{k,j} \\ \boldsymbol{P}_{zz} &= \sum_{j=0}^{2M} W_j^c (\boldsymbol{Z}_{k,j} - \boldsymbol{Z}_c)(\boldsymbol{Z}_{k,j} - \boldsymbol{Z}_c)^{\mathrm{T}} \end{aligned}\right\} \tag{6.209}$$

状态预测和观测量估值之间的协方差

$$\boldsymbol{P}_{\mathrm{xz}} = \sum_{j=0}^{2M} W_j^c (\boldsymbol{X}_{k|k-1,j} - \hat{\boldsymbol{X}}_{k|k-1})(\boldsymbol{Z}_{k,j} - \boldsymbol{Z}_c)^{\mathrm{T}} \tag{6.210}$$

计算滤波增益

$$\boldsymbol{K}_k = \boldsymbol{P}_{xz} (\boldsymbol{P}_{zz})^{-1} \tag{6.211}$$

状态和方差更新

$$\left.\begin{aligned} \hat{\boldsymbol{X}}_k &= \hat{\boldsymbol{X}}_{k|k-1} + \boldsymbol{K}_k (\boldsymbol{Z}_G - \boldsymbol{Z}_c) \\ \boldsymbol{P}_k &= \boldsymbol{P}_{xx} - \boldsymbol{K}_k \boldsymbol{P}_{xz}^{\mathrm{T}} \end{aligned}\right\} \tag{6.212}$$

3. 采用 UKF 的 GPS/ 惯性组合导航系统仿真实例

采用 UKF 的 GPS/ 惯性组合导航系统仿真中，仿真参数设置与位置、速度联合组合一致。仿真结果如图 6.31 所示，其稳态误差如表 6.8 所列。

表 6.8 基于 UKF 的 GPS/ 惯性组合导航系统稳态误差

滤波方式	稳态误差值								
	横滚 (″)	俯仰 (″)	航向 (″)	东向速度 m/s	北向速度 m/s	天向速度 m/s	经度 m	纬度 m	高度 m
UKF 滤波	16.7	16.8	50.5	0.043	0.043	0.043	4.56	4.54	5.21

与前几节的仿真相比，可以看出 UKF 应用于 GPS/ 惯性组合导航系统时，采用直接式滤波方式，对各个导航参数直接进行估计，系统状态方程为非线性方程，高动态情况下的系统非线性特性得以考虑。采用 UKF 滤波的 GPS/ 惯性组合导航系统，其均方差曲线较基于卡尔曼滤波的 GPS/ 惯性组合导航系统更为平滑，其动态性能要优于卡尔曼滤波，且 UKF 滤波的稳态误差精度要略高于卡尔曼滤波，因此 UKF 滤波方法更适用于高动态的组合导航系统。由于 UKF 滤波采用 Sigma 点递推的方式，所以 UKF 在滤波的实时性上较卡尔曼滤波要差一些。

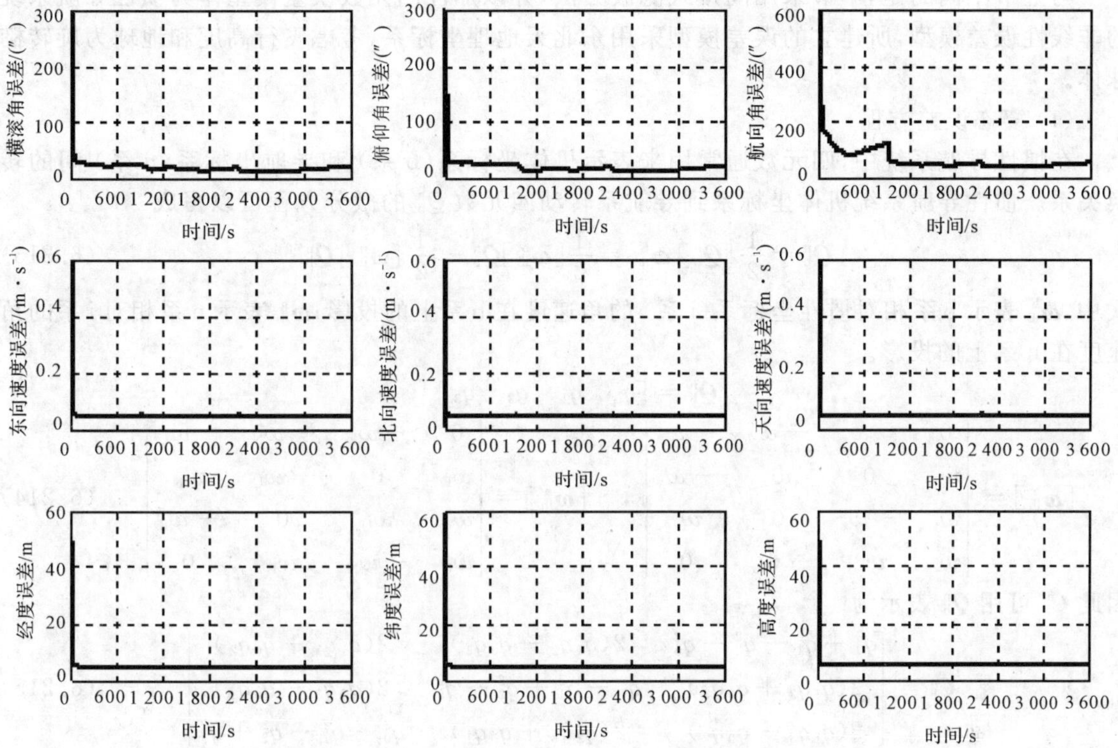

图 6.31　基于 UKF 的 GPS/惯性组合导航系统均方差曲线

6.4.2　基于插值滤波的 GPS/惯性组合导航系统

插值滤波是一种基于 Stirling 线性变换的非线性滤波算法，也称为 DD 滤波器，根据线性近似取一阶近似和二阶近似分别构成 DD1 滤波器和 DD2 滤波器。插值滤波器利用了 Stirling 内插公式将非线性模型按多项式展开，不须要计算函数的偏导数，可应用于任意函数，并且实现复杂性和计算量都很小，滤波稳定、精度高。

1. 基于加性四元数的状态方程

相同参考坐标系下的不同非线性误差模型是等价的，在加性四元数、乘性四元数以及旋转矢量姿态误差方程中，加性四元数误差以加法形式定义了坐标系间的四元数误差，用加性四元数表示的惯性导航系统姿态误差方程能准确地描述惯性导航系统的误差传播特性，因此采用四元数误差来建立惯性导航系统非线性误差模型[36]。

与上节不同的是，本节采用间接式滤波方法，并以加性四元数误差模型作为惯性导航系统的非线性误差模型，所建立的误差模型采用东北天地理坐标系，考虑飞行高度和地球为旋转椭球体。

(1) 姿态误差方程

在惯性导航系统中，四元数通常用来表示机体坐标系(b 系)和导航坐标系(n 系)间的转换关系。惯性导航系统机体坐标系到导航系转动四元数 $\boldsymbol{Q}_{\mathrm{b}}^{\mathrm{n}}$ 的微分方程可以写成

$$\dot{\boldsymbol{Q}}_{\mathrm{b}}^{\mathrm{n}}=\frac{1}{2}[\boldsymbol{Q}_{\mathrm{b}}^{\mathrm{n}}]\boldsymbol{\omega}_{\mathrm{nb}}^{\mathrm{b}}=\frac{1}{2}[\boldsymbol{\omega}_{\mathrm{ib}}^{\mathrm{b}}]\boldsymbol{Q}_{\mathrm{b}}^{\mathrm{n}}-\frac{1}{2}[\boldsymbol{\omega}_{\mathrm{in}}^{\mathrm{n}}]\boldsymbol{Q}_{\mathrm{b}}^{\mathrm{n}} \tag{6.213}$$

式中，$\boldsymbol{\omega}_{\mathrm{ib}}^{\mathrm{b}}$ 表示 b 系相对惯性坐标系(i 系)的角速度在 b 系上的投影；$\boldsymbol{\omega}_{\mathrm{in}}^{\mathrm{n}}$ 表示 n 系相对 i 系的角速度在 n 系上的投影。

$$\boldsymbol{Q}_{\mathrm{b}}^{\mathrm{n}}=[q_0\quad q_1\quad q_2\quad q_3]^{\mathrm{T}}$$

$$[\boldsymbol{\omega}_{\mathrm{ib}}^{\mathrm{b}}]=\begin{bmatrix}0 & -w_x & -w_y & -w_z\\ w_x & 0 & w_z & -w_y\\ w_y & -w_z & 0 & w_x\\ w_z & w_y & -w_x & 0\end{bmatrix},\quad [\boldsymbol{\omega}_{\mathrm{in}}^{\mathrm{n}}]=\begin{bmatrix}0 & -w_{\mathrm{E}} & -w_{\mathrm{N}} & -w_{\mathrm{U}}\\ w_{\mathrm{E}} & 0 & -w_{\mathrm{U}} & w_{\mathrm{N}}\\ w_{\mathrm{N}} & w_{\mathrm{U}} & 0 & -w_{\mathrm{E}}\\ w_{\mathrm{U}} & -w_{\mathrm{N}} & w_{\mathrm{E}} & 0\end{bmatrix} \tag{6.214}$$

因此 $\boldsymbol{C}_{\mathrm{b}}^{\mathrm{n}}$ 可用 $\boldsymbol{Q}_{\mathrm{b}}^{\mathrm{n}}$ 表示为

$$\boldsymbol{C}_{\mathrm{b}}^{\mathrm{n}}=\begin{bmatrix}q_0^2+q_1^2-q_2^2-q_3^2 & 2(q_1q_2-q_0q_3) & 2(q_1q_3+q_0q_2)\\ 2(q_1q_2+q_0q_3) & q_0^2-q_1^2+q_2^2-q_3^2 & 2(q_2q_3-q_0q_1)\\ 2(q_1q_3-q_0q_2) & 2(q_2q_3+q_0q_1) & q_0^2-q_1^2-q_2^2+q_3^2\end{bmatrix} \tag{6.215}$$

实际上，惯性导航系统用于四元数更新的微分方程为

$$\dot{\hat{\boldsymbol{Q}}}_{\mathrm{b}}^{\mathrm{n}}=\frac{1}{2}[\hat{\boldsymbol{\omega}}_{\mathrm{ib}}^{\mathrm{b}}]\hat{\boldsymbol{Q}}_{\mathrm{b}}^{\mathrm{n}}-\frac{1}{2}[\hat{\boldsymbol{\omega}}_{\mathrm{in}}^{\mathrm{n}}]\hat{\boldsymbol{Q}}_{\mathrm{b}}^{\mathrm{n}} \tag{6.216}$$

$$\delta\boldsymbol{Q}=\hat{\boldsymbol{Q}}_{\mathrm{b}}^{\mathrm{n}}-\boldsymbol{Q}_{\mathrm{b}}^{\mathrm{n}} \tag{6.217}$$

式中，$\delta\boldsymbol{Q}=[\delta q_0\quad \delta q_1\quad \delta q_2\quad \delta q_3]$，为加性四元数；$\hat{\boldsymbol{\omega}}_{\mathrm{ib}}^{\mathrm{b}}=\boldsymbol{\omega}_{\mathrm{ib}}^{\mathrm{b}}+\delta\boldsymbol{\omega}_{\mathrm{ib}}^{\mathrm{b}}$，为陀螺仪的测量值，$\delta\boldsymbol{\omega}_{\mathrm{ib}}^{\mathrm{b}}$ 表示陀螺仪的测量误差；$\hat{\boldsymbol{\omega}}_{\mathrm{in}}^{\mathrm{n}}=\boldsymbol{\omega}_{\mathrm{in}}^{\mathrm{n}}+\delta\boldsymbol{\omega}_{\mathrm{in}}^{\mathrm{n}}$，表示利用位置和速度解算得到的 n 系相对于 i 系的角速度。

式(6.213)和式(6.216)相减，忽略二阶小量，可得用加性四元数表示的惯性导航系统姿态误差方程为

$$\delta\dot{\boldsymbol{Q}}=\frac{1}{2}[\boldsymbol{\omega}_{\mathrm{ib}}^{\mathrm{b}}]\delta\boldsymbol{Q}-\frac{1}{2}[\boldsymbol{\omega}_{\mathrm{in}}^{\mathrm{n}}]\delta\boldsymbol{Q}+\frac{1}{2}\boldsymbol{U}(\hat{\boldsymbol{Q}}_{\mathrm{b}}^{\mathrm{n}})\delta\boldsymbol{\omega}_{\mathrm{ib}}^{\mathrm{b}}-\frac{1}{2}\boldsymbol{Y}(\hat{\boldsymbol{Q}}_{\mathrm{b}}^{\mathrm{n}})\delta\boldsymbol{\omega}_{\mathrm{in}}^{\mathrm{n}} \tag{6.218}$$

式中

$$\boldsymbol{U}(\hat{\boldsymbol{Q}}_{\mathrm{b}}^{\mathrm{n}})\equiv\boldsymbol{U}=\begin{bmatrix}-\hat{q}_1 & -\hat{q}_2 & -\hat{q}_3\\ \hat{q}_0 & -\hat{q}_3 & \hat{q}_2\\ \hat{q}_3 & \hat{q}_0 & -\hat{q}_1\\ -\hat{q}_2 & \hat{q}_1 & \hat{q}_0\end{bmatrix},\quad \boldsymbol{Y}(\hat{\boldsymbol{Q}}_{\mathrm{b}}^{\mathrm{n}})\equiv\boldsymbol{Y}=\begin{bmatrix}-\hat{q}_1 & -\hat{q}_2 & -\hat{q}_3\\ \hat{q}_0 & \hat{q}_3 & -\hat{q}_2\\ -\hat{q}_3 & \hat{q}_0 & \hat{q}_1\\ \hat{q}_2 & -\hat{q}_1 & \hat{q}_0\end{bmatrix} \tag{6.219}$$

$\boldsymbol{U}(\boldsymbol{Q}_b^n)$,$\boldsymbol{Y}(\boldsymbol{Q}_b^n)$ 和 $\boldsymbol{Q}_b^n$ 满足以下关系

$$\left.\begin{array}{l}\boldsymbol{U}(\boldsymbol{Q}_b^n)\boldsymbol{C}_b^n=\boldsymbol{Y}(\boldsymbol{Q}_b^n),\quad \boldsymbol{Y}^T(\boldsymbol{Q}_b^n)\boldsymbol{U}(\boldsymbol{Q}_b^n)=\boldsymbol{C}_b^n\\ \boldsymbol{U}^T(\boldsymbol{Q}_b^n)\boldsymbol{U}(\boldsymbol{Q}_b^n)=\boldsymbol{I},\quad \boldsymbol{Y}^T(\boldsymbol{Q}_b^n)\boldsymbol{Y}(\boldsymbol{Q}_b^n)=\boldsymbol{I}\\ \boldsymbol{Y}(\boldsymbol{Q}_b^n)\boldsymbol{Y}^T(\boldsymbol{Q}_b^n)=\boldsymbol{I}-\boldsymbol{Q}_b^n\boldsymbol{Q}_b^{nT}\end{array}\right\}\tag{6.220}$$

可见,式(6.218)为 $\delta\boldsymbol{Q}$ 的线性微分方程。在整个推导过程中,没有进行小角度假设,因此,该方程能够准确描述惯性导航系统的姿态误差传播特性。

(2) 速度误差方程

假设惯性导航系统的速度真值为 $\boldsymbol{V}^n=[V_E\quad V_N\quad V_U]^T$,实际解算速度为 $\widetilde{\boldsymbol{V}}^n=[\widetilde{V}_E\quad \widetilde{V}_N\quad \widetilde{V}_U]^T$,根据惯性导航系统的比力方程,将 $\dot{\widetilde{\boldsymbol{V}}}^n-\dot{\boldsymbol{V}}^n$ 展开,忽略 $\delta\boldsymbol{g}^n$,可得惯性导航系统的速度误差方程

$$\delta\dot{\boldsymbol{V}}^n=\Delta\boldsymbol{C}_b^n\hat{\boldsymbol{f}}_b+\boldsymbol{C}_b^n\boldsymbol{\nabla}^b-(2\boldsymbol{\omega}_{ie}^n+\boldsymbol{\omega}_{en}^n)\times\delta\boldsymbol{V}^n+\widetilde{\boldsymbol{V}}^n\times(\boldsymbol{Y}_1\delta\boldsymbol{V}^n+\boldsymbol{Y}_2\delta\boldsymbol{P})\tag{6.221}$$

$$\boldsymbol{Y}_1=\begin{bmatrix}0 & \dfrac{-1}{R_M+h} & 0\\ \dfrac{1}{R_N+h} & 0 & 0\\ \dfrac{\tan L}{R_N+h} & 0 & 0\end{bmatrix},\quad \boldsymbol{Y}_2=\begin{bmatrix}0 & 0 & \dfrac{V_N}{(R_M+h)^2}\\ 0 & 0 & -\dfrac{V_E}{(R_N+h)^2}\\ \dfrac{V_E\sec^2 L}{R_N+h} & 0 & -\dfrac{V_E\tan L}{(R_N+h)^2}\end{bmatrix}\tag{6.222}$$

式中,$\Delta\boldsymbol{C}_b^n=\hat{\boldsymbol{C}}_b^n-\boldsymbol{C}_b^n$,为姿态矩阵的计算误差;$\Delta\boldsymbol{C}_b^n\hat{\boldsymbol{f}}_b$ 是 $\delta\boldsymbol{Q}$ 的非线性函数。对于 $\Delta\boldsymbol{C}_b^n$ 的计算,可用 $\boldsymbol{Y}^T(\boldsymbol{Q}_b^n)\boldsymbol{U}(\boldsymbol{Q}_b^n)=\boldsymbol{C}_b^n$,可得

$$\begin{aligned}\Delta\boldsymbol{C}_b^n&=\hat{\boldsymbol{C}}_b^n-\boldsymbol{C}_b^n=\boldsymbol{Y}^T(\hat{\boldsymbol{Q}}_b^n)\boldsymbol{U}(\hat{\boldsymbol{Q}}_b^n)-\boldsymbol{Y}^T(\boldsymbol{Q}_b^n)\boldsymbol{U}(\boldsymbol{Q}_b^n)=\\&\boldsymbol{Y}^T(\delta\boldsymbol{Q})\boldsymbol{U}(\boldsymbol{Q}_b^n)+\boldsymbol{Y}^T(\boldsymbol{Q}_b^n)\boldsymbol{U}(\delta\boldsymbol{Q})+\boldsymbol{Y}^T(\delta\boldsymbol{Q})\boldsymbol{U}(\delta\boldsymbol{Q})\end{aligned}\tag{6.223}$$

又因为 $\boldsymbol{U}(\boldsymbol{Q}_b^n)$,$\boldsymbol{Y}(\boldsymbol{Q}_b^n)$ 和 $\boldsymbol{Q}_b^n$ 满足式(6.220)的关系,所以

$$\boldsymbol{Y}^T(\delta\boldsymbol{Q})\boldsymbol{U}(\boldsymbol{Q}_b^n)=\boldsymbol{Y}^T(\boldsymbol{Q}_b^n)\boldsymbol{U}(\delta\boldsymbol{Q})\tag{6.224}$$

$$\Delta\boldsymbol{C}_b^n=2\boldsymbol{Y}^T(\delta\boldsymbol{Q})\boldsymbol{U}(\boldsymbol{Q}_b^n)+\boldsymbol{Y}^T(\delta\boldsymbol{Q})\boldsymbol{U}(\delta\boldsymbol{Q})\tag{6.225}$$

所以式(6.221)可写为

$$\begin{aligned}\delta\dot{\boldsymbol{V}}^n=&-2[\boldsymbol{C}_b^n\boldsymbol{f}^b]\times\boldsymbol{Y}^T(\boldsymbol{Q})\delta\boldsymbol{Q}+2\boldsymbol{C}_b^n\boldsymbol{f}^b\boldsymbol{Q}\delta\boldsymbol{Q}-\boldsymbol{Y}^T(\delta\boldsymbol{Q})\boldsymbol{U}(\delta\boldsymbol{Q})\boldsymbol{f}^b+\\&\boldsymbol{C}_b^n\boldsymbol{\nabla}^b-(2\boldsymbol{\omega}_{ie}^n+\boldsymbol{\omega}_{en}^n)\times\delta\boldsymbol{V}^n+\widetilde{\boldsymbol{V}}^n\times\boldsymbol{Y}_2\delta\boldsymbol{P}\end{aligned}\tag{6.226}$$

式中,$\boldsymbol{Y}^T(\delta\boldsymbol{Q})\boldsymbol{U}(\delta\boldsymbol{Q})\boldsymbol{f}^b$ 对 $\delta\boldsymbol{Q}$ 是非线性的,非线性项 $\boldsymbol{Y}^T(\delta\boldsymbol{Q})\boldsymbol{U}(\delta\boldsymbol{Q})\boldsymbol{f}^b$ 的表达式为

$$\begin{aligned}&\boldsymbol{Y}^T(\delta\boldsymbol{Q})\boldsymbol{U}(\delta\boldsymbol{Q})\hat{\boldsymbol{f}}^b=\\&\begin{bmatrix}\delta q_0^2+\delta q_1^2-\delta q_2^2-\delta q_3^2 & 2(\delta q_1\delta q_2-\delta q_0\delta q_3) & 2(\delta q_1\delta q_3+\delta q_0\delta q_2)\\ 2(\delta q_0\delta q_3+\delta q_1\delta q_2) & \delta q_0^2-\delta q_1^2+\delta q_2^2-\delta q_3^2 & 2(\delta q_2\delta q_3-\delta q_0\delta q_1)\\ 2(\delta q_1\delta q_3-\delta q_0\delta q_2) & 2(\delta q_0\delta q_1+\delta q_2\delta q_3) & \delta q_0^2-\delta q_1^2-\delta q_2^2+\delta q_3^2\end{bmatrix}\hat{\boldsymbol{f}}^b\end{aligned}\tag{6.227}$$

(3) 位置误差方程

通常定义经度、纬度和高度来表示位置误差。根据惯性导航系统的位置 $\boldsymbol{P}=[L\quad\lambda\quad h]^{\mathrm{T}}$ 与惯性导航系统的速度 $\boldsymbol{V}^{\mathrm{n}}$ 之间的关系,可得惯性导航系统的位置误差方程

$$\delta\dot{\boldsymbol{P}}=\boldsymbol{M}_3\delta\boldsymbol{V}^{\mathrm{n}}+\boldsymbol{M}_4\delta\boldsymbol{P} \tag{6.228}$$

式中

$$\boldsymbol{M}_3=\begin{bmatrix}0 & \dfrac{1}{R_{\mathrm{M}}+h} & 0\\ \dfrac{\sec L}{R_{\mathrm{N}}+h} & 0 & 0\\ 0 & 0 & 1\end{bmatrix},\quad \boldsymbol{M}_4=\begin{bmatrix}0 & 0 & \dfrac{V_{\mathrm{N}}}{(R_M+h)^2}\\ \dfrac{V_{\mathrm{E}}\tan L\sec L}{R_{\mathrm{N}}+h} & 0 & \dfrac{V_{\mathrm{E}}\sec L}{(R_{\mathrm{N}}+h)^2}\\ 0 & 0 & 0\end{bmatrix} \tag{6.229}$$

式中,$\delta\boldsymbol{P}=[\delta L\quad\delta\lambda\quad\delta h]$,$\delta L$,$\delta\lambda$,$\delta h$ 为纬度误差、经度误差和高度误差,R_{M},R_{N} 为沿子午圈和卯酉圈的主曲率半径。

(4) 惯性仪表误差

假定 3 个轴向的陀螺漂移误差模型相同,均为随机常数 ε_{b} 加一阶马尔可夫过程 ε_{r} 加白噪声 w_{g}。假定 3 个轴向加速度计的误差模型相同,且为一阶马尔可夫过程∇_{a}。其建模过程参考 6.1.2 节。

将惯性仪表误差扩展的 9 个状态与惯性导航系统加性四元数非线性误差模型中 10 个状态合并,可得 19 维系统状态方程为

$$\begin{bmatrix}\delta\dot{\boldsymbol{Q}}\\ \delta\dot{\boldsymbol{V}}\\ \delta\dot{\boldsymbol{P}}\\ \dot{\boldsymbol{\varepsilon}}_{\mathrm{b}}\\ \dot{\boldsymbol{\varepsilon}}_{\mathrm{r}}\\ \dot{\boldsymbol{\nabla}}\end{bmatrix}=\begin{bmatrix}\dfrac{1}{2}\langle\boldsymbol{\omega}_{\mathrm{ib}}^{\mathrm{b}}\rangle\delta\boldsymbol{Q}-\dfrac{1}{2}[\boldsymbol{\omega}_{\mathrm{in}}^{\mathrm{n}}]\delta\boldsymbol{Q}+\dfrac{1}{2}\boldsymbol{U}(\hat{\boldsymbol{Q}}_{\mathrm{b}}^{\mathrm{n}})\delta\boldsymbol{\omega}_{\mathrm{ib}}^{\mathrm{b}}-\dfrac{1}{2}\boldsymbol{Y}(\hat{\boldsymbol{Q}}_{\mathrm{b}}^{\mathrm{n}})\delta\boldsymbol{\omega}_{\mathrm{in}}^{\mathrm{n}}\\ -2[\boldsymbol{C}_{\mathrm{b}}^{\mathrm{n}}\boldsymbol{f}^{\mathrm{b}}]\times\boldsymbol{Y}^{\mathrm{T}}(\boldsymbol{Q})\delta\boldsymbol{Q}+2\boldsymbol{C}_{\mathrm{b}}^{\mathrm{n}}\boldsymbol{f}^{\mathrm{b}}\boldsymbol{Q}\delta\boldsymbol{Q}-\boldsymbol{Y}^{\mathrm{T}}(\delta\boldsymbol{Q})\boldsymbol{U}(\delta\boldsymbol{Q})\boldsymbol{f}^{\mathrm{b}}+\\ \boldsymbol{C}_{\mathrm{b}}^{\mathrm{n}}\boldsymbol{\nabla}^{\mathrm{b}}-(2\boldsymbol{\omega}_{\mathrm{ie}}^{\mathrm{n}}+\boldsymbol{\omega}_{\mathrm{en}}^{\mathrm{n}})\times\delta\boldsymbol{V}^{\mathrm{n}}+\tilde{\boldsymbol{V}}^{\mathrm{n}}\times\boldsymbol{Y}_2\delta\boldsymbol{P}\\ \boldsymbol{M}_3\delta\boldsymbol{V}^{\mathrm{n}}+\boldsymbol{M}_4\delta\boldsymbol{P}\\ \boldsymbol{0}_{3\times1}\\ \boldsymbol{0}_{3\times1}\\ \boldsymbol{0}_{3\times1}\end{bmatrix} \tag{6.230}$$

式中,状态矢量 $\boldsymbol{X}$ 为

$$\boldsymbol{X}=[\delta q_0\quad\delta q_1\quad\delta q_2\quad\delta q_3\quad\delta V_{\mathrm{E}}\quad\delta V_{\mathrm{N}}\quad\delta V_{\mathrm{U}}\quad\delta L\quad\delta\lambda\quad\delta h\quad\varepsilon_{\mathrm{b}x}\quad\varepsilon_{\mathrm{b}y}\quad\varepsilon_{\mathrm{b}z}\quad\varepsilon_{\mathrm{r}x}\quad\varepsilon_{\mathrm{r}y}\quad\varepsilon_{\mathrm{r}z}\quad\nabla_{\mathrm{a}x}\quad\nabla_{\mathrm{a}y}\quad\nabla_{\mathrm{a}z}]^{\mathrm{T}} \tag{6.231}$$

2. 组合导航系统量测方程

与位置、速度联合组合方式一样,组合导航系统中的量测方程采用线性方程。观测量有两组:一组为位置观测量,即惯性导航系统给出的位置信息与 GPS 接收机给出的相应信息的差

值，另一组观测量为两个系统给出的速度的差值。组合导航系统量测方程参考式(6.29)。

3. 组合导航系统滤波流程

插值滤波利用状态估计误差方差阵的 Cholesky 分解矩阵进行递推，然后再合成得到状态估计与误差的方差阵，算法实现过程简单，并且从算法上保证了估计误差方差阵在递推过程中能始终保持对称、正定，避免了扩展卡尔曼滤波在滤波过程中由于误差累积而出现的估计误差方差阵非对称、非正定等情况，具有较好的滤波稳定性。插值滤波器应用于 GPS/ 惯性组合导航系统的具体实现及流程如图 6.32 所示。有关插值滤波的具体算法可参阅考文献[37]。

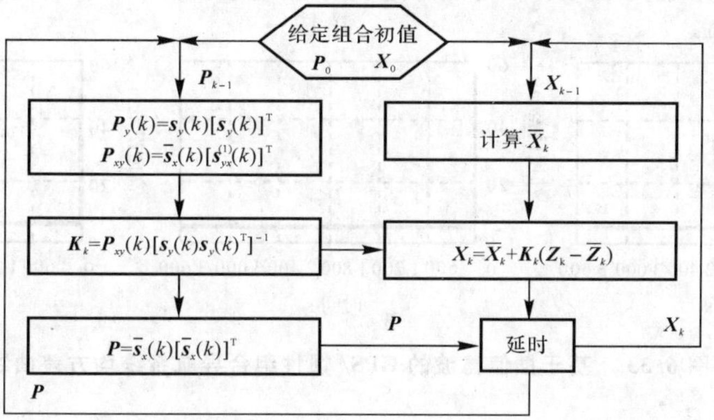

图 6.32 插值滤波器在 GPS/ 惯性组合导航系统中的滤波流程

4. 插值滤波的组合导航系统仿真

对采用加性四元数非线性误差模型的 GPS/ 惯性组合导航系统进行仿真，仿真中采用二阶插值滤波器。仿真参数设置与位置、速度联合组合一致。由于系统采用加性四元数作为状态量，因此仿真仅给出速度与位置的仿真结果，如图 6.33 所示。其稳态误差如表 6.9 所列。

表 6.9 基于插值滤波的 GPS/ 惯性组合导航系统稳态误差

滤波方式	稳态误差值					
	东向速度 m/s	北向速度 m/s	天向速度 m/s	经度 m	纬度 m	高度 m
插值滤波	0.043	0.045	0.045	4.53	4.58	5.23

插值滤波的理论精度与 UKF 滤波相当。仿真中采用了加性四元数描述的惯性导航系统误差方程，未对系统进行一阶线性化近似。从仿真结果可以看出，与 UKF 滤波类似，基于插值滤波的 GPS/ 惯性组合导航系统的动态性能和稳态误差都要优于基于线性卡尔曼滤波的组合

导航系统。同时，插值滤波利用状态估计误差方差阵的Cholesky分解递推计算状态估计与误差的方差阵，因此估计误差方差阵在递推过程中能始终保持对称、正定，具有较好的滤波稳定性。

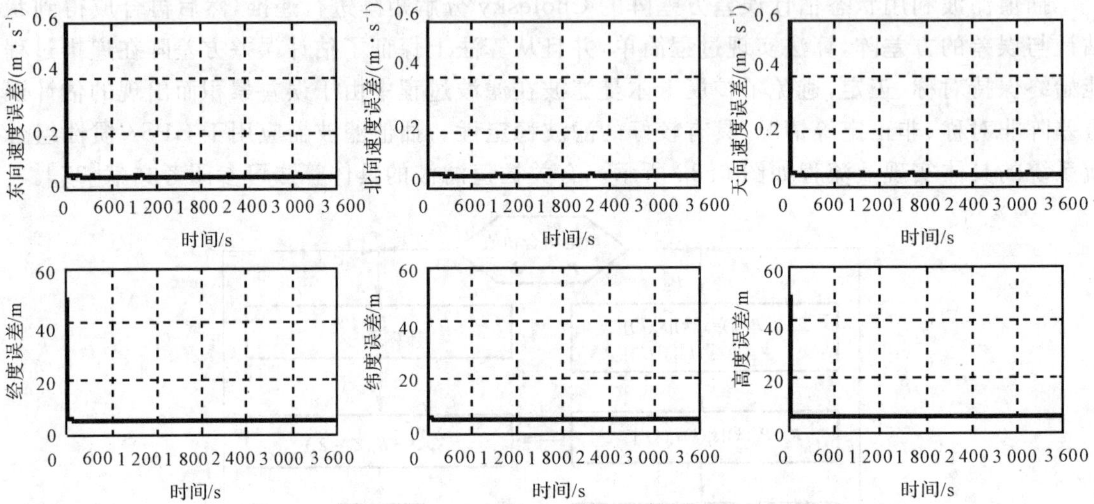

图 6.33 基于插值滤波的 GPS/ 惯性组合导航系统均方差曲线

6.4.3 基于粒子滤波的组合导航系统

粒子滤波是近年来的研究热点，它基于递推算法，是对物理模型的近似最优解，系统的非线性越强，其优势越明显[38-40]。它是滤波领域的一大技术突破，在导航领域得到了广泛应用，包括大方位失准角下的初始对准、地形辅助导航、目标跟踪等等。基本粒子滤波算法通过对重要性函数进行采样，递推计算其相应的权系数，从而解算得到状态的估计值。基本粒子滤波算法的缺点是存在退化问题，经过一段时间的滤波后，除了几个权值较大的粒子，其他的粒子权值很小，对系统几乎没有影响，因此在实际应用中都是各种改进的粒子滤波算法。抑制退化的一种重要手段是选择合适的重要性概率密度函数。无味粒子滤波是一种改进的粒子滤波算法，使用UT变换生成重要性概率函数密度，更接近系统的真实分布，能够有效抑制粒子退化问题。

1. 组合导航系统数学模型

粒子滤波能有效解决非线性非高斯的状态估计问题，但是粒子滤波的计算量对非线性系统的维数比较敏感，尤其是组合导航之类的高维系统，因此在实际应用中应充分考虑系统维数对滤波器实现的影响。本节主要讨论粒子滤波在以伪距为观测量的组合导航系统中的应用。

(1) 组合导航系统状态方程

惯性导航系统的误差状态量与 GPS 接收机时钟信号测距等效误差 δt_u 一起作为系统状态建立系统模型；惯性仪表的误差仅考虑为随机白噪声，不在系统状态当中进行扩充建模。具体参考 6.1.2 节，因此状态方程仅由 9 个基本导航参数误差和 GPS 接收机时钟信号测距等效误差组成为

$$\dot{\boldsymbol{X}}(t) = \boldsymbol{F}(t)\boldsymbol{X}(t) + \boldsymbol{G}(t)\boldsymbol{W}(t) \tag{6.232}$$

式中，状态量 $\boldsymbol{X} = [\varphi_E \quad \varphi_N \quad \varphi_U \quad \delta v_E \quad \delta v_N \quad \delta v_U \quad \delta L \quad \delta\lambda \quad \delta h \quad \delta t_u]^T$，由东、北、天向的惯性导航平台误差角，东、北、天向的速度误差，纬度、经度和高度的误差，以及时间测距等效误差 δt_u 构成；$\boldsymbol{W}$ 为噪声向量；$\boldsymbol{F},\boldsymbol{G}$ 是状态方程的状态转移矩阵和噪声系数矩阵。

(2) 组合导航系统量测方程

基于粒子滤波的 GPS/ 惯性组合导航系统以 GPS 接收机输出的伪距为观测量。惯性导航系统给出的(转换为 ECEF 坐标系) 位置所对应于卫星 i 的计算伪距为

$$\rho_{Gi} = \sqrt{[(x_{si} - x_I)^2 + (y_{si} - y_I)^2 + (z_{si} - z_I)^2]} + \delta t_u + v_{\rho i} \qquad (i=1,2,3,4) \tag{6.233}$$

式中，x_{si}, y_{si}, z_{si} 为该卫星的位置；x_I, y_I, z_I 为惯性导航系统位置；$v_{\rho i}$ 为伪距测量误差，假定为白噪声。x, y, z 坐标系为 ECEF 坐标系，而导航解算中是采用经纬高信息表示位置的，因此要进行坐标转换，即

$$\left.\begin{aligned} x_I &= (R_N + h_I - \delta h)\cos(L_I - \delta L)\cos(\lambda_I - \delta\lambda) \\ y_I &= (R_N + h_I - \delta h)\cos(L_I - \delta L)\sin(\lambda_I - \delta\lambda) \\ z_I &= [R_N(1-f)^2 + h_I - \delta h]\sin(L_I - \delta L) \end{aligned}\right\} \tag{6.234}$$

式中，R_N 为卯酉圈曲率半径。

将式(6.234) 代入式(6.233)，得到

$$\begin{aligned} \rho_{Gi} = [&(x_{si} - (R_N + h_I - \delta h)\cos(L_I - \delta L)\cos(\lambda_I - \delta\lambda))^2 + \\ &(y_{si} - (R_N + h_I - \delta h)\cos(L_I - \delta L)\sin(\lambda_I - \delta\lambda))^2 + \\ &(z_{si} - [R_N(1-f)^2 + h_I - \delta h]\sin(L_I - \delta L))^2]^{1/2} + \\ &\delta t_u + v_{\rho i} \end{aligned} \tag{6.235}$$

式(6.235) 为非线性方程，GPS/ 惯性组合导航系统使用无味粒子滤波器时，不必再对系统量测方程线性化处理，观测量取 GPS 接收机输出的伪距信号，定义量测方程为

$$\boldsymbol{Z}_G(t) = [\rho_{G1} \quad \rho_{G2} \quad \rho_{G3} \quad \rho_{G4}]^T \tag{6.236}$$

2. 组合导航系统中的无味粒子滤波算法

量测方程(6.236) 是非线性方程，在应用线性卡尔曼滤波器时要将其用泰勒级数展开，进行一阶线性化近似，但是这样做无疑会损失计算精度，在系统误差量级比较小的情况下可能并

不明显，但是一旦增大系统误差（比如 GPS 信号受到遮挡，惯性导航系统缺乏校正量），系统就会迅速发散。无味粒子滤波可解决这一非线性滤波问题，适合在非线性组合导航系统中应用。具体算法过程如下[41]：

① 初始化。($k=0$) 抽取采样点 $\boldsymbol{X}_0^i \sim p(\boldsymbol{X}_0)$，并令 $w_0^i=1/N_S, i=1,\cdots,N_S$。

② 重要性采样。对每一个采样点 $\boldsymbol{X}_{k-1}^i$，利用 UKF 滤波计算 $\boldsymbol{X}_k^i, \boldsymbol{P}_k^i$，具体流程参考第 5 章，所得的重要性函数

$$q(\boldsymbol{X}_k \mid \boldsymbol{X}_{0:k-1}, \boldsymbol{Z}_{1:k}) = N(\boldsymbol{X}_k^i, \boldsymbol{P}_k^i) \tag{6.237}$$

采集一个新样本 $\hat{\boldsymbol{X}}_k^i$，使得 $\hat{\boldsymbol{X}}_k^i \sim N(\boldsymbol{X}_k^i, \boldsymbol{P}_k^i)$，并进行权值更新，即

$$\widetilde{w}_k^i = \widetilde{w}_{k-1}^i \frac{p(\boldsymbol{Z}_k \mid \boldsymbol{X}_k^i) p(\boldsymbol{X}_k^i \mid \boldsymbol{X}_{k-1}^i)}{q(\boldsymbol{X}_k^i \mid \boldsymbol{X}_{0:k-1}^i, \boldsymbol{Z}_{1:k})} \tag{6.238}$$

由于重要性函数充分利用了新的观测量，因而改进了粒子采样的精度。

③ 重新采样。对 $\{\hat{\boldsymbol{X}}_k^i, i=1,\cdots,N_S\}$ 重新采样，产生集合 $\{\boldsymbol{X}_k^i, i=1,\cdots,N_S\}$，使得 $\Pr\{\boldsymbol{X}_k^i = \hat{\boldsymbol{X}}_k^i\} = w_k^i$，重新设定 $w_k^i = 1/N_S$。

④ 状态更新。

$$\boldsymbol{X}_k = \sum_{i=1}^{N_S} \boldsymbol{X}_k^i w_k^i \tag{6.239}$$

图 6.34 详细描述了组合导航系统中无味粒子滤波的算法流程，并表明了 UKF 与粒子滤波在无味粒子滤波中的关系。如图 6.34 所示无味粒子滤波中，用 UT 变换来获取重要性概率密度，每一次采样后的粒子都由 UKF 进行更新，所得的均值和方差用于下次采样新的粒子。

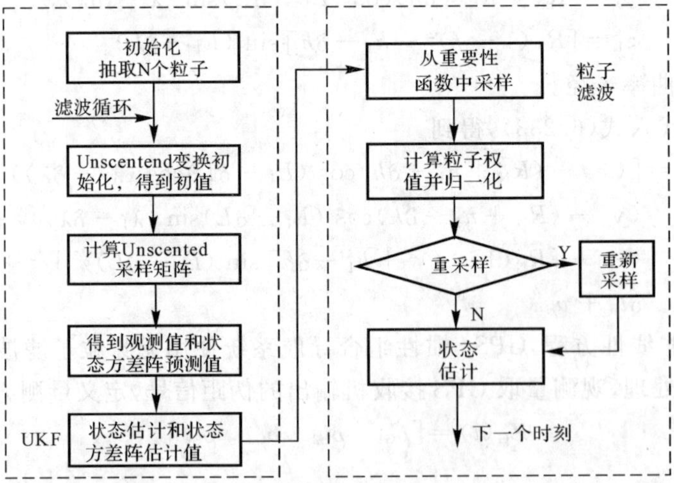

图 6.34 组合导航系统无味粒子滤波算法流程

粒子滤波在非线性、非高斯系统中的优势，使得粒子滤波在组合导航系统中的应用迅速发

展，已经取得了一定的理论成果，但粒子滤波算法本身在理论上并不十分成熟，应用于组合导航系统时还存在一些问题。例如，目前还没有任何数学理论对粒子滤波在何种条件能够收敛的问题做出回答；粒子滤波计算量随系统维数增加而成级数递增。如何解决粒子滤波在组合导航系统中的可实现性等问题都有待进一步研究。

6.4.4 基于 H_∞ 滤波的组合导航系统

H_∞ 滤波是将鲁棒控制设计中引入的性能指标 H_∞ 范数应用于滤波，以解决系统存在的各种不确定性问题。它将噪声和不确定输入看做是能量有限的随机信号，计算其相对估计误差的闭环传递函数，并使传递函数的 H_∞ 范数小于给定的正数。H_∞ 滤波对系统模型不确定性误差和不确定性噪声均具有很好的鲁棒性[42]，因此在组合导航领域受到了广泛的关注。

1. 基于 H_∞ 滤波的组合导航系统模型

惯性导航系统基本导航误差为 9 维，它们是 3 个惯性导航平台误差角、3 个速度误差以及 3 个位置误差，另外还有 3 维陀螺和 3 维加速度计的随机测量误差，即 $\boldsymbol{\varepsilon}$ 和 $\boldsymbol{\nabla}$。一般情况下，陀螺和加速度计的随机误差不是简单的随机白噪声，而是含有多种成分的有色随机噪声。因此，采用线性卡尔曼滤波时，须要将这些噪声“白色化”。但 H_∞ 滤波对噪声是否有色并不敏感，仅要求噪声能量是有限的，而这一要求大多数组合导航系统都是可满足的。

由此可以看出，采用 H_∞ 滤波时，并不要像卡尔曼滤波一样，要通过噪声“白色化”来扩充组合导航系统的状态方程，这就给滤波方程的建立带来便利。为了减少方程的阶数，H_∞ 滤波的状态方程仅保留必要的 9 个系统误差，即惯性导航平台误差角、速度误差和位置误差，其余的均作为噪声处理。

参阅式(6.2) ～ 式(6.4)，组合惯性导航系统的基本导航参数误差方程和惯性仪表的误差方程，可得组合导航系统的状态方程为

$$\dot{\boldsymbol{X}}(t)=\boldsymbol{F}(t)\boldsymbol{X}(t)+\boldsymbol{G}(t)\boldsymbol{W}(t) \tag{6.240}$$

式中，系统的状态矢量为

$$\boldsymbol{X}=[\varphi_{\mathrm{E}} \quad \varphi_{\mathrm{N}} \quad \varphi_{\mathrm{U}} \quad \delta V_{\mathrm{E}} \quad \delta V_{\mathrm{N}} \quad \delta V_{\mathrm{U}} \quad \delta L \quad \delta\lambda \quad \delta h]^{\mathrm{T}} \tag{6.241}$$

系统的噪声矢量为

$$\boldsymbol{W}=[\omega_{\mathrm{g}x} \quad \omega_{\mathrm{g}y} \quad \omega_{\mathrm{g}z} \quad \omega_{\mathrm{a}x} \quad \omega_{\mathrm{a}y} \quad \omega_{\mathrm{a}z}]^{\mathrm{T}} \tag{6.242}$$

式中，$\omega_{\mathrm{g}x}$，$\omega_{\mathrm{g}y}$，$\omega_{\mathrm{g}z}$ 表示陀螺噪声；$\omega_{\mathrm{a}x}$，$\omega_{\mathrm{a}y}$，$\omega_{\mathrm{a}z}$ 表示加速度计噪声。

基于 H_∞ 滤波器的 GPS/ 惯性组合导航系统量测方程与位置、速度联合组合方式一样，参考式(6.29)。

2. H_∞ 滤波器的构建

设有线性离散系统

$$\left.\begin{aligned} \boldsymbol{X}_{k|k} &= \boldsymbol{\Phi}_{k|k-1}\boldsymbol{X}_{k-1|k-1} + \boldsymbol{\Gamma}_{k-1}\boldsymbol{W}_{k-1} \\ \boldsymbol{Z}_k &= \boldsymbol{H}_k\boldsymbol{X}_k + \boldsymbol{D}_k\boldsymbol{W}_{k-1} \end{aligned}\right\} \tag{6.243}$$

式中，$\boldsymbol{X} \in \boldsymbol{R}^{n\times1}$；$\boldsymbol{Z} \in \boldsymbol{R}^{m\times1}$；$\boldsymbol{W} \in \boldsymbol{R}^{r\times1}$；$\boldsymbol{\Phi},\boldsymbol{\Gamma},\boldsymbol{H},\boldsymbol{D}$ 为相应维数矩阵。状态估计器的问题就是要估计受到噪声 $\boldsymbol{W}$ 干扰的向量 $\boldsymbol{X}$。为了使 H_∞ 滤波具有无偏性，且具有预测修正结构，则滤波器应具有如下形式

$$\hat{\boldsymbol{X}}_{k|k} = \boldsymbol{\Phi}_{k|k-1}\hat{\boldsymbol{X}}_{k-1} + \boldsymbol{K}_k(\boldsymbol{Z}_k - \boldsymbol{H}_k\hat{\boldsymbol{X}}_{k|k-1}) \tag{6.244}$$

卡尔曼滤波器的突出优点之一就在于其递推性，保证了滤波算法在计算机中的实现，因此 H_∞ 滤波器的构建也采取递推的方法，具体参考第 5 章，H_∞ 滤波递推形式如下[43]：

$$\left.\begin{aligned} &\hat{\boldsymbol{X}}_{k|k-1} = \boldsymbol{\Phi}_{k|k-1}\hat{\boldsymbol{X}}_{k-1|k-1} \\ &\boldsymbol{P}_{k|k-1} = \boldsymbol{P}_{k-1|k-1}^{-1} - \gamma^{-2}\boldsymbol{I} \\ &\hat{\boldsymbol{X}}_{k|k} = \hat{\boldsymbol{X}}_{k|k-1} + \boldsymbol{K}_k[\boldsymbol{Z}_k - \boldsymbol{H}_k\hat{\boldsymbol{X}}_{k|k-1}] \\ &\boldsymbol{K}_k = [\boldsymbol{\Gamma}_k\boldsymbol{D}_k^{\mathrm{T}} + \boldsymbol{\Phi}_{k|k-1}\boldsymbol{P}_{k|k-1}^{-1}\boldsymbol{H}_k^{\mathrm{T}}][\boldsymbol{I} + \boldsymbol{H}_k\boldsymbol{P}_{k|k-1}^{-1}\boldsymbol{H}_k^{\mathrm{T}}]^{-1} \\ &\boldsymbol{P}_{k|k} = (\boldsymbol{\Phi}_{k|k-1} - \boldsymbol{K}_k\boldsymbol{H}_k)\boldsymbol{P}_{k|k-1}^{-1}(\boldsymbol{\Phi}_{k|k-1} - \boldsymbol{K}_k\boldsymbol{H}_k)^{-1} + (\boldsymbol{\Gamma}_k - \boldsymbol{K}_k\boldsymbol{D}_k)(\boldsymbol{\Gamma}_k - \boldsymbol{K}_k\boldsymbol{D}_k)^{-1} \end{aligned}\right\} \tag{6.245}$$

将以上递推公式表示成计算流程图，如图 6.35 所示。

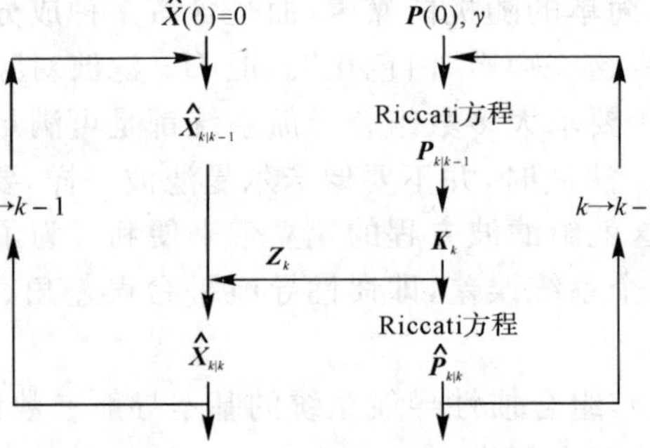

图 6.35 H_∞ 滤波算法流程

从图 6.35 看出 H_∞ 滤波器的迭代运算与开环卡尔曼滤波很相似，Riccati 方程的求解，即 $\boldsymbol{P}_{k|k}$ 的迭代不需要观测量 $\boldsymbol{Z}_k$。但须要注意的是，矩阵 $\boldsymbol{P}_{k|k}$ 并不是系统状态 $\hat{\boldsymbol{x}}_{k|k}$ 的协方差阵，因此 H_∞ 滤波不存在协方差分析。

以往对 H_∞ 滤波的应用研究通常采用式(6.245)构建的滤波器进行输出修正，即采用开环控制。研究表明，这样的滤波系统鲁棒性有保证，但精度欠佳。实际上，在最优控制系统中，闭环控制比开环控制优越得多，表现在它对噪声干扰的敏感性低。与闭环卡尔曼滤波类似，参考第 5 章，此处不加证明给出 H_∞ 滤波采用闭环修正的算法。

$$\left.\begin{aligned}
&\hat{\boldsymbol{X}}_{k|k-1}=\boldsymbol{0}\\
&\boldsymbol{P}_{k|k-1}=\boldsymbol{P}_{k-1|k-1}^{-1}-\gamma^{-2}\boldsymbol{I}\\
&\hat{\boldsymbol{X}}_{k|k}=\boldsymbol{K}_k\boldsymbol{Z}_k\\
&\boldsymbol{K}_k=[\boldsymbol{\Gamma}_k\boldsymbol{D}_k^{\mathrm{T}}+\boldsymbol{\Phi}_{k|k-1}\boldsymbol{P}_{k|k-1}^{-1}\boldsymbol{H}_k^{\mathrm{T}}][\boldsymbol{I}+\boldsymbol{H}_k\boldsymbol{P}_{k|k-1}^{-1}\boldsymbol{H}_k^{\mathrm{T}}]^{-1}\\
&\boldsymbol{P}_{k|k}=(\boldsymbol{\Phi}_{k|k-1}-\boldsymbol{K}_k\boldsymbol{H}_k)\boldsymbol{P}_{k|k-1}^{-1}(\boldsymbol{\Phi}_{k|k-1}-\boldsymbol{K}_k\boldsymbol{H}_k)^{-1}+(\boldsymbol{\Gamma}_k-\boldsymbol{K}_k\boldsymbol{D}_k)(\boldsymbol{\Gamma}_k-\boldsymbol{K}_k\boldsymbol{D}_k)^{-1}
\end{aligned}\right\}\qquad(6.246)$$

由于闭环 H_∞ 滤波的递推公式是在二次型性能指标下通过闭环修正得到的，同时又保留了反映滤波鲁棒性的 $\boldsymbol{P}_{k|k}$ 迭代运算，因此闭环 H_∞ 滤波除本身既有的鲁棒性外，还具有了滤波误差小的特点。

H_∞ 滤波对噪声特性不敏感，给系统模型的建立带来了便利，并且 H_∞ 滤波器具有稳定性强的优点。在其他很多的实际应用场合，如空间运行过程中的大型航天器、无源北斗双星导航系统等，由于对干扰信号的统计特性无法精确已知，H_∞ 滤波能够获得优良的滤波结果。

6.4.5 基于自适应卡尔曼滤波的组合导航系统

在实际的GPS/惯性组合导航系统中，由于惯性仪表（如陀螺和加速度计）的误差漂移、载体机动引起的动态误差以及外部环境不确定因素的影响，给系统数学模型的准确建立带来困难，采用常规卡尔曼滤波器不能保证滤波的最优性。自适应滤波具有自设计功能，即在递推计算过程中，当无从得知相关信号的特性时，也能获得比较满意的结果。在卡尔曼滤波中，这种在估计过程中自适应地调整、更新先验信息的算法称为自适应卡尔曼滤波，能够克服由于系统模型描述不准确或者对系统噪声模型缺乏完全了解所导致的滤波器发散。

1. 组合导航系统数学模型

本节以惯性导航系统和GPS的位置、速度组合方式为例，对自适应卡尔曼滤波在组合导航系统中的应用方法进行说明。组合导航系统状态方程采用惯性导航系统误差方程，由惯性导航平台误差角方程、速度误差方程、位置误差方程以及惯性仪表误差方程获得，参考式(6.8)。

基于自适应卡尔曼滤波的GPS/惯性组合导航系统量测方程与位置、速度联合组合方式一样，参考式(6.29)。

2. Sage自适应滤波算法

在实际应用中，惯性仪表的误差特性可能未知或近似已知，因此滤波器中的相应参数只能根据经验近似设置。同时，器件误差及GPS接收机量测误差在长时间动态导航中会发生变化，当载体机动时还会引入较大的动态误差，这些都会造成事先建立的系统模型无法真实反映系统的实际状况。在此情况下，卡尔曼滤波就无法保证其最优性，因此，其实际估计精度和稳定性将比理论仿真时有较大下降。针对这些实际问题，可以考虑将自适应卡尔曼滤波算法引入 GPS/ 惯性组合导航系统。

目前，国内外在自适应滤波算法方面取得了一定的成就，已研究出多种典型算法，如贝叶斯法、极大似然法、辛格法、当前概率密度模型法等。但是，由于算法复杂，计算量大，且算法的数据流结构不便于计算机编程实现，因此上述算法在现阶段只具有一定的理论指导意义。与之相比，近些年研究的“开窗”平滑估计噪声统计特性的自适应算法更贴近工程应用，Sage 自适应滤波即是这类算法中最具代表性的[44]。

Sage 滤波的思想是通过极大后验估值器利用观测残差在线估计系统噪声协方差阵 $\boldsymbol{Q}$ 和观测噪声协方差阵 $\boldsymbol{R}$。与常规卡尔曼滤波算法相比，自适应 Sage 滤波器中的噪声估计算法一般假设噪声均值不为零，即 $E\{\boldsymbol{W}_k\}=\boldsymbol{q}_k, E\{\boldsymbol{V}_k\}=\boldsymbol{r}_k$。当取窗口宽度为 m 时，Sage滤波器的噪声“开窗”平均估计算法为

$$\hat{\boldsymbol{r}}_k=\frac{1}{m}\sum_{i=k-m}^{k-1}(\boldsymbol{Z}_i-\boldsymbol{H}_i\hat{\boldsymbol{X}}_{i|i-1}) \tag{6.247}$$

$$\hat{\boldsymbol{R}}_k=\frac{1}{m}\sum_{i=k-m}^{k-1}(\boldsymbol{v}_i\boldsymbol{v}_i^{\mathrm{T}}-\boldsymbol{H}_i\boldsymbol{P}_{i|i-1}\boldsymbol{H}_i^{\mathrm{T}}) \tag{6.248}$$

$$\boldsymbol{\Gamma}_k\hat{\boldsymbol{q}}_k=\frac{1}{m}\sum_{i=k-m}^{k-1}(\hat{\boldsymbol{X}}_{i|i}-\boldsymbol{\Phi}_{i|i-1}\hat{\boldsymbol{X}}_{i-1|i-1}) \tag{6.249}$$

$$\boldsymbol{\Gamma}_k\hat{\boldsymbol{Q}}_k\boldsymbol{\Gamma}_k^{\mathrm{T}}=\frac{1}{m}\sum_{i=k-m}^{k-1}(\boldsymbol{K}_i\boldsymbol{v}_i\boldsymbol{v}_i^{\mathrm{T}}\boldsymbol{K}_i^{\mathrm{T}}+\boldsymbol{P}_{i|i}-\boldsymbol{\Phi}_{i|i-1}\boldsymbol{P}_{i-1|i-1}\boldsymbol{\Phi}_{i|i-1}^{\mathrm{T}}) \tag{6.250}$$

利用移动开窗法进行噪声协方差估计时，须要对历史信息进行存储，这会增加计算机存储负担，并且窗口宽度 m 也是一个难以确定的变数。此外，当系统处于非平稳状态时，这种将同一窗口 $t_{k-m}\sim t_k$ 内所有信息等同看待的方法(即直接求均值)将导致估计值不能较好反映当前时刻的实际系统误差。因此，当对历史信息进行指数加权时，可给出具有递推形式极大后验估值器的 Sage 自适应滤波计算公式和解算流程如下：

$$\boldsymbol{P}_{k|k-1}=\boldsymbol{\Phi}_{k|k-1}\boldsymbol{P}_{k-1|k-1}\boldsymbol{\Phi}_{k|k-1}^{\mathrm{T}}+\boldsymbol{\Gamma}_k\boldsymbol{Q}_k\boldsymbol{\Gamma}_k^{\mathrm{T}} \tag{6.251}$$

$$\hat{\boldsymbol{X}}_{k|k-1}=\boldsymbol{\Phi}_{k|k-1}\hat{\boldsymbol{X}}_{k-1|k-1}+\boldsymbol{\Gamma}_k\hat{\boldsymbol{q}}_{k-1} \tag{6.252}$$

$$\hat{\boldsymbol{r}}_k=(1-d_{k-1})\hat{\boldsymbol{r}}_{k-1}+d_{k-1}(\boldsymbol{Z}_k-\boldsymbol{H}_k\hat{\boldsymbol{X}}_{k|k-1}) \tag{6.253}$$

$$\hat{\boldsymbol{R}}_k=(1-d_{k-1})\hat{\boldsymbol{R}}_{k-1}+d_{k-1}(\boldsymbol{v}_k\boldsymbol{v}_k^{\mathrm{T}}-\boldsymbol{H}_k\boldsymbol{P}_{k|k-1}\boldsymbol{H}_k^{\mathrm{T}}) \tag{6.254}$$

$$\boldsymbol{v}_k=\boldsymbol{Z}_k-\boldsymbol{H}_k\hat{\boldsymbol{X}}_{k|k-1}-\hat{\boldsymbol{r}}_k \tag{6.255}$$

$$\boldsymbol{K}_k=\boldsymbol{P}_{k|k-1}\boldsymbol{H}_k^{\mathrm{T}}(\boldsymbol{H}_k\boldsymbol{P}_{k|k-1}\boldsymbol{H}_k^{\mathrm{T}}+\boldsymbol{R}_k)^{-1} \tag{6.256}$$

$$\hat{\boldsymbol{X}}_{k|k}=\hat{\boldsymbol{X}}_{k|k-1}+\boldsymbol{K}_k(\boldsymbol{Z}_k-\boldsymbol{H}_k\hat{\boldsymbol{X}}_{k|k-1}) \tag{6.257}$$

$$\boldsymbol{P}_{k|k}=(\boldsymbol{I}-\boldsymbol{K}_k\boldsymbol{H}_k)\boldsymbol{P}_{k|k-1}(\boldsymbol{I}-\boldsymbol{K}_k\boldsymbol{H}_k)^{\mathrm{T}}+\boldsymbol{K}_k\boldsymbol{R}_k\boldsymbol{K}_{k|k-1}^{\mathrm{T}} \tag{6.258}$$

$$\boldsymbol{\Gamma}_k\hat{\boldsymbol{q}}_k=(1-d_{k-1})\hat{\boldsymbol{q}}_{k-1}+d_{k-1}(\hat{\boldsymbol{X}}_{k|k}-\boldsymbol{\Phi}_{k|k-1}\hat{\boldsymbol{X}}_{k-1|k-1}) \tag{6.259}$$

$$\boldsymbol{\Gamma}_{k|k-1}\hat{\boldsymbol{Q}}_{k-1}\boldsymbol{\Gamma}_{k|k-1}^{\mathrm{T}}=(1-d_{k-1})\boldsymbol{\Gamma}_{k-1|k-2}\hat{\boldsymbol{Q}}_{k-2}\boldsymbol{\Gamma}_{k-1|k-2}^{\mathrm{T}}+$$

$$d_{k-1}(\boldsymbol{K}_k\boldsymbol{v}_k\boldsymbol{v}_k^{\mathrm{T}}\boldsymbol{K}_k^{\mathrm{T}}+\boldsymbol{P}_{k|k}-\boldsymbol{\Phi}_{k|k-1}\boldsymbol{P}_{k-1|k-1}\boldsymbol{\Phi}_{k|k-1}^{\mathrm{T}}) \tag{6.260}$$

$$d_{k-1}=(1-b)/(1-b^k),\quad 0<b<1 \tag{6.261}$$

式(6.254)和式(6.260)中，d_{k-1} 和 $(1-d_{k-1})$ 用于指数加权，即将陈旧量测数据和新近量测数据给予不同的权系数，使得新近数据在估计中发挥主要作用，陈旧数据逐渐被遗忘。式(6.261)中，b 为遗忘因子，根据经验通常取 0.95 ～ 0.99。

自适应卡尔曼滤波算法的基本思想是在进行滤波的同时，不断地对未知或时变的系统模型参数和噪声统计特性进行估计或修正，以提高滤波精度，减小状态估计误差。本节以GPS/惯性位置、速度联合组合方式为背景，分析总结了 Sage 自适应滤波在组合导航系统中的应用方法。

6.5 本章小结

各种导航系统由于自身固有的弱点，单独使用时很难满足现代导航高性能的要求。组合导航技术采用两种或两种以上的非相似导航系统对同一导航参数作测量并解算形成观测量，从这些观测量中估计出各导航系统的误差并校正，是提高导航系统整体性能的有效途径。

本章主要基于 GPS 和惯性导航系统详细阐述了位置 / 速度、全信息和伪距 / 伪距率组合的基本原理和方法。在此基础上对天文 / 惯性、北斗双星 / 惯性、无线电 / 惯性等组合导航系统基本原理进行了简要阐述。随后，对以惯性导航系统为核心，与其他多种系统和传感器组合的多传感器组合导航系统进行了必要阐述。最后，针对新型滤波理论的发展，详细阐述和分析了几种典型的非线性滤波器 UKF、插值滤波和粒子滤波在组合导航中的应用，同时对鲁棒滤波理论中的 H_∞ 滤波和自适应卡尔曼滤波在组合导航方面的应用进行了简要阐述。

另外，在多传感器组合导航系统中，地形与景象匹配导航也是非常重要的辅助手段，可以增强组合导航系统的性能，目前已在实际应用中取得较好效果。

思考与练习题

6.1　为什么说组合导航系统是导航发展的方向？GPS/惯性组合导航系统有何特点？

6.2　说明组合导航系统的基本原理和不同校正方式的优缺点。

6.3　GPS/惯性组合导航系统有哪几种组合方式？各有何特点？

6.4　组合导航系统的精度为什么高于两个系统单独工作时的精度？

6.5　松组合和紧组合各有哪些组合方式？各种组合方式的特点是什么？

6.6　说明位置、速度组合方式中量测方程的特点。

6.7　说明位置、速度和姿态全信息组合相对位置、速度组合的特点，建立其量测方程。

6.8　比较伪距、伪距率组合方式和位置、速度组合方式的不同点。

6.9 说明用伪距和伪距率作为观测量时，量测方程的建立方法。

6.10 伪距、伪距率组合导航系统的精度为什么高于位置、速度组合导航系统？

6.11 说明深组合与其他组合方式的差异，具有何特点？

6.12 说明惯性信息辅助环路的模式，各有何特点？

6.13 说明最优天文/惯性组合导航系统的原理。

6.14 北斗双星/惯性组合导航系统的组合方式有哪些？各自有何特点？

6.15 推导多普勒/惯性组合导航系统的量测方程。

6.16 说明多普勒/惯性组合导航位置误差随时间增长的原因。

6.17 根据 VOR/DME 系统工作模式不同，无线电/惯性组合导航系统有哪些组合方式？各种组合方式有何特点？

6.18 罗兰 C/惯性组合导航系统的原理和特点是什么？

6.19 比较罗兰 C/惯性组合导航系统双曲线方式组合和测距方式的差异。

6.20 说明集中式滤波和联邦式滤波在多传感器组合导航系统中的差异。

6.21 说明联邦式滤波的信息分配系数设计方法，各有何特点？

6.22 说明惯性/多卫星组合导航系统相对 GPS/惯性组合导航系统的优点。

6.23 比较基于非线性滤波理论的组合导航系统与常规组合导航系统的区别。

6.24 说明直接滤波方法与间接滤波方法的特点，两者有何差异？

6.25 说明加性四元数误差方程与惯性导航系统 φ 角误差方程建模过程的差异。

6.26 比较 UKF、插值滤波和粒子滤波方法的特点和异同。

6.27 比较 H_∞ 滤波与卡尔曼滤波中系统噪声特性的差异。

6.28 说明 Sage 自适应卡尔曼滤波的特点，及其与常规卡尔曼滤波有何差异？

参 考 文 献

[1] Hongwei Biana，Zhihua Jina，Weifeng Tian. IAE-adaptive Kalman filter for INS/GPS integrated navigation system[J]. Journal of Systems Engineering and Electronics, 2006, 17(3): 502 - 508.

[2] David H Titterton, John L Weston. Strapdown inertial navigation technology[M]. London: The Institution of Engineering and Technology, 2004.

[3] 李跃，邱致和. 导航与定位[M]. 北京：国防工业出版社，2008.

[4] Chiang Kaiwei，Huang Yunwen. An intelligent navigator for seamless INS/GPS integrated land vehicle navigation applications[J]. Applied Soft Computing, 2008, 8(1): 722 - 733.

[5] Hide C, Moore T, Smith M. Adaptive Kalman filtering algorithms for integrating GPS and low cost INS[J]. Position Location and Navigation Symposium, 2004, 4: 227 - 233.

[6] 赖际舟,刘建业,刘瑞华,等. 基于联邦滤波的惯性导航姿态组合算法[J]. 天津大学学报, 2006,39(3):349 - 353.

[7] 赵伟. 基于载波相位的GPS/惯性组合技术研究[D]. 南京:南京航空航天大学,2002.

[8] Gao Wei, Nie Qi, Zai Guofu, et al. Gyroscope drift estimation in tightly-coupled SINS/GPS navigation system[C]. The IEEE 2th Industrial Electronics and Applications Conference. Harbin (China):[s. n.], 2007: 391 - 396.

[9] Wei Wang, Liu Zongyu, Xie Rongrong. An improved tightly coupled approach for GPS/INS integration[C]. 2004 IEEE Conference on Robotics, Automation and Mechatroics. Singapore:[s. n.], 2004: 1164 - 1167.

[10] Donald Gustafson, John Dowdle, Karl Flueckiger. A deeply integrated adaptive GPS-based navigator with extended range code tracking[C]// Position, Location, and Navigation Symposium/IEEE PLANS 2000. San Diego(California):[s. n.], 2000:118 - 124.

[11] Landis. D, Thorvaldsen. T, Fink. B, Sherman. P, Holmes. P. A deep integration estimator for urban ground navigation[C]// 2006 ION Annual Meeting/IEEE PLANS. San Diego:Coronada, 2006: 927 - 932.

[12] Bhatti U I, Ochieng W Y, Feng S. Integrity of an integrated GPS/INS system in the presence of slowly growing errors. Part I: a critical review[J]. GPS Solut, 2007 (11):173 - 181.

[13] 杜亚玲. 小型化机载光纤陀螺捷联惯性航姿系统研究[D]. 南京:南京航空航天大学, 2006.

[14] 杜亚玲,刘建业,熊智,等. GPS/SINS 全组合导航系统的姿态组合算法[J]. 中国空间科学技术,2006,2,(1):53 - 58.

[15] 房建成,宁晓琳. 天文导航原理及应用[M]. 北京:北京航空航天大学出版社,2006.

[16] Kuroda Y, Kurosawa T, Tsuchiya A, et al. Accurate localization in combination with planet observation and dead reckoning for lunar rover[C]// Proc. of 2004 IEEE International Conference on Robotics and Automation(ICRA2004). New Orleans(LA):[s. n.], 2004:2092 - 2097.

[17] 裴福俊,居鹤华,崔平远. 基于天文与速度联合观测的月球车自主导航方法[J]. 宇航学报, 2009,30(2):486 - 491.

[18] Li Qiao, Liu Jianye, Zheng Guanglou, et al. Novel celestial navigation for satellite [J]. Transactions of Nanjing University of Aeronautics & Astronautics,2008,25(2): 101 - 105.

[19] 陈海明,熊智,乔黎,等. 天文一惯性组合导航技术在高空飞行器中的应用[J]. 传感器与微系统,2008,27(9):4 - 10.

[20] 岳亚洲,张晓冬,田宇,等. 一种新的惯性/天文组合导航方法研究[J]. 光学与光电技术,2008,6(4):89 - 92.

[21] 金振山,申功勋. 适合于航空应用的INS/CNS/Doppler组合导航系统研究[J]. 中国惯性技术学报,2004,12(2):31 - 35.

[22] 刘建业,熊智,段方. 考虑量测滞后的INS/SAR组合导航非等间隔滤波算法研究[J]. 宇航学报,2004,25(6):626 - 631.

[23] 林雪原. 北斗双星/捷联惯性组合导航技术研究[D]. 南京:南京航空航天大学,2003.

[24] 赖际舟,刘建业,林雪原,等. 基于北斗双星定位系统的滤波组合算法工程实现研究[J]. 宇航学报,2005,26(1):107 - 111.

[25] 刘建业,林雪原,赖际舟,等. 一种双星定位与捷联惯性的融合方法[J]. 电子科技大学学报,2005,34(2):160 - 164.

[26] 林雪原,徐宇茹. 小波降噪技术的Loran-C/INS组合导航技术研究[J]. 武汉大学学报(信息科学版),2007,32(10):895 - 898.

[27] 段方,刘建业,林雪原. 罗兰C辅助北斗双星对同温层气球的定位研究[J]. 应用科学学报,2005,23(1):1 - 5.

[28] 冷雪飞,刘建业,熊智. SAR/INS/TAN组合导航系统中的滤波算法研究[J]. 系统工程与电子技术,2006,28(1):23 - 25.

[29] 康国华,刘建业,熊智,等. 弹道导弹的GNSS/SST/SINS组合导航系统研究[J]. 武汉大学学报(信息科学版),2006,31(2):176 - 179.

[30] 华冰,刘建业,熊智,等. SINS/北斗/星敏感器组合导航系统研究应用科学学报[J], 2006,24(2):120 - 124.

[31] Gao Shesheng, Zhong Yongmin, Zhang Xueyuan, et al. Multi-sensor optimal data fusion for INS/GPS/SAR integrated navigation system[J]. Aerospace Science and Technology,2009(5):1 - 6.

[32] Mu Rongjun, Rong Siyuan, Cui Naigang. Federated filter with stregthened FDIR capability for multiple sensor navigation system[C]// Processings of ISSCAA. Harbin:[s. n.],2006:601 - 604.

[33] Rudolph van der Merwe, Eric A Wan. Sigmapoint Kalman filters for probabilistic inference in dynamic statespace models[J]// Workshop on Advances in Machine Learning. Montreal:[s. n.],2003.

[34] Dunik J, Simandl M, Straka O, et al. Performance analysis of derivative-free filters [C]// Proceedings of the 44th IEEE Conference on Decision and Control, and the European Control Conference 2005. Seville(Spain):[s. n.], 2005:1941-1946.

[35] Julier S J, Uhlmann J K. Unscented filtering and nonlinear estimation[J]. Proceeding of the IEEE,2004,9(3):401-422.

[36] 李涛. 非线性滤波方法在导航系统中的应用研究[D]. 长沙:国防科技大学,2003.

[37] 林玉荣,邓正隆. 无陀螺卫星姿态的二阶插值非线性滤波估计[J]. 宇航学报,2003,24 (2):173-179.

[38] 邹国辉,敬忠良,胡洪涛. 基于优化组合重采样的粒子滤波算法[J]. 上海交通大学学报,2006, 40(7):1135-1139.

[39] Jayesh H Kotecha,Petar M Djuric. Gaussian particle filtering [J]. IEEE Transactions on Signal Processing, 2003,51(10):2592-2601.

[40] Audrey Giremus, Jean-Yves Tourneret, Petar M Djurid. An improved regularized particle filter for GPS/INS integration[C]// IEEE 6th Workshop on Signal Processing Advances in Wireless Communications. Toulouse(France):[s. n.],2005:1013-1017.

[41] 华冰,刘建业,李荣冰,等. 余度 MEMS-IMU/GPS 组合导航系统[J]. 南京航空航天大学学报,2007,39(5):570-575.

[42] 赵伟,袁信,林雪原. 采用 H_∞ 滤波器的 GPS/INS 全组合导航系统研究[J]. 航空学报,2002,23(3):265-267.

[43] 康国华,刘建业,刘瑞华,等. 闭环 H_∞ 滤波在无源北斗/SINS 导航系统中的实现[J]. 控制与决策 2007,22 (5):566-568.

[44] 范科,赵伟,刘建业. 自适应滤波算法在 SINS/GPS 组合导航系统中的应用研究[J]. 航空电子技术,2008,39(3):11-15.

第7章 地形辅助导航及视觉导航技术

现代武器(飞机与导弹)对于对地攻击的定位精度的要求很高,通常在50 m以内,甚至只有几米;武器系统工作于高对抗的电子环境中,执行着回避地空导弹、低空突防、武器投放、空空格斗、空中加油等高机动、复杂的多种战斗任务;更重要的是要实现不依赖气象条件、可昼夜工作、寂静(低截获概率)的导航。基于机载数字地图数据库的地形辅助惯性导航系统是一种适合于对地目标高精度导航的系统,具有自主性和很高的军事应用价值。

提高导航精度的方法主要有3种:一是提高单个系统的精度;二是采用卡尔曼滤波技术将两个或多个导航系统相综合,构成最优组合导航系统;三是采用一种能精确修正系统误差的辅助手段对主导航系统实施修正的修正法。

前两种提高导航精度的方法在本书的其他章节已做了充分的阐述。本章将介绍基于第三种方法的地形辅助导航技术。

地形辅助导航是指用数字地图来辅助惯性导航以提高导航精度的一种导航技术,其精度取决于数字地图的精度和地形的变化情况,常简称为地形匹配。地形辅助导航与组合导航方法的根本区别在于数字地图对主导航系统仅能起辅助的修正作用,非独立的;离开了惯性导航系统,数字地图无法独立地提供任何导航信息。但由于其工作原理与组合导航类似,有时也将其称为地形/惯性组合导航。本章将介绍该项技术的基本内容及部分研究成果。

此外,近年来计算机视觉导航技术也逐渐得到重视,计算机视觉导航通过对视觉传感器获得的图像进行处理和分析,获得导航定位参数,它具有获得信息量大、完全自主和无源性等优点。本章也将对其基本工作原理和关键算法加以简单介绍和说明。

7.1 地形辅助导航技术概述

地形辅助导航技术可以分为地形高程辅助和地形景象匹配辅助两大类,其中地形高程辅助则利用机载数字地图和无线电高度表作为辅助手段来修正惯性导航系统的误差,从而构成一种新型导航系统。地形高程辅助惯性导航系统也被称为地形基准系统(Terrain Referenced System,TRS)或地形辅助导航(Terrain Aided Navigation,TAN)系统;而地形景象匹配辅助是一种利用机载高分辨率雷达或光电图像传感器实时获取地面景物图像,并与机载计算机中预先存储的二维景象数字地图相比较,用于确定出飞行器位置的计算机导航系统。

由于地形高程辅助导航特别适合于山丘地形,而景象匹配辅助则适用于平坦有特征的地形,且具有更高的定位精度(可达到几米),因此将两者结合起来可获得最佳的匹配效果。例如"战斧"式导弹就是上述技术成功应用的实例。美国的"战斧Ⅲ"在初始段采用惯性制导,中段采用地形匹配制导，若导弹飞经大海、沙漠、平原时，采用全球定位系统和惯性导航系统（GPS/INS）进行中制导，最后一段是用改进型数字景象匹配区域相关器辅助地形匹配进行末制导，使导弹导向攻击目标。

7.1.1　地形辅助导航技术的发展

西方发达国家在地形高程辅助导航技术方面发展较快[1]（见表 7.1）。美国在 20 世纪 60 年代开始研制；70 年代末开始实际试验；80 年代中期就已经开始装备了。例如，美国（空地）战斧巡航导弹（见图 7.1 和图 7.2），美国捕食者无人飞机，美国全球鹰无人飞机；俄罗斯地地导弹，如白杨－M、俄罗斯车载机动战略导弹等。我国的“红鸟”巡航导弹，“鹰击”巡航导弹，“东海”巡航导弹等也采用了地形辅助导航系统。

图 7.1　美军战斧式巡航导弹

图 7.2　美军导弹库中的“战斧”巡航导弹

地形景象匹配辅助导航技术在导航制导中的研究已经提出很多年了，国外已经达到了应用的阶段。雷达成像技术的发展，特别是合成孔径雷达的出现，为地形景象匹配辅助导航系统的发展提供了新的机遇和技术支撑。

景象匹配辅助导航技术自 20 世纪 70 年代开展研究以来，已经成功应用于“战斧”巡航导弹和 F－16 飞机，也还在不断发展和完善。如在 1991 年海湾战争中，美国发射的“战斧”巡航导弹命中概率高达 95％。然而，“战斧”巡航导弹在 1999 年的科索沃战争中，打击南联盟军事目标时的命中率只有 20％。之所以出现这样大的差别，究其原因，在于现有“战斧”巡航导弹装备的数字式景象匹配系统采用了被动式的可见光成像系统，其受环境影响较大，不能够全天候工作。

美国和俄罗斯一直在研究有关雷达成像制导技术，如美国的潘兴中程地地导弹采用雷达地图匹配末制导技术。1990 年美国 Honeywell 公司的研究人员发表论文，称他们使用低分辨率的 SAR 作为图像传感器,SAR 辅助的惯性导航系统试验的结果,导航精度在 10 m 量级[2],目前只有 GPS/INS 组合系统才有可能达到这样的精度。下一代军用飞机的导航系统是一个惯性/多传感器组合导航系统。SAR 辅助的惯性导航系统将是其中的一个自主的、高精度的工作模式,如 B—2 隐身战略轰炸机的惯性/多传感器导航系统中,就使用了 SAR 辅助的惯性导航系统模式。因此,它在惯性/多传感器组合导航系统中具有十分重要的地位。

表 7.1 地形辅助导航系统的早期应用情况

国别	公司	系统名称	应用情况
美国	桑迪亚实验室	桑迪亚惯性地形辅助导航系统	1982 年装在 AFTI/F—16 型和 C—54 型飞机上试飞
	E-System 公司	地形轮廓匹配系统	1990 年代应用于 F—16、"幻影"2000 战斗机、"战斧"系列巡航导弹
	得克萨斯仪器公司	先进的地形障碍穿透系统	1985 年进行了试飞
	洛克韦尔公司	数字地形系统(DTS)	1980 年代末至 90 年代初在 F—16 飞机上试飞
	麦道飞机公司	机动地形相关系统(MTCS)	装在金氏航空公司的飞机上进行了试飞
英国	不列颠宇航公司(BAe)动力分部	地形剖面匹配系统	1985 年装在 F—16 和飓风式飞机上试飞
	费伦蒂公司和美国山区光学公司	利用地形参考航空电子设备的先进无源导航系统(Penetrate)	1987 年装在皇家研究所的飞机和飓风式飞机上试飞
	GEC 航空电子设备公司	GEC SPARTAN 地形参考导航系统	1980 年代末装在飓风式飞机和 AFTI/F—16 飞机上试飞
德国	道尼尔公司(Dornier)	智能传感器系统(ISS)	1980 年代末装在 CH—53 型飞机上试飞
法国	SAGEM 公司	地形剖面匹配导航系统	装在"幻影"2000N、5BA 和 FICR—FICT 型飞机上

同样,将图像辅助的惯性导航系统应用于各类中远程导弹的全程制导,是一个颇具吸引力的方案。中制导:图像传感器用来修正惯性导航系统,提高中制导精度;末制导:图像传感器搜索、识别、瞄准、导引导弹攻击目标,有可能使寻的系统具有"视觉"功能。1993 年法国 Thomson - CSF 公司已向法国航宇公司交付了第一台"Promethee"导航/目标识别系统,原型产品用于 Apache 导弹的制导,该系统就是一个毫米波雷达图像传感器辅助的惯性导航系统。

2001 年 1 月 16 日，法国国防部和马特拉宇航公司宣布，名为“风暴阴影”的新型空射巡航导弹的首次发射试验获得成功。“风暴阴影”巡航导弹的主要特点是，可以通过战斗机靠近目标区发动突然攻击，突破能力和机动性更强，通过飞机实施的攻击时间比通过潜艇和舰艇所需要的时间更短。而且“风暴阴影”巡航导弹系统内大量采用人工智能技术，可以自动识别目标，可以自行飞行 200 多千米。为避开雷达的探测，这种导弹还可以进行距地面不到 100 m 的低空飞行。为避免打击错误目标，造成不必要的损失，“风暴阴影”巡航导弹采用了先进的新型制导方式，即运用景象匹配方式来取代数字地图的地形匹配方式，这种导弹存储了打击目标的照片，沿着预定轨道飞行，接近目标时，它会把打击目标同存储照片进行比较，如果图像不一致，它就中止打击。新的制导方式还能够适应地形起伏不太大的地域，并可使巡航导弹在制导过程中不再过多地依赖全球卫星定位系统。即使全球卫星定位系统受到干扰或收到虚假信息时，导弹仍具有足够的精确度和可靠性。有专家称：“风暴阴影”是世界上最聪明的巡航导弹。

我国已经在景象匹配辅助导航系统技术方面做了很多研究。目前，人们已经认识到精确制导技术与目标特性研究相结合的必要性、重要性和紧迫性。在景象匹配导航技术研究方面，我国采用卫星光学图作参考图，雷达成像为实测图进行匹配定位，并已进行飞行实验。在目标特性研究方面，经过多年的攻关，我国已对典型军用目标和陆、海、空环境特性进行了实验研究，初步建立了典型目标与环境特性的数据库和模型，积累了很多经验，具备了深入开展我国新时期军事战略确定的重点地区目标与环境特性研究的能力。

7.1.2　地形高程辅助导航系统的硬件构成和特点

地形高程辅助导航系统由以下硬件设备组成：

① 惯性导航系统，它可提供全部导航信息。

② 无线电高度表，用来测量飞行器对地面的相对高度。由于隐身式高度表向下发射的旁瓣小、能量低，几乎不会被发现和干扰。例如法国 TRT 公司生产的隐身式多功能无线电高度表 AHV－18 的功率小于 13 W，而精度高达 0.3 m(±2%)，测高范围为 0～1 500 m。

③ 气压式高度表或大气数据中心，用来单独地或与惯性导航系统综合地提供飞行器的海拔或绝对高度。

④ 导航计算机和大容量存储器，分别用来完成导航计算和存储数字地图。

与通常的组合导航系统相比，上述系统只增加了大容量存储器这唯一的硬件，而导航精度却能提高近一个数量级。这正是它的生命力之所在。然而，这种系统基本上是一种低高度应用系统。

目前在 GPS 已获得广泛使用与发展的情况下，对地形辅助导航系统的需求是因为地形辅助导航是对 GPS 应用很好的补充，主要有下述特点。

① 在低高度、特别是在丘陵地带和山区，GPS 由于观察到的导航卫星少而难以达到完善

的几何精度，其导航精度将明显降低。此时地形辅助导航正处于最佳状态。

② 在许多情况下对地导航意味着要达到地图上的某一点，而GPS的位置是按照WGS—84确定的，而TAN自动地相对地图定位，可消除在水平方向上的地图基准误差。

③ GPS的位置是按照WGS—84的地球椭球体定位；而地图通常是相对大地水准面定位的，它是由重力引力而形成的重力平面。对于整个地球，椭球体是对大地水准面的最好拟合，含有几十米的误差；然而TAN则不存在这种误差，许多情况下TAN在垂直平面的测量往往更精确。

④ 相比GPS要接收卫星的信号，TAN不依赖于任何外部设备和信号，工作时只有几乎垂直向地发射的无线电高度表的电波，因此很难被预先发现和干扰。

⑤ 与GPS相比，TAN基本是一种软件功能，集成机载上现有的相关设备的信息，主要增加数字地图数据库以及相关算法软件，因此安装TAN的成本相对低得多。

上面讨论了GPS的一些特殊不足及TAN的互补特性，正是由于上述GPS的不足以及它与TAN的互补特性，因此现代许多飞机都采用了惯性与这两种系统的组合，构成新型的INS/GPS/TAN组合导航系统[3]。

7.1.3 TAN与TF/TA的区别

地形跟随(Terrain Follow，TF)或地形回避(Terrain Avoid，TA)技术主要是指飞行器在(超)低高度飞行时采用前视地形雷达探测前方的地形，通过飞行控制系统来使飞行器自动跟随(或者回避)前方的地形，从而最大程度的发挥飞行效果，使飞行器不易被雷达等系统发现。随着数字地图的推广使用，TF/TA也采用数字地图并结合导航系统进行解算，达到通过飞控系统来使飞行器自动跟随(或者回避)前方的地形的目的。

低高度跟随飞行是现代空军对付敌方防空威胁行之有效的战术手段。地形跟随或地形回避技术可保证飞机在所能承受的加速度约束条件及昼夜的恶劣条件下，以低于60 m乃至30 m的低高度提供自动的地形跟随、地形回避和威胁回避。

图7.3为F—15E飞机地形跟随系统原理框图。在地形跟随系统中，前视的地形雷达是重要的设备，机载控制计算机根据地形跟随雷达的回波和飞机状态敏感器的信号自动地产生爬升/下降(C/D)指令，输给飞控系统产生自动地形跟随。

地形回避技术可引导飞机沿航迹最大限度地利用地形掩蔽，按预定飞行计划回避某些障碍和地形。威胁回避技术是指威胁雷达数据已在任务规划中予以充分考虑，利用任务规划系统软件规划一条航线，尽可能隐蔽飞机不被雷达发现。

采用了TF/TA技术可使飞行员在空战中集中精力寻找导航点，迅速准确地击中目标。这项技术在P—16飞机和近空支援飞机A—16中首次获得应用。

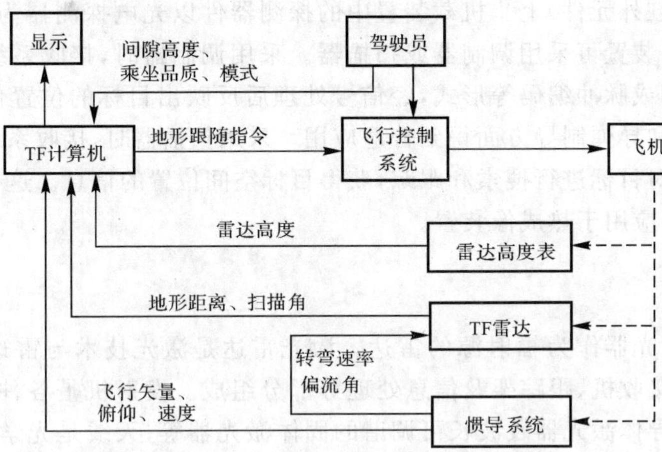

图 7.3　F－15E 飞机地形跟随系统原理框图

例如，我国航空某研究所的某型低空突防飞控系统是具有自动跟随能力的三轴三余度数字式系统。以实现自动地形跟随飞行为主，同时具有控制增稳、自动驾驶仪、自动导航、俯仰自动配平等功能。飞控计算机接收地形信息，并根据当前飞行状态参数及飞机机动约束条件解算控制律，给出航迹控制信号，实现俯仰机动，完成自动地形跟随任务。

因此，TAN 与 TF/TA 是不同的，虽然它们都要获取当前的地形，也都要用到数字地图，但是它们的用途和目的不同，实现的途径也不同。本书仅考虑与导航有关的地形辅助导航系统。

7.1.4　机载先进图像传感器

可应用于景象匹配辅助导航系统的先进图像传感器可分为两类：一类是基于射频（Radio Frequency，RF）的传感器，有合成孔径雷达、毫米波雷达（Millimeter Wave，MMW）等；一类是基于光学的电光（Electro-Optical，EO）传感器，有激光雷达、红外图像传感器等。而这些图像传感器的成像原理各有不同，其在载机上的应用也受到气象条件、地理条件、战场条件等综合因素的影响。但目前的图像传感器正在向多传感器融合方向发展，运用数据融合技术综合不同信号源的信息来克服单传感器系统所固有的缺陷，或利用不同传感器的数据互补和冗余，可为目标识别提供更多可利用的判别信息和指令信号。

1. 红外图像传感器

红外图像传感器利用目标发出或反射的红外辐射作为信号源。这类装置可昼夜工作，具有被动隐蔽特点，有识别伪装和透过烟、尘、雾的能力。各种机载红外装置的工作原理基本相同。目标景物的红外辐射由接收系统（一般是光学系统）接收，经调制或扫描后会聚在对红外辐射敏感的探测器(红外元件)上。机载装置中的探测器件以光电探测器为主,它将红外辐射变换成电信号。红外装置可采用调制器或扫描器。采用调制器时,接收系统接收的信号被调制成调幅、调频、调相或脉冲编码等形式,经信号处理后反映出目标的位置信息。这类系统结构简单,在远距探测和导弹制导方面得到普遍应用。采用扫描器时,接收系统靠扫描器进行空间扫描,由伺服机构对目标进行搜索和跟踪,获得目标空间位置的信息。这类系统结构比较复杂,但灵敏度较高,可应用于热成像装置。

2. 激光雷达

激光雷达是用激光器作为辐射源的雷达。激光雷达是激光技术与雷达技术相结合的产物,由发射机、天线、接收机、跟踪架及信息处理等部分组成。发射机是各种形式的激光器,如二氧化碳激光器、半导体激光器及波长可调谐的固体激光器等;天线是光学望远镜;接收机采用各种形式的光电探测器,如光电倍增管、半导体光电二极管、红外和可见光多元探测器件等。激光雷达采用脉冲或连续波两种工作方式,探测方法分直接探测与外差探测。一个最基本的激光雷达系统如图 7.4 所示。

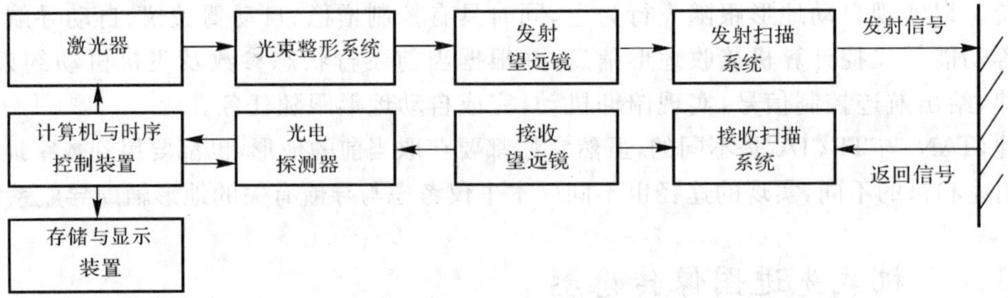

图 7.4 激光雷达系统

3. 毫米波雷达

毫米波雷达是广泛应用的另一种机载成像雷达。通常毫米波是指 30～300 GHz 频域(波长为 1～10 mm)的电磁波。毫米波的波长介于厘米波和光波之间,因此毫米波雷达制导兼有微波制导和光电制导的优点。同厘米波导引头相比,毫米波导引头具有体积小、质量轻和空间分辨率高的特点。与红外、激光、电视等光学导引头相比,毫米波导引头穿透雾、烟、灰尘的能力强,具有全天候(大雨天除外)全天时的特点。另外,毫米波导引头的抗干扰、反隐身能力也优于其他微波导引头。

4. 合成孔径雷达

它是第二次世界大战以后发展起来的一种高分辨率成像雷达,利用它可以全天候、全天时、远距离地得到类似光学照相的高分辨率雷达图像。SAR 在成像雷达中占有十分重要的地位，有着广阔的应用前景和潜力[4-5]。SAR 的发展受到国内外雷达界的极大重视，因为它的分辨率和信噪比在相同条件下是普通图像雷达望尘莫及的。一般 SAR 的分辨率能达"米"的量级，并且在理论上 SAR 的极限分辨率与作用距离无关；而普通雷达的分辨率要远远地低于 SAR 的分辨率，且与作用距离直接相关。例如，在上万米的高空，普通雷达的分辨率只有几百至几千米。

合成孔径雷达本质上相当于一个具有 2 维脉冲压缩作用的滤波器，其理论模型如图 7.5 所示[6]。由于普通图像雷达的信噪比与距离的 4 次方成反比，而 SAR 的信噪比只与距离的 3 次方成反比，因此 SAR 比普通图像雷达在信噪比方面也优越得多，这一点对在卫星、飞船、导弹上应用的图像雷达特别重要，因为这些空间飞行体离地面远，而雷达发射功率小，信噪比低。

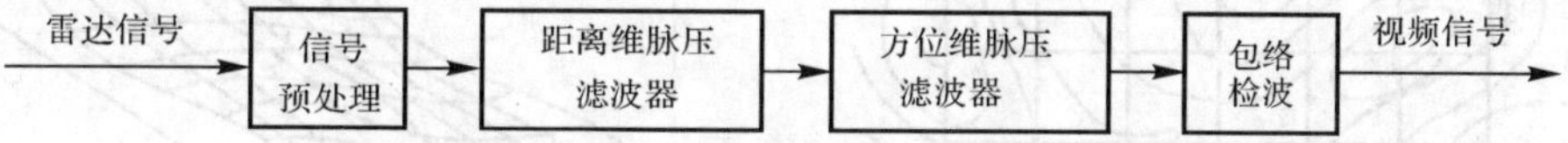

图 7.5　合成孔径雷达成像过程示意图

7.1.5　机载数字地图技术

数字地图是利用侦察卫星、侦察飞机或其他飞行器对地形、地貌、地物等景物信息进行预先测定，再由计算机处理成数字信息，然后储存在计算机内的存储介质上生成的。其作业效率是手工作业的 150 倍，其图像数据分辨率可达 1 m，从而可实现单一目标的特征识别。

1. 地形高程数字地图

在地形高程辅助导航技术中的数字地图为地形高程数字地图(地形的海拔高度通常称为高程)。地形高程数字地图是通过对地形高度的离散采样并量化后得到的，其采样距离叫做格网距离。地形高程数字地图采用 2 维平面坐标，通常采用 WGS－84 大地坐标系。地理坐标系经高斯-克吕格投影转换为地形高程数字地图坐标[7]。

地形高程数字地图的制作方法有以下几种。

①采用大地测量的方法直接从地形上测出高程；

②利用航空摄影测量照片，采用数字高程判读仪从两张对应的照片上读取高程；

③利用卫星摄影测量照片读取高程；

④从小比例尺普通等高线地形图上读取高程。

图 7.6 给出了由等高线地图获取地形高程数字地图的示意图。

读取的高程按格网距离存放。为使格网点上的数值能反映格网平面内的"真实"高程，通常将格网平面正方形地区内的高程取平均值。也可根据系统协方差分析仿真结果来决定[8]。

格网距离的大小与所需定位精度和存储量有关，通常格网间距可取为 50 ～ 200 m。图 7.7 给出了按格网方式存储的地形高程数字地图，图中沿格网 x 与 y 方向的格网距离 Δx 与 Δy 取为等间距 d。

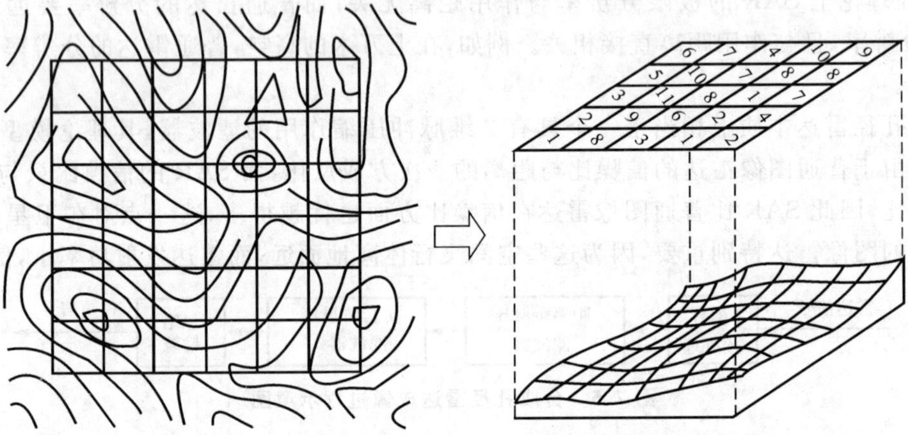

图 7.6　由等高线地图获取地形高程数字地图的示意图

5	2	4	6	7	8	7	1	5	7	4
7	6	3	5	6	6	7	2	4	3	2
5	9	0	2	4	5	3	2	6	8	6
4	7	1	0	3	1	1	9	2	1	7
2	3	3	4	2	0	7	2	1	3	1
0	1	5	8	7	4	2	1	3	5	2
6	2	2	4	5	6	0	0	5	6	9
5	2	2	5	3	1	2	3	1	8	7
7	4	3	6	0	2	3	2	1	5	4
5	3	1	2	0	4	4	6	2	5	5
0	2	7	3	1	6	0	6	7	4	3

Δy　Δx

图 7.7　按格网方式存储的地形高程数字地图

地形高程数字地图的误差主要产生于制作过程，故随制作方法不同而不同。一般有测量误差、判读误差和制图误差等。

由等高线地图制作地形高程数字地图时的高程精度随等高线地图的比例尺和地形类型而变。而由航测照片制作的地形高程数字地图的高程误差源包括航测照片成像误差、高程判读仪读数误差、由平面位置坐标误差引起的高程误差、以单点表示格网平面高度的拟合误差、读数量化误差等。

在地形高程辅助导航中，地形高程数字地图制作导致的误差可近似为白噪声，构成量测噪声中的 γ_m 项。

2. 地形景象数字地图

与景象匹配辅助导航密切相关的地形景象数字地图制备工作也一直在进行之中。很早以来，美国军方就开始与美国国家航空航天局合作利用航天技术绘制高精度的地形景象全球数字地图。隶属于五角大楼的美国国家测绘局估计，美国目前已获取了全球除北极和南极之外 90% 地表和一定深度空间的数字图像[9-10]。对于美军来说，研制开发 3 维数字地图的主要目的是为了提高精确制导武器的定位精度，从而与美军整个的数字化战场及数字化部队建设保持一致。

目前机载高速度、大容量的动态随机存储器和光盘的发展，使得在飞机上存储一个由卫星或大地测量获得的地形景象全球数字地图数据库(DMD) 成为现实，DMD 管理存储在光盘中的大地测量的地形景象特征信息，DMD 将是下一代军用飞机航空电子系统的标准配置。

用于雷达景象匹配导航的基准图是根据地面实际资料、传感器轨道参数和雷达成像参数，在一定后向散射模型的基础上，按照雷达成像原理所获得模拟的雷达图像。制备出的基准图与真实雷达图像在图像的几何特征和辐射特征方面要保持一定的一致性。在实际应用中发展了各种制备技术，但总的来说可以概括为下面介绍的两类[11]。

一类是以特征模拟为基础，通过雷达成像的几何模型和辐射模型得到雷达图像制备基准图，基本步骤如图 7.8 所示。它需要成像区域的数字高程模型(Digital Elevation Model, DEM)，利用 SAR 成像几何模型和适当的后向散射模型获得地面的雷达截面模拟图，或直接利用一幅真实 SAR 图像的后向散射系数信息模拟其他成像参数下的图像。该制备技术主要模拟 SAR 图像的几何特征和辐射特征，如叠掩、透视收缩、阴影、斑噪等，并不进行 SAR 原始回波信号的模拟，可以用于生成区域特征图和边缘特征图。

另一类是以信号模拟为基础，通过信号处理获得雷达图像制备基准图，基本步骤如图 7.9 所示。根据 SAR 系统工作原理由地物的后向散射系数模型得到回波数据，再通过成像算法得到 SAR 图像。即：首先根据地面信息模拟 SAR 回波信号，也就是雷达接收到的未做任何处理的信号；然后将回波信号经过适当的 SAR 信号处理器而得到图像。该技术可以模拟强度图和相位图。

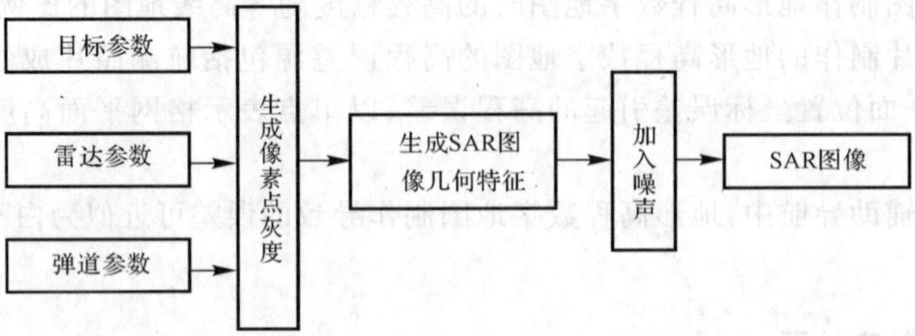

图 7.8 基于特征模拟的地形景象基准图制备步骤

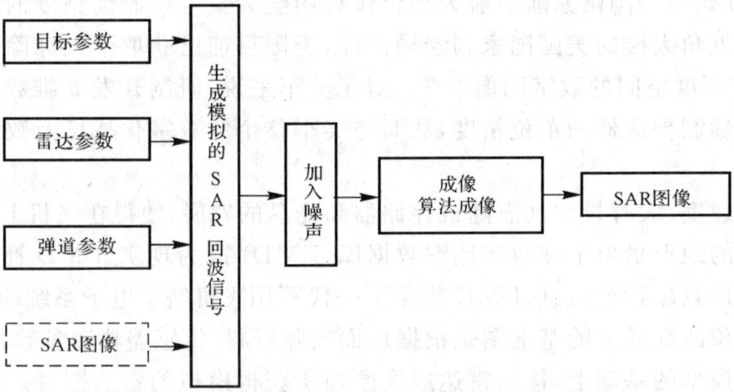

图 7.9 基于信号模拟的地形景象基准图制备步骤

7.2 地形高程辅助导航技术

地形高程辅助导航按其工作原理分类,可分为基于推广的递推卡尔曼滤波原理和基于相关分析原理的两种。推广的递推卡尔曼滤波原理的典型算法为桑地亚惯性地形辅助导航算法(Sandia Inertial Terrain Aided Navigation,SITAN);而地形高度相关的典型算法为地形轮廓匹配算法(Terrain Contour Matching,TERCOM)。

7.2.1 地形高程随机线性化匹配算法辅助导航系统技术

SITAN 算法是美国桑地亚国家实验室研制的桑地亚惯性地形辅助导航算法,它采用了推广的递推卡尔曼滤波算法,具有更好的实时性。

SITAN 算法的原理框图如图 7.10 所示。根据惯性导航系统输出的位置可在数字地图上按某种处理原则获得地形高程。而惯性导航系统输出的绝对高度与地形高程之差形成了一个测量值,另外一个测量值是无线电高度表获得的载机与地面之间的高度。这两个测量值的差就是卡尔曼滤波的测量方程的测量值;

由于地形的非线性特性导致了量测方程的非线性。采用地形随机线性化算法可实时地获得地形斜率,得到线性化的量测方程的具体表达;结合惯性导航系统的误差状态方程,经卡尔曼滤波递推算法可得导航误差状态的最佳估值,采用输出校正可修正惯性导航系统的导航状态误差,从而获得最佳导航状态。SITAN 算法较适合于具有高机动性的战术飞机使用。

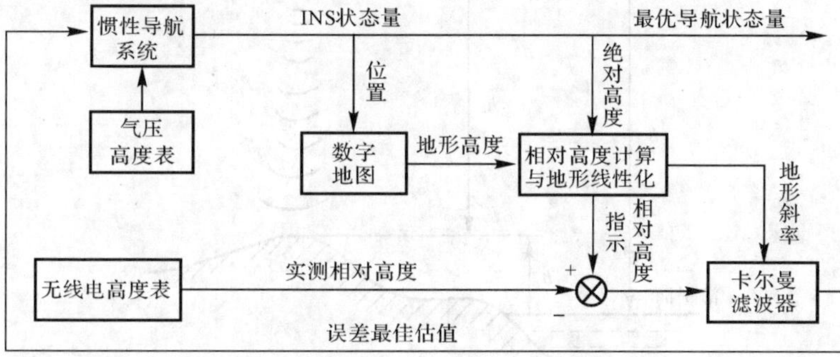

图 7.10　SITAN 算法原理框图

现代战术飞机的典型工作条件通常是在飞行大约 1 h 以后从 300 m 高度进入任务段,对飞机的位置精度要求约为几十至 100 m,对速度精度要求约为 1 m/s。SITAN 的功能就是对飞行器的位置与速度状态做出修正。对于导弹的应用情况,在原理上类似。

下面就根据上述要求来建立系统的状态方程和量测方程。有了状态方程和量测方程之后,便可按常规的卡尔曼滤波算法对位置与速度误差状态做出最佳估计,并采用输出校正对惯性导航系统输出的位置与速度作出修正。

1. SITAN 系统的状态方程

SITAN 系统的状态方程就是惯性导航系统的误差方程,即采用间接法直接估计惯性导航系统状态的误差。

设惯性导航系统为指北方位系统,采用东北天地理导航坐标系。取 3 维平台误差角 φ_E,φ_N,φ_U,3 维速度误差 δv_E,δv_N,δv_U,和 3 维位置误差 δL,$\delta\lambda$,δh。

其中,平台误差角方程、速度误差方程和位置误差方程同本书第 6 章的具体形式。而陀螺仪漂移误差模型仅考虑主要为随机一阶马尔可夫过程随机漂移 ε_r 和白噪声 w_g 之和,加速度计误差考虑为白噪声。假定 3 个轴向的陀螺误差模型均相同,可得到系统的 12 阶状态矢量

$$\boldsymbol{X}=[\varphi_E \quad \varphi_N \quad \varphi_U \quad \delta v_E \quad \delta v_N \quad \delta v_U \quad \delta L \quad \delta\lambda \quad \delta h \quad \varepsilon_{rx} \quad \varepsilon_{ry} \quad \varepsilon_{rz}]^T \tag{7.1}$$

系统的状态方程为

$$\dot{\boldsymbol{X}}=\boldsymbol{F}\boldsymbol{X}+\boldsymbol{G}\boldsymbol{W} \tag{7.2}$$

式中，$\boldsymbol{F}$ 为系统系数矩阵；$\boldsymbol{W}$ 为系统白噪声矢量；$\boldsymbol{G}$ 为噪声系数矩阵。

2. 系统量测方程的建立

SITAN 算法的测量方程仅为高度一维，系统中有多个高度的定义(见图 7.11)。

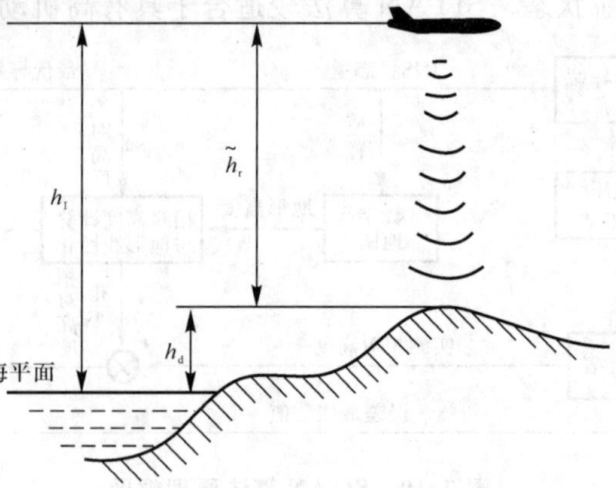

图 7.11 高度 h_I，h_d 与 $\tilde{h}_r$ 的关系示意图

SITAN 算法利用惯性导航系统输出高度 h_I、数字地图信息给出的地形高度 h_d 和无线电高度表测量的相对高度 $\tilde{h}_r$ 之差获得一维量测值 Z。由此可定义系统的量测方程为

$$Z=(h_I-h_d)-\tilde{h}_r \tag{7.3}$$

其中，惯性导航系统指示的三维位置(东北天)为(x_I, y_I, h_I)，h_I 为惯性导航输出的绝对高度，这些量都含有误差。设 h 为真实绝对高度，则可得

$$h_I=h+\delta h \tag{7.4}$$

地形实际高度 h_t 是位置(x, y)的非线性函数，记为 $h_t(x, y)$，而(x, y)为飞机的真实位置，h_t 为真实的地形高度。根据(x_I, y_I)从数字地图中按某种处理原则可获得地形高度 $h_d(x_I, y_I)$，而

$$h_d(x_I, y_I)=h_t(x+\delta x, y+\delta y)+\gamma_m \tag{7.5}$$

式中，γ_m 为数字地图制作时的测量与量化噪声。

此外，从无线电高度表还可以获得无线电高度表测量的相对高度 $\tilde{h}_r(x, y)$，并有

$$\tilde{h}_r(x, y)=h_r(x, y)+\gamma_r \tag{7.6}$$

式中，h_r 为真实相对高度；γ_r 为无线电高度表的量测噪声。

将式(7.4)、式(7.5)、式(7.6)三式代入式(7.3)，可得到

$$
\begin{aligned}
Z=&(h_\mathrm{I}-h_\mathrm{d})-\tilde{h}_\mathrm{r}=h_\mathrm{I}-h_\mathrm{d}-\tilde{h}_\mathrm{r}=\\
&(h+\delta h)-[h_\mathrm{t}(x+\delta x,y+\delta y)+\gamma_\mathrm{m}]-[h_\mathrm{r}(x,y)+\gamma_\mathrm{r}]=\\
&(h+\delta h)-\left[h_\mathrm{t}(x,y)+\frac{\partial h_\mathrm{t}(x,y)}{\partial x}\delta x+\frac{\partial h_\mathrm{t}(x,y)}{\partial y}\delta y+\gamma_\mathrm{l}+\gamma_\mathrm{m}\right]-[h_\mathrm{r}(x,y)+\gamma_\mathrm{r}]=\\
&[h-h_\mathrm{t}(x,y)-h_\mathrm{r}(x,y)]+\left[-\frac{\partial h_\mathrm{t}(x,y)}{\partial x}\delta x-\frac{\partial h_\mathrm{t}(x,y)}{\partial y}\delta y+\delta h-\gamma_\mathrm{l}-\gamma_\mathrm{m}-\gamma_\mathrm{r}\right]
\end{aligned}
\tag{7.7}
$$

式中，对非线性地形函数 $h_\mathrm{t}(x+\delta x,y+\delta y)$ 采用了一阶泰勒展开法的线性化处理；γ_l 为由此产生的线性化噪声，$\gamma_\mathrm{l}\sim N(0,\sigma_\mathrm{l}^2)$。

式(7.7) 中的各相关真实高度量的关系为

$$
h-h_\mathrm{t}(x,y)-h_\mathrm{r}(x,y)=0 \tag{7.8}
$$

将式(7.8) 代入式(7.7) 可得

$$
Z=-\frac{\partial h_\mathrm{t}(x,y)}{\partial x}\delta x-\frac{\partial h_\mathrm{t}(x,y)}{\partial y}\delta y+\delta h-\gamma_\mathrm{m}-\gamma_\mathrm{r}-\gamma_\mathrm{l} \tag{7.9}
$$

定义

$$
\frac{\partial h_\mathrm{t}(x,y)}{\partial x}=h_x,\quad \frac{\partial h_\mathrm{t}(x,y)}{\partial y}=h_y \tag{7.10}
$$

式中，h_x 和 h_y 为地形在 x，y 方向上的斜率。并设

$$
\gamma=-(\gamma_\mathrm{l}+\gamma_\mathrm{m}+\gamma_\mathrm{r}) \tag{7.11}
$$

为量测噪声，它由数字地图制作噪声、无线电高度表的量测噪声以及地形随机线性化噪声所组成。最后得到线性化后的量测方程

$$
\begin{aligned}
Z=&-h_x\delta x-h_y\delta y+\delta h+\gamma=\\
&-h_xR_\mathrm{M}\delta\lambda-h_yR_\mathrm{N}\cos L\delta L+\delta h+\gamma=\\
&\boldsymbol{HX}+\gamma
\end{aligned}
\tag{7.12}
$$

式中

$$
\boldsymbol{H}=[\boldsymbol{0}_{1\times 6}\ \vdots\ -h_xR_\mathrm{M}\quad -h_yR_\mathrm{N}\cos L\quad 1\ \vdots\ \boldsymbol{0}_{1\times 3}] \tag{7.13}
$$

地形辅助导航系统的量测方程原式为非线性方程，将其简化为线性化方程式(7.12)，此方法称为地形随机线性化技术。

3. 地形辅助导航系统的局部可观测性

地形辅助导航的修正作用与地形的粗糙度(Roughness) 有关。地形粗糙度越高，修正的效果越好，有的文献还研究了利用系统的局部可观性定性和定量地描述地形粗糙度与地形辅助导航修正作用之间的关系。

对于以上分析建立的地形辅助导航系统，可以证明，系统的局部可观测性完全取决于地形斜率 h_x 和 h_y，可得到如下结论：

① 为使系统具有好的可观测性，地形斜率 h_x 和 h_y 不能太小，即局部地形不可太平坦，不能为平原、海面等(见图 7.12)。

② 为使系统可观测，$h_x(k)$ 和 $h_y(k)$ 必须随 k 变化，即地形必须有起伏。起伏越大，可观测性越好(见图 7.13)。

图 7.12　典型的地形地貌图(A)

图 7.13　典型的地形地貌图(B)

③ 为使系统可观测，$h_x(k)$ 和 $h_y(k)$ 不能随着 k 的改变按相同的规律变化。

④ 系统的各个状态的可观测程度并不相同。状态 δh 具有最强的可观测性，因为飞机的高度可直接由无线电高度表量测，而状态 δx 和 δy 的变化要经过斜率的变化而观测到；状态 δv_E 和 δv_N 的可观测性最弱。

上面的分析定性地揭示了地形粗糙度与系统局部可观测性的关系，因此在应用地形辅助导航时，需要对实际可用的地形进行分析，应用不同的地形将会产生不同的导航效果[12]。

7.2.2　地形高程随机线性化匹配算法的工作模式和线性化处理技术

前面介绍了 SITAN 系统的基本组成和算法，在实际的应用中，地形匹配的实时性和精度是关心的重要问题。所谓某种地形匹配系统实时性的好坏就体现在数字地图加载速度上。地形辅助导航系统本质上是一种从数字数据库(数字地图)中提取各种信息的装置。地形匹配对主导航系统(例如 INS)的修正作用来自于机载数字地图，通过数字地图的实时加载才能去修正导航系统的输出。

SITAN 系统的工作模式和随机线性化算法是影响匹配精度和效率的重要因素，下面将简要介绍。

1. SITAN 系统的 3 种工作模式

SITAN 系统可工作于 3 种模式，即搜索(Acquisition)模式、跟踪(Track)模式和丢失

(Lost)模式。

跟踪模式是正常的导航模式，其余是特殊的。在跟踪模式中，所用数字地图为一条狭长的区域，该区域的宽度取决于系统定位精度。图 7.14 给出了 SITAN 方案的跟踪模式与搜索模式的关系。

搜索模式是指系统从非地形辅助导航模态要进入地形辅助导航的地形。此时系统具有较大的初始误差，须在较大的地图范围内搜索飞机的可能位置，使位置误差进入较小范围内，然后再进入跟踪模式。

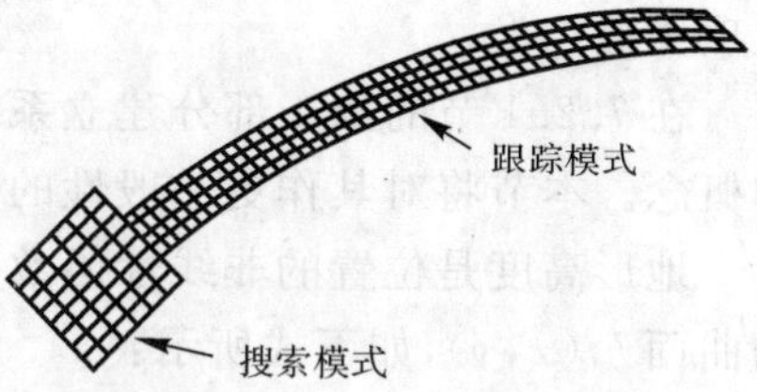

图 7.14　SITAN 系统的工作模式

应当指出，7.2.1 节的第 1 部分给出的数学模型实际上是跟踪模式的模型。此时只用单一的卡尔曼滤波器对系统的误差状态做出修正。而对于搜索模式，其主要矛盾是将较大的位置误差减下来。此时可采用并行的卡尔曼滤波结构尽快确定系统的实际位置，如图 7.15 所示。这些并行卡尔曼滤波器所采用的都是来自无线电高度表的同一测量数据，而每个滤波器所利用的数字地图位置数据各不相同。对于 N 个滤波器，可获得 N 个估计值 $\hat{x}_1, \hat{x}_2, \cdots, \hat{x}_N$。对其做出决策可获得搜索模式的估计位置 $\hat{x}$。

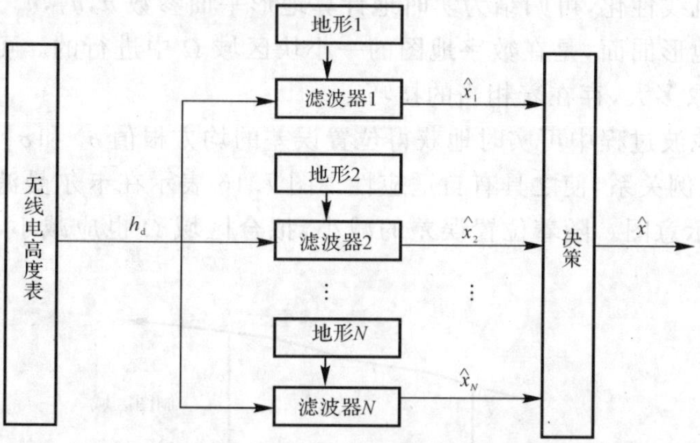

图 7.15　搜索模式中的并行卡尔曼滤波结构

关于平均加权方差法(Average Weighted Residual Squared，AWRS)，可以参阅参考文献[13]。其基本思想是对各个滤波器的归一化残差方差在 N 次测量修正期间求平均。选择具有最小 AWRS 的滤波器对应的最小位置误差作为状态估值 $\hat{x}$。

最后简述一下丢失模式。如果在搜索模式中控制逻辑确认飞机不在某个搜索半径范围内(如 2 363 m)，就进入丢失模式。在丢失模式中，地形辅助系统不提供任何位置估计，导航系统一般处于纯惯性导航工作状态。

2. 地形随机线性化技术

地形随机线性化技术是SITAN高程地形匹配的关键技术。推广的递推卡尔曼滤波的实质，就是采用地形随机线性化技术，将非线性量测方程线性化。本节将分析地形辅助导航中的这项关键技术。

在7.2.1节的第1部分建立系统量测方程时，采用了一阶泰勒展开法引入了地形线性化的概念。本节将对其作更一般性的数学描述。

地形高度是位置的非线性函数。所谓地形线性化，就是用平面方程 $f(x,y)$ 来代替地形的曲面 $h_t(x,y)$，如下式所示：

$$f(x,y)=a+h_x(x-\hat{x})+h_y(y-\hat{y}) \tag{7.14}$$

式中，$(\hat{x},\hat{y})$ 为惯性导航系统提供的飞行器位置估计值；$f(x,y)$ 是地形高度的线性表示；a 为在 $(\hat{x},\hat{y})$ 点的平面坐标值；h_x,h_y 分别为地形在 x 与 y 方向上的斜率。a,h_x,h_y 是地形平面方程的参数。将式(7.14)离散化，得

$$f(k_x,k_y)=a+h_xd(k_x-i)+h_yd(k_y-j) \tag{7.15}$$

式中，(k_x,k_y) 为 (x,y) 位置坐标的序列数；(i,j) 为 $(\hat{x},\hat{y})$ 坐标的序列数；d 为数字地图的格网距离。所谓地形随机线性化，可归结为实时地计算地形平面参数 a,h_x,h_y。

用平面来拟合地形曲面，是在数字地图的一小块区域 Ω 中进行的。可通过位置误差的均方根值拟合区域 Ω 取多大，存在着相当的技巧。

由于在卡尔曼滤波过程中可实时地获得位置误差的均方根值 σ_x 和 σ_y，可建立拟合区域 Ω 的大小与 σ_x,σ_y 的比例关系，使之具有自适应性。图7.16表示在卡尔曼滤波过程中自适应地选取拟合区域 Ω 的示意图。随着位置误差的减小，拟合区域 Ω 也应减小，以获得最佳的估计精度。

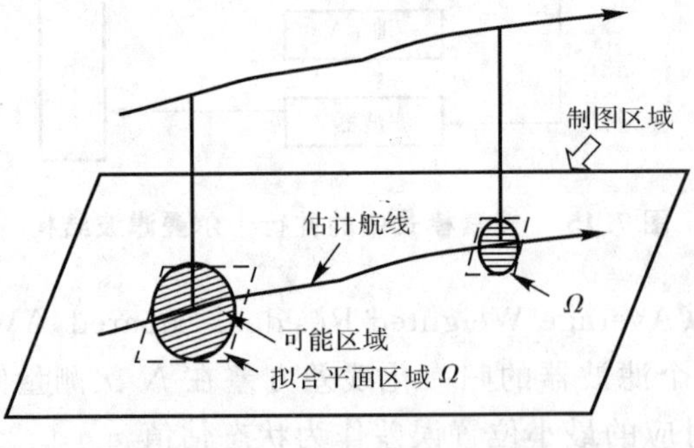

图7.16　自适应地选取拟合区域 Ω

地形随机线性化的方法有一阶泰勒展开法、九点拟合法、全平面拟合法、平均切线法、改进的全平面拟合法、平均选点法等[4]，一阶泰勒展开法在建立测量方程时已经分析，其他具体方

法和原理等，请读者可参考有关文献，这里不再展开。

地形随机线性化技术是地形辅助导航中的关键技术之一。地形随机线性化技术的优劣直接影响系统的精度和稳定性，它可以通过两种整型的 6 项指标来评价。

第一类是关于地形随机线性化技术的指标，包括以下 3 项。

① 地形拟合方差。它反映了拟合平面对地形曲面的接近程度，方差越小，接近程度越高。

② 地形拟合误差的正态性。如果拟合误差严重偏离正态性，具有很强的相关性，则将线性化误差 γ_1 看做白噪声就不准确，甚至导致错误，因而拟合误差的正态性是一项重要指标。

③ 计算时间。计算时间是指根据给定数字地图和拟合区域，采用地形随机线性化方法计算拟合平面参数 a，h_x 和 h_y 所需的时间，它反映了该方法满足系统实时性要求的程度。

第二类是从系统误差的角度来评价地形随机线性化的指标，包括以下 3 项。

① 导航终点圆概率误差(CEP)。它反映了系统的导航精度。

② 导航终点误差的均方差。它反映了导航精度的稳定性和计算机仿真所得结果的正确程度。

③ 收敛距离。收敛距离是指系统对位置误差修正到一定精度所得数字地图的长度。

地形辅助导航技术现仍处于发展阶段，如系统与元部件的模型研究、系统仿真技术、数据压缩技术等。本章只是简介高程地形辅助导航的最基本的概念，供读者参考。

7.2.3　地形高程轮廓匹配算法辅助导航系统技术

地形轮廓匹配系统是美国 E-System 公司于 20 世纪 70 年代开始研制并于 90 年代成功使用的一种导航方法，在美国的 F－16、法国的“幻影”2000、英德法联合研制的“台风”战斗机等一些高性能的战斗机中，得到广泛应用。TERCOM 技术主要应用于巡航导弹制导。美国“战斧”系列巡航导弹是成功应用 TERCOM 技术的典范，其常规对地攻击型采用惯性、地形匹配加景象匹配器制导，使其圆周误差达到 10 m 以内。从 1991 年海湾战争到 2003 年的伊拉克战争，“战斧”系列巡航导弹先后在伊拉克、阿富汗、苏丹、南联盟等多国战场上使用，发挥了巨大的威力。本节将介绍其基本原理与技术。

1. TERCOM 算法的基本工作原理

TERCOM 算法的基本工作原理是在地球陆地表面上任何地点的地理坐标，都可以根据其周围地域的等高线地图或地貌来单值地确定。其原理框图如图 7.17 所示。惯性导航系统输出的绝对高度和无线电高度表实测相对高度相减得到地形实际测量高程，一段飞行时间后得到高程的序列数据，同时基于惯性导航系统位置信息的地形高程数据库也可获得地形高程序列数据，获得多条地形高程序列数据后按一定的算法进行相关分析，相关效果最好的序列数据位置就是最佳匹配后的位置。

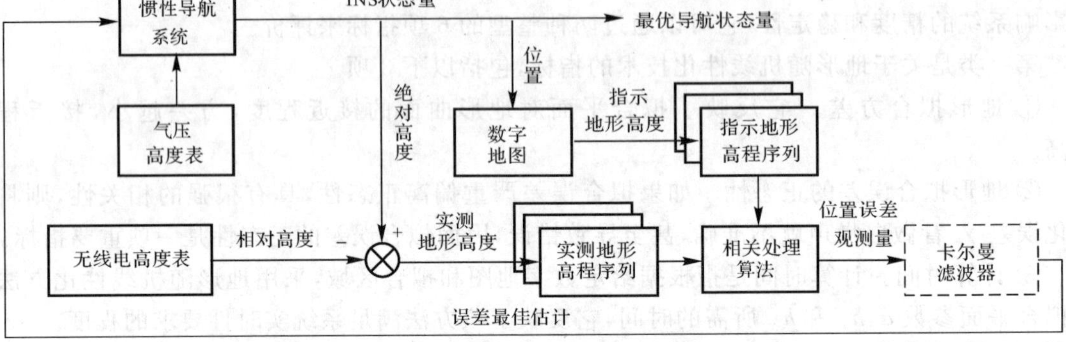

图 7.17 TERCOM 算法原理框图

若再采用卡尔曼滤波技术,还可利用位置误差的观测量对速度误差、陀螺漂移及平台误差角做出估计,从而可对惯性导航系统的导航状态做出修正,得到最优导航状态。显然,TERCOM 算法要在获得一串地形高程序列数据后才能进行,属于后验估计或成批处理方法,因而其实时性能较差。

当飞行器飞越某块已数字化了的地形时,机载无线电高度表测得飞行器离地面的相对高度 h_r,同时气压式高度表与惯性导航系统相综合测得飞行器的绝对高度(或海拔高度,又称气压一惯性高度)h_I。h_I 与 h_r 相减即可求出地形高度 h_d,h_I,h_r,h_d 三者的关系可参看图 7.11。当飞行器飞行一段时间后,即可测得其真实航迹下的一串地形高程序列。将测得的地形轮廓数据与预先存储的数字地图进行相关分析,具有相关峰值的点即被确定为飞行器的估计位置。这样,便可用这个位置来修正惯性系统指示的位置,如图 7.18 所示。在相关处理的过程中,可根据惯性导航系统确定的飞行器位置从数字地图数据库中调出某一特定区域的数字地图,数字地图应能包括飞行可能出现的位置序列,以保证相关分析处理得以进行。

2. TERCOM 算法的地形相关性分析

TERCOM 系统相关处理的作用是在存储地形上找一条路径,这条路径平行于导航系统指示的路径并最接近于高度表实测的路径。为了简单起见,我们把二维的问题表示成等效的一维问题,并把高度表示成真高度加上一个随机噪声。测量的高度表示为

$$\tilde{h}_d(i) = h_t(i) + \gamma_t \tag{7.16}$$

式中,$h_t(i)$ 为真地形高度;γ_t 由气压-惯性高度和无线电高度测量相对高度的测量噪声,可看做随机噪声。

数字高程地图存储的地形高度表示为

$$h_d(i, j\delta x) = h_t(i, j\delta x) + \gamma_m \tag{7.17}$$

式中，$h_t(i,j\delta x)$ 为真地形高度；γ_m 为数字地图制作时的测量与量化噪声，可看做随机噪声；$j\delta x$ 为存储路径偏离测量路径的距离。

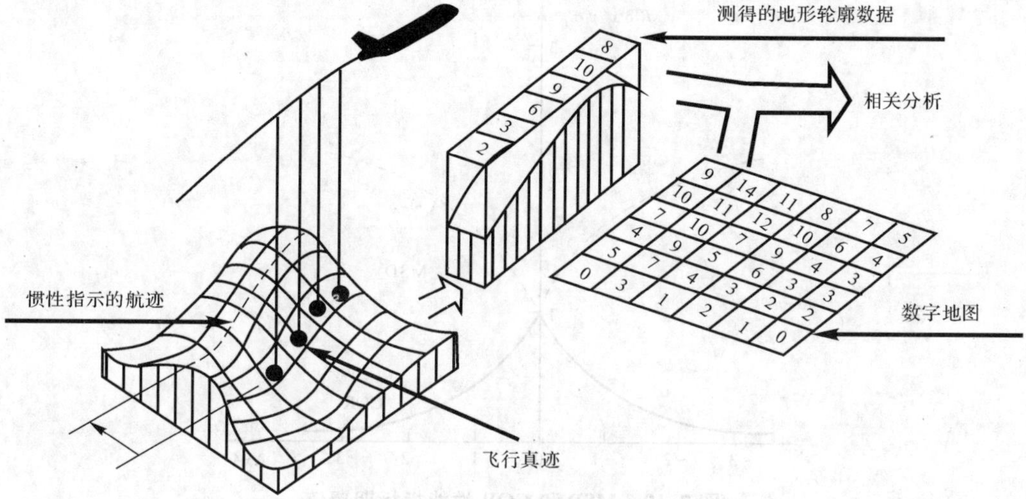

图 7.18　地形轮廓匹配的示意图

相关处理算法就是确定一种性能指标，寻找一条使性能指标最好的路径，即为所求的路径。

TERCOM 系统相关算法可采用的性能指标有 3 种，即交叉相关算法（Cross Correlation，COR）、平均绝对差算法（Mean Absolute Difference，MAD）和均方差算法（Mean Square Difference，MSD）。它们的定义分别为

$$\left.\begin{aligned} J_{\mathrm{COR}}(j\delta x) &= \frac{1}{L}\sum_{i=1}^{L} h_{\mathrm{m}}(i,j\delta x)h_{\mathrm{t}}(i) \\ J_{\mathrm{MAD}}(j\delta x) &= \frac{1}{L}\sum_{i=1}^{L} \left| h_{\mathrm{m}}(i,j\delta x) - h_{\mathrm{t}}(i) \right| \\ J_{\mathrm{MSD}}(j\delta x) &= \frac{1}{L}\sum_{i=1}^{L} \left[h_{\mathrm{m}}(i,j\delta x) - h_{\mathrm{t}}(i) \right]^2 \end{aligned}\right\} \tag{7.18}$$

最佳路径的目的是使 $J_{\mathrm{COR}}(j\delta x)$ 最大，$J_{\mathrm{MAD}}(j\delta x)$ 和 $J_{\mathrm{MSD}}(j\delta x)$ 最小。MSD 和 COR 算法规范化的性能指标 $J(\delta x')\sigma_T^2$ 和规范化偏离距离 $\delta x'$ 之间的关系如图 7.19 所示（$\delta x' = \dfrac{\delta x}{\delta x_{\mathrm{C}}}$，$\delta x_{\mathrm{C}}$ 为地形的相关长度）。

采样数 L 和相关处理需要的地形轮廓长度 d_L 有关，d_L 也称为组合距离。其规范化的形式为

$$\beta = d_L/\delta x_{\mathrm{C}} \tag{7.19}$$

为了不出现错误的定位，通常取 $\beta \geqslant 4$，为了得到更好的精度，可取 $\beta \approx 10$。此时，采样需要的地形轮廓长度即组合距离在飞行器中速巡航飞行时大约为 6 ～ 9 km。

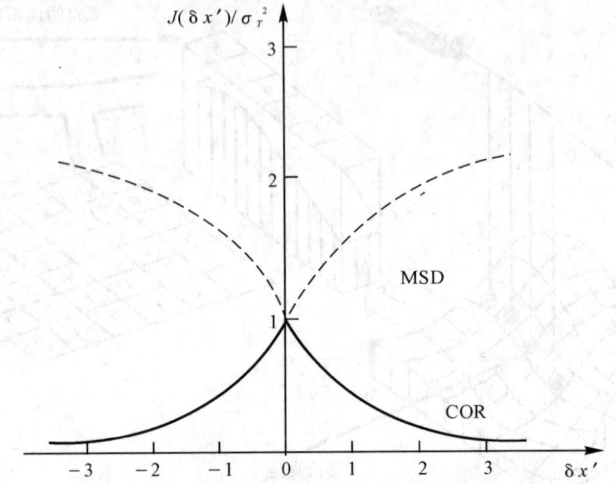

图 7.19　MSD 和 COR 性能指标期望值

实际上，由于相关处理的数据长度有限，通常交叉相关算法得不到真正的最大值，因而精度不高。3 种算法的精度比较如图 7.20 所示。纵坐标为规范化的定位误差标准差 $\sigma_T/\delta x_C$。从图上可以看出，即使噪声为零的情况下，COR 算法也没有带有噪声的 MAD 和 MSD 算法精度高。MAD 和 MSD 相比，MSD 算法幅度略高于 MAD 算法。

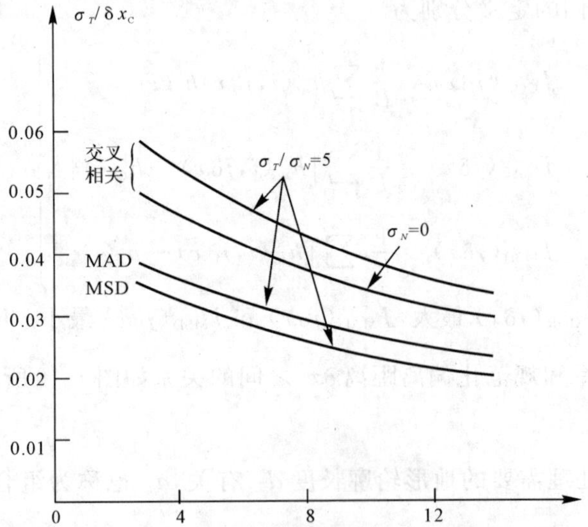

图 7.20　算法精度比较

可以看出，上述算法只能预测飞行器的位置。只有将该位置作为观测值通过卡尔曼滤波，才能估计出其他的导航状态误差(见图7.17)。预测是通过毫无遗漏地搜索在误差圈或存储地形图的区域内的每个网格位置的办法来实现的，在收集无线电高度表的测量数据时，不可能用递推的方法来执行上述搜索，而是工作时，测得了一串地形轮廓序列之后才可实现相关算法。正是这种全局搜索的特点使其计算时间很长。

此外，这种TERCOM算法通常要求飞行器在测定地形轮廓的过程中不做机动飞行，而要按照规定的航向和已知的速度飞行。上述要求使这种算法对航向误差较敏感。然而TERCOM算法比SITAN算法具有更高的定位精度。

还要说明的是，TERCOM算法对地形的要求与SITAN是相同的，同样要求地形要有明显的、不规则的高低起伏变化，具体要求就不再重复说明了，请见前一节的相关分析。

7.2.4　TERCOM算法和SITAN算法的比较

TERCOM与SITAN两种算法是地形高程辅助导航技术中的两种典型算法，它们在原理和实现的方式上都不同。另外，要特别说明的是，地形辅助导航算法(TERCOM与SITAN)通常不是处于连贯的组合状态，只有地形的形状起伏能被有效使用时才能进入到地形辅助导航模式，否则一般都处于纯惯性(或者惯性与其他导航系统的组合)的工作状态，因此地形辅助导航模式不是独立的工作方式。图7.21说明了两种高程地形匹配系统的工作过程，可以比较明显地看到地形辅助导航不连贯的特点。

另外，这两种高程辅助导航方式有各自的优缺点，下面就其各自的主要特点作一比较。

① SITAN方案对惯性导航系统的修正是实时的，而TERCOM方案则对一串地形高度序列做后验的相关分析，得到正确位置时有一定的延迟。

② TERCOM系统在得到地形高度期间要保持在稳定的非机动飞行状态，而SITAN的系统没有这个限制。

③ 在高信噪比的条件下，SITAN与TERCOM的导航精度相近，在低信噪比条件下，SITAN精度稍高。

④ SITAN方案有较大的初始位置误差时需工作在“搜索”模式，此时算法较复杂，计算量也较TERCOM同等时候大(图7.21[15])。

⑤ TERCOM方案耐航线偏差的能力较弱，SITAN方案则不受限制。

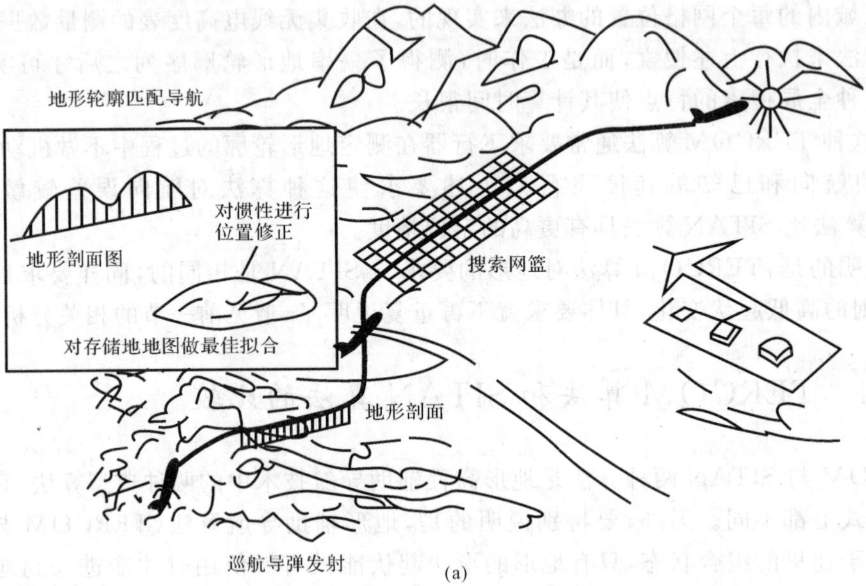

(a)

(b)

图 7.21 TERCOM 算法和 SITAN 算法的特点和区别

(a)TERCOM 算法； (b)SITAN 算法

7.3　地形景象匹配辅助导航技术

地形景象匹配是指从当前图像传感器摄取的一个景象与已存的图像区域文件中确定出或找到它们之间对应关系的一种重要的图像分析与处理技术。当图像由不同的传感器或者不同的时间、不同的视角获取时，往往首先要进行景象匹配的处理。

匹配算法的性能评价指标包括匹配概率、匹配精度、匹配速度、匹配适应性等。匹配概率要求多次匹配试验，正确匹配的概率要高；匹配精度要求正确匹配的匹配误差均方差要尽可能地小；匹配速度要求算法计算快，满足应用环境对实时性的要求；匹配算法都有其适用范围，不同的应用环境应选用不同的匹配算法，这就是匹配适应性问题，匹配适应性要求匹配算法能够适应各种类型的场景和图像之间的成像畸变。计算快捷、精度高、适应性强的匹配算法一直是景象匹配问题研究的核心。基于特征的匹配算法是当前研究的热点，其中基于边缘、特征点、区域的匹配算法研究较多。

景象匹配系统能够自主定位的机理是：在地球表面的大部分地区，尤其是人工开发区内，一定大小的地面景象的模式，在这个地区某个范围内是唯一的。景象匹配系统正是利用地面景象唯一性特点，确定飞行器的空中位置。

下面以导弹用景象匹配系统为例，说明其工作原理。

对具有景象匹配系统的运动体（如导弹、飞机等），首先要由任务规划系统提供攻击目标周围区域的数字景象地图，根据导航要求和可选区域情况在航迹上规划出景象匹配区域，制作数字景象匹配图（基准图）。发射前把控制系数和基准图加载到运动体的导航计算机内，导弹发射后，综合制导和控制系统等待进入景象匹配区几秒前，发出匹配指令，下视系统开始拍摄导弹航迹正下方的地面图像（实时图），再与已存入导航计算机内的景象图进行比较，得出实时图与基准图配准的位置。导弹飞出匹配区域后，综合制导和控制系统发出完成指令，等待下一次匹配指令或准备对目标实施攻击。当已经进入约定景象匹配区域时，景象匹配系统还要采集导弹的飞行姿态信息和飞行高度信息，进行姿态随动和对实时景象图进行修正。

景象匹配区面积一般大大小于地形匹配区，通常大到几平方公里，小可达到几百平方米。基准图是事先利用卫星、飞机等手段拍摄匹配区地面的照片，并按照相点（或网格）尺寸数字化制成。在导弹执行任务前，将它存储到弹上匹配计算机中。当导弹飞到预定位置时，弹上摄像机拍摄正下方地面的图像，并按像点尺寸、飞行高度和视场等参数生成一定大小的实时图，也送到匹配计算机中。

在匹配计算机中，进行实时图与基准图的相关比较，找出二者的配准位置。由于基准图的地理坐标位置（或与目标的相对位置）是事先知道的，因此，根据它与实时图的配准位置，便可确定导弹相对于目标的位置。景象匹配是 2 维图像匹配，由于匹配计算机还要完成图像采集、实时图的生成、实时图和基准图的预处理（如去噪、去均值、灰度校正）等，计算量很大，为了减少运算时间，主处理器须采用高速处理器。

7.3.1 地形景象匹配的一般算法

地形景象匹配的关键技术在于图像匹配算法，即将两个不同传感器从同一景物前后不同时间（事先制作和实时获得）录取下来的两幅图像在空间上进行匹配，以确定出这两幅图像之间相对平移或转动的过程。

图像匹配算法的发展已有几十年，自1959年Hobrough第一次提出图像匹配解决方法以来，其在各个领域中得到人们充分的重视，出现了各种各样的方法[16]。

不同领域中，因处理对象不同和实现目的不同，进行匹配的两幅图像间的差异有时会很大，对实时性、精度的要求也不一样。例如，进行匹配的两幅图像可能是对同一区域不同时间，或由不同种类传感器或从不同观测角度所获得的图像（也可能不是图像，而仅是一些符号），两幅图像间除存在着相似之处外，还存在着分辨率的不同，或自然的一些变化。在导航定位和目标识别中，往往对实时性有很高要求。因此，在匹配时应综合考虑上述因素，选择适当的匹配方法，以使匹配能为实际所采用。

按匹配特征或基元来分类，图像匹配算法广义上可以区分为区域匹配（Area Based Matching，ABM）和特征匹配（Feature Based Matching，FBM）两大类。

1. 区域匹配法

区域匹配法是将一幅图像局部区域内每一点相应的灰度或亮度与另一幅图像相联系。区域匹配法的匹配单元是原图的局部灰度值，因此匹配中无须对图像作预处理。基于区域的匹配方法有相关法、最小二乘法和不变矩法等。

(1) 相关法

相关法是一种起步早，理论上也比较成熟的算法。相关法的基本思想是采用某种相关度量方法计算匹配搜索窗口内的灰度相关值。其中，互相关技术是最基本也是最典型的一种算法，其相似度是用二维信号归一化的互相关值测量的。

相关法实现方便，算法简单，但对灰度值敏感，匹配范围内的多极值可能导致误匹配及计算量大。

(2) 最小二乘法

最小二乘法的引入可使区域匹配法的精度提高到亚像素级，但同样，此法对灰度值非常敏感。

(3) 不变矩法

不变矩法虽然抗灰度反转，但对几何变形仍很敏感，且计算复杂。代数不变矩的核心是7个不变矩在物体发生平移、旋转和比例变化时仍保持不变，反映了平面物体的固有特征。

区域匹配法对像素特性的变化非常敏感(如灰度变化、几何变化等)。只有进行匹配的两幅图像中对应处相邻像素的灰度变化趋势接近一致,其匹配才是可靠的。所以该方法一般用于相似图像的匹配,这种匹配对地形景象图匹配是不适用的。

2. 特征匹配法

由于基于区域的匹配算法在应用中受到种种限制,20 世纪 70 年代以来,人们开始对基于图像特征的匹配算法进行了大量的研究工作,并针对各种情况,提出了多种方法。特征匹配法是将两幅图像的特征分别提取出来,再对特征图进行空中对准。基于特征的匹配方法很多,典型的方法是相关匹配。

用特征来表示原始图像的优点是,可保留原始图像中的重要信息,而去除冗余信息。这一方面大大减少了匹配时间;另一方面,也不受灰度等变化的影响。但基于特征的匹配方法受提取的特征影响很大,所以在选择特征及提取特征的方法上应给予相当的重视。

虽然特征匹配相对区域匹配而言,信息量要少,但匹配仍存在无穷搜索问题。为了提高特征匹配的鲁棒性和实时性,人们在相似度、特征空间、搜索策略等方面进行了深入的研究,并提出了多种方法,如松弛法(Relaxation)、集束法(Clustering)、分支界限法、分层搜索(Hierarchical Search)法、基于神经网络的方法等比较成功的搜索方法[17]。

为了缩短搜索时间,保持精度,还有其他很多的方法。总而言之,每一种匹配方法都有应用领域的限制,有优点和缺点,可根据不同需要选择与改进。在具体选择时,首先应了解搜索的空间,确定匹配的单元(特征),然后再确定相似度度量与匹配策略。一个好的匹配方法,应具有几何不变性,在平移、旋转、尺度变化、局部畸变,丢失(或增加)点的条件下都能实现很好地匹配,另外匹配应快速,计算应尽量简单以保证实时性。

3. 地形景象匹配算法的特点

与一般的图像匹配应用不同,用于地形景象匹配辅助导航系统的图像匹配算法有其特殊性,应具有以下特点:

① 实时性。由于景象匹配辅助导航的目的是为惯性导航提供实时的位置修正信息,因此,图像匹配算法的实时性至关重要。

② 基于特征的图像匹配。由于实时获取的景物图像和数字地图是通过不同的传感器在不同的时间获得的,其图像的灰度值差别很大,甚至相反,因此,这两种图像之间的匹配为非相似匹配,必须采用基于特征的图像匹配算法,才能获得较好的匹配效果。

③ 较强的容错和抗干扰能力。由于成像过程中存在噪声和几何畸变,致使由此获取的图像特征必然存在差异,因此,选用的图像匹配算法还必须具有一定的容错和抗干扰能力。

7.3.2 地形景象匹配中的图像特征匹配算法

基于特征的图像匹配算法包括了特征提取和特征匹配两大环节，在图像特征已经确定后，所选用的图像匹配相似性度量函数就尤为重要，多数情况下相似性度量函数可以用距离函数的形式给出。其中，基于 Hausdorff 距离的边缘图像匹配算法因其计算的简便性而得到广泛的应用。

Hausdorff 距离用来度量两个点集之间的匹配程度，并且易于计算。Daniel P. Huttenlocher 等人在研究目标检测时首先提出了 Hausdorff 距离算法[23-24]，其缺点是不能处理目标被遮掩和外部点存在的情形。为此，研究者们又提出了部分 Hausdorff 距离(Partial-Hausdorff Distance，PHD)、平均 Hausdorff 距离(Mean Hausdorff Distance，MHD)等理论来处理有严重遮掩或退化的图像[25]。但这些传统的 Hausdorff 距离算法只能克服零均值高斯噪声对图像的影响，而在多传感器图像匹配中，噪声源通常情况下并非单纯的零均值高斯噪声，比如合成孔径雷达图像受斑点噪声干扰严重，还须要研究更为针对性的算法。

1. Hausdorff 距离

Hausdorff 距离是由 Daniel P. Huttenlocher 等人在研究目标检测时提出来的[26]，其目的是为了定量表示两个目标叠加在一起时其特征点集重合的相似性程度。为了提高目标检测的效率，Daniel P. Huttenlocher 等人分析了 Hausdorff 距离的性质，并在此基础上提出了加速目标检测的技术。

为了表示利用 Hausdorff 距离进行图像匹配的原理，本章给出了一个范例进行说明，如图 7.22 所示。

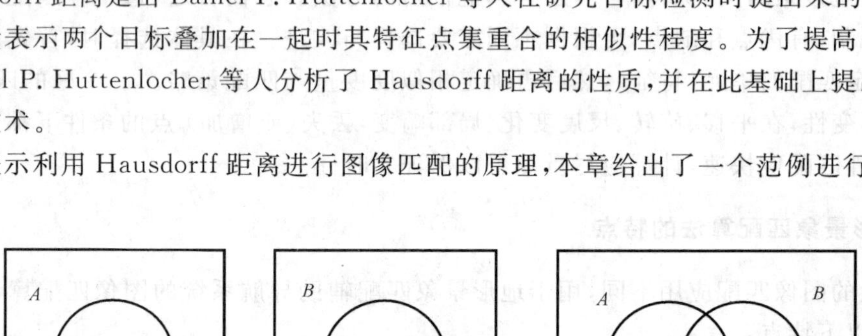

图 7.22　利用 Hausdorff 距离进行图像匹配的示意图

(a)圆点集 A；　(b)圆点集 B；　(c)圆点集的匹配

首先考虑理想情况，假设图 7.22(a) 中仅存在一个圆点集 A，圆心为 O_1，图中曲线连续且无其他边缘点；图 7.22(b) 中存在一个圆点集 B，圆心为 O_2；两个圆的半径相等。图 7.22(c)

表示了某一个匹配过程，图中 D_1, D_2, D_3, D_4 分别为过两圆圆心的直线与两圆的交点，此时，圆点集 A 与圆点集 B 之间的 Hausdorff 距离为

$$H(A,B) = \max(h(A,B), h(B,A)) = \max(|D_1D_2|, |D_3D_4|) \tag{7.20}$$

式中 $|D_1D_2|$，$|D_3D_4|$ 分别表示了线段 $\overline{D_1D_2}$，$\overline{D_3D_4}$ 的长度。可以看出，当圆点集 B 沿 O_1 和 O_2 所在的直线向圆点集 A 靠拢时，$H(A,B)$ 逐步减少；当两个圆点集完全重合时，$H(A,B) = 0$，此时匹配效果最好。

2. 部分 Hausdorff 距离

由于 Hausdorff 距离是度量两个点集之间最不匹配点的距离，因此，它对远离中心的噪声点、漏检点都非常敏感，而这一点，在提取图像特征点集时是不可避免的。为了克服这个缺点，需要对 Hausdorff 距离的定义进行扩展，即部分 Hausdorff 距离定义，其只比较两个点集的部分点，而将其余点忽略。点集 A 和 B 的部分 Hausdorff 距离定义为

$$H_{k,l}(A,B) = \max(h_k(A,B), h_l(B,A)) \quad 1 \leqslant k \leqslant p, 1 \leqslant l \leqslant q \tag{7.21}$$

其中，$h_k(A,B) = k^{\text{th}}_{a\in A} \min\limits_{b\in B} \| a - b \|$（th 表示按由小到大的顺序排序），称为 A 到 B 的有向部分 Hausdorff 距离。

如果将部分 Hausdorff 距离用于图像特征点集匹配，则匹配的目的就是力求在所有可能的变换空间中寻找图像特征点集之间的最优相似变换，以便通过使部分 Hausdorff 距离最小化来获得最优匹配结果。

图 7.23 为基于 Hausdorff 距离的图像匹配的实际例子。

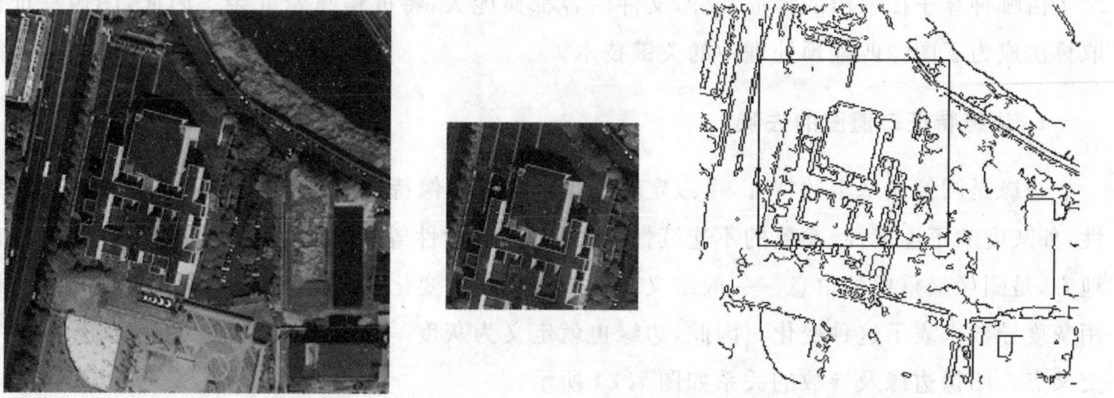

(a)　(b)　(c)

图 7.23 光学卫星(IKONOS)图像实测与参考图像匹配

(a)参考图；(b)实测图；(c)匹配结果

3. 改进的 Hausdorff 距离

上述定义的部分 Hausdorff 距离定义在边缘特征点集上，与图像特征提取的准确性密切相关，受噪声影响大，因此为了消除图像中的噪声影响，需对算法做进一步的改进。于是，参考文献[27]提出了一种改进的平均 Hausdorff 距离算法（Partial-Mean Hausdorff Distance，PM-HD），将部分 Hausdorff 距离相加求平均，可消除正负相当的高斯噪声影响，其优点是增强了算法的鲁棒性。

为了在 Hausdorff 距离粗匹配的基础上进一步提高导航精度并同时获取旋转变换参数，参考文献[28]提出了适用于景象匹配辅助导航系统的精确图像匹配算法，将最小二乘原理引入景象匹配辅助导航系统，在给出实时确定图像特征点集一一对应关系方法的基础上引入了最小二乘原理计算图像之间的最优相似变换参数，从而构成了应用于景象匹配辅助导航系统的精确图像匹配算法。以上算法这里不再详述，读者可参看相应的参考文献。

7.3.3 地形景象匹配中的图像特征提取算法

Hausdorff 距离图像匹配算法是利用图像特征进行匹配，由于匹配位置的确定，必须通过逐一比较两幅图上每一个平移点上的 Hausdorff 距离值，并从中选择由最小值所确定的平移点作为最终的匹配点，因此，这是一种全局搜索法，耗时较大。导航系统实时性的要求，使无论对于由哪种算子提取出的特征文件，文件内容都显庞大，特征信息量冗余。因此，图像特征提取算法成为了图像匹配预处理中的关键技术。

1. 边缘特征二值图的去噪

边缘是图像最基本的特征，可以定义为局部区域图像特性的差异，表现为图像上的不连续性，如灰度的不连续性、颜色的不连续性、纹理的不连续性等。边缘反映了图像变化最剧烈的地方，是图像最重要的信息。一般定义图像中灰度剧烈变化的地方为边缘，所以在数学上可以用灰度导数来表示这种变化。因此，边缘也就定义为灰度一阶导数的极值点或二阶导数的零交叉点。图像边缘及导数的关系如图 7.24 所示。

Canny 算子检测边缘的方法是寻找图像梯度的局部极大值，用高斯滤波器的导数计算梯度。它采用两个阈值来分别检测强边缘和弱边缘，且仅当弱边缘与强边缘相连时，弱边缘才会包含在输出中。因此，此方法不容易受噪声的干扰，能够检测到真正的弱边缘。

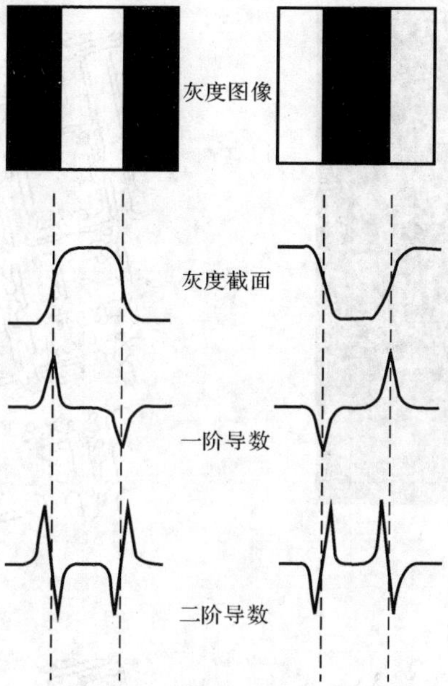

图 7.24　图像边缘及导数图

2. 基于边缘检测算子的图像特征提取

分支特征点是一种细节特征点,它在细化后的图像上拥有两个以上的邻域点。细化后的边缘特征二值图中存在分支点,且这些分支点不易受噪声的干扰。我们将根据不同特征点对 Hausdorff 有向距离的贡献大小对它们赋予不同的权值,其中分支点的权值是大于其他特征点的,因此可以提高图像匹配的精度[29]。经过去噪、细化和分支点提取后的图像如图 7.25 所示。

3. 小波多尺度图像特征提取

由于 Hausdorff 图像匹配算法是利用图像特征进行匹配的,因此,图像特征的精确提取算法就成为了地形景象匹配辅助导航系统中的关键技术。考虑到须要利用分层搜索法来加快图像匹配过程,这就要求图像特征提取算法具有多尺度特征提取的性能。采用分层搜索法可以加快图像匹配过程,有效提高图像匹配算法的实时性能。

其中,在分层搜索过程中,结合小波变换的多分辨率思想提取多尺度图特征所进行的图像匹配算法得到了大量的研究和应用。基于小波变换的特征检测,其实质是通过小波变换将信号分为高频与低频两部分,由高频部分可以得到特征点集。基于小波变换的方法具有多尺度特性,对突变点具有良好的检测效果。

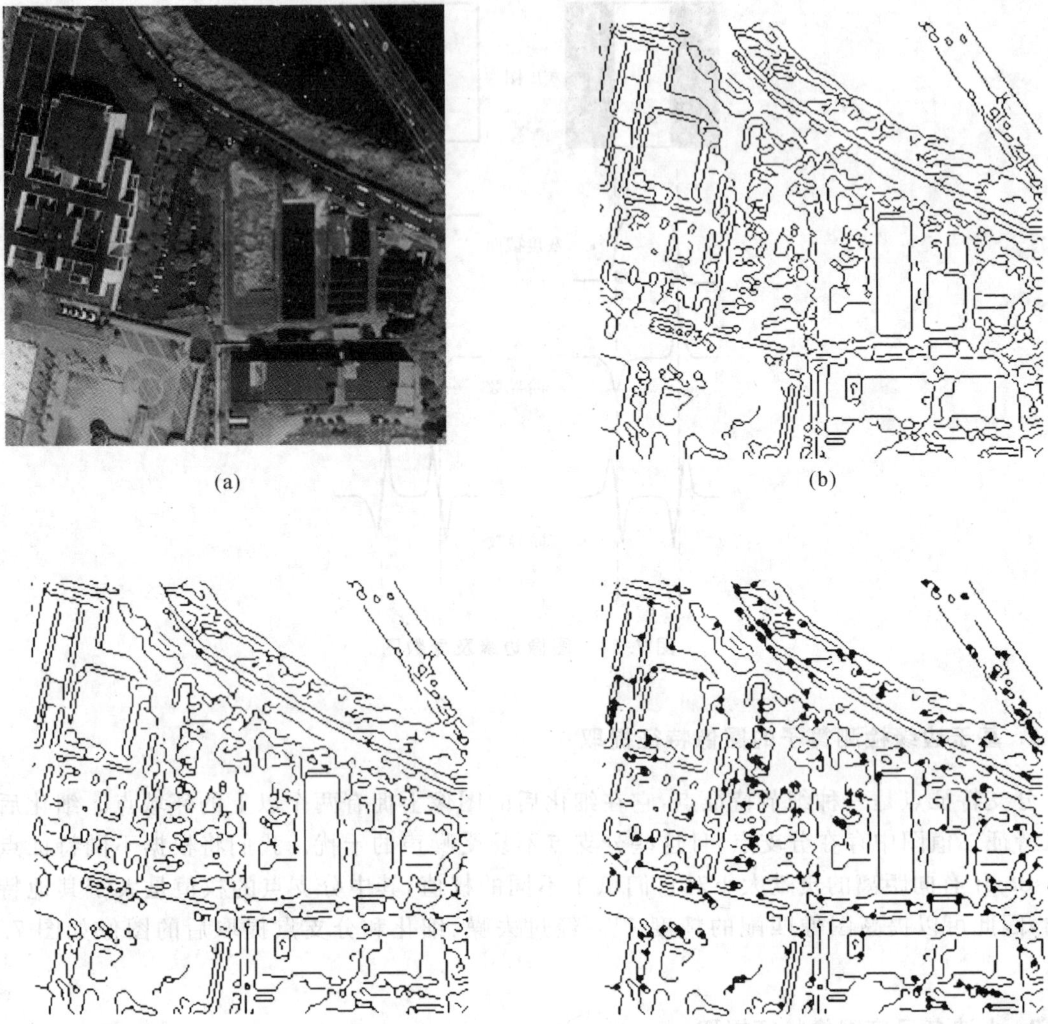

图 7.25 图像特征提取结果图

(a)原图； (b)Canny 算子提取结果图；

(c)去噪结果图； (d)分支点提取图(黑色圆点为分支点)

7.3.4 SAR/INS 景象匹配双向组合导航系统

前面介绍了地形景象匹配的基本算法，随着实时图像处理、硬件与软件的飞速发展，合成孔径雷达由于具有能够实现全天候、全天时、远距离成像的特点,受到各国的重视。基于 SAR 实现的地形景象匹配辅助修正 INS 的新导航体制已经出现并不断发展。将惯性导航系统和合成孔径成像雷达组合,借助数字地图或景象信息,利用其互补性和相互依赖性,就可很自然地构成一种新型的高性能组合导航系统,即 SAR/INS 组合导航系统。

SAR/INS 组合导航系统是一种具有不同特点的组合导航体制,它不同于其他的位置/速度组合导航系统(如惯性/GPS 组合导航系统),而是一种利用图像相关从而获得 INS 位置、方位修正的组合导航系统。除了用于飞机外,还应用于各类中远程导弹的全程制导,是一个颇具吸引力的组合导航系统方案。其主要特点为:中制导时,用 SAR 来修正 INS;末制导时,SAR 搜索、识别、瞄准、导引导弹攻击目标。SAR/INS 系统不仅是一种新的组合体制,而且对 SAR 的研制也具有重要意义,因为它可以降低 SAR 对纯 INS 的精度要求,从而降低了系统的造价。INS/SAR 系统的特点是具有高精度、自主的导航性能。据国外报道,其水平位置精度可达到 GPS 军用 P 码的精度[30-31]。

1. SAR/INS 组合导航系统的结构

用 SAR 图像进行图像匹配定位并和惯性导航组合构成的 SAR/INS 组合导航系统是惯性/景象匹配组合导航的发展方向。但由于图像匹配只能提供水平的位置信息和航向信息,而不能提供高度方向的信息,因此如何解决高度通道发散,并建立相应的组合导航系统数学模型就成为研究的重要内容,通常可以通过引入高度方向观测量的方法来解决高度不可观的问题[32]。为此,在系统设计时考虑增加气压高度表的输出为系统观测量,从而可以构成高度辅助的 SAR/INS 组合导航系统,组合系统原理图如图 7.26 所示。

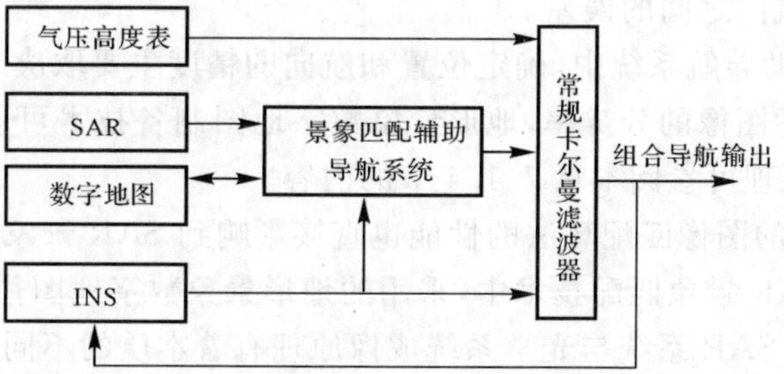

图 7.26　高度辅助的 SAR/INS 组合导航系统原理图

除上面提到的系统方案外,在 INS/SAR 系统中,为了克服高度方向发散的问题,还可以利用 TERCOM 提供的高程信息作为高度方向的量测值,从而提高组合导航系统的定位精度。SAR/INS/TERCOM 组合方式就是用 TERCOM 提供的飞行器的绝对高度(由机载无线电高度表测得飞行器离地面的相对高度,和由 TERCOM 匹配得出的地形高程相加)来补偿 SAR/INS 系统在高度方向上的发散。因为无线电高度表的测量精度高于气压高度表的测量精度

（无线电高度表精度高达0.3 m±2%，测高范围为0～1 500 m），同时，由于SAR和TERCOM系统的应用环境也不同，所以该三组合导航系统能大大提高系统的定位精度和应用范围。参考文献[33]对SAR/INS/TERCOM地形高程景象匹配组合导航系统进行了研究。

INS与SAR是两种不同性质、有着不同用途的系统，实现它们之间的相互融合，将能同时提高SINS导航精度和确保合成孔径雷达成像的质量。

实现INS与SAR系统间的双向信息融合源于下面两个原因[34]：

①惯性导航系统是一种自主连续的导航系统，但随着时间积累，导航精度将会降低。采用实时测得的SAR图像与预先存储的数字地图（光学图）进行匹配，并将匹配结果修正INS系统的导航误差，可抑制系统误差的增长，提高导航精度；

②SAR获得高分辨率图像的关键在于载机沿直线匀速飞行的稳定。任一横向、纵向运动误差都将造成图像散焦和模糊不清，而通过INS提供的导航信息对SAR进行运动补偿，可使运动误差的影响最大可能地减小，获得高质量的SAR图像。

因此，INS/SAR双向融合已不再是单纯为某一任务进行融合，而是两个不同性质、不同用途的系统互相利用和提高。惯性导航系统为SAR系统提供运动补偿所需的各种运动信息，可以获得更高分辨率和更准确的图像；而SAR图像与数字地图间匹配的结果可用以修正惯性导航系统的误差，以实现高精度的导航与提供运动补偿更精确的信息。

2. SAR景象匹配定位技术

SAR景象匹配定位技术其实质是利用SAR实时获取的景物图像（实时图）和预先存储的景象数字地图（参考图）在计算机中进行匹配比较，便可获得飞行器的水平位置和航向信息，或者获得与预定位置和航向之间的误差。

SAR景象匹配辅助导航系统中，确定位置和航向的精度主要取决于数字地图的精度或景象信息的清晰度和雷达图像的分辨率，地形景象数字地图制备技术可参阅本章7.1.5节的内容，SAR的基本工作原理可参阅本章7.1.4节的内容。

除此之外，所采用的图像匹配算法的性能也直接影响到SAR景象匹配辅助导航系统的精度和可靠性。目前，SAR景象匹配技术中，采用的地形景象数字地图往往是光学图像，而实时图为SAR图像。由于SAR系统与光学系统成像原理有着本质的不同，SAR成像主要受斑点噪声的影响，因此，为有效解决SAR图像与光学图像的匹配问题，就必须选用基于特征的匹配算法。

此外，由于SAR图像受到斑点噪声影响，为此，在对SAR图像进行图像特征提取前，需作预处理以消减斑点噪声的影响。参考文献[35]针对SAR图像的特点，研究采用平均比例边缘滤波器（Ratio-of-Averages，ROA），并结合小波变换原理实现对SAR图像特征的分级提取，可以获得较好的性能。图7.27所示为对SAR图像多尺度边缘提取的结果，可以看出，所采用的算法对斑点噪声的消除是非常有效的。

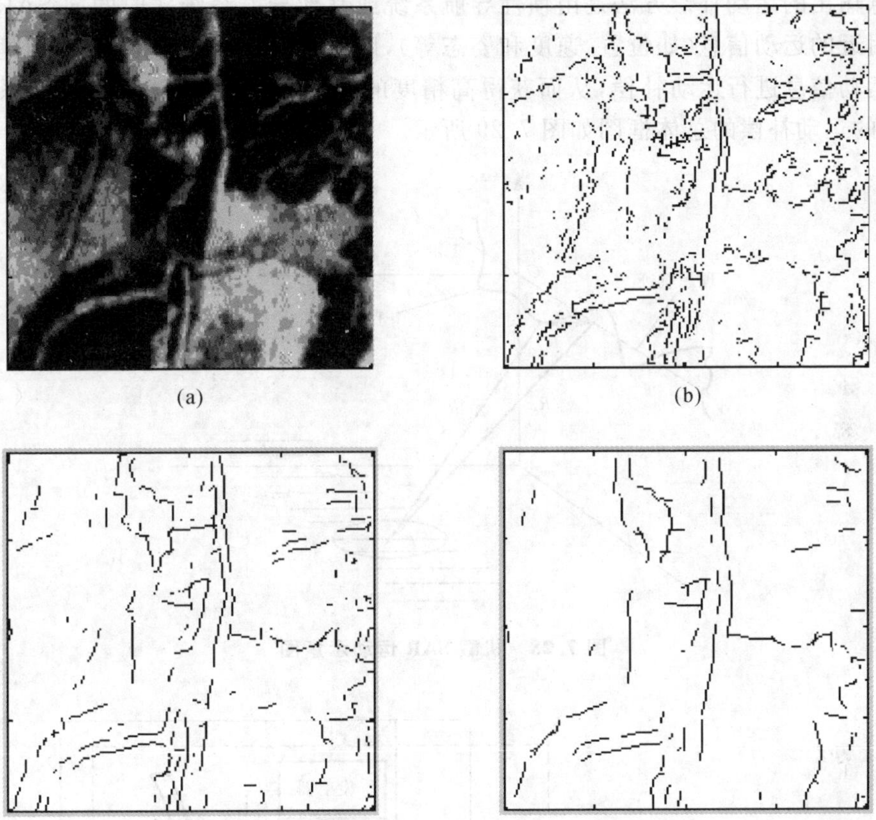

(a)　(b)　(c)　(d)

图 7.27　真实 SAR 图像的边缘提取

(a)海口地区部分 SAR 图原图；(b)第一级近似图

(c)第二级近似图；(d)第三级边缘图

3. SAR 运动补偿技术

SAR 测量平台相对成像地域作匀速直线平移运动是获得高分辨率、高反差、几何变形小的雷达图像的前提。但大气紊流、载机运行不稳定等实际因素的存在，都可能使飞行载体偏离匀速直线平移运动状态，如图 7.28 所示。这将直接影响到回波信号的频率中心、调频斜率和相位，从而造成雷达图像的几何畸变和区域特征模糊。因此，为了提高雷达图像的质量，须要在雷达的成像过程中进行运动补偿。

SAR 运动补偿一直以来是 SAR 成像技术中的关键问题，学者们已经在该领域做了大量的工作。目前采用基于运动传感器信息输出的补偿方法得到了较大的重视和发展。基于运动传感器信息输出的运动补偿方法是由惯性导航系统或其他导航系统实时的向 SAR 系统提供载机天线附近的运动信息(如位置、速度和姿态等),以便 SAR 系统在成像信号处理过程中根据载机的运动信息进行运动补偿,从而获得高精度的 SAR 图像。捷联惯性导航系统(SINS)用于 SAR 的运动补偿的总体框图如图 7.29 所示。

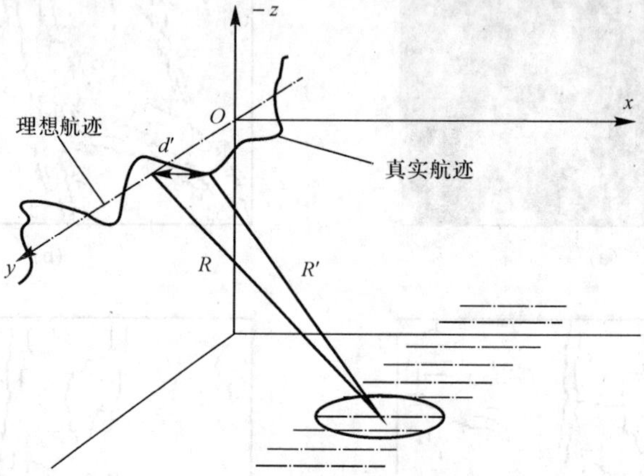

图 7.28 机载 SAR 运动示意图

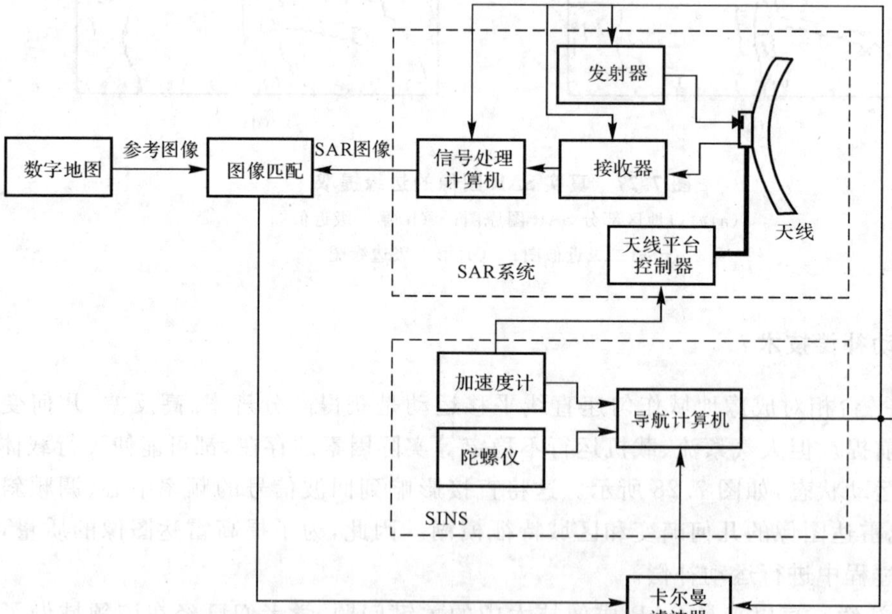

图 7.29 SINS 用于 SAR 的运动补偿总体框图

除利用纯惯性导航信息进行运动补偿外，将 GPS 与惯性导航系统结合起来共同提供运动补偿所需的信息，也是目前应用较多的一种运动补偿方法，它不仅可以克服惯性导航系统随时间增长的误差对运动补偿的影响，而且实时性以及效果更好[36]。

4. 考虑量测滞后的 SAR/INS 组合导航滤波算法

在利用机载数字地图和 SAR 图像进行匹配定位的时候，图像匹配定位输出需要耗用不等的匹配计算时间，即量测信息具有不等间隔频率输出的特性。为此，必须在卡尔曼滤波处理中加以考虑，以提高组合导航精度。

(1) 非等间隔卡尔曼滤波器设计

常规离散卡尔曼滤波器通常按照量测周期进行离散化，当量测周期较大时，为了求得准确的系统转移矩阵，通常增加计算项数，但项数过多，一方面会增加计算负担，另一方面也会增加舍入误差；而且针对非等间隔的量测周期，也无法给出一个合适的项数选择准则。

在一个滤波周期内，从卡尔曼滤波在使用系统信息和量测信息的先后次序来看，卡尔曼滤波具有两个明显的信息更新过程：时间更新和量测更新。为此，可以利用系统状态转移矩阵的特性，设计相应的非等间隔卡尔曼滤波算法，以解决非等间隔量测的问题。

定义 INS 的计算周期为 T_{INS}，非等间隔量测周期为 T_{SAR}，状态方程的离散化周期为 T，并令 $T=N\times T_{\mathrm{INS}}$，且 $T_{\mathrm{SAR}}=M\times T$。式中，$M$，$N$ 均为正整数，这样的关系总可以通过合理的 M，N 选择而得到保证。下面以一个量测周期内的处理过程为例，介绍非等间隔卡尔曼滤波器。

定义 t_k 为某次图像匹配的开始时刻，t_{k+1} 为该次图像匹配的结束时刻，定义 $t_{k(i)}$ 表示 $t_k+i\times T(i=0,1,2,\cdots,M)$ 时刻，则可以获得如图 7.30 所示的时间关系图。

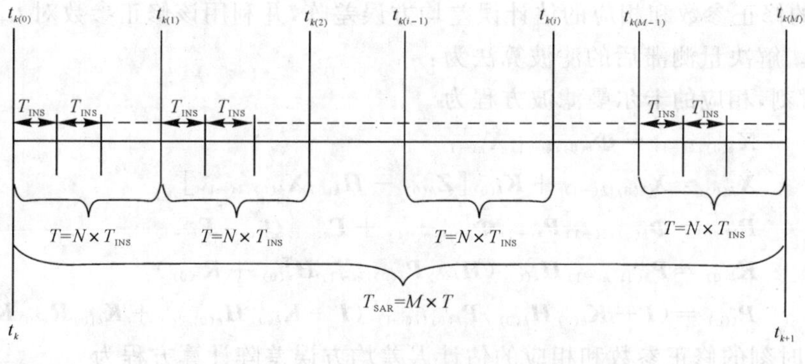

图 7.30　非等间隔量测中的时间关系图

从上述的时间关系图，可以清楚地看出，当没有量测信息的输出时，可以在每一个时刻点 $t_{k(i)}(i=0,1,2,\cdots,M-1)$，利用系统状态转移矩阵的特性，只进行卡尔曼滤波器的时间更新；而在量测信息输出的时刻 $t_{k(M)}$，同时进行卡尔曼滤波器的时间更新和量测更新，从而可以解决非等间隔量测的滤波问题。非等间隔卡尔曼滤波算法为：

① 在 $t_{k(i)}$ $(i=0,1,2,\cdots,M-1)$ 时刻，相应的卡尔曼滤波时间更新方程为

$$\hat{\boldsymbol{X}}_{k(i)}=\boldsymbol{\Phi}_{k(i),k(i-1)}\hat{\boldsymbol{X}}_{k(i-1)} \tag{7.22}$$

$$\boldsymbol{P}_{k(i)}=\boldsymbol{\Phi}_{k(i),k(i-1)}\boldsymbol{P}_{k(i-1)}\boldsymbol{\Phi}_{k(i),k(i-1)}^{\mathrm{T}}+\boldsymbol{\Gamma}_{k(i-1)}\boldsymbol{Q}_{k(i-1)}\boldsymbol{\Gamma}_{k(i-1)}^{\mathrm{T}} \tag{7.23}$$

② 在 $t_{k(M)}$ 时刻，相应的卡尔曼滤波时间更新和量测更新方程为

$$\hat{\boldsymbol{X}}_{k(M)|k(M-1)}=\boldsymbol{\Phi}_{k(M),k(M-1)}\hat{\boldsymbol{X}}_{k(M-1)} \tag{7.24}$$

$$\hat{\boldsymbol{X}}_{k(M)}=\hat{\boldsymbol{X}}_{k(M)|k(M-1)}+\boldsymbol{K}_{k(M)}[\boldsymbol{Z}_{k(M)}-\boldsymbol{H}_{k(M)}\hat{\boldsymbol{X}}_{k(M)|k(M-1)}] \tag{7.25}$$

$$\boldsymbol{P}_{k(M)}=\boldsymbol{\Phi}_{k(M),k(M-1)}\boldsymbol{P}_{k(M-1)}\boldsymbol{\Phi}_{k(M),k(M-1)}^{\mathrm{T}}+\boldsymbol{\Gamma}_{k(M-1)}\boldsymbol{Q}_{k(M-1)}\boldsymbol{\Gamma}_{k(M-1)}^{\mathrm{T}} \tag{7.26}$$

$$\boldsymbol{K}_{k(M)}=\boldsymbol{P}_{k(M)|k(M-1)}\boldsymbol{H}_{k(M)}^{\mathrm{T}}(\boldsymbol{H}_{k(M)}\boldsymbol{P}_{k(M)|k(M-1)}\boldsymbol{H}_{k(M)}^{\mathrm{T}}+\boldsymbol{R}_{k(M)})^{-1} \tag{7.27}$$

$$\boldsymbol{P}_{k(M)}=(\boldsymbol{I}-\boldsymbol{K}_{k(M)}\boldsymbol{H}_{k(M)})\boldsymbol{P}_{k(M)|k(M-1)}(\boldsymbol{I}-\boldsymbol{K}_{k(M)}\boldsymbol{H}_{k(M)})^{\mathrm{T}}+\boldsymbol{K}_{k(M)}\boldsymbol{R}_{k(M)}\boldsymbol{K}_{k(M)}^{\mathrm{T}} \tag{7.28}$$

(2) 解决量测滞后的滤波算法

利用上面提出的非等间隔卡尔曼滤波算法，可以很好地解决量测非等间隔的问题。不过在上面的滤波算法讨论过程中，并没有考虑图像匹配滞后效应的影响，从而会影响组合导航精度。为此，参考文献[37]在上面提出的解决非等间隔卡尔曼滤波算法的基础上，提出了一种解决量测滞后的方案。

从上述的非等间隔量测中的时间关系图，可以看出，t_{k+1} 时刻的量测信息输出对应于 t_k 时刻的 INS 状态，因此，可以利用一个数组 $\boldsymbol{A}$ 记录下 $t_{k(i)}$ $(i=0,1,2,\cdots,M)$ 时刻的所有 INS 状态信息，当在 t_{k+1} 时刻有量测信息输出时，利用该量测信息和数组 $\boldsymbol{A}$ 中记录下来的 t_k 时刻的 INS 状态信息进行卡尔曼滤波处理，获得 t_k 时刻的卡尔曼滤波修正参数和相应的估计误差均方误差阵；然后利用系统状态转移矩阵的特性，与上述非等间隔卡尔曼滤波时间更新方程类似，计算出 t_{k+1} 时刻的修正参数和相应的估计误差均方误差阵，并利用该修正参数对 t_{k+1} 时刻的 INS 状态进行修正。解决量测滞后的滤波算法为：

① 在 t_k 时刻，相应的卡尔曼滤波方程为

$$\hat{\boldsymbol{X}}_{k(0)|k(-1)}=\boldsymbol{\Phi}_{k(0),k(-1)}\hat{\boldsymbol{X}}_{k(-1)} \tag{7.29}$$

$$\hat{\boldsymbol{X}}_{k(0)}=\hat{\boldsymbol{X}}_{k(0)|k(-1)}+\boldsymbol{K}_{k(0)}[\boldsymbol{Z}_{k(0)}-\boldsymbol{H}_{k(0)}\hat{\boldsymbol{X}}_{k(0)|k(-1)}] \tag{7.30}$$

$$\boldsymbol{P}_{k(0)}=\boldsymbol{\Phi}_{k(0),k(-1)}\boldsymbol{P}_{k(-1)}\boldsymbol{\Phi}_{k(0),k(-1)}^{\mathrm{T}}+\boldsymbol{\Gamma}_{k(-1)}\boldsymbol{Q}_{k(-1)}\boldsymbol{\Gamma}_{k(-1)}^{\mathrm{T}} \tag{7.31}$$

$$\boldsymbol{K}_{k(0)}=\boldsymbol{P}_{k(0)|k(-1)}\boldsymbol{H}_{k(0)}^{\mathrm{T}}(\boldsymbol{H}_{k(0)}\boldsymbol{P}_{k(0)|k(-1)}\boldsymbol{H}_{k(0)}^{\mathrm{T}}+\boldsymbol{R}_{k(0)})^{-1} \tag{7.32}$$

$$\boldsymbol{P}_{k(0)}=(\boldsymbol{I}-\boldsymbol{K}_{k(0)}\boldsymbol{H}_{k(0)})\boldsymbol{P}_{k(0)|k(-1)}(\boldsymbol{I}-\boldsymbol{K}_{k(0)}\boldsymbol{H}_{k(0)})^{\mathrm{T}}+\boldsymbol{K}_{k(0)}\boldsymbol{R}_{k(0)}\boldsymbol{K}_{k(0)}^{\mathrm{T}} \tag{7.33}$$

② 在 t_{k+1} 时刻的修正参数和相应的估计误差均方误差阵计算方程为

$$\hat{\boldsymbol{X}}_{k(M)}=\prod_{i=1}^{M}\boldsymbol{\Phi}_{k(i),k(i-1)}\hat{\boldsymbol{X}}_{k(i-1)} \tag{7.34}$$

$$\boldsymbol{P}_{k(M)}=\prod_{i=1}^{M}[\boldsymbol{\Phi}_{k(i),k(i-1)}\boldsymbol{P}_{k(i-1)}\boldsymbol{\Phi}_{k(i),k(i-1)}^{\mathrm{T}}+\boldsymbol{\Gamma}_{k(i-1)}\boldsymbol{Q}_{k(i-1)}\boldsymbol{\Gamma}_{k(i-1)}^{\mathrm{T}}] \tag{7.35}$$

仿真表明，采用非等间隔并解决滞后的滤波算法可以有效提高 SAR/INS 组合导航系统的

滤波精度。同时,上面提到的非等间隔卡尔曼滤波算法和解决量测滞后效应的滤波算法也可以推广到其他具有相同特性的组合导航系统中。

7.4 视觉导航技术

近年来,随着计算机图像处理能力和技术的提高,硬件设备的快速升级,机器视觉和模式识别技术的迅速发展,视觉导航技术得到了快速的发展。视觉导航技术以其信息量大、自主和无源性的特点,备受国内外学者的关注。本节将对其基本工作原理和关键算法加以扼要阐述和讨论。

7.4.1 视觉导航技术的发展与应用

从20世纪60年代起,图像跟踪技术就在军事上得到了广泛的应用。在防空火控系统中,图像跟踪技术由于可以弥补雷达在抗电子干扰方面的不足而备受青睐。到了20世纪70年代末和80年代初,麻省理工学院的马尔(D. Marr)教授创立了视觉计算理论,使视觉研究前进了一大步。把视觉应用到无人机着陆过程中,发展出来的视觉导航方法,具有精度高、不受电子干扰等特点,因此它在无人机的导航中受到越来越多的关注。视觉导航与图像处理、模式识别、投影几何、统计推断、统计学习等学科密切相关。

近年来,视觉导航与计算机图形学,三维表现等学科也发生了很强的联系,并且在视觉导航中应用的图像识别、跟踪技术也得到了很大的发展。从技术上讲,早期服役的电视跟踪系统大都采用单一工作模式,用分离元件和模拟装置实现,工作时必须有人工参与。20世纪80年代以后,进入了以人工智能和综合化(如结合雷达、红外和激光等)为重要特征的高性能发展阶段,智能多模跟踪器和多特征跟踪器成为研究主流。目前使用的图像跟踪仪大多采用模拟体制,系统的智能判断和抗复杂背景干扰的工作能力相对较弱。研究利用红外成像或可见光成像实现智能化程度先进、制导精度高、作用距离大、抗干扰能力和抗遮挡能力强的目标跟踪系统是当前精确制导技术的主要发展方向之一,其中目标图像的识别和跟踪算法是该系统的关键环节。结合图像处理技术,利用图像特征提取导航控制信息,已经成为国内外着陆导航的热点。因此可以预知,在视觉导航这一新兴领域一定能得到新的突破。

目前视觉导航技术在许多领域都得到了广泛应用。华盛顿大学与微软公司合作为"探测者"号卫星研制了宽基线立体视觉系统[38],使"探测者"号能够在火星上对其即将跨越的几千米内的地形进行精确的定位和导航。系统使用同一个摄像机在"探测者"的不同位置上拍摄图像对。拍摄间距越大,基线越宽,能观测到越远的地貌。系统采用非线性优化得到两次拍摄图像时摄像机的相对准确的位置,利用鲁棒性强的最大似然概率法结合高效的立体搜索进行图像匹配,得到亚像素精度的视差,并根据此视差计算图像对中各点的3维坐标。该系统能够更精确地绘制"探测者"号周围的地貌和以更高的精度观测到更远的地形。

麻省理工学院计算机系提出了一种新的用于智能交通工具的传感器融合方法[39]。由雷达系统提供目标深度的大致范围，利用双目立体视觉提供粗略的目标深度信息，结合改进的图像分割算法，能够在高速环境下对视频图像中的目标位置进行分割。而传统的目标分割算法难以在高速实时环境中得到令人满意的结果。

加州大学伯克利分校通过在地面建立着陆平台[39]，在飞机上安装摄像机，在识别拍摄地面的有显著特征的人工目标后，通过图像的像素坐标和已知的目标大小，求取计算摄像机和目标之间的相对位置和姿态来实现导航。佛罗里达大学研究了一种采用图像识别技术来实现飞机姿态角的计算方法，研究人员通过检测地平线解算飞机的姿态角。

随着视觉算法性能和可靠性的提高，视觉导航开始逐渐被熟知，成为自动控制领域中测量运动、位置和结构的强大而通用的传感器。计算机硬件的发展，实时运行，完善的实时算法的应用，使视觉导航系统的应用越来越广泛。

7.4.2 视觉导航的基本工作原理

视觉导航主要研究利用计算机来模拟人的视觉功能，从客观事物的图像中提取有价值的信息，进行处理和识别并最终用于实际的检测、测试、导航或控制。视觉导航是一门交叉学科，涉及图像处理、计算机科学、生理心理学和摄影测量学等领域。

和大多数系统组成一样，视觉系统由硬件和软件两部分组成。硬件一般包括 CCD 摄像机、图像采集卡、PC 机和控制执行机构。CCD 摄像机用于把模拟物理量（如光线等）转换成电信号，利用图像采集卡把电信号转换成计算机能够处理的数字信号，即图像数字化。PC 机用于完成图像处理和判断决策，并输出控制信号。控制执行机构则根据 PC 机的输出信号执行相应的操作。视觉系统的软件是安装在计算机中的，包括图像处理系统和判断决策系统。前者用于对输入图像进行处理识别，平滑掉图像的噪音，提高图像的可识别能力，提取感兴趣的特征，并得到图像中目标特征的描述方程；后者根据特征描述方程，运用摄影测量等知识进行运算和判断，并输出控制信号驱动执行机构。

下面将结合两类应用，介绍视觉导航的基本原理。

1. 基于视觉的微型飞行器姿态检测

目前，微型飞行器（Micro Air Vehicle，MAV）的主要用途是侦察与监视，其机载的图像传感器是不可或缺的传感器。通过计算机图像技术，最大限度地利用图像传感器获得的丰富信息，扩展和提升 MAV 的性能，且不用增加额外负载，这无疑具有很大的实用价值。因此，利用 MAV 携带的任务载荷——CMOS 摄像头——拍摄的图像检测姿态角不失为一种新颖而具有实用前景的方案。

最早提出并实现利用视觉进行 MAV 自主控制问题的是佛罗里达大学。滚转角和俯仰角是微型飞行器稳定飞行的两个基本条件，佛罗里达大学正是基于此提出了利用机载视觉传感器来获取这两个姿态角的方法。

基于机器视觉的无人机自主姿态控制系统的硬件设备主要包括：高性能航空 CCD 摄像机、图像采集卡、能够满足图像处理要求的机载计算机和 MAV 控制系统。软件部分主要包括图像处理软件、特征方程提取、参数计算。图 7.31 是基于视觉的 MAV 自主飞行控制系统示意图。

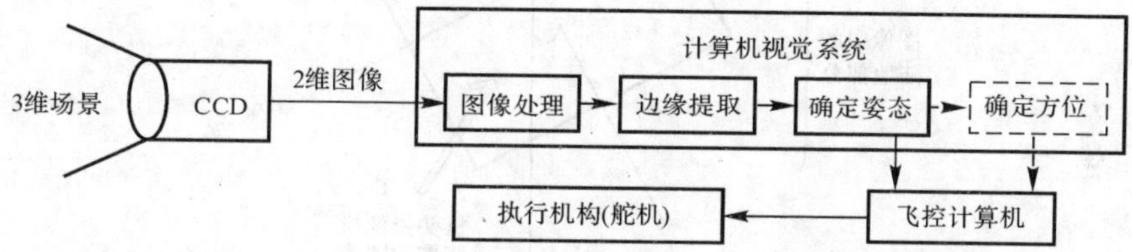

图 7.31　基于视觉的 MAV 自主飞行控制系统示意图

在图 7.31 中，首先利用 CCD 镜头获取 3 维世界的 2 维图像，经过图像处理阶段以消除图像获取过程中由于外界各种干扰因素造成的噪声，然后分析图像并获取图像中对确定无人机姿态有用的信息如地平线，进而利用获取的边缘信息得到 MAV 保持稳定所必须的横滚角 γ 和俯仰角 θ，最后将 MAV 的姿态信息送入飞控计算机以控制无人机自主飞行。

假设摄像机安装于无人机机头，当 MAV 飞到一定的高度时，在摄像机所获取的图像中会很清晰地出现地平线。假设地平线满足以下 3 个条件：

① 地平线是一条直线；

② 地平线是图像中的一条边缘线，可以通过图像边缘检测的方法得到；

③ 在图像中地平线的上方是天空，下方是地面。

如图 7.32 所示，地平线与图像坐标系中 x 轴之间的夹角 φ 和 MAV 的横滚角 γ 是相等的，而依据图像中地平线上下两部分的面积比可以得到 MAV 的俯仰角。

须要指出的是，若地面有大型建筑物等表面性质比较一致的物体，则会干扰地平线的检测[40]。基于视觉的地平线检测的详细算法，读者可参阅有关的参考文献。

2. 双目立体视觉的基本原理

双目视差(Binocular Disparity) 简称视差。人的双眼从稍有不同的两个角度去观察客观的 3 维世界的景物，由于几何光学的投影，离观察者不同距离的像点在左右两眼视网膜上就不是在相同的位置上。这种两眼视网膜上的位置差就称之为双目视差，它反映了客观景物的深度。人有深度感知能力，就是因为有了这个视差，再经过大脑的加工形成的。

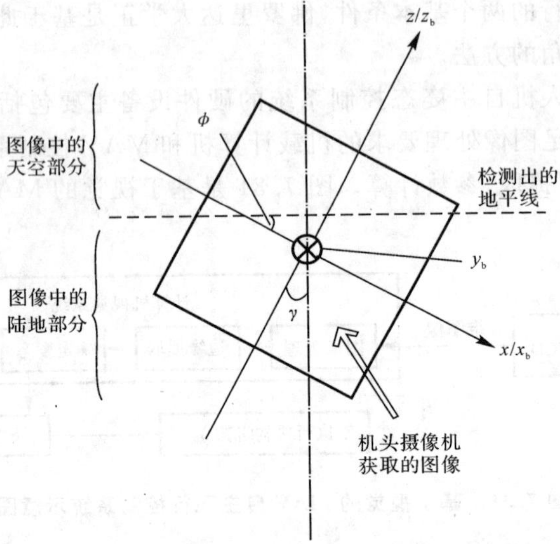

图 7.32 机头摄像机获取的图像与 MAV 姿态的关系

基于视差理论的计算机立体视觉，是运用两个或者多个摄像机对同一景物从不同位置成像获得立体图像对，如图 7.33(a) 所示。通过各种算法匹配出相应像点，从而计算出视差，然后采用基于三角测量的方法恢复深度信息。现有的绝大多数立体视觉系统均采用这项原理[41]。

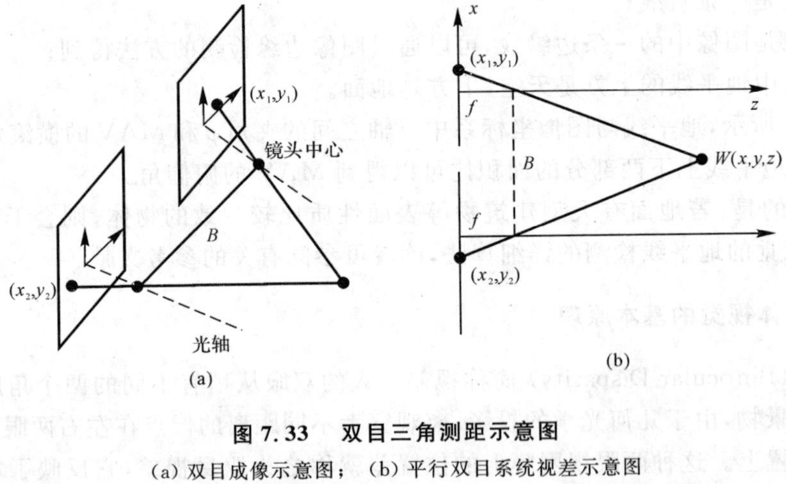

图 7.33 双目三角测距示意图

(a) 双目成像示意图；(b) 平行双目系统视差示意图

假定两摄像机各内部参数完全相同，光轴精确平行，各自坐标系的对应轴也精确平行，则双目立体视觉系统的三角测量原理如图 7.33(b) 所示。摄像机的镜头中心称为光心，两摄像机光心连线称为基线，即图 7.33 中的 B。过光心垂直于成像平面的直线称为光轴。光心到成像平面的距离为焦距 f。一般把图 7.33(a) 中的两幅图像称为立体图对。

由图 7.33(b) 所示的集合关系可以推得

$$z = f\left(1 + \frac{B}{D}\right) \tag{7.36}$$

其中，$D = x_1 - x_2$，称为平行立体视的视差，是由双目图像恢复景物点 3 维坐标的一个重要参数。式(7.36) 把物体与像平面的距离(即 3 维信息中的深度) 与视差 D 直接联系了起来，视差的大小与深度有关，因为视差中包含了景物的 3 维信息。物点的 z 坐标求出以后，由(x_1, y_1)和(x_2, y_2) 可求出 x 和 y 坐标。

实际上，两摄像机内部参数不可能完全相同，各自的坐标系也无法做到精确对应平行，因而式(7.36) 只是给出从双目立体图对中恢复景物深度的可能性。在实际应用中，须要首先标定两摄像机的内外部参数，从而建立景物点的 3 维世界坐标与在图像中得到的对应像点的 2 维像素坐标之间的对应关系。这种对应关系表现为 3 维世界坐标与 2 维像素坐标之间的 2 个方程，用 2 个摄像机就可以得到 4 个方程。然后通过匹配得到同一景物点在两幅图像中的对应像点。以景物点 3 维坐标为未知数，利用已标定的参数和景物点在两图像中的对应像点的像素坐标，解上述 4 个方程就可以得到景物点 3 维坐标，这就是传统的双目立体视觉的实现过程。须要指出的是，立体视觉除了双目视觉以外，还包括三目视觉或使用更多摄像机的情况，但是其中的基本原理与双目视觉相同。

7.4.3 基于机器视觉的组合导航技术

视觉导航算法虽然能够满足相对导航任务要求，但存在作用距离短，数据采样频率低等不足。飞行器上安装的惯性组件(IMU)，其可靠性高，短期精度好且不受距离的影响，能够高频率地输出位置、速度和姿态等多种导航信息，但其误差会随时间累积。针对视觉导航和惯性导航系统各自的优点与不足，可采用视觉 / 惯性组合导航方法，将两种导航系统有机地组合，取长补短，充分发挥各自的优点，提高导航系统的性能和可靠性。下面将以基于视觉 /GPS/MEMS - SINS 的微型飞行器姿态确定系统为例，介绍利用计算机视觉的组合导航系统。

1. 系统结构及工作模式

组合姿态系统以 MEMS-SINS 为主系统，利用卡尔曼滤波器将视觉姿态、GPS 和 MEMS-SINS进行融合，既可利用视觉姿态和GPS抑制精度低的MEMS-SINS的漂移，又可发挥MEMS-SINS的短期姿态保持能力。假设机载设备每秒对其所获取的图像中的一帧进行处理，提取地平线信息，根据地平线在图像中的斜率和天 / 地所占像素比例计算微型飞行器姿态。

视觉/GPS/MEMS-SINS组合系统的结构框图如图7.34所示，MEMS陀螺和加速度计测量MAV的角速度与比力加速度，在构建捷联惯性导航系统的基础上，利用卡尔曼滤波器，将更新率为1 Hz的GPS以及微型飞行器视觉姿态与MEMS-SINS进行综合。

该组合系统中包含捷联惯性系统算法、视觉姿态搜索算法、GPS和卡尔曼滤波等几个模块。根据系统中参与组合的信息的不同，组合系统具有以下几种工作状态：

① 捷联惯性导航系统状态；

② 视觉/GPS/MEMS-SINS组合状态；

③ 视觉/MEMS-SINS组合状态；

④GPS/MEMS-SINS组合状态。

鉴于水平姿态对微型飞行器姿态稳定的重要性，本节主要介绍视觉姿态/GPS/MEMS-SINS组合算法。

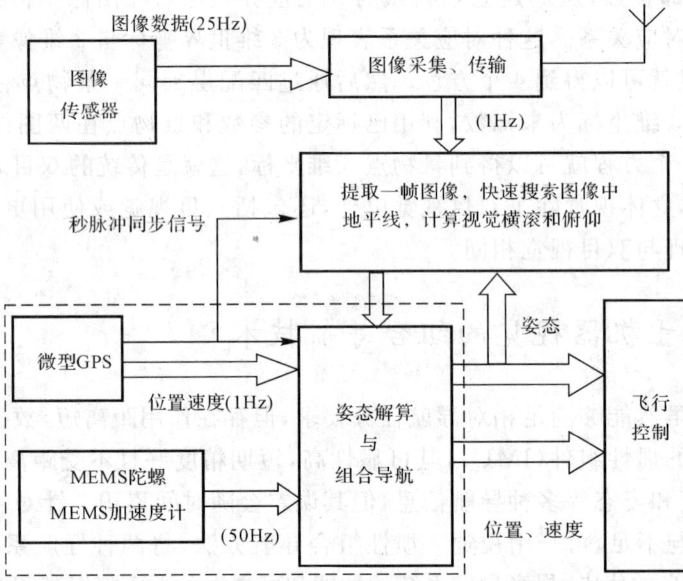

图7.34 视觉/GPS/MEMS-SINS组合系统结构框图

2. 组合系统卡尔曼滤波器模型

视觉/GPS/MEMS-SINS组合导航系统以东北天地理坐标系下的MEMS-SINS的误差作为状态量。MEMS惯性器件精度较低，随机噪声可近似为白噪声，故卡尔曼滤波器状态方程为9阶，系统状态方程阶次低，卡尔曼滤波器的计算量明显减小，有利于保证滤波的实时性。

这里采用的卡尔曼滤波器由以下状态方程和观测方程组成。

(1) 系统状态方程

根据参考文献[42]及本书第2章的内容，结合MEMS-SINS中MEMS传感器的噪声状况，建立系统模型。状态方程为

$$\dot{\boldsymbol{X}} = \boldsymbol{F}\boldsymbol{X} + \boldsymbol{G}\boldsymbol{W} \tag{7.37}$$

其中，系统的9个状态构成的向量为

$$\boldsymbol{X} = [\varphi_E \quad \varphi_N \quad \varphi_U \quad \delta v_E \quad \delta v_N \quad \delta v_U \quad \delta L \quad \delta\lambda \quad \delta h]^T$$

状态量由东向、北向、天向的平台误差角，东向、北向、天向的速度误差以及纬度、经度和高度的误差构成，$\boldsymbol{F}$,$\boldsymbol{G}$是状态方程的状态转移矩阵和噪声系数矩阵。

(2) 系统量测方程

以东北天地理坐标系为导航坐标系，定义n为理想的导航坐标系，即当地的东北天地理坐标系，n′为捷联惯性导航系统的计算导航坐标系，即数学平台坐标系，数学平台系与理想的导航坐标系之间的平台误差角向量为$\boldsymbol{\varphi}^n = [\varphi_E \quad \varphi_N \quad \varphi_U]^T$。

根据视觉图像地平线识别方法得到的俯仰角和横滚角分别为θ_T和γ_T，引入捷联惯性系统的航向角ψ作为辅助，由θ_T,γ_T和ψ这组欧拉角可以定义另一个数学平台坐标系n″，数学平台坐标系n″与理想的导航坐标系n之间的平台误差角向量为$[\varphi_{ET} \quad \varphi_{NT} \quad \varphi_U]^T$。

定义水平平台误差角的量测矢量$\boldsymbol{Z} = [\varphi_E - \varphi_{ET} \quad \varphi_N - \varphi_{NT}]^T$，则

$$\boldsymbol{Z} = \begin{bmatrix} \varphi_E - \varphi_{ET} \\ \varphi_N - \varphi_{NT} \end{bmatrix} = \begin{bmatrix} 1 & 0 \\ 0 & 1 \end{bmatrix} \begin{bmatrix} \varphi_E \\ \varphi_N \end{bmatrix} + \begin{bmatrix} -\varphi_{ET} \\ -\varphi_{NT} \end{bmatrix} = \boldsymbol{H}\boldsymbol{X} + \boldsymbol{V} \tag{7.38}$$

其中，$[\varphi_E \quad \varphi_N]^T$是捷联惯性导航系统的水平平台误差角，是卡尔曼滤波器的状态向量的一部分；$\boldsymbol{V} = [-\varphi_{ET} \quad -\varphi_{NT}]^T$，是以视觉姿态为基准的水平平台误差，为量测方程的量测噪声。

将式(7.38)与GPS/INS位置、速度组合的观测方程联立，构成组合系统的水平姿态误差、位置误差、速度误差观测方程。方程的具体形式参阅第6章中的GPS/INS“姿态、位置、速度信息组合(全组合)”部分，这里不再作详细推导。

与传统的GPS/MEMS-SINS组合姿态确定系统相比，视觉/GPS/MEMS-SINS组合姿态确定系统有以下特点和优势[42]：

① 视觉/GPS/MEMS-SINS组合姿态确定系统，综合了微型飞行器中的惯性系统、GPS的位置和速度以及视觉图像的姿态等信息，提高了平台误差的可观测性，各分系统优势得到互补，能有效解决微型飞行器的姿态确定问题；

② 视觉姿态信息的加入，使卡尔曼滤波器对水平姿态的观测能力增强，与GPS/MEMS-SINS组合相比，明显提高了水平姿态的精度和系统的可靠性，克服了单纯采用地平线识别的方法对微型飞行器姿态所获取的图像的前提假设和要求。

7.5 本章小结

地形辅助导航系统基于数字地图和相应的机载地形传感器进行工作，与组合导航不同，数字地图是非独立工作的，对主导航系统仅起辅助修正作用。地形辅助导航系统依靠自然的地形信息进行导航，利用其辅助惯性导航工作，可构成具有自主性好、精度高的导航系统，特别适用于低空突防等军事应用领域。

地形辅助导航技术按照基本原理可以分为地形高程辅助和地形景象匹配辅助两大类。地形高程辅助导航系统中，基于递推卡尔曼滤波算法的地形高程随机线性化匹配方法和基于相关分析的地形轮廓匹配方法比较有代表性，发展也较为成熟；而在地形景象匹配技术中，基于SAR的景象匹配辅助导航以其高精度和良好抗干扰的性能，成为近年来的研究热点，同时SAR本身的工作原理和成像特性也使得其在图像匹配、运动补偿及组合滤波算法方面具有一系列不同于常规景象匹配辅助导航方法的特点。

视觉导航是通过对视觉传感器获得的图像进行处理和分析，获得导航定位参数的一种技术，它具有获得信息量大、完全自主和无源性等优点。除本章介绍的微型飞行器视觉导航外，目前计算机视觉导航技术在许多场合得到了应用，例如智能机器人、公路交通管理、汽车安全行驶等。随着人工智能技术和图像处理技术的发展，视觉导航技术作为一类新兴的导航手段，将得到更加广泛的应用。

思考与练习题

7.1 惯性基准系统在战术飞机导航中的作用是什么？新一代的战术飞机对导航系统的要求是什么？何种导航系统能满足这些要求？

7.2 试述当前地形辅助导航系统的现状和趋势。

7.3 地形辅助导航系统的系统矩阵$\boldsymbol{\Phi}$和量测矩阵$\boldsymbol{H}$分别如式(7.13)和式(7.21)所示。试推导在k至$k+4$的时间序列段中的局部可观测矩阵$\boldsymbol{M}$，并讨论$\boldsymbol{M}$与什么量有关。

7.4 地形随机线性化技术对地形辅助导航的性能有哪些方面的影响？

7.5 对高程地形辅助导航系统的两种主要算法TERCOM和SITAN，请从工作原理方面给予分析证明，或者查找应用资料，说明两者的定位精度和性能，并进行比较。

7.6 图像匹配的主要目的和常用的方法是什么？

7.7 什么是松弛法匹配？其主要特点是什么？

7.8 试述小波多尺度分析的主要特性。

7.9 为什么合成孔径雷达可以提高分辨率？

7.10 试述INS/SAR组合导航系统的基本原理，特点和应用及其须要解决的关键问题。

7.11　如何能同时实现地形高程和景象匹配辅助导航对惯性导航的辅助作用，以提高导航定位精度？

7.12　如果SAR图像匹配定位算法输出具有滞后和不等间隔特性，该如何实现相应的组合滤波算法？

7.13　简述双目立体视觉的基本原理。

7.14　简述利用计算机视觉信息检测地平线的基本原理，及利用视觉的飞行器姿态确定系统的基本原理。

参考文献

[1]　辛廷慧. 水下地形辅助导航方法研究[D]. 西安：西北工业大学，2004.

[2]　Lorga J F M, Rossum W V, Halsema E V, et al. Development of a SAR dedicated navigation system: from scratch to first test flight[J]. IEEE PLANS'04, 2004: 249 - 258.

[3]　熊智，冷雪飞，刘建业. 基于北斗双星定位辅助的SAR/INS组合导航系统研究[J]. 宇航学报，2007. 1，28(1)：88 - 92.

[4]　Reigber A. Alivizatos E. Extended wavenumber-domain synthetic aperture radar focusing with integrated motion compensation[J]. IEE Proc.—Radar Sonar Navig, 2006, 153(3): 301 - 310.

[5]　David P Duncan. Motion Compensation of Interferometric Synthetic Aperture Radar of Electrical and Computer[D]. USA: Engineering Brigham Young University, 2004.

[6]　Cumming LG, Wong F. Digital processing of synthetic aperture radar data: algorithms and implementation[M]. Boston(MA): Artech House Inc., 2005.

[7]　李志林，朱庆. 数字高程模型[M]. 武汉：武汉大学出版社，2003.

[8]　蒋捷，韩刚，陈军. 导航地理数据库[M]. 北京：科学出版社，2003.

[9]　魏岳江. 数字地图与军用数字地图[J]. 国防科技，2004(5)：11 - 14.

[10]　冷雪飞，刘建业，熊智. 合成孔径雷达在导航系统中的应用[J]. 传感器技术，2004，23(10)：4 - 7.

[11]　祝明波，董巍，张东兴. 雷达景像匹配制导基准图制备技术综述[J]. 系统工程与电子技术，2009，31(3)：549 - 552.

[12]　虞蕾，赵红，赵宗涛. 一种基于地形分析的航线规划算法研究[J]. 微电子学与计算机，2005，22(11)：121 - 123.

[13]　Nygren I, Jansson M. Terrain navigation for underwater vehicles usingthe correlator method. Oceanic Engineering[J]. IEEE Journal, 2004, 29 (3): 906 - 915.

[14] 王涛.桑迪亚惯性地形辅助导航算法及应用研究[D].西安:西北工业大学,2006.

[15] 于国强.现代战争的北斗星——导航与定位[M].2版.北京:国防工业出版社,2008.

[16] 熊智,刘建业,曾庆化,等.景象匹配辅助导航系统中的图像匹配算法研究[J].中国图像图形学报,2004,9(1):29-34.

[17] Marc Alzina, Wojciech Szpankowski, Ananth Grama. 2D-Pattern Matching Image and Video Compression:Theory,Algorithms,and Experiments[J]. IEEE Transactions on image processing,2002,11(3):318-331.

[18] Jordi INGLADA, Frédéric ADRAGNA. Automatic Multi-Sensor Image Registration by Edge Matching using Genetic Algorithms[J]. IEEE Transactions on geoscience and remote sensing,2001,7(5):2313-2315.

[19] Yongsheng Gao, Maylor K H Leung. Face Recognition Using Line Edge Map[J]. IEEE Transactions on pattern analysis and machine intelligence,2002, 24(6):764-779.

[20] Brian Lofy. High Accuracy registration and targeting[C]. Applied Imagery Pattern Recognition Workshop,Proceedings. USA,29th,2000.10:235-241.

[21] Clark F Olson. Maximum-Likelihood Image Matching[J]. IEEE Transactions on pattern analysis and machine intelligence,2002,24(6):853—857.

[22] 冷雪飞.基于图像特征的景象匹配辅助导航系统中的关键技术研究[D].南京:南京航空航天大学,2007.

[23] Dong-Gyu Sim,Rae-Hong Park. Two-Dimensional Object Alignment Based on the Robust Oriented Hausdorff Similarity Measure[J]. IEEE Transactions on image processing,2001,10(3):475-483.

[24] Dong-Gyu Sim,Rae-Hong Park,Rin-Chul Kim, et al. Integrated position estimation using aerial image sequences[J]. IEEE Transactions on pattern analysis and machine intelligence,2002,24(1):1-18.

[25] 熊智.合成孔径雷达/激光捷联惯性组合图像导航技术研究[D].南京:南京航空航天大学,2004.

[26] Sang Hyun Kim, Rae Hong Park. An efficient algorithm for video sequence matching using the modified Hausdorff distance and the directed divergence. Circuits and Systems for Video Technology[J]. IEEE Transactions on,2002(7):592-595.

[27] 冷雪飞,刘建业,熊智,等.鲁棒 Hausdorff 距离在 SAR/惯性组合导航图像匹配中的应用研究[J].东南大学学报(自然科学版),2004,34(Suppl):141-144.

[28] 熊智,刘建业,冷雪飞.景象匹配辅助导航系统中的精确图象匹配算法研究[J].宇航学报,2006,27(4):680-685.

[29] 刘建业,冷雪飞,熊智,李明星.惯性组合导航系统的实时多级景象匹配算法[J].航空学报,2007,28(6):1401-1407.

[30] Tsunoda S I, Pace F, Stence J, et al. A high-resolution synthetic aperture radar[J]. IEEE Aerospace conference proceedings,2000,7(5):51-58.

[31] Sharaf R, Noureldin A. Online INS/GPS Integration with a Radial basis Function Neural Network[J]. IEEE Aerospace and Electronic System Magazine, 2005, 20(3): 8-14.

[32] 熊智,刘建业,林雪原.高度辅助的 INS/SAR 组合导航系统研究[J].中国空间科学技术,2003,23(4):62-66.

[33] 冷雪飞,刘建业,熊智.SAR/INS/TAN 组合导航系统中的滤波算法研究[J].系统工程与电子技术,2006,28(1):23-25.

[34] Smith M I, Januarius E M, Bernhardt M, et al. Multi-sensor fusion for improved air-to-ground target localization[C]// Proceedings of SPIE—The International Society for Optical Engineering 2001:442-452.

[35] Zhangyao Bai,PeiKun He. An Improved Ratio Edge Detector for Target Detection in SAR Images[C]// IEEE Int. Conf. Neural Network & Signal Processing. Nanjing (China):[s. n.],2003.

[36] 王晓峰.临近空间慢速平台 SAR 运动补偿技术研究[D].长沙:国防科学技术大学,2007.

[37] 刘建业,熊智,段方.考虑量测滞后的 INS/SAR 组合导航非等间隔滤波算法研究[J].宇航学报,2004,25(6):626-631.

[38] Clark F Olson, Habib Abi-Rached, Ming Ye, et al. Hendrich. Wide-Baseline Stereo Vision For Mars Rovers[C]// Proceedings of the 2003 IEEE/RSJ Intl. Conference on Intelligent Robots and System. USA:[s. n.], 2003.

[39] Yajun Fang, Ichiro Masaki, Berthold Horn. Depth-Based Target Segmentation for Intelligent Vehicles:Fusion of Radar and Binocular Stereo[J]. IEEE Transactions on Intelligent Transportation System,2002,3(3):35-40.

[40] 高爱民,曹云峰,陈松灿.一种基于视觉的微型飞行器姿态检测算法[J].飞机设计,2002,12(4):70-73.

[41] 侯建.月球车立体视觉与视觉导航方法研究[D].哈尔滨:哈尔滨工业大学,2007.

[42] 李荣冰,刘建业,熊智.基于视觉/GPS/MEMS-SINS 的微型飞行器姿态确定系统[J].上海交通大学学报,2006,40(12):2155-2163.

结 束 语

导航的作用就是为用户提供一个快速实时的定位技术和手段。广义来说，导航就是将航行载体从起始点引导到目的地的技术或方法；狭义来说，导航是提供航行体导航参数的手段。导航系统在国民经济和国防建设处于重要的战略地位，其在航空、航天、航海和许多民用领域都得到了广泛的应用。

前面 7 章包括导航系统概述、惯性导航系统、全球卫星定位系统、无线电、天文和其他导航系统、现代滤波系统理论及其在导航系统中的应用、组合导航系统、地形辅助导航及视觉导航技术等，介绍了导航系统的基本情况，尽可能涵盖了导航系统的各个方面。

近几十年来，导航技术得到了巨大的发展，从低精度器件到高精度器件，从大型系统到小型化、微型化系统，从军用向军民用，从单一的导航方式到组合导航，甚至采用新控制技术的组合导航。当然，导航系统还在继续发展，其技术和应用领域都在不断扩展，随着新技术的不断涌现，势必会给导航系统的发展带来巨大的推动力量，也会对国防和国民经济的各方面产生深远的影响。

未来导航系统发展的部分特点如下：

1. 新型惯性器件的研制

惯性技术在发展过程中，采用不同的技术途径提高陀螺仪的性能。一种途径是在刚体转子的基础上，不断完善和革新它的支撑结构以获得低漂移率，相继出现了液浮、气浮、动力调谐和静电陀螺仪，但这些陀螺仪将逐渐被新型陀螺仪所取代。

另一种技术途径是利用近代物理学的研究成果，寻找物体相对惯性空间旋转的多种物理效应，激光、光纤、核磁共振陀螺仪就是其中的典型代表，其中激光、光纤陀螺正在航空、航天领域广泛应用。与此同时，通过对经典力学理论进行新探索，相继出现音叉振动陀螺仪、压电陀螺仪和半球谐振陀螺仪等基于力学原理的新型惯性器件。

在理论和工程实践的推动下，未来的导航系统发展中，还会涌现出更多的新型惯性器件。随着生产工艺的提高，在目前微机电系统的基础上，正逐渐发展出一类纳机电系统（Nano-Electromechanical System，NEMS）。纳机电系统是指尺寸在 1～100 nm，以机电结合为主要特征，基于纳米级结构新效应的器件和系统。从机电角度来看，可以把 NEMS 技术看成是微机电（MEMS）技术的发展。但 MEMS 的特征尺寸在微米量级，其大多数特征实际上还是基于宏观尺度下的物理基础，而 NEMS 的特征尺寸达到了纳米数量级，显示出了一些新的效应，如尺度效应、表面效应等[1]。

可以预计纳机电惯性传感器将有比微机电惯性传感器具有更优异的性能。相对微机电线性加速度计来说，纳机电线性加速度计的尺寸将减小到1/1 000，而价格将降低至1/100[2]。就像当前MEMS技术给惯性传感器带来的技术革新一样，纳机电技术将同样引起一场新的革命。

同时，对基于新原理的惯性器件也在不断的研究和探索中。例如，基于超流体效应的超流体量子陀螺仪[3]和基于量子光学技术的原子干涉惯性传感器[4]，基于光学微镜(Micro Mirror)效应与高纯度微型光源集成的高精度微型光学陀螺[5]等，在实现高精度惯性测量方面显示出巨大的潜力，受到各国学者的重视。

另外，微型飞机、微型卫星、"纳米"卫星(0.1 kg以内)、微型机器人的定位定向，对于惯性测量器件的微型化和高精度提出了要求，因此，研究低漂移量的微型陀螺仪和加速度计，也将是未来的发展方向。

2. 微小型和超小型的惯性导航系统

近年来，鉴于微小型飞行器、微型机器人等微小型系统在侦察、监控等领域的迅速发展(见图8.1)。这类微小型运载体的自主导航已成为这类载体进一步在国防和民用领域大量应用、发挥重要作用的关键。载体本身的微小型对导航系统的要求除必要的精度要求外，体积足够小、质量足够轻是这类需求的突出特点。

图8.1 三种微小型飞行器

国内外很多研究机构在研究导航系统微小型化。微传感器和微执行器、微型卫星导航系统接收机与天线等技术的发展为这类系统提供了器件支持。目前比较有代表性的系统方案包括基于微惯性传感器的微型惯性姿态确定系统、基于微视觉传感器的姿态确定系统以及微型红外地平仪、微型星敏感器等，其导航定位功能主要靠微型GPS接收机解决[6]。

MEMS惯性传感器中既具有敏感相应物理效应的微传感器部件，也集成了一定的信号处理电路，具有一定信号处理的能力。当前，惯性传感器的最高集成程度是把MEMS惯性器件和微处理器集成在一起。随着微电子、纳米技术和集成电路工艺的进一步发展，微小型惯性导航系统将会向更高集成度的方向发展，在同一微小芯片中，可加工出微小惯性器件测量单元和微处理器，实现传感器与处理器的一体化封装，构成芯片级超小型惯性导航系统。另外，单芯片集成的超小型惯性导航系统芯片上，集成卫星定位系统接收机的功能，能够实现长时间工作、精度满足要求的超小型组合导航系统[7]。这一类超小型惯性组合导航系统将拥有广泛的应用前景。

3. 惯性器件的应用

除用作导航敏感器外，惯性器件作为一种基于牛顿运动定律的敏感器，也被应用于其他方面的研究及工程中。如正在研究的一种测量和监控地球运转波动的方法中，使用一个很大的固连于地球的环形激光陀螺(周长一般为数米)作为主要测量设备。除敏感角运动外，环形激光陀螺能提供载体(即地球)运动的多种信息，利用这些信息和数据，可以精确测定地球自转角速率，也可以监控地震波和其他地球运动的影响。位于新西兰 Cashmere 的大型激光陀螺(G环)占地面积为 16 m^2(见图 8.2)，被认为是目前世界上最大、最精密的环形激光器，比商业飞机所使用的环形激光陀螺精度高出约 1 000 倍[8]。

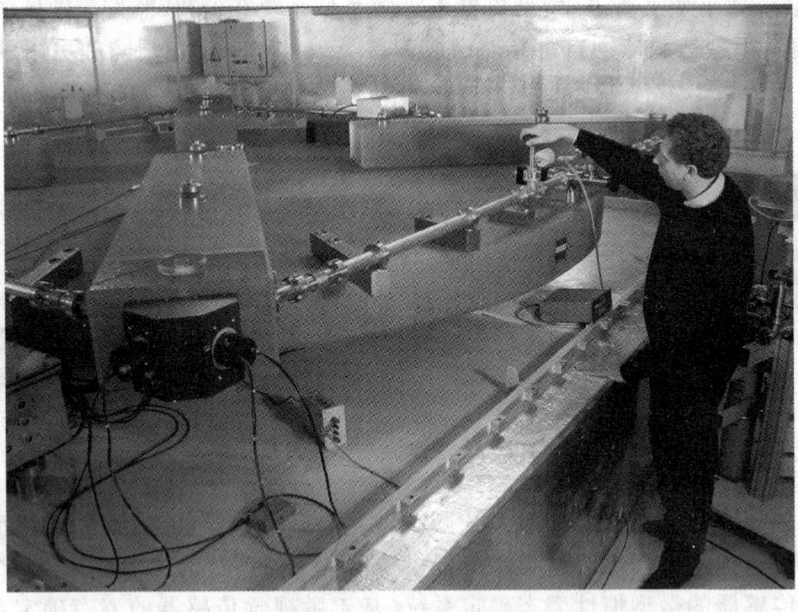

图 8.2 位于新西兰 Cashmere 的大型环形激光陀螺

此外，大型环形激光陀螺也可用于研究其他物理现象，如对物理学上伦斯-瑟林(Lense-Thirring)场的研究，就是利用大型环形激光陀螺检测物理现象的一个例子，该实验结果间接支持了广义相对论。

除高精度陀螺外，另一类重要的惯性器件——加速度计，则在地球重力场测量中发挥了重要作用。卫星重力梯度测量是地球重力场测量的一类重要手段，在测定地球重力场的精细结构及长波重力场随时间的变化等方面发挥着重要作用。该方法以卫星为载体，利用卫星本身为重力传感器或卫星所携带的重力传感器(加速度计或由其构成的重力梯度仪等)，观测由地球重力场引起的卫星轨道摄动，以这些数据资料来反演和恢复地球重力场，确定大地水准面，如图 8.3 所示。目前具有代表性的 CHAMP，GRACE 和 GOCE(见图 8.4)3 种重力测量卫星采用的都是三轴静电悬浮加速度计或用它构成的重力梯度仪，由于在几百千米的高空，非惯性力不大，因此要求重力测量卫星携带的加速度计具有很高的分辨率，如 CHAMP 卫星上加速度计的分辨率为 10^{-9} m/s^2，GRACE 卫星上加速度计的分辨率为 10^{-10} m/s^2，而 GOCE 卫星上加速度计的分辨率则达到了 5×10^{-13} m/s^2[9]。

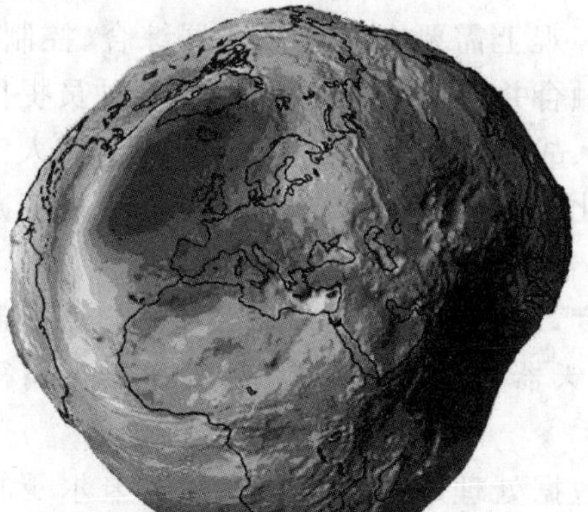

图 8.3 利用卫星重力测量数据绘制的大地水准面图

图 8.4 GOCE 卫星搭载的重力梯度仪

在实际工程应用中，不同精度和性能的惯性器件还可应用于钻探定向、超稳定平台的控制、高速列车安全转弯控制、飞行器挠曲变形测量、引力探测器卫星验证爱因斯坦广义相对论等方面[10]。

4. 组合导航容错性和可靠性的提高

由于任何系统都不可避免地会发生故障，因此，容错控制也可以看成是保证系统安全运行的最后一道防线，其意义就是要尽量保证动态系统在发生故障时仍然可以稳健运行，并具有可以接受的性能指标。容错控制作为一门新兴的交叉学科，包含故障检测、故障隔离和系统重构，涉及多门学科，如现代控制理论、可靠性理论、数理统计、模糊集理论、信号处理、模式识别、人工智能等学科理论。组合导航系统中的容错设计研究是一个非常有意义的问题，组合导航系统中冗余传感器的配置以及辅助导航系统的存在，为组合系统提供了容错设计的硬件基础[11]。已发展起来的各种容错算法对组合导航系统进行数据处理，为系统提供了冗余信息，以便构成高可靠的容错组合导航系统。

对于组合导航系统容错技术，未来有待发展的问题主要有以下几个方面[12]：

①研究系统和器件发生软故障时对导航精度的影响以及如何估计软故障的形式，以便在重构时消除软故障对导航精度的影响；

②研究模型误差及其他因素对系统容错性能及导航精度的影响，并找出相应的解决方法，以便进一步提高导航系统的可靠性和精度；

③研究模型误差和不正确的噪声统计对自适应卡尔曼滤波性能的影响；

④研究各诊断子系统的组织和协调、系统配置与重构的最优化方案。

5. 智能化与可视化技术

随着多传感器信息综合趋势的日益增长，客观上需要在实现传感器综合、控制综合、数据库综合和知识综合的基础上，将各种信息进行融合并进行可视化处理，给驾驶员提供一个最终的直观三维外景图像。同时为了满足未来战场、战术环境对导航系统的要求，将人工智能技术同组合导航技术相结合，实现导航系统的智能化和导航设备的自动化管理，有助于减轻驾驶员负担，实现辅助决策功能。

此外，提高导航系统的自动化和智能化程度，对于实现无人驾驶载体的自主控制也具有重要意义。如在微小型无人机自主航迹规划、航天器自动交会对接、移动机器人路径规划等方面，都对导航系统的自主运行能力提出了要求[13]。

就多传感器系统而言，目前用于组合导航数据处理的主要算法是标准卡尔曼滤波和联邦卡尔曼滤波，能够较好地估计环境及系统参数变化的自适应卡尔曼滤波是今后的发展方向之一。同时，国内外也就用于多传感器信息融合的神经网络开展了研究，目前用于导航多传感器信息融合的神经网络主要实现对故障的检测和识别。

因此，将人工智能、神经网络以及计算机视景等新技术与信息融合技术相结合运用到组合导航系统中，提高导航系统的智能化和可视化程度，成为下一代信息融合导航系统的发展趋势。

6. 新的导航手段

目前的导航手段主要是惯性导航、卫星导航和一些辅助导航技术，随着科技的进步，更多可用于导航的信息被挖掘出来，未来可能出现一些新的导航手段。

如天文导航，目前观测天体的敏感器除了可见光敏感器之外，还包括红外和紫外敏感器及多光谱复合敏感器，将来还会逐渐发展出射电、X 射线和伽玛射线等波段的敏感器，有助于获得更多的量测信息[14-15]。同时新型测量原理如天文干涉技术的引入也使得天体测量仪器的精度越来越高，这些都为更高精度天文量测信息的获取创造了条件。

地球物理导航是发达国家正在大力研发的先进自主导航技术，该技术与地形辅助导航的思路类似，包括地球物理基准图、地球物理传感器和导航匹配算法三大组成部分，通过地球固有物理特性的时空分布特征作为导航信标，结合载体上的地球物理传感器测量信息与基准图的匹配计算进行导航。目前在研或试验中的地球物理导航方法有地磁导航、重力辅助导航、海洋深度或海底地形辅助导航[16-18]等。地球物理导航以其优异的自主性和隐蔽性，显示出良好的发展前景。

仿生物惯性导航系统是通过研究自然界中生物所具有的特殊定位定向特性，并将纳米技术、生物学和仿生学技术相结合而构成的一类具有前瞻性的导航系统，这样的导航系统具有自适应性、自学习性，且其通过类似生物的遗传和训练，可以对某个特定方向或者目标进行搜索和导航。这种导航将不受电磁干扰和环境影响，并且具有进化(优化)能力，是一种自主性和隐蔽性都非常高的被动导航系统。仿生物导航系统具有一些特殊的用途，是惯性导航系统未来发展的一个方向。

7. 应用领域的拓展

导航系统的应用已经渗透到国民经济的各个部门，其中既包括军用又包括民用。军事应用历来是导航系统的重要领域，导航系统可为各种军事运载体导航。例如，为弹道导弹、巡航导弹、空地导弹、制导炸弹等各种精确打击武器制导，可使武器的命中率大为提高，武器威力显著增长；可与通信、计算机和情报监视系统构成多兵种协同作战指挥系统。民用领域的范围更加广阔，包括交通运输、大地测量、资源勘测、地球物理测量、海洋探测、铁路、隧道等方面，以及高精度授时、科学研究、城市信息化建设计划等。

一个优良的导航系统应该具有精度高、实时性好、稳定性好、容错性好、体积小、适用性强，且建设与维护的开支合理等性能。这是由导航系统的作用决定的，但是对于不同的应用领域，具体性能要求和侧重是不同的。从精度方面来看，航空与航海领域对精度要求高，其连续工作时间也长；从系统寿命来看，卫星、空间站等航天器要求最高，因其发射升空后不可更换或维修；制导武器对系统工作寿命要求最短，但须要满足长时间战备的要求，高精度和高实时性是精确制导武器最重要的两个性能。对于组合导航系统，用户对其稳定性和容错性提出了更高的要求。在民用市场方面，很多商业公司更关注于小型廉价低精度的导航系统。

未来社会的科学发展日新月异，而多学科、多门类的交叉、渗透对于传统学科种类的发展有着深远的意义。纳米技术、微小型器件、生物导航等都将极大地拓展现有导航技术的研究领域，并带来巨大的经济和社会效益。

只要有运动，就需要导航；现代导航系统不仅仅只是一种航行保障系统，还是现代战争中的一种武器装备，是现代信息化社会的重要基础；新导航系统将为军事和民用天、空、海、陆交通运输带来前所未有的安全、效率和效益。可以预见，随着人类活动范围的扩大、运载体速度的加快、航行任务的日益复杂化，丰富的需求将会有力地推动导航技术快速升级进步。愿我们在前人研究与探索的基础上，共同为未来导航技术的发展做出积极的贡献。

参考文献

[1] Bharat Bhushan. Nanotribology and nanomechanics of MEMS/NEMS and BioMEMS/BioNEMS materials and devices[J]. Microelectronic Engineering, 2007, 84(3):387-412.

[2] Francesco Braghin, Elisabetta Leo, Ferruccio Resta. The damping in MEMS inertial sensors both at high and low pressure levels Nonlinear Dynamics[J]. 2008, 54(1): 79-92.

[3] 谢征，刘建业，赖际舟. 基于低温物理效应的新型超高精度陀螺仪研究综述[J]. 中国惯性技术学报，2007，15(5)：606-610.

[4] Dubetsky B, Kasevich M A. Atom interferometer as a selective sensor of rotation or gravity[J]. Physical Review A, 2006, 74 (2):1-17 .

[5] Patrick W Leech, Robert A Lee. Optically variable micro-mirror arrays fabricated by graytone lithography[J]. Microelectronic Engineering, 2006, 83(2):351-356.

[6] Benjamin B M, David L F. A micro air vehicle navigation system[A]. Proceeding of Position, Location and Navigation System. San Diego(California):[s. n.], 2006.

[7] 李荣冰，刘建业，曾庆化，华冰. 基于 MEMS 技术的微型惯性导航系统的发展现状[J]. 中国惯性技术学报，2004，12(6)：88-94.

[8] Schreiber K U, Klügel T, Velikoseltsev A, et al. The Large Ring Laser G for Continuous Earth Rotation Monitoring[J]. Pure and Applied Geophysics, 2009(5).

[9] Wiese D N, Folkner W M, Nerem R S. Alternative mission architectures for a gravity recovery satellite mission[J] Journal of Geodesy, 2009, 83(6):569-581.

[10] 丁衡高，贺晓霞，高钟毓. 应用惯性技术验证广义相对论[M]. 北京：清华大学出版社，2005.

[11] 华冰. 余度捷联惯性导航系统关键技术研究[D]. 南京：南京航空航天大学，2007.

[12] Heredia G, Ollero A, Mathain R, et al. Detection of sensor faults in autonomous helicopters[C]// Proc of the Inter national Conference on Robotics and Automation. Barcelona(Spain):[s. n.],2005.

[13] Didier Pinard, Stéphane Reynaud, Patrick Delpy, et al. Accurate and autonomous navigation for the ATV[J]. Aerospace Science and Technology,2007,11(6): 490-498.

[14] Qiao Li, Liu Jianye, Zheng Guanglou, et al. Novel Celestial Navigation for Satellite Using X-ray Pulsars[J]. Transactions of Nanjing University of Aeronautics & Astro-

nautics,2008, 25(1):101－105.

[15] Sheikh S I, Pines D J, et al. Spacecraft navigation using X-ray pulsars[J] . Journal of Guidance and Control, and Dynamics, 2006, 29 (1) :49－63.

[16] Goldenberg F. Geomagnetic Navigation beyond Magnetic Compass[C] // PLANS2006. San Diego(California):[s. n.],2006.

[17] Berdyshev V I, Kostousov V B. Navigation of moving objects by geophysical fields [J]. Journal of Mathematical Sciences, 2007,140(6):767－795.

[18] Hartman R, Hawkinson W, Sweeney K. Tactical underwater navigation system (Tuns)[C]// IEEE Proc. Position, Location and Navigation Symposium. Monterey (CA):[s. n.], 2008.